河南省"十四五"普通高等教育规划教材

新工科建设·电子信息类系列教材

嵌入式系统基础与实践

——基于 ARM Cortex-M3 内核的 STM32 微控制器（第 2 版）

刘黎明　王建波　赵纲领　编　著

电子工业出版社

Publishing House of Electronics Industry

北京·BEIJING

内 容 简 介

本书以嵌入式系统的基本概念和原理为主线，基于 ARM Cortex-M3 内核的 STM32 微控制器，依循模块化设计思想，针对 STM32 的五大外设模块（GPIO、EXTI、USART、DMA 和 ADC），分别采用基于标准外设库和基于 HAL 库的设计方法进行了详细阐述，并从初学者的角度出发，详细讲解了从模块到项目的开发过程，此外，本书还以 FreeRTOS 为蓝本，从应用开发的视角，重点讲述嵌入式实时操作系统 FreeRTOS 任务及任务调度的基本原理和实现机制，同时结合应用案例诠释 FreeRTOS 的信号量、事件组、消息队列等同步通信机制。最后，从模块到项目，讲述融合多个模块实现具体项目的思路与方法，以综合项目强化工程设计能力，实践项目化、工程化锤炼的目的。

本书可以作为高等院校电子信息工程、自动化、通信工程、电气自动化等专业的嵌入式系统基础教材或参考书，也可作为嵌入式系统应用开发人员的参考资料。

图书在版编目（CIP）数据

嵌入式系统基础与实践 ：基于 ARM Cortex-M3 内核的 STM32 微控制器 / 刘黎明，王建波，赵纲领编著. 2 版. -- 北京 ： 电子工业出版社, 2025. 5. -- ISBN 978-7-121-40470-2

Ⅰ. TP332.3

中国国家版本馆 CIP 数据核字第 2025WK8497 号

责任编辑：孟　宇
印　　刷：三河市良远印务有限公司
装　　订：三河市良远印务有限公司
出版发行：电子工业出版社
　　　　　北京市海淀区万寿路 173 信箱　　　邮编：100036
开　　本：787×1092　　1/16　　印张：26.75　　字数：701 千字
版　　次：2020 年 9 月第 1 版
　　　　　2025 年 5 月第 2 版
印　　次：2025 年 5 月第 1 次印刷
定　　价：69.80 元

凡所购买电子工业出版社图书有缺损问题，请向购买书店调换。若书店售缺，请与本社发行部联系，联系及邮购电话：（010）88254888，88258888。

质量投诉请发邮件至 zlts@phei.com.cn，盗版侵权举报请发邮件至 dbqq@phei.com.cn。

本书咨询联系方式：mengyu@phei.com.cn。

前　言

　　嵌入式系统是一门与行业应用紧密结合的交叉学科，是涉及计算机、电子、通信等技术领域的软/硬件综合体。随着微电子技术的飞速发展，嵌入式领域不断变化，各种微处理器架构（如 MCS-51 架构、MIPS 架构、PowerPC 架构、ARM 架构等）、芯片及开发工具层出不穷，这种百花齐放的局面给嵌入式开发者的学习和开发带来了一定的难度。

　　嵌入式系统内核架构种类繁多，随着用户对产品功能多元化的追求，对更低功耗、更人性化的人机交互界面及多任务等需求的增加，传统的基于 MCS-51 架构的 8 位 51 单片机，无论是处理能力还是存储能力都已无法满足此类复杂的应用。ARM 公司针对通用 MCU（微控制器）领域成功推出了 32 位 ARM Cortex-M 系列内核，各大半导体厂商（如 NXP、TI、ST、Atmel 等）纷纷基于该内核针对不同的应用领域开发出了各具特色的 MCU。采用标准化内核一方面降低了半导体厂商在芯片架构上的研发难度，缩短了产品推向市场的时间；另一方面，由于采用相同的 ARM 内核，各大半导体厂商为了实现产品的差异化，将研发重点放在了外设接口、功耗、存储资源等方面，并根据自身的优势应用领域推出了系列化的产品。从嵌入式开发者的角度来看，这种方式降低了学习和掌握 MCU 应用开发的难度。嵌入式开发者只需要针对通用的内核，就某种 MCU 进行深入研究，掌握其精髓，就能融会贯通。采用统一的标准化内核设计和生产 MCU 产品已成为嵌入式 MCU 发展的趋势。

　　不仅如此，ARM 公司还与各大半导体厂商深度合作，在与芯片相关的开发工具和软件解决方案上形成了一条/个良好的、完整的生态产业链/生态系统，不仅为嵌入式开发者提供了一系列高效、易用的开发工具（如 Keil、IAR 等），还为他们提供了丰富的资源（如 OS、固件库、应用例程等），从而帮助他们提高开发效率、降低开发成本、缩短开发周期等。ST 公司针对 ARM Cortex-M3 内核开发的 STM32 系列产品提供了各种固件库，如标准外设库、HAL 库、LL 库等，这些位于嵌入式系统组成结构中间层的库文件屏蔽了复杂的寄存器开发，使得嵌入式开发者通过调用 API 函数的方式就能迅速搭建系统原型。目前，基于库的开发方式已成为嵌入式系统开发的主流模式。

　　习近平总书记在党的二十大报告中指出："必须坚持科技是第一生产力、人才是第一资源、创新是第一动力，深入实施科教兴国战略、人才强国战略、创新驱动发展战略，开辟发展新领域新赛道，不断塑造发展新动能新优势。"嵌入式系统知识庞杂，本书以"新工科"教育理念为指导，根据系统化、模块化开发实践思想，本着从易到难、从单一模块到系统各模块融合的学习方式，重构教学内容。本书以基于 ARM Cortex-M3 内核的 32 位嵌入式微控制器 STM32 为入门引导，对理论进行精简讲授，强调工程实践，以产教融合为突破口，面向产业需求，力图使内容紧贴社会需求，技术贴合行业市场发展，按照工程实践导向的思路，以全案例式的实践方式一一进行讲解，引导读者避开嵌入式开发中初学者易陷入的"陷阱"。

本书定位为初学者入门书籍，只针对简单、常用的外设（如 GPIO、USART、TIM、ADC 等）进行讲解，并给出完整的具体应用范例，力图使初学者能够从整体框架（角度）掌握基本外设的应用开发流程，而非陷入复杂的应用编程细节中，更多编程细节可以随着实际开发实践不断进行扩充与积累。

本书从结构上分为以下三部分。

第一部分由第 1～4 章组成。第 1 章为嵌入式系统概述，主要讲述嵌入式系统的概念、嵌入式行业基础知识（如 MCU、FPGA、DSP）、嵌入式系统与物联网和人工智能的联系，以及嵌入式系统的开发流程等。第 2～4 章主要讲述 ARM 体系结构、ARM Cortex-M3 内核、基于 ARM Cortex-M3 内核的 STM32F MCU 架构（如总线结构、存储结构）等，分析 STM32 MCU 的三种开发模式（寄存器开发模式、标准外设库开发模式、HAL 库开发模式），详细讲解基于标准外设库和 HAL 库开发平台的搭建，同时对嵌入式开发中经常用到的嵌入式 C 语言相关内容进行补充，初步构建嵌入式系统的知识体系框架。

第二部分包含第 5～11 章。其中，第 5～10 章按模块对嵌入式开发中常用的外设进行阐述，分别以具体的应用实例按步骤一一讲解，提供了基于标准外设库和 HAL 库两种开发案例，实践"知识-技能-思维"的闭环。第 11 章为嵌入式实时操作系统 FreeRTOS，以 FreeRTOS 为蓝本，以基于 ARM Cortex-M3 内核的 STM32 微控制器为载体，从应用开发的视角，重点讲述 FreeRTOS 任务及任务调度的基本原理、实现机制，同时结合应用案例诠释 FreeRTOS 的信号量、事件组、消息队列等同步通信机制。

第三部分为第 12 章。从模块到项目，讲述融合多个模块实现具体项目的思路与方法，以综合项目强化工程设计能力，进行工程化的锤炼。

对 STM32 初学者来说，可以有选择性地学习本书内容。最后，给嵌入式初学者几点建议，在学习过程中，应重视第一手资料的获取，包括从官方网站下载的芯片文档（Reference Manual、Datasheet 等），这些文档是很好的参考资料。嵌入式系统是一门技术实践课程，所以动手实践是学习的重要方式；同时，多与同行交流也是学习的捷径。

由于编著者水平有限，书中难免存在疏漏之处，恳请读者批评指正（邮箱：llm419@126.com）。

目　　录

第1章 嵌入式系统概述

随着互联网与信息技术的不断发展，物联网、大数据、云计算、人工智能等技术不断深入人们的生产生活中，其中计算机（通用计算机、嵌入式计算机）作为信息系统的重要组成部分，发挥着巨大作用，深刻影响着人类的生产和生活方式。本章首先介绍信息技术的发展历程，试图从发展历程中一窥人类科技发展的脉络，其次通过几个具体案例对嵌入式系统的概念、组成架构等进行分析，并对嵌入式系统的开发流程进行简要介绍。

知识目标

- 了解信息技术的发展历程。
- 理解嵌入式系统的内涵和外延，熟悉其应用领域。
- 理解 MCU、MPU、FPGA、DSP 之间的区别，熟悉嵌入式系统的开发流程。

能力目标

- 能够查阅常见半导体厂商及其典型产品的信息，获取嵌入式系统相关的行业知识。
- 学会针对典型嵌入式系统案例进行功能和结构上的分析。
- 能够根据嵌入式系统的开发流程对简单嵌入式项目进行需求分析、系统总体设计。

思维与素养目标

- 从 8 位单片机向 32 位的嵌入式系统进阶，知识的复杂度和实践的难度都在增加，这就需要改变传统的学习模式、拓展思维能力，同时在广泛阅读的基础上，构建嵌入式系统的知识体系。
- 养成安全意识，塑造良好工程职业素养，强调动手、共享的协作精神，激发创新意识，强化职业素质训练。
- "实践是检验真理的唯一标准"，广泛的阅读，大量的实践，深入思考，践行"知识-技能-思维"的教育闭环。
- 工程科技伦理。科技是把双刃剑，工程技术人员不仅要掌握先进的技术手段，还要树立正确的世界观、人生观、价值观，从而让手中的技术更好地造福人类。

1.1 信息技术的发展

1.1.1 计算机的诞生

【探讨】什么是计算机？计算机与中国的算盘、欧洲的计算器有何本质区别？用于计算和模拟天气预报的巨型机与用于办公的笔记本电脑、智能手机及洗衣机中控制电动机的微控制器有何本质区别？

计算机是迄今为止人类发明的最强大的工具之一，区别于其他在设计之初功能即被固定化了的工具，计算机具有近乎无限的处理能力，它既强大无比，又简单笨拙。其中，强大无比是指其强大的运算能力，当前常见的台式计算机或笔记本电脑每秒钟可执行近 10 亿次计算；简单笨拙是指它并不"智能"，它只能死板地执行程序并记录计算结果，而不能智能地编程，智能来自对它们编程的人。

基于人类在战争中对强大武器的渴求和迫切需要，于 1946 年催生出历史上第一台电子数字计算机 ENIAC，其体积庞大，每秒可进行 5000 多次加法运算，远超当时的机械式计算设备。ENIAC 最初用于火炮弹道参数的计算，是按照专用计算机的思路进行设计的，由于没有考虑内存问题，因此需要人为手动拨动开关和插拔电缆进行程序编制。1945 年，数学家冯•诺依曼发表了题为《关于离散变量自动电子计算机的草案》的论文，第一次提出了存储程序的概念，即将程序和数据以同样的方式存储在存储器中，其以运算器为中心，辅以存储器、控制器及输入/输出部件，这就是冯•诺依曼计算机的架构。1949 年，世界上第一台"冯•诺依曼体系结构"的计算机 EDSAC 由英国剑桥大学成功投入使用，这一时期的计算机主要由运算器、控制器、存储器、输入设备和输出设备五大部分组成，以运算器为中心，其指令和数据用二进制数表示，指令与数据以同等地位存储于存储器内。计算机的诞生将科学家从繁重的计算中解脱出来，符合当时对快速自动化计算的迫切需求。

随着冷战结束，计算机逐步从科学家的实验室走向了市场，很多计算机专家纷纷"下海"，创办计算机公司，推动计算机向产业化发展，从军用走向民用，从巨型机发展到微型机，从科研到应用，诞生了一批世界知名的企业，如有"蓝色巨人"之称的 IBM，至今仍在计算机领域占据着很大的市场份额。

1947 年，贝尔实验室成功研制出晶体管，计算机也从第一代的电子管计算机发展到第二代的晶体管计算机，体积变小且运算性能得到了显著提升。

随着半导体技术的发展，微电子技术取得了巨大的成功，为计算机的发展开辟了一个崭新的时代——集成电路时代。集成电路技术将计算机的控制器和运算器集成在一个芯片上，形成了微处理器芯片，推动了计算机向微型化发展。

微型计算机是以微处理器为核心，由存储器、输入/输出设备组成的计算机系统，又称个人计算机（Personal Computer，PC）。1971 年，美国 Intel 公司的工程师霍夫（Marcian E.Hoff）研制出世界上第一款商用 4 位微处理器芯片——Intel 4004，集成了约 2300 个晶体管。随着芯片的集成度越来越高，出现了"微芯片上集成的晶体管数量每隔 18~24 个月将翻两番"的规律，这便是"摩尔定律"，由 Intel 公司的创办者之一高登•摩尔（Gorden Moore）提出。

微型计算机的发展在很大程度上取决于微处理器的发展，伴随着 CPU（微处理器）性能的不断提高，人类使用计算机处理事务的能力也在不断增强，计算机逐步深入应用到人类生产和生活的各个领域，而将计算机应用于工业自动化生产领域，则开启了工业控制计算机、单片机的发展之路。

在计算机诞生之前，"计算"主要指数值计算，即使是在计算机发展的早期阶段，计算机本质上仍然只是一个体积比较大的计算器而已。可以看出，计算机与算盘、计算器的本质区别在于存储程序及其动态修改的能力，而巨型机与笔记本电脑、智能手机及微控制器并没有本质区别，它们都是计算机，都是用来解决实际问题的工具。

1.1.2 通用信息处理

早期的计算机主要用于科学计算，体积一般比较大，所以称之为大型机、巨型机，随着微电子技术的发展，计算机的成本降低、体积缩小，逐渐进入寻常百姓家。计算机的性能不断提升，特别是存储器容量和外设接口的增加，使得计算机有能力处理现实物理世界中的各类信息，文字、图像、语音、视频等经数字化处理后，变成由"0"和"1"组成的序列，计算机就可以识别并处理这些序列。计算的本质也由单纯的数值计算变成通用的信息处理。

1964 年，IBM 耗资 50 亿美元研发了新一代计算机 System/360，不仅推动了计算机向通用化、标准化、系列化方向发展，还巩固了 IBM 在计算机领域的领导地位。20 世纪 70 年代，IBM 将计算机设备分为硬件和软件两大部分，这一革命性的事件推动了计算机向硬件和软件两个方向的蓬勃发展。各种高级编程语言的出现，以及汇编程序、编译程序和解释程序的诞生，逐渐形成了软件系统。计算机应用领域的不断扩大、外部设备的不断增多及各种专业软件的使用，使得计算机的硬件资源和软件资源日渐庞大，管理这些硬件资源和软件资源难度增大，于是出现了操作系统和数据库，有效提高了计算机的运行效率，如 DOS、UNIX、Windows 和 Linux 等操作系统，以及 Oracle、SQL Server 等数据库管理软件。

随着通信技术和计算机技术的不断融合，伴随着人类对"交流互通的需求"催生了互联网。1989 年，蒂姆·伯纳斯·李（Tim Berners-Lee）发明了万维网，英文缩写为 WWW。随后，以互联网为代表的信息技术深刻影响着人类社会，网络的全球化消除了人们因时间、距离和国界所形成的障碍，将世界变成了一个地球村。

随着计算机的计算速度不断提升，数据量越来越大，需要存储的数据也就越来越多，早期的以运算器为中心的架构逐渐满足不了需求，因此，以存储器为中心、指令和数据分开存储的哈佛结构计算机应运而生。

伴随计算机的微型化和网络化，计算机已经深入到人类生活的各个角落，特别是微处理器在工业自动控制领域的广泛应用，如化工、冶金、机械、电力等行业，将计算机嵌入到工业生产流程体系中，形成了新的计算机分支，这就是嵌入式领域，其中起关键作用的是嵌入式微处理器，其目标是针对具体的应用领域满足高性能、体积小、低成本和低功耗的设计要求。ARM 公司设计的 RISC 精简指令计算机体系结构的出现，使得嵌入式微处理器得到了蓬勃发展，随着传感器技术的发展和移动消费市场需求的增加，嵌入式技术得到了广泛应用，如智能手机、路由器和机顶盒等。

在互联网的基础上，出现了物联网（Internet of Things，IoT），它是由大量传感器节点构成的人与物、物与物的感知网络，其中车联网、无人驾驶汽车是物联网最深刻的体现。物联网的兴起，推动着整个人类社会进入智能化时代。

【探讨】什么是计算？科学计算与现今的财务处理、文字处理、天气预报、图像处理、语音识别处理等有何本质区别？如何理解"计算"的内涵？

【解析】上述应用在计算机看来没有任何区别，计算的本质就是信息处理，信息处理不再局限于科学计算，信息涉及一切与人有关的行为或活动，如天体运行、动物迁徙、网络购物、聊天交友等，这一切都是可以用来计算的。人工智能时代一切皆是"计算"，计算机只能识别二进制数"0"和"1"，人们所看到的（图像、视频）、触摸到的（触觉、压力、疼痛）、听到的（声音）、闻到的（味觉、烟雾、有毒气体）都会经过数字化处理后，转换成由"0"和"1"组成的序列，然后传输到计算机中进行处理，最后将结果反馈给人们，这就是"计算"的本质。

1.1.3　人工智能

二战期间，在计算机诞生之初，冯·诺依曼提出了存储程序概念，远在英国的阿兰·图灵为破译德国的 "ENIGMA" 密码机，也在进行现代计算机的研制工作。1936 年，阿兰·图灵（Alan Turing）在题为《论可计算数及其在判定性问题上的应用》的论文中提出了现代通用计算机的理论模型，即 "图灵机"，为现代计算机的逻辑工作方式奠定了基础。1950 年，图灵发表了题为《机器能思考吗？》的论文，为人工智能的建立奠定了基础，同时为了证明机器是否能思考，他提出了 "图灵测试"（Turing Test），该方法至今仍被沿用。1956 年，香农、约翰·麦卡锡等科学家在美国达特茅斯举办的一次会议上，正式提出了人工智能（Artificial Intelligence，AI）这一概念。正是由于计算机的产生和发展，人类在真正意义上开始踏上对人工智能进行研究的征途。

在过去的几十年里，人工智能的发展几经波折，有高潮也有低谷。20 世纪八九十年代，针对特定的领域，通过人类已有的知识和经验利用计算机进行推理和判断，开发出了具有实用性的专家系统，广泛应用于医疗、工程和金融领域。1997 年，IBM 的 "深蓝（Deep Blue）" 超级计算机战胜了国际象棋世界冠军加里·卡斯帕罗夫，让人们意识到人工智能在特定领域可以达到甚至超越人类的现有水平。

从古至今，人类发明了无数的工具，小到钻木取火的石头、大到宇宙飞船，物联网与人工智能时代，以及以传感器、通信和计算机技术为代表的信息技术，使人类的延伸达到了前所未有的高度。

进入 21 世纪，随着互联网的发展及广泛应用，呈指数级增长的信息和数据的快速汇聚奠定了人工智能走向实用的数据基础，该阶段主要以 "大数据" 为基础，以机器学习技术进行规则和知识的学习，进而进行推理和判断。例如，通过模式识别技术构建待识别物体的模式类，由计算机自动进行分类，由此技术派生的图像处理和图像识别技术已得到广泛应用，如医学上皮肤癌的图像识别和诊断、地球遥感图像识别和分析、身份识别、人脸识别和视频监控等。

由于计算机擅长的计算能力与人类擅长的获取特征和推理的能力不同，因此在解决特定问题如围棋、图像识别等领域，计算机可以媲美人类甚至超越人类，但在推理和理解能力、自适应能力等方面与人类仍存在差距。目前，以深度学习技术为代表的人工智能，通过模拟人类大脑的神经网络自主学习并获取数据内在 "特征"，进行与人类比肩的高级判断。伴随着计算机性能的不断提高，人工智能在图像识别、语音识别和自动驾驶等领域取得了飞跃性发展。2016 年，Google 采用深度学习技术开发出的具有自我学习能力的人工智能围棋程序 AlphaGo 战胜了围棋世界冠军。

计算机的诞生→互联网→物联网→云计算/大数据→人工智能，这是当今人类科技发展的主线。随着时代的发展，IT 技术已经融入人们生活的每个细节。嵌入式技术作为 IT 技术的一个重要分支方向，在智能互联时代，被赋予了新的使命。嵌入式技术与人工智能相结合，各大芯片厂商和软件厂商争先恐后地推出 AI 智能芯片和 AI 产品，如 ST（意法半导体）公司基于 STM32 芯片推出了 STM32Cube AI 人工智能神经网络开发工具包，ARM 作为智能设备主流芯片架构提供商，推出了基于机器学习架构的人工智能处理器 IP（Intellectual Property，知识产权）和神经网络软件库。嵌入式技术将人工智能引入物联网智能终端节点，嵌入式微处理器芯片作为智能终端节点的大脑，深度嵌入到智能设备中，进一步拓宽了嵌入式的应用领域。

小知识

一沙一起源，一芯一世界

佛曰："一花一世界，一叶一菩提"，世间万物之奇妙，一朵花、一片叶都蕴藏着神奇的自然规律，那么，针对嵌入式领域，就是"一沙一起源，一芯一世界"。

"一沙一起源"：这里的"沙"就是沙漠里的沙子，大多数集成电路芯片的原始形态就是沙子。沙子的主要成分是二氧化硅，在电子技术发展初期，很多物理学家致力于半导体的物理研究，寻找特殊的材料和工艺，让"电"变得可控，常见的半导体材料有硅、锗、砷化镓等。

怎么将沙子变成半导体芯片呢？选取沙子当原料，首先经过净化提纯后得到电子级高纯度硅锭，切割得到晶圆，然后进行光刻或平版印刷、蚀刻、离子注入、金属沉淀、金属层搭建、金属互连、晶圆测试与切割、核心封装，以及等级测试等步骤后包装上市，而每个步骤中又都包含更多细致的过程，最终得到现在广泛应用的集成电路（Integrated Circuit，IC）。

集成电路采用一定工艺将电路所需的晶体管、二极管、电阻、电容、电感等元件及布线连接在一起，制作在一小块或几小块半导体晶片或介质基片上，然后封装在一个管壳内，其外形图如图 1-1 所示。这样，所有元件在结构上就构成一个整体，电路体积大大缩小，且引出线和焊接点的数目也大为减少，从而使电子元器件向微型化、低功耗和高可靠性方向发展。

电子管　　　　　晶体管　　　　集成电路　　　大规模集成电路
（第一代计算机）（第二代计算机）（第三代计算机）（第四代计算机）

图 1-1　电子管、晶体管、集成电路及大规模集成电路外形图

"一芯一世界"：绝大多数电子元器件的核心都是以硅为基材制作而成的，因此电子产业又称半导体产业，各大芯片公司的名字都以具体的半导体公司命名，半导体公司设计和生产出规格型号各异的系列芯片，每个系列又根据外设、存储空间等性能参数的不同分为很多种，这些芯片在应用领域、功耗、性能、体积等方面各有差异，这里的"一芯一世界"就说明了芯片类型繁多，如本书讲述的 STM32，就是 ST 公司生产的一款芯片。

1.2　嵌入式系统

什么是嵌入式系统？为什么要学习嵌入式系统？怎么学习嵌入式系统？通过几个具体案例阐述嵌入式系统的概念和内涵。

1.2.1　嵌入式系统案例分析

✦ 案例分析一：智能家居

【系统功能概述】伴随信息技术和移动互联网技术的发展，人们对生活智能化和现代化的要求也越来越高。在基本居住功能的基础上，融入门禁系统、远程控制、移动终端控制，以及家居环境智能检测和监测等技术手段，实现家居系统的自动化、智能化，满足互联时代人们对家居系统舒适性、安全性、便捷与节能的追求。

智能家居一般具备以下功能。

（1）家居安全监控：智能门禁与防盗系统、火灾报警系统。

（2）家居设备监控：灯光设备监控、电气设备监控（窗帘、空调、电视、热水器、微波炉、洗衣机等家电的远程控制）等。

（3）家居环境监测：对甲醛、PM2.5、温湿度等信息的采集和实时监测。

（4）智能视频、背景音乐系统。

【系统组成架构】随着移动互联技术的飞速发展，智能家居系统不仅能够实现计算机控制，还能满足人们对移动互联控制的需求，利用移动终端（手机、平板电脑等）远程查看和控制家居环境是当前及未来的发展方向。利用移动互联技术，采用基于云平台的控制方式，以微控制器为核心，辅以相应传感器、执行系统、通信系统、显示模块等构成智能家居控制器，进而达到远程控制家居系统的目的。

智能家居系统框图如图 1-2 所示，其核心是微控制器。微控制器主要承担两个任务：一是接收服务器指令，控制智能家居系统中的各种电器设备；二是采集传感器数据并进行处理。因此，微控制器主要包括两个模块，即家电控制模块和环境监测模块。其中，家电控制模块包括空调、电视、洗衣机、空气净化器等的控制；环境监测模块包括生活环境监测和家居防盗监测，通过各种传感器采集的各类数据实现监测功能。智能家居系统也可以通过 RS232 串口或 GPRS（General Packet Radio Service，通用分组无线服务）模块实现与其他设备的通信。

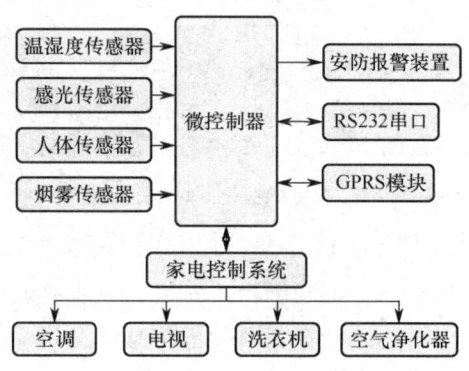

图 1-2　智能家居系统框图

✦　案例分析二：智能手环

【系统功能概述】智能手环作为一种穿戴式智能设备，可以记录人们日常生活中的运动、睡眠，甚至饮食等实时数据，并将这些数据与手机、平板电脑等设备同步，对采集的日常数据进行大数据分析，发挥指导健康生活的作用。图 1-3 所示为小米 Fitbit Flex 手环。

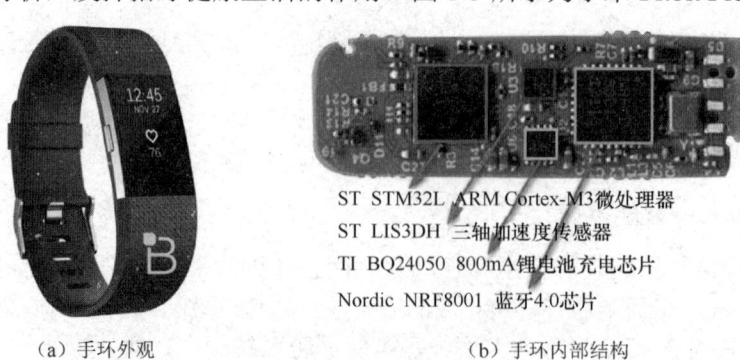

ST STM32L ARM Cortex-M3 微处理器
ST LIS3DH 三轴加速度传感器
TI BQ24050 800mA 锂电池充电芯片
Nordic NRF8001 蓝牙4.0芯片

（a）手环外观　　　　　　　　　（b）手环内部结构

图 1-3　小米 Fitbit Flex 手环

智能手环一般具备以下功能。

（1）实时显示当前时间，设定闹钟等。

（2）测量心率、血压、监测睡眠状况。

（3）计步等运动能量消耗监测。

（4）定位。

（5）振动唤醒。

（6）无线数据传输。

（7）低功耗和超长待机。

【系统组成架构】为使用方便，常要求智能手环可以超长待机，一般采用低功耗微控制器芯片作为系统的主控部件，供电使用锂电池，同时因为受体积和外形的限制，所以其用于数据采集的心率传感器、加速度传感器等一般都采用 MEMS（Micro-Electro Mechanical Systems，微电子机械系统），更加小型化和集成化，同时可以进一步降低功耗，各种传感器采集的数据都可以通过蓝牙、Wi-Fi 等方式传送到手机、平板电脑等设备上实现数据同步。显示部分一般采用超薄 OLED 显示屏，可确保显示屏在阳光下依然清晰显示。

因此，智能手环一般由微控制器、蓝牙模块、Wi-Fi 模块、OLED 显示屏、心率传感器、加速度传感器和 GPS 模块等组成，具有显示时间、监测睡眠和运动等功能，其系统框图如图 1-4 所示。

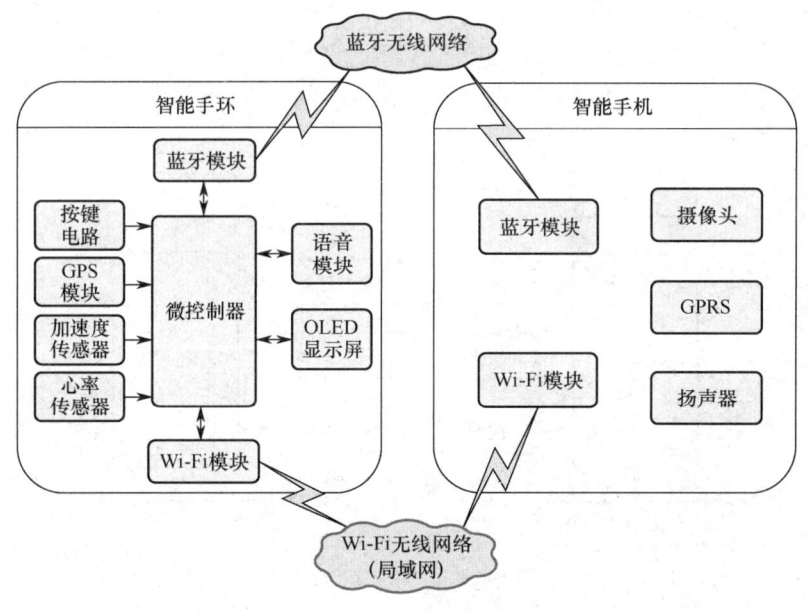

图 1-4　智能手环系统框图

✦ **案例分析三：四旋翼无人机**

无人机因体型小、结构简单、控制灵活、造价低廉，常用于航拍、环境监测、农情监测、地形勘测、灾后环境监测、电力巡线、森林火情监测和植物保护等领域。常见的无人机有固定翼和多旋翼的，多旋翼无人机中以四旋翼和六旋翼最为常见，四旋翼无人机因其结构和控制简单、成本低、体积小，能够在狭窄的空间中进行悬停和飞行，受到人们广泛关注。图 1-5 所示为大疆四旋翼无人机外观图及其内部结构。

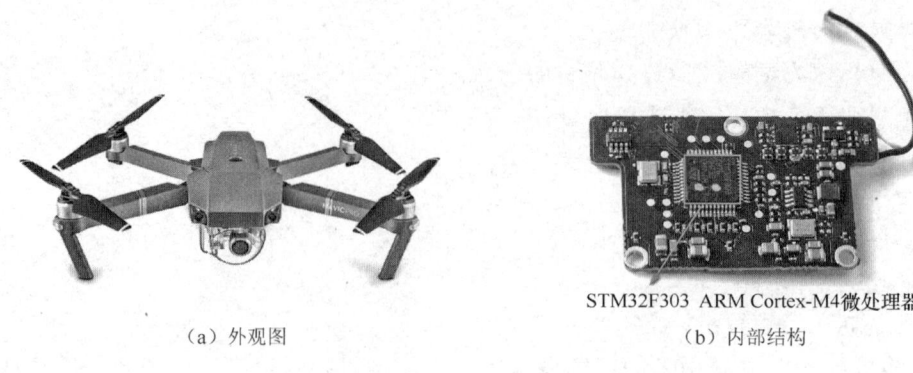

STM32F303 ARM Cortex-M4微处理器

（a）外观图　　　　　　　　　　　　　（b）内部结构

图 1-5　大疆四旋翼无人机外观图及其内部结构

【系统功能概述】四旋翼无人机具有 4 个螺旋桨，可排列成十字形或 X 形，由 4 个无刷直流电动机为螺旋桨提供动力，能够实现悬停、侧飞、前飞、倒飞等基本飞行动作，且系统可以扩展，实现功能多样化，如加挂高清摄像头可用于航拍，加装超声波探测仪可用于勘测等。

【系统组成架构】四旋翼无人机一般由遥控装置（微控制器）和控制系统两部分构成，遥控装置用于控制器与飞行器数据的无线传输及遥感控制，主要由控制杆、状态指示灯、电源、蜂鸣器、按键等组成；控制系统一般由电源、姿态传感器（重力、加速度传感器）、无线通信、电动机调速、电动机（无刷电动机或有刷电动机）等模块组成。微控制器是整个四旋翼无人机的核心，负责飞行过程中的导航、通信、控制等核心任务，根据各传感器模块采集到的当前的飞行姿态和空间位置，通过导航和控制算法计算出相关运动参数，将控制信号发送给机载执行机构，从而改变无人机的位置和速度，同时保持飞行姿态的稳定，其系统整体设计框图如图 1-6 所示。

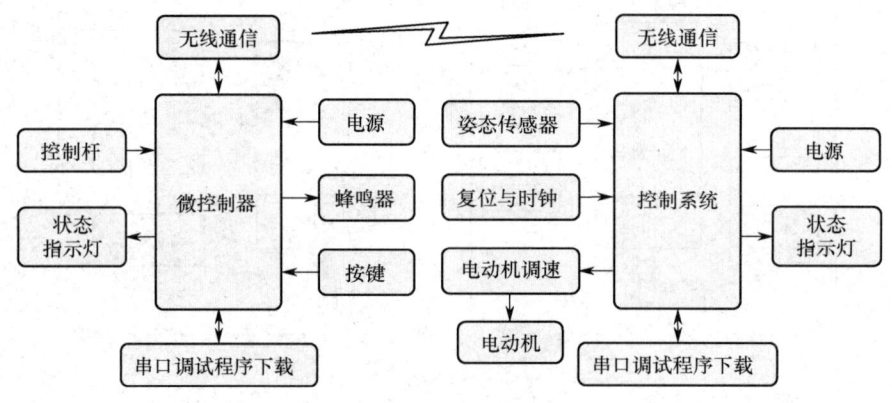

图 1-6　四旋翼无人机系统整体设计框图

当然，嵌入式系统产品并非只有上述三种，路由器、手机、平板电脑、高清视频监控器及无人驾驶汽车控制器等都是嵌入式系统应用的最佳体现。

【讨论】上述产品有何共性？

（1）使用场合/工作环境：特定的场合是某个大型系统的一部分，用于完成具体功能，系统资源相对有限，专用性强，往往针对某个具体行业的具体应用，应用于特定的平台。

（2）功能单一，模块的设计和实现较为简单，没有桌面系统常见的系统软件和应用软件的明显区分，这样有利于控制系统成本，同时有利于保证系统安全性。

（3）功耗低，且一般要求高实时性和高可靠性，系统程序一般固化在内存中，以提高运行速度和可靠性。

（4）人机交互界面简单，一般不需要键盘和鼠标。

（5）开发时往往有上位机和下位机或主机和目标机的概念，主机用于程序的开发，目标机作为最后的执行机，开发时需要两者交替结合进行。

1.2.2　嵌入式系统概念

嵌入式技术及其应用领域的不断发展，行业内对于嵌入式系统并没有一个统一的定义，国外把嵌入式系统定义为：嵌入式系统是控制、监视或辅助操作设备、机器和车间运行的装置。可以看出，嵌入式系统之所以称为"系统"，是因为该系统中不仅有被控对象，而且包括控制系统所用到的硬件和软件。

国内行业普遍认同的定义为：嵌入式系统以应用为中心、以计算机技术为基础，软硬件可裁剪，适合应用于对功能、可靠性、成本、体积、功耗有严格要求的专用计算机系统，可实现对其他设备的控制、监视或管理等功能。也就是说，嵌入式系统的开发是基于功能与性能裁剪的，不需要或用不到的功能可以不考虑，功耗和体积也是嵌入式系统需要考虑的主要问题之一。

泛在的嵌入式系统的定义：除通用计算机和服务器外的一切计算机系统都可以被称为嵌入式系统，典型应用产品有智能手机、工业机器人、无人机、安防监控、无人驾驶汽车、车载导航仪、空气净化器，以及医疗设备中的血糖仪、心电监护仪、人工耳蜗等，可以说从简单的便携式音乐播放器到复杂的火星登陆探测器都属于嵌入式系统。

嵌入式系统一般由嵌入式微处理器、外围硬件设备、嵌入式操作系统及应用程序 4 部分组成，并且分为 4 个层次：硬件层、中间层、软件层和应用层。

【讨论】通用计算机系统与嵌入式系统有何区别？

微型计算机的发展取决于微处理器的发展，在微处理器基础上发展的通用微处理器和嵌入式微处理器，形成了微型计算机的两大分支，即通用计算机系统和嵌入式系统。从基本架构上来看，两者没有本质区别，都是由 CPU、存储器、输入/输出设备组成的。但就应用场合而言，两者的区别相当明显，通用计算机系统可以自主安装和运行各种功能的软件，其适用性强、可扩展性强，功能强大；嵌入式系统通常是专用的，其程序是固化在芯片上的，用户不能更改，专用性强。随着物联网的发展，嵌入式计算机的数量已远远超过了通用计算机的数量。

通用计算机系统与嵌入式系统的比较如表 1-1 所示，通用计算机系统依据高速、海量数据的并行运算从计算平台发展到了互联网，而嵌入式系统则依据低功耗和便携方式从终端硬件延伸到了物联网。

表 1-1　通用计算机系统与嵌入式系统的比较

	通用计算机系统	嵌入式系统
硬件	主机（CPU、主板、内存条、显卡等）	MCU/MPU（将 CPU、存储器、I/O 集成在一个芯片上，形成芯片级计算机）
	显示器（屏幕尺寸大，分辨率高）	显示屏（LCD/OLED，尺寸小）
软件	相对独立，用户可安装、卸载	集成/固化在芯片中，用户不能更改
操作系统	Windows、Mac OS 不开源，内核不可裁剪	μC/OS-II、Linux、WinCE、Tiny OS、Android 等，内核可裁剪

1.2.3 嵌入式系统与物联网

在后 PC 时代，移动互联已然成为时代的潮流趋势，人工智能是 21 世纪人类科技的终极目标。而作为人工智能、大数据的终端节点，嵌入式系统是搭建这颗（人工智能、物联网）璀璨明珠的基石。随着物联网、大数据、云计算、人工智能的提出和广泛应用，嵌入式系统领域得到了全新的发展和融合，并被赋予了新的使命，那么嵌入式系统与物联网有何区别和联系呢？

物联网即万物互联，是互联网在应用上的创新和拓展。物联网将互联网的网络节点从人与人扩展到人与物，以及物与物之间，进一步扩展了网络的深度和宽度。物联网的感知基础是大量的传感器节点，通过有线网络或无线网络将传感器采集的信息进行传输和交换，利用大数据、云计算、模式识别等信息技术，从获得的海量信息中分析、加工和处理出有意义的数据，使应用更加智能化、个性化。因此，物联网是互联网与嵌入式系统高度融合发展的产物，是互联网在应用上的拓展，是嵌入式技术在网络互联上的延伸和应用。

物联网由应用层、网络层及感知层三层构架组成。感知层位于底层，通过传感网络获取环境信息，进而实现对信息的采集，该层是物联网的核心；网络层由各种网络及网络管理系统和云计算平台等构成，负责传递和融合感知层获取的信息；应用层解决信息处理与人机界面问题，与行业需求结合，实现物联网系统多种智慧化应用。

物联网体系中，微处理器依托嵌入式技术以"智慧细胞"的形式扩散到人类生活的各个角落，其海量信息应用于大数据分析和人工智能，使得物联网天然地具有智力特征。智能家居就是互联网发展到物联网阶段的一个具体体现，从智能家电到智慧医疗、自动驾驶、智慧城市，物联网正在迅速成为人们日常生活的一部分。

物联网的应用案例 1：智能马桶

智能马桶除具有加热、保温、杀菌、除臭、烘干等功能外，通过物联网、大数据和人工智能还可以对排泄物进行化验分析，并可将分析结果实时传送给医生，及时发现病情。

物联网的应用案例 2：害虫防治（精准农业）

在农业方面，通过部署在农作物区域的低功耗、高灵敏度和低成本的传感器，捕捉害虫啃噬农作物时的细微振动或昆虫翅膀的振动频率，上传到云服务器。通过模式识别、人工智能等技术从大数据中分析出昆虫的种类，判断其是否为害虫，为防治害虫提供决策依据，系统确认昆虫是害虫后，自动调用无人机喷洒相应农药，通过早期监测和处理害虫来避免农作物受损。利用农业灌溉传感器实时采集土壤的温度、湿度、含盐量和微量元素等，优化灌溉和施肥策略，从而提高农作物的产量和质量。

随着传感器技术特别是 MEMS 传感器等底层硬件设备向智能化、微型化发展，物联网相关技术将驱动应用产品向智能、便捷、低功耗方向发展，物联网解决方案日趋成熟，将在工业物联网行业、智慧医疗、智慧城市、可穿戴设备和智慧农业等行业实现持续发展。

1.3 嵌入式初学者杂谈

初学者刚踏上嵌入式学习征途，与入门其他领域一样，面对铺天盖地的专有名词和行业基本知识感到无比彷徨，部分初学者可能会利用网络搜索相关词条和解释，但很快发现搜索一个内容会牵扯到另一个陌生的名词，如此往复下去，会发现需要学习的内容越来越多。其实，初学者不必气馁，任何一个领域或行业都有其专业的知识，对于这些行业内的基本知识，随着学习的不断深入，有些知识自然而然地就懂了，其中最有效的学习方式就是多听多问，多与行业内的人交流沟通。下面就几个嵌入式行业中初学者容易困惑的问题进行分析。

1.3.1 MCU、MPU、ARM、FPGA、DSP 概念

MCU、MPU、ARM、FPGA、DSP 这些都属于嵌入式系统的范畴，很多初学者比较困惑，不知道选择学习哪种处理器，下面对这些概念进行简单介绍。

1. MCU、MPU、ARM

（1）MCU：Micro-Control Unit，嵌入式微控制器，俗称单片机（Single Chip Microcomputer）。单片机由来已久，它是把 CPU、随机存储器 RAM、只读存储器 ROM、I/O、中断系统、定时器/计时器、各种功能外设等资源集成到一个芯片上的微型计算机系统，故称单片机，其只需很少的外围电路或不需要外围电路，直接供电即可工作，是一种芯片级的计算机。

典型的 MCU 公司有 Renesas（瑞萨）、NXP（恩智浦）、Microchip（微芯）、ST（意法半导体）、Atmel（爱特梅尔）、TI（德州仪器）、Toshiba（东芝）、Samsung（三星）、Fujitsu（富士通）、AMD（超威半导体）、Cypress（赛普拉斯）、宏晶、凌阳、新唐等。

典型的 MCU 芯片有 80C51 系列单片机、Atmel 公司的 AVR 单片机、Microchip 公司的 PIC、TI 公司的 MSP430、ST 公司的 STM32 系列、NXP 公司的 LPC1700 系列芯片，典型的应用产品有工业控制器、智能手环、血糖仪、智能家电等。

本质上，MCU 就是一个微型的计算机，广泛应用于玩具、工业控制、家电等领域，从微控制器的发展来看，MCU 从经典的 8 位机（51 单片机）、16 位机（PIC、MSP430 等）发展为如今高性能的 32 位机（STM32、LPC2000 等），在主频、ROM 大小及外设接口方面有翻天覆地的变化，应用领域和场合也在不断扩展和更新中。

（2）MPU：Micro-Processor Unit，嵌入式微处理器。MPU 是由通用计算机中的 CPU 演变而来的，可以理解为增强版的 CPU，即不带外围功能的器件。

嵌入式微处理器系统需要在 MPU 的基础上添加 RAM、ROM、Flash、电源等外围电路，以及 USB、LCD、键盘等外部设备，而 MCU 则是将 RAM、ROM、定时器等外设集成在一个芯片上，形成芯片级的系统，即 MCU 集成了外围功能器件。

（3）ARM：既是一家公司名称，又是一类技术和产品的统称。ARM 公司设计的芯片主要涉及嵌入式移动设备领域，其芯片架构相比于 Intel 公司的芯片，指令集更加紧凑、简单，功耗和成本更低，在移动消费电子领域占据着很大的市场份额。ARM 公司目前主要授权三个系列的芯片设计，即 ARM9、ARM11 和 Cortex，产品体系涉及微控制器系列、微处理器系列及更高端的产品系列。图 1-7 所示为基于 ARM Cortex-A15 内核设计的芯片。

图 1-7 基于 ARM Cortex-A15 内核设计的芯片

MCU 由于体积小、功耗低、价格低廉，适用于功能较为单一、耗电量低、对价格敏感、便携式的产品应用，如微波炉、智能手环及电动车上的电动机控制器等。MPU 在处理能力方面比 MCU 更强大，而且可以扩展更大的内存空间，因此在主频、功耗、体积及价格方面相对较高。通常在 MPU 上搭载一个操作系统，如 Linux、Android 等，相比而言，搭载操作系统的 MPU 功能更强大，人机界面也可以设计得更为人性化。MPU 广泛应用于功能多样、人机交互系统较为强大、对运算速度有较高要求的应用场合，如多媒体设备、移动终端设备等消费类电子产品领域，典型应用产品有智能手机、平板电脑、路由器、数码相机等。常见的微处理器有 Motorola 公司的 68K 系列和 Intel 公司的 8086 系列，以及基于 ARM 的 Cortex-A 处理器内核开发的系列芯片，如飞思卡尔的 i.MX6、TI 公司的 AM335X、Samsung 公司的 S3C2410 和 S3C6410 等都属于 MPU。

随着技术的发展，以及市场及需求等方面因素，MPU 和 MCU 的界限日趋模糊，如 32 位 MCU 的主频越来越高，功能也越来越强大，ARM 的 Cortex-M7 系列芯片的主频已高达 600MHz，而 Cortex-A 系列芯片的主频已不低于 1GHz。因此，可以简单地认为，MPU 应用于高端应用市场，如智能手机等消费电子市场领域，而 MCU 则应用于中、低端市场，如工业控制领域。具体而言，在 ARM 产品体系中，Cortex-A 系列属于 MPU，Cortex-M7 系列属于 MCU。

2. DSP

DSP 具有以下两种含义。

（1）数字信号处理（Digital Signal Processing，DSP），是用数值计算的方式对信号进行加工处理的理论和技术。信息化的基础是数字化，对数字信号进行处理就用到数字信号处理技术。

（2）数字信号处理器（Digital Signal Processor，DSP）是一种专用于数字信号处理领域的微处理器芯片，将数字信号处理算法用具体的器件实现。MPU 在控制方面具有优势，但对需要进行大量离散时间信号高速实时处理的数字信号处理算法而言，MPU 无论是在高速实时运算上还是在效率上都无法满足要求，因此，专门针对数字信号处理的 DSP 芯片应运而生。

DSP 采用专用的硬件乘法器，配以专门的 DSP 指令，采用程序和数据分开存储的哈佛体系结构，支持流水线操作，允许取指令和执行指令同时进行，有效地提高了微处理器的处理速度，每秒能处理数以千万条复杂的指令程序，远远超过通用微处理器的处理速度。DSP 具有强大的数据处理能力和较高的运行速度，主要应用于数字信号处理领域，如调制解调、数字加密/解密、图像处理中的卷积、数字滤波、FFT（快速傅里叶变换）、语音处理等数字信号处理的算法实现。

DSP 芯片的主要厂商有 TI（德州仪器）、ADI（美国模拟器件公司）、Motorola（摩托罗拉）、Lucent（朗讯科技）和 Zilog（齐洛格）等，其中 TI 占据着绝大多数的市场份额。

TI 公司的典型产品的低端系列如 TMS320C2000，主要用于数字控制、电动机控制等领域；高端系列如 TMS320C5000/C6000，主要用于视频图像处理和通信设备领域。图 1-8 所示为 DSP。

图 1-8　DSP

3. FPGA

FPGA（Field-Programmable Gate Array，现场可编程门阵列）的内部包含了大量的逻辑单元、丰富的触发器资源和 I/O 引脚，借助硬件描述语言或其他方式，用户可以根据设计需求修改其内部硬件结构，从而实现系统功能。区别于 MCU、DSP 等硬件固定且只能通过修改软件实现功能的方式，FPGA 是用硬件来实现算法或控制的。

通俗地讲，FPGA 就是一张白纸，可以任意实现所需功能，无论是复杂的 CPU，还是简单的数字逻辑电路，都可以用 FPGA 实现，而单片机、ARM 及 DSP 是已成型的机器，单片机和 ARM 能实现的功能，FPGA 也一定可以实现，反过来不一定可行。

典型的 FPGA 厂商有 Altera（阿尔特拉）、Xilinx（赛灵思）、Lattice（莱迪思）、Atmel（爱特梅尔）、TI（德州仪器）、Cypress（赛普拉斯）等，典型产品有 Altera 公司侧重于低成本应用的 Cyclone 系列、高性能应用的 Stratix 系列，Xilinx 公司的 Spartan、Virtex 系列，Lattice 公司的 EPC、iCE 系列等。图 1-9 所示为 Lattice 公司的 FPGA 芯片。

图 1-9　Lattice 公司的 FPGA 芯片

虽然 FPGA 功能强大，但在实际开发过程中，需要综合考虑成本、功耗、开发难易程度和市场需求等因素，如虽然 FPGA 可用于实现数字系统，但是使用简单的微控制器通常也能够达到同样的效果，且微控制器价格相对较低，因此即使 FPGA 功能强大，但未必适合所有情况。尽管如此，FPGA 一经发明，其发展速度之快、应用领域之广，已超出人们的想象，FPGA 领域主流的厂商 Xilinx 公司用"All Programmable"形容 FPGA，其在应用领域的飞速发展得益于 FPGA 突出的两大优势：一是灵活性，可以现场配置器件功能，不再受硬件的制约，且它能够在技术和要求变化时进行重新配置，实现系统除错或升级，延长产品的生命周期；二是高性能（速度快），FPGA 用硬件处理数据，采用并发和流水两种技术，多个模块之间可以同时并行执行。基于上述突出优势，FPGA 在通信设备的高速接口电路、数字信号处理及 SOPC 等方向上得到了广泛应用。

如果说 FPGA 是采用硬件来实现算法的，那么 DSP 就是通过软件来实现算法的，而ARM 作为一类技术的总称，其优势主要体现在控制方面。DSP 或 MCU 等系统一般的处理流程如图 1-10 所示。复杂的嵌入式系统往往是复合架构，可以是 "FPGA+ARM" "FPGA+DSP" "DSP+ARM"，甚至是 "FPGA+ARM+DSP"，大量数据的处理和特定算法用 FPGA 实现，通信和数据处理算法用 DSP 实现，而显示、控制、通信等用 ARM 实现。

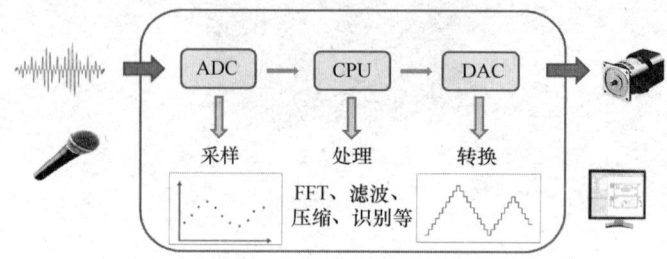

图 1-10　DSP 或 MCU 等系统一般的处理流程

相对而言，MCU 入门简单，FPGA 对数字电路的要求较高，DSP 的开发需要具备数字信号处理算法的理论知识并掌握面向对象的编程语言（如 C++或 Java 等），初学者可以先学习 MCU，对于要求更高的 FPGA 和 DSP 则可以根据自身需求有针对性地选择深入学习。

1.3.2　MCU 开发与 ARM-Linux 开发的区别

现阶段，MCU 开发和 ARM-Linux 开发均可被称为嵌入式开发，二者既有区别又有联系。

MCU 开发就是常说的单片机开发，偏向硬件，开发者需要具备数字电子技术、模拟电子技术、微机原理等相关理论知识，掌握绘制电路板等专业技能，涉及电子信息工程、通信工程、自动化等相关专业，在嵌入式开发领域中，常称其开发者为硬件开发工程师。

嵌入式系统的开发分为裸机开发和基于嵌入式实时操作系统的开发两种模式。裸机开发方式与 51 单片机没有太大区别，主要涉及 GPIO、EXTI、UART、TIM、ADC 等片上外设。嵌入式系统特别是 32 位的 MCU，多采用 ARM、RISC-V 等先进的精简指令集架构，主频较高，具有丰富的片上外设，集成有更多的 I^2C、SPI、ADC、DMA 等接口，采用存储器地址映射方式将这些外设与存储器进行统一编址，这样就可以通过存储器地址访问这些外设。32 位以上的 MCU 的内部寄存器数量庞大，直接操作寄存器的开发方式已很难满足要求，所以嵌入式系统多采用基于库函数的开发方式。例如，ST 公司针对 ARM Cortex-M 内核开发的 STM32 系列产品，为 STM32 的开发提供了各种固件库，如标准外设库、HAL 库、LL 库等，这些位于嵌入式系统组成结构中间层的库文件屏蔽了复杂的寄存器开发，使得嵌入式开发者通过调用 API 函数的方式就能迅速搭建系统原型，在提高开发效率、降低开发成本、缩短开发周期等关键环节具有明显的优势。目前基于库的开发方式已成为嵌入式系统开发的主流模式。

基于嵌入式实时操作系统（Real Time Operating System，RTOS）开发方式，操作系统通过封装屏蔽底层硬件操作的细节，为上层应用程序提供抽象接口，成为衔接硬件和应用软件的桥梁，提高了微处理器的通用性，基于 RTOS 的开发适合于处理多个任务或复杂控制逻辑的应用场景。通过任务划分和模块化设计，嵌入式实时操作系统为复杂项目的开发提供对硬件资源的有效管理和对应用程序的调度，实现更高层次的抽象，降低了开发难度，具有较高的实时性、可靠性和效率，提高了代码的可移植性。目前应用较为广泛的嵌入式实时操作系统主要有 μC/OS-III、FreeRTOS、Mbed OS、RT-Thread 等。

ARM-Linux 开发主要是指在嵌入式 Linux 系统上进行的开发，偏向软件，开发者需具备数据结构、操作系统、计算机网络等相关理论知识和专业技能，涉及软件工程、计算机科学、物联网等相关专业，在嵌入式开发领域中，常称其开发者为软件开发工程师。

ARM-Linux 开发主要涉及的内容包括 Linux 内核与移植、Bootloader、Linux 文件 I/O、Linux 多任务编程、Linux 进程间通信、Linux 多线程编程、Linux 网络编程（TCP/IP、套接字 Socket、ARP、NTP 等）、Linux 设备驱动编程及 Android 应用编程等。

随着行业分工越来越细、越来越专业化，嵌入式系统既包含硬件又包含软件。相应地，针对不同的工作内容，一个嵌入式系统开发团队应该既有硬件开发者，又有软件开发者。

对于 ARM 的应用开发主要有以下两种方式。

（1）直接在 ARM 芯片上进行应用开发，不采用操作系统，又称裸机编程，这种开发方式主要应用于一些低端的 ARM 芯片，其开发过程与单片机类似，或者说就是在低端的 ARM 芯片上进行单片机应用程序的开发。

（2）在 ARM 芯片上运行操作系统，对硬件的操作需要编写相应的驱动程序，应用开发是基于操作系统的，这种开发方式与单片机的开发方式差异较大。表 1-2 所示为 ARM-Linux 开发与 MCU 开发的比较。

表 1-2　ARM-Linux 开发与 MCU 开发的比较

开发类型	硬件	开发方式	开发环境	启动方式	场合、行业
MCU 开发	开发板（下位机）；仿真器（调试器）：用于下载烧写程序和程序调试在线仿真；USB 线；CH340 USB 转串口驱动	直接裸机开发，单片机本身就是一个完整的计算机系统，有片内 RAM 和 Flash，以及 UART、I²C、AD 等外设，此类单片机的处理能力有限	集成开发环境/软件为 Keil μVision	通常芯片厂商将上电启动代码固化在芯片中，上电后直接跳转到程序入口处，实现系统的启动	工控领域、中低端家电、可穿戴设备等，如智能手环、微波炉、血糖仪
ARM-Linux 开发	开发板（下位机）；网线：用于连接开发板和上位机，实现 TFTP 下载内核（程序等）；串口线：用于开发过程中采用终端进行串口调试或下载程序；minicom 串口调试工具；SD 卡：用于存储 Bootloader、内核映像，引导系统启动	通常只是一个 CPU，需要外部电路提供 RAM，此类 ARM 芯片的处理能力很强大，通过外部电路可实现各种复杂的功能，上位机需要安装操作系统（Ubuntu）或采用虚拟机安装 Ubuntu	集成开发环境/软件包括 Eclipse、QT 图形界面	与计算机启动方式类似，启动一般包括 BIOS、Bootloader、内核启动、应用程序启动等阶段	消费电子、高端应用，如智能手机、平板电脑、单反相机等

1.3.3　开源硬件 Arduino 和树莓派

在开源硬件领域中，Arduino 和树莓派（Raspberry Pi）都是电子创意设计常用的开发平台和工具。Arduino 是一款优秀的硬件开发平台，其简单的开发方式使初学者能快速搭建起创意原型，有效降低了学习难度，缩短了开发周期，并且有很多第三方商家为 Arduino 设计了很多图形化的编程工具，进一步降低了学习难度。图 1-11 所示为典型的 Arduino 开发板及其应用。

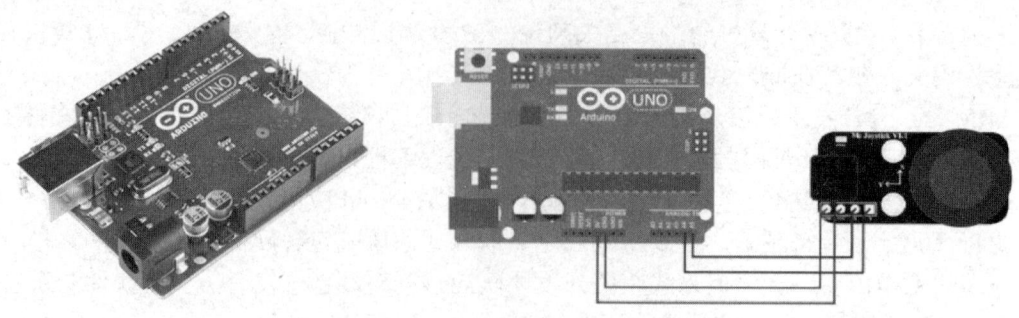

图 1-11　典型的 Arduino 开发板及其应用

　　树莓派就是一台小型的计算机，是专门为学习计算机编程教育设计的一种微型计算机。目前，最新版本为 Raspberry Pi 3，在仅有一张信用卡大小的面积上，集成了 CPU（Raspberry Pi 3 基于 ARM Cortex-A53 内核，Raspberry Pi B 基于 ARM11 内核）、内存（SD 卡）、10/100 以太网接口、USB 接口、HDMI 接口、电视输出接口，并且其系统基于 Linux 操作系统，所以只需要接通显示器和键盘，即可执行如电子表格、文字处理、播放高清视频等任务。图 1-12 所示为 Raspberry Pi 3 的开发板。

图 1-12　Raspberry Pi 3 的开发板

　　总之，Arduino 就是一款单片机，而 Raspberry Pi 是一台运行 Linux 系统的微型计算机。

1.4　嵌入式系统开发流程

　　对于准备进入嵌入式领域的初学者来说，嵌入式系统的开发流程虽然不需要深入掌握，但需要知道相关步骤。目前，工程教育界流行的基于"项目化"的教学模式，其初衷也是让初学者能够从项目的全局出发，构建一个典型的开发模式，并在实施过程中着眼于细节，从而使初学者能更快地掌握相关内容。初学者只有知道其大体的开发流程，才能在以后的学习和实践中快速地积累经验，迅速成长为一名合格的开发者。

　　嵌入式系统自身的特性决定了嵌入式系统开发与通用计算机系统的开发有着明显的区别。嵌入式系统开发主要由系统总体开发、嵌入式软硬件开发、系统测试三部分组成，具体又细分为系统需求分析、系统总体设计、系统软硬件设计、系统软硬件测试，其开发流程如图 1-13 所示。

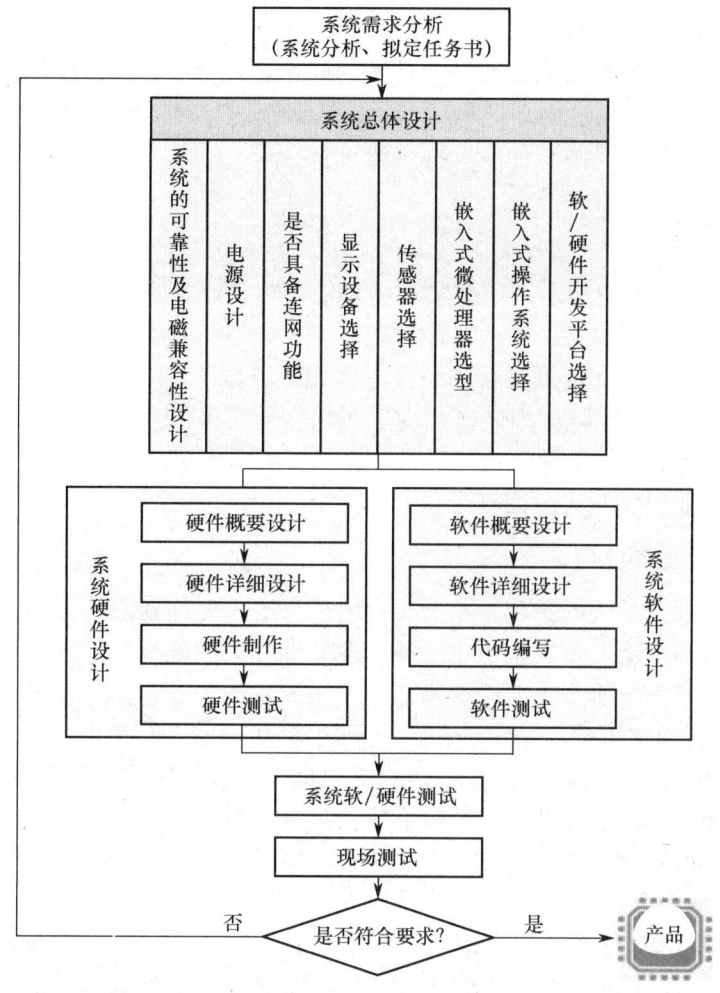

图 1-13　嵌入式系统开发流程

1.4.1　系统需求分析

嵌入式系统的需求主要有两种：功能性需求和非功能性需求。其中，功能性需求是指系统具有什么样的功能；而非功能性需求用于说明系统的其他属性，如物理尺寸、价格、功耗、设计时间、可靠性等。系统需求分析的目的是明确系统要实现的功能，确定系统的设计任务和设计目标。只有确定了系统需要具体实现哪些功能，开发者才能够分析和寻求系统的解决方案。

系统需求分析需要有经验的系统分析师从市场定位、客户、成本、受众群体、价格、后续客户的开发等方面进行深入的可行性分析，使得产品定位准确化、精细化，受众群体明确化、明晰化。把握市场需求和受众群体的兴趣转移规律，就需要分析市场上现有同类产品的优劣及市场定位，从而对新产品的定位有明确的概念，这就是开发前期重中之重的系统需求分析。系统需求分析得出的阶段性成果是需求分析任务书，为下一阶段的系统总体设计提供强有力的支撑。当然，在实际产品开发中，系统需求分析不可能一蹴而就，由于经验、行业、眼界和角色等因素的不同，系统需求分析有可能会在系统开发的每个阶段都进行调整，但主要的功能需求应在此阶段确定下来，后续阶段只是部分功能的微调，否则系统开发期限将会无限期地延长并最终导致失败。

通过系统需求分析得到嵌入式系统的基本功能和各项性能指标，如系统处理的数据量的大小、对实时性的要求、系统的功耗与体积，以及系统运行时突发事件的处理等，从而拟定系统任务书，为下一步的系统总体设计提供设计依据。

1.4.2 系统总体设计

通过系统需求分析，明确了系统要实现的功能，然后针对该系统了解当前有哪些可行的解决方案，通过方案之间的对比，从器件选型、外设接口、成本、性能、开发周期、开发难度等方面进行考量，最终确定最适合的系统总体设计方案。

通常，系统的某些功能既可用硬件实现又可用软件实现，而有些功能只能通过具体的硬件实现，这就需要对系统的软硬件功能进行划分，明确哪些功能用软件实现比较合理且可以节省成本，哪些功能用硬件实现比较合适且高效。

1. 嵌入式微处理器选型

面向应用是嵌入式系统的特色，嵌入式系统天然地与硬件紧密结合，具体的应用需求决定嵌入式微处理器的性能选型，需要对各种类型的嵌入式微处理器进行分析、筛选，以更好地满足系统需求。参考各项性能指标选择适合系统需求的微处理器，主要从功耗、体积、成本、可靠性、速度、处理能力、接口数量、电磁兼容等方面进行考虑。

当应用领域不同时，嵌入式微处理器的选型也有较大的不同，如针对简单的智能仪器仪表的设计，首要选择 8 位的 8051 系列单片机；针对数字信号处理领域，选用 TI 公司的 TMS320x 系列的 DSP（数字信号处理）芯片；针对高性能、消费电子领域，可选用 32 位的 ARM 相关内核芯片系列。

总体来说，嵌入式微处理器选型的基本原则是能够满足具体功能性和非功能性指标的需求，并且市场应用广泛、软硬件配置合理。此外，还要考虑此系列微处理器的供货渠道是否稳定、有无可替代型号的微处理器及替代的风险。一般一款微处理器的生存周期是 5～8 年，所以不建议选用快停产的微处理器。

2. 软硬件开发平台选择

由于嵌入式系统的专用性特点，且嵌入式系统的硬件平台和软件平台多种多样，因此一般芯片厂商会针对不同的微处理器提供相应的开发平台，如 ARM 的常用集成开发工具是 MDK，这就需要考虑开发者对此系列微处理器开发平台的熟悉程度，这在一定程度上影响系统的开发进度及开发风险程度。

3. 嵌入式操作系统选择

以嵌入式微处理器为中心的硬件电路提供了裸机运行平台，要充分利用系统有限的硬件资源，有时还需要嵌入式实时操作系统（Real Time Operating System，RTOS）的支持。

若需要使用嵌入式操作系统，则需要提前确定是选择商业付费的嵌入式操作系统（如 WinCE、VxWorks、PalmOS 等），还是选择免费开源的嵌入式实时操作系统（如 Linux、Android、FreeRTOS、μC/OS-II 等）。此外，不同的嵌入式操作系统一般会有配套的开发工具，如 WinCE 的集成开发环境是 WinCE Platform，VxWorks 的集成开发环境是 Tornado 等。

4. 传感器选择

传感器是感知现实物理世界的基础,根据系统需求选择合适的传感器是确保系统开发成功的基础,需要考虑采用传统传感器还是采用 MEMS 传感器。

5. 显示设备选择

根据系统需求确定显示装置采用 OLED 屏还是 LCD 屏,或者其他显示设备。

6. 是否具备联网功能

物联网时代的人与物感知交互,所设计的系统是否需要具备联网功能是产品定位中一个很重要的因素。联网是采用无线连接方式还是采用有线连接方式?无线连接方式是采用 Wi-Fi 还是蓝牙或 ZigBee?这些问题都需要提前确定。

7. 电源设计

嵌入式系统中电源为低电压多重电源供电,设计较为复杂且至关重要。

8. 系统的可靠性及电磁兼容性(Electro Magnetic Compatibility,EMC)设计

嵌入式系统对电磁兼容性和可靠性的要求往往很高,设计时要进行充分考虑。

1.4.3　系统软硬件设计

系统软硬件设计主要是指在系统总体设计方案基础上进一步细化,具体从系统硬件设计和系统软件设计两方面入手。

系统硬件设计由硬件概要设计、硬件详细设计、硬件制作及硬件测试等阶段组成。

硬件概要设计:主要从硬件角度出发,确认整个系统的架构,并按功能划分各个模块,确定各个模块的大体实现。根据系统要实现的具体功能,确定需要哪些外围功能电路,并以此来进行微处理器的选型,因为一旦确定了微处理器,其周围的外设功能电路就要参考该微处理器厂商提供的系统解决方案进行电路设计,如采用外接 A/D 还是采用片内 A/D,采用哪种通信方式,以及有哪些外部接口等,还需要考虑电磁兼容问题。

硬件详细设计:主要根据系统的功能要求完成整个硬件的设计,包括原理图和 PCB 的绘制。

在硬件详细设计完成后,就进入具体的硬件制作。

硬件制作完成后,需要对硬件进行测试。主要测试内容如下。

(1)测试 PCB 板是否存在短路,元器件是否焊错、漏焊、虚焊等。

(2)测试各电源对地电阻是否正常。

(3)上电,测试电源是否正常。

(4)分模块调试硬件,可借助相关仪器设备(如示波器、逻辑分析仪等)。

软件设计由软件概要设计、软件详细设计、代码编写、软件测试等阶段组成。

软件概要设计:主要是依据系统要求,将整个系统按功能进行模块划分,定义各功能模块之间的接口及模块内主要的数据结构等。

软件详细设计:主要指各功能函数接口的定义,函数接口完成算法、数据结构、全局变量及完成任务时各个功能函数接口的调用流程设计。

在软件详细设计完成后，进入具体的编码阶段，在软件详细设计的指导下建立交叉开发环境，完成整个系统的软件代码编写，满足目标系统的功能、性能、接口、界面等方面的要求。

最后进行软件测试，主要是验证软件单个功能是否实现，验证软件整个产品功能是否实现。

1.4.4 系统软硬件测试

把系统的软硬件和执行机构集成在一起进行整体测试，检验系统是否满足实际需求。发现其中存在的问题，并改进设计过程中的不足。主要有系统整体功能测试、性能参数测试及电磁兼容性测试等。

本章小结

（1）嵌入式系统不仅在内核、主频及片上外设等方面与 51 单片机有着很大的差异，其开发方式也有着截然不同的理念。51 单片机基于 8 位的 MCS-51 内核，主频比较低，片上外设一般只有 GPIO、EXTI、UART、TIM、ADC 等基本部分，由于内部寄存器较少，多采用直接操作寄存器的开发方式，嵌入式系统特别是 32 位 MCU，具有丰富的片上外设，其内部寄存器数量较多，因此嵌入式系统主要采用基于库函数的开发方式。

（2）微型计算机根据应用的不同，形成两个发展分支：通用计算机系统和嵌入式系统。通用计算机系统侧重于高速、海量的数据计算，满足多媒体通用化的需求。

早期将微型计算机"嵌入"大型设备中，如轮机驾驶舱、工业设备中，实现智能化控制，形成以应用为中心，软硬件可裁剪，系统对功能、可靠性、成本、体积、功耗等严格要求的专用计算机系统。随着时代和技术的变迁，嵌入式系统已不再局限于"嵌入"的概念，而是与通用计算机相结合，向更高性能、智能化发展，嵌入式与人工智能相结合已成为嵌入式系统的热门领域。

嵌入式系统的特点是，根据具体应用对象的不同对其软硬件进行定制，实现对对象体系的智能化控制，嵌入式系统是面向用户、面向产品、面向应用的。

（3）嵌入式系统的开发主要有裸机开发和 RTOS 开发两大部分，其中裸机开发部分与 51 单片机没有区别，两者主要在 RTOS 开发上有所不同，因此，掌握 RTOS 是嵌入式系统的精髓。

（4）MCU 微控制器侧重的是控制，DSP 具有强大的数据处理能力和较高的运行速度，主要用于信号处理，如图像处理、加密解密等算法实现。FPGA 是专用集成电路（ASIC）中集成度较高的一种半定制集成电路芯片，用于大型复杂的逻辑控制，采用 VHDL 或 Verilog HDL 实现。

ARM 是一类技术的总称，一般指 MCU/MPU，优势主要体现在控制方面，用于工业控制、消费电子等领域的应用程序开发。

（5）嵌入式系统的开发强调软硬件协同设计，由系统需求分析、系统总体设计、系统软硬件设计及系统软硬件测试等组成。

习题与思考

一、选择题

1. 以下选项中不属于嵌入式系统的是（　　　）。
   A. 手机
   B. 微波炉
   C. 笔记本电脑
   D. B 型超声诊断仪

2. 嵌入式微处理器类型中属于微控制器类型的是（　　　）。
   A. DSP
   B. MCU
   C. FPGA
   D. MPU

3. 以下不属于嵌入式系统特点的是（　　　）。
   A. 软件、硬件可裁剪
   B. 可二次开发
   C. 体积小，功耗低
   D. 系统通用性差

4. 嵌入式操作系统是一种专用于资源受限的嵌入式系统的操作系统，以下不属于嵌入式操作系统的是（　　　）。
   A. FreeRTOS
   B. μC/OS-II
   C. Windows
   D. Linux

5. 以下嵌入式系统开发软件中用于 PCB 设计的是（　　　）。
   A. ARM-MDK
   B. STM32CubeMX
   C. Altium Designer
   D. IAR

二、填空题

1. 微处理器的发展根据应用的不同，形成了微型计算机的两大分支，分别是通用计算机系统和_____。

2. 嵌入式系统一般由嵌入式微处理器、外围硬件设备、嵌入式操作系统及_____ 4 部分组成。

3. 嵌入式系统是以_____为中心，以计算机技术为基础，软硬件可裁剪的专用计算机系统。

4. 嵌入式系统的开发主要由系统需求分析、_____、系统软硬件设计及系统软硬件测试等组成。

三、判断题

1. 嵌入式系统是专用的计算机系统。（　　　）
2. 嵌入式 AI 不包括物联网和人工智能。（　　　）
3. 嵌入式系统的英文简写是 Embedded System。（　　　）
4. 嵌入式系统与通用计算机系统的功能和开发方式是相同的。（　　　）
5. 嵌入式系统的主要目标是提供对硬件资源的有效管理和对应用程序的调度，以实现系统的可靠性、实时性和效率。（　　　）

四、简答题

1. 什么是嵌入式系统？嵌入式系统主要有哪些特点？
2. 嵌入式系统主要由哪几部分组成？

3．简述通用计算机系统与嵌入式系统的区别与联系。

4．简述嵌入式系统的开发流程。

五、综合应用题

1．从功能概述、系统结构组成、功能模块等方面设计实现厨余垃圾智能监测系统（或选择一个嵌入式系统进行案例分析，分别从功能概述、系统结构组成、功能模块等方面进行分析）。

2．嵌入式系统发展随时代变迁，其概念和内容随时代需求不断外延，通过查阅相关文献，阐述人工智能时代下嵌入式系统与人工智能相结合的发展前景、技术路线及应用案例，以技术报告的形式提交。

第 2 章　ARM Cortex-M3 内核与 STM32 微控制器

Cortex-M3 是 ARM 公司于 2004 年推出的基于 ARMv7-M 架构的 32 位微处理器，具有功耗低、价格低、性能高、调试容易等特点，市场反应较好，本章对 ARM 体系结构、ARM Cortex-M3 内核及 STM32 微控制器结构进行简单介绍。

知识目标

- 阐释和归纳冯·诺依曼结构与哈佛结构的区别，明晰 CISC 和 RISC 的区别和联系。
- 了解 ARM 体系结构，分析和归纳 ARM Cortex-M3 内核架构。
- 理解 STM32 微控制器结构，熟悉和阐述 STM32 的中断系统、时钟系统和存储系统。

能力目标

- 查阅常见半导体厂商及其典型产品的信息，获取嵌入式系统相关的行业知识。
- 能够借助手册查找芯片相关寄存器地址，并根据手册分析寄存器功能。
- 能够根据官方源码及手册分析微控制器的存储结构、中断系统和时钟系统。

思维与素养目标

- 电子计算机的二进制运算方式与中国古代传统文化《易经》中"一阴一阳之谓道"有着异曲同工之妙；计算机所讲授的八进制亦与《易经》中的八卦蕴含着相同的朴素辩证的排列组合思想，通过对比分析，在理解计算机原理的同时，加深对传统文化的了解。
- 现代 CPU 中流水线技术的应用借鉴了工业流水线的思想，有效利用资源，提高了效率，人在处理现实事务时，形成并行运算思维，有利于提高工作效率，提升综合能力。
- 国产芯片兆易创新的 GD32 同样是基于 ARM Cortex-M3 内核的 32 位 MCU，对标 ST 公司的 STM32 微控制器，通过对比国内与国外微控制器内核的学习，培养学生系统化、结构化的思维能力，孵化创新、创造的思考能力。

2.1　嵌入式系统基础知识

2.1.1　冯·诺依曼结构与哈佛结构

1. 冯·诺依曼结构

世界上第一台"可编程"电子计算机 ENIAC 由美国宾夕法尼亚大学的莫克利（JohnW.Mauchly）和艾克特（J.Presper Eckert）于 1946 年 2 月研制成功，ENIAC 采用十进制数进行计数，并没有采用现代计算机通用的二进制数和存储程序。存储程序的概念最早是由数学家冯·诺依曼提出的，存储程序的设计思想奠定了现代计算机的基石，人们把基于这种概念和原理设计出的电子计算机系统称为冯·诺依曼结构计算机。

计算机由运算器、控制器、存储器、输入设备和输出设备五大部分组成，早期的计算机多是以运算器为中心的冯·诺依曼结构计算机，其典型结构如图 2-1 所示。随着微电子技术和集成电路的发展，将运算器和控制器集成在一个芯片上，统称为 CPU，现代计算机则以存储器为中心，采用总线技术进行各部件间的信息传输。

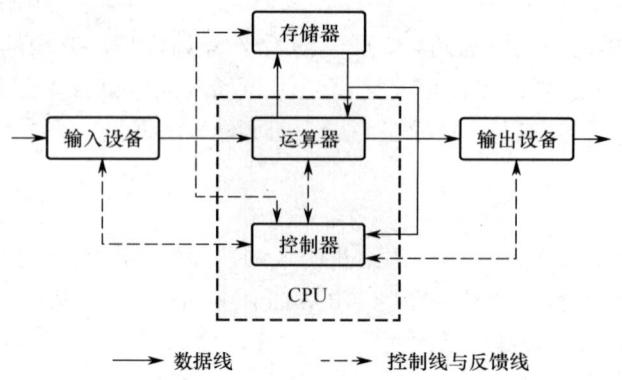

图 2-1 冯·诺依曼结构计算机的典型结构

冯·诺依曼结构又称普林斯顿结构，是一种指令和数据都采用二进制数表示且存储在同一个存储器中，并经同一条总线传输的存储器结构。冯·诺依曼结构如图 2-2 所示。

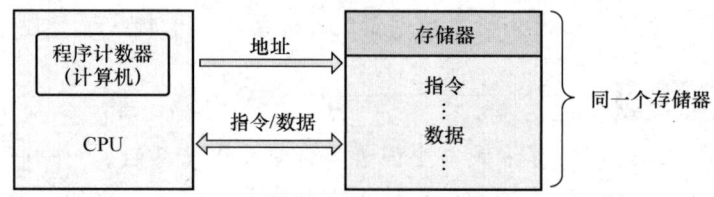

图 2-2 冯·诺依曼结构

冯·诺依曼结构中指令地址和数据地址指向同一个存储器的不同物理位置，两者统一编址且宽度相同。由于指令与数据存放在同一个存储器中，因此冯·诺依曼结构的计算机不能同时既取指令又取数据。存储器的速度远低于 CPU 的速度，这种指令和数据共享一条总线结构，使得信息流的传输方式成为限制系统性能的瓶颈，影响数据的处理速度。

早期的微处理器大多采用冯·诺依曼结构，典型代表是 Intel 8086 微处理器，取指令和取操作数通过分时复用的方式在同一条总线上传输，优点是易于实现、成本低，缺点是在高速运行时，不能同时取指令和取操作数，进而影响系统性能。ARM7、MIPS 处理器、Intel 8086 微处理器等都是冯·诺依曼结构的处理器。

2. 哈佛结构

哈佛结构是一种将程序指令和数据分开存储的存储器结构，目的是打破程序访问时的瓶颈，其结构如图 2-3 所示。指令存储器和数据存储器独立编址、独立访问，数据和指令分别存储在两个独立的存储器中，并且使用两条独立的总线分别与 CPU 进行信息交换，数据和指令的存储可以同时进行，执行时可以预先读取下一条指令，容易实现指令流水。因此，哈佛结构的微处理器大大提高了运算速度，具有较高的执行效率。另外，由于指令和数据分开存放，因此指令和数据可以有不同的宽度，如 Microchip 公司的 PIC16 芯片的程序指令是 14

位宽度的，而数据是 8 位的。目前，使用哈佛结构的微处理器很多，以 DSP 和 ARM 为代表，如 Microchip 公司的 PIC 系列芯片、Motorola 公司的 MC68 系列、Zilog 公司的 Z8 系列、Atmel 公司的 AVR 系列、ARM9、ARM11 和 Cortex。

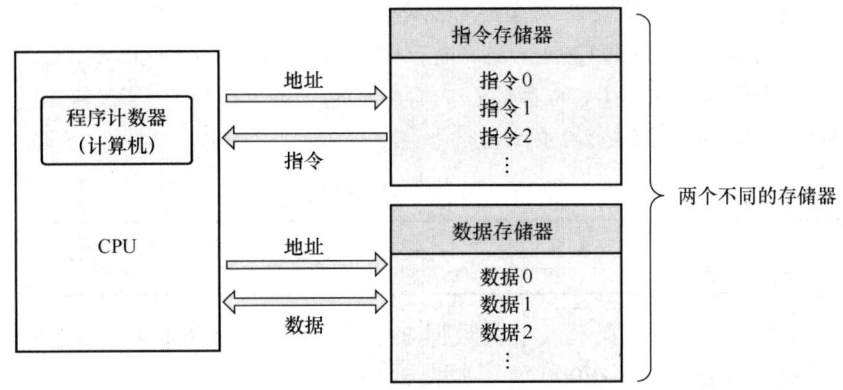

图 2-3　哈佛结构

冯·诺依曼结构多用于桌面处理器和移动处理器，哈佛结构主要用于嵌入式系统领域。与冯·诺依曼结构处理器比较，哈佛结构处理器有以下明显的特点。

（1）程序存储和数据存储相互独立，使用两个独立的存储器模块，分别存储指令和数据，每个存储器模块都不允许指令和数据并存。

（2）使用独立的两条总线，分别作为 CPU 与每个存储器之间的专用通信路径，而这两条总线之间毫无关联。

（3）CPU 采用不同的指令来访问程序和数据。

『巩固与应用 1』（全国计算机等级考试试题）关于冯·诺依曼结构，下列说法正确的是（　　）。

A．采用存储程序的方式工作

B．程序和数据存放在不同的存储器中

C．计算机自动完成逐条取出指令和执行指令的任务

D．目前使用的大部分计算机都属于或基本属于冯·诺依曼结构

答案：ACD

『巩固与应用 2』（嵌入式系统设计师考试试题）计算机的体系结构一般分为冯·诺依曼结构和哈佛结构两种，以下对哈佛结构的叙述中，不正确的是（　　）。

A．程序和数据保持在同一物理存储器上

B．指令、数据可以有不同宽度

C．DSP 属于哈佛结构

D．ARM9 属于哈佛结构

答案：A

2.1.2　ARM 存储模式

计算机的存储器是以字节为单位进行划分的，每个地址单元都对应 1 字节（Byte），1 字节占 8 位（bit），对于 8 位和 16 位的处理器体系结构，其字（Word）的长度为 16 位，而 32 位的 ARM 体系结构中，字的长度为 32 位，半字（Half-Word）的长度为 16 位。由于寄存器

宽度大于 1 字节，因此必然存在如何安排多字节和字节如何对齐的问题。当数据由多字节组成时，数据在内存中的存储方式有两种：小端模式与大端模式。小端模式的数据的低字节存放在内存低地址处，数据的高字节存放在内存高地址处；大端模式的数据的高字节存放在内存低地址处，数据的低字节存放在内存高地址处。

例如，一个 32 位的数据 0x12345678，内存中的地址为 0x8000～0x8003，则按小端模式进行存放时，其最低字节数据 0x78 存放在内存低地址 0x8000 处，最高字节数据 0x12 存放在内存高地址 0x8003 处，如表 2-1 所示。

表 2-1　小端模式有效数据

内存地址	0x8000	0x8001	0x8002	0x8003
数据（十六进制数）	0x78	0x56	0x34	0x12

若按大端模式进行存放，则最低字节数据 0x78 存放在内存高地址 0x8003 处，最高字节数据 0x12 存放在内存低地址 0x8000 处，如表 2-2 所示。

表 2-2　大端模式有效数据

内存地址	0x8000	0x8001	0x8002	0x8003
数据（十六进制数）	0x12	0x34	0x56	0x78

Intel 8086 系列的微处理器采用小端模式，大多数基于 RISC 指令集的微处理器采用大端模式，ARM、MIPS、PowerPC 等可以选择任意一种存储模式，如 Cortex-M3 既支持大端模式又支持小端模式，默认采用小端模式，STM32 微控制器采用小端模式存储。

『巩固与应用 3』（全国计算机等级考试试题）已知内存 0x80000000 中的内容为 0x33，0x80000001 中的内容为 0x31，0x80000002 中的内容为 0x30，0x80000003 中的内容为 0x32，则 ARM 在大端模式下地址 0x80000000 所指示的一个字为_____。

A．0x33303132　　　　　　　　　　B．0x32303133

C．0x32303331　　　　　　　　　　D．0x33313032

答案：D

『巩固与应用 4』（嵌入式系统设计师考试试题）存储一个 32 位数 0x12345678 到 1000H～1003H 这 4 个字节单元中，若以小端模式存储，则 1000H 存储单元的内容为____。

A．0x12　　　　　　　　　　　　　B．0x21

C．0x78　　　　　　　　　　　　　D．0x87

答案：C

2.1.3　CISC 和 RISC

计算机只能识别和处理"0"和"1"，把特定的由"0"和"1"组成的序列用作指令，通过指令来操作计算机，每种处理器都有各自的一整套指令，称为指令集，其直接影响计算机的处理效率。在计算机发展早期，随着计算机功能越来越强大，其指令集也越庞大和越复杂。特别是系列机的出现，为了兼容老旧机型，导致同一系列的计算机指令系统越来越复杂，这便是复杂指令集系统。复杂指令集系统使微处理器结构复杂，机器的设计和开发周期不断延长，成本越来越高，失败的比例也越大。为了解决这个问题，通过研究发现，程序中 80% 的指令仅用到指令系统中 20% 的指令，即典型的"二八原则"。因此，在指令集架构系统的设计上有两种方式：一种是 CISC（Complex Instruction Set Computer，复杂指令集计算机）；另一种是 RISC（Reduced Instruction Set Computer，精简指令集计算机）。

　　RISC 技术设计意图是用 20% 的简单指令的组合来实现那些不常用的 80% 的指令功能。因此，RISC 常选用使用频率较高的一些简单指令，这些简单指令的长度是固定的，指令格式和寻址方式的种类较少，便于指令的流水线操作；大量使用寄存器，除取数/存数（Load/Store）指令能够访问存储器外，其余指令的操作均在运行速度最快的寄存器内完成，并采用优化的编译程序来生成高效的目标代码。相比而言，CISC 的指令系统比较丰富，指令字长不固定，指令格式较多，寻址方式也多，绝大多数指令需要多个时钟周期才能执行完毕。因此，CISC 更多地应用于桌面和高性能计算机领域，典型的代表是台式机中的 8086 体系结构；RISC 主要针对低功耗、体积小的嵌入式领域和移动设备领域，典型代表是 ARM 处理器，它采用加载/存储（Load/Store）体系结构，是典型的 RISC 处理器，Atmel 公司自主研发的 32 位微处理器 AVR32 也是基于 RISC 架构的。RISC 技术与 CISC 技术的比较如表 2-3 所示。

表 2-3　RISC 技术与 CISC 技术的比较

指标	CISC 技术	RISC 技术
价格	硬件结构复杂，芯片成本高	硬件结构较简单，芯片成本低
流水线	减小代码尺寸，增加指令的执行周期数，注重硬件执行指令的功能性	使用流水线降低指令的执行周期数，增加代码密度
指令集	指令长度不固定，大量的混杂型指令集，具有专用指令完成特殊功能	指令长度固定，简单的单周期指令，不常用的功能由多个简单指令组合完成
功耗与体积	含有丰富的电路单元，功能强，体积大，功耗大	处理器结构简单，体积小，功耗小
设计周期	长	短
应用范围	通用桌面机、高性能计算机	嵌入式领域、移动设备

　　RISC 体系结构基本特点如下。

　　（1）指令集：RISC 减少了指令集的种类和数量，大多数指令只需要执行简单和基本的操作，其执行过程在一个机器周期内完成。

　　（2）寄存器：RISC 的处理器拥有更多的通用寄存器，寄存器操作多有利于提高效率，如 ARM 处理器具有 37 个寄存器，而 8086 处理器只有 14 个寄存器。

　　（3）Load/Store 结构：只保留 Load/Store 指令，操作数由 Load/Store 指令从存储器取出/放入寄存器内，即只有 Load/Store 指令可以访问存储器，其余指令都不允许进行存储器操作。

　　（4）流水线：RISC 采用单周期指令，且指令长度固定，便于流水线操作，能够实现更多级流水线操作。

　　（5）寻址方式简化，采用固定长度的指令格式，通过多条指令的组合来完成复杂操作。

　　（6）芯片逻辑不采用或少采用微码技术，而采用硬布线逻辑。

　　（7）优化编译。

　　随着半导体工艺技术的提高，以及芯片集成度和硬件速度的提高，为了进一步挖掘机器的性能，RISC 与 CISC 这两种技术已逐渐融合，如现代的处理器往往采用 CISC 架构，内部加入了 RISC 的特性；超长指令字指令集处理器融合了 RISC 和 CISC 的优势，成为未来处理器的发展方向之一，特别是在物联网蓬勃发展的今天，高性能、低功耗是集成电路设计共同追求的目标。

　　【巩固与应用 5】（嵌入式系统设计师考试试题）以下关于 RISC 和 CISC 的描述中，不正确的是（　　　）。

  A．RISC 强调对指令流水线的优化

  B．CISC 的指令集复杂庞大，而 RISC 的指令集简单

  C．CISC 体系结构下各种指令的执行时间相差不大

  D．RISC 采用 Load/Store 结构

  答案：C

2.1.4　流水线技术

  计算机中的流水线技术是模仿工业生产过程的流水线而提出的一种指令控制方式，把一个重复的过程分解为若干个子过程，每个子过程与其他子过程并行进行，由于这种工作方式与工厂中的生产流水线十分相似，因此称为流水线技术，该技术由 Intel 在 486 芯片中首次使用。本质上来讲，流水线技术是一种时间并行技术，将每条指令分解为多步，并让各步操作重叠，从而实现几条指令并行处理，但程序中的指令仍是一条一条顺序执行的，使用流水线可以预先取若干条指令，在取下一条指令的同时进行译码和执行其他指令，从而达到加快程序执行速度的目的。

  流水线是 RISC 处理器执行指令时采用的机制，如 ARM Cortex-M3 微控制器采用的 3 级流水线，即取指令→译码→执行。3 级流水线时序图如图 2-4 所示。

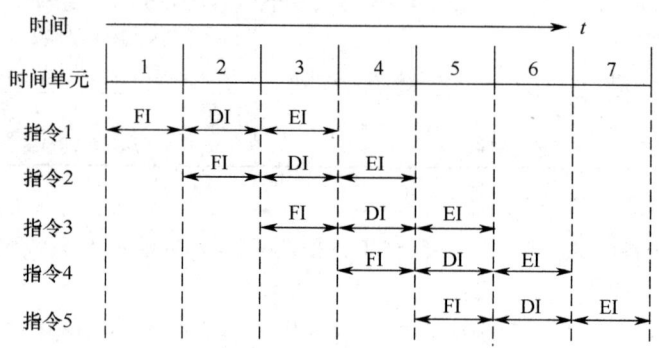

图 2-4　3 级流水线时序图

  取指令（Fetch Instruction，FI）：将指令从存储器中取出。

  译码（Decode Instruction，DI）：对所取指令进行翻译，分析该指令需要执行何种操作。

  执行（Execute Instruction，EI）：执行指令，完成指令所规定的任务。

  更高性能的 ARM 处理器采用 5 级流水线，即取指令→译码→执行→缓冲/数据→回写，ARM11 采用 7 级流水线，ARM Cortex-A9 采用可变流水线结构，支持 8～11 级流水线。

  流水线性能通常用吞吐率、加速比和效率三项指标来衡量，其详细介绍如下。

  吞吐率是指单位时间内流水线所完成的指令数或输出结果的数量。流水线的吞吐率与流水线处理时间有关，对于一个 m 段的指令流水线，若各段的执行时间为 Δt，则连续执行 n 条指令，除第一条指令需要时间为 $m\Delta t$ 外，其余 $(n-1)$ 条指令每隔 Δt 就有一条指令执行完成，即连续执行 n 条指令需要的总时间为 $m\Delta t + (n-1)\Delta t$。对于实际的微处理器，指令流水线各段所需时间并不一定相同，流水线执行 n 条指令所需时间的计算公式为

  所需时间=完成一条指令所需时间+(指令条数 n-1)×时间最长的指令段

  一般将时间最长的指令段所需时间称为流水线的周期。

吞吐率表示单位时间内流水线所完成的任务数或输出的结果数，因此计算方式为

$$吞吐率=指令条数/指令流水线所需时间$$

『例如』现有一个 3 级流水线分为取指令、译码和执行三部分，其中，取指令周期为 1ns，译码指令周期为 3ns，执行指令周期为 2ns，则完成 100 条指令的吞吐率是多少？

解析：由吞吐率的计算公式可知，需要先计算出执行 100 条指令流水线所需时间。

完成第一条指令需要 1+3+2=6ns，即若不采用指令流水线操作，则完成一条指令需要 6ns。由于采用的是指令流水线，在取指令、译码和执行三部分中，译码指令所需时间最长为 3ns，那么从第二条指令开始，每隔 3ns 就能完成一条指令，所以，完成 100 条指令流水线所需时间为 6+(100-1)×3=303ns，则吞吐率为(100/303)ns。

加速比是指完成一批任务不使用流水线所需时间和使用流水线所需时间之比。

若流水线各段的时间均为 Δt，采用流水线方式完成 n 条指令共需 $m\Delta t+(n-1)\Delta t$，而不采用流水线方式完成 n 条指令所需时间为 $mn\Delta t$，则加速比为

$$S_{\mathrm{p}}=\frac{mn\Delta t}{m\Delta t+(n-1)\Delta t}$$

『巩固与应用 6』（嵌入式系统设计师考试试题）现有 4 级指令流水线，分别完成取指令、取数、运算和传送结果 4 个步骤，若完成上述操作所需时间依次为 9ns、10ns、6ns、8ns，则流水线的操作周期应设计为_____ns。

答案：10

分析：流水线的基本原理是把一个重复的过程分解为若干个子过程，前一个子过程为下一个子过程创造执行条件，每个过程都可以与其他子过程同时进行，流水线各段执行时间最长的那段为整个流水线的瓶颈，一般地，将其执行时间称为流水线的周期。

『巩固与应用 7』（嵌入式系统设计师考试试题）某指令流水线由 4 段组成，各段所需时间如下。连续输入 8 条指令时的吞吐率（单位时间内流水线所完成的任务数或输出的结果数）为_____。

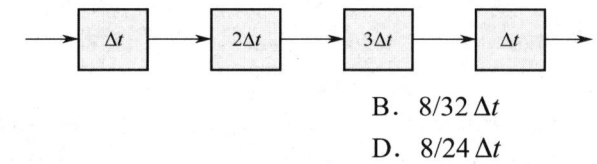

A．8/56 Δt B．8/32 Δt

C．8/28 Δt D．8/24 Δt

答案：C

分析：以流水线方式执行 8 条指令的执行时间为 $(\Delta t+2\Delta t+3\Delta t+\Delta t)+(8-1)\times 3\Delta t=28\Delta t$，则吞吐率为 8/28 Δt。

2.2 ARM

2.2.1 ARM 介绍

ARM 作为一家半导体公司，专门从事基于 RISC 技术芯片的设计开发，作为知识产权供应商，不直接生产芯片，而是通过转让技术设计许可，由合作公司生产各具特色的芯片，这是与其他半导体厂商显著不同的地方。世界各大半导体厂商从 ARM 公司购买其微处理器内核的设计许可，然后根据各自不同的应用领域加入适当的外围电路，形成自己的 ARM 微

处理器芯片，进而推向市场。

ARM 也可以被视为一种技术。目前，ARM 的合作伙伴遍及全球，几十家大的半导体公司都在使用 ARM 公司的授权，其中包括 Intel、IBM、TI、NEC、索尼等公司，如高通、博通等公司的一系列手机 IC 都具有 ARM 的 IP 授权，凡是内嵌有 ARM 微处理器内核和采用 ARM 架构的处理器，都统称为 ARM 处理器。基于 ARM 体系结构的微处理器芯片比较典型的有 Samsung 公司的 S3C2440、S3C6410 系列，ST 公司的 STM32 系列，NXP 公司的 LPC2000 系列等。同时 ARM 也得益于众多合作者，使得 ARM 技术获得了更多的第三方工具、软件的支持，形成了一条与芯片软硬件相关的完整的生态产业链。目前，ARM 微处理器及技术的应用已深入到国民经济的各个领域，主要应用领域有消费类电子、工业控制、无线设备、图像处理、存储、自动化和智能卡等。

概括起来，ARM 具有以下三种含义。

（1）ARM 是一家公司的名称，1991 年成立于英国剑桥，是一个在全球半导体行业技术领先的公司，其主要业务是设计 16 位和 32 位嵌入式处理器。

（2）ARM 是一项技术的名称，是一种 Advanced RISC Machines 32 位 RISC 处理器体系结构，就像 8086 架构是一种 CISC 体系结构一样。

（3）ARM 是一类微处理器芯片或产品的统称，是采用 ARM 技术开发的 RISC 处理器的统称。

2.2.2 ARM 体系结构

1. 体系结构

计算机的体系结构是指程序开发者针对具体的微处理器进行程序开发时所看到的计算机的属性，即计算机的逻辑结构与功能特性。体系结构主要包括微处理器所支持的指令集和基于该体系结构的微处理器的编程模型，对开发者来说，体系结构最重要的部分是该微处理器提供的指令系统和寄存器组。同一体系结构设计出来的微处理器可能性能各异，适用领域也会不同。ARM 体系结构为嵌入式半导体厂商提供了很好的内核，其处理器架构简单、体积小、功耗低，并且实现了较高的代码密度和性能。

ARM 公司的产品不断升级换代，形成了不同的体系结构，将 ARM 处理器按照体系结构大致分为 ARMv1、ARMv2、ARMv3、ARMv4、ARMv5、ARMv6、ARMv7 和 ARMv8 等，如图 2-5 所示（图中省略 ARMv1～ARMv3 和 ARMv8）。

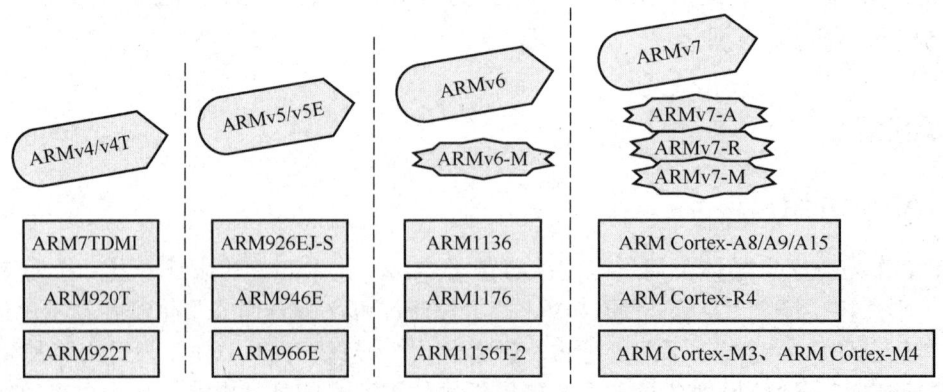

图 2-5　ARM 处理器体系结构

每个体系结构又分为不同的内核系列，如 ARMv7-A 有 ARM Cortex-A8、ARM Cortex-A9、ARM Cortex-A15 等内核系列。表 2-4 列出了主要的 ARM 处理器架构及典型内核产品。不同体系结构的 ARM 处理器性能差异很大，指令集的功能不同，其应用的领域也并非完全一致，但 ARM 体系结构在各个版本之间保持了很高的兼容性，因此基于这些版本的应用软件也是兼容的。

表 2-4　主要的 ARM 处理器架构及典型内核产品

ARM 体系结构	处理器位数	内核产品
ARMv4T	32	ARM7TDMI，ARM9TDMI
ARMv5	32	ARM7EJ、ARM9E
ARMv6	32	ARM11
ARMv6-M	32	ARM Cortex-M0，ARM Cortex-M0+
ARMv7-M	32	ARM Cortex-M3
ARMv7E-M	32	ARM Cortex-M4
ARMv7-R	32	ARM Cortex-R0、ARM Cortex-R5
ARMv7-A	32	ARM Cortex-A8、ARM Cortex-A9、ARM Cortex-A15
ARMv8-A	64/32	ARM Cortex-A53、ARM Cortex-A57

各版本之间的区别这里不再叙述，但要注意，架构版本号和具体芯片产品中的数字含义不同。例如，ARM7TDMI 是基于 ARMv4T 架构的（T 表示支持 Thumb 指令）芯片。同样地，ARMv7 是 ARM 处理器中最新的一个内核体系结构，而 ARM7 则是 ARM 处理器的具体产品系列，这便是内核体系结构与具体产品系列的区别。Samsung 公司基于 ARM 内核架构的系列产品如图 2-6 所示，SS6818 处理器的内核为 ARM Cortex-A53，其所属的 ARM 体系结构为 ARMv8-A。

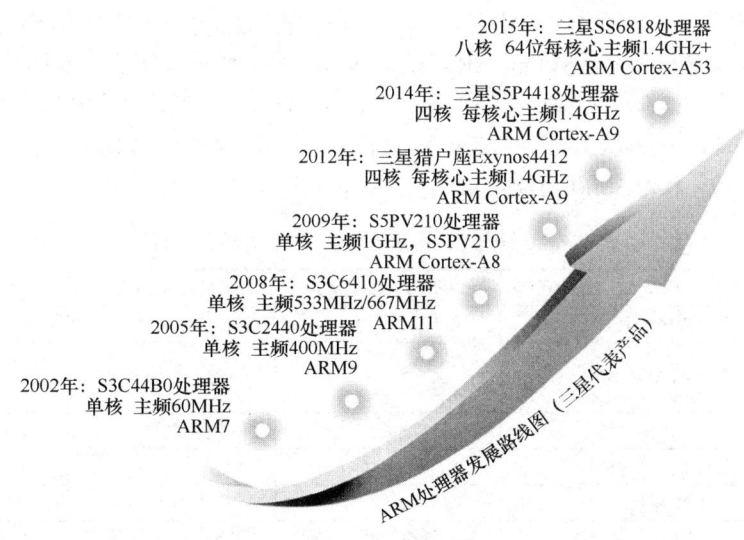

图 2-6　Samsung 公司基于 ARM 内核架构的系列产品

前面提到，ARM 公司不生产芯片，只是将设计出的 IP Core 授权给各大半导体厂商，由各大半导体厂商根据自己的技术优势生产出针对各应用领域的性能各异的芯片。例如，ST 公司的 STM32、NXP 公司的 LPC2000、Freescale 公司的 KinetisX 系列等。表 2-5 列出了嵌入式领域部分半导体公司及其 ARM 架构的代表性产品。

表 2-5　嵌入式领域部分半导体公司及其 ARM 架构的代表性产品

半导体公司	代表性产品（内核架构）
TI（德州仪器）	LM3Sxxxx 系列（ARM Cortex-M3）
	LM4Fxxxx 系列（ARM Cortex-M4）
NXP（恩智浦）	LPC1800（ARM Cortex-M3）
	LPC4300（ARM Cortex-M4）
Atmel（爱特梅尔）	SAM3S 系列（ARM Cortex-M3）
	SAM4S 系列（ARM Cortex-M4）
Freescale（飞思卡尔）	Kinetis X 系列（ARM Cortex-M4）
ST（意法半导体）	STM32F1 系列（ARM Cortex-M3）、STM32F4 系列（ARM Cortex-M4）

2. Cortex 系列处理器介绍

ARM Cortex 处理器采用全新的 ARMv7 架构，每个大的系列中又分为若干个小的系列，根据应用领域的不同，划分为以下三个系列。

（1）ARM Cortex-A：应用程序型。A 表示应用程序（Application Program），在 MMU（Memory Management Unit，内存管理单元）和硬件浮点单元的基础上实现了虚拟内存系统架构，代表系列有 ARM Cortex-A8 和 ARM Cortex-A9，适用于高端消费电子领域，如高端智能手机、平板电脑、智能电视、机顶盒等，Samsung 公司推出的 Galaxy 智能手机采用 EXYNOS4412 双核处理器，该处理器基于 ARM Cortex-A9。

（2）ARM Cortex-R：实时控制器型。R 代表实时控制器（Real Time Controller），该系列针对高性能、高实时性应用，如汽车控制系统（安全气囊、制动系统和发动机管理）、移动通信的基带控制器、网络打印机、硬盘控制器等。

（3）ARM Cortex-M：微控制器型。针对低功耗、高性能且对成本要求高的产品，主要面向嵌入式及工业控制领域。在 ARM Cortex-M 系列中，针对不同的应用和需求，又细分为 ARM Cortex-M3、ARM Cortex-M4 和 ARM Cortex-M7 系列产品，如表 2-6 所示。ARM Cortex-M4 是 ARM Cortex-M3 的升级版，比 ARM Cortex-M3 具备更高的信号处理能力，而 ARM Cortex-M0 是 ARM Cortex-M3 的精简版，以低价格（与 8 位单片机相当）进入市场，但具有超高的性能（运行速率为 5000 万次/s），这是 8 位单片机无法企及的。

表 2-6　ARM Cortex-M 系列微控制器的比较

比较内容	ARM Cortex-M0	ARM Cortex-M3	ARM Cortex-M4	ARM Cortex-M7
应用范围	8/16 位应用	32 位应用	32 位应用	32 位应用
架构版本	ARMv6-M	ARMv7-M+哈佛结构	ARMv7-M	ARMv7-M
流水线	3 级流水线	3 级流水线	3 级流水线	6 级流水线+分支预测
FPU（浮点运算单元）	否	否	否	是
典型工作频率	48MHz	72 MHz	168 MHz	300 MHz
特点	基础版本，主要面向低功耗、低成本产品，使用低功耗微控制器和深度嵌入式应用，如无线传感网络节点	较高的计算性能及对事件的系统响应能力，适用于具有较高确定性的实时应用，如智能家电、工业控制、电量监测等	较高的信号处理能力，适用于需要控制和信号处理功能混合的数字信号控制领域，如音频设备、运动控制设备等	在保持良好的响应性和易用性的同时，实现最高性能，应用对性能和实时性要求极高的复杂系统，如汽车电子、工业机器人等

2.3　ARM Cortex-M3

ARM Cortex-M3 是基于 ARMv7-M 体系结构设计的 32 位处理器内核，其内部的数据宽度、寄存器位数和存储器位数都是 32 位。ARM Cortex-M3 采用基于哈佛结构的 3 级流水线技术，拥有独立的数据总线和指令总线。数据总线和指令总线共享一个存储器空间，总的寻址空间为 4GB，3 级流水线操作为取指令→译码→执行。

ARM Cortex-M3 微处理器主要由两大部分组成：ARM Cortex-M3 内核和调试系统，其内核架构框图如图 2-7 所示。

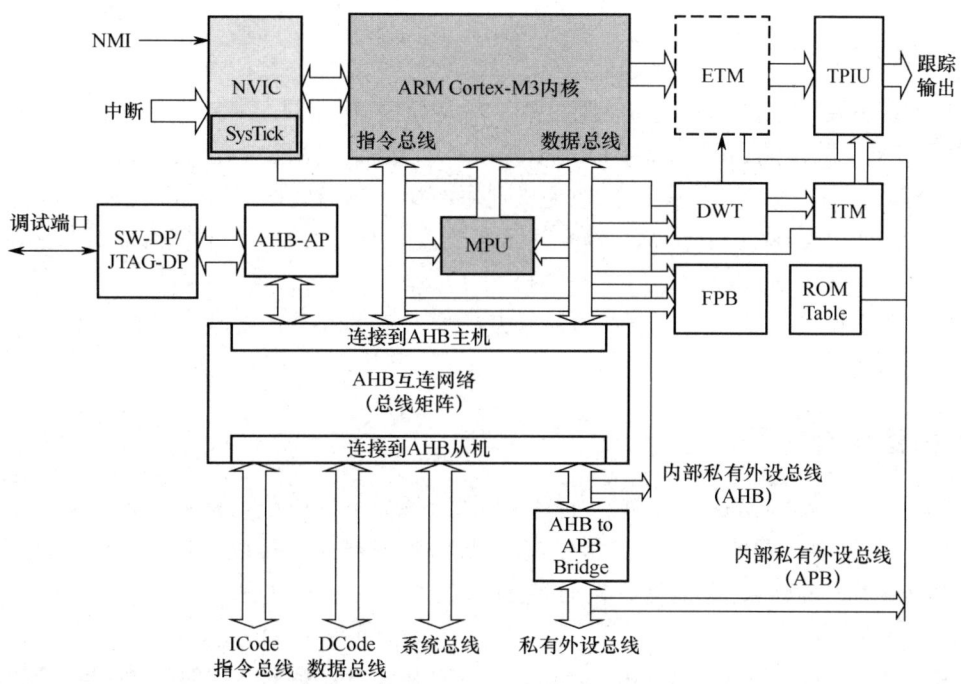

图 2-7　ARM Cortex-M3 内核架构框图

1. ARM Cortex-M3 内核

ARM Cortex-M3 内核主要包括以下 5 部分。

（1）中央处理器核心（ARM Cortex-M3 内核）。

ARM Cortex-M3 内核即通常所说的 CPU，包括指令提取单元、译码单元、寄存器组和 ALU（Arithmetic and Logic Unit，算术逻辑单元）等。

（2）嵌套向量中断控制器（NVIC）。

嵌套向量中断控制器（Nested Vectored Interrupt Controller，NVIC）用于实现快速、低延迟的异常中断处理，NVIC 虽然是一个外设，但与 ARM Cortex-M3 内核紧密耦合，具有强大的中断处理功能。

（3）系统时钟（SysTick）。

由 ARM Cortex-M3 内核提供的 24 位倒计时计数器，可作为系统定时器，用于产生定时中断。

（4）存储器保护单元（MPU）。

存储器保护单元（Memory Protection Unit，MPU）为可选单元，可视为简化的 MMU

（Memory Management Unit，存储器管理单元），用于对存储区域的访问保护，防止用户程序破坏存储区域的关键数据。

（5）总线矩阵（AHB 互联网络）。

总线矩阵用于将 ARM Cortex-M3 内核和调试接口连接到不同功能的外部总线上，提供并行数据传输功能，如连接到系统总线、ICode 指令总线、DCode 数据总线、私有外设总线等。此外，总线矩阵还提供附加数据传输功能，如写缓冲、位带（Bit Banding）等，支持非对齐数据访问，通过总线桥（AHB to APB Bridge）连接 APB（Advanced Peripheral Bus，先进外设总线）。

2. 调试系统

调试系统主要用于调试和测试，其主要包括串行线/串口 JTAG 调试端口（SW-DP/JTAG-DP）、基于 AHB 总线的通用调试接口（AHB-AP）、嵌入式跟踪单元（ETM）和数据观察点触发器（DWT）等，其中两个调试端口提供对系统中（包括处理器寄存器）所有寄存器和存储器的调试访问。ARM Cortex-M3 微处理器可配置为具有 SW-DP 调试端口或 JTAG-DP 调试端口的接口，或者两个调试端口都有的接口。

对开发者来说，掌握一款微控制器的开发需要重点关注三大模块：寄存器组、存储器映射及中断与异常。

2.3.1 内核架构

ARM 公司设计 ARM Cortex-M3 内核并授权给各大半导体公司。各大半导体公司根据各自的技术优势，针对不同的应用场合和领域，通过添加不同的外设以实现不同的功能，将 CPU（ARM Cortex-M3 内核）、存储器、定时器/计数器及 I/O 等集成在一个芯片上，进而形成芯片级的计算机。

从基于 ARM Cortex-M3 内核的 Atmel 公司的 SAM3X 系列 32 位微控制器、NXP 公司的 LPC1700 系列 32 位微控制器和 TI 公司的 LM3S 系列 32 位微控制器 LM3S8971 的结构框图中，可以清晰地了解各大半导体公司基于同一个 ARM Cortex-M3 内核设计出各具特色的微控制器产品的内部架构。

Atmel 公司的 SAM3X8E 系列 MCU 是基于 ARM Cortex-M3 内核设计的 32 位微控制器，其结构框图如图 2-8 所示（注：Atmel 公司现被 MicroCHIP 公司收购），该微控制器具有以下特点。

（1）主频高达 84MHz。

（2）具有 MPU。

（3）具有 24 位的 SysTick。

（4）具有由 2 个 256KB 组成的 512KB 的 Flash 存储器及 100KB 的 SRAM。

（5）具有 NVIC。

（6）包含了高度集成的用于连接和通信的外部设备，主要有以太网、CAN 总线、高速 SD/SDIO/MMC 接口、SPI、USART、I^2C 及 I^2S 等。

（7）具有 12 位 ADC/DAC、温度传感器、32 位定时器、PWM 和 RTC，以及 16 位外部总线接口支持的 SRAM。

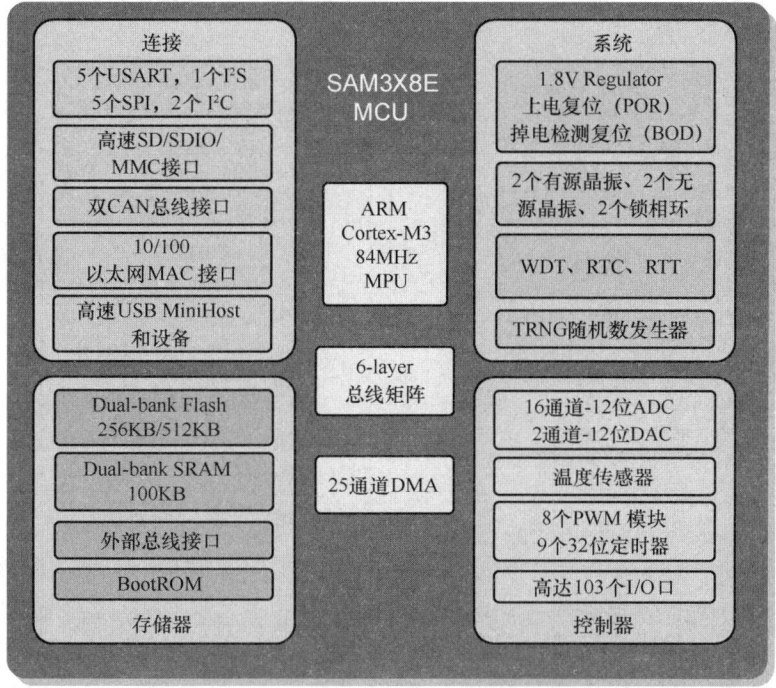

图 2-8　SAM3X8E 系列 MCU 的结构框图

图 2-9 所示为 NXP 公司的 LPC1700 系列 MCU 的结构框图，LPC1700 系列 MCU 同样是基于 ARM Cortex-M3 内核设计的 32 位主流微控制器，具有以下特点。

（1）主频高达 120MHz。

（2）具有 NVIC、WIC、MPU、Debug、Trace（ETM）、CRC 引擎。

（3）支持如以太网、USB 2.0 和 CAN 2.0 等外设。

（4）具有休眠、深度休眠、断电和深度断电 4 种低功耗模式。

LPC1700 系列 MCU 能够提供稳定的中档性能，适用于以下场合。

（1）智能能源、楼宇自动化、工业控制和网络。

（2）大型家电、照明、监控、计算机通信及外设。

（3）报警系统、电动机控制、显示器、车载信息服务、扫描仪和医疗诊断。

LM3S 系列微控制器 LM3S8971 是 TI 公司基于 ARM Cortex-M3 内核设计生产的 32 位微控制器，其结构框图如图 2-10 所示，该微控制器具有以下特点。

（1）主频高达 50MHz。

（2）具有大小为 256KB 的 Flash，大小为 64KB 的 SRAM。

（3）具备 JTAG/SWD 和串行调试接口。

（4）集成 NVIC、MPU，采用 Thumb-2 指令集。

（5）具有 1 个看门狗定时器和 4 个 32 位的通用定时器。

（6）具有 10/100 以太网 MAC/PHY、CAN、SPI、USART 等外设。

从以上三个不同半导体公司的芯片可以看出，它们都是基于 ARM Cortex-M3 内核的 32 位微控制器，都具有 ARM Cortex-M3 内核的基本架构，如都具有 NVIC、JTAG/SWD 调试接口等，不同的仅是 SRAM 和 Flash 的大小及外设的差异，这也说明了各大半导体公司基于同一个内核添加了不同的外设、存储器、I/O 和时钟，然后针对不同应用场合和各自优势领域，生产各具特色的微控制器。

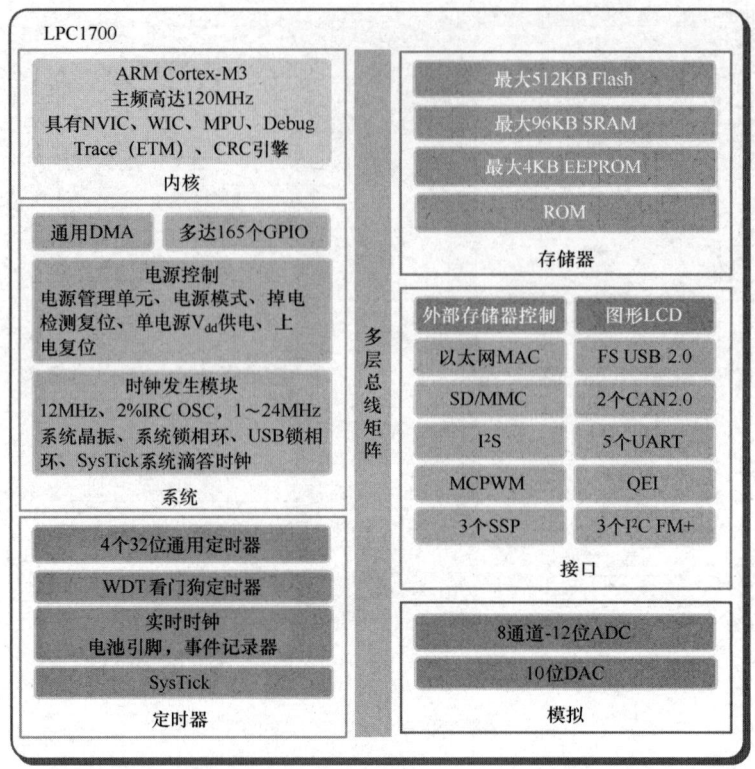

图 2-9　NXP 公司的 LPC1700 系列 MCU 的结构框图

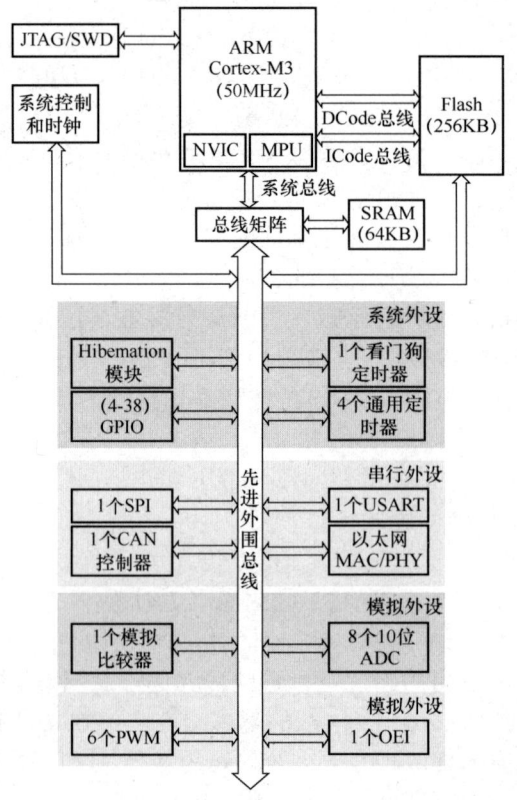

图 2-10　LM3S 系列微控制器 LM3S8971 的结构框图

2.3.2　寄存器

　　寄存器是用来存储二进制数的，实质上是一个时序逻辑电路，一个触发器可以存储 1 位二进制数，触发器由多个与非门等基本门电路组成，而基本门电路是由晶体管（二极管、三极管、场效应 MOS 管）组成的，晶体管构成触发器，多个具有存储功能的触发器可以组成寄存器。CPU 内部包含上亿个晶体管，微处理器就是由大量晶体管组成的，使用微处理器实现具体功能，其实质是操作微处理器中的寄存器，对寄存器进行读或写操作，从而实现具体的应用功能。

　　嵌入式系统的寄存器有两大类，一类是 CPU 内部的寄存器，如 ARM Cortex-M3 中的通用寄存器 R0、R15（PC）等，在实际开发过程中，常用汇编程序操作这些寄存器以实现应用程序的相应功能，一般没有特殊说明，寄存器多指 CPU 内部的寄存器；另一类是外设 I/O 接口中的寄存器，如 GPIO（General Purpose Input/Output，通用输入/输出）接口、UART（Universal Asynchronous Receiver/Transmitter，异步串行通信）接口等，I/O 接口内部由多个寄存器组成，CPU 将 I/O 接口与存储器统一编址，用操作存储器的方式来操作 I/O 接口中的寄存器，进而实现对 I/O 设备的控制，这种方式主要用于对外设的控制。

　　对具体的微处理器来说，拥有寄存器的多少是由半导体芯片厂商设计的，一般来说，寄存器的位数和 CPU 的位数是一致的。寄存器中的每一位都有特定的含义，通过软件编程对该寄存器进行读或写操作，即可实现对外设的控制。

　　寄存器一般分为通用寄存器与特殊功能寄存器（SFR），通用寄存器用来保存指令执行过程中临时存放的寄存器操作数和中间结果，SFR 用于外设控制。

　　ARM Cortex-M3 微处理器具有 13 个 32 位的通用寄存器 R0～R12，寄存器 R13、R14 和 R15 被指定了专门的用途，如 R13 是堆栈指针寄存器；R14 是链接寄存器（LR），用于在函数调用程序跳转时存储程序返回的地址；R15 是程序计数器（PC），用于存放指向当前程序执行的地址。另外，xPSR 是程序状态寄存器，用于指示程序的运行状态，如图 2-11 所示。

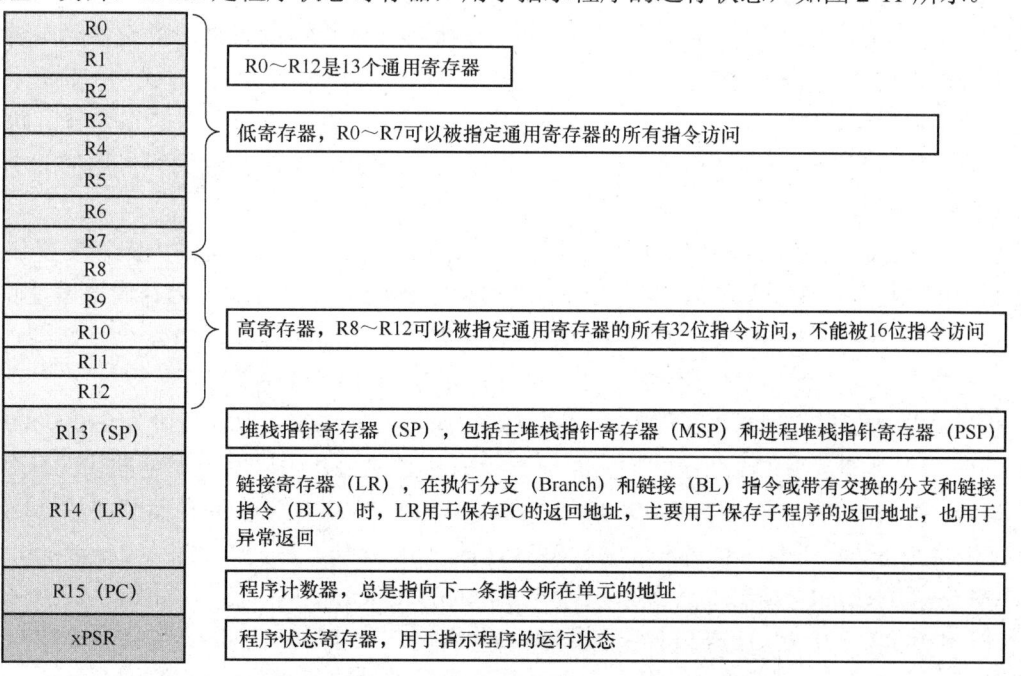

图 2-11　ARM Cortex-M3 微处理器中的寄存器

ARM Cortex-M3 内核还搭载了若干特殊功能寄存器，这些特殊功能寄存器分为 xPSR 程序状态寄存器、中断屏蔽寄存器和控制寄存器 3 类。

（1）xPSR 程序状态寄存器可分为 3 类：应用状态寄存器（APSR）、中断状态寄存器（IPSR）和执行状态寄存器（EPSR），组合起来构成一个 32 位的寄存器，统称 xPSR，用于存放程序运行中的各种状态信息及中断等状态，应用程序通过检测 xPSR 中各寄存器位的状态进行相应功能程序的处理。

（2）中断屏蔽寄存器由 PRIMASK 寄存器、FAULTMASK 寄存器和 BASEPRI 寄存器组成，用于控制异常和中断的屏蔽。

① PRIMASK 寄存器为单一比特位，即位宽为 1 位的寄存器，置位后（该位设置为"1"时），除 NMI（Non Maskable Interrupt，不可屏蔽中断）与硬体错误外，其他中断都不响应，屏蔽了所有可以屏蔽的异常和中断。相当于中断总开关，若该位为 1，则所有中断被屏蔽；若该位为 0，则中断能正常响应。

② FAULTMASK 寄存器为单一比特位，置位后，除 NMI 外，其他中断都不响应，默认值为 0，表示异常没有关闭。

③ BASEPRI 寄存器，共有 9 位，用于定义被屏蔽优先级的阈值，凡是优先级的值大于或等于该寄存器设置阈值的中断都不响应（优先级的值越大，优先级越小），即所有优先级的值大于或等于此值的中断都会被屏蔽。若阈值设置为 0，则不关闭任何中断。

（3）控制寄存器（CONTROL）不仅用于定义特权状态，而且用于决定当前使用哪个堆栈指针。

2.3.3　存储结构

计算机系统由三部分组成：处理器、存储器和 I/O 设备（外设），它们之间通过总线进行连接。CPU 是如何与 I/O 设备进行信息交换的呢？每个 I/O 设备都有唯一的设备码，通常把设备码看作地址码，这样就可以对 I/O 设备进行编址。编址通常有两种方式，一种是将 I/O 设备地址看作存储器的一部分，与存储器统一编址，对 I/O 设备访问所用的指令与访问存储器的指令一样；另一种是将 I/O 设备地址与存储器地址分开，采用独立的、专用的 I/O 指令对 I/O 设备进行访问，称为不统一编址。

ARM Cortex-M3 微处理器采用存储器与 I/O 设备（外设）统一编址的方式，设置部分存储器地址范围用于外设的访问，这种通过存储器地址访问外设的方式称为存储器地址映射。

ARM Cortex-M3 是 32 位的处理器内核，意味着其存储器也是 32 位的，即
$$2^{32}=2^2 \times 2^{10} \times 2^{10} \times 2^{10}=4 \times 1024 \times 1024 \times 1024 \approx 4GB$$

可以看出，ARM Cortex-M3 内核能够寻址的空间最大为 4GB，寻址范围为 0x00000000～0xFFFFFFFF。因此，ARM 系统结构将存储器看成从 0 地址开始以字节划分的线性组合。

ARM Cortex-M3 内核将 0x00000000～0xFFFFFFFF 共 4GB 大小的存储空间从低地址到高地址依次划分为代码区（Code）、片上 SRAM 区（SRAM）、片上外设区（Peripheral）、片外 RAM 区（External RAM）、片外外设区（External Device）和系统区，如图 2-12 所示。

（1）0x00000000～0x1FFFFFFF：该区域为代码区，大小为 512MB。供指令总线与数据总线取指令/取数使用，可以执行指令，是系统启动后中断向量表默认存放的位置。

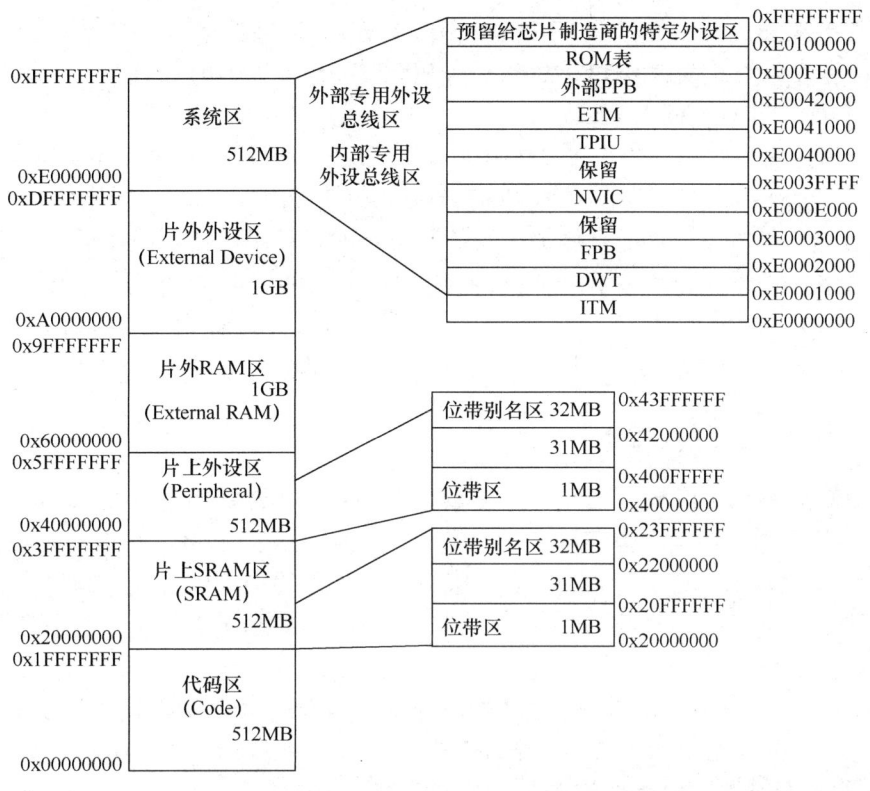

图 2-12　ARM Cortex-M3 存储器映射结构图

（2）0x20000000～0x3FFFFFFF：该区域为片上 SRAM 区，大小为 512MB。芯片制造商可在此区域布设 RAM，将代码存储在该区域内运行，该区域也可以执行代码。低 1MB 空间可以按位寻址，在片上 SRAM 区中的底层还有一个大小为 1MB 的空间，称为位带区，即该存储空间可以按位寻址，同时该位带区还对应一个 32MB 的位带别名区，可容纳 8MB（8×2^{20}）个位变量，位带操作仅适用于数据访问，不能用于取指令操作。

（3）0x40000000～0x5FFFFFFF：该区域为片上外设区，大小为 512MB。主要用于映射片上外设的相关寄存器，该区域不可执行代码。该区域的最低位带区可以按位寻址，同样对应一个 32MB 的位带别名区。ARM 将该片上外设区预留给芯片制造商，根据芯片所具备的外设实现具体的寄存器到地址的映射，若该款芯片不具备某个片上外设，则该地址范围保留。因此该区域允许嵌入式工程师通过 C 语言以访问内存的方式来访问这些片上外设的寄存器，从而控制这些外设实现具体功能。

（4）0x60000000～0x9FFFFFFF：该区域为片外 RAM 区，大小为 1GB。当片内 RAM 空间不足时，可以使用片外 RAM 执行代码。与片上 RAM 区相似，片外 RAM 区的取指令和数据访问都在系统总线上执行，不同的是，片外 RAM 区没有位带区。

（5）0xA0000000～0xDFFFFFFF：该区域为片外外设区，大小为 1GB，该区域不可执行代码。

（6）0xE0000000～0xFFFFFFFF：该区域为系统区，大小为 512MB。用于访问 ARM Cortex-M3 微处理器的特色外设（如 NVIC 寄存器、MPU 寄存器及片上调试组件等），该区域不可执行代码，该系统区又分为以下三部分。

① 内部专用外设总线区 0xE0000000～0xE003FFFF：大小为 256KB，用于访问 ARM

Cortex-M3 微处理器内部组件，即 NVIC、FPB、DWT、ITM 等。

② 外部专用外设总线区 0xE0040000～0xE00FFFFF：用于访问 ARM Cortex-M3 外部组件，即 ROM 表、ETM、TPIU 等。

③ 半导体厂商自定义的外设区 0xE0100000～0xFFFFFFFF。该区域预留给芯片制造商，后期为 ARM Cortex-M3 微控制器增加特殊功能，该区域可通过系统总线来访问。

ARM 公司只是大概规定了存储器空间的映射，允许各半导体厂商在指定范围内自行定义和使用这些存储空间，未分配的空间为保留的地址空间。

另外，ARM Cortex-M3 微处理器既支持大端模式又支持小端模式，建议在绝大多数情况下使用小端模式，若一些外设是大端模式，则可以通过 REV/REVH 指令完成端模式的转换。

2.3.4 中断与异常（NVIC）

在 ARM 编程领域，凡是打断程序正常执行顺序的事件都称为异常（Exception）。例如，当指令执行非法操作，而发生不可屏蔽的中断时，因各种错误产生的 Fault，或者访问被禁止的内存空间，这些情况统称为异常。中断一般指来自外部的片上外设或外扩的外设的中断请求事件，而非 ARM Cortex-M3 内核 CPU 内部的事件，一般情况下，若无特别指出，则异常和中断在本书通用。

ARM Cortex-M3 内核可支持 256 种异常和中断，其中，中断编号 1～15 为系统异常，编号大于或等于 16 为外部中断，共 240 个外部中断，通常外部中断写成 IRQs，具有 256 级的可编程中断优先级设置，功能十分强大，如表 2-7 所示。

表 2-7　ARM Cortex-M3 内核中断

编号	类型	优先级	优先级类型	说明
0	N/A	N/A	—	没有编号为 0 的异常，此为正常状态
1	复位（Reset）	-3（最高）	固定	复位
2	NMI	-2	固定	不可屏蔽中断（来自外部 NMI 输入脚）
3	硬（Hard）Fault	-1	固定	只要 FaultMask 没有置位，硬 Fault 服务例程会被强制执行
4	存储器 Fault	0	可编程	MPU 访问违例及访问非法位置均可引发
5	总线 Fault	1	可编程	总线收到了错误响应，原因可能是预取中止、数据中止或企图访问协处理器
6	用法（Usage）Fault	2	可编程	程序错误导致的异常。通常是使用了一个无效指令或非法的状态转换，如尝试切换到 ARM 状态
7～10	保留（Reserved）	保留	保留	保留
11	SVCall	3	可编程	执行系统服务调用指令（SVC）引发的异常
12	调试监视器（Debug Monitor）	4	可编程	调试监视器（断点、数据观察点或外部调试请求）
13	Reserved	N.A.	N.A.	保留
14	PendSV	—	可编程	为系统设备设置的"可挂起请求"
15	SysTick	—	可编程	系统滴答定时器
16	Interrupt #0	7	可编程	外部中断#0
⋮	⋮	⋮	⋮	⋮
255	Interrupt #239	247	可编程	外部中断#239

ARM Cortex-M3 内核集成了一个外设——NVIC 用于专门负责中断。NVIC 虽然是外设，但却是 ARM Cortex-M3 内核不可缺少的一部分，与 ARM Cortex-M3 内核紧密耦合在一起，这种方式使得 NVIC 可以直接与内核交互，快速响应中断请求。NVIC 包含相应的控制寄存器和中断处理的控制逻辑，负责管理中断的优先级、中断的使能与禁止、中断的挂起和恢复等操作，通过存储器映射，处理器可以像访问内存单元一样访问 NVIC 的寄存器，方便对中断进行配置和管理。

ARM Cortex-M3 内核中的 NVIC 是一个总的中断控制器，不管是来自 ARM Cortex-M3 内部的异常还是来自外设的外部中断，都由 NVIC 统一进行管理和配置，并且通过优先级控制中断的嵌套和调度。在 NVIC 中，优先级至关重要，优先级的数值越小，其优先级越高。NVIC 支持中断嵌套，即高优先级的中断可以抢占低优先级的中断，导致低优先级的中断被挂起（Pending）。

ARM Cortex-M3 内核的复位、NMI 和硬件失效（Hard Fault）这三个异常的优先级最高，其优先级的值为负数，且具有固定的优先级，而其他异常和中断的优先级都是可设置的（但不能设置为负数），这就涉及优先级配置寄存器。ARM Cortex-M3 内核优先级配置寄存器共占 8 位，所以具有 256 级的可编程中断优先级设置，但大多数 ARM Cortex-M3 内核都不会用到这么多的中断，如 STM32F103 系列芯片只有 60 个可屏蔽中断，只支持 16 级中断优先级设置，即只使用了 ARM Cortex-M3 内核优先级配置寄存器 8 位中的 4 位，其优先级有效位如表 2-8 所示。

表 2-8　ARM Cortex-M3 内核优先级有效位

Bit7	Bit6	Bit5	Bit4	Bit3	Bit2	Bit1	Bit0
用于优先级表达				没有使用，读出值为 0			

NVIC 具有以下特性。

（1）可嵌套中断支持。当一个异常发生时，硬件会自动比较该异常的优先级是否比当前的异常优先级更高，若发现比当前异常具有更高的优先级，则处理器会中断当前的中断服务程序，转向处理优先级更高的异常，即高优先级的中断可以打断低优先级的中断。

（2）向量中断支持。当开始响应一个中断时，ARM Cortex-M3 内核会自动定位到中断向量表，并根据中断号从中断向量表中找出中断服务程序的入口地址，然后跳转去执行。向量化的设计省去了软件判断中断的来源，中断延迟时间大大缩短。

（3）动态优先级调整支持。软件可以在运行期间更改中断的优先级。

（4）中断延迟大大缩短。引入多个新特性，包括自动的现场保护和恢复，"咬尾中断"和"晚到中断"等技术，缩短中断嵌套时的 ISR（Interrupt Service Routines，中断服务程序）间的延迟。

（5）中断可屏蔽。可以屏蔽优先级的值高于某个阈值的中断/异常。

ARM Cortex-M3 内核响应中断的过程如下。

（1）保存现场。处理器将相关的寄存器 xPSR、PC、LR、R12 及 R0～R3 压入堆栈中。若当前使用的是 PSP（Program Segment Prefix，程序段的前缀），则压入进程堆栈；否则压入主堆栈。在进入服务例程后，一直使用 MSP（Main Stack Pointer，主堆栈指针）。

（2）取向量。从中断向量表中找到相应的中断服务程序的入口地址。

（3）更新寄存器。因为中断服务程序使用 MSP 访问堆栈，所以需要将堆栈指针（SP）

进行更新，在向量取出后，程序寄存器指针（PC）指向中断服务程序的入口地址，准备执行中断服务程序，因此，还需要更新程序寄存器指针（PC）及链接寄存器（LR）。

2.4 STM32 微控制器结构

2.4.1 STM32 系统结构

STM32F10x 系列是 ST 公司基于 ARM Cortex-M3 内核设计的 32 位精简指令集微控制器，最高工作频率为 72MHz，其功能结构图如图 2-13 所示。

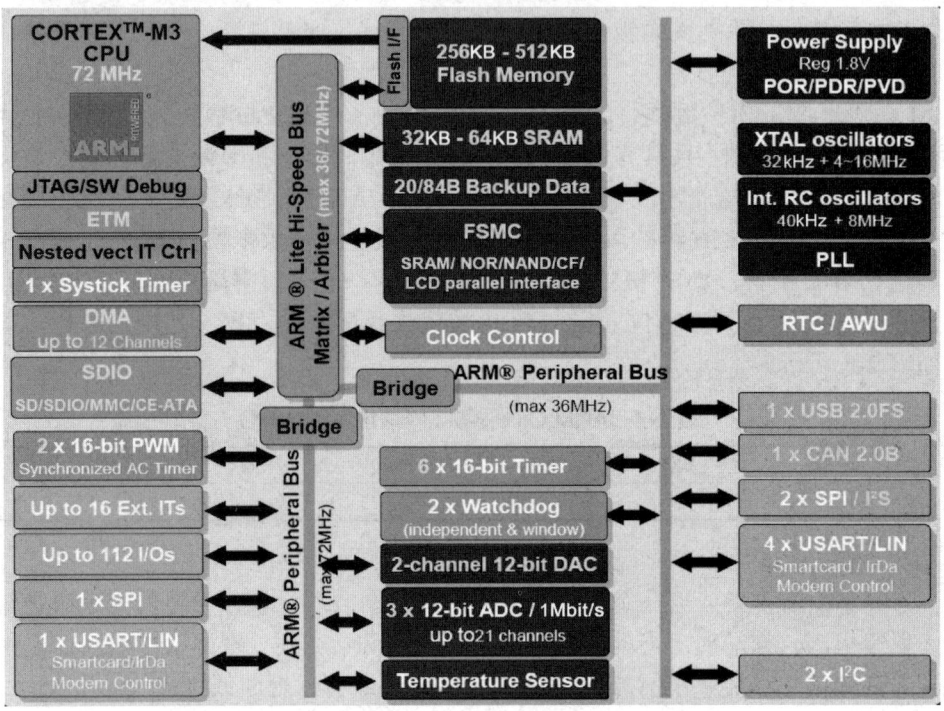

图 2-13 STM32F10x 系列微控制器功能结构图

2.4.2 STM32 总线结构

总线是各种信号线的集合，是嵌入式系统中各部件之间传输数据、地址和控制信息的公共通道。微型计算机系统中的总线分为内部总线、系统总线和外部总线。内部总线是微型计算机内部各外围芯片与处理器之间的总线；系统总线又称内总线或板级总线，用来连接微型计算机各功能部件，从而构成一个完整的微型计算机系统，所以称为系统总线。系统总线按传送的信息类型又分为数据总线（Data Bus，DB）、地址总线（Address Bus，AB）和控制总线（Control Bus，CB）；外部总线又称通信总线，是微型计算机系统之间或微型计算机系统与其他系统（仪器、仪表、控制装置等）之间信息传输的通道。

与总线相关的参数主要有总线宽度、总线频率和总线带宽。总线宽度是指总线能同时传送的数据位数，如 32 位、64 位等；总线频率是指总线的工作速度，频率越高，速度越快；总线带宽＝总线宽度×总线频率/8，单位为字节/秒（Byte/s）。

嵌入式系统中常用的总线有 I²C 总线、SPI 总线、CAN 总线、ISA 总线和 PCI 总线等。

由于片上总线种类繁多，ARM 公司推出了 AMBA（Advanced Microcontroller Bus Architectrue，高级微控制器总线结构）片上总线结构，该总线主要包括 AHB（Advanced High-speed Bus，高级高速总线）和 APB（Advanced Peripheral Bus，先进外设总线），分别用于连接高速设备和低速外设。

STM32 的内核是由 ARM 公司设计的，而片上外设（如 GPIO 和 USART）是由 ST 公司设计的，两者通过总线结构进行沟通与协调。对 STM32 而言，CPU 主要指 ARM Cortex-M3 内核，常用的外设功能部件主要有 Flash、SRAM、通用输入/输出接口 GPIO、定时器/计数器、串行通信接口 USART、DMA、串行总线 I^2C 和 SPI、SD 卡接口 SDIO、USB 接口等，这些外设接口的功能不同，根据运行速度的不同可分为高速外设（APB2）和低速外设（APB1）两类，各自通过桥接经 AHB 连接至总线矩阵，从而实现与 ARM Cortex-M3 内核的连接。

STM32 总线系统包括以下 6 部分。

（1）ICode 总线：用于访问存储空间的指令，为 32 位的 AHB，从存储器空间的 0x00000000～0x1FFFFFFF 区域进行取指令操作，该总线将 ARM Cortex-M3 内核的指令总线与闪存 Flash 接口相连接，指令预取在此总线上完成。

（2）DCode 总线：用于访问存储空间的数据，为 32 位的 AHB，从存储器空间的 0x00000000～0x1FFFFFFF 区域进行数据访问操作，该总线将 ARM Cortex-M3 内核的 DCode 总线与闪存存储器的数据接口相连接，用于常量加载和调试访问。

（3）System 总线：用于访问指令、数据及调试模块接口，为 32 位的 AHB，负责 0x20000000～0xDFFFFFFF 和 0xE0100000～0xFFFFFFFF 之间所有数据的传送，包括取指令和数据访问，此总线连接 ARM Cortex-M3 内核的系统总线（外设总线）和总线矩阵，总线矩阵协调内核与 DMA 的访问。

（4）总线矩阵：用于主控总线之间的访问仲裁管理，总线仲裁即总线判优控制，用于协调 CPU 和 DMA 对 SRAM、闪存和外设的访问，当多个部件同时使用总线发送数据时，为避免冲突由总线控制器统一管理。另外，仲裁采用循环调度算法。

（5）DMA 总线：用于内存与外设之间的数据传输。DMA 通过该总线访问 AHB 外设或执行存储器间的数据传输。

（6）APB：用于外设接口数据的传输。STM32 通过两个 AHB-APB 桥实现 AHB 与两个 APB（APB1 和 APB2）之间的同步连接。GPIOA、GPIOB、GPIOC、GPIOD、GPIOE、GPIOF、GPIOG、USART1、SPI1、ADC1～ADC3、TIM1、EXTI 等挂接在 APB2 总线上，其频率最高可达 72MHz；USART2、USART3、SPI2、USB、CAN、DAC 等挂接在 APB1 总线上，其频率最高可达 36MHz。

在每次芯片复位后，所有外设时钟都会被关闭，所以在使用外设前，必须在相应的寄存器中使能其时钟。其中 RCC（Reset and Clock Control，复位与时钟控制器）寄存器不属于外设，复位后 RCC 寄存器直接由 HSI（High Speed Internal Clock，高速内部时钟）提供时钟信号，但 RCC 寄存器仍然挂接在 AHB1 总线上。

2.4.3　STM32 存储结构

ARM Cortex-M3 微控制器采用存储器与 I/O 设备（外设）统一编址的方式，设置部分存储器地址范围用于外设的访问，这种通过存储器地址访问外设的方式，称为存储器地址映射。在 C 语言中，存储器地址通过指针来表示，所以，STM32 的外设可以通过指针来实现访问和操作。

STM32 具有多种 I/O 接口用于连接外设，每种接口都通过多个外设寄存器实现对外设的操作，每个外设寄存器都占用特定的存储器地址。ARM Cortex-M3 微控制器采用存储器与 I/O 设备统一编址的方式，即意味着开发者对外设的操作和对存储器的操作是一样的。

基于 ARM Cortex-M3 微控制器设计的 STM32 存储器结构就相当于一座高楼大厦，存储空间地址的分配就如同规划每层楼的每个房间。STM32 总的地址空间大小为 4GB，用 0x00000000～0xFFFFFFFF 来标识这个 STM32 存储器，为方便存储空间的使用，将 4GB 大小的空间划分为 Flash 程序存储器区、SRAM 静态数据存储器区及片上外设区等功能不同的区域，这些区域均通过不同的总线经总线矩阵与 ARM Cortex-M3 内核相连，可将 ARM Cortex-M3 内核视为 STM32 的"CPU"，ARM Cortex-M3 内核控制 Flash 程序存储器区、SRAM 静态数据存储器区和所有外设的读/写操作。STM32 存储空间地址分配如图 2-14 所示。

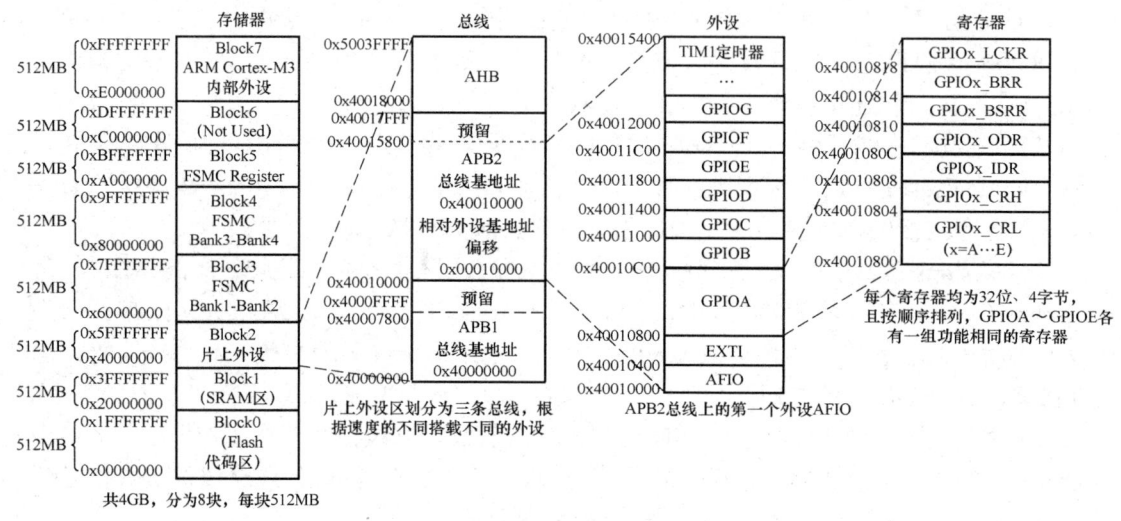

图 2-14　STM32 存储空间地址分配

存储器本身没有地址，给存储器分配地址的过程称为存储器映射。STM32 共有 4GB 大小的存储器空间，分为 Block0、Block1、Block2、…、Block7 等 8 个不同功能的区域。其中，起止地址为 0x40000000～0x5FFFFFFF，大小为 512MB 的 Block2 区域用于设计片上外设，以 4 字节为一个单元，共 32 位，每个单元都对应一个不同的外设，即对应不同的外设功能，可以根据每个单元的起始地址用 C 语言的指针来访问。操作寄存器的实质是操作寄存器的绝对地址。ST 公司将 512MB 大小的 Block2 区域根据外设速度的不同划分为 3 种不同的外设总线（AHB 总线、APB1 总线、APB2 总线），用于搭载不同的外设，其中 APB2 总线的起止地址为 0x40010000～0x40017FFF，用于挂接 GPIO、USART1、SPI1、ADC1～ADC3、TIM1、EXTI 等外设，如 GPIOA 的地址范围为 0x40010800～0x40010C00。STM32 中每个 GPIO 端口都是由 7 个寄存器组成的，按顺序分别是两个 32 位配置寄存器（GPIOx_CRL，GPIOx_CRH）、两个 32 位数据寄存器（GPIOx_IDR 和 GPIOx_ODR）、一个 32 位置位/复位寄存器（GPIOx_BSRR）、一个 16 位复位寄存器（GPIOx_BRR）和一个 32 位锁定寄存器（GPIOx_LCKR），如 0x40010804 是 GPIOA_CRH 寄存器的地址。

STM32 的内部存储空间由不同类型的存储器构成，具有不同的功能和作用。嵌入式开发中常见的存储器有以下几类。

1. RAM

RAM（Random Access Memory，随机存取存储器）的功能类似于物资仓库的临时中转站。RAM 用于存储程序运行过程中所需要的数据和产生的数据，掉电后数据会丢失，其功能类似计算机中的内存。将 RAM 比喻成物资仓库的临时中转站，是因为数据在 RAM 中不能永久存放，需要临时借个空间周转一下，当单片机上电工作时，就会把程序中的临时数据或变量存放在 RAM 中进行处理。RAM 提供了运算处理和用于 CPU 数据交互的临时场所，当处理结束后，CPU 会收回相应的内存空间。RAM 具有随机存取、读/写速度快及断电后数据不能保存等特点。

2. 堆栈

堆栈位于 RAM 中，是一个特殊的存储区，主要功能是暂时存放数据和地址，遵循 FILO（First In Last Output，先进后出）原则，通常用来保护断点和现场，适用于中断机制，采用专用的 PUSH 指令和 POP 指令实现入栈和出栈操作。例如，系统在正常运行过程中，有一个突发事件（中断）发生，这时系统就采用 PUSH 指令把当前程序的数据（各种寄存器如 PC、SR 等）存入堆栈中，然后转去处理中断响应，中断服务程序处理完后，再用 POP 指令将原先压入堆栈中的数据出栈，实现中断返回。

3. Flash

Flash 为闪存，即 Flash ROM，其本质是一个 ROM（Read-Only Memory，只读存储器），用于存放用户编写的程序代码，掉电后数据不会丢失，可重复擦写且容量较大，功能类似台式机的硬盘。

4. EEPROM

EEPROM（Electrically Erasable Programmable Read Only Memory，电擦除可编程只读存储器）是保障单片机中的数据长时间保存而不丢失的单元，主要用来存放需要经常修改的非易失性数据。

2.4.4　STM32 中断系统

ARM Cortex-M3 内核可支持 256 种异常和中断，其中断功能十分强大，一般的通用 MCU 用不到这么多的中断，STM32 不同系列和型号的 MCU 具有不同数量的中断，如 STM32F103 系列 MCU 具有 60 个中断，STM32F42x 系列 MCU 具有 96 个中断。

STM32 的中断系统将中断分为两种类型：内核异常和外部中断，并将所有中断的地址通过一个表编排起来，这张表就称为中断向量表，如表 2-9 所示。STM32 根据中断类型的不同，从中断向量表中找到中断的入口地址，从而进行中断处理。

表 2-9　STM32 的中断向量表

位置	优先级	优先级类型	名称	说明	地址
—	—	—	—	保留	0x00000000
	−3	固定	Reset	复位	0x00000004

续表

位置	优先级	优先级类型	名称	说明	地址
	-2	固定	NMI	不可屏蔽中断 RCC 时钟安全系统（CSS）连接到 NMI 向量	0x00000008
	-1	固定	硬件失效（Hard Fault）	所有类型的失效	0x0000000C
	0	可设置	存储管理（Mem Manage）	存储器管理	0x00000010
	1	可设置	总线错误（Bus Fault）	预取指失败，存储器访问失败	0x00000014
	2	可设置	错误应用（Usage Fault）	未定义的指令或非法状态	0x00000018
—	—	—		保留	0x0000001C～ 0x0000002B
⋮	⋮	⋮	⋮	⋮	⋮
5	12	可设置	RCC	复位和时钟控制（RCC）中断	0x00000054
6	13	可设置	EXTI0	EXTI 线 0 中断	0x00000058
7	14	可设置	EXTI1	EXTI 线 1 中断	0x0000005C
⋮	⋮	⋮	⋮	⋮	⋮
59	66	可设置	DMA2 通道 4_5	DMA2 通道 4 和 DAM2 通道 5 全局中断	0x0000012C

　　相比 51 单片机，STM32 如此多的中断数量是如何有效管理的？这就涉及 STM32 中断优先级的概念。

　　STM32 的中断优先级分为两级：抢占优先级和响应优先级。抢占优先级决定一个中断能否被其他中断打断，抢占优先级高的中断可以打断抢占优先级低的中断，这是实现中断嵌套的基础。响应优先级则是在抢占优先级相同时，根据响应优先级的大小进行中断处理排序。

　　STM32 通过 NVIC 进行中断优先级分组，从而分配抢占优先级与响应优先级，如表 2-10 所示。

表 2-10　STM32 抢占优先级与响应优先级

NVIC 优先级	抢占优先级取值范围	响应优先级取值范围	描述
NVIC_PriorityGroup_0	0	0～15	抢占优先级占 0 位 响应优先级占 4 位
NVIC_PriorityGroup_1	0，1	0～7	抢占优先级占 1 位 响应优先级占 3 位
NVIC_PriorityGroup_2	0，1，2，3	0，1，2，3	抢占优先级占 2 位 响应优先级占 2 位
NVIC_PriorityGroup_3	0，1，2，3，4，5，6，7	0，1	抢占优先级占 3 位 响应优先级占 1 位
NVIC_PriorityGroup_4	0～15	0	抢占优先级占 4 位 响应优先级占 0 位

　　在 STM32 的中断类型中除系统异常外，还有一类应用更频繁的外部中断 EXTI（External Interrupt/Event Controller，外部中断/事件控制器），用于处理通过 I/O 引脚引发的外设中断，负责管理映射到 I/O 引脚上的外设中断和片内几个集成外设的中断（如 PVD、RTC Alarm、USB Wakeup 等）及软件中断。EXTI 通过复用引脚功能将 I/O 引脚映射到 NVIC 的相应通道，从而实现任意一个 I/O 都可以作为 EXTI 的一个中断源。

2.4.5　STM32 时钟系统

随着微处理器的更新换代，主频越来越高，其增长速度远远超过了外设接口的增长速度，这就造成 CPU 在运行中不得不暂停下来等待低速的外设，导致性能得不到充分发挥。外设接口的数量多，且种类也不尽相同，为了便于操作，STM32 将外设分为高速外设和低速外设两类。外设速度不同所使用的时钟频率也不同，STM32 有多个时钟源可用于设置不同外设的时钟，且每个时钟源相对独立，不使用时可选择关闭，以进一步降低系统功耗。

由于 STM32 的外设时钟复杂，因此需要有一套完整的时钟系统来进行时钟管理，这就是 STM32 的时钟系统。STM32 的时钟系统由 RCC（Reset and Clock Control，复位与时钟控制器）产生，用来为系统和各种外设提供所需的时钟频率，以确定各外设的工作速度。

根据 ST 官方用户手册，STM32 具有以下 5 个时钟源。

HSI（High Speed Internal，高速内部时钟）由内部 8MHz 的 RC 振荡器生成，可作为系统时钟或经 2 分频后作为 PLL 输入。特点：时钟频率精度差，不稳定。

HSE（High Speed External，高速外部时钟）可外接一个外部时钟源，或者通过 OSC_IN 和 OSC_OUT 引脚外接晶振，允许外接的晶振频率范围为 4～16MHz，通常使用 8MHz。特点：精度高，稳定。

LSI（Low Speed Internal，低速内部时钟）由内部 RC 振荡器产生，频率约为 40kHz，主要为独立看门狗（IWDG）和自动唤醒单元提供时钟。

LSE（Low Speed External，低速外部时钟）通过 OSC32_IN 和 OSC32_OUT 引脚外接频率为 32.768kHz 的晶振，为 RTC（Real-Time Clock，实时时钟部件）提供低速高精度的时钟源。

PLL（Phase Locked Loop，锁相环）是一种反馈控制电路，用于外部输入时钟信号与内部振荡信号的同步（频率和相位相同），以确保输出频率的稳定。另外，也可用于倍频 HSI 或 HSE，其时钟输入源可选择为 HSI/2、HSI 或 HSE，倍频可选择为 2～16 倍，但其输出频率最大不得超过 72MHz。

通过系统文件可以进行系统时钟配置。由 STM32 系统时钟图可知，若 STM32 通过 OSC_IN 和 OSC_OUT 引脚外接 8MHz 的晶振作为输入时钟信号，经过 PLL XTPRE（锁相环分频器）进行 2 分频或不分频，然后经过 PLL SRC（锁相环来源选择开关）连接到 PLL MUL（锁相环倍频器），PLL MUL 可选择 2～16 倍频，若选择 9 倍频，则可得到 72MHz 的 PLL CLK（PLL 时钟频率），经选择开关（SW）可得到最高为 72MHz 的系统时钟 SYSCLK，系统时钟是 STM32 绝大部分器件工作的时钟源，可选择 PLL 输出、HSI 或 HSE。

系统时钟经 AHB 预分频器分频，产生各种外设所需要的时钟频率，供各模块使用，AHB 预分频器可选择 1、2、4、8、16 等分频值。AHB 预分频器输出的时钟供以下 5 大模块使用。

（1）AHB 总线、内核、内存和 DMA 使用的 HCLK 时钟。

（2）通过 8 分频后用作 Cortex 的系统定时器时钟。

（3）直接作为 Cortex 的空闲运行时钟 FCLK。

（4）供给 APB1 分频器。APB1 分频器可选择 1、2、4、8、16 等分频值，其一路输出供 APB1 外设使用（PCLK1，最大频率为 36MHz），另一路输入到定时器 2、3、4 的倍频器，该倍频器可选择 1 或 2 倍频，时钟输出供定时器 2、3、4 使用。

（5）供给 APB2 分频器。APB2 分频器可选择 1、2、4、8、16 等分频值，其一路输出供

APB2 外设使用（PCLK2，最大频率为 72MHz），另一路供定时器（Timer）1 倍频器使用。

AHB 预分频器经 APB2 预分频器得到 72MHz 的高速外设时钟 PCLK2，需要高速时钟的外设可挂接在 APB2 总线上，如通用 GPIO 接口挂接在 APB2 总线上。AHB 预分频器经 APB1 预分频器得到的 36MHz 的低速外设时钟 PCLK1，用作挂接在 APB1 总线上的低速外设的时钟，如 UART、SPI、I²C、TIM 等。

AHB 预分频器也可直接作为 HCLK（高速时钟信号）的输入，HCLK 是 ARM Cortex-M3 内核运行的时钟信号，即 CPU 的主频，主要为先进高速总线 AHB、存储器、DMA 单元和 ARM Cortex-M3 内核提供时钟。

AHB 预分频器还可作为 FCLK（自由运行时钟）信号，这里的"自由"是指在 HCLK 时钟停止时，FCLK 还可以继续运行，主要用于当处理器处于休眠状态时，仍可收到中断请求和跟踪睡眠事件。

本章小结

（1）计算机由运算器、控制器、存储器、输入设备和输出设备五大部分组成，采用"存储程序"思想设计的电子计算机系统称为冯·诺依曼体系结构计算机。冯·诺依曼体系结构又称普林斯顿结构，是一种指令和数据均采用二进制数表示且存储在同一个存储器中，并经同一条总线传输的存储器结构；哈佛结构是一种将程序指令和数据分开存储的存储器结构，提高了运算速度，具有较高的执行效率。

（2）ARM 作为一家半导体公司，专门从事基于 RISC 技术芯片的设计开发，目前主要授权三个系列的芯片设计，即 ARM9、ARM11 和 Cortex，产品体系涉及微控制器系列、微处理器系列及更高端的产品系列，其中 Cortex 系列处理器采用全新的 ARMv7 架构，是目前应用广泛的微处理器内核。根据应用领域的不同，Cortex 系列划分为 Cortex-M、Cortex-R、Cortex-A 三个系列。

ARM 架构是一种基于 RISC 设计的微处理器架构，Cortex 系列是 ARM 公司设计的基于 ARMv7-M 体系结构设计的 32 位系列微处理器内核，STM32 是 ST 公司基于 ARM Cortex-M 内核生产的一款微控制器芯片。

（3）STM32 系统结构涉及总线结构、存储结构、中断系统及时钟系统。STM32 时钟系统由 RCC 产生，用来为系统和各种外设提供所需的时钟频率，以确定各外设的工作速度，共有 5 个时钟源，分别是 HSI、HSE、LSI、LSE、PLL。在 STM32 时钟系统中，通过 PLL 可将时钟源进行倍频。

习题与思考

一、选择题

1. 以下选项中不属于 STM32 时钟系统的是（　　）。
   A. HSI　　　　　　　　　　　　B. HSE
   C. PLL　　　　　　　　　　　　D. NVIC
2. 以下不属于 ARM Cortex 系列处理器的是（　　）。

　　　A．Cortex-M　　　　　　　　　　　　B．Cortex-R

　　　C．Cortex-A　　　　　　　　　　　　D．RISC-V

　3．存储一个 32 位数 0x12345678 到 1000H～1003H 这 4 个字节单元中，若以大端模式存储，则 1000H 存储单元的内容为（　　　）。

　　　A．0x12　　　　　　　　　　　　　B．0x21

　　　C．0x78　　　　　　　　　　　　　D．0x87

　4．在 ARM Cortex-M3 内核寄存器中，用于指示程序的运行状态的寄存器是（　　　）。

　　　A．xPSR　　　　　　　　　　　　　B．堆栈指针寄存器

　　　C．链接寄存器　　　　　　　　　　D．程序计数器

　5．ARM Cortex-M3 内核集成了一个专门负责中断的中断向量控制器是（　　　）。

　　　A．RCC　　　　　　　　　　　　　B．NVIC

　　　C．CISC　　　　　　　　　　　　　D．RISC

　6．计算机的体系结构一般分为冯·诺依曼结构和哈佛结构，以下对哈佛结构的叙述中，不正确的是（　　　）。

　　　A．程序和数据保持在同一个物理存储器上

　　　B．指令、数据可以有不同宽度

　　　C．DSP 是哈佛结构

　　　D．采用存储程序的方式工作

　7．以下说法错误的是（　　　）。

　　　A．ARM 是一家半导体芯片设计公司

　　　B．ARM 是一种 RISC 技术的名称

　　　C．ARM 是一类采用 ARM 技术开发的微处理器或产品的统称

　　　D．ARM 主要为通用办公领域生产和设计的微处理器芯片

二、填空题

　1．现有一个 32 位数 0x12345678，存放在内存地址为 0x4000～0x4003 处，若按小端模式进行存放，则其最低字节数据 0x78 存放在内存地址_____处；若以大端模式存储，则最高字节数据 0x12 存放在内存地址_____处。

　2．现采用 3 级流水线结构完成一条指令的取指令、译码和执行，若这三部分的时间分别是 $t_{取指令}$=2ns，$t_{译码}$=2ns，$t_{执行}$=1ns，则完成 100 条指令需要_____ns。

　3．ARM Cortex-M3 内核能够寻址的最大空间为_____，寻址范围为_____。

　4．ARM Cortex-M3 微处理器采用存储器地址与 I/O 设备地址统一编址的方式，通过_____来区分内存单元和 I/O 设备。

　5．在 STM32 时钟系统中，通过_____可将时钟源进行倍频。

　6．ARM Cortex-M3 内核的 R15 寄存器是_____，它总是指向下一条指令所在单元的地址。

三、判断题

　1．程序计数器用于存放指向当前程序执行的地址。　　　　　　　　　　（　　　）

　2．ARM Cortex-M3 微控制器采用取指令→译码→执行的 3 级流水线技术。　（　　　）

　3．ARM 是一类采用 RISC 设计的微处理器芯片或产品的统称。　　　　（　　　）

4．ARM Cortex-M3 是基于 ARMv7-M 体系结构设计的 32 位处理器内核。　　（　　）

5．STM32 将 4GB 的存储空间划分为 8 个不同的 Block 区域，其中 Block2 为片上外设区，可以通过指针来实现访问和操作。　　　　　　　　　　　　　　　　　　（　　）

四、简答题

1．计算机体系结构主要有冯·诺依曼结构与哈佛结构，请简述其区别。

2．ARM Cortex-M3 微处理器主要由哪些部分构成？

3．简述 STM32 的时钟系统。该系统有哪几个时钟源，各自的时钟频率是多少？

4．STM32 的存储空间分为哪几部分？每部分的地址范围是多少？

五、综合应用题

从系统架构的存储结构、总线结构结合地址空间、寄存器及 C 语言的指针等应用阐述STM32 单片机是如何实现软件控制硬件（或者程序是如何控制硬件的）的。

第 3 章　STM32 开发环境搭建

STM32 作为 ST 公司主打的 32 位 MCU，自 2007 年推出以来，在家电、工业控制、消费电子等领域都取得了较好的应用。本章简单介绍 STM32 的产品体系，对 STM32 的三种开发模式（寄存器开发、标准外设库开发、HAL 库开发）进行对比分析，最后对 STM32 开发平台的搭建进行详细阐述。

知识目标

- 了解 STM32 微控制器性能参数、命名规则、芯片选型等相关信息。
- 理解 STM32 三种开发模式，归纳和总结三种开发模式的优缺点。
- 了解嵌入式交叉开发模式，熟悉嵌入式系统常用开发工具。

能力目标

- 能够独立完成嵌入式 STM32 开发环境的搭建，安装并运行相关开发软件。
- 能够安装仿真器驱动，实现程序的正常下载烧写。
- 学会查阅官网信息，下载芯片数据手册、用户手册等芯片资料，能够根据系统需求进行芯片选型。
- 能够应用 STM32CubeMX 创建 LED 灯闪烁的工程，熟悉 Keil 的调试方法。

思维与素养目标

- 独立搭建嵌入式系统的开发平台是职业素养养成的第一步，掌握和熟练使用行业常用开发工具是每一个开发设计人员必备的技能。
- 国产软件的应用与推广。当前嵌入式系统硬件电路原理图的设计大多使用 Altium Designer 或 Cadence 软件，在高校中推广国产自主知识产权的行业软件（如立创 EDA 软件），打造国产软件的生态链，有利于构建国产行业应用软件的生态系统。
- 熟练阅读英文技术手册，撰写简明扼要的技术文档，打造"读—写"输出的综合软技能。

3.1　STM32 介绍

根据 CPU 一次能够处理的数据宽度（位数），微控制器（或称为单片机）可分为 8 位、16 位和 32 位，8 位微控制器的典型代表是 51 单片机，16 位微控制器有 TI 公司的 MSP430，32 位微控制器有 ST 公司的 STM32、NXP 的 LPC1700 系列等。

ARM 公司在推出新一代体系结构 Cortex 内核后，ST 公司抓住机遇，在很短的时间内就向市场推出了各种系列的 32 位微控制器，并根据自身优势，为用户提供基于库的开发模式，进一步缩短了开发周期。STM32 是 ST 公司主打的基于 ARM Cortex-M3 内核的 32 位微控制器系列产品，专为要求高性能、低成本、低功耗的嵌入式应用设计，由于其卓越的性能和性价比，一经推出，便受到市场认可，广泛应用于嵌入式领域。

STM32 的产品系列很多，ST 公司陆续推出了 STM32F1、STM32F2、STM32F4 系列。STM32F1 系列是 ST 公司主推的 STM32 系列 MCU，基于 ARM Cortex-M3 内核，主频高达 72MHz，与 STM32F0、STM32F3 系列产品作为主流级 MCU 推向市场，而 STM32F2、STM32F4、STM32F7 为高性能 MCU。STM32F4 系列基于 ARM Cortex-M4 内核，主频高达 180MHz，具有 DSP 和 FPU 等功能。STM32 系列 MCU 如图 3-1 所示。

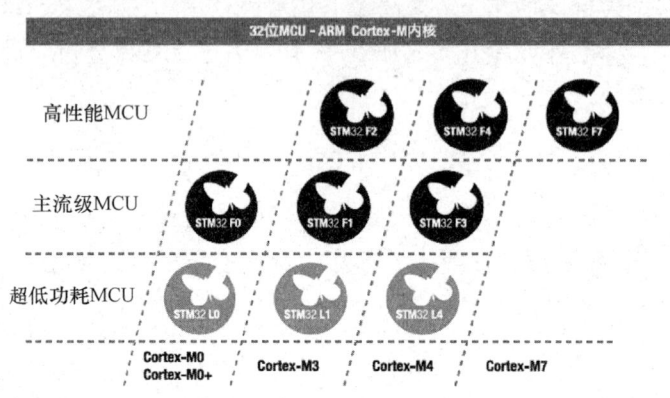

图 3-1　STM32 系列 MCU

STM32F1 系列 MCU 是 ST 公司针对工业、医疗和消费类市场的应用需求而设计的低功耗、高性价比产品，该系列从功能上可分为以下 5 个子系列，其引脚、外设和软件均相互兼容。

（1）STM32F100 主频为 24MHz，具有电动机控制和 CEC（消费电子控制）功能。

（2）STM32F101 为基本型，主频为 36MHz，具有高达 1MB 的 Flash。

（3）STM32F102 为 USB 基本型，主频为 48MHz，具有 USB FS Device 接口。

（4）STM32F103 为增强型，主频为 72MHz，具有高达 1MB 的 Flash，以及电动机控制、USB 和 CAN。

（5）STM32F105/107 为互联型，主频为 72MHz，具有以太网 MAC、CAN 和 USB 2.0 OTG。

在 STM32F1 系列产品中，每个系列又有多种型号供用户选择，各个子系列按闪存容量的大小分为小容量、中容量和大容量产品。

（1）低密度（Low-Density，LD）：闪存容量为 16～32KB 的小容量产品。

（2）中密度（Medium-Density，MD）：闪存容量为 64～128KB 的中容量产品。

（3）高密度（High-Density，HD）：闪存容量为 256～512KB 的大容量产品。

（4）超密度（XL-Density，XL）：闪存容量为 768KB～1MB 的超大容量产品。

MCU 种类众多，开发者该如何选择合适的 MCU 呢？这就需要了解 STM32 芯片的命名规范，芯片型号中的字母或数字都有具体的含义，STM32 芯片命名规范如图 3-2 所示。

以 STM32F103ZET6 芯片为例，说明芯片命名规范，该芯片型号命名由以下 7 部分组成，其各部分含义如表 3-1 所示。

半导体芯片常见的封装方式如表 3-2 所示。

STM32 & STM8产品型号

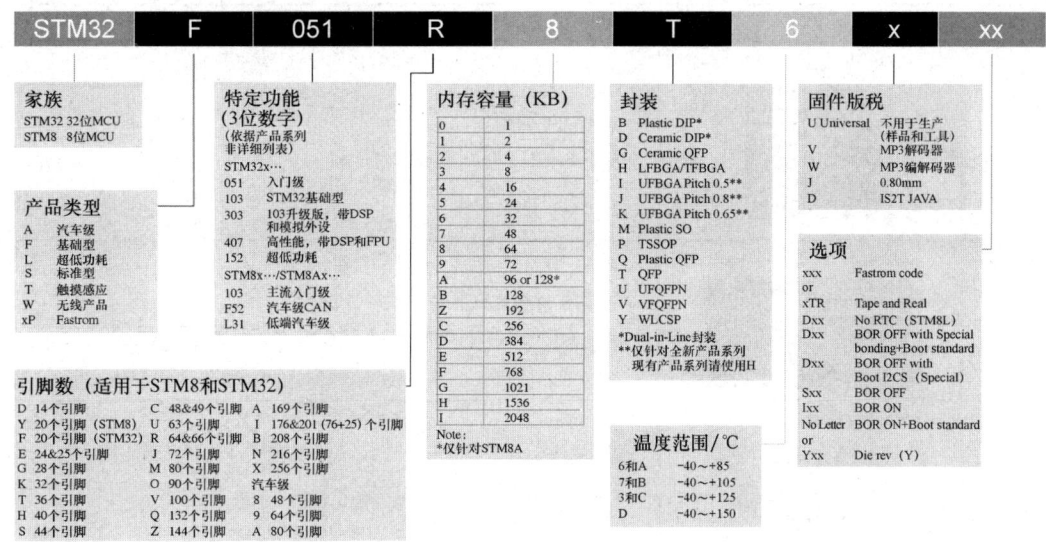

图 3-2　STM32 芯片命名规范

表 3-1　STM32F103ZET6 芯片各部分含义

序号	符号	说明
1	STM32	STM32 代表 ARM Cortex-M3 内核的 32 位微控制器，ST 为意法半导体公司，M 为微控制器的缩写，32 代表 32 位的芯片
2	F	F 代表芯片的产品类型
3	103	增强型系列
4	Z	表示此芯片有 144 个引脚
5	E	表示具有 512KB 的 Flash
6	T	表示此芯片采用 LQFP 封装
7	6	表示芯片工作温度范围为-40℃～+85℃

表 3-2　半导体芯片常见的封装方式

封装方式	全称	简介
DIP	（Plastic）Dual In-line Package	（塑料）双列直插式封装 适用于中小规模集成电路，引脚一般不超过 100 个
SOP	Small Outline Package	小外形表面贴片封装 SOP 贴片封装最常见，广泛应用于 10～40 个引脚的芯片
PQFP	Plastic Quad Flat Package	塑料方形扁平封装 PQFP 封装芯片引脚间距很小，引脚很细，一般应用于大规模或超大型集成电路中，引脚一般在 100 个以上

续表

封装方式	全称	简介
LQFP	Low-profile Quad Flat Package	薄型 QFP 封装 本体厚度为 1.4mm 的 QFP
BGA	（Plastic）Ball Grid Array	（塑料）球栅阵列封装 Intel 系列的 80486 和 Pentium 等 CPU 多采用这种封装方式
PGA	Pin Grid Array Package	插针网格阵列封装 有专门的 PGA 插座，插拔方便，常用于 CPU 的封装
PLCC	Plastic J-Leaded Chip Carrie	塑封 J 型引脚插入式封装 该封装呈"J"字形，外形尺寸比 DIP 封装小得多，必须采用 SMT（表面贴装技术）进行焊接

ST 公司提供了相当完备的 STM32 开发手册供用户使用，主要有芯片选型手册、数据手册（Data Sheet）、技术参考手册（Reference Manual）及编程手册等。用户通常通过选型手册初步了解芯片的选型，再结合数据手册评估该产品是否能够满足设计功能需求；在基本选定所需产品后，需要查看技术参考手册确定各功能模块的工作模式是否符合要求；确定选型后进入编程设计阶段，需要详细阅读技术参考手册，获知各项功能的具体实现方式和寄存器的配置使用，在设计硬件时还需要参考数据手册以获得电压、电流、引脚分配、驱动能力等信息。

1. 选型手册

根据项目具体需求选择合适的微控制器芯片，如考虑系统所需的总引脚数和 Flash 大小；根据主频大小需求选择内核，即 ARM Cortex-M3、ARM Cortex-M4 或高性能的 ARM Cortex-M7 等。以上内容通过查看 STM32 官方选型手册进行选择。

2. 数据手册

图 3-3   STM32F103ZET6 芯片

数据手册内容包括产品的基本配置（如内置 Flash 和 RAM 的容量、外设模块的种类和数量等）、引脚数量和分配、电气特性、封装信息和定购代码等。图 3-3 所示为 STM32F103ZET6 芯片。

通过 STM32 官方数据手册可查看不同封装类型芯片的引脚分布和功能，如可以查看哪个外设挂接在哪个引脚上，默认引脚功能和复用引脚功能分别是什么。硬件设计人员在设计原理图和绘制 PCB 图时，查看芯片数据手册即可。

STM32 芯片数据手册中对具体的引脚名称、引脚类型、引脚复用功能及 I/O 结构等进行了详细说明。STM32 数据手册中有关引脚的定义如表 3-3 所示。

表 3-3　STM32 数据手册中有关引脚的定义

| 引脚序号 | | | | | | 引脚名称 | 类型 | I/O 电平 | 主功能（复位后） | 可选的复用功能 | |
LFBGA144	LFBGA100	WLCSP64	LQFP64	LQFP100	LQFP144					默认复用功能	重映射定义功能
A3	A3	—	—	1	1	PE2	I/O	FT	PE2	TRACECK/FSMC_A23	—
A2	B3	—	—	2	2	PE3	I/O	FT	PE3	TRACED0/FSMC_A19	—
B2	C3	—	—	3	3	PE4	I/O	FT	PE4	TRACED1/FSMC_A20	—
B3	D3	—	—	4	4	PE5	I/O	FT	PE5	TRACED2/FSMC_A21	—
B4	E3	—	—	5	5	PE6	I/O	FT	PE6	TRACED3/FSMC_A22	—
C2	B3	C6	1	6	6	V_{BAT}	S	—	V_{BAT}	—	—
A1	A2	C8	2	7	7	PC13-TAMPER-RTC(5)	I/O	—	PC13(6)	TAMPER-RTC	—
B1	A1	B8	3	8	8	PC14-OSC32-IN(5)	I/O	—	PC14(6)	OSC32_IN	—
C1	B1	B7	4	9	9	PC15-OSC32-OUT(5)	I/O	—	PC15(6)	OSC32_OUT	—
C3	—	—	—	10	10	PF0	I/O	FT	PF0	FSMC_A0	—
C4	—	—	—	11	11	PF1	I/O	FT	PF1	FSMC_A1	—
D4	—	—	—	12	12	PF2	I/O	FT	PF2	FSMC_A2	—
E2	—	—	—	13	13	PF3	I/O	FT	PF3	FSMC_A3	—
E3	—	—	—	14	14	PF4	I/O	FT	PF4	FSMC_A4	—
E4	—	—	—	15	15	PF5	I/O	FT	PF5	FSMC_A5	—

STM32F103xx 引脚功能详细说明如表 3-4 所示。

表 3-4　STM32F103xx 引脚功能详细说明

编号	功能	说明
1	引脚序号	有 6 种封装型号：LFBGA144、LFBGA100、WLCSP64、LQFP64、LQFP100、LQFP144，不同封装形式的引脚序号不同，其中，用阿拉伯数字表示的是 LQFP 封装，以英文字母开头表示的是 BGA 封装
2	引脚名称	复位状态下的引脚名称
3	类型	S 表示电源引脚
		I 表示输入引脚
		I/O 表示输入/输出引脚
4	I/O 电平	FT 表示兼容 5V
		TTa 只支持 3.3V
		B 表示 BOOT 引脚
		RST 表示复位引脚，内部带有弱上拉
5	主功能（复位后）	每个引脚复位后的功能
6	默认复用功能	I/O 的默认复用功能
7	重映射定义功能	I/O 除具有默认的复用功能外，还可以通过重映射的方式将 I/O 映射到其他 I/O，提高 I/O 口功能的多样性和灵活性

3. 技术参考手册

STM32 官方参考手册对芯片的每个外设的功能都进行了详细说明，并对寄存器进行了详细描述，目的是让开发者能够快速掌握相关内容。

3.2 STM32 开发模式

ST 公司为 STM32 提供了以下三种开发模式。

（1）寄存器开发模式。

（2）标准外设库开发模式。

（3）HAL（Hardware Abstraction Layer，硬件抽象层）库开发模式。

另外，ST 公司提供了 STM32 嵌入式软硬件生态资源，如图 3-4 所示。

图 3-4　STM32 嵌入式软硬件生态资源

STM32 Snippets 是代码示例的集合，直接基于 STM32 外设寄存器开发，对开发者要求较高。

标准外设库（Standard Peripherals Library，STD 库）简称标准库，其开发模式是将底层寄存器的操作进行统一封装，包括所有标准器件外设的驱动器，采用 C 语言实现，开发者只需要熟悉并调用相应的 API（Application Programming Interface，应用程序接口）函数即可实现对相关外设的驱动操作。由于标准库只是将一些基本的寄存器操作封装成了 C 函数，因此使用标准库可以很简单地跟踪到底层寄存器，这对学习和掌握与底层硬件相关的内容十分有利。需要注意的是，标准库是针对某一系列的芯片开发的，其跨平台移植性很差，此外，ST 公司为不同系列芯片所提供的标准库是有区别的，如 STM32F1x 标准库和 STM32F4x 标准库在文件结构和内部实现上存在差别，因此在具体使用或移植时需要注意。

HAL 库开发是与 STM32CubeMX 软件（STM32CubeMX 是一个配置 STM32 代码的工具）配套使用的，它把与底层硬件相关的内容封装起来并进行抽象，通过图形化的操作方式自动生成相关外设的驱动代码，简单易用，但要从 HAL 库跟踪代码并理解其架构却很难。

以上三种开发模式各有利弊，寄存器开发需要对底层寄存器十分熟悉，开发过程慢，但代码量小，代码执行效率高。基于标准外设库的开发模式已成为当今嵌入式开发的主流开发模式，也是各大半导体公司和嵌入式行业大力推崇的一种模式。

对于初学者来说，建议从标准外设库开发模式入手，首先弄清楚底层硬件驱动开发的原理，在熟练使用标准库开发后，再学习使用 STM32CubeMX 软件和 HAL 库来开发项目，这样可以降低开发难度，缩短项目开发周期。

3.2.1　寄存器开发模式

STM32 的直接操作寄存器开发模式与 51 单片机类似。根据 STM32 定义的寄存器，查阅官方用户手册对组成寄存器各比特位的操作说明，配置相应寄存器的各比特位，从而直接进行寄存器编程，完成相应功能。

例如，"GPIOB->BSRR=0x00000001;"其中，BSRR 为 GPIOB（端口 B）的置位/复位寄存器，查阅《STM32 参考手册》可以得知 32 位的 BSRR 寄存器各比特位的功能描述，如图 3-5 所示。

地址偏移：0x10
复位值：0x00000000

31	30	29	28	27	26	25	24	23	22	21	20	19	18	17	16
BR15	BR14	BR13	BR12	BR11	BR10	BR9	BR8	BR7	BR6	BR5	BR4	BR3	BR2	BR1	BR0
w	w	w	w	w	w	w	w	w	w	w	w	w	w	w	w
15	14	13	12	11	10	9	8	7	6	5	4	3	2	1	0
BS15	BS14	BS13	BS12	BS11	BS10	BS9	BS8	BS7	BS6	BS5	BS4	BS3	BS2	BS1	BS0
w	w	w	w	w	w	w	w	w	w	w	w	w	w	w	w

位31:16	BRy：清除端口x的位y（y=0…15）　（Port x Reset bit y） 这些位只能写入并只能以字（16位）的形式操作 0：对对应的ODRy位不产生影响 1：清除对应的ODRy位为0 注：若同时设置了BSy和BRy的对应位，则BSy位起作用
位15:0	BSy：设置端口x的位y（y=0…15）　（Port x Set bit y） 这些位只能写入并只能以字（16位）的形式操作 0：对对应的ODRy位不产生影响 1：设置对应的ODRy位为1

图 3-5　BSRR 寄存器各比特位的功能描述

由图 3-5 可知，将 GPIOB 端口的 BS0 设置为 1，由 BSRR 寄存器对 BS0 的功能描述可知，将 BS0 置位，即设置 ODR 寄存器的 ODR0 为 1，0x00000001 对应 PB0 引脚。

ODR 寄存器各比特位的功能描述如图 3-6 所示。

地址偏移：0Ch
复位值：0x00000000

31	30	29	28	27	26	25	24	23	22	21	20	19	18	17	16
保留															

15	14	13	12	11	10	9	8	7	6	5	4	3	2	1	0
ODR15	ODR14	ODR13	ODR12	ODR11	ODR10	ODR9	ODR8	ODR7	ODR6	ODR5	ODR4	ODR3	ODR2	ODR1	ODR0
rw	rw	rw	rw	rw	rw	rw	rw	rw	rw	rw	rw	rw	rw	rw	rw

位31:16	保留，始终读为0
位15:0	ODRy[15:0]：端口输出数据（y=0…15）（Port Output Data） 这些位可读、可写并只能以字（16位）的形式操作 注：对于独立位的置位/复位，可以通过对寄存器GPIOx_BSRR（x=A…G）操作实现各ODR位分别设置/清除

图 3-6　ODR 寄存器各比特位的功能描述

由图 3-6 的端口输出数据寄存器 ODR 可以看出，"GPIOB->BSRR=0x00000001;"这条语句的作用就是将 PB0 引脚设置为高电平（1 为高电平，0 为低电平）。

同理，若将 PB1 引脚设置为高电平，则使用寄存器语句"GPIOB->BSRR=0x00000002;"；若要同时将 PB0 和 PB1 两个引脚均设置为高电平，则使用寄存器语句"GPIOB->BSRR=0x00000003;"。

3.2.2　标准外设库开发模式

STM32 标准外设库之前的版本又称固件函数库或简称固件库、标准库等，它是一个固件函数包，由程序、数据结构和宏组成，既包括微控制器所有外设的性能特征，又包括每个外设的驱动描述和应用实例，为开发者访问底层硬件提供了中间 API。通过使用标准外设库，开发者无须深入掌握底层硬件细节，就可以轻松地应用每个外设。因此，使用标准外设库可以大大减少用户编写程序的时间，进而降低开发成本。

标准外设库的架构遵循 CMSIS（Cortex Micro-controller Software Interface Standard，Cortex 微控制器软件接口标准）。由于 ARM 公司产品是由众多合作公司形成的生态半导体产业链，在这条产业链上，ARM 公司只负责芯片内核的架构设计，而半导体公司则根据 ARM 公司提供的内核标准设计各自的芯片，所以任何一个基于 Cortex 生产的芯片其内核结构都是一样的，区别在于存储器容量、片上外设、I/O 及其他模块的设计。为了解决不同芯片厂商生产的基于 Cortex 内核的微处理器在软件上的兼容问题，ARM 公司与众多芯片和软件厂商共同制定了 CMSIS，旨在将所有 Cortex 内核产品的软件接口标准化。图 3-7 所示为基于 CMSIS 的软件架构图。

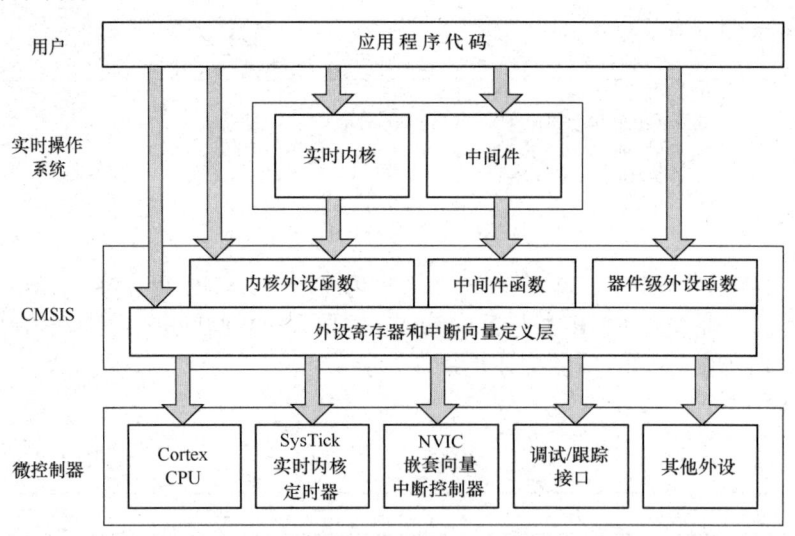

图 3-7　基于 CMSIS 的软件架构图

CMSIS 向下负责与内核和各个外设直接交互，向上提供实时操作系统用户程序调用函数的接口，实现了各个片内外设驱动文件名称的规范化和操作函数的规范化等。CMSIS 的相关文档和代码可登录 ARM 公司官网下载，STM32 标准外设库也是根据这套标准建立的，包含 CMSIS 的相关文档和代码。

STM32 标准外设库最新版本为 v3.6.0，现已停止更新，ST 公司已将 STM32 库的开发转向 HAL 库的开发和 LL（Low Layer）库的开发。

3.2.3　HAL 库开发模式

HAL（硬件抽象层）位于内核与硬件电路之间的接口层，其目的是将硬件抽象化。HAL 库是 ST 公司为 STM32 最新推出的抽象层嵌入式软件库，HAL 库提供了一组通用的函数和结构体，用于配置和操作 STM32 的外设，代码可以在 STM32 不同系列芯片上进行移植，确保 STM32 产品间的最大可移植性及代码的可重用性，同时 HAL 库还提供了一整套第三方中间件组件，如 RTOS、USB、TCP/IP 和图形界面等。STM32 HAL 库编程的文件构架大致分为三部分：HAL 驱动、CMSIS 驱动和用户应用程序。

基于 HAL 库的开发模式，其实质仍然是通过操作底层寄存器来实现相应功能，只是将寄存器操作进行了封装，以函数形式提供给开发者使用，如 HAL 库的 GPIO 写操作函数 HAL_GPIO_WritePin()，就是通过调用相应 GPIO 引脚的 BSRR 寄存器来实现的，相关代码如下。

```
      void    HAL_GPIO_WritePin(GPIO_TypeDef*    GPIOx,uint16_t    GPIO_Pin,
GPIO_PinState PinState)
    {
      if(PinState != GPIO_PIN_RESET)
      {
        GPIOx->BSRR = GPIO_Pin;
      }
      else
      {
        GPIOx->BSRR = (uint32_t)GPIO_Pin << 16;
      }
    }
```

为减少开发者消耗在硬件驱动开发上的时间和精力，ST 公司针对 STM32 开发了图形化的软件 STM32CubeMX。

STM32CubeMX 为图形化初始化代码配置工具/软件，并且是 STM32Cube 组件的重要组成部分，是基于 HAL 库配置的。STM32CubeMX 使开发者可以在图形化界面下对芯片引脚、时钟及相应外设进行初始化配置并最终生成 C 语言代码，即通过图形化的操作自动生成相关外设的驱动初始化代码，省略了直接操作底层寄存器的复杂过程，使得开发者可以将更多精力集中在解决实际问题（功能实现和算法实现）上，主要实现芯片模块的行为级操作。

基于 STM32CubeMX 的 HAL 库开发模式因增加了 STM32CubeMX 图形化配置软件，所以整个开发模式需要用到两个软件，即 STM32CubeMX 和编译器。其中 STM32CubeMX 用于外设功能模块的参数配置及生成相应编译器的工程代码，而编译器（如 Keil）用于应用程序的开发。基于 HAL 库的开发流程如图 3-8 所示。

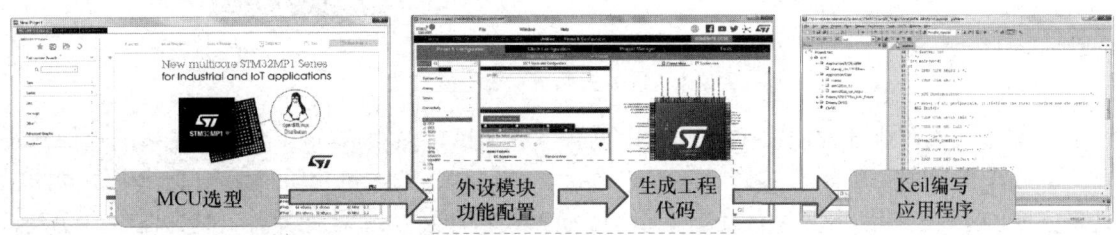

图 3-8　基于 HAL 库的开发流程

相比标准外设库，HAL 库具有更高的逻辑抽象性，其 API 函数比标准外设库函数更关注各外设的公共函数功能。HAL 库定义了一套通用的 API 函数接口，使开发者可以轻松地将代码从一个 STM32 产品移植到另一个不同的 STM32 系列产品上。

LL 库和 HAL 库是 STM32 的两种不同的驱动库，都基于 STMCube 框架，LL 库提供更接近硬件寄存器的底层驱动程序，提供轻量级硬件抽象，该层比 HAL 库更接近硬件，用于实现更高性能和更小占用空间的解决方案，但移植性相比 HAL 库的移植性较差。

3.3　开发平台的搭建

3.3.1　嵌入式开发环境

嵌入式系统开发过程有别于通用计算机系统的开发过程。嵌入式微处理器与通用计算机在资源和性能上相差很大，如主频、内存及硬盘大小，另外嵌入式系统很少用到键盘、鼠标，显示装置一般是屏幕和分辨率较小的 LCD、OLED 屏，而不是通用计算机系统用到的 24 寸甚至更大的液晶屏，目前嵌入式微处理器的主频大多在几十到几百兆赫兹，内存较小，而通用计算机的主频早已达到 GHz 级别。由于软硬件资源受限，嵌入式系统的开发不能在其平台上直接进行，因此一般采用交叉开发模式实现。

交叉开发就是利用由宿主机（Host）、目标机（Target）和交叉连接宿主机与目标机的工具（调试、下载工具、仿真器）三部分组成的交叉开发系统进行嵌入式系统开发。嵌入式系统交叉开发模式如图 3-9 所示。其中，宿主机一般指通用计算机，在通用计算机上安装嵌入式系统的软件开发工具（如集成开发环境 IDE、Keil 和 IAR 等），借助通用计算机强大的运算能力、丰富的硬件资源（如容量足够大的内存和硬盘、显示器等）进行代码编辑、程序编译和链接，最后生成目标机运行所需的可执行文件（二进制代码）。目标机就是嵌入式系统运行的载体，学习阶段所谓的开发板就属于目标机，由于目标机资源有限，不能直接进行嵌入式系统的开发，而是采用由宿主机将目标机能够直接运行的可执行二进制代码文件下载或烧写进目标机中（微处理器中的 ROM），再由目标机执行。下载或烧写过程就需要用下载工具将宿主机和目标机连接起来。

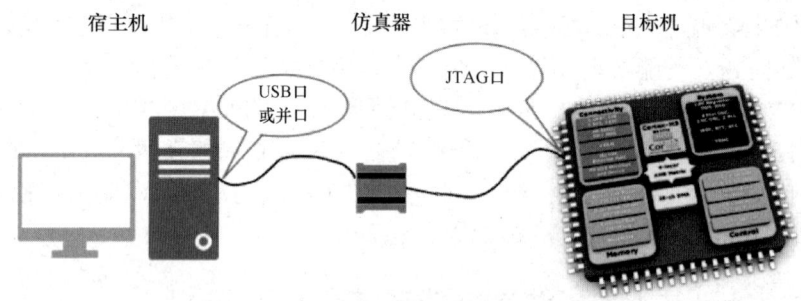

图 3-9　嵌入式系统交叉开发模式

由于嵌入式系统开发由宿主机、目标机和下载调试接口组成，因此嵌入式系统软件开发一般分为 5 个阶段：编辑、编译、汇编、链接、调试和下载，每个阶段都需要使用不同的工具来完成，这些工具都需要运行在宿主机上。嵌入式软件开发过程及所需工具如图 3-10 所示。

STM32 常用的调试和下载工具主要有 J-Link 仿真器、ST-Link/V2 仿真器和 ISP 下载器。

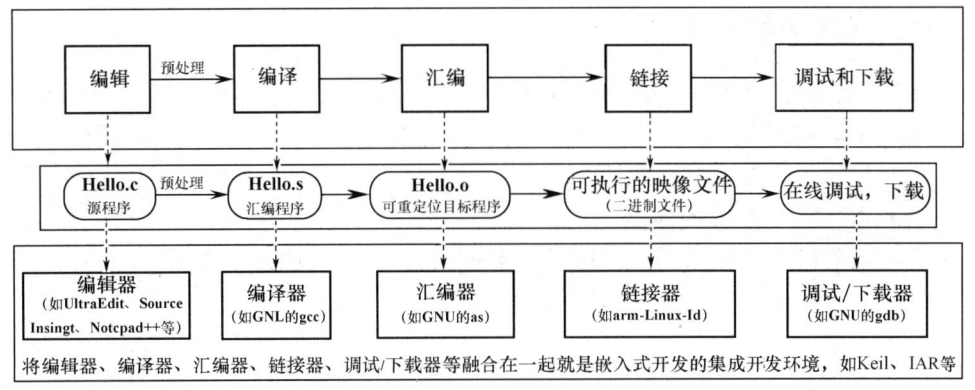

图 3-10　嵌入式软件开发过程及所需工具

1. J-Link 仿真器

J-Link 是德国 SEGGER 公司推出的基于 JTAG 的仿真器。J-Link 是一个通用的开发工具，配合 IAR EWAR、ADS、Keil、RealView 等集成开发环境，支持所有 ARM7/ARM9/ARM11、Cortex M0/M1/M3/M4、Cortex A5/A8/A9 等内核芯片的仿真，与 IAR、Keil 等编译环境无缝连接，在下载速度、效率和功能等方面具有良好的特性，是目前 ARM 开发中最实用的 JTAG 仿真工具。J-Link 仿真器外形图如图 3-11 所示。

2. ST-Link/V2 仿真器

ST-Link/V2 是专门针对 STM8 系列和 STM32 系列芯片的仿真器，采用 USB 2.0 接口进行 SWIM、JTAG、SWD 下载，下载速度快，并且支持全速运行、单步调试和断点调试等调试方法，可查看 I/O 状态和变量数据等。ST-Link/V2 仿真器外形图如图 3-12 所示。

图 3-11　J-Link 仿真器外形图

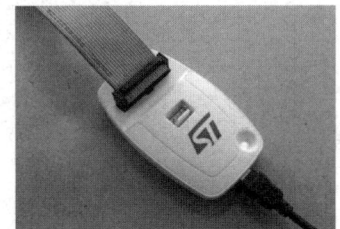

图 3-12　ST-Link/V2 仿真器外形图

3. ISP 下载器

ISP 下载器是串口下载电路，通过上位机仅需一根 USB 线即可实现一键 ISP 下载，缺点是只能烧写下载程序，不能进行在线仿真调试。

随着嵌入式系统越来越复杂，开发难度也随之加大，为了提高开发效率和开发质量，嵌入式集成开发环境应运而出。嵌入式集成开发环境（Integrated Development Environment，IDE）是将嵌入式系统开发的各个阶段所用到的软件开发工具（如编辑器、编译器、汇编器、链接器、调试/下载器等）集成在一个软件中，形成一个集成化、可视化的综合开发工具供开发者使用。由于嵌入式微处理器种类和型号繁多，因此相应的嵌入式集成开发环境也是多种多样的，有通用的 IDE，也有专用的 IDE，如 STM32 开发中常用的通用集成开发工具主要有来自 ARM 公司的 Keil 和 IAR 公司的 IAR EWARM（Embedded Workbench for ARM）等，而 ST 公司专门针对 STM32 设计的 STM32CubeIDE 则是专用的 IDE。

3.3.2 集成开发环境 Keil

Keil-MDK 是 Keil ARM Microcontroller Development Kit 的缩写，又称 MDK-ARM 或 Keil，是 Cortex-M 处理器商业开发平台，其前身是德国的 Keil 公司，后被 ARM 公司收购，是目前最新的针对各种嵌入式微处理器的软件开发工具，支持 ARM7、ARM9 和基于 ARM Cortex-M1/M3/M4 等内核的处理器。

Keil 当前最新的版本是 MDK 5.39，使用 Keil μVision5 IDE 集成开发环境，包括 MDK Tools 和 Software Packs（软件器件包）两部分。MDK Tools 包含了所有基于 ARM 的微控制器的嵌入式应用组件，由 MDK-Core 和 ARM 编译器两大部分组成，其中 MDK-Core 主要指 Keil 的软件安装文件。

MDK5 Software Packs 是在 Keil 集成开发软件安装好后，针对具体芯片使用相应设备器件包，安装相应设备的驱动支持程序，通过安装相应的器件包可以获得最新的设备驱动库及最新的例程。例如，针对 STM32F1xx 系列芯片需要下载专门的设备器件包，即 keil.STM32F1xx_DFP.2.0.0.pack。Software Packs 可以从 Keil 官网免费下载。

在 Keil 官网下载最新的 Keil 软件时，需要注意，试用版受 32KB 编译程序代码量的限制，本书使用的是 Keil μVision 5（MDK 5.23）版本。此外，在安装 Keil 软件时，其安装路径最好不要包含中文，否则容易出现错误。安装完成后的 Keil 界面如图 3-13 所示，由菜单栏、快捷工具栏、工程工作空间和编译输出窗口等组成。

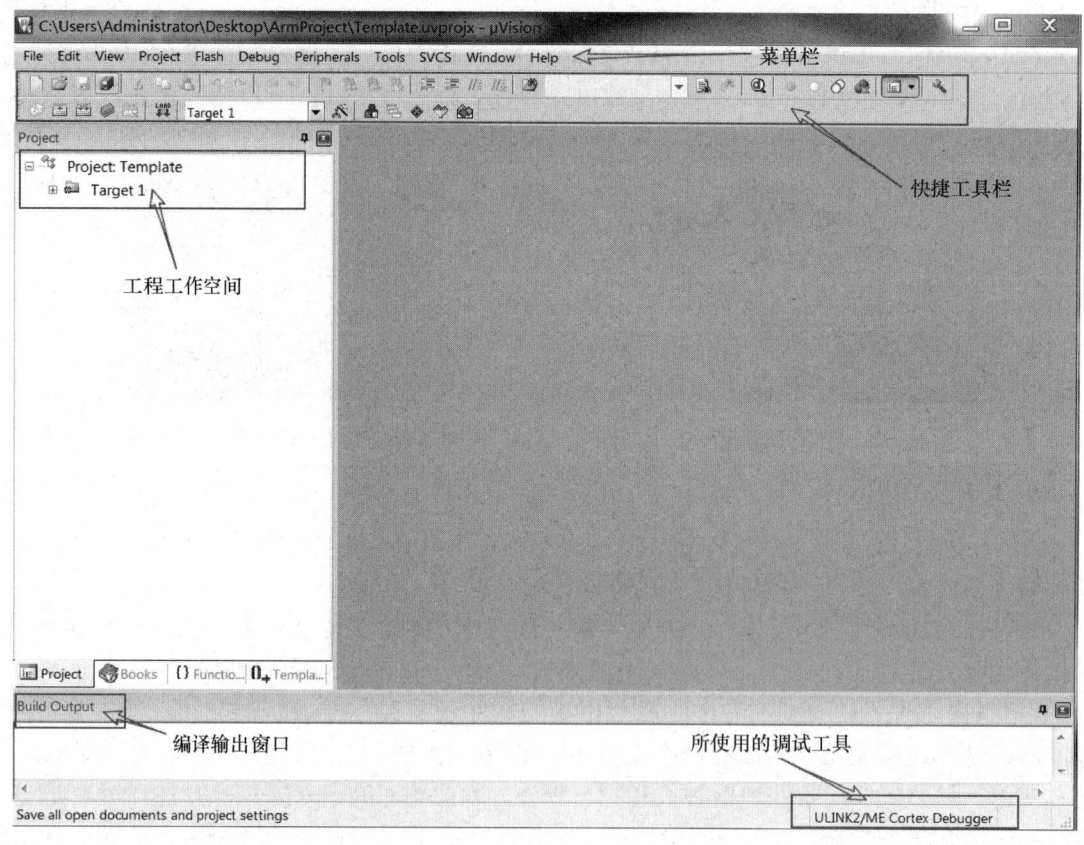

图 3-13   安装完成后的 Keil 界面

3.3.3　下载和安装 Packs 包

从 Keil 官网上下载所需的芯片器件（驱动）包，即 MDK5 Software Packs，以 STM32F103 为例进行介绍，其下载和安装该包的步骤如下。

（1）打开 Keil 官网，在主页上找到"Products"菜单项，如图 3-14 所示。

图 3-14　Keil 官网主页

（2）单击"Products"菜单项，进入如图 3-15 所示的 ARM 产品页面，找到"Arm Development Tools"选项（以 STM32F1 系列为例）。

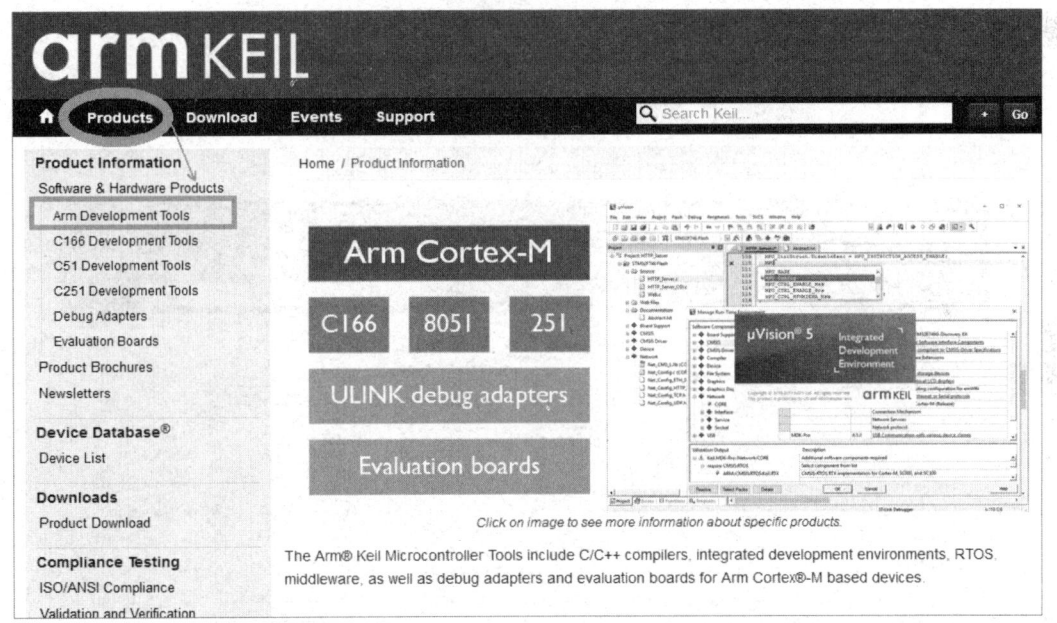

图 3-15　ARM 产品页面

（3）选择"Arm Development Tools"选项，进入 ARM 产品页面，找到"Public Software Packs"选项，如图 3-16 所示。

（4）选择"Public Software Packs"选项，可以看到针对各大半导体厂商的各种芯片的软件包，如图 3-17 所示，找到需要的软件包下载即可。

（5）向下拖动滚动条，找到"Keil"选项栏，如图 3-18 所示。

（6）在"Keil"选项栏中找到"STMicroelectronics STM32F1 Series Device Support"，即

STM32F1xx 系列的软件包（Keil.STM32F1xx_DFP.2.2.0.pack），单击"下载"按钮即可，如图 3-19 所示。

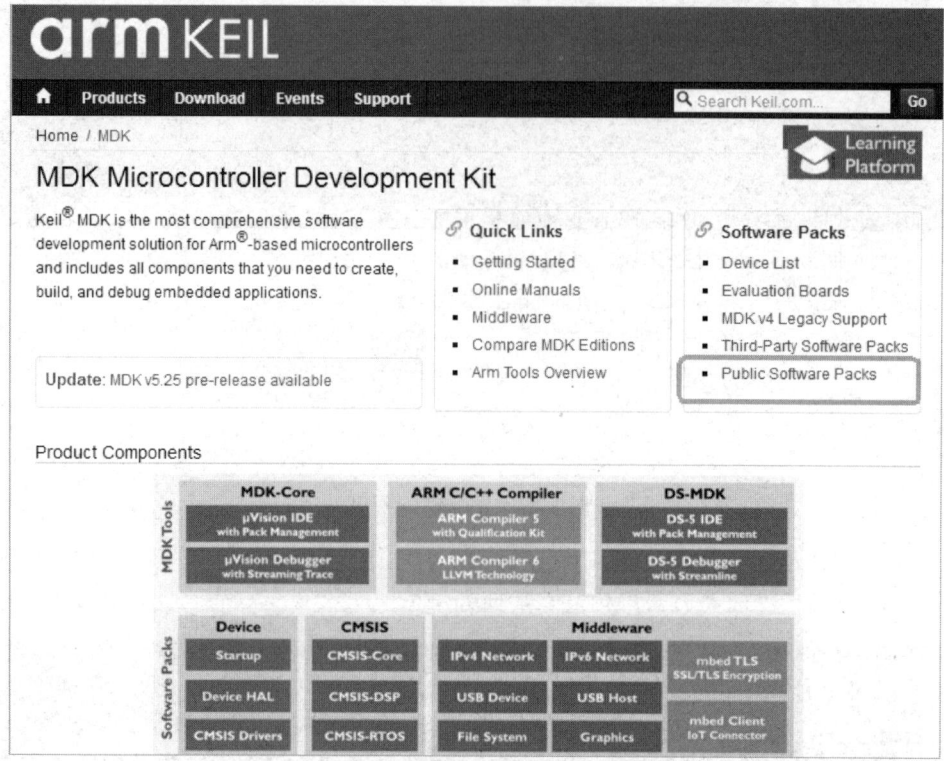

图 3-16 "Public Software Packs" 选项

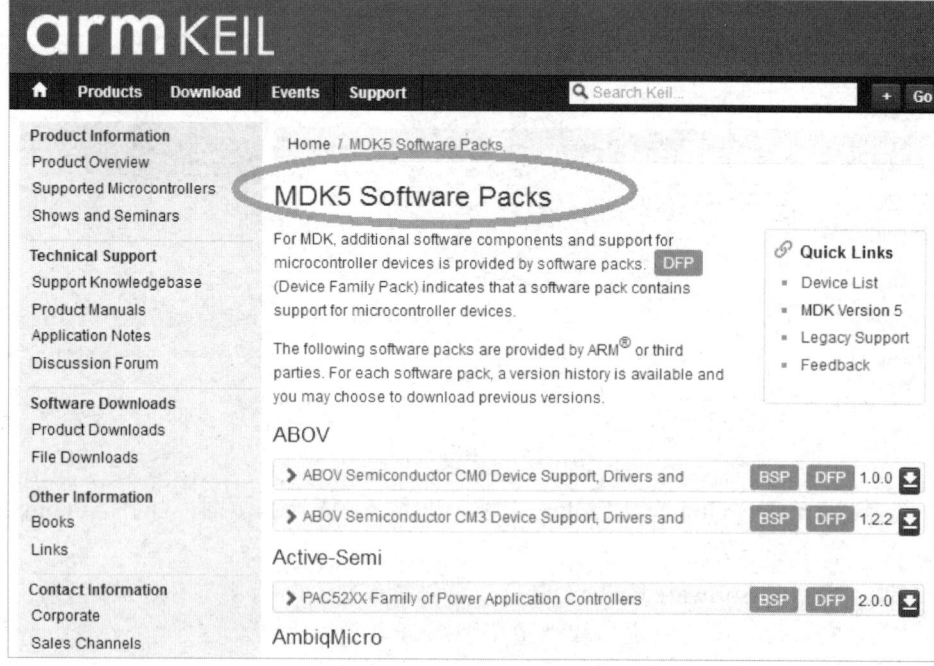

图 3-17 MDK5 Software Packs

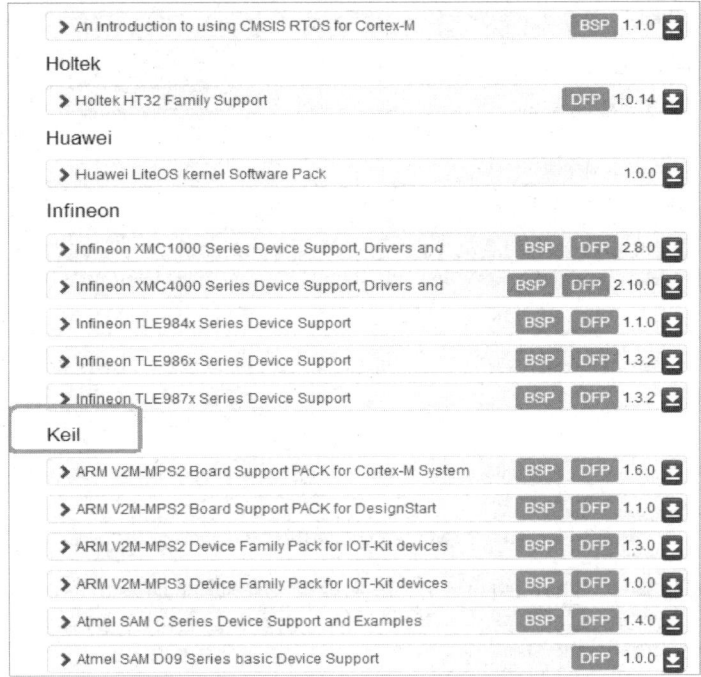

图 3-18　Keil 编译器的软件包

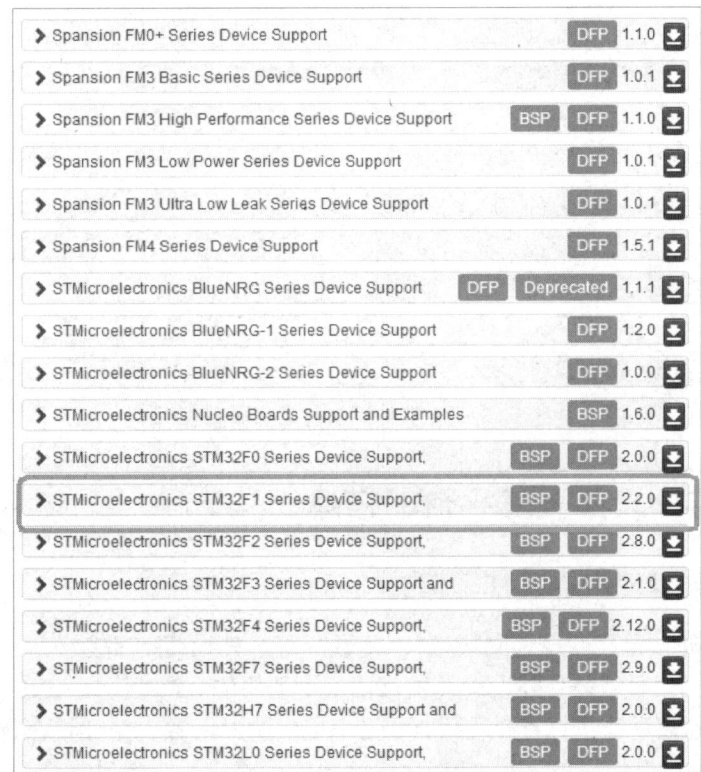

图 3-19　STM32F1xx 系列软件包的下载页面

（7）双击下载好的 Keil.STM32F1xx_DFP.2.2.0.pack，打开如图 3-20 所示的安装页面，单击 "Next" 按钮，开始软件包的安装。

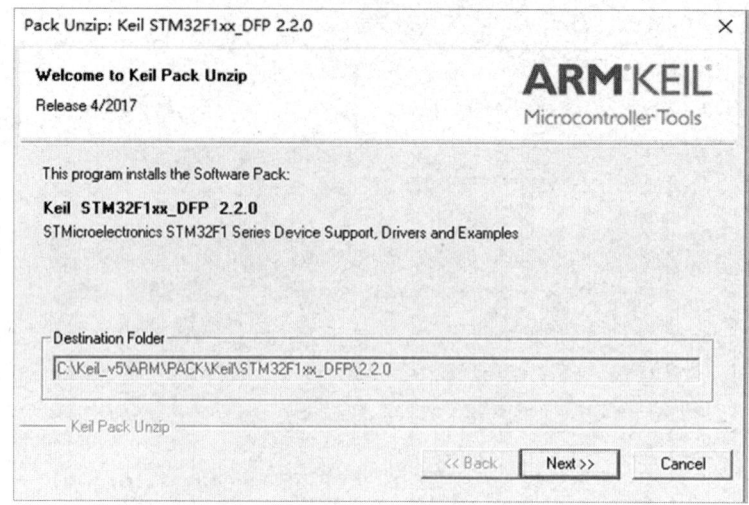

图 3-20 "Keil.STM32F1xx_DFP.2.2.0.pack"安装页面

（8）当出现如图 3-21 所示的页面时，表示软件包安装成功，单击"Finish"按钮完成。

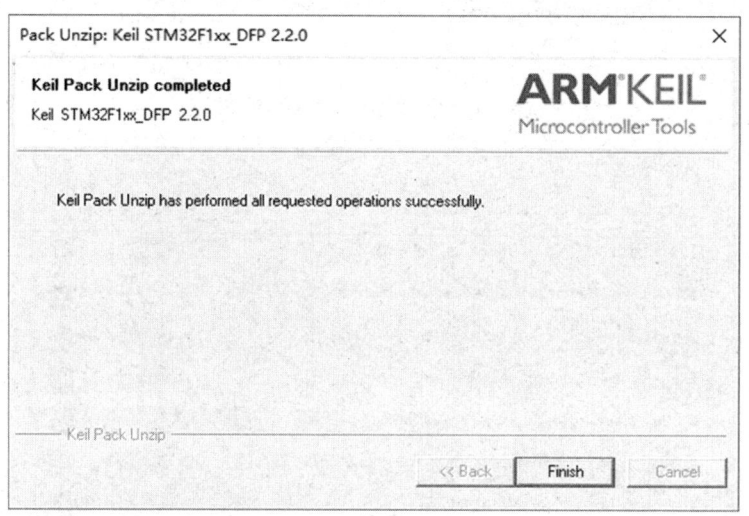

图 3-21 软件包安装成功页面

3.4 基于标准外设库开发平台的搭建

3.4.1 STM32 标准外设库文件结构

标准外设库将外设寄存器操作封装成 C 函数，每个外设驱动都由一组函数组成，这组函数覆盖了该外设所有功能。每个外设的开发都由一个通用的 API 驱动，API 对该驱动程序的结构、函数和参数名称都进行了标准化。标准外设库提供的库函数就是架设在寄存器与用户驱动层之间的代码，通过封装寄存器相关操作，以函数的形式为用户提供操作寄存器的接口。

简单来说，使用标准外设库开发模式最大的优势在于开发者不用深入了解底层硬件细节，就可以灵活、规范地使用每个外设。标准外设库覆盖了从 GPIO 到定时器，再到 CAN、I²C、SPI、UART 和 ADC 等的所有标准外设，其代码经过严格测试，易于理解和使用，并且配有完整的文档，方便进行二次开发和应用。

　　基于标准外设库进行开发时，需要理清库中各文件之间的关系，以及开发过程中需要用到哪些文件和这些文件各有什么作用。目前，STM32F10x 系列微控制器的标准外设库的最新版本为 v3.5.0，在 ST 公司的官网上直接下载，本书以 v3.5.0 讲述其框架结构及开发实践，其下载界面如图 3-22 所示。

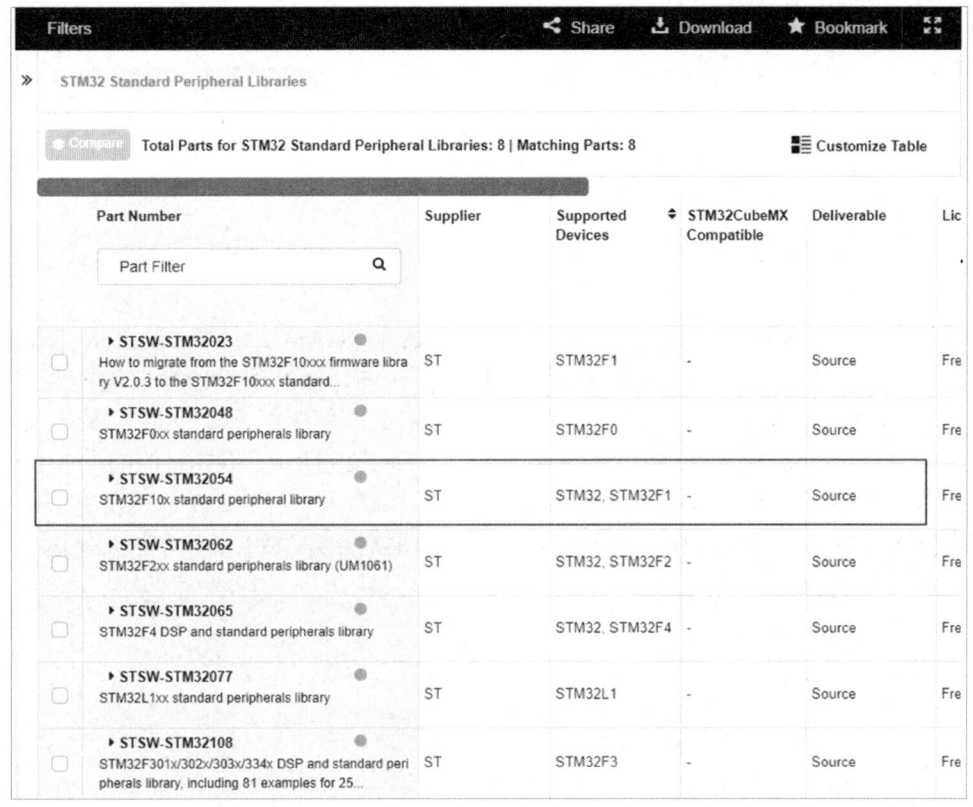

图 3-22　STM32 标准外设库 v3.5.0 下载界面

　　从 ST 公司官网上下载 v3.5.0 的库文件，解压后即 STM32F10x_StdPeriph_Lib_v3.5.0，包含 4 个文件夹和一个帮助文档，如图 3-23 所示。

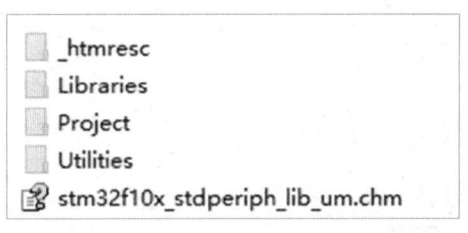

图 3-23　STM32 标准外设库 v3.5.0 的库文件

　　（1）_htmresc：该文件夹中存放的是 ST 公司的 logo 图片，对建立工程没有作用，可以忽略。

　　（2）Libraries：库函数的源文件夹，该文件夹最重要，包含 STM32 的系统文件和新建工程所需要的文件，如启动文件和大量的头文件，即标准外设库文件。Libraries 文件夹由 CMSIS 和 STM32F10x_StdPeriph_Driver 两个文件夹组成，如图 3-24 所示。这两个目录是函数标准外设库的核心文件和片内外设操作文件。其中，CMSIS 文件夹主要存放启动文件，STM32F10x_StdPeriph_Driver 文件夹存放的是 STM32 标准外设库源代码文件，该文件夹又包含两个子文件夹：inc 文件夹和 src 文件夹，inc 文件夹存放的是 stm32f10x_xxx.h 头文件，而 src 文件夹存放的是 stm32f10x_xxx.c 源文件。每个.c 文件与.h 文件相对应，称为一组文件，每组文件对应一个片内外设，如 ADC、CAN 等。

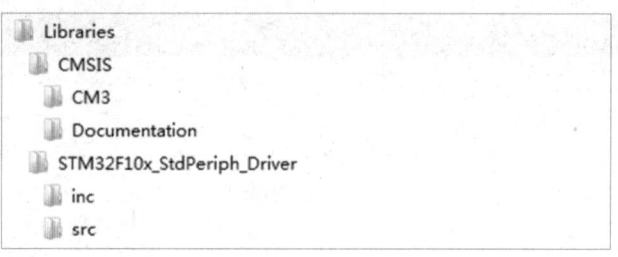

图 3-24   Libraries 文件夹结构

（3）Project：由 STM32F10x_StdPeriph_Examples 和 STM32F10x_StdPeriph_Template 两个文件夹组成，包含 ST 公司官方所有例程和基于不同编译器的项目模板，如各个外设的例程（如 ADC、CAN、DMA、I²C 等）和几个不同编译器的工程模板（如 MDK-ARM、EWARM 等），这些例程是学习和使用 STM32 的重要参考，如图 3-25 所示。Keil 对应的是 MDK-ARM 文件夹中的工程模板，而 IAR 对应的是 EWARM 文件夹中的工程模板。开发者可以基于这个工程模板进行修改，得到适合自己的工程模板，本书后续章节将基于对标准外设库的理解建立合适的工程模板。

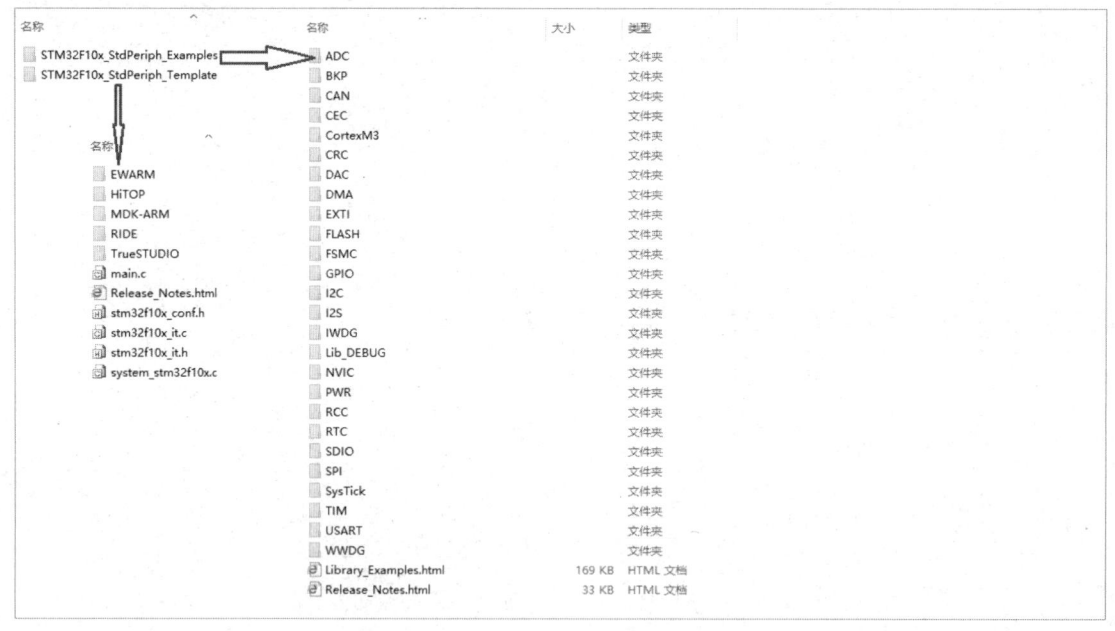

图 3-25   Project 文件夹中的内容

（4）Utilities：包含相关评估板的示例程序和驱动函数，供使用官方评估板的开发者使用。

（5）stm32f10x_stdperiph_lib_um.chm：这个 chm 格式的文件是 STM32F10x 系列产品标

准外设库的使用手册和帮助文档，通过该文件用户可以学习外设库函数的使用方法。

STM32F10x 标准外设库 v3.5.0 的主要核心文件及说明如表 3-5 所示。

表 3-5　STM32F10x 标准外设库 v3.5.0 的主要核心文件及说明

文件类型	核心文件	说明
启动文件	startup_stm32f10x_hd.s	汇编语言编写的启动文件，hd 代表大容量芯片
内核相关	core_cm3.c	内核文件，包含内核寄存器的定义和内核外设的函数，Cortex-M3 内核及其外设，如 NVIC、SysTick 等
	core_cm3.h	把 core_cm3.c 中的寄存器封装成相应的函数
	misc.c misc.h	用于中断管理，包含 NVIC 相关的函数定义和 SysTick
外设相关	stm32f10x.h	包含所有外设寄存器和结构体的定义、位定义、中断向量表、存储空间的地址映射等
	system_stm32f10x.c system_stm32f10x.h	系统文件，SystemInit()函数用于系统初始化和 STM32 系统时钟配置
	stm32f10x_ppp.c stm32f10x_ppp.h	外设驱动函数文件，包括相关外设的初始化配置和部分功能应用函数，是编程功能实现的重要组成部分
	stm32f10x_conf.h	固件库配置文件，通过增加和删除所包含的外设头文件来选择固件库所使用的外设
应用程序	main.c	主函数
中断	stm32f10x_it.c stm32f10x_it.h	存放用户编写的中断服务函数

1. core_cm3.c 文件和 core_cm3.h 文件

Libraries\CMSIS\CM3\CoreSupport 文件夹中的 core_cm3.c、core_cm3.h 文件是 CMSIS 的核心文件，这两个文件提供进入 ARM Cortex-M3 内核的接口，由 ARM 公司提供，对所有基于 ARM Cortex-M3 内核的芯片都适用。core_cm3.c 文件是内核通用源文件，主要存放的是操作内核外设寄存器的函数，其对应的头文件是 core_cm3.h，对 core_cm3.c 文件中的寄存器进行映射封装。

2. system_stm32f10x.c 文件和 system_stm32f10x.h 文件

DeviceSupport\ST\STM32F10x 文件夹中主要存放一些启动文件及基础的寄存器和中断向量定义文件，如图 3-26 所示。

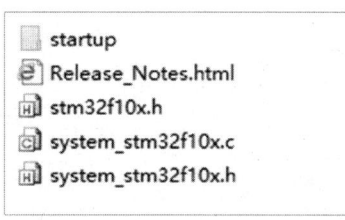

startup
Release_Notes.html
stm32f10x.h
system_stm32f10x.c
system_stm32f10x.h

图 3-26　DeviceSupport\ST\STM32F10x 文件夹

system_stm32f10x.c 对应的头文件是 system_stm32f10x.h，这组文件的主要功能是配置 STM32 的系统时钟和总线时钟，其中最重要的函数是 SystemInit()，该函数是在系统启动时调用的初始化系统函数，用来设置整个 STM32 的系统时钟。system_stm32f10x.c 中的开头注释部分明确指明了这组文件的作用，如图 3-27 所示。

```
1  /**
2   ******************************************************************************
3   * @file     system_stm32f10x.c
4   * @author   MCD Application Team
5   * @version  V3.5.0
6   * @date     11-March-2011
7   * @brief    CMSIS Cortex-M3 Device Peripheral Access Layer System Source File.
8   *
9   * 1.  This file provides two functions and one global variable to be called from
10  *     user application:
11  *      - SystemInit(): Setups the system clock (System clock source, PLL Multiplier
12  *                      factors, AHB/APBx prescalers and Flash settings).
13  *                      This function is called at startup just after reset and
14  *                      before branch to main program. This call is made inside
15  *                      the "startup_stm32f10x_xx.s" file.
16  *
17  *      - SystemCoreClock variable: Contains the core clock (HCLK), it can be used
18  *                      by the user application to setup the SysTick
19  *                      timer or configure other parameters.
20  *
21  *      - SystemCoreClockUpdate(): Updates the variable SystemCoreClock and must
22  *                      be called whenever the core clock is changed
23  *                      during program execution.
24  *
25  * 2. After each device reset the HSI (8 MHz) is used as system clock source.
26  *    Then SystemInit() function is called, in "startup_stm32f10x_xx.s" file, to
27  *    configure the system clock before to branch to main program.
28
```

图 3-27　system_stm32f10x.c 中的 SystemInit()函数

通过变量 SystemCoreClock 可以获取系统时钟，若系统时钟为 72MHz，则 SystemCoreClock= 72000000。SystemCoreClockUpdate()函数用于改变系统时钟，更新 SystemCoreClock 变量。

3. stm32f10x.h 头文件

stm32f10x.h 头文件主要包括 STM32F10x 系列微控制器外设寄存器的定义、位定义、中断向量表及存储空间的映射等，内部包含许多结构体和宏定义。图 3-28 所示为封装 GPIO 相关寄存器的结构体。

其中，__IO 是宏定义，代表 volatile，定义在 Libraries\CMSIS\CM3\CoreSupport\core_cm3.h 文件夹中，即#define __IO volatile /*!< defines 'read / write' permissions */。

4. startup_stm32f10x_xx.s 启动文件

在 startup\arm 文件夹下，有 8 个以 startup 开头的.s 文件，如图 3-29 所示。针对不同容量的 STM32 芯片选择不同的启动文件，这里的容量是指片内 Flash 的大小。

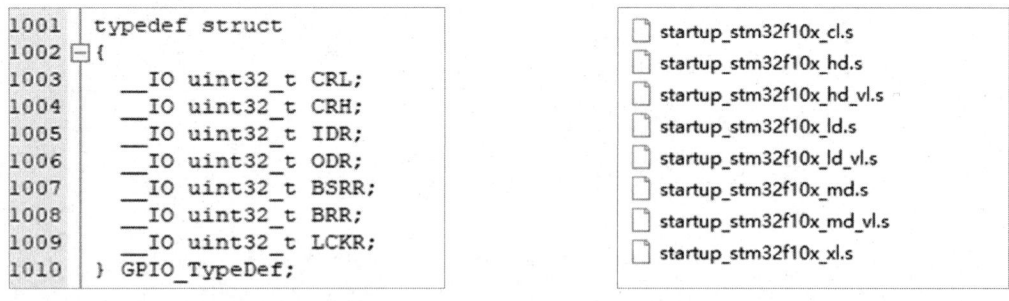

```
1001  typedef struct
1002  {
1003      __IO uint32_t CRL;
1004      __IO uint32_t CRH;
1005      __IO uint32_t IDR;
1006      __IO uint32_t ODR;
1007      __IO uint32_t BSRR;
1008      __IO uint32_t BRR;
1009      __IO uint32_t LCKR;
1010  } GPIO_TypeDef;
```

startup_stm32f10x_cl.s
startup_stm32f10x_hd.s
startup_stm32f10x_hd_vl.s
startup_stm32f10x_ld.s
startup_stm32f10x_ld_vl.s
startup_stm32f10x_md.s
startup_stm32f10x_md_vl.s
startup_stm32f10x_xl.s

图 3-28　封装 GPIO 相关寄存器的结构体　　　　　图 3-29　STM32 的启动文件

（1）startup_stm32f10x_hd.s：适用于大容量的 STM32，Flash 的容量大于或等于 256KB。

（2）startup_stm32f10x_md.s：适用于中等容量的 STM32，Flash 的容量为 64～256KB。

（3）startup_stm32f10x_ld.s：适用于小容量的 STM32，Flash 的容量小于 32KB。

如果 STM32F103ZET6 和 STM32F103VET6 的 Flash 容量都是 512KB，则属于大容量 STM32，启动文件应选择 startup_stm32f10x_hd.s。

启动文件的作用除对堆栈等初始化、对中断向量表及对应的中断处理函数的定义外，还要负责芯片上电后引导程序进入 main()函数，芯片上电复位后会首先运行一段汇编程序，如图 3-30 所示，在进入 main()函数前，调用 SystemInit()函数初始化系统时钟。

```
146    ; Reset handler
147    Reset_Handler    PROC
148                     EXPORT  Reset_Handler            [WEAK]
149                     IMPORT  __main
150                     IMPORT  SystemInit
151                     LDR     R0, =SystemInit
152                     BLX     R0
153                     LDR     R0, =__main
154                     BX      R0
155                     ENDP
```

图 3-30　STM32 的启动文件

5. stm32f10x_PPP.c 文件和 stm32f10x_PPP.h 文件

STM32F10x_StdPeriph_Driver 文件夹存放的是 STM32 标准外设库外设驱动源文件和相应的头文件。inc 文件夹存放 stm32f10x_PPP.h 文件，src 文件夹存放 stm32f10x_PPP.c 文件，PPP 代表不同的外设，包含了相关外设的初始化配置和部分功能应用函数。

6. misc.c 文件和 misc.h 文件

misc.c 文件和 misc.h 文件提供了外设对内核的嵌套中断向量控制器（NVIC）的访问函数，在配置中断时，必须把这个文件添加到工程中。

7. stm32f10x_it.c 文件和 stm32f10x_it.h 文件

stm32f10x_it.c 文件和 stm32f10x_it.h 文件用于编写中断服务函数，相应的中断服务函数接口已在启动文件中被定义。

8. stm32f10x_conf.h 文件

stm32f10x_conf.h 文件是用于配置是否使用某个外设的头文件，利用该头文件可以方便地增加或删除外设的驱动函数，该文件已被包含在 stm32f10x.h 头文件中。

STM32 标准外设库中包含了 STM32 系列微控制器所有的片内外设的变量定义和功能函数，熟悉 STM32 标准外设库的命名规则和使用规律将有助于程序的编写。

标准外设库遵从以下命名规则。

（1）PPP 代表不同的外设。例如，ADC 代表模/数转换器、IIC 代表 I^2C 总线接口。STM32F10x 标准外设库所用到的外设如表 3-6 所示。

表 3-6　STM32F10x 标准外设库所用到的外设

缩写	外设名称	缩写	外设名称
ADC	模/数转换器	IIS	I^2S 总线接口
BKP	备份寄存器	IWDG	独立看门狗

续表

缩写	外设名称	缩写	外设名称
CAN	控制器局域网	NVIC	嵌套向量中断控制器
CRC	CRC 计算单元	PWR	电源控制
DAC	数/模转换器	RCC	复位和时钟控制
DBGMCU	MCU 调试模块	RTC	定时时钟
DMA	DMA 控制器	SDIO	SDIO 接口
EXTI	外部中断/事件控制器	SPI	SPI 接口
SysTick	系统定时器	FSMC	灵活的静态存储器控制器
Flash	Flash 存储器	TIM	定时器
GPIO	通用输入/输出	USART	通用同步/异步收发器
IIC	I^2C 总线接口	WWDG	窗口看门狗

（2）源文件和头文件的命名都以"stm32f10x_"开头，如 stm32f10x_conf.h。

（3）若常量仅被应用于一个文件，则在该文件中定义常量；若常量应用于多个文件，则该常量应在对应头文件中被定义，所有常量均用大写英文字母命名。

（4）寄存器作为常量处理，用大写英文字母命名。在大多数情况下，寄存器名称与其英文缩写一致。

（5）外设函数的名称以该外设的英文缩写加下画线为开头。每个单词的第一个字母都用大写英文字母表示。例如，SPI_SendData。在函数名中，只允许存在一个下画线，用以分隔外设英文缩写和函数名的其他部分。对于函数的命名，有以下规则。

① 名为 PPP_Init 的函数，其功能为根据 PPP_InitTypeDef 结构体中指定的参数来初始化外设 PPP，如 TIM_Init、USART_Init。

② 名为 PPP_DeInit 的函数，其功能为将外设 PPP 的所有寄存器复位至默认值，如 TIM_DeInit。

③ 名为 PPP_Cmd 的函数，其功能为使能或失能外设 PPP，如 SPI_Cmd。

④ 名为 PPP_ITConfig 的函数，其功能为使能或失能来自外设 PPP 的中断源，如 RCC_ITConfig。

⑤ 名为 PPP_DMAConfig 的函数，其功能为使能或失能外设 PPP 的 DMA 接口，如 TIM1_DMAConfig。用以配置外设功能的函数，总以字符串"Config"结尾，如 GPIO_PinRemapConfig。

⑥ 名为 PPP_GetFlagStatus 的函数，其功能为检查外设 PPP 某标志位是否被设置，如 I2C_GetFlagStatus。

⑦ 名为 PPP_ClearFlag 的函数，其功能为清除外设 PPP 标志位，如 I2C_ClearFlag。

⑧ 名为 PPP_GetITStatus 的函数，其功能为判断来自外设 PPP 的中断是否发生，如 I2C_GetITStatus。

⑨ 名为 PPP_ClearITPendingBit 的函数，其功能为清除外设 PPP 中断待处理标志位，如 I2C_ClearITPendingBit。

STM32 标准外设库结构符合 CMSIS 标准的软件架构，其整体框架结构包括内核及启动文件、中断响应文件、硬件地址映射文件、标准外设库函数和用户程序，如图 3-31 所示。

用户程序		
标准外设库函数	stm32f10x_adc.h stm32f10x_bkp.h stm32f10x_can.h stm32f10x_cec.h stm32f10x_gpio.h stm32f10x_rcc.h stm32f10x_spi.h stm32f10x_usart.h ……	中断响应文件 STM32F10x_IT.h STM32F10x_IT.c
内核及 启动文件	core_cm3.c、system_stm32f10x.c、 startup_stm32f10x_xx.s …	
硬件地址映射文件	stm32f10x.h	
硬件		

图 3-31　STM32 标准外设库整体框架结构

3.4.2　基于标准外设库新建工程模板

嵌入式开发平台搭建完成后,如何进行嵌入式 STM32 的开发和学习呢?本节基于 ST 公司提供的 STM32F10x 系列微控制器标准外设库 v3.5.0 进行介绍。首先需要从 ST 公司官网上下载本书所用的开发芯片 STM32F10x 系列微控制器的标准外设库 STM32F10x_StdPeriph_Lib_V3.5.0 和 STM32F103 系列芯片相关的数据手册、用户手册等文档。

从 STM32F10x 系列微控制器标准外设库 v3.5.0 的结构中可以看出,ST 公司提供的项目模板架构并不一定适合用户自己开发的项目,新建工程模板的实质是将标准外设库 v3.5.0 中的内核文件、启动文件、中断、外设文件等复制并有机整合到集成开发环境中,使其适合开发者的使用习惯,进而方便项目的开发和实施。下面基于标准外设库 v3.5.0 新建一个工程。

(1)打开 Keil 软件,新建一个工程。

① 在桌面或 D 盘、E 盘等英文目录下建立一个文件夹 MyTemplates(用户自己定义工程文件夹的名称,但名称最好由英文字母组成)。

② 打开 Keil 软件,在"Project"菜单栏下选择"New μVision Project"选项,如图 3-32 所示,选择本地新建的 MyTemplates 文件。

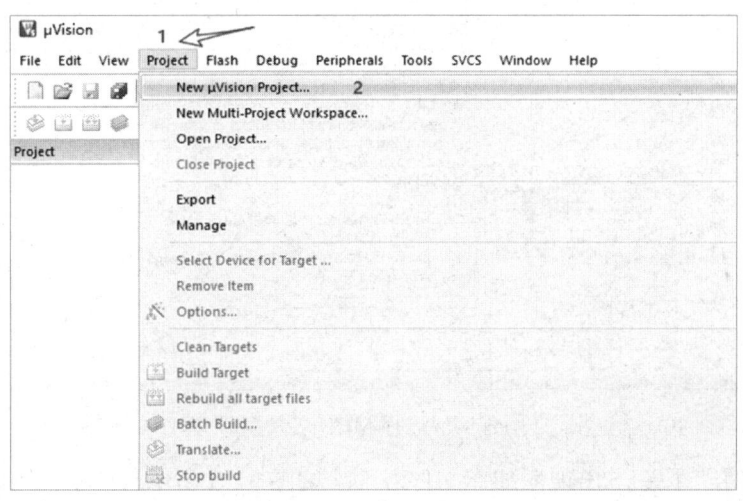

图 3-32　新建一个工程

③ 在出现的提示框中，输入自定义的工程文件名 MyProject，创建一个新的工程，如图 3-33 所示。

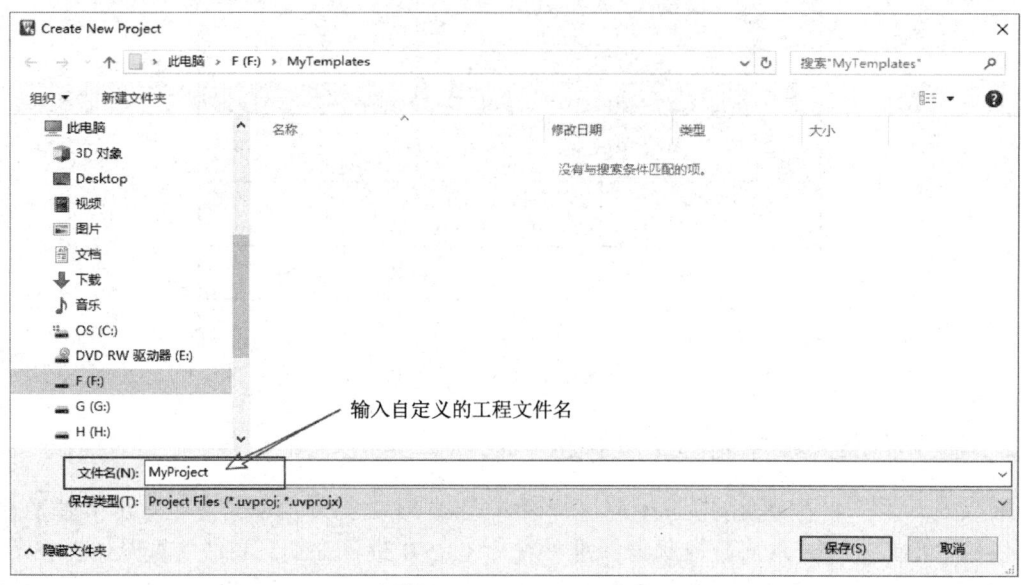

图 3-33　输入自定义的工程文件名

④ 单击"保存"按钮，在如图 3-34 所示的界面中选择所使用的 MCU 芯片型号，这里选择"STM32F103ZE"选项。

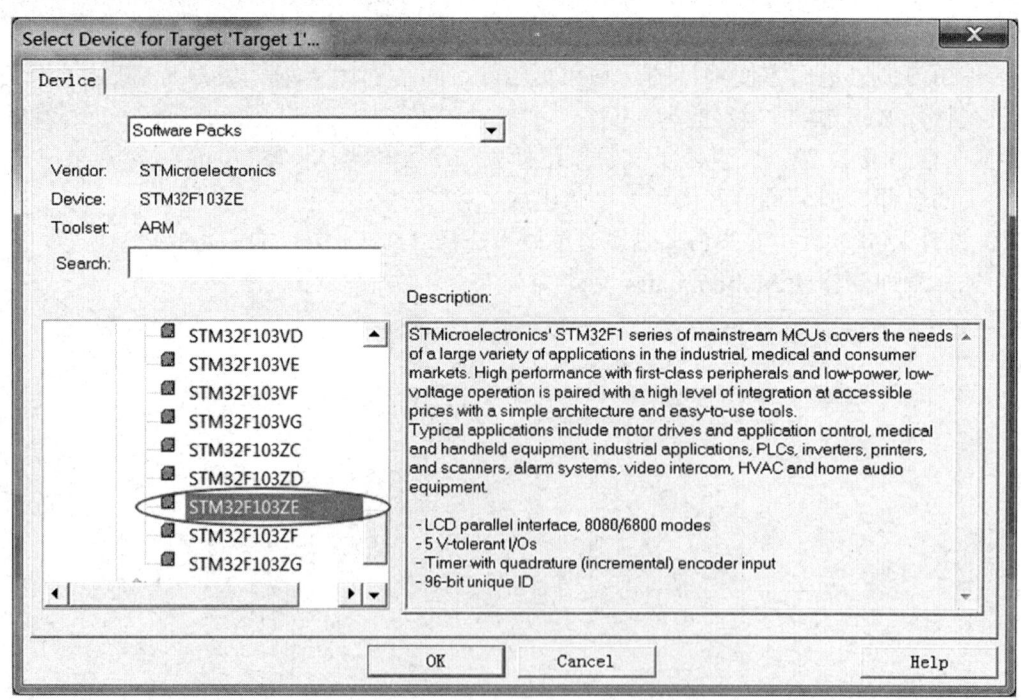

图 3-34　选择 MCU 芯片型号

⑤ 单击"OK"按钮，出现添加库文件界面，如图 3-35 所示，这里采用的操作是直接关闭窗口或单击"OK"按钮，在以后的操作中也可以通过手动方式添加相应的库文件。

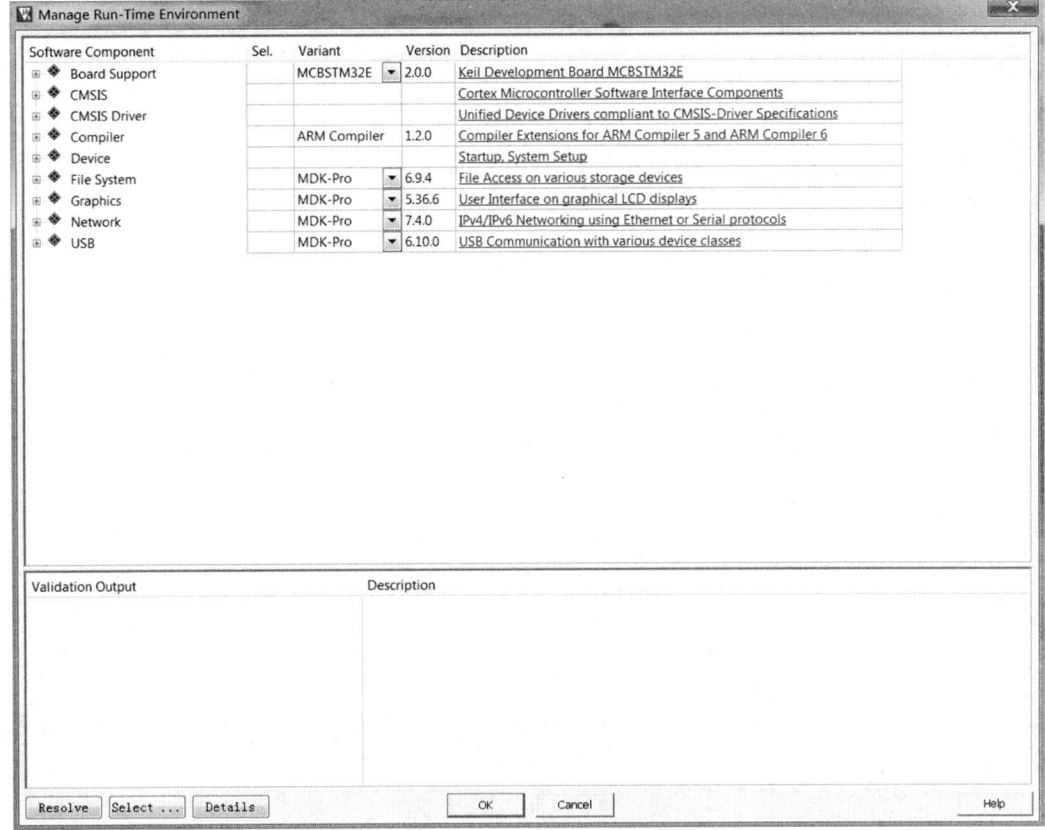

图 3-35 添加库文件界面

（2）复制标准外设库文件到相应文件夹中。

在 MyTemplates 文件夹中新建 4 个文件夹，分别是 USER、BSP、CORE 和 FWLib，从标准外设库中复制相应的文件到新建的文件夹中，复制的具体内容如下。

① USER：也可以是 APP，用户可以随便定义该文件夹的名称，主要用来存放 main()函数和中断程序。从标准外设库复制 stm32f10x_conf.h、stm32f10x_it.c、stm32f10x_it.h 和 main.c 这 4 个文件存放在该文件夹下，main.c 文件也可以由用户自己建立，其路径为 STM32F10x_StdPeriph_Lib_v3.5.0\Project\STM32F10x_StdPeriph_Template。USER 文件夹用来存放用户最主要的开发代码，即 user_code，与用户层对应。

② BSP：存放用户自己编写的硬件驱动文件，如 led.c、led.h 等，当然也可以不创建这个文件夹，而是直接将硬件驱动文件放在 USER（或 APP）中。

③ CORE：存放系统文件和启动文件等，从标准外设库中复制 core_cm3.c、core_cm3.h、startup_stm32f10x_hd.s 和 system_stm32f10x.c 共 4 个文件存放到该文件夹中。core_cm3.c 文件和 core_cm3.h 文件所在路径为 STM32F10x_StdPeriph_Lib_v3.5.0\Libraries\CMSIS\CM3\CoreSupport；startup_stm32f10x_hd.s 文件所在路径为 STM32F10x_StdPeriph_Lib_v3.5.0\Libraries\CMSIS\CM3\DeviceSupport\ST\STM32F10x\startup\arm。STM32F103ZET6 的 Flash 量为 512KB，属于大容量芯片，故选择 startup_stm32f10x_hd.s 文件。system_stm32f10x.c 文件所在路径为 STM32F10x_StdPeriph_Lib_v3.5.0\Libraries\CMSIS\CM3\DeviceSupport\ST\

STM32F10x。

④ FWLib：也可以是 Lib 文件夹或 Libraries 文件夹，或者直接定义文件夹的名称为 STM32F10x_StdPeriph_Driver，存放 STM32 标准外设库的 src 和 inc 两个文件夹，这两个文件夹包含了芯片的所有驱动。从标准外设库中直接把 src 和 inc 两个文件夹复制到该文件夹中，其路径为 STM32F10x_StdPeriph_Lib_v3.5.0\Libraries\STM32F10x_StdPeriph_Driver\src。注意：相应的.h 头文件也必须复制到该文件夹中。

新建工程模板的结构如图 3-36 所示。

（3）新建一个 main.c 源文件。

首先单击 Keil 的"新建文件"按钮，新建一个文件，命名为 main.c，然后保存到 USER 文件夹中，注意，新建的.c 文件和.h 文件都存放在该文件夹下，如图 3-37 所示。

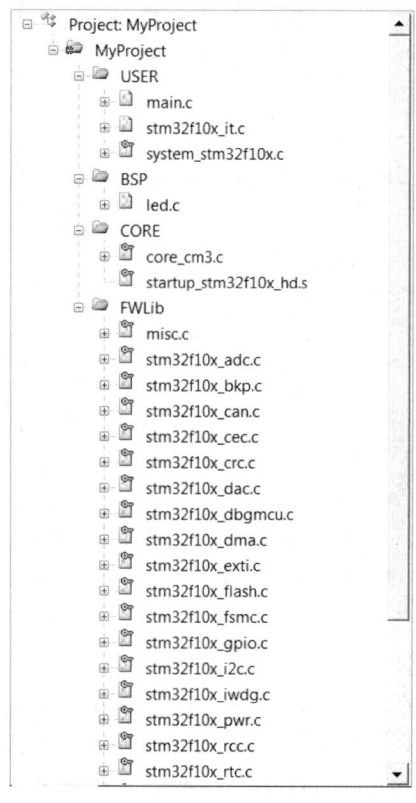

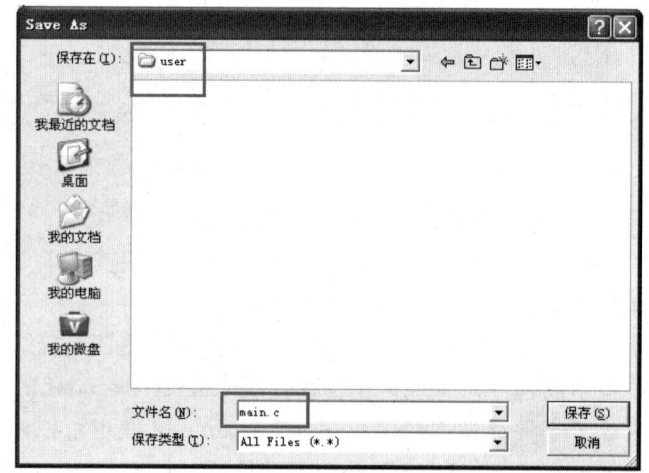

图 3-36　新建工程模板的结构　　　　图 3-37　新建一个 main.c 源文件

（4）把内核、启动文件和外设等相关的库文件添加到 Keil 工程中。

右击左侧栏中的工程"Target1"，然后选择"Manage Project Items"选项，如图 3-38 所示。

在弹出的界面中，分别通过双击"Target1"和"Source Group1"选项更改工程目标名称和源文件组名，如图 3-39 所示。"Project Targets"为工程目标的名称，可以根据项目名称定义一个有意义的名称，"Groups"为项目组名称，在"Groups"中可以更改或添加工程模板中的 USER、BSP、CORE 和 FWLib 等。

单击"Add Files"按钮，添加新文件到源文件组中，以之前新建的 main.c 为例，如图 3-40 所示。

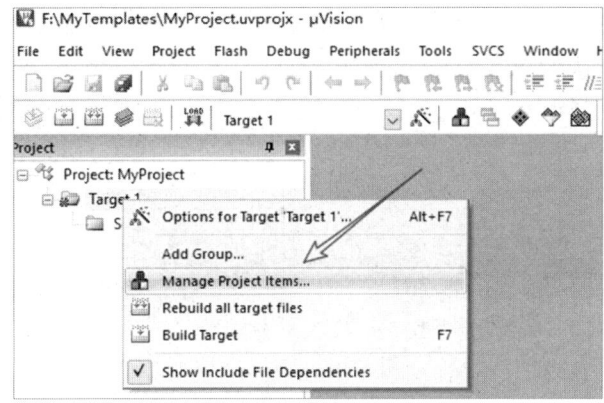

图 3-38　"Manage Project Items"选项

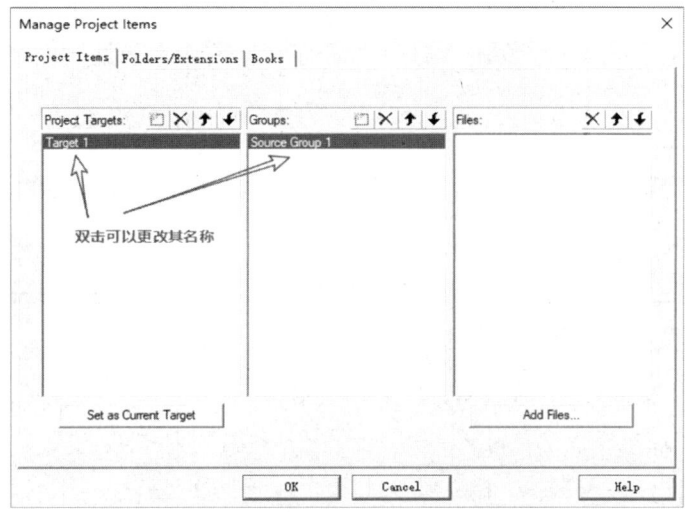

图 3-39　更改"Project Targets"工程目标名称和"添加 Groups"项目组

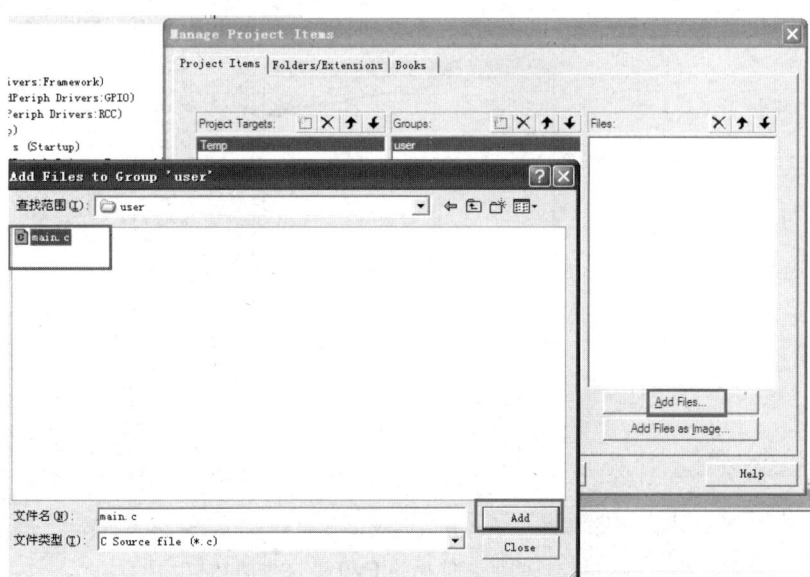

图 3-40　添加 mian.c 文件到源文件组中

依次将 FWLib 和 USER 中的文件添加到新建的工程中，添加文件后的 USER 文件组结构如图 3-41 所示，单击 "OK" 按钮，完成添加。

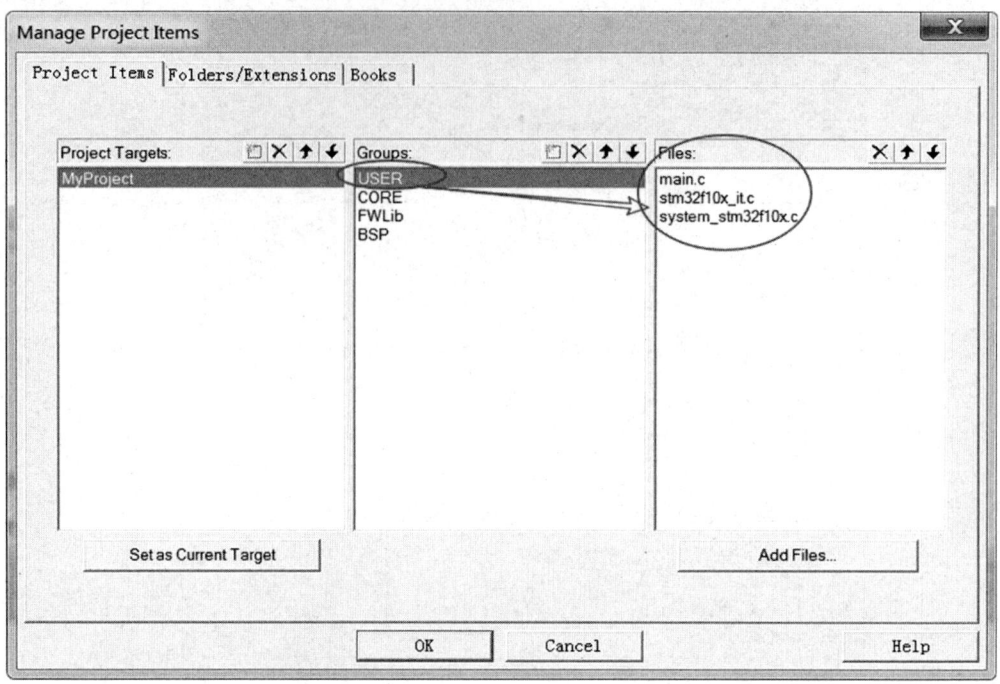

图 3-41　添加文件后的 USER 文件组结构

图 3-42 所示为添加文件后的 FWLib 文件组结构。

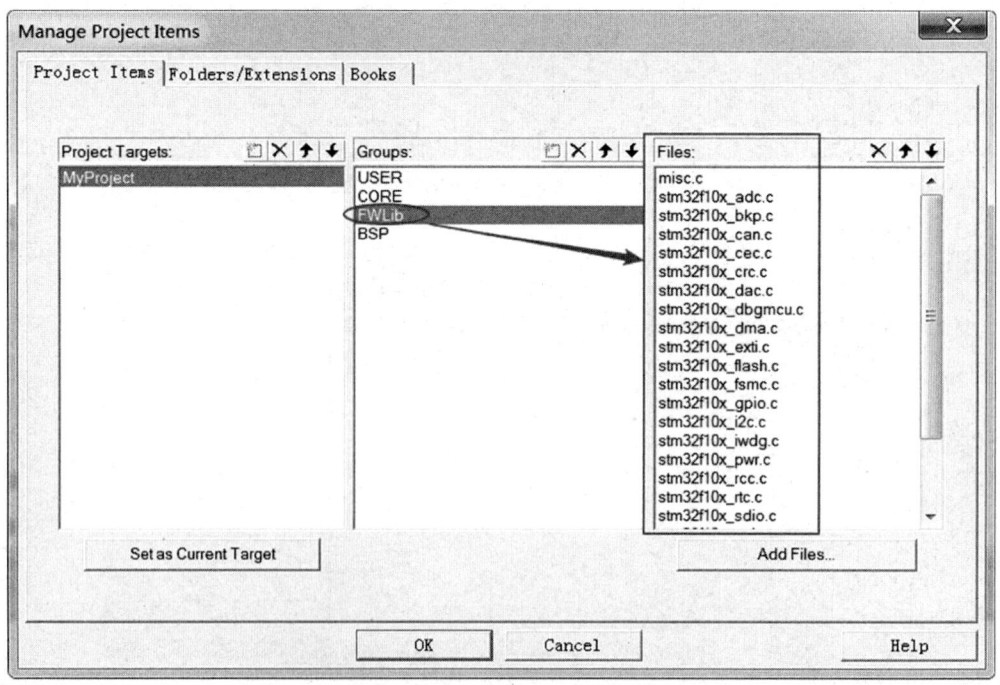

图 3-42　添加文件后的 FWLib 文件组结构

图 3-43 所示为添加文件后的 CORE 文件组结构。

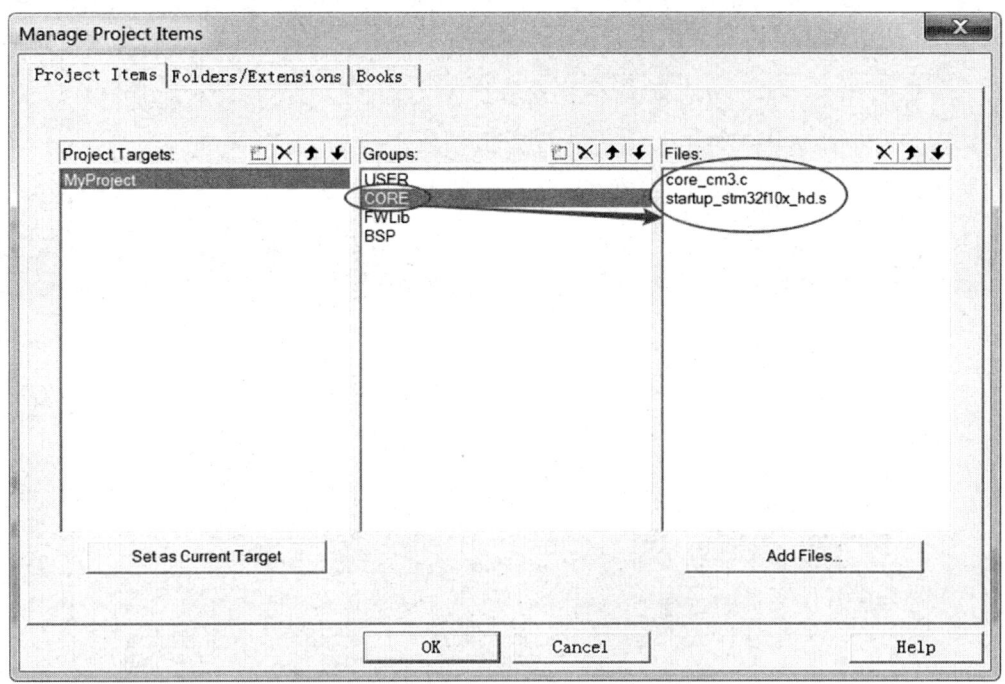

图 3-43　添加文件后的 CORE 文件组结构

图 3-44 所示为添加文件后的 BSP 文件组结构。

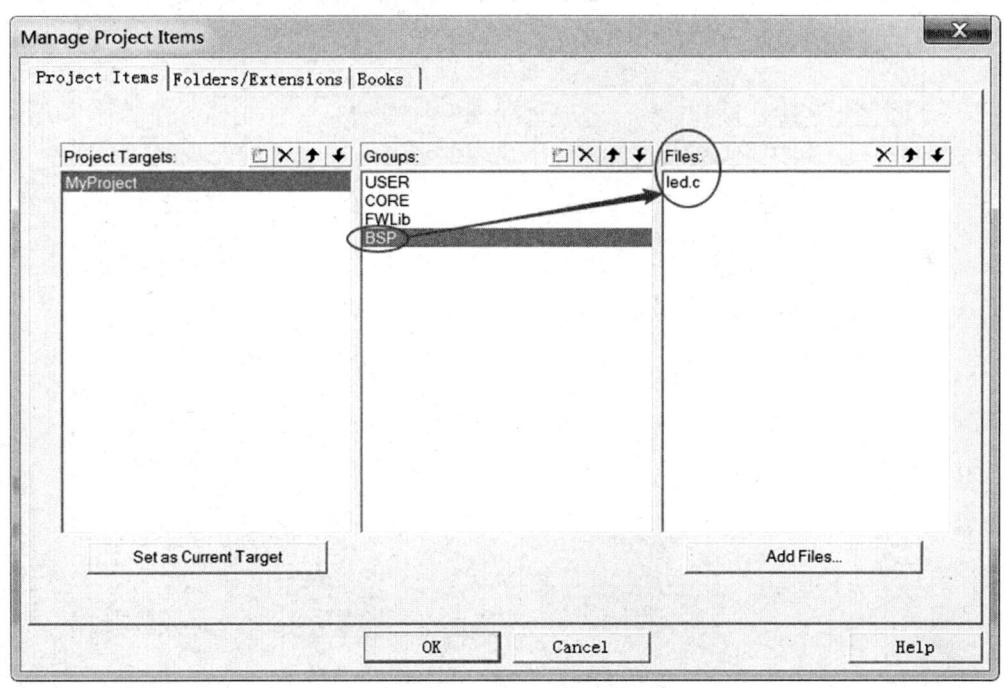

图 3-44　添加文件后的 BSP 文件组结构

此时，已将工程中用到的所有标准外设库的相关文件都添加到工程中了。

（5）配置 Keil。

选择"Options for Target"选项，在"Target"选项页中将晶振设置为 8MHz，并勾选"Use

MicroLIB"（使用 Micro 库）复选框，如图 3-45 所示。

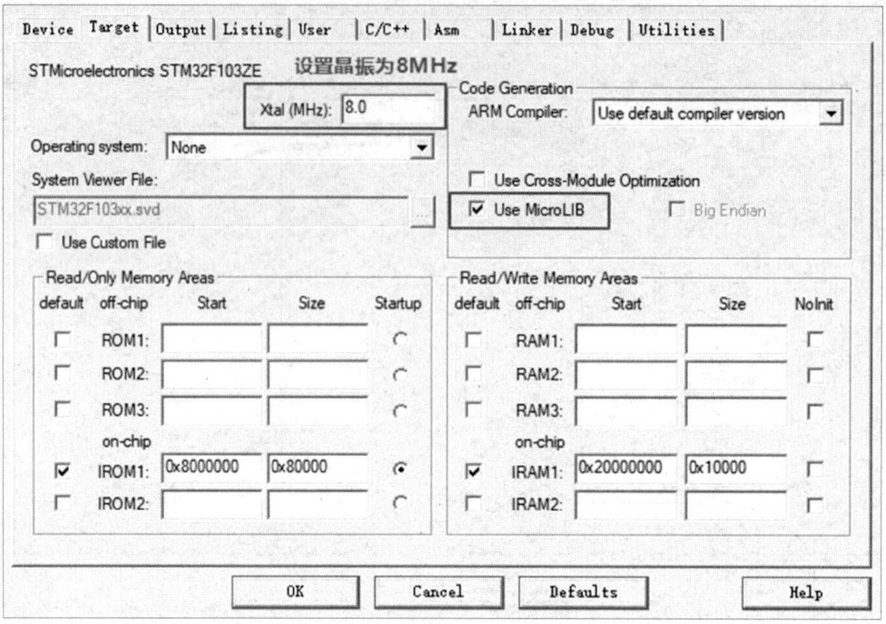

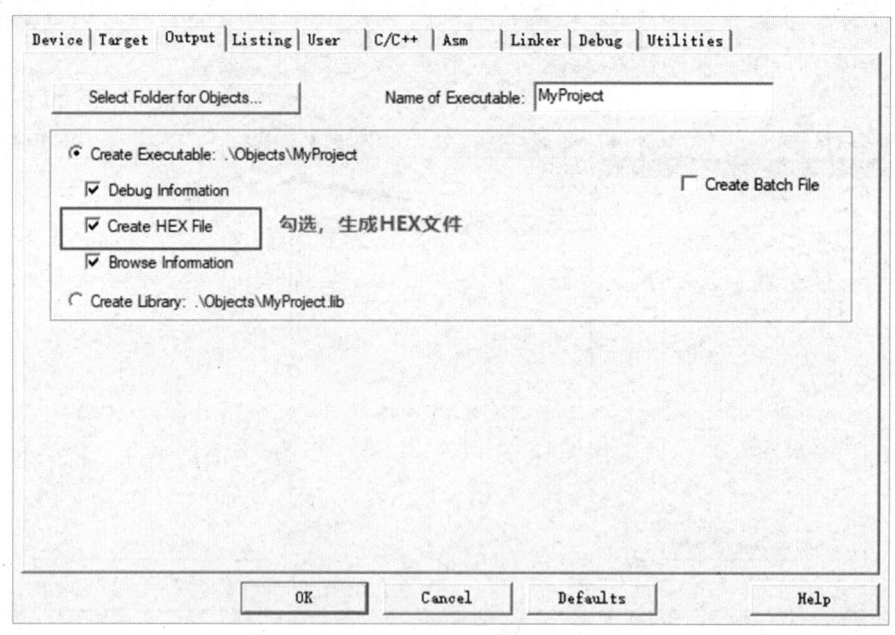

图 3-45　"Target" 选项页

在"Output"选项页中勾选"Create HEX File"复选框，如图 3-46 所示，生成 HEX 文件。

图 3-46　"Output" 选项页

（6）在工程设置窗口的"C/C++"选项页的"Define"框中输入"STM32F10X_HD"和"USE_STDPERIPH_DRIVER"这两个宏，如图 3-47 所示。

　　添加 USE_STDPERIPH_DRIVER 是为了屏蔽编译器的默认搜索路径，转而添加到工程的 STM32F10x 标准外设库中，即使用 STM32F10x 标准外设库开发 STM32。

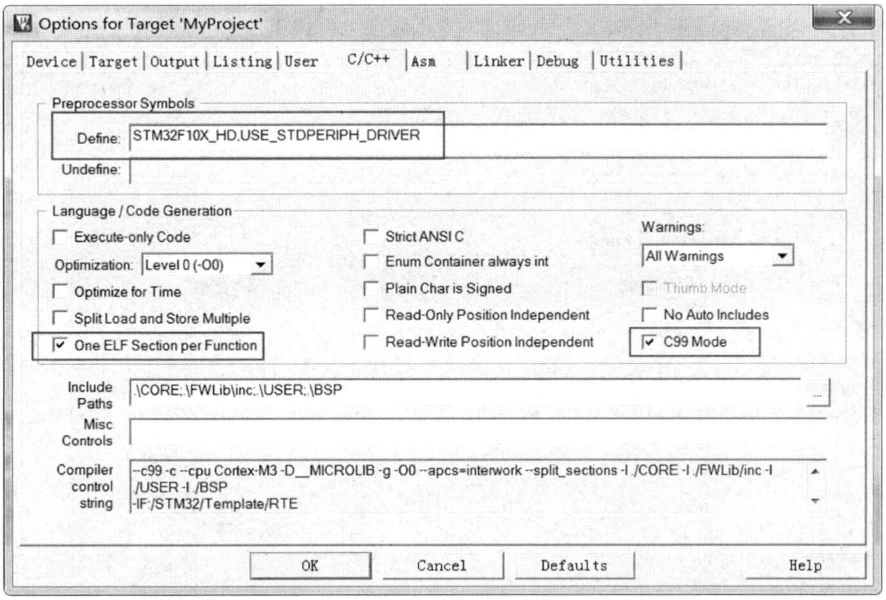

图 3-47　添加宏

　　STM32F10x 标准外设库支持 STM32F10x 所有系列的微控制器，使用的库函数和寄存器有所区别，所以针对具体型号的芯片开发时，需要对所采用型号的微控制器进行预先设置，才能使用 STM32F10x 标准外设库中相应的大容量芯片定义的寄存器。例如，本书采用的 STM32F103ZET6 为大容量芯片，所以在 Keil 软件的"编译预处理（Preprocessor Symbols）"选项页中需要填入预定义的标号 STM32F10X_HD，若芯片为小容量芯片，则需要填入 STM32F10X_LD；若芯片为中容量芯片，则需要填入 STM32F10X_MD。

　　（7）在工程设置窗口的"C/C++"选项页的"Include Paths"中将工程头文件.h 添加到对应的搜索路径中，如图 3-48 所示。

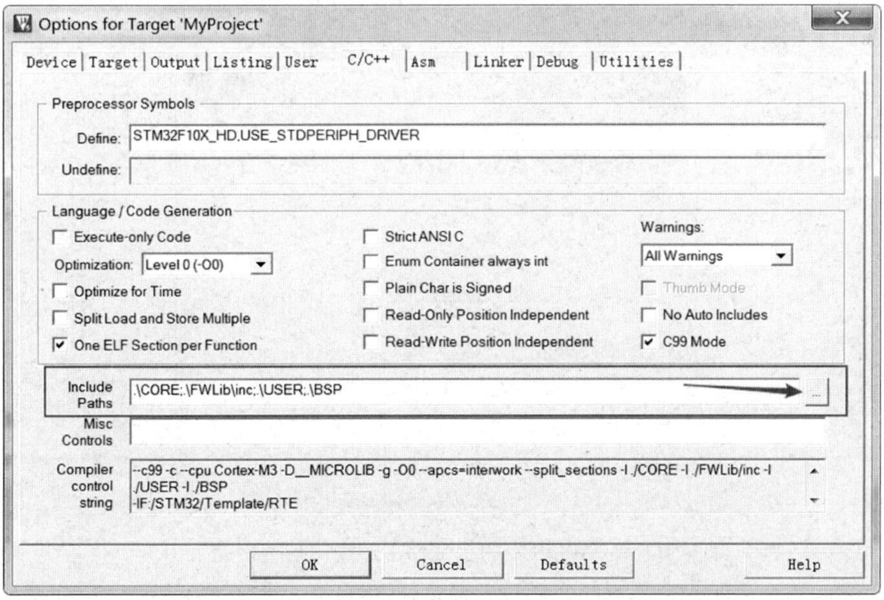

图 3-48　添加搜索路径

将 CORE 中的头文件添加到工程搜索路径中如图 3-49 所示。

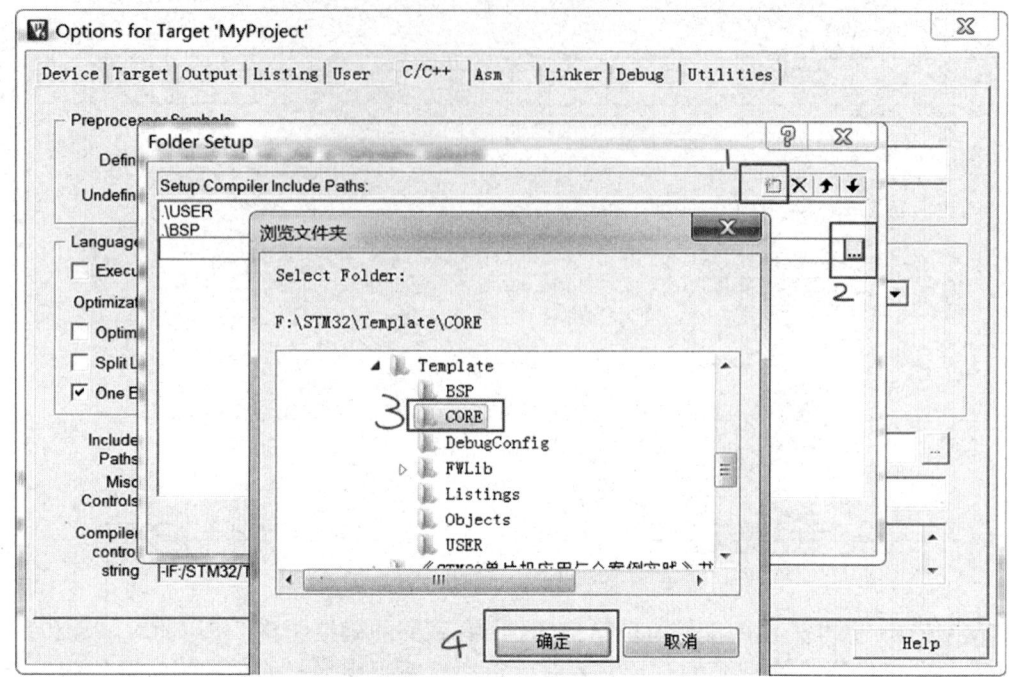

图 3-49　将 CORE 中的头文件添加到工程搜索路径中

将 FWLib 中的头文件添加到工程搜索路径中如图 3-50 所示。

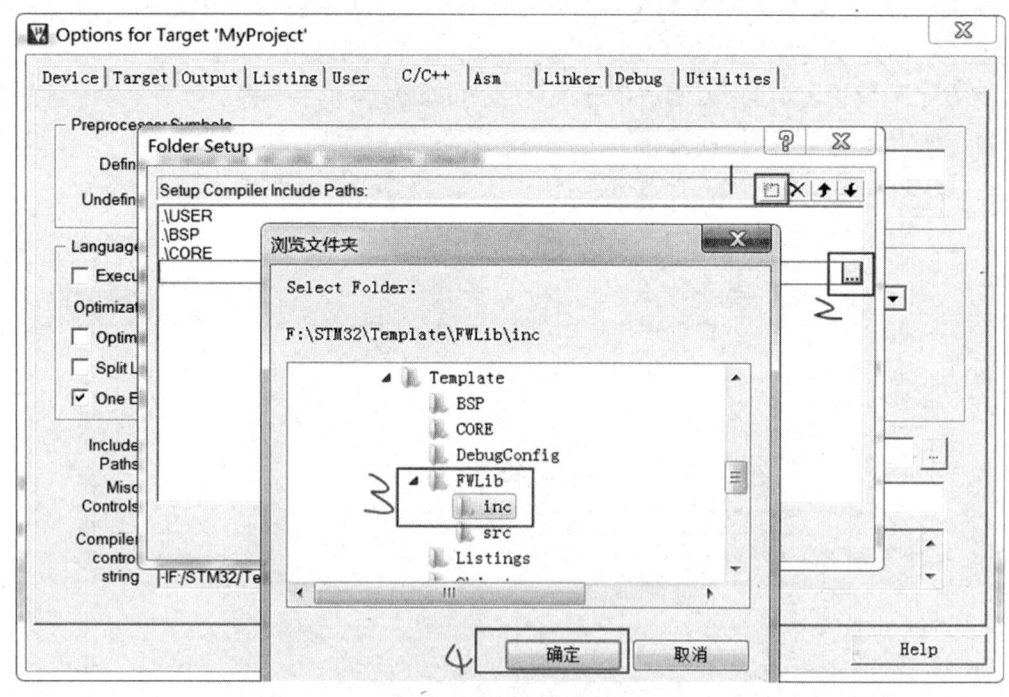

图 3-50　将 FWLib 中的头文件添加到工程搜索路径中

至此，已将 CORE、FWLib、USER 和 BSP 等头文件都添加到工程搜索路径中，完成后的结构如图 3-51 所示。

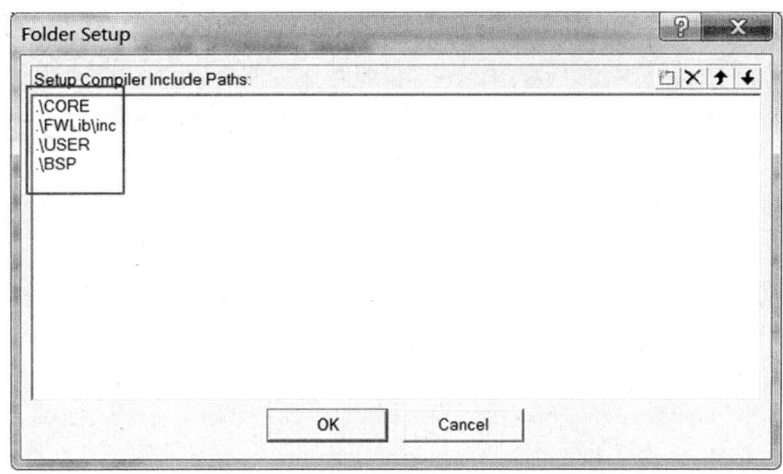

图 3-51　工程搜索路径的文件结构

（8）编写 main.c 代码，单击编译按钮，若结果中存在"0 Error(s)"，则新建工程完成，如图 3-52 所示。

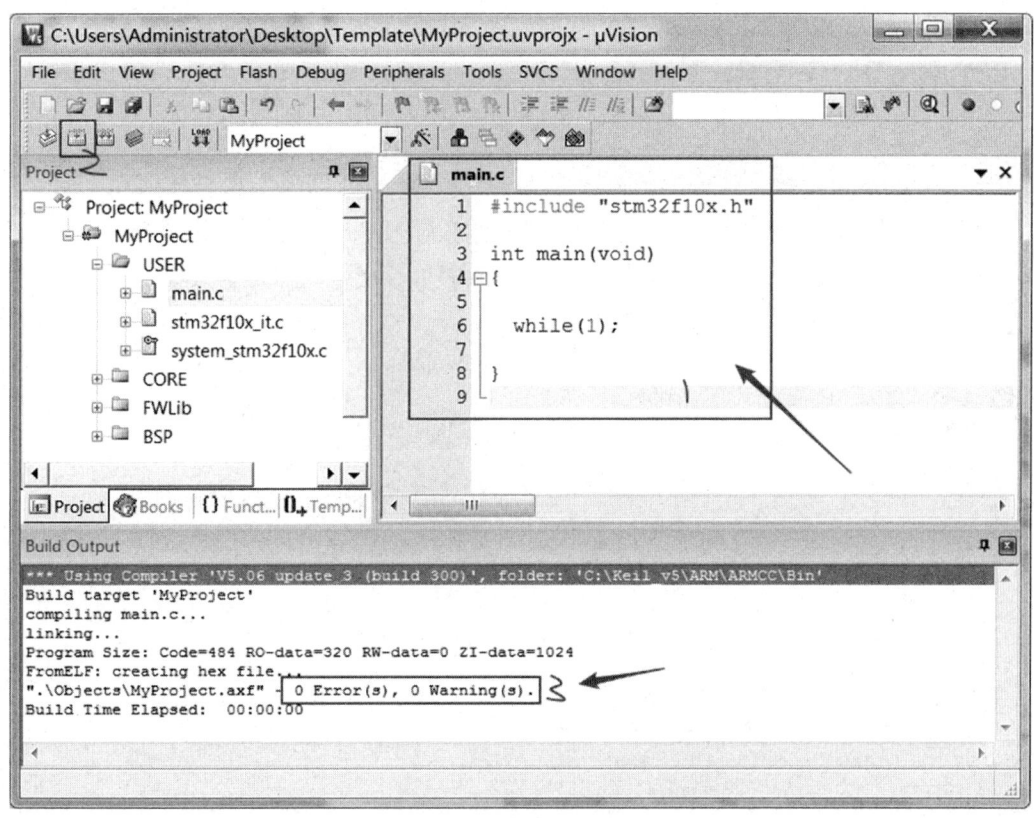

图 3-52　编写 main.c 代码并编译

（9）调试与下载。

采用 ST-Link 可以进行代码的在线仿真和烧写程序等操作，实现该功能需要安装 ST-Link 驱动。驱动安装完后，连接开发板，在"Debug"选项页的"Use"下拉列表中选择"ST-Link Debugger"选项，如图 3-53 所示。

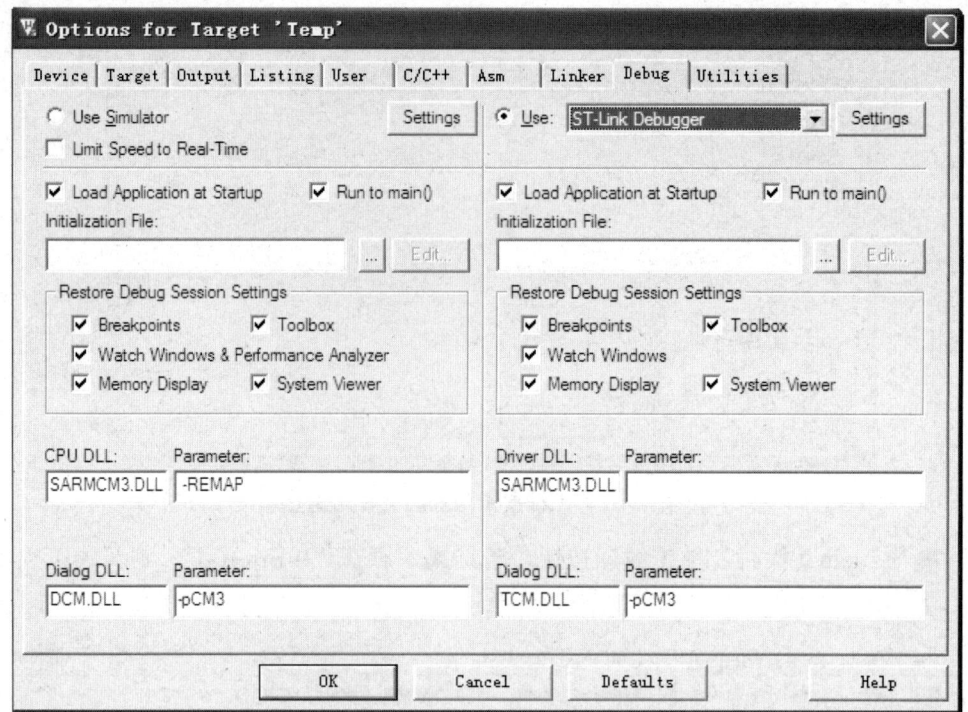

图 3-53　选择仿真烧写工具

单击"Settings"按钮，在弹出的界面中勾选"Erase Full Chip"单选按钮和"Reset and Run"复选框，开发板驱动设置如图 3-54 所示。每次烧写都将擦除芯片上已有的内容。

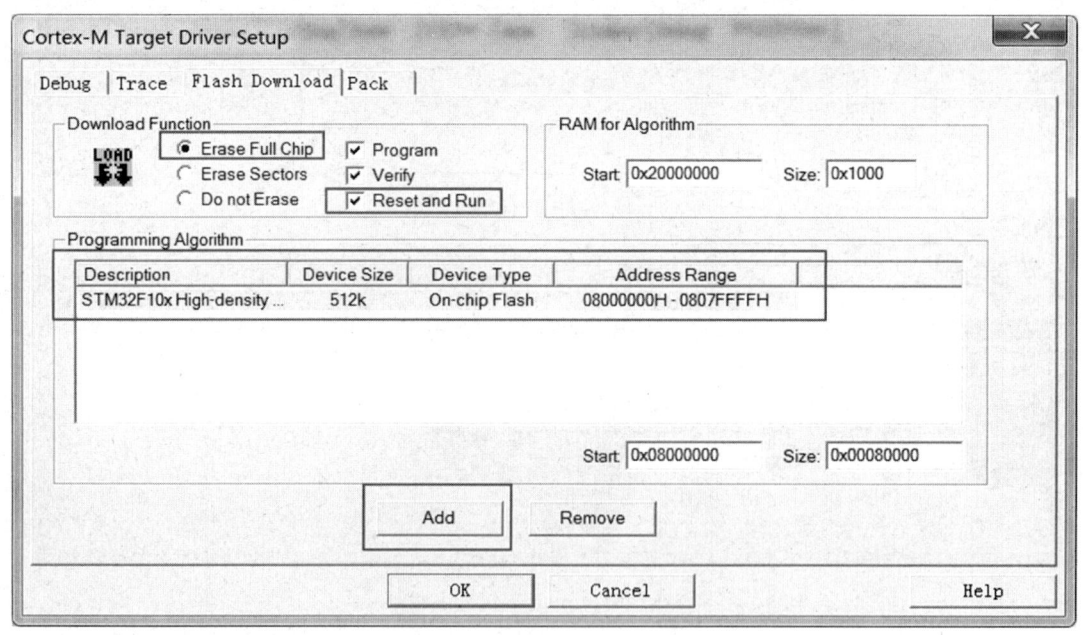

图 3-54　开发板驱动设置

至此，基于标准外设库的工程模板就构建完成了。

3.5　基于 HAL 库开发平台的搭建

3.5.1　Java 运行环境的安装

基于 HAL 库进行 STM32 开发，需要安装 STM32CubeMX 软件。由于 STM32CubeMX 软件是基于 Java 环境运行的，因此需要先安装 JRE（Java Run Time Environment），可从 Java 官网下载安装文件。用户可根据操作系统选择合适的安装文件，如图 3-55 所示。

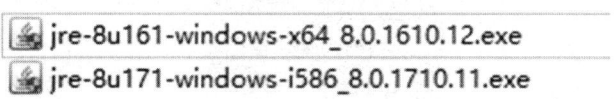

图 3-55　JRE 安装文件

3.5.2　安装 STM32CubeMX 软件

JRE 安装完成后，就可以安装 STM32CubeMX 软件了，STM32CubeMX 软件可从 ST 官网下载，当前最新版本是 v5.3.0。

STM32CubeMX 安装成功后，打开软件，显示如图 3-56 所示的界面。

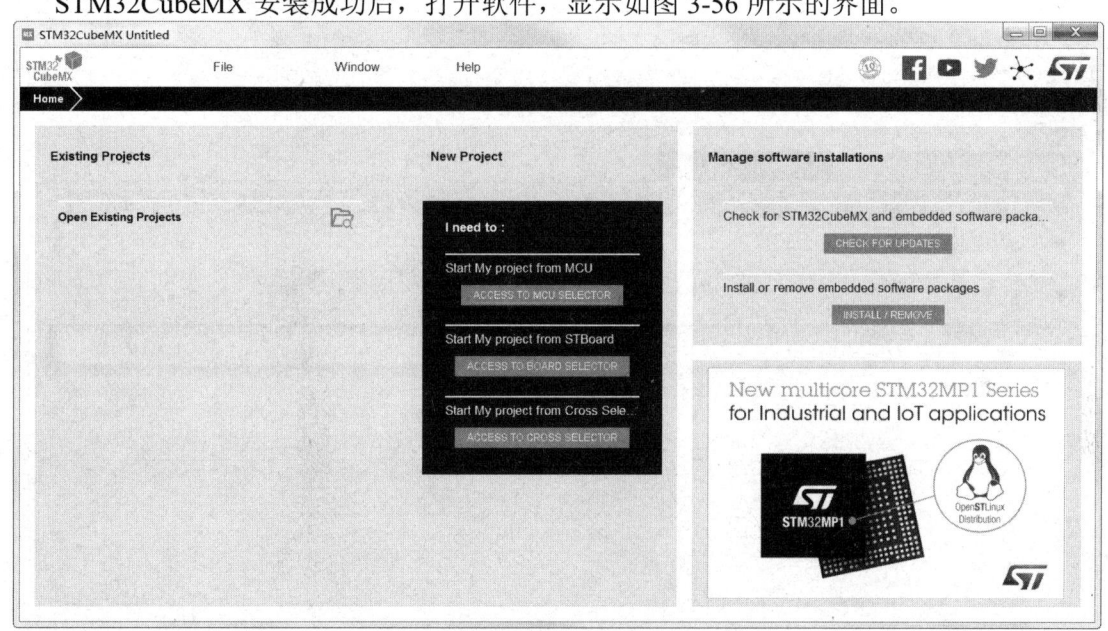

图 3-56　STM32CubeMX 软件显示界面

STM32CubeMX 软件安装成功后，还需要安装相应的 STM32Cube 固件库包，通过 STM32CubeMX 软件的"Help"菜单栏，找到"Manage embedded software packages"选项，如图 3-57 所示。

选择在线下载 STM32CubeFx 库，这里选择下载 STM32CubeF1 库，如图 3-58 所示。

此外，还可以从 ST 官网下载 STM32CubeF1 库，进行本地安装，单击图 3-58 中的"From Local…"按钮选择下载到本地的 STM32CubeF1 库，然后进行安装，当前 STM32F1 最新 HAL 库的固件库包的版本为 v1.8.0，即 STM32Cube_FW_F1_v1.8.0。

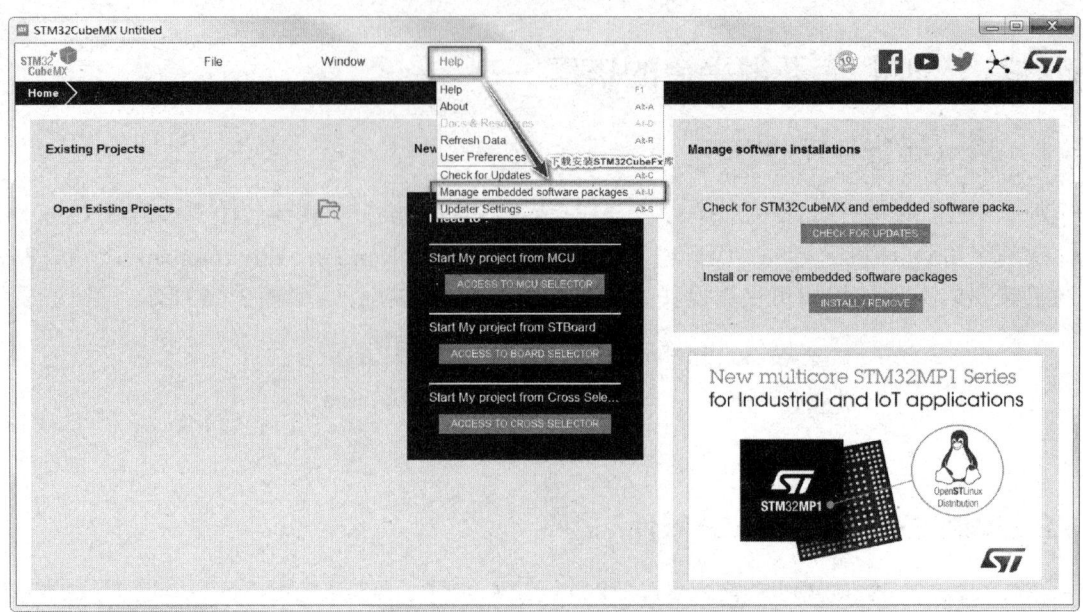

图 3-57　添加 STM32CubeFx 库

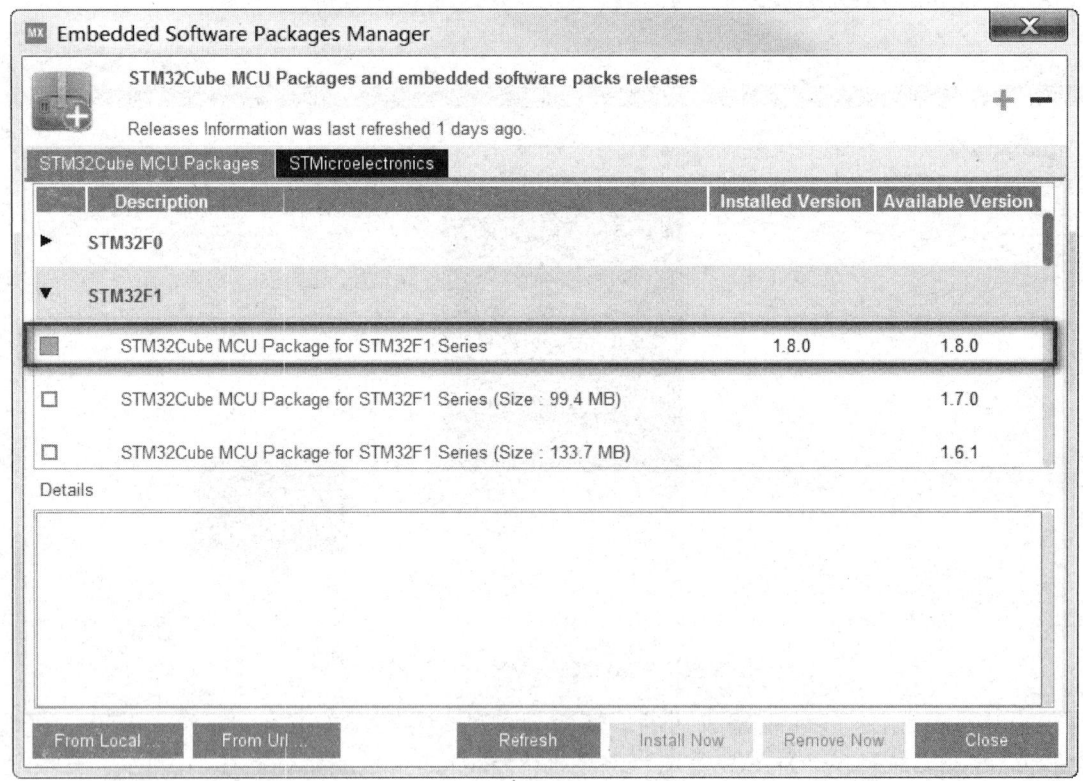

图 3-58　在线下载 STM32CubeF1 库

查看 STM32CubeF1 库的文件结构，依次单击"Help"→"Updater Settings"→"Repository Folder"按钮，可查看在线下载的 HAL 库存放的位置，该位置可以更改，如图 3-59 所示。

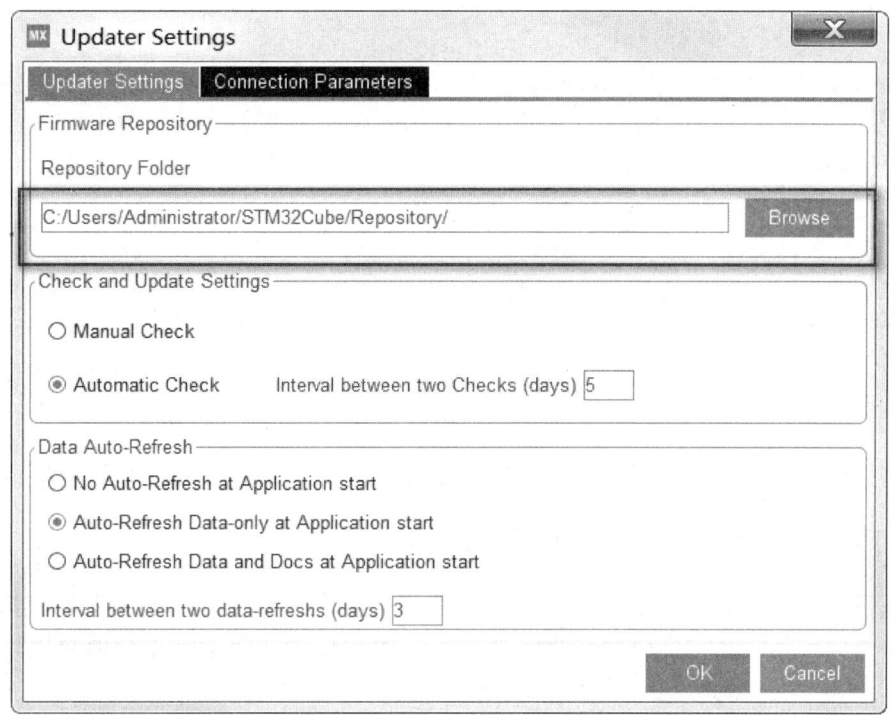

图 3-59　更改 HAL 库的存放位置

3.5.3　STM32CubeF1 库文件结构

STM32CubeF1 库文件结构如图 3-60 所示。

1. Documentation 文件夹

Documentation 文件夹包含一个 PDF 格式的 STM32CubeF1 用户说明手册，该手册对 STM32CubeF1 的固件库包进行了介绍和使用说明。

2. Drivers 文件夹

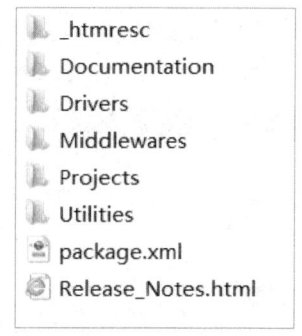

图 3-60　STM32CubeF1 库文件结构

Drivers 文件夹包含 BSP、CMSIS 和 STM32F1xx_HAL_Driver 三个文件夹。

（1）BSP 文件夹为板级支持包，包含 ST 公司针对官方开发板（如 Discovery 开发板、Nucleo 开发板和 EVAL 开发板等）开发的外设驱动包，如触摸屏、LCD、SRAM 和 EEPROM 等，也可以不使用官方开发板，用户可以自行开发。

（2）CMSIS 文件夹存放符合 CMSIS 标准的与软件抽象层相关的文件，在 CMSIS 文件夹中包含了 STM32 的启动文件和链接文件。

（3）STM32F1xx_HAL_Driver 文件夹包含所有的 STM32F1xx 系列 HAL 库外设的源文件和头文件，即底层硬件抽象层的 API 声明和定义，此文件将复杂的寄存器操作封装成统一的外设接口函数，以 API 方式提供给开发者，如 ADC、DAC、DMA、TIMER、USART、和 CAN 等外设。

3. Middlewares 文件夹

Middlewares 文件夹包含 ST 和 Third_Party 两个子文件夹，ST 文件夹中存放的是与 STM32 相关的一些文件，如 StemWin 和 USB 库等；Third_Party 文件夹为第三方中间件，如小型开源的 TCP/IP 协议栈 LwIP、通用的文件系统模块 FatFs，用于在小型嵌入式系统中实现 FAT 文件系统、嵌入式实时操作系统 FreeRTOS 等。

4. Projects 文件夹

Projects 文件夹存放的是 ST 官方推出的基于官方开发板可以直接编译的工程实例，具有参考价值。

5. Utilities 文件夹

Utilities 文件夹中存放的是一些实用的其他功能函数库。

3.5.4 STM32CubeMX 生成的工程架构解析

利用 STM32CubeMX 生成的 MDK-ARM 的 Project 目录结构和名称都是固定的，与利用 Keil-MDK 用户自己建立工程模块是有区别的，对自动生成的 Project 工程框架进行分析，有助于在实际项目开发时建立适合自己的工程模块。

1. 利用 STM32CubeMX 生成一个 Keil-MDK 工程，相关步骤如下

（1）打开 STM32CubeMX 软件，新建一个工程，如图 3-61 所示。

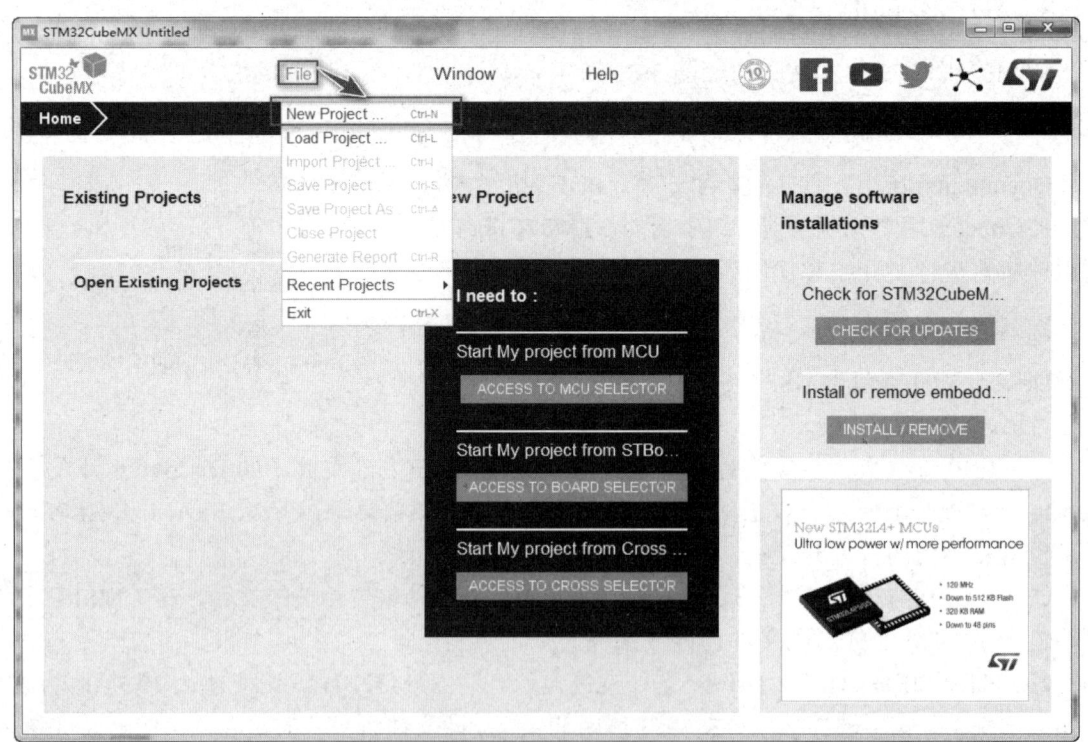

图 3-61　新建一个工程

（2）选择 MCU。本实例采用 STM32F103ZET6 芯片，用户可自行选择所用的芯片，如

图 3-62 所示。

图 3-62　选择 MCU

（3）配置 RCC。选择高速外部时钟 HSE 为 "Crystal/Ceramic Resonator"，如图 3-63 所示。

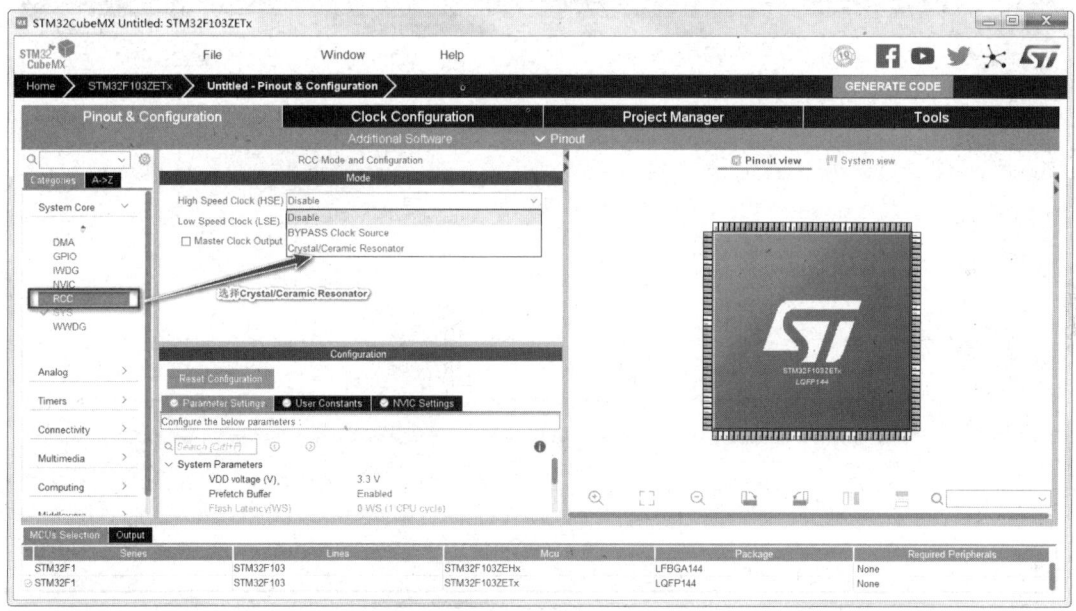

图 3-63　配置 RCC

（4）配置时钟树（Clock Configuration），如图 3-64 所示。

（5）设置工程相关参数，如工程项目名称、工程项目要存放的路径和位置，以及选择编译器等，如图 3-65 所示。

（6）单击 "GENERATE CODE" 按钮，生成工程代码，弹出代码生成成功窗口，如图 3-66 所示。

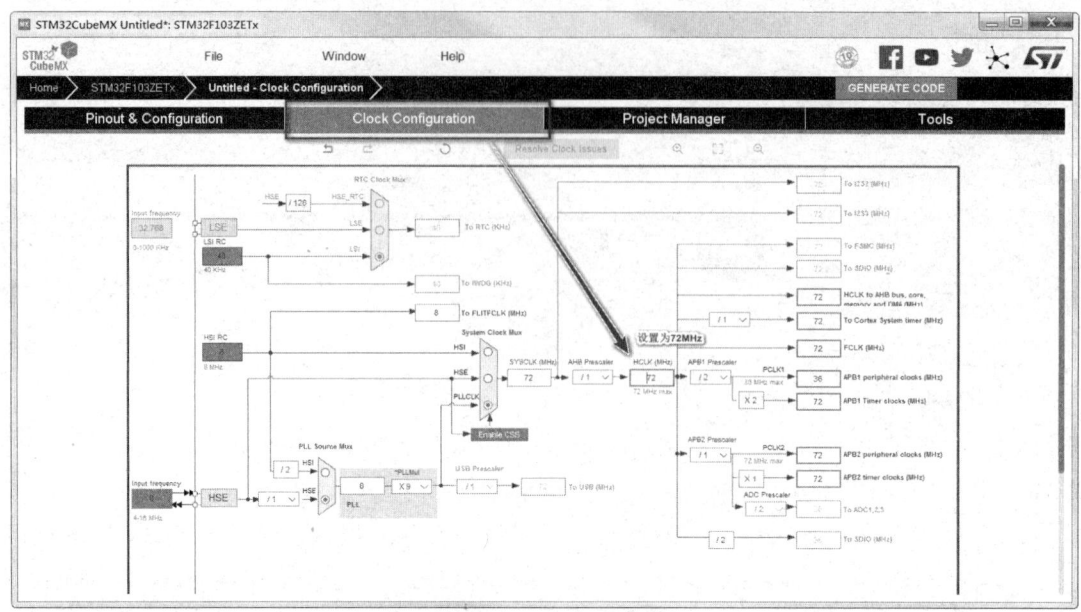

图 3-64　配置时钟树

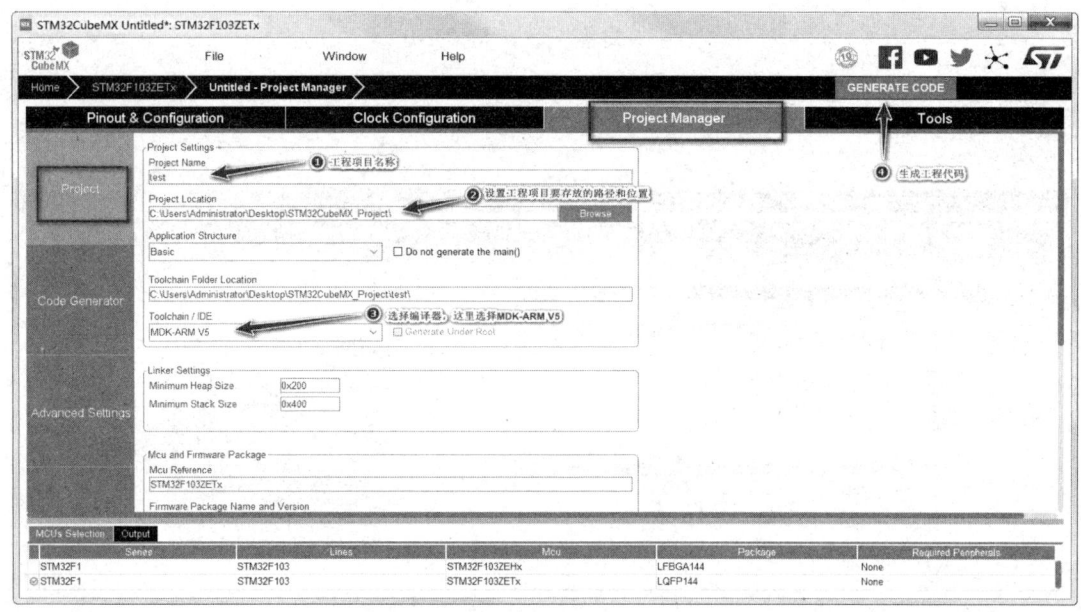

图 3-65　设置工程相关参数

图 3-66　代码生成成功窗口

（7）使用 Keil 打开工程后，先进行编译，在其左侧显示 Project 工程目录架构，如图 3-67 所示。

2. STM32CubeMX 生成的工程架构分析

从 Project 工程目录架构中可以看出,该工程目录架构由 4 个模块组成,分别是 Application/ MDK-ARM、Application/User、Drivers/STM32F1xx_HAL_Driver 和 Drivers/CMSIS,其对应的 test 工程文档目录,如图 3-68 所示。

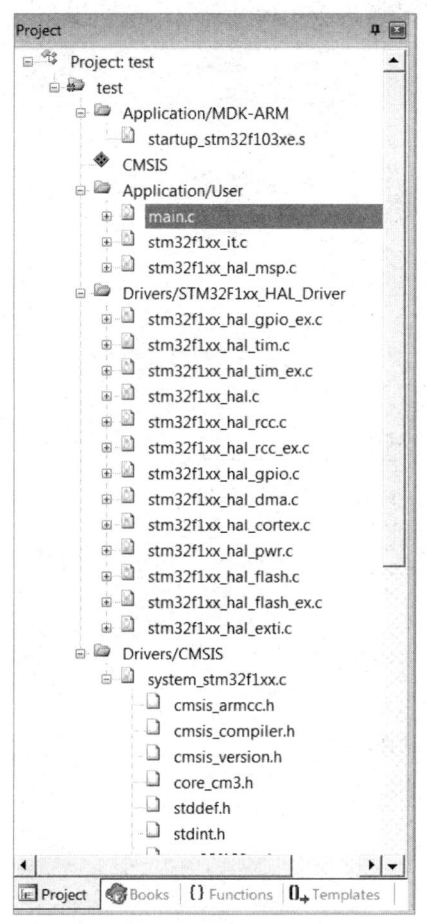

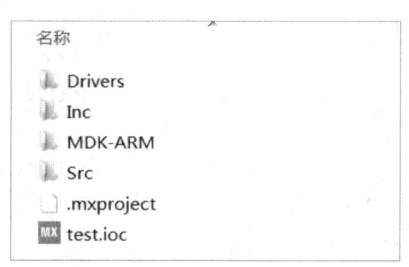

图 3-67　Project 工程目录架构　　　　　　图 3-68　test 工程文档目录

Drivers 文件夹包含 CMSIS 和 STM32F1xx_HAL_Driver,以及 STM32F1 系列 HAL 库的头文件和源文件,如 stm32f1xx_hal.h 和 stm32f1xx_hal.c、stm32f1xx_hal_gpio.h 和 stm32f1xx_ hal_gpio.c 等;CMSIS 放置的是与 ARM 提供的芯片内核相关的文件,如 core_cm3.h 文件等。CMSIS 文件夹中还包含一个 Device 文件夹,用于存放 STM32F1xx 的系统文件,如 startup_stm32f103xe.s(启动文件)、system_stm32f1xx.c(系统时钟配置文件)、stm32f1xx.h、stm32f103xe.h 和 system_stm32f1xx.h 等。对应 Keil 中的 Drivers/STM32F1xx_HAL_Driver 工程组和 Drivers/CMSIS 工程组分别如图 3-69 和图 3-70 所示。

Inc 文件夹和 Src 文件夹中存放的是工程所用到的头文件和源文件,如图 3-71 所示。其中,stm32f1xx_hal_conf.h 头文件是 STM32 的 HAL 库的工程模块配置文件,内部包含了 STM32 的所有模块,若在项目开发时注释掉工程不用的功能模块,则在编译时就不会产生相应的代码。stm32f1xx_it.c 和 stm32f1xx_it.h 是中断处理的有关文件。

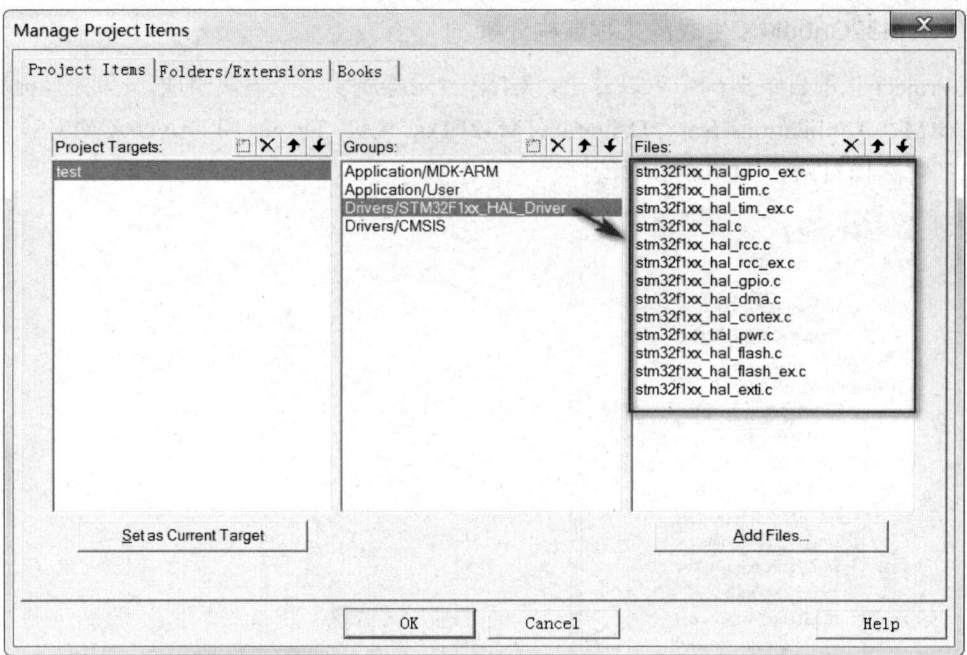

图 3-69　Keil 中的 Drivers/STM32F1xx_HAL_Driver 工程组

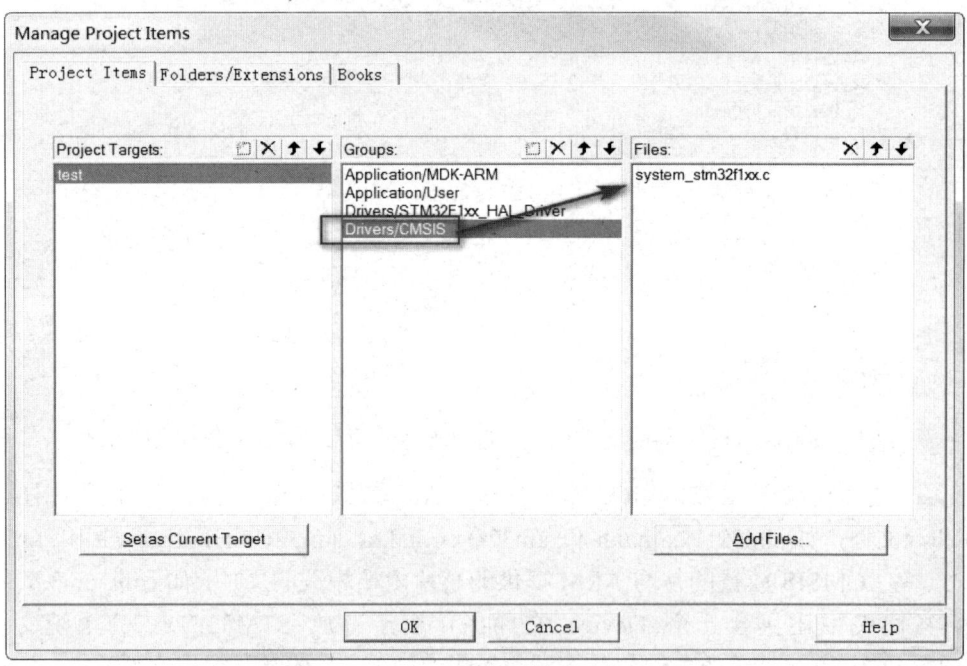

图 3-70　Keil 中的 Drivers/CMSIS 工程组

main.h
stm32f1xx_hal_conf.h
stm32f1xx_it.h

main.c
stm32f1xx_hal_msp.c
stm32f1xx_it.c
system_stm32f1xx.c

图 3-71　Inc 文件夹和 Src 文件夹

Src 文件夹对应 Keil 中的 Application/User 工程组如图 3-72 所示。

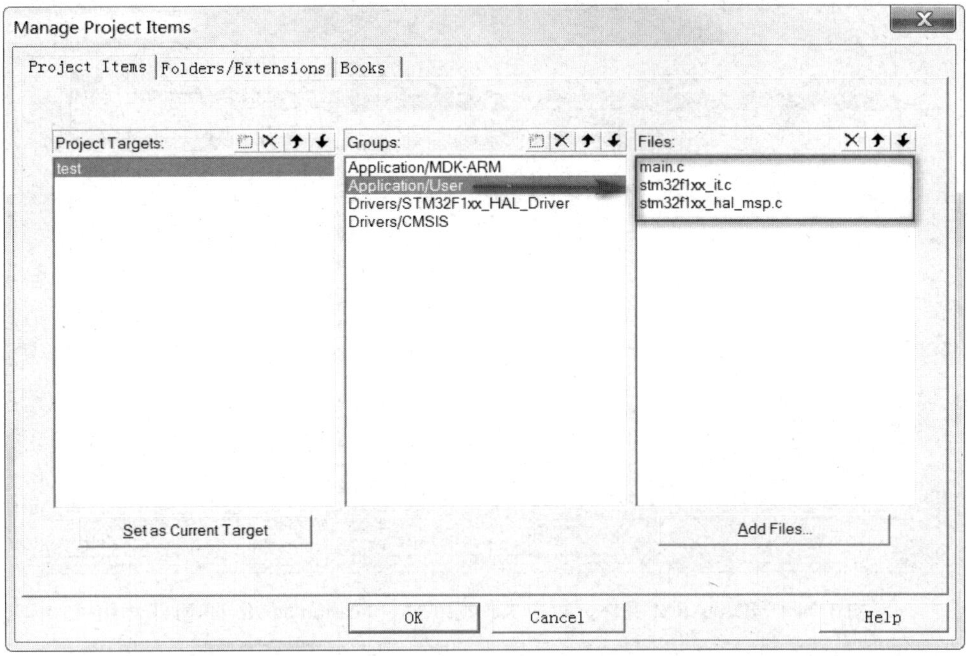

图 3-72　Src 文件夹对应 Kei 中的 Application/User 工程组

MDK-ARM 是编译器 Keil 所产生的文件夹，如图 3-73 所示。其中，test 文件夹包含 Keil 在编译过程中产生的中间文件，如后缀为.o 和.d 的文件。

MDK-ARM 文件夹对应 Keil 中的 Application/MDK-ARM 工程组如图 3-74 所示。

用户可根据自己的习惯在 Keil 中建立自己的工程模板，如增加 BSP 板级驱动工程文件夹，增加专门用于存放工程用到的外设模块驱动，如 LED、按键和 OLED 显示屏等的外设驱动。

图 3-73　MDK-ARM 文件夹

需要注意的是，用户自己构建工程模板后，就不能再使用 STM32CubeMX 配置外设生成相应的工程代码，只能自己编写相应的外设驱动程序。这样做的好处是，用户可以对 HAL 库的工程框架结构更加清晰。初学者可先熟悉 STM32CubeMX，在实际项目开发过程中，再根据具体的项目建立合适的工程模板，在项目需求发生改变时可以方便地增加或修改工程模块。

3. STM32CubeMX 生成的工程代码编写规范

用 STM32CubeMX 生成的 Keil 工程代码，遵循模块化分层设计思想，用户在 main.c 及其他.c 源文件编写程序时，遵守代码编写规范，将程序代码写在相应的"USER CODE BEGIN"和"USER CODE END"之间，这种方式可以确保下次使用 STM32CubeMX 修改参数配置并重新生成代码时，系统不会删除用户编写的程序代码。

例如，main.c 文件中的用户自定义数据类型、头文件、函数声明等代码编写位置如图 3-75 所示。

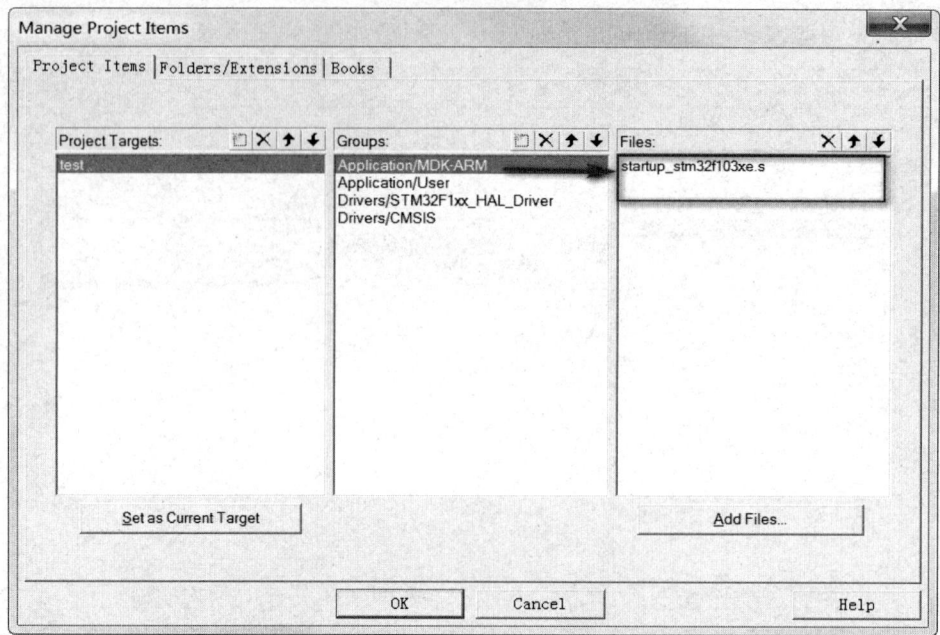

图 3-74　MDK-ARM 文件夹对应 Keil 中的 Application/MDK-ARM 工程组

```
20    /* Includes ---------------------------------------------------------*/
21    #include "main.h"
22    #include "gpio.h"
23
24    /* Private includes --------------------------------------------------*/
25    /* USER CODE BEGIN Includes */
26                                          ←──── 用户自定义的头文件
27    /* USER CODE END Includes */
28
29    /* Private typedef ---------------------------------------------------*/
30    /* USER CODE BEGIN PTD */
31                                          ←──── 用户自定义数据类型
32    /* USER CODE END PTD */
33
34    /* Private define ----------------------------------------------------*/
35    /* USER CODE BEGIN PD */
36    /* USER CODE END PD */
37
38    /* Private macro -----------------------------------------------------*/
39    /* USER CODE BEGIN PM */
40                                          ←──── 用户的宏定义区
41    /* USER CODE END PM */
42
43    /* Private variables -------------------------------------------------*/
44
45    /* USER CODE BEGIN PV */
46                                          ←──── 用户全局变量定义区
47    /* USER CODE END PV */
48
49    /* Private function prototypes ---------------------------------------*/
50    void SystemClock_Config(void);
51    /* USER CODE BEGIN PFP */
52                                          ←──── 用户函数声明区
53    /* USER CODE END PFP */
54
55    /* Private user code -------------------------------------------------*/
56    /* USER CODE BEGIN 0 */
57                                          ←──── 用户编写的代码区 0
58    /* USER CODE END 0 */
59
60  ┌ /**
61    * @brief  The application entry point.
62    * @retval int
63  └ */
64    int main(void)
65  ┌ {
66    /* USER CODE BEGIN 1 */
67                                          ←──── 用户编写的代码区 1
68    /* USER CODE END 1 */
69
70    /* MCU Configuration--------------------------------------------------*/
71
72    /* Reset of all peripherals, Initializes the Flash interface and the Systick. */
73    HAL_Init();
```

图 3-75　main.c 文件中的用户自定义数据类型、头文件、函数声明等代码编写位置

本章小结

1．STM32 是 ST 公司典型的基于 ARM Cortex-M3 内核的 32 位微控制器系列产品，专为高性能、低成本、低功耗的嵌入式应用设计，广泛应用于嵌入式领域。

2．STM32 主要有三种开发模式：寄存器开发模式、标准外设库开发模式和 HAL 库开发模式。HAL 库是 ST 公司为 STM32 系列 MCU 开发的一种硬件抽象层库，提供了一套统一且友好的 API 接口，开发者只需要调用相应的函数，就可以实现外设的初始化、配置、读写等操作，使开发者专注于应用层的逻辑，更方便地使用 STM32 的各种外设，而不需要关心底层的寄存器操作细节。

HAL 库与 STM32CubeMX 工具相结合，可以通过图形化界面来生成 HAL 库的工程文件和初始化代码，只要使用相同的外设，就可以实现代码的复用，无须修改底层驱动，因此 HAL 库具有高度可移植性。HAL 库还包含了一些中间件组件，如 RTOS、USB、TCP/IP、图形等，这些组件可以让开发者更容易地实现复杂的应用功能，实现快速开发和原型设计。

LL 库是一种底层库，它基本上以内联函数的方式访问寄存器，在优化等级高的时候，编译器会直接嵌入宏代码，其效率与直接访问寄存器相似，因此在不降低效率的情况下，LL 库代码更加统一规范，具有可移植性，也更加节省内存空间，但 LL 库只实现了一些非常简单的功能，没有 HAL 库丰富的外设和组件功能，适用于一些对性能要求高或需要微秒级别的控制需求的应用场合。

3．嵌入式系统开发由宿主机、目标机和下载调试接口组成，一般经历 5 个阶段：编辑、编译、汇编、链接、调试和下载，每个阶段需要使用不同的工具来完成。STM32 应用开发常用的工具软件主要有：用于代码编辑、编译的集成开发环境 Keil（MDK-ARM）、自动生成初始化代码的图形化配置工具 STM32CubeMX、仿真下载器 ST-Link 等。

4．IDE（Integrated Development Environment，集成开发环境）是用于软件开发的工具，通常包含编辑器、编译器、调试器、图形用户界面等集成多种工具的应用程序。Keil 和 IAR 是用于单片机开发的通用 IDE，支持各种不同厂家的单片机程序开发。

ST 公司为 STM32 提供了一款免费的专用集成开发环境 STM32CubeIDE，该软件基于 eclipse 平台开发，基于 Java 环境运行，因此需要先安装 JRE 才能使用。STM32CubeIDE 融合了图形化配置工具 STM32CubeMX、GCC 编译器、GDB 调试器，除具有编辑、编译和调试功能外，还具有外设配置、代码自动生成等功能。作为 STM32Cube 软件生态系统的一部分，STM32CubeIDE 是一款支持多种操作系统的一体化集成开发工具。

习题与思考

一、选择题

1．以下选项中不属于嵌入式系统集成开发环境的是（　　　）。

　　A．Keil　　　　　　　　　　　　　　B．IAR

　　C．Proteus　　　　　　　　　　　　D．STM32CubeIDE

2．以下选项中不属于 STM32 函数库的是（　　　）。

　　A．HAL　　　　　　　　　　　　　　B．LL

C. 标准外设库 　　　　　　　　　　D. MicroPython

3. STM32F1 系列 MCU 基于（　　）内核，主频高达 72MHz。

A. ARM Cortex-M4 　　　　　　　　B. ARM Cortex-M3

C. ARM Cortex-A3 　　　　　　　　D. ARM Cortex-R3

4. STM32F103ZET6 芯片中的 E 代表的含义是（　　）。

A. 引脚数目　　　B. Flash 容量　　　C. 封装信息　　　D. 工作温度范围

5. 以下不属于 STM32CubeMX 特性的是（　　）。

A. 可直观地选择 STM32 微控制器

B. 可生成初始化代码

C. 具有编辑、编译和调试功能

D. 可进行外设配置

二、填空题

1. IDE 作为嵌入式软件开发的工具，通常包含编辑器、_____、调试器、图形用户界面等集成多种工具的应用程序。

2. 利用 STM32CubeMX 生成的 MDK-ARM 的工程框架结构包括 4 个模块，分别是 Application/MDK-ARM、_____、_____和 Drivers/CMSIS。

3. 芯片 STM32F103ZET6 具有_____个引脚，Flash 内存空间容量为_____。

4. STM32CubeIDE 软件基于 Java 环境运行，需要先安装_____才能使用。

三、判断题

1. STM32 是 32 位的单片机。 　　　　　　　　　　　　　　　　（　　）

2. IDE 是嵌入式软件开发的工具，通常包含编辑器、编译器、调试器、图形用户界面等集成多种工具的应用程序。 　　　　　　　　　　　　　　　（　　）

3. STM32CubeMX 是专用于 STM32 开发的图形化配置工具。 　　　　（　　）

4. MDK-ARM（Keil v5）编写程序时不需要安装 packs 器件包。 　　（　　）

5. STM32F4 系列 MCU 基于 ARM Cortex-M3 内核，主频高达 72MHz，具有 DSP 和 FPU 等功能。 　　　　　　　　　　　　　　　　　　　　　　（　　）

6. CMSIS 是 Cortex-M 处理器系列的与供应商无关的硬件抽象层，使用 CMSIS 可以为处理器和外设实现一致且简单的软件接口，从而简化软件的重用。 　　（　　）

四、简答题

1. 根据 STM32 的命名规则，芯片 STM32F103ZET6 中各符号分别代表什么含义？该芯片主要有哪些特征？

2. 简述 STM32 微控制器三种开发模式的区别与联系。

3. 什么是 CMSIS？ARM 公司为什么要制定 CMSIS 标准？

4. STM32 标准外设库中的 startup_stm32f10x_hd.s 文件主要有哪些功能？

五、综合应用题

下列程序为 STM32 标准外设库 v3.5.0 的时钟初始化函数，分析此函数，补充（1）～（6）

相应的注释。

```
void RCC_Configuration(void)//时钟初始化函数
{
 ErrorStatus HSEStartUpStatus;//等待时钟稳定
 RCC_DeInit();（1）
 RCC_HSEConfig(RCC_HSE_ON);（2）
 HSEStartUpStatus=RCC_WaitForHSEStartUp();//等待外部高速时钟晶振准备就绪
 If(HSEStartUpStatus==SUCCESS)
 {
  FLASH_PrefetchBufferCmd(FLASH_PrefetchBuffer_Enable);
  FLASH_SetLatency(FLASH_Latency_2);
  RCC_HCLKConfig(RCC_SYSCLK_Div1);  //AHB 使用系统时钟
  RCC_PCLK2Config(RCC_HCLK_Div1);（3）
  RCC_PCLK1Config(RCC_HCLK_Div2);（4）
  RCC_PLLConfig(RCC_PLLSource_HSE_Div1, RCC_PLLMul_9);（5）
  RCC_PLLCmd(ENABLE);  //启动 PLL
  while(RCC_GetFlagStatus(RCC_FLAG_PLLRDY)==RESET){}//等待 PLL 启动
  RCC_SYSCLKConfig(RCC_SYSCLKSource_PLLCLK);（6）
  while(RCC_GetSYSCLKSource()!=0x08){}//等待系统时钟源的启动
 }
 ...
}
```

第 4 章　STM32 最小系统与嵌入式 C 语言

掌握微控制器的最小系统是嵌入式系统学习和开发的第一步，作为硬件开发者，设计 STM32 最小系统是最基本的技能。在代码编写方面，汇编语言具有直接操作硬件、代码紧凑且效率高等优点，但可移植性差、编程较为烦琐，而 C 语言应用广泛，特别是随着各种固件库的开发和应用，如 ST 公司针对 STM32 为开发者提供了标准外设库和 HAL 库，其源代码绝大部分都是基于 C 语言编写而成的，嵌入式 C 语言成为嵌入式开发者必须掌握的一种高级程序设计语言。

知识目标

- 掌握 STM32 的最小系统。
- 归纳和概括嵌入式 C 语言常用的数据类型、数据结构。
- 理解 HAL 库文件的架构，熟悉 HAL 库函数的开发方式。

能力目标

- 独立绘制嵌入式 STM32 的最小系统。
- 看懂和分析 HAL 库文件源代码，并举一反三灵活应用于程序代码设计中。
- 做到在程序设计中熟练应用宏定义、结构体、指针等数据结构。
- 掌握 Keil v5 程序的调试方法。

思维和素养目标

- 掌握嵌入式软件开发的核心在于精通嵌入式 C 语言，阅读 HAL 库和 RTOS 等源代码是巩固这一技能的有效途径。
- 以独立完成 STM32 最小系统设计这一实践过程体会实践是检验真理的唯一标准、"纸上得来终觉浅，绝知此事要躬行"，认识专业理论联系工程实践的重要性。
- 学习和借鉴 HAL 库程序设计框架，将编程思想迁移到自己的应用项目中。"师夷长技以制夷"，取长补短，博采众长，学习别人的经验和长处，是完善自我、成就一个更好的自己的最佳方法。

4.1　STM32 最小系统

最小系统又称单片机最小应用系统，是指用最少的元件组成的可以正常工作的单片机系统。对 STM32 微控制器来说，典型的最小系统一般包括电源电路、晶振电路、复位电路，以及调试和下载电路，往往还包含 LED 指示灯电路。

4.1.1　电源电路

对一个完整的嵌入式系统来说，为整个系统供电的电源模块至关重要，电源模块的稳定性和可靠性是整个系统平稳运行的前提和基础。

不同微控制器的工作电压是有区别的，具体工作电压需要查阅芯片厂商提供的芯片使用手册。例如，STC89C52RC 芯片的工作电压范围为 3.4～5.5V，即电压在 3.4～5.5V 时芯片都可以正常工作，超出或低于这个范围就会影响单片机正常工作，而在这个电压范围内，最常用的电压是 5V，如 51 单片机常采用 5V 电压供电，常见的 USB 接口的工作电压也是 5V。还有一种常用的工作电压范围为 2.7～3.6V，典型值是 3.3V，如 STM32 采用 3.3V 电压供电。

STM32F103 系列微控制器的工作电压范围为 2.0～3.6V，由于常用电源为 5V，因此需要使用转换电路把 5V 电压转换至 2.0～3.6V，一般采用 3.3V 电压供电，可以通过 AMS-1117、LM1117 或电源转换芯片 REG1117-3.3 三端线性稳压电路实现。LM1117 系列芯片为正向低压差稳压器，内部集成过热保护和限流电路，其固定输出电压可以是 1.5V、1.8V、2.5V、2.85V、3.0V、3.3V 或 5.0V。若要求输出电压为 3.3V，则选用 LM1117-3.3 芯片。图 4-1 所示为 LM1117-3.3 电源转换电路图，其中，C1、C3 为输入电容，作用是防止断电后出现电压倒置，C2、C4 为输出滤波电容，作用是抑制自激振荡和稳定输出电压。

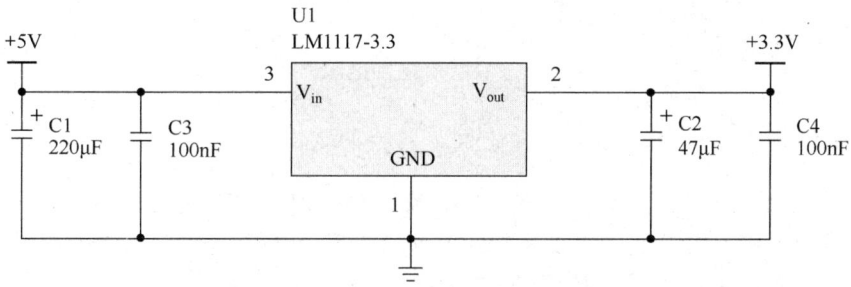

图 4-1　LM1117-3.3 电源转换电路图

电压转换电路提供 3.3V 电压供 STM32 主电源 V_{DD} 使用，同时 STM32 内部包含一个电压调节器，将外部 3.3V 电压转换为 1.8V 提供给 CPU 核心存储器和内置数字外设使用，如图 4-2 所示。

从图 4-2 可以看出，STM32 内部的电压调节器还有以下两个可选电源选项。

（1）模拟部分的 A/D 转换器所需的参考电压 V_{REF+} 和 V_{REF-}。为了提高 A/D 转换器的转换精度，可以为 A/D 转换器提供一个独立的供电电源，对于引脚数量大于或等于 100 的 STM32F103 微控制器（如本书所使用的是 STM32F103ZET6），A/D 转换器的独立参考电压引脚 V_{REF+} 使用外部电压时必须连接两个高频滤波电容（10nF 和 1μF），V_{REF-} 需要与 V_{DDA} 相连。

（2）备用电池电源 V_{BAT}。当主电源 V_{DD} 掉电后，通过 V_{BAT} 引脚为实时时钟（Real-Time Clock，RTC）和备份寄存器提供电源，该电源可确保 STM32F103 微控制器进入睡眠模式时不丢失数据，通常选择备用电池作为该电源，V_{BAT} 电压范围为 1.8～3.6V。在 STM32 最小系统中，若不使用备用电池供电，则 V_{BAT} 引脚必须与主电源引脚 V_{DD} 连接。

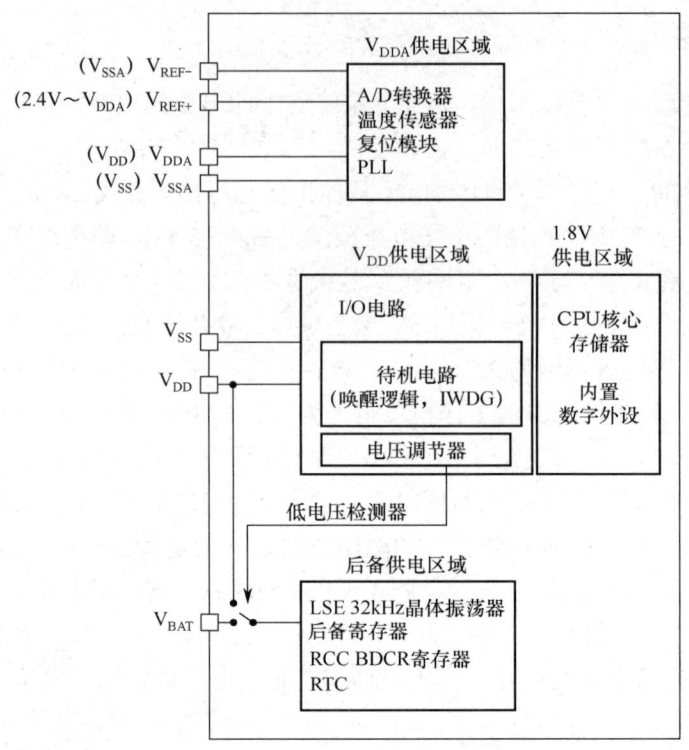

图 4-2　STM32 内部电源框图

4.1.2　晶振电路

　　微控制器作为一个复杂的时序逻辑电路，需要有稳定的时钟脉冲信号才能正常工作。时钟系统就像人的心脏，作用是产生供系统正常工作的稳定的脉冲信号，常利用晶振及电容组成晶振电路，从而产生一个固定频率的信号。

　　晶振是一种能实现电能和机械能相互转换的晶体，工作在共振状态，形成稳定、准确的单频振荡，为系统提供最基本的时钟信号，而电容则保证晶振输出的振荡频率更加稳定。单片机执行的一切指令都依赖于晶振提供的时钟频率，时钟频率越高，单片机运行速度越快，功耗也就越大。晶振通常与锁相环电路配合使用，为系统提供所需的不同频率的时钟，即当不同子系统需要不同频率的时钟信号时，可以通过与同一个晶振相连的不同锁相环来实现，如 STM32 的时钟系统具有多个时钟频率，分别供内核和不同速度的外设使用。

　　晶振通常分为无源晶振和有源晶振两种类型，无源晶振一般称为晶体（Crystal），有源晶振称为振荡器（Oscillator）。有源晶振是利用石英晶体的压电效应起振的，内部包含晶体管和阻容元件，其本身就是一个完整的谐振振荡器，所以只需要给它供电，不需要外接其他元件就可以产生高精度的振荡频率。有源晶振通常有 4 个引脚：V_{CC}、GND、晶振输出引脚和一个悬空的引脚。

　　无源晶振是一个只有两个引脚的无极性元件，自身无法起振，使用时需要借助外部电路起振。相比于有源晶振，无源晶振精度稍差一些，但价格便宜。无源晶振需要外接电容，一般需要两个电容，称为起振电容或负载电容。晶振上电启动后，会产生脉冲波形，但该脉冲波形往往掺杂大量的谐波，需要利用电容滤除这些谐波。将外接的两个电容接地就可以起到并联谐振的作用，使脉冲更加平稳与协调。起振电容的大小需要根据具体的单片机查阅相应的芯片手册来确定，一般选择 10～40pF，若芯片手册上没有说明，则根据经验可选择 20pF 或 30pF 的电容，电容越大，其振荡频率越低，电容越小，其振荡频率越高。

STM32 最小系统共有以下两个时钟电路。

（1）使用低速晶振电路作为系统低速外部时钟源，频率为 32.768kHz，如图 4-3 所示，主要用作 RTC 的时钟源，用于精准计时/定时电路等。之所以选择 32.768kHz 的晶振，是因为 $32768=2^{15}$，分频设置寄存器通常是 2 的次幂形式，这样经过 15 次分频就很容易得到 1Hz 的频率。

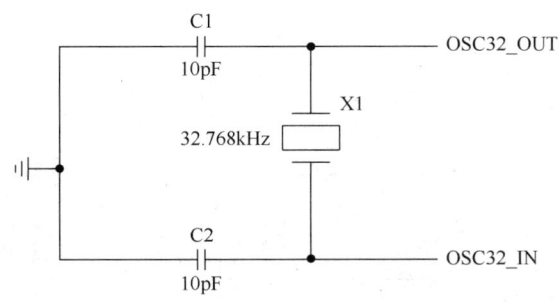

图 4-3　STM32 的 32.768kHz 低速晶振电路

（2）使用高速晶振电路作为系统时钟源，一般称为高速外部时钟信号（HSE）。频率范围为 4～16MHz，一般选择 8MHz（方便倍频），如图 4-4 所示，经过内部锁相环 PLL 倍频后用作系统时钟，STM32F1 系列主频最高可达 72MHz。

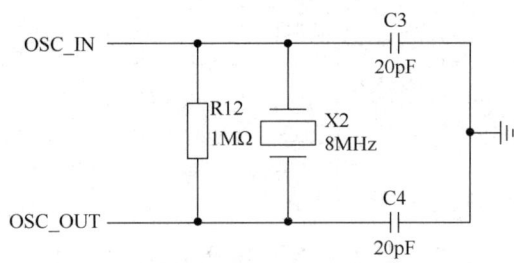

图 4-4　STM32 的 8MHz 高速晶振电路

晶振输入端和输出端（OSC_IN、OSC_OUT）连接的电阻 R12 的作用是产生负反馈，保证放大器工作在高增益的线性区，一般在兆欧级，同时起到限流作用。

需要注意的是，在设计嵌入式系统的印制电路板（PCB）时，晶振和负载电容应尽可能与单片机芯片靠近，以减少输出失真，缩短启动时的稳定时间，保证振荡器可靠工作。在调试电路时如果遇到程序无故跑飞（运行不正常）或死机（停止运行）的问题，则可以检查晶振是否起振，工作频率是否正常，确定是否是因时钟问题导致的故障。检查晶振是否起振，可以用示波器观察输出是否为完整的正弦波；也可以使用万用表，把挡位切换到直流挡，检测输出端与地之间的电压。

4.1.3　复位电路

嵌入式系统不可避免地会出现跑飞或死机现象，这时就需要复位电路对系统进行复位，嵌入式系统的复位电路就如同计算机的重启（Reset）按钮，当程序跑飞时，按下复位按钮，程序会自动从头开始执行。

类似于晶振电路的设计，复位电路的设计也需要参考所用芯片的相关手册，根据官方数据手册的建议进行设计。由 STM32F103 芯片数据手册可知，STM32 芯片复位引脚持续为低电平时复位（51 单片机为高电平复位，将电容和电阻的位置调换一下即可），STM32 的 NRST 引脚在内部已经连接了一个上拉电阻 R_{PU}，如图 4-5 所示。STM32 芯片数据手册建议复位电路外接一个对地电容，若用户认为该上拉电阻的阻值较小，则可以在复位电路中外接一个上拉电阻，如图 4-6 所示。

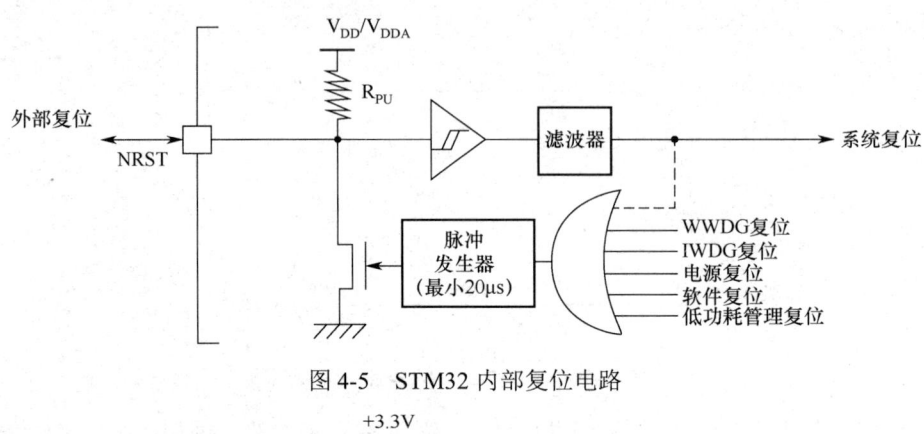

图 4-5　STM32 内部复位电路

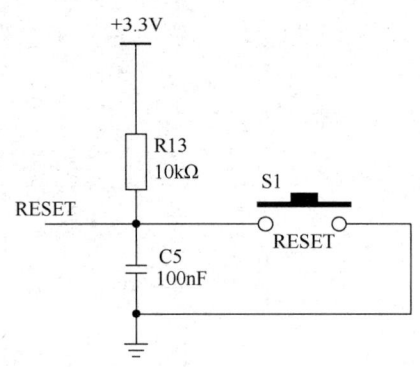

图 4-6　STM32 复位电路

STM32 复位电路有以下两种复位方式。

（1）上电复位：在上电瞬间，由于电容两端的电压不能突变，因此 RESET 出现短暂低电平，芯片自动复位，然后电容充电，充电时间由电阻和电容共同决定，计算方式为

$$t = 1.1RC = 1.1 \times 10\text{k}\Omega \times 0.1\mu\text{F} = 1.1\text{ms}$$

这意味着上电后约 1.1ms 系统完成复位，之后，单片机开始正常工作，电容相当于断路，复位端 RESET 一直为高电平。可以看出，电容的大小直接影响单片机的复位时间。

（2）手动复位：按键 S1 被按下时，RESET 与地连通，产生低电平，实现复位。

4.1.4　调试和下载电路

在实际应用中，单片机除正常工作所需的最小系统外，还需要调试和下载电路，用于将编译好的程序下载到单片机中运行及进行在线调试等。

ARM Cortex-M3 内核支持 JTAG（Joint Test Action Group，联合测试工作组）调试接口和 SWD（Serial Wire Debug，串行单总线调试）接口。STM32F103 系列微控制器内核集成了

SWD/JTAG 调试端口(缩写为 SWJ-DP),它将 5 个引脚的 JTAG-DP 接口和 2 个引脚的 SW-DP 接口结合在一起,其引脚功能如表 4-1 所示。其中,JTAG-DP 为 JTAG 调试端口,提供标准 5 个引脚的 JTAG 接口,SW-DP 提供标准 2 个引脚的(时钟+数据)JTAG 接口。JTAG 接口电路如图 4-7 所示。

表 4-1　SWD/JTAG 调试端口引脚功能

SWJ-DP 引脚名称	JTAG-DP	SW-DP	引　脚　号
JTMS-SWDIO	输入:JTAG 模式选择	输入/输出:串行数据输入/输出	PA13
JTCK-SWCLK	输入:JTAG 时钟	输入:串行时钟	PA14
JTDI	输入:JTAG 数据输入	—	PA15
JTDO-SWO	输出:JTAG 数据输出	异步跟踪	PB3
JTRST	输入:JTAG 模块复位	—	PB4

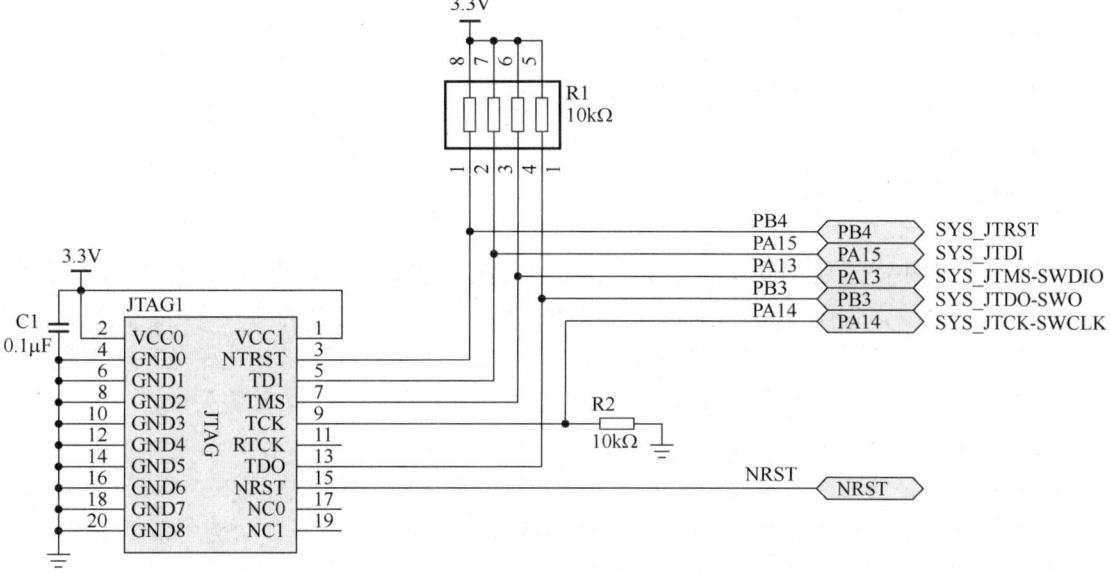

图 4-7　JTAG 接口电路

此外,还可以采用串口方式进行下载,通常采用 USB 转串口芯片 CH340G 将上位机的 USB 映射为串口,使用此电路需要单独的 12MHz 的振荡电路,且需要在上位机安装串口驱动程序,否则不能正常识别。

对于 STM32 最小系统,系统复位后还需要考虑内核的启动模式。ARM Cortex-M3 内核有三种启动模式,可以通过 BOOT0 和 BOOT1 的电平组合进行选择。在 STM32F103 系列微控制器中通过设置 BOOT[1:0]引脚电平的高低来选择三种不同的启动模式,从而将存储空间起始地址 0x00000000 映射到不同存储区域的起始地址,如表 4-2 所示。

表 4-2　启动模式的选择

启动模式选择引脚		启动模式对应的存储介质	说　　明
BOOT0	BOOT1		
0	x	闪存存储器,即用户 Flash	闪存存储器被选为启动区域
1	0	系统存储器,即系统 Flash	系统存储器被选为启动区域
1	1	片内 SRAM	片内 SRAM 被选为启动区域

　　保持 BOOT1 为 0，当 BOOT0=1 时，STM32F103 系列微控制器从系统存储器的起始地址 0x1FFFF000 开始启动运行代码；当 BOOT0=0 时，STM32F103 系列微控制器从用户 Flash 的起始地址 0x08000000 开始启动运行代码，这是 STM32 最常用的启动模式；若要从片内 SRAM 的起始地址 0x20000000 启动，则需要将 BOOT0 和 BOOT1 均设为 1。开发者可在开发阶段将程序代码下载到片内 SRAM 中运行。STM32 启动选择电路如图 4-8 所示。

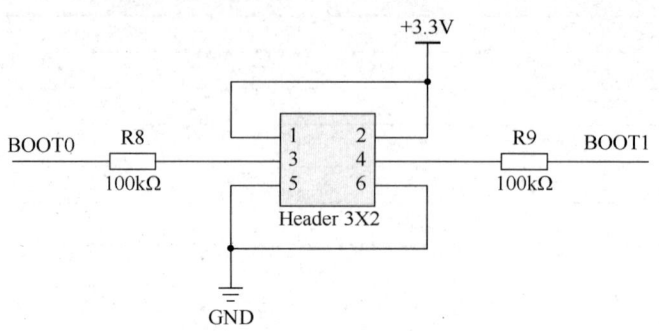

图 4-8　STM32 启动选择电路

4.2　嵌入式 C 语言

　　嵌入式开发中既有底层硬件的开发，又涉及上层应用的开发，即涉及系统的硬件和软件，C 语言既具有汇编语言操作底层的优势，又具有高级语言功能性强的特点，当之无愧地成为嵌入式开发的主流语言。在 STM32 开发过程中，无论是基于寄存器开发还是基于库开发，深入理解和掌握嵌入式 C 语言的函数、指针、结构体都是学习 STM32 的关键。

　　嵌入式 C 语言的结构特点如下。

　　（1）程序总是从 main()函数开始执行，语句以分号"；"结束，采用/*…*/或//进行注释。

　　（2）函数是 C 语言的基本结构，每个 C 语言程序均由一个或多个功能函数组成。

　　（3）函数由两部分组成：说明部分和函数体。

```
函数名(参数)
{
    [说明部分]；
    函数体；
}
```

　　（4）一个 C 语言程序包含若干个源文件（.c 文件）和头文件（.h 文件），其中.h 文件主要由预处理命令（包括文件、宏定义、条件编译等）和数据声明（全局变量、函数等声明）组成，.c 文件主要是功能函数的实现文件。

　　（5）采用外设功能模块化设计方法，一个外设功能模块包括一个源文件（.c 文件）和一个头文件（.h 文件），.c 文件用于具体外设功能模块函数的实现，.h 文件用于该外设功能模块参数及功能函数的声明。

　　嵌入式系统开发多采用模块化、层次化的设计思想，系统层次架构清晰，便于协同开发。图 4-9 所示为嵌入式系统的软件基本结构框图。

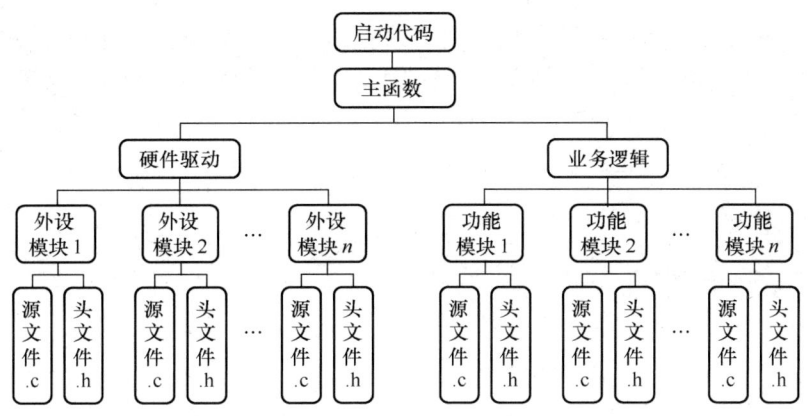

图 4-9　嵌入式系统的软件基本结构框图

4.2.1　STM32 的数据类型

数据是嵌入式 C 语言的基本操作对象，数据类型是指数据在计算机内存中的存储方式，如基本类型中的整型（存放整数）、浮点型（存放实数）、字符型（存放字符），派生类型中的指针（存放地址）、空类型，以及复合类型（如数组、结构体、共用体、枚举型）。嵌入式 C 语言的数据类型如图 4-10 所示。

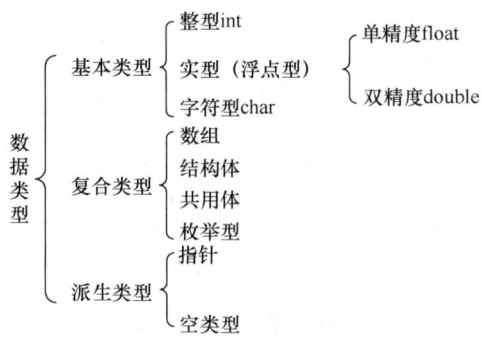

图 4-10　嵌入式 C 语言的数据类型

由于不同 CPU 定义的数据类型的长度不同，因此 ARM 公司联合其他半导体厂商制定了统一的 CMSIS 软件标准，这个标准中预先定义了相关的数据类型。ST 公司也为开发者提供了基于 C 语言的标准外设库，其定义的数据类型如表 4-3 所示，相关源代码请参考 STM32 标准外设库 v3.5.0 的 stdint.h 头文件。

表 4-3　STM32 定义的数据类型

C 语言的数据类型	STM32 对应的数据类型	功能描述
unsigned char	uint8_t	8 位无符号数据（0～255）
unsigned short int	uint16_t	16 位无符号数据（0～65535）
unsigned int	uint32_t	32 位无符号数据（0～$2^{32}-1$）
unsigned long long	uint64_t	64 位无符号数据（0～$2^{64}-1$）
signed char	int8_t	8 位有符号数据（−128～+127）
signed short int	int16_t	16 位有符号数据（−32768～+32767）
signed int	int32_t	32 位有符号数据（-2^{31}～$2^{31}-1$）
signed long long	int64_t	64 位有符号数据（-2^{63}～$2^{63}-1$）

　　stm32f10x.h 头文件还对标准外设库之前版本所使用的数据类型进行了说明，v3.5.0 已不再使用这些旧的数据类型，为了兼容以前的版本，新版本对其进行了兼容说明，如图 4-11 所示。

```
/*!< STM32F10x Standard Peripheral Library old types (maintained for legacy purpose) */
typedef int32_t  s32;
typedef int16_t  s16;
typedef int8_t   s8;

typedef const int32_t sc32;  /*!< Read Only */
typedef const int16_t sc16;  /*!< Read Only */
typedef const int8_t  sc8;   /*!< Read Only */

typedef __IO int32_t vs32;
typedef __IO int16_t vs16;
typedef __IO int8_t  vs8;

typedef __I int32_t vsc32;  /*!< Read Only */
typedef __I int16_t vsc16;  /*!< Read Only */
typedef __I int8_t  vsc8;   /*!< Read Only */

typedef uint32_t  u32;
typedef uint16_t u16;
typedef uint8_t  u8;

typedef const uint32_t uc32;  /*!< Read Only */
typedef const uint16_t uc16;  /*!< Read Only */
typedef const uint8_t  uc8;   /*!< Read Only */

typedef __IO uint32_t vu32;
typedef __IO uint16_t vu16;
typedef __IO uint8_t  vu8;

typedef __I uint32_t vuc32;  /*!< Read Only */
typedef __I uint16_t vuc16;  /*!< Read Only */
typedef __I uint8_t  vuc8;   /*!< Read Only */

typedef enum {RESET = 0, SET = !RESET} FlagStatus, ITStatus;

typedef enum {DISABLE = 0, ENABLE = !DISABLE} FunctionalState;
#define IS_FUNCTIONAL_STATE(STATE) (((STATE) == DISABLE) || ((STATE) == ENABLE))

typedef enum {ERROR = 0, SUCCESS = !ERROR} ErrorStatus;
```

图 4-11　STM32 标准外设库数据类型兼容说明

　　代码中的__I、__O 及__IO 为 IO 类型限定词，内核头文件 core_cm3.h 定义了标准外设库所使用的 IO 类型限定词，如表 4-4 所示。注意，IO 类型限定词加下画线是为了避免命名冲突。

表 4-4　STM32 的 IO 类型限定词

IO 类型限定词	类　　型	说　　明
__I	volatile const	只读操作
__O	volatile	只写操作
__IO	Volatile	读和写操作

　　表 4-3 的数据类型与表 4-4 中的 IO 类型限定词相结合，在标准外设库中常用来定义寄存器和结构体变量。图 4-12 所示为 stm32f10x.h 头文件中相关外设的寄存器定义。

　　结合表 4-3 和图 4-11，可以看出同一数据类型有多种表示方式，如 8 位无符号数据有 unsigned char、uint8_t、u8 三种表示方式，在不同的 ST 标准外设库版本中这三种表示方式都可以表示 8 位无符号数据，初学者应了解这三种表示方式。最新的 v3.5.0 采用的是 CMSIS 软件标准的 C99 标准，即 uint8_t。

```
 997  /**
 998   * @brief General Purpose I/O
 999   */
1000
1001  typedef struct
1002  {
1003    __IO uint32_t CRL;
1004    __IO uint32_t CRH;
1005    __IO uint32_t IDR;
1006    __IO uint32_t ODR;
1007    __IO uint32_t BSRR;
1008    __IO uint32_t BRR;
1009    __IO uint32_t LCKR;
1010  } GPIO_TypeDef;
1011
1012  /**
1013   * @brief Alternate Function I/O
1014   */
1015
1016  typedef struct
1017  {
1018    __IO uint32_t EVCR;
1019    __IO uint32_t MAPR;
1020    __IO uint32_t EXTICR[4];
1021    uint32_t RESERVED0;
1022    __IO uint32_t MAPR2;
1023  } AFIO_TypeDef;
1024  /**
1025   * @brief Inter Integrated Circuit Interface
1026   */
1027
1028  typedef struct
1029  {
1030    __IO uint16_t CR1;
1031    uint16_t  RESERVED0;
1032    __IO uint16_t CR2;
1033    uint16_t  RESERVED1;
1034    __IO uint16_t OAR1;
1035    uint16_t  RESERVED2;
1036    __IO uint16_t OAR2;
1037    uint16_t  RESERVED3;
1038    __IO uint16_t DR;
1039    uint16_t  RESERVED4;
1040    __IO uint16_t SR1;
```

图 4-12　stm32f10x.h 头文件中相关外设的寄存器定义

stm32f10x.h 头文件还对常用的布尔类型的变量进行了定义，如下。

```
typedef enum {RESET = 0, SET = !RESET} FlagStatus, ITStatus;
typedef enum {DISABLE = 0, ENABLE = !DISABLE} FunctionalState;
#define IS_FUNCTIONAL_STATE(STATE) (((STATE) == DISABLE) || ((STATE)
== ENABLE))
typedef enum {ERROR = 0, SUCCESS = !ERROR} ErrorStatus;
```

注意：嵌入式 C 语言程序应尽量采用 CMSIS 软件标准的 C99 标准中定义的数据类型，如 uint8_t sum。

4.2.2　const 关键字

const 关键字用于定义只读的变量，其值在编译时不能被改变。注意，const 关键字定义的是变量而不是常量。

使用 const 关键字是为了在编译时防止变量的值被误修改，同时提高程序的安全性和可靠性，一般放在头文件中或文件的开始部分。

在 C99 标准中，const 关键字定义的变量是全局变量。const 关键字与#define 关键字存在区别，#define 关键字只是简单的文本替换，而 const 关键字定义的变量是存储在静态存储器中的。使用#define 关键字定义常量的形式如下。

```
#define  PI  3.14159
```

使用该方式定义后，无论在何处使用 PI，都会被预处理器以 3.14159 替代，编译器不对 PI 进行类型检查，若使用不慎，则很可能由预处理引入错误，且这类错误很难被发现。用 const 关键字声明变量的方式虽然增加了分配空间，但可以很好地消除预处理引入的错误，并提供了良好的类型检查形式，保证了安全性。

利用 const 关键字进行编程时需要注意以下三点。

（1）使用 const 关键字声明的变量，只能被读取，不能被赋值。如下。

```
const uint8_t  sum = 3.14;
uint8_t abs=0;
...
sum = abs;    //非法，将导致编译错误，因为 sum 只能被读取，不能被赋值
abs = sum;    //合法
```

（2）const 关键字修饰的变量在声明时必须初始化，上述语句表示 sum 值是 3.14，且 sum 值在编译时不能被修改，若在编译过程中直接修改 sum 值，则编译器会提示出错。

（3）函数的形参声明为 const，则意味着所传递的指针指向的内容只能被读取，不能被修改。例如，C 语言的标准函数库中用于统计字符串长度的函数 int strlen(const char *str)。

4.2.3 static 关键字

在嵌入式 C 语言中，static 关键字可以用来修饰变量，使用 static 关键字修饰的变量，称为静态变量。

静态变量的存储方式与全局变量的存储方式一样，都是静态存储方式。全局变量的作用范围是整个源程序，当一个源程序由多个源文件组成时，全局变量在各个源文件中都是有效的，即一个全局变量定义在某个源文件中，若想在另一个源文件中使用该全局变量，则只需要在该源文件中通过 extern 关键字声明该全局变量就可以使用了。若在该全局变量前加上关键字 static，则该全局变量被定义成一个静态全局变量，其只在定义该变量的源文件内有效，其他源文件不能引用该全局变量，这样就避免了在其他源文件中因引用相同名字的变量而引发的错误，有利于模块化程序设计。

利用 static 关键字进行编程时需要注意以下几点。

（1）static 关键字不仅可以用来修饰变量，而且可以用来修饰函数。模块化程序设计中，若用 static 声明一个函数，则该函数只能被该模块内的其他函数调用，如下。

```
#include "stm32f1xx_hal.h"
static void DMA_SetConfig(DMA_HandleTypeDef *hdma, uint32_t SrcAddress,
uint32_t DstAddress, uint32_t DataLength);
...
HAL_StatusTypeDef HAL_DMA_Start_IT(DMA_HandleTypeDef *hdma, uint32_t
SrcAddress, uint32_t DstAddress, uint32_t DataLength)
{
  HAL_StatusTypeDef status = HAL_OK;
```

```
    ...
    if(HAL_DMA_STATE_READY == hdma->State)
    {
      DMA_SetConfig(hdma, SrcAddress, DstAddress, DataLength);
      ...
    }
    ...
}
```

上述代码为 DMA 模块的源文件 stm32f1xx_hal_dma.c，若利用 static 将 DMA_SetConfig() 函数声明为一个静态函数，则 DMA_SetConfig()函数只能被 stm32f1xx_hal_dma.c 中的其他函数调用，而不能被其他模块的文件使用，即定义了一个本地函数，有效地避免了因其他模块的文件定义了同名函数而引发的错误，充分体现了程序的模块化设计思想。

（2）static 关键字除了用于定义静态全局变量，还用于定义静态局部变量，保证静态局部变量在调用过程中不被重新初始化。典型应用案例如下（实现计数统计功能）。

```
void fun_count( )
{
    static count_num = 0;
    // 声明一个静态局部变量，count_num 用作计数器，初值为 0
    count_num ++;
    printf("%d\n", count_num);
}
int main(void)
{
    int i=0;
    for (i = 0;i <= 5;i++)
    {
        fun_count( );
    }
    return 0;
}
```

在 main()函数中每调用一次 fun_count()函数，静态局部变量 count_num 加 1，而不是每次都被初始化为初值 0。

4.2.4　volatile 关键字

嵌入式开发中，常用到 volatile 关键字，它是一个类型修饰符，含义为"易变的"。使用方式如下。

```
volatile char i;
```

这里使用 volatile 关键字定义了一个字符型的变量 i，指出 i 是随时可能发生变化的，每次使用该变量时都必须从 i 的地址中读取。

由于内存的读/写速度远不及 CPU 中寄存器的读/写速度，为了提高数据信息的存取速度，一方面在硬件上引入高速缓存 Cache，另一方面在软件上使用编译器对程序进行优化，将变量的值提前从内存读取到 CPU 的寄存器中，以后用到该变量时，直接从速度较快的寄存器中读取，这样有利于提高运算速度，但同时可能存在风险，如该变量在内存中的值有可能被程序的其他部分（如其他线程）修改或覆盖，而寄存器中存放的仍是之前的值，这就导致应用程序读取的值和实际变量值不一致；也有可能是寄存器中的值发生了改变，而内存中该变量的值没有被修改，同样会导致不一致的情况发生。因此，为防止编译器对程序进行优化导致读取错误数据，常使用 volatile 关键词进行定义。

简单地说，使用 volatile 关键字就是不让编译器进行优化，即每次读取或修改值时，都必须重新从内存中读取或修改，而不是使用保存在寄存器中的备份。

举个简单的例子：大学里的奖/助学金的发放一般都是直接转给学校，学校再发给每名学生。学校财务处登记了每名学生的银行卡号，但不可避免地会有一些学生因各种原因丢失银行卡或不再使用这张银行卡，而没来得及去学校财务处重新登记，从而影响奖/助学金的发放。这里，学生就是变量的原始地址，而学校财务处的银行卡号就是变量在寄存器中的备份，使用 volatile 关键字来定义学生这个变量，这样每次发放奖/助学金时都去找学生这个变量的原始地址，而不是直接转到学校财务处保存的银行卡号上，进而避免错误的发生。

const 关键字的含义为"只读"，volatile 关键字的含义为"易变的"，但 volatile 关键字解释为"直接存取原始内存地址"更为合适，使用 volatile 关键字定义变量后，该变量就不会因外在因素而发生变化了。一般来说，volatile 关键字常用在以下场合。

（1）中断服务程序中修改的、供其他程序检测的变量都需要使用 volatile 关键字。

（2）在多任务环境中，各任务间共享的标志应添加 volatile 关键字。

（3）外设寄存器地址映射的硬件寄存器通常要用 volatile 关键字进行声明。

4.2.5　extern 关键字

extern 关键字用于指明函数或变量定义在其他文件中，提示编译器遇到此函数或变量时到其他模块中寻找其定义。这样，extern 关键字声明的函数或变量就可以在本模块或其他模块中使用，因此，使用 extern 关键字是声明而不是重新定义。使用方法如下。

```
extern int a;
extern int funA( );
```

解析：第一条语句仅仅是声明变量 a，而不是定义变量 a，并未为 a 分配内存空间，变量 a 作为全局变量只能被定义一次。第二条语句声明 funA()函数，此函数已在其他文件中被定义。

STM32 中，extern 关键字还有一个重要作用：与"C"一起连用，即 extern "C"，进行链接指定。例如，stm32f10x.h 头文件中有如下代码。

```
#ifndef __STM32F10x_H
#define __STM32F10x_H
#ifdef __cplusplus
extern "C"{
    #endif
    ...
    #ifdef __cplusplus
}
    #endif
```

这段代码的含义是，若没有定义__STM32F10x_H，则定义__STM32F10x_H，若已经定义__cplusplus，则执行 extern "C"中的语句，extern "C"告诉 C++编译器括号中的程序代码是按照 C 语言的文件格式进行编译的，__cplusplus 是 C++编译器中自定义的宏，plus 是 "+"的意思。

C++支持函数重载，即在编译时会将函数名与参数联合起来生成一个新的中间函数名，而 C 语言不支持函数重载，这就导致在 C++环境下使用 C 函数会出现链接时找不到对应函数的情况，这时就需要使用 extern "C"进行链接指定，告知编译器此时采用的是 C 语言定义的函数，需要使用 C 语言的命名规则来处理函数，不要生成用于链接的中间函数名。

一般将函数声明存放在头文件中，当函数有可能被 C 语言或 C++使用时，将函数声明存放在 extern "C"中以免出现编译错误，完整的使用方法如下。

```
#ifdef __cplusplus
    extern "C"{
        #endif
            //函数声明
        #ifdef __cplusplus
    }
#endif
```

STM32 中很多头文件都采用这样的用法，如标准外设库中的 stm32f10x_adc.h、stm32f10x_can.h、stm32f10x_gpio.h 等。

利用 extern 关键字进行编程时需要注意以下要点。

嵌入式开发一般采用模块化设计思想，因此，为保证全局变量和功能函数的使用，extern 关键字一般用在.h 文件中对某个模块提供给其他模块调用的外部函数及变量进行声明，实际编程中只需要将该.h 文件包含进该模块对应的.c 文件中，即在该模块的.c 文件中加入代码 #include "xxx.h"。实例如下。

ADCx.c
#include "ADCx.h"
...
//定义局部变量，用于判断，仅作用于本函数
static uint16_t pwd=1; //
uint16_t ADC_ConvertedValue; //全局变量
...
void ADC_Init(void)
{
...
}
...

ADCx.h
//声明全局变量，存放 ADC 的转换结果
extern uint16_t ADC_ConvertedValue;
...
//外部功能函数声明，ADC 初始化函数
extern void ADC_Init(void);
...

4.2.6　struct 结构体

struct 用于定义结构体类型，其作用是将不同数据类型的数据组合在一起，构造出一个新的数据类型。struct 一般用法如下。

```
struct [结构体名]
{
```

```
        类型标识符 成员名1;
        类型标识符 成员名2;
        ...
        类型标识符 成员名n;
    }结构体变量;
```

例如：

```
struct person
{
  char name[8];
  int age;
  char sex[8];
  char address[20];
}person_liu;
```

结构体变量（如上例中的 person_liu）可以不在定义结构体时被定义，后续需要时再进行定义，格式如下。

```
struct 结构体名 结构体变量;
```

例如：

```
struct person
{
  char name[8];
  int age;
  char sex[8];
  char address[20];
};
struct person person_liu;
```

使用这种定义方式可以同时定义多个结构体变量，例如：

```
struct person person_liu, person_wang, person_zhang;
```

结构体变量的使用方法如下。

```
结构体变量名. 成员名
```

例如：

```
person_liu.age=35;
```

很多时候，在 STM32 开发中将 struct 与 typedef 结合使用，具体内容参见 4.2.8 节。

4.2.7 enum

有时一个变量会有几种可能的取值，如一个星期有 7 天、每学期开设的课程、12 种不同的颜色（红、橙、黄、绿、青、蓝、紫、灰、粉、黑、白、棕）等，C 语言提供了 enum（枚举）类型，用来将变量或对象的所有可能的值一一列出，变量取值只限于列举出来的值。enum（枚举）类型的用法如下。

```
enum 枚举名
{
  枚举成员1,
  枚举成员2,
  ...
```

```
    枚举成员 n
}枚举变量;
```

enum（枚举）类型是一个集合，将所有可能的取值用花括号括住，花括号中的各枚举成员之间用逗号隔开，最后一个枚举成员后省略逗号。enum 枚举类型以分号结束，这里的枚举变量可以省略，在后面需要时再根据枚举名进行定义。

例如，利用 enum（枚举）类型列举几种常见的颜色。

```
enum Color
{
    RED,
    GREEN,
    BLACK,
    YELLOW
};
```

上述名为 Color 的枚举类型只有 4 个枚举成员：RED、GREEN、BLACK、YELLOW，即意味着 Color 类型变量的取值只能取这 4 种颜色中的某一种颜色。

例如，利用 enum 定义一个 Weekdays 枚举类型名，其包括 7 个枚举成员：从星期一到星期日，并定义枚举变量 Mydays 与 Olddays。

```
enum Weekdays
{
    Monday=1,
    Tuesday,
    Wednesday,
    Thursday,
    Friday,
    Saturday,
    Sunday
}Mydays, Olddays;
```

注意：enum（枚举）类型具有自动编号功能，第一个枚举成员的默认值为整型的 0，后续枚举成员的值在前一个成员值上自动加 1，也可以自定义枚举成员的值，若把第一个枚举成员的值定义为 1，则第二个枚举成员的值就为 2，以此类推，如上述例子中 Friday 的值为 5。因此，enum（枚举）类型中的枚举成员的值是常量而不是变量，不能在程序中用赋值语句再对它赋值，但可以将枚举成员的值赋给枚举变量。

例如，以下两条语句是正确的。

```
Mydays=Thursday;
Olddays=Friday;
```

但以下两条语句是错误的。

```
Tuesday=0;
Mydays=1;
```

4.2.8　typedef

typedef 用于为复杂的声明定义一个简单的别名，它不是一个真正意义上的新类型。在编程中使用 typedef 的目的一般有两个：①为变量起一个容易记忆且意义明确的新名称；②简化一些比较复杂的类型声明。其基本格式如下。

```
typedef  类型名  自定义的别名;
```

例如：

```
typedef signed char int8_t;//为数据类型 signed char 起别名 int8_t
typedef signed int int32_t;//为数据类型 signed int 起别名 int32_t
```

STM32 开发中，typedef 主要有以下三种用法。

1. typedef 的基本应用

为已知的数据类型起一个简单的别名，如上例。

2. typedef 与结构体 struct 结合使用

typedef 与结构体 struct 结合用于自定义数据类型，如 stm32f10x_gpio.h 头文件中的 GPIO 初始化结构体 GPIO_InitTypeDef。

```
typedef  struct
{
   uint16_t GPIO_Pin;
   GPIOSpeed_TypeDef  GPIO_Speed;
   GPIOMode_TypeDef  GPIO_Mode;
}GPIO_InitTypeDef;
```

上述语句利用 struct 创建了一个新的结构体，这个新结构体有 3 个成员：GPIO_Pin、GPIO_Speed 和 GPIO_Mode，同时使用 typedef 为这个新建的结构体定义一个新的名称 GPIO_InitTypeDef，在应用时可以直接使用 GPIO_InitTypeDef 来定义变量。例如：

```
GPIO_InitTypeDef  GPIO_InitStructure;
```

上述语句利用 GPIO_InitTypeDef 结构体定义了一个变量 GPIO_InitStructure，引用 3 个成员的方法如下。

```
GPIO_InitStructure.GPIO_Pin;
GPIO_InitStructure.GPIO_Speed;
GPIO_InitStructure.GPIO_Mode;
```

3. typedef 与 enum 结合使用

利用 typedef 将枚举类型定义成别名，并利用该别名进行变量声明，STM32 标准外设库 v3.5.0 中有很多 enum 和 typedef 结合使用的例子。stm32f10x_gpio.h 头文件中的代码如下。

```
typedef  enum
{
   GPIO_Speed_10MHz = 1,
   GPIO_Speed_2MHz,
   GPIO_Speed_50MHz
}GPIOSpeed_TypeDef;
```

该例中 enum（枚举）类型共有 3 个枚举成员：GPIO_Speed_10MHz、GPIO_Speed_2MHz 和 GPIO_Speed_50MHz，并将第一个枚举成员 GPIO_Speed_10MHz 赋值为 1，enum（枚举）类型会将枚举成员的赋值在第一个枚举成员赋值的基础上加 1，因此 GPIO_Speed_2MHz 默认值为 2，GPIO_Speed_50MHz 默认值为 3。同时，利用 typedef 关键字为此枚举类型定义一个别名：GPIOSpeed_TypeDef，这里省略了枚举类型的枚举名，只用 typedef 为枚举类型定义一个别名。

4.2.9　#define

#define 是 C 语言的预处理命令，它用于宏定义，用来将一个标识符定义为一个字符串，该标识符称为宏名，被定义的字符串称为替换文本，采用宏定义的目的主要是方便程序编写，一般放在源文件的前面，称为预处理部分。

预处理是指在编译前所做的工作。预处理是 C 语言的一个重要功能，由预处理程序负责完成。程序编译时，系统将自动引用预处理程序对源程序中的预处理部分进行处理，处理完后自动进入对源程序的编译。

STM32 标准外设库中，#define 的使用方式主要有以下两种。

1. 无参数的宏定义

无参数的宏定义的一般形式如下。

```
#define <宏名> <字符串>
```

其中，字符串可以是常数、字符串和表达式等。

例如：#define UINT8_MAX 255。

该语句表示定义了宏名 UINT8_MAX，代表 255。

例如：#define __IO volatile。

该语句表示定义宏名__IO，代表 volatile，若以后程序中再需要用到 volatile，则可以使用__IO。

例如：#define　RCC_AHBPeriph_DMA1　((uint32_t)0x00000001)。

该语句表示定义 RCC_AHBPeriph_DMA1 宏名，代表 32 位的无符号数据 0x00000001。

STM32 中有很多此类用法，如标准外设库 v3.5.0 的 stm32f10x_rcc.h 文件中 APB2_peripheral 各外设基地址的定义，如图 4-13 所示。

```
/** @defgroup APB2_peripheral
  * @{
  */

#define RCC_APB2Periph_AFIO          ((uint32_t)0x00000001)
#define RCC_APB2Periph_GPIOA         ((uint32_t)0x00000004)
#define RCC_APB2Periph_GPIOB         ((uint32_t)0x00000008)
#define RCC_APB2Periph_GPIOC         ((uint32_t)0x00000010)
#define RCC_APB2Periph_GPIOD         ((uint32_t)0x00000020)
#define RCC_APB2Periph_GPIOE         ((uint32_t)0x00000040)
#define RCC_APB2Periph_GPIOF         ((uint32_t)0x00000080)
#define RCC_APB2Periph_GPIOG         ((uint32_t)0x00000100)
#define RCC_APB2Periph_ADC1          ((uint32_t)0x00000200)
#define RCC_APB2Periph_ADC2          ((uint32_t)0x00000400)
#define RCC_APB2Periph_TIM1          ((uint32_t)0x00000800)
#define RCC_APB2Periph_SPI1          ((uint32_t)0x00001000)
#define RCC_APB2Periph_TIM8          ((uint32_t)0x00002000)
#define RCC_APB2Periph_USART1        ((uint32_t)0x00004000)
#define RCC_APB2Periph_ADC3          ((uint32_t)0x00008000)
#define RCC_APB2Periph_TIM15         ((uint32_t)0x00010000)
#define RCC_APB2Periph_TIM16         ((uint32_t)0x00020000)
#define RCC_APB2Periph_TIM17         ((uint32_t)0x00040000)
#define RCC_APB2Periph_TIM9          ((uint32_t)0x00080000)
#define RCC_APB2Periph_TIM10         ((uint32_t)0x00100000)
#define RCC_APB2Periph_TIM11         ((uint32_t)0x00200000)
```

图 4-13　APB2_peripheral 各外设基地址的定义

2. 带参数的宏定义

宏定义格式如下。

嵌入式系统基础与实践——基于 ARM Cortex-M3 内核的 STM32 微控制器（第 2 版）

```
#define <宏名>（参数1,参数2,…,参数n）<替换列表>
```
例如：

```
#define  SUM(x,y)  (x+y)
...
a = SUM(2,2);
```
其中，a 的结果是 4，将 SUM(x,y)定义为 x+y，预编译时会将 SUM(x,y)替换为(x+y)。

例如：

```
#define  IS_GPIO_SPEED(SPEED)  (((SPEED) == GPIO_Speed_10MHz)||((SPEED)
  == GPIO_Speed_2MHz) || ((SPEED) == GPIO_Speed_50MHz))
```
使用宏定义#define 将 IS_GPIO_SPEED(SPEED)替换为 GPIO_Speed_10MHz、GPIO_Speed_2MHz 或 GPIO_Speed_50MHz。

注意：STM32 中带参数的宏定义一般采用大写英文字母加下画线的方式进行命名，并使用()来表示这是一个带参数的宏定义，替换列表中也常用括号来确保运算的优先级。

STM32 标准外设库的 stm32f10x.h 头文件中有如下代码。

```
#define  IS_FUNCTIONAL_STATE(STATE)  (((STATE) == DISABLE) ||
((STATE) == ENABLE))
```
stm32f10x_rcc.c 源文件中的函数 RCC_APB2PeriphClockCmd()使用了 IS_FUNCTIONAL_STATE(STATE)宏，RCC_APB2PeriphClockCmd()源代码如下。

```
void RCC_APB2PeriphClockCmd(uint32_t RCC_APB2Periph, FunctionalState
NewState)
{
  /* Check the parameters */
  assert_param(IS_RCC_APB2_PERIPH(RCC_APB2Periph));
  assert_param(IS_FUNCTIONAL_STATE(NewState));
  if (NewState != DISABLE)
  {
    RCC->APB2ENR |= RCC_APB2Periph;
  }
  else
  {
    RCC->APB2ENR &= ~RCC_APB2Periph;
  }
}
```
该函数是外设时钟使能函数，第一个参数是要使能的外设，第二个参数为是否使能。

注意：带参数的宏定义同样只是进行简单的字符替换，替换是在编译前进行的，展开并不分配内存单元，不进行值的传递处理，因此替换不会占用运行时间，只占用编译时间，因此该方式可以提高运行效率。

#define 与 typedef 的区别：typedef 是在编译阶段处理的，具有类型检查的功能；#define 是在预处理阶段处理的，即在编译前只进行简单的字符串替换，而不进行任何检查。

4.2.10 #ifdef、#ifndef、#else、#if 条件编译

条件编译是指只有在满足一定条件时才进行编译，如#if、#ifdef、#else、#ifndef 等，一

· 116 ·

般用在头文件或文件开头部分。

嵌入式 C 语言常使用条件编译,通过条件判断来确定是否对某段源程序进行编译。条件编译可以使源程序产生不同版本。嵌入式 C 语言常用的条件编译命令如表 4-5 所示。

表 4-5　嵌入式 C 语言常用的条件编译命令

条件编译	说　　明
#define	宏定义
#undef	撤销已定义的宏名
#if	条件编译命令,若#if 后面的表达式为 true,则执行语句
#ifdef	判断某个宏是否被定义,若被定义,则执行语句
#ifndef	判断某个宏是否未被定义,若未被定义,则执行语句,与#ifdef 相反
#elif	#else 指令用于#if 指令后,当#if 指令的条件不为真时,编译#else 后面的代码,elif 相当于 else if
#endif	条件编译的结束命令,用在#if、#ifdef、#ifndef 后

常用的条件编译形式有以下三种。

形式一:

```
#ifdef 标识符
    程序段 1
#else
    程序段 2
#endif
```

功能:若指定的标识符已被#define 定义过,则只编译程序段 1,否则编译程序段 2。

例如:有如下程序段。

```
#ifdef  IN_XXX
   #define  XXX_EXT
#else
   #define  XXX_EXT extern
#endif
...
XXX_EXT volatile u16  Name;
```

解析:上述代码表示若定义了 IN_XXX,则定义 XXX_EXT,否则定义 XXX_EXT 为 extern。

形式二:

```
#ifndef 标识符
    程序段 1
#else
    程序段 2
#endif
```

功能:#ifndef 与形式一中的#ifdef 正好相反,即若指定的标识符没有被#define 定义过,则编译程序段 1,否则编译程序段 2。

STM32F10x 系列标准外设库 v3.5.0 的 stm32f10x_rcc.h 头文件中的源代码如下。

```
#ifndef STM32F10X_CL
   #define RCC_USBCLKSource_PLLCLK_1Div5  ((uint8_t)0x00)
   #define RCC_USBCLKSource_PLLCLK_Div1   ((uint8_t)0x01)
```

```
        #define IS_RCC_USBCLK_SOURCE(SOURCE) (((SOURCE) == RCC_
USBCLKSource_PLLCLK_1Div5) ||\((SOURCE) == RCC_USBCLKSource_PLLCLK_Div1))
        #else
        #define RCC_OTGFSCLKSource_PLLVCO_Div3  ((uint8_t)0x00)
        #define RCC_OTGFSCLKSource_PLLVCO_Div2  ((uint8_t)0x01)
        #define IS_RCC_OTGFSCLK_SOURCE(SOURCE) (((SOURCE) ==
RCC_OTGFSCLKSource_PLLVCO_Div3)||\((SOURCE)==RCC_OTGFSCLKSource_PLLVCO_Div2))
        #endif
```

以上源代码的含义是若没有定义 STM32F10X_CL，则定义 USB 的相关时钟源，即

```
        #define RCC_USBCLKSource_PLLCLK_1Div5   ((uint8_t)0x00)
        #define RCC_USBCLKSource_PLLCLK_Div1    ((uint8_t)0x01)
```

否则，定义 USB 的 OTG 的相关时钟源，即

```
        #define RCC_OTGFSCLKSource_PLLVCO_Div3   ((uint8_t)0x00)
        #define RCC_OTGFSCLKSource_PLLVCO_Div2   ((uint8_t)0x01)
```

形式三：

```
#ifdef 标识符 1（或表达式 1）
    程序段 1
#elif 标识符 2（或表达式 2）
    程序段 2
#endif
```

功能：若定义了标识符 1（或表达式 1），则编译程序段 1；否则，若定义了标识符 2（或表达式 2），则编译程序段 2。

STM32F10x 系列标准外设库 v3.5.0 的 stm32f10x_rcc.h 头文件中的源代码如下。

```
        #ifdef STM32F10X_CL
        /* PREDIV1 clock source (for STM32 connectivity line devices) */
        #define  RCC_PREDIV1_Source_HSE   ((uint32_t)0x00000000)
        #define  RCC_PREDIV1_Source_PLL2  ((uint32_t)0x00010000)
        #define IS_RCC_PREDIV1_SOURCE(SOURCE) (((SOURCE)==
RCC_PREDIV1_Source_HSE)||\(SOURCE) == RCC_PREDIV1_Source_PLL2))
        #elif defined (STM32F10X_LD_VL) || defined (STM32F10X_MD_VL) ||
defined (STM32F10X_HD_VL)
        #define  RCC_PREDIV1_Source_HSE   ((uint32_t)0x00000000)
        #define IS_RCC_PREDIV1_SOURCE(SOURCE) (((SOURCE) == RCC_PREDIV1_
Source_HSE))
        #endif
```

以上源代码的含义是若定义了 STM32F10X_CL，则定义 PREDIV1 的时钟源如下。

```
        #define  RCC_PREDIV1_Source_HSE    ((uint32_t)0x00000000)
        #define  RCC_PREDIV1_Source_PLL2   ((uint32_t)0x00010000)
```

若 定 义 了 defined (STM32F10X_LD_VL) || defined (STM32F10X_MD_VL) || defined (STM32F10X_HD_VL)，则定义 PREDIV1 的时钟源如下。

```
        #define  RCC_PREDIV1_Source_HSE    ((uint32_t)0x00000000)
        #define IS_RCC_PREDIV1_SOURCE(SOURCE) (((SOURCE) == RCC_PREDIV1_
Source_HSE))
```

4.2.11　指针

计算机程序是由指令和数据组成的，数据存放在内存地址中，变量是对程序中数据存储空间（地址和值）的抽象。C 语言定义了一种专门用于表示地址的变量——指针。指针是专门用来存放地址的，即指针就是地址，通过指针来获取内存中数据的存储地址，嵌入式 C 语言中大量使用指针数据类型。

指针包括两个要素：值和类型。值指的是某个对象的位置（内存地址）；类型指的是对象所在位置上所存储数据的类型，如整型或浮点型。

1．指针

（1）每个指针都有一个确定的数据类型，特殊的 void *类型代表通用类型的指针，定义一个指针变量的语法格式如下。

```
数据类型　*变量名；
```

例如：

```
int  *p;  //定义一个指向整型变量的指针 p
```

（2）通过取地址运算符&可以使指针指向某个变量的存储地址。

有如下程序段。

```
int i;
int *p;
p=&i;
```

解析：定义一个整型变量 i 和指针 p，并将 int 类型的指针 p 指向变量 i 在内存空间中的地址。

（3）利用取值运算符*可以访问指针变量所指向地址单元的内容。

有如下程序段。

```
int i=0;
int *p;
p = &i;
printf("%d \n", *p);     //通过*p 获取 i 的值用于输出
*p = 200;                //通过*p 修改变量 i 的值
printf("%d \n", i);      //输入 i 的值，i=200
```

解析：利用取值运算符*获取变量 i 的值，通过修改*p 的值达到修改变量 i 的值的目的。

（4）指针和数组。数组实际上是存储在内存连续空间上的一组数，在数组中使用指针，可以通过移动指针对数组中的元素进行搜索。

例如：

```
int Data_Array[] = {1,2,3,4,5,6};  //定义一个数组
int *pr;                           //定义一个指针变量 pr
pr=&Data_Array[0];                 //将指针指向数组的首地址
```

利用指针可以对数组的元素进行赋值，例如：

```
*pr=8;              //用指针为数组的第一个元素赋值
*(pr+1)=9;          //用指针为数组的第二个元素赋值
*(pr+2)=7;          //用指针为数组的第三个元素赋值
```

（5）利用指针将存储器的数值转化为地址。

例如：

```
pr=(int *)0x42210188;
```

计算机中的基本存储单位是字节（Byte），1 字节等于 8 位（bit）。32 位微处理器中 int 类型的变量占 4 字节，其内存空间地址和数据如图 4-14 所示。

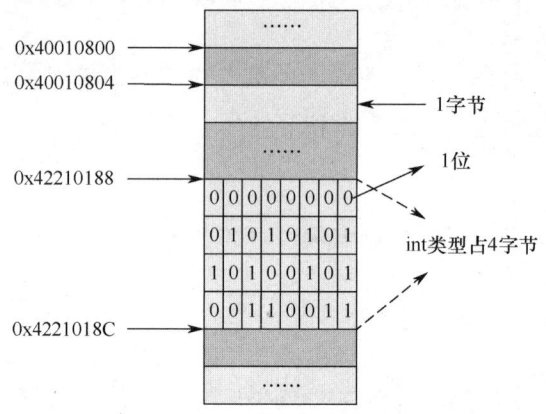

图 4-14　32 位微处理器中 int 类型的内存空间地址和数据

其中，0x42210188 是一个 32 位的数据，表示存储空间的一个地址，若写成 pr=0x42210188，则只是将 0x42210188 这个 32 位的数据赋给 pr，并不是将 0x42210188 所表示的内存空间的地址赋给 pr，而使用强制类型转换（int *）告知编译器这是一个整型数据所占内存空间的首地址，而不是纯粹的 32 位数据。若没有这个类型转换，则编译器会报错。*pr 表示取这个指针所指向内存空间中存储的数据，若此时 0x42210188 这个地址存放的数据为 0x0055，则*pr=0x0055。

2. 函数指针

一个函数就是一段代码，编译器会为这段代码分配一段连续的存储空间，其首地址就是这个函数名所代表的地址，既然是地址，就可以定义一个指针变量来存放该地址，该指针变量称为函数指针变量，简称函数指针。因此，指针可以指向函数，在程序中可以通过函数指针变量调用函数。指针函数的定义方式如下。

```
函数返回值类型　(*指针变量名)　(函数参数列表);
```

例如：

```
int (* fp) ( int *) ;
```

该语句定义了一个指向函数的指针变量 fp。首先，这是一个指针变量，所以要有一个 "*"，即(*fp)；其次，前面的 int 表示这个指针变量可以指向返回值类型为 int 的函数；后面括号中的 int *表示该指针变量可以指向有一个参数且是整型指针的函数，即上述语句定义了一个指针变量 fp，该指针变量可以指向以 int *为参数并且返回值类型为 int 的函数。

例如，有一个函数原型定义如下。

```
int f(int x, int *p);
```

该函数有两个参数，参数类型分别为整型和整型指针。现在要声明一个函数指针 fp，并将 f 函数赋给该指针，相关代码如下。

```
int (* fp)(int,int *);
fp=f;
```

然后可以利用该指针调用 f 函数，相关代码如下。

```
int y=1;
int result=fp(3, &y);
```

3. 指针在 STM32 标准外设库中的应用

STM32 标准外设库中，指针的类型为 32 位的整型，通过指针可以对内存空间进行操作。下面以 STM32F10x 系列标准外设库 v3.5.0 为例进行说明。

STM32 中片上外设挂接在不同的总线上，stm32f10x.h 文件中利用 C 语言的宏定义和指针来封装总线和外设基地址。

通过宏定义为外设基地址 0x40000000 取一个宏名 PERIPH_BASE，stm32f10x.h 中 FLASH、SRAM 和 PERIPH（外设）的基地址定义如下。

```
#define FLASH_BASE    ((uint32_t)0x08000000)
#define SRAM_BASE     ((uint32_t)0x20000000)
#define PERIPH_BASE   ((uint32_t)0x40000000)
```

0x40000000 是 STM32 存储器（共 4GB）分配给片上外设 512MB 空间（Block2）的起始地址，把 0x40000000 称为外设基地址。(uint32_t)0x40000000 是将外设基地址强制转换为 32 位的无符号数据类型。

由 STM32 总线结构可知，STM32 的总线由 APB1、APB2 和 AHB 总线组成，各自的总线基地址定义如下。

```
#define APB1PERIPH_BASE  PERIPH_BASE
#define APB2PERIPH_BASE  (PERIPH_BASE + 0x10000)
#define AHBPERIPH_BASE   (PERIPH_BASE + 0x20000)
```

将 PERIPH_BASE 外设基地址的起始地址 0x40000000 当作 APB1 总线外设的基地址（APB1PERIPH_BASE），这里 0x10000 和 0x20000 是相对于外设基地址 PERIPH_BASE 的偏移量，即 0x40000000+0x10000=0x40010000 为 APB2 总线外设的起始地址（APB2PERIPH_BASE），0x40000000+0x20000=0x40020000 为 AHB 总线外设的起始地址。

STM32F103 系列微控制器有 7 组通用 I/O 端口（GPIO），分别为 GPIOA、GPIOB、GPIOC、GPIOD、GPIOE、GPIOF、GPIOG，每组 GPIO 端口都有 16 个外设引脚，分别为 Px0、Px1、…、Px15（x 表示 A～G）。stm32f10x.h 文件中定义了这 7 组 GPIO 端口基地址的宏，相关代码如下。

```
#define GPIOA_BASE  (APB2PERIPH_BASE + 0x0800)
#define GPIOB_BASE  (APB2PERIPH_BASE + 0x0C00)
#define GPIOC_BASE  (APB2PERIPH_BASE + 0x1000)
#define GPIOD_BASE  (APB2PERIPH_BASE + 0x1400)
#define GPIOE_BASE  (APB2PERIPH_BASE + 0x1800)
#define GPIOF_BASE  (APB2PERIPH_BASE + 0x1C00)
#define GPIOG_BASE  (APB2PERIPH_BASE + 0x2000)
```

从 GPIO 端口的宏定义可以看出，GPIOx（x 表示 A～G）外设是挂接在 APB2 总线上的，APB2 总线外设基地址 0x40010000 加上偏移量 0x0800 是 GPIOA 端口的地址（0x40010000+0x0800=0x40010800）。

每组 GPIO 端口都独立对应一组（7 个）寄存器，从 STM32 芯片参考手册中可以查看 GPIO 外设寄存器的描述。图 4-15 所示为 GPIO 端口配置低寄存器的描述。

偏移地址：0x00

复位值：0x44444444

31	30	29	28	27	26	25	24	23	22	21	20	19	18	17	16
CNF7[1:0]		MODE7[1:0]		CNF6[1:0]		MODE6[1:0]		CNF5[1:0]		MODE5[1:0]		CNF4[1:0]		MODE4[1:0]	
rw	rw	rw	rw	rw	rw	rw	rw	rw	rw	rw	rw	rw	rw	rw	rw

15	14	13	12	11	10	9	8	7	6	5	4	3	2	1	0
CNF3[1:0]		MODE3[1:0]		CNF2[1:0]		MODE2[1:0]		CNF1[1:0]		MODE1[1:0]		CNF0[1:0]		MODE0[1:0]	
rw	rw	rw	rw	rw	rw	rw	rw	rw	rw	rw	rw	rw	rw	rw	rw

位31:30 27:26 23:22 19:18 15:14 11:10 7:6 3:2	CNFy[1:0]：端口x配置位（y=0···7）(Port x configuration bits) 软件通过这些位配置相应的I/O端口 在输入模式（MODE[1:0]=00）下： 00：模拟输入模式 01：浮空输入模式（复位后的状态） 10：上拉/下拉输入模式 11：保留 在输出模式（MODE[1:0]>00）下： 00：通用推挽输出模式 01：通用开漏输出模式 10：复用功能推挽输出模式 11：复用功能开漏输出模式
位29:28 25:24 21:20 17:16 13:12 9:8, 5:4 1:0	MODEy[1:0]：端口x的模式位（y=0···7）(Port x mode bits) 软件通过这些位配置相应的I/O端口 00：输入模式（复位后的状态） 01：输出模式，最大速度10MHz 10：输出模式，最大速度2MHz 11：输出模式，最大速度50MHz

图 4-15　GPIO 端口配置低寄存器的描述

因为 STM32 是 32 位微控制器，所以变量在内存中占 4 字节，GPIO 的寄存器也必须以 32 位的方式进行操作，从图 4-15 中可以看出 GPIO 端口配置低寄存器 GPIOx_CRL 的偏移地址为 0x00，即 GPIOA 的配置低寄存器 GPIOA_CRL 的地址为 0x40010800 + 0x00 = 0x40010800。

类似地，图 4-16 所示为 GPIOx_CRH 端口配置高寄存器的描述，可以推算出 GPIOA 的配置高寄存器 GPIOA_CRH 的地址为 0x40010800 + 0x04 = 0x40010804。

看到这里，读者可能想到在 stm32f10x.h 源文件中应该会有一个按如下方式定义的 GPIOA_CRL 寄存器地址的宏定义。

```
#define GPIOA_CRL (GPIOA_BASE + 0x00)
```

但查看 stm32f10x.h 源代码会发现并没有如上所示的宏定义，ST 公司的工程师采用 C 语言结构体的形式封装了这些寄存器组，相关代码如下。

```
#define GPIOA ((GPIO_TypeDef *) GPIOA_BASE)
#define GPIOB ((GPIO_TypeDef *) GPIOB_BASE)
```

```
#define GPIOC  ((GPIO_TypeDef *) GPIOC_BASE)
#define GPIOD  ((GPIO_TypeDef *) GPIOD_BASE)
#define GPIOE  ((GPIO_TypeDef *) GPIOE_BASE)
#define GPIOF  ((GPIO_TypeDef *) GPIOF_BASE)
#define GPIOG  ((GPIO_TypeDef *) GPIOG_BASE)
```

偏移地址：0x04

复位值：0x44444444

31	30	29	28	27	26	25	24	23	22	21	20	19	18	17	16
CNF15[1:0]		MODE15[1:0]		CNF14[1:0]		MODE14[1:0]		CNF13[1:0]		MODE13[1:0]		CNF12[1:0]		MODE12[1:0]	
rw	rw	rw	rw	rw	rw	rw	rw	rw	rw	rw	rw	rw	rw	rw	rw

15	14	13	12	11	10	9	8	7	6	5	4	3	2	1	0
CNF11[1:0]		MODE11[1:0]		CNF10[1:0]		MODE10[1:0]		CNF9[1:0]		MODE9[1:0]		CNF9[1:0]		MODE9[1:0]	
rw	rw	rw	rw	rw	rw	rw	rw	rw	rw	rw	rw	rw	rw	rw	rw

位31:30 27:26 23:22 19:18 15:14 11:10 7:6 3:2	CNFy[1:0]：端口x配置位（y=8⋯15）(Port x configuration bits) 软件通过这些位配置相应的I/O端口。 在输入模式（MODE[1:0]=00）下： 00：模拟输入模式 01：浮空输入模式（复位后的状态） 10：上拉/下拉输入模式 11：保留 在输出模式（MODE[1:0]>00）下： 00：通用推挽输出模式 01：通用开漏输出模式 10：复用功能推挽输出模式 11：复用功能开漏输出模式
位29:28 25:24 21:20 17:16 13:12 9:8, 5:4 1:0	MODEy[1:0]：端口x的模式位（y=8⋯15）(Port x mode bits) 软件通过这些位配置相应的I/O端口。 00：输出模式（复位后的状态） 01：输出模式，最大速度10MHz 10：输出模式，最大速度2MHz 11：输出模式，最大速度50MHz

图 4-16　GPIOx_CRH 端口配置高寄存器的描述

代码中的 GPIO_TypeDef 是一个结构体类型，在结构体类型后面加上"*"号，表示是结构体类型的指针，(GPIO_TypeDef *)则是把 GPIOA_BASE 的地址强制转换为 GPIO_TypeDef 结构体类型的指针，实际编程时可以直接用该宏名访问寄存器。GPIO_TypeDef 的相关定义如下。

```
typedef struct
{
    __IO uint32_t CRL;
    __IO uint32_t CRH;
    __IO uint32_t IDR;
    __IO uint32_t ODR;
    __IO uint32_t BSRR;
    __IO uint32_t BRR;
```

```
        __IO uint32_t LCKR;
    } GPIO_TypeDef;
```

上述代码用 typedef 关键字声明了一个名为 GPIO_TypeDef 的结构体类型，包含 7 个 __IO uint32_t 类型的成员变量（CRL、CRH、IDR、ODR、BSRR、BRR、LCKR），C 语言中 struct 结构体中的成员在内存中是按顺序存储的，即若 CRL 的地址为 0x40010800，并且由于 STM32 中的每个变量都是 32 位的，因此该地址占 4 字节，则第二个成员 CRH 的地址是 0x40010800 + 0x04 = 0x40010804，0x04 是 GPIOA_CRH 端口配置高寄存器 4 字节的偏移量。

有了寄存器地址，就可以使用指针进行读/写操作了。由 STM32 参考手册可知，GPIOA 的端口置位/复位寄存器 BSRR 的偏移地址为 0x10，则 BSRR 的地址为 0x40010800 + 0x10= 0x40010810，相关代码如下。

```
GPIOA_>BSRR|=(1<<10);  //等同于 *((int *) (0x40010810))|=(1<<10);
GPIOA_>ODR=0xFF;       //等同于 *((int *) (0x4001080C))=0xFF;
```

上述方式是直接操作底层寄存器进行控制的，对于 51 单片机，寄存器数量较少，且结构简单，操作起来相对容易，而 STM32 是 32 位的微控制器，其寄存器也是 32 位的，且数量较多，对寄存器的操作相对烦琐，开发效率低。因此，ST 公司的工程师把对底层寄存器的操作进行了封装，以 API 的形式供开发者调用，使开发者可以仅专注于应用程序的开发。例如，STM32 提供的库函数 GPIO_SetBits() 用于设置某位引脚为高电平，其源代码如下。

```
void GPIO_SetBits(GPIO_TypeDef* GPIOx, uint16_t GPIO_Pin)
{
    GPIOx->BSRR = GPIO_Pin;
}
```

从以上库函数实现源代码可以看出，库函数 GPIO_SetBits() 实质上还是对寄存器 BSRR 进行读/写操作，只是进行了封装，开发者只需要调用此函数即可实现对 BSRR 寄存器的操作。

4.2.12　回调函数

回调函数是一个通过函数指针调用的函数。操作系统中的某些函数常需要调用用户定义的函数来实现其功能，由于与常用的用户程序调用系统函数的调用方向相反，因此将这种调用称为回调（Callback），而被系统函数调用的函数就称为回调函数。

STM32 的 HAL 库在 stm32f1xx_hal_xxx.c 文件中定义了相应的回调函数，并由中断触发，其实质是中断处理程序。例如，stm32f1xx_hal_gpio.c 源代码中通过 GPIO 中断处理函数 void HAL_GPIO_EXTI_IRQHandler(uint16_t GPIO_Pin) 调用相应的回调函数 HAL_GPIO_EXTI_Callback(GPIO_Pin)，开发者只需要在回调函数中编写应用程序就能实现中断服务功能。stm32f1xx_hal_gpio.c 源代码如下。

```
void HAL_GPIO_EXTI_IRQHandler(uint16_t GPIO_Pin)
{
    if (__HAL_GPIO_EXTI_GET_IT(GPIO_Pin) != RESET)
    {
        __HAL_GPIO_EXTI_CLEAR_IT(GPIO_Pin);
        HAL_GPIO_EXTI_Callback(GPIO_Pin);
    }
}
```

```
    __weak void HAL_GPIO_EXTI_Callback(uint16_t GPIO_Pin)
    {
        UNUSED(GPIO_Pin);
    }
```

从上述代码中可以找到 GPIO 引脚触发中断后的回调函数，回调函数原型如下。

```
    __weak void HAL_GPIO_EXTI_Callback(uint16_t GPIO_Pin);
```

该回调函数的函数体基本上是空的，其默认实现声明为__weak 属性，weak 关键字表示弱声明，其作用在于一旦声明了用户自己编写的同名函数，链接器就会替换掉原来用__weak声明的函数，链接用户编写的同名函数。所以，STM32 的 HAL 库的回调函数的函数体需要用户自己编写，其实质是通过中断处理函数 void HAL_GPIO_EXTI_IRQHandler(uint16_t GPIO_Pin)调用回调函数来实现中断服务功能。

4.3　HAL 库文件源代码分析

HAL 库比较复杂，初学者可以通过图形化配置软件轻松入门，虽然 ST 公司提供了各种参考手册（数据手册、用户手册等），但想要深入掌握 HAL 库还需要理解库文件的相关源代码。阅读 HAL 库的源代码有助于掌握 STM32 开发的架构及代码编写方式，了解和学习嵌入式 C 语言的编写规范，并应用到实际工程开发中。

4.3.1　stm32f1xx.h

stm32f1xx.h 是 HAL 库中非常重要的头文件，是 STM32F1xx 系列 MCU 的顶层头文件，意味着凡是使用 STM32F1xx 系列的芯片，其应用程序都需要包含这个头文件，该头文件主要进行设备选型（根据具体的芯片型号包含对应芯片的头文件）及选择是否使用基于 HAL库的开发，并对常用的布尔类型的变量进行定义。

```
    #ifndef __STM32F1XX_H
    #define __STM32F1XX_H
```

解析：若没有定义宏__STM32F1XX_H，则需要定义宏__STM32F1XX_H。这是个条件编译，目的是防止头文件被重复包含。

```
    #ifdef __cplusplus
    extern "C" {
```

解析：以上代码为条件编译，__cplusplus 是 C++中自定义的一个宏，plus 是 "+" 的意思。这段代码的作用是若使用 C++编译器，则使用 extern "C"来告知编译器用 C 语言实现的库函数，需要用 C 语言的方式来链接、编译。原因是 C++中支持重载，C++编译时会把函数参数一起编译，而 C 语言只编译函数名。

具体用法如下。

```
        #ifdef __cplusplus    //C++编译环境中才会定义__cplusplus
         extern "C" {         //告知编译器下面的函数是 C 语言函数，用 C 语言来编译
        #endif
             ...              //一段代码
        #ifdef __cplusplus
```

```
      }
#if !defined (STM32F1)
#define STM32F1
#endif /* STM32F1 */
```

解析：若没定义 STM32F1，则定义 STM32F1。

```
    #if !defined (STM32F100xB) && !defined (STM32F100xE) && !defined
(STM32F101x6) && \!defined (STM32F101xB) && !defined (STM32F101xE) && !defined
(STM32F101xG) && !defined (STM32F102x6) && !defined (STM32F102xB) && !defined
(STM32F103x6) && \!defined (STM32F103xB) && !defined (STM32F103xE) && !defined
(STM32F103xG) && !defined (STM32F105xC) && !defined (STM32F107xC)
    /* #define STM32F100xB  */
    /* #define STM32F100xE */
    /* #define STM32F101x6  */
    /* #define STM32F101xB  */
    /* #define STM32F101xE */
    /* #define STM32F101xG  */
    /* #define STM32F102x6 */
    /* #define STM32F102xB */
    /* #define STM32F103x6  */
    /* #define STM32F103xB  */
    /* #define STM32F103xE */
    /* #define STM32F103xG  */
    /* #define STM32F105xC */
    /* #define STM32F107xC  */
#endif
```

解析：这段宏定义的作用是进行设备选型，若没有发现任何 STM32 设备，则编译器在编译时会提示错误信息，如#error "Please select first the target STM32F1xx device used in your application (in stm32f1xx.h file)"，这时需要在这段代码中找到所使用的 MCU，并把相应系列的 STM32 芯片的注释符号去掉，如本书使用的是 STM32F103ZET6 芯片，则需要把 STM32F103xE 这段代码前后的注释符号去掉。

当然，解决这个错误还可以在编译器（如 Keil）中定义，即在编译器的"C/C++"选项页的"Define"编辑框中填入 STM32F103xE 宏，如图 4-17 所示。

两种方式的区别在于：在编译器中定义的宏是针对整个工程的，而在 stm32f1xx.h 头文件中采用去掉注释符号的方式定义的宏，只针对调用了这个头文件的.c 文件。

```
    #if !defined (USE_HAL_DRIVER)
    /**
    * @brief Comment the line below if you will not use the peripherals
drivers.
    In this case, these drivers will not be included and the application
code will be based on direct access to peripherals registers
    */
    /*#define USE_HAL_DRIVER */
    #endif /* USE_HAL_DRIVER */
```

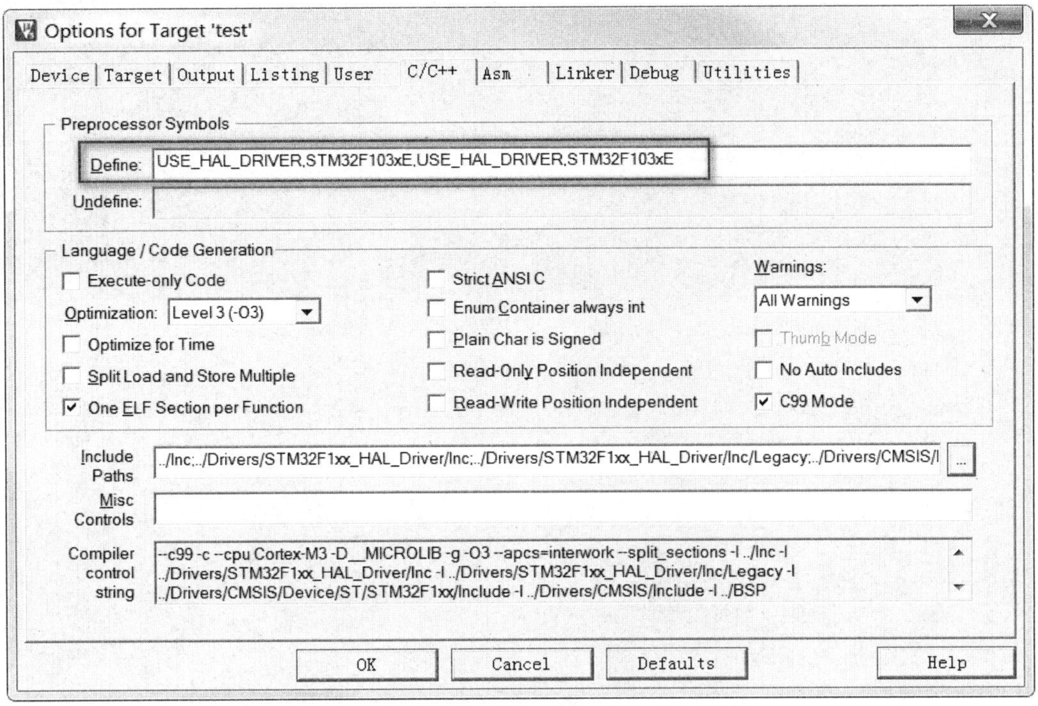

图 4-17　在编译器中填入宏 STM32F103xE

解析：这段代码用于定义是否使用外设驱动库编写外设应用程序（这里指 HAL 库或标准外设库，即调用 API 函数的开发方式），若要使用基于寄存器的开发方式，即不使用 ST 公司提供的 HAL 库，则需要把上述代码注释掉。

选择采用基于外设驱动库（HAL 或标准外设库）进行开发有两种实现方法：一种是直接在上面这段代码中将#define USE_HAL_DRIVER 的注释符号去掉，另一种是在编译器（Keil）的 "C/C++" 选项页的 "Define" 编辑框中填入 USE_HAL_DRIVER 宏。

```c
#define __STM32F1_CMSIS_VERSION_MAIN  (0x04) /*!< [31:24] main version */
#define __STM32F1_CMSIS_VERSION_SUB1  (0x03) /*!< [23:16] sub1 version */
#define __STM32F1_CMSIS_VERSION_SUB2  (0x01) /*!< [15:8] sub2 version */
#define __STM32F1_CMSIS_VERSION_RC  (0x00)/*!<[7:0]release candidate*/
#define __STM32F1_CMSIS_VERSION ((__STM32F1_CMSIS_VERSION_MAIN<< 24)\
|(__STM32F1_CMSIS_VERSION_SUB1 << 16)\
|(__STM32F1_CMSIS_VERSION_SUB2 << 8 )\
|(__STM32F1_CMSIS_VERSION_RC))
```

解析：CMSIS 设备版本号的定义。

```c
#if defined(STM32F100xB)
  #include "stm32f100xb.h"
#elif defined(STM32F100xE)
  #include "stm32f100xe.h"
#elif defined(STM32F101x6)
  #include "stm32f101x6.h"
#elif defined(STM32F101xB)
  #include "stm32f101xb.h"
#elif defined(STM32F101xE)
```

```
    #include "stm32f101xe.h"
  #elif defined(STM32F101xG)
    #include "stm32f101xg.h"
  #elif defined(STM32F102x6)
    #include "stm32f102x6.h"
  #elif defined(STM32F102xB)
    #include "stm32f102xb.h"
  #elif defined(STM32F103x6)
    #include "stm32f103x6.h"
  #elif defined(STM32F103xB)
    #include "stm32f103xb.h"
  #elif defined(STM32F103xE)
    #include "stm32f103xe.h"
  #elif defined(STM32F103xG)
    #include "stm32f103xg.h"
  #elif defined(STM32F105xC)
    #include "stm32f105xc.h"
  #elif defined(STM32F107xC)
    #include "stm32f107xc.h"
  #else
    #error "Please select first the target STM32F1xx device used in your
application (in stm32f1xx.h file)"
  #endif
```

解析：stm32f1xx.h 是 STM32F1 MCU 的顶层头文件，由于 STM32F1xx 系列的芯片较多，因此 ST 公司针对每种具体的芯片型号都定义了一个特有的设备驱动头文件，用户在使用某种具体的芯片进行开发时，需要选择包含具体芯片的头文件，若没有定义相关头文件，则提示以下错误信息：

```
Please select first the target STM32F1xx device used in your application
(in stm32f1xx.h file)
```

若使用 STM32F103ZET6 芯片，则在编译器 "C/C++" 选项页的 "Define" 编辑框中输入 STM32F103xE 宏即可。

```
typedef enum
{
  RESET=0,
  SET=!RESET
} FlagStatus, ITStatus;
```

解析：enum 为枚举类型，typedef 定义别名，这段代码为枚举类型 enum{RESET=0, SET = !RESET}定义了两个别名：FlagStatus 和 ITStatus，FlagStatus 为标志状态，其值有两种——RESET=0（重置）和 SET =1（置位）；ITStatus 为中断标志类型，其值有两种——RESET = 0（重置）和 SET =1（置位）。

HAL 库中大量用到 typedef enum 结构，目的是减少代码，提升代码的可阅读性，同时易于代码维护。

```
typedef enum
{
  DISABLE = 0,
```

```
    ENABLE = !DISABLE
} FunctionalState;
```

解析：FunctionalState 为函数状态，其有两种状态，分别是 DISABLE = 0（失能）和 ENABLE = 1（使能）。

```
#define IS_FUNCTIONAL_STATE(STATE) (((STATE) == DISABLE) || ((STATE) == ENABLE))
```

解析：#define IS_FUNCTIONAL_STATE(STATE)为一个带参数的宏定义，用于功能状态参数判断，在函数中调用它来判断所输入的状态参数是 ENABLE（使能）还是 DISABLE（失能），若状态参数是两者之一，则返回 1；若参数不合法，则返回 0。

这种语句一般放在函数开头，用于判断所输入的形参是否有效，可使程序代码更具健壮性。

```
typedef enum
{
  SUCCESS = 0U,
  ERROR = !SUCCESS
} ErrorStatus;
```

解析：ErrorStatus 为错误状态，SUCCESS = 0（正确），ERROR = 1（错误）。

```
#define SET_BIT(REG, BIT)      ((REG) |= (BIT))
#define CLEAR_BIT(REG, BIT) ((REG) &= ~(BIT))
#define READ_BIT(REG, BIT)     ((REG) & (BIT))
#define CLEAR_REG(REG)         ((REG) = (0x0))
#define WRITE_REG(REG, VAL)  ((REG) = (VAL))
#define READ_REG(REG)          ((REG))
#define MODIFY_REG(REG, CLEARMASK, SETMASK)  WRITE_REG((REG),
(((READ_REG(REG)) & (~(CLEARMASK))) | (SETMASK)))
#define POSITION_VAL(VAL)    (__CLZ(__RBIT(VAL)))
```

解析：以上是 STM32 寄存器位的宏定义，其作用相当于函数。SET_BIT(REG, BIT)将寄存器 REG 的第 BIT 位置位，REG=REG|BIT；CLEAR_BIT(REG, BIT)将寄存器 REG 的第 BIT 位清零，REG=REG&(~BIT)；READ_BIT(REG, BIT)读取寄存器 REG 的第 BIT 位，两个参数 REG 和 BIT 的关系是 REG=REG&BIT；CLEAR_REG(REG)将寄存器 REG 清零，REG=0。

```
#if defined (USE_HAL_DRIVER)
#include "stm32f1xx_hal.h"
#endif /* USE_HAL_DRIVER */
```

解析：若使用 HAL 驱动函数库，则应用程序中包含 stm32f1xx_hal.h 头文件。

```
#ifdef __cplusplus
#endif /* __cplusplus*/
#endif /* __STM32F1xx_H */
```

4.3.2　stm32f103xe.h

stm32f103xe.h 是 STM32F1 系列专门针对 STM32F103xE 芯片定义的一个特有的片上外设头文件。它包含了整个 HAL 库所公用的配置（中断向量、寄存器的定义等），这也是所有外设与用户函数的头文件所必须包含的一个头文件。

stm32f103xe.h 头文件主要完成了 STM32F10x 系列 MCU 的中断向量的定义、存储空间的地址映射、所有片上外设寄存器的结构体定义。

防止头文件被重复包含的代码如下。

```
#ifndef __STM32F103xE_H
#define __STM32F103xE_H
```

解析：条件编译，防止头文件被重复包含。

```
#ifdef __cplusplus
extern "C" {
#endif
```

解析：条件编译，类似 if-else 结构。当用 C++编译器编译时，extern "C"告知编译器下面这段程序是用 C 语言编写的，需要用 C 语言进行编译。

```
#define __CM3_REV      0x0200U  /*!< Core Revision r2p0 */
#define __MPU_PRESENT  0U
   /*!< Other STM32 devices does not provide an MPU  */
#define __NVIC_PRIO_BITS  4U
   /*!< STM32 uses 4 Bits for the Priority Levels*/
#define __Vendor_SysTickConfig   0U
   /*!< Set to 1 if different SysTick Config is used */
```

解析：上述代码是 ARM Cortex-M3 内核相关的宏定义。代码中的 0x0200U 和 4U 中的 U 表示 unsigned，编译器在编译时会用 unsigned int 数据类型进行存储，否则编译器默认按 int 类型存储。类似地，ul 是 unsigned long 的简写，0xFFFFUL 把 0xFFFF 强制转换成 unsigned long 数据类型。

1. MCU 中断向量定义

```
/*!< Interrupt Number Definition */
typedef enum
{
/****** Cortex-M3 Processor Exceptions Numbers ********************/
  NonMaskableInt_IRQn=-14,  /*!< 2 Non Maskable Interrupt */
  HardFault_IRQn=-13,        /*!< 3 Cortex-M3 Hard Fault Interrupt */
  MemoryManagement_IRQn=-12,
    /*!<4 Cortex-M3 Memory Management Interrupt */
  BusFault_IRQn=-11,         /*!< 5 Cortex-M3 Bus Fault Interrupt */
  UsageFault_IRQn=-10,       /*!< 6 Cortex-M3 Usage Fault Interrupt */
  SVCall_IRQn=-5,            /*!< 11 Cortex-M3 SV Call Interrupt  */
  DebugMonitor_IRQn=-4,      /*!< 12 Cortex-M3 Debug Monitor Interrupt */
  PendSV_IRQn=-2,            /*!< 14 Cortex-M3 Pend SV Interrupt */
  SysTick_IRQn=-1,           /*!< 15 Cortex-M3 System Tick Interrupt */
```

解析：与 ARM Cortex-M3 内核有关的异常中断，是由 ARM 公司统一定义的，编号均小于 0，编号越小，其中断优先级越高。ARM 公司设计的 ARM Cortex-M3 内核可支持 15 个内部中断和 240 个外部中断，除了 3 个固定的高优先级（Reset、NMI、硬件失效），其他中断和异常的优先级都是可以由用户设置的。但使用 ARM Cortex-M3 内核的芯片制造商（如 ST 公司、NXP 公司等）往往不需要那么多中断，ST 公司根据需求针对具体的 MCU 进行了裁剪。

STM32 的中断向量表是由 ST 公司针对具体的 STM32 芯片设计的中断，STM32F103 系列芯片有 60 个可屏蔽中断，中断向量编号为 0～59。STM32 的中断向量表如下。

```
/****** STM32 specific Interrupt Numbers ************************/
    WWDG_IRQn = 0,    /*!< Window WatchDog Interrupt */
    PVD_IRQn = 1,     /*!< PVD through EXTI Line detection Interrupt */
    TAMPER_IRQn = 2, /*!< Tamper Interrupt */
    RTC_IRQn = 3,     /*!< RTC global Interrupt */
    FLASH_IRQn = 4,   /*!< FLASH global Interrupt */
    RCC_IRQn = 5,     /*!< RCC global Interrupt */
    EXTI0_IRQn = 6,   /*!< EXTI Line0 Interrupt */
    EXTI1_IRQn = 7,   /*!< EXTI Line1 Interrupt */
    EXTI2_IRQn = 8,   /*!< EXTI Line2 Interrupt */
    EXTI3_IRQn = 9,   /*!< EXTI Line3 Interrupt */
    EXTI4_IRQn = 10,  /*!< EXTI Line4 Interrupt */
    DMA1_Channel1_IRQn = 11,  /*!< DMA1 Channel 1 global Interrupt */
    DMA1_Channel2_IRQn = 12,  /*!< DMA1 Channel 2 global Interrupt */
    DMA1_Channel3_IRQn = 13,  /*!< DMA1 Channel 3 global Interrupt */
    DMA1_Channel4_IRQn = 14,  /*!< DMA1 Channel 4 global Interrupt */
    DMA1_Channel5_IRQn = 15,  /*!< DMA1 Channel 5 global Interrupt */
    DMA1_Channel6_IRQn = 16,  /*!< DMA1 Channel 6 global Interrupt */
    DMA1_Channel7_IRQn = 17,  /*!< DMA1 Channel 7 global Interrupt */
    ADC1_2_IRQn = 18,  /*!< ADC1 and ADC2 global Interrupt */
    USB_HP_CAN1_TX_IRQn = 19,
     /*!< USB Device High Priority or CAN1 TX Interrupts */
    USB_LP_CAN1_RX0_IRQn = 20,
     /*!< USB Device Low Priority or CAN1 RX0 Interrupts */
    CAN1_RX1_IRQn = 21,   /*!< CAN1 RX1 Interrupt */
    CAN1_SCE_IRQn = 22,   /*!< CAN1 SCE Interrupt */
    EXTI9_5_IRQn = 23,    /*!< External Line[9:5] Interrupts */
    TIM1_BRK_IRQn = 24,   /*!< TIM1 Break Interrupt */
    TIM1_UP_IRQn = 25,    /*!< TIM1 Update Interrupt */
    TIM1_TRG_COM_IRQn=26,/*!< TIM1 Trigger and Commutation Interrupt */
    TIM1_CC_IRQn = 27,   /*!< TIM1 Capture Compare Interrupt */
    TIM2_IRQn = 28,      /*!< TIM2 global Interrupt */
    TIM3_IRQn = 29,      /*!< TIM3 global Interrupt */
    TIM4_IRQn = 30,      /*!< TIM4 global Interrupt */
    I2C1_EV_IRQn = 31,   /*!< I2C1 Event Interrupt */
    I2C1_ER_IRQn = 32,   /*!< I2C1 Error Interrupt */
    I2C2_EV_IRQn = 33,   /*!< I2C2 Event Interrupt */
    I2C2_ER_IRQn = 34,   /*!< I2C2 Error Interrupt */
    SPI1_IRQn = 35,   /*!< SPI1 global Interrupt */
    SPI2_IRQn = 36,   /*!< SPI2 global Interrupt */
    USART1_IRQn = 37, /*!< USART1 global Interrupt */
    USART2_IRQn = 38,   /*!< USART2 global Interrupt */
    USART3_IRQn = 39,   /*!< USART3 global Interrupt */
    EXTI15_10_IRQn = 40,  /*!< External Line[15:10] Interrupts */
    RTC_Alarm_IRQn = 41,   /*!< RTC Alarm through EXTI Line Interrupt*/
```

```
    USBWakeUp_IRQn = 42,
     /*!< USB Device WakeUp from suspend through EXTI Line Interrupt */
    TIM8_BRK_IRQn = 43,    /*!< TIM8 Break Interrupt */
    TIM8_UP_IRQn = 44,     /*!< TIM8 Update Interrupt */
    TIM8_TRG_COM_IRQn=45,/*!< TIM8 Trigger and Commutation Interrupt */
    TIM8_CC_IRQn = 46,     /*!< TIM8 Capture Compare Interrupt */
    ADC3_IRQn = 47,    /*!< ADC3 global Interrupt */
    FSMC_IRQn = 48,    /*!< FSMC global Interrupt */
    SDIO_IRQn = 49,    /*!< SDIO global Interrupt */
    TIM5_IRQn = 50,    /*!< TIM5 global Interrupt */
    SPI3_IRQn = 51,    /*!< SPI3 global Interrupt */
    UART4_IRQn = 52,   /*!< UART4 global Interrupt */
    UART5_IRQn = 53,   /*!< UART5 global Interrupt */
    TIM6_IRQn = 54,    /*!< TIM6 global Interrupt */
    TIM7_IRQn = 55,    /*!< TIM7 global Interrupt */
    DMA2_Channel1_IRQn = 56,   /*!< DMA2 Channel 1 global Interrupt */
    DMA2_Channel2_IRQn = 57,   /*!< DMA2 Channel 2 global Interrupt */
    DMA2_Channel3_IRQn = 58,   /*!< DMA2 Channel 3 global Interrupt */
    DMA2_Channel4_5_IRQn=59,
     /*!< DMA2 Channel 4 and Channel 5 global Interrupt */
} IRQn_Type;
```

2. 所有片上外设寄存器的结构体定义

```
#include "core_cm3.h"
#include "system_stm32f1xx.h"
#include <stdint.h>
```

解析：需要包含的头文件。core_cm3.h 为 ARM Cortex-M3 内核相关的头文件，system_stm32f1xx.h 是系统初始化及系统时钟配置有关的头文件，stdint.h 是 C 语言标准数据类型的头文件。

```
typedef struct
{
    __IO uint32_t SR;
    __IO uint32_t CR1;
    __IO uint32_t CR2;
    __IO uint32_t SMPR1;
    __IO uint32_t SMPR2;
    __IO uint32_t JOFR1;
    __IO uint32_t JOFR2;
    __IO uint32_t JOFR3;
    __IO uint32_t JOFR4;
    __IO uint32_t HTR;
    __IO uint32_t LTR;
    __IO uint32_t SQR1;
    __IO uint32_t SQR2;
    __IO uint32_t SQR3;
    __IO uint32_t JSQR;
    __IO uint32_t JDR1;
```

```
    __IO uint32_t JDR2;
    __IO uint32_t JDR3;
    __IO uint32_t JDR4;
    __IO uint32_t DR;
} ADC_TypeDef;
...
typedef struct
{
    __IO uint32_t CR;/*!< WWDG Control register, Address offset: 0x00
*/
    __IO uint32_t CFR;
    /*!< WWDG Configuration register, Address offset: 0x04 */
    __IO uint32_t SR; /*!< WWDG Status register, Address offset: 0x08 */
} WWDG_TypeDef;
```

解析：上述代码是 STM32F103xE 芯片的片上外设寄存器的结构体定义，每种外设所对应的寄存器的具体介绍请参考 HAL 的用户手册，即 UM1850: Description of STM32F1 HAL and Low-layer drivers。

3. 存储空间的地址映射

```
#define FLASH_BASE        0x08000000UL  /*FLASH 基地址*/
#define FLASH_BANK1_END   0x0807FFFFUL  /* FLASH bank1 结束地址 */
#define SRAM_BASE         0x20000000UL  /*SRAM 基地址 */
#define PERIPH_BASE       0x40000000UL /*外设基地址*/
        /*!外设总线地址*/
#define APB1PERIPH_BASE   PERIPH_BASE
#define APB2PERIPH_BASE   (PERIPH_BASE + 0x00010000UL)
#define AHBPERIPH_BASE    (PERIPH_BASE + 0x00020000UL)
```

解析：STM32 的三种总线 APB1、APB2 和 AHB 的总线基地址。

```
#define TIM2_BASE       (APB1PERIPH_BASE + 0x00000000UL)
...
#define GPIOA_BASE      (APB2PERIPH_BASE + 0x00000800UL)
#define GPIOB_BASE      (APB2PERIPH_BASE + 0x00000C00UL)
#define GPIOC_BASE      (APB2PERIPH_BASE + 0x00001000UL)
#define GPIOD_BASE      (APB2PERIPH_BASE + 0x00001400UL)
#define GPIOE_BASE      (APB2PERIPH_BASE + 0x00001800UL)
#define GPIOF_BASE      (APB2PERIPH_BASE + 0x00001C00UL)
#define GPIOG_BASE      (APB2PERIPH_BASE + 0x00002000UL)
#define ADC1_BASE       (APB2PERIPH_BASE + 0x00002400UL)
...
#define USART1_BASE     (APB2PERIPH_BASE + 0x00003800UL)

#define TIM2            ((TIM_TypeDef *)TIM2_BASE)
...
#define GPIOA           ((GPIO_TypeDef *)GPIOA_BASE)
#define GPIOB           ((GPIO_TypeDef *)GPIOB_BASE)
#define GPIOC           ((GPIO_TypeDef *)GPIOC_BASE)
#define GPIOD           ((GPIO_TypeDef *)GPIOD_BASE)
```

```
#define GPIOE          ((GPIO_TypeDef *)GPIOE_BASE)
#define GPIOF          ((GPIO_TypeDef *)GPIOF_BASE)
#define GPIOG          ((GPIO_TypeDef *)GPIOG_BASE)
...
#define DMA1_Channel2  ((DMA_Channel_TypeDef *)DMA1_Channel2_BASE)
```

解析：应用程序是通过调用 HAL 库的接口函数实现相应功能的，其实质是调用标准外设库函数来完成相应寄存器的操作，那么 HAL 库是如何实现对寄存器操作封装的？这就涉及存储器地址映射和 C 语言结构体指针的应用，以 GPIOB 端口为例，GPIOB 挂接在 APB2 总线上，它在存储空间中的地址是由#define GPIOB_BASE (APB2PERIPH_BASE+0x00000C00UL)定义的，而 APB2 总线的基地址 APB2PERIPH_BASE 是由#define APB2PERIPH_BASE (PERIPH_BASE+0x00010000UL)定义的，从宏定义#define PERIPH_BASE 0x40000000UL 可以知道外设基地址是 0x40000000UL，最终，GPIOB 的基地址为 0x40000000 + 0x00010000 + 0x00000C00 = 0x40010C00。

地址是如何转换为寄存器的呢？这就要用到指针，通过宏定义#define GPIOB ((GPIO_TypeDef *)GPIOB_BASE)转换为 GPIO 结构体的指针，这样就可以操作结构体的成员（寄存器）。操作寄存器涉及对外设寄存器位定义的相关知识，如 GPIO 的 ODR 寄存器的第 0 位，其值为 GPIO_ODR_ODR0 = 0x00000001，其相关宏定义如下。

```
#define GPIO_ODR_ODR0_Pos   (0U)
#define GPIO_ODR_ODR0_Msk  (0x1U<<GPIO_ODR_ODR0_Pos) /*!< 0x00000001 */
#define GPIO_ODR_ODR0     GPIO_ODR_ODR0_Msk
```

4. 外设寄存器位定义

```
#define GPIO_CRL_MODE_Pos   (0U)
#define GPIO_CRL_MODE_Msk  (0x33333333UL << GPIO_CRL_MODE_Pos)
    /*!< 0x33333333 */
#define GPIO_CRL_MODE      GPIO_CRL_MODE_Msk /*!< Port x mode bits */
...
```

解析：stm32f103xe.h 头文件中包含了片上外设的寄存器位定义，如 CRC、GPIO、EXTI、DMA、ADC、DAC、TIM、IIC、SPI、CAN、USB、SDIO、FSMC 等。

4.3.3 stm32f1xx_hal.c 和 stm32f1xx_hal.h

stm32f1xx_hal.c 和 stm32f1xx_hal.h 是 STM32F1 系列 MCU 的 HAL 库相关的源文件和头文件。stm32f1xx_hal.c 主要包括 HAL 的初始化函数 HAL_Init()、复位函数 HAL_DeInit()及 HAL 通用的 API 函数（HAL_Delay()等）。下面对 stm32f1xx_hal.c 的源代码进行简单解析。

```
/* ----包含的头文件----*/
#include "stm32f1xx_hal.h"
...
__IO uint32_t uwTick; //定义一个 32 位的无符号整型变量 uwTick
uint32_t uwTickPrio  = (1UL << __NVIC_PRIO_BITS); // 无效的优先级 PRIO
HAL_TickFreqTypeDef  uwTickFreq = HAL_TICK_FREQ_DEFAULT;  // 1kHz
```

解析：HAL_TICK_FREQ_DEFAULT 定义在 stm32f1xx_hal.h 头文件中，是别名为 HAL_TickFreqTypeDef 的一个枚举成员，其值为 1ms，相关定义如下。

```
typedef enum
{
  HAL_TICK_FREQ_10HZ = 100U,
  HAL_TICK_FREQ_100HZ = 10U,
  HAL_TICK_FREQ_1KHZ = 1U,
  HAL_TICK_FREQ_DEFAULT = HAL_TICK_FREQ_1KHZ
} HAL_TickFreqTypeDef;
```

解析：定义滴答定时器的时基，HAL_TICK_FREQ_1KHZ[①]为 1ms，HAL_TICK_FREQ_100HZ 为 10ms，HAL_TICK_FREQ_10HZ 为 100ms。

```
HAL_StatusTypeDef HAL_Init(void)
{
#if (PREFETCH_ENABLE != 0)
#if defined(STM32F101x6) || defined(STM32F101xB) || defined(STM32F101xE)
|| defined(STM32F101xG) || \defined(STM32F102x6) || defined(STM32F102xB) ||
\defined(STM32F103x6) || defined(STM32F103xB) || defined(STM32F103xE) ||
defined(STM32F103xG) || \defined(STM32F105xC) || defined(STM32F107xC)
    __HAL_FLASH_PREFETCH_BUFFER_ENABLE();
#endif
#endif /* PREFETCH_ENABLE */
  HAL_NVIC_SetPriorityGrouping(NVIC_PRIORITYGROUP_4);
  HAL_InitTick(TICK_INT_PRIORITY);
  HAL_MspInit();
return HAL_OK;
}
```

解析：HAL 的初始化函数 HAL_Init()通过配置 Flash 预取功能实现指令和数据的预取缓存。PREFETCH_ENABLE 定义在 stm32f1xx_hal.h 中，并已经使能（设置为 1），相关源代码如下。

```
#define VDD_VALUE  ((uint32_t)3300)
   /*VDD 的电压值，单位为 mV，3300mV 即 3.3v */
#define TICK_INT_PRIORITY  ((uint32_t)0)
    /* 滴答定时器的中断优先级，默认为最低  */
#define USE_RTOS 0
#define PREFETCH_ENABLE 1
```

上述代码通过 HAL_NVIC_SetPriorityGrouping() 函数设置中断优先级分组为 NVIC_PRIORITYGROUP_4，调用 HAL_InitTick()函数配置系统滴答定时器 SysTick 产生 1ms 的时间基准，调用 HAL_MspInit()回调函数，执行外设驱动的初始化（如 GPIO、串口、DMA 等），进而完成系统初始化。

```
__weak void HAL_MspInit(void)
{
   /* NOTE : This function should not be modified, when the callback is
needed,the HAL_MspInit could be implemented in the user file
   */
}
```

---

① 程序源码，即 kHz。

解析：HAL_MspInit()为回调函数，函数体内部是空的，由程序设计人员完成。注意：函数的前缀__weak 表示弱定义，用户可以重新定义。

```
__weak HAL_StatusTypeDef  HAL_InitTick(uint32_t TickPriority)
{
    /*配置系统滴答定时器产生时间基准为 1ms 的中断*/
    if(HAL_SYSTICK_Config(SystemCoreClock/(1000U/uwTickFreq))>0U)
    {
        return HAL_ERROR;
    }

    /*配置系统滴答定时器 SysTick 的中断优先级*/
    if (TickPriority < (1UL << __NVIC_PRIO_BITS))
    {
        HAL_NVIC_SetPriority(SysTick_IRQn, TickPriority, 0U);
        uwTickPrio = TickPriority;
    }
    else
    {
        return HAL_ERROR;
    }
    return HAL_OK;
}
```

解析：HAL_InitTick()函数用于配置 SysTick 作为系统时钟的基源，即系统滴答定时器 SysTick 每 1ms 产生一次中断，然后为该定时器设置中断优先级。

```
__weak void HAL_IncTick(void)
{
    uwTick += uwTickFreq;
}
```

解析：调用 HAL_Init()函数后，与 SysTick 相关的函数［如 HAL_IncTick()、HAL_Delay()等］就可以使用了，这些函数功能简单，使用时直接调用即可。

uwTickFreq 值为 1ms，uwTick 为__IO uint32_t 类型的变量。这两个变量都定义在 stm32f1xx_hal.c 文件中，其代码如下。

```
__IO uint32_t uwTick;
uint32_t uwTickPrio  = (1UL << __NVIC_PRIO_BITS);
HAL_TickFreqTypeDef uwTickFreq = HAL_TICK_FREQ_DEFAULT;  /* 1KHZ */
```

计数器 uwTick 在每次 SysTick 中断时加 1，即每毫秒加 1，HAL_IncTick()函数用于实现一个简单的计数功能。

```
__weak uint32_t HAL_GetTick(void)
{
    return uwTick;
}
```

解析：HAL_GetTick()函数用于获取计数器 uwTick 的值。

```
__weak void HAL_Delay(uint32_t Delay)
{
```

```
         uint32_t tickstart = HAL_GetTick();
         uint32_t wait = Delay;
         if (wait < HAL_MAX_DELAY)
         {
            wait += (uint32_t)(uwTickFreq);
         }
         while ((HAL_GetTick() - tickstart) < wait)
         {
         }
      }
```

解析：HAL_Delay()延时函数通过循环读取 uwTickFreq 计数器的值与输入 Delay 的值相比较，根据差值来实现延迟功能，输入参数 Delay 为需要延时的时间，单位为 ms。HAL_Delay()延时函数是在应用程序中调用较多的一个函数。

4.3.4　stm32f1xx_hal_gpio.c 和 stm32f1xx_hal_gpio.h

stm32f1xx_hal_xxx.h 是某个具体外设的头文件，主要包含具体外设功能的结构体的定义及外设 HAL 库函数的声明。

stm32f1xx_hal_xxx.c 是某个功能外设硬件驱动 HAL 库函数的源文件，是某个外设所用 HAL 库函数的具体实现，在使用 HAL 库编程时，应用最多的就是调用该文件中的函数。

以 stm32f1xx_hal_gpio.h 源代码为例，了解其大体结构。

```
      /* Define to prevent recursive inclusion ---*/
      #ifndef STM32F1xx_HAL_GPIO_H
      #define STM32F1xx_HAL_GPIO_H
```

解析：条件编译，防止头文件被重复包含。

```
      #ifdef __cplusplus
      extern "C" {
      #endif
```

解析：extern "C"的解释参见 stm32f1xx.h 中的相关解释。

```
      #include "stm32f1xx_hal_def.h"
```

解析：包含 stm32f1xx_hal_def.h 头文件。

```
      typedef struct
      {
         uint32_t Pin;
         uint32_t Mode;
         uint32_t Pull;
         uint32_t Speed;
      } GPIO_InitTypeDef;
```

解析：定义 struct 结构体的别名 GPIO_InitTypeDef，其成员变量有 4 个，Pin 表示引脚；Mode 表示输入/输出模式；Pull 表示上拉或下拉；Speed 表示速度。

```
      typedef enum
      {
         GPIO_PIN_RESET = 0u,
```

```
        GPIO_PIN_SET
    } GPIO_PinState;
```

解析：定义 enum（枚举）类型的别名 GPIO_PinState，用于表示 GPIO 引脚置位和复位的定义，GPIO_PIN_RESET 表示 GPIO 引脚复位，即置 0；GPIO_PIN_SET 表示 GPIO 引脚置位，即置 1。

```
    #define GPIO_PIN_0      ((uint16_t)0x0001)  /* Pin 0 selected    */
    #define GPIO_PIN_1      ((uint16_t)0x0002)  /* Pin 1 selected    */
    #define GPIO_PIN_2      ((uint16_t)0x0004)  /* Pin 2 selected    */
    #define GPIO_PIN_3      ((uint16_t)0x0008)  /* Pin 3 selected    */
    #define GPIO_PIN_4      ((uint16_t)0x0010)  /* Pin 4 selected    */
    #define GPIO_PIN_5      ((uint16_t)0x0020)  /* Pin 5 selected    */
    #define GPIO_PIN_6      ((uint16_t)0x0040)  /* Pin 6 selected    */
    #define GPIO_PIN_7      ((uint16_t)0x0080)  /* Pin 7 selected    */
    #define GPIO_PIN_8      ((uint16_t)0x0100)  /* Pin 8 selected    */
    #define GPIO_PIN_9      ((uint16_t)0x0200)  /* Pin 9 selected    */
    #define GPIO_PIN_10     ((uint16_t)0x0400)  /* Pin 10 selected   */
    #define GPIO_PIN_11     ((uint16_t)0x0800)  /* Pin 11 selected   */
    #define GPIO_PIN_12     ((uint16_t)0x1000)  /* Pin 12 selected   */
    #define GPIO_PIN_13     ((uint16_t)0x2000)  /* Pin 13 selected   */
    #define GPIO_PIN_14     ((uint16_t)0x4000)  /* Pin 14 selected   */
    #define GPIO_PIN_15     ((uint16_t)0x8000)  /* Pin 15 selected   */
    #define GPIO_PIN_All    ((uint16_t)0xFFFF) /* All pins selected */
    #define GPIO_PIN_MASK   0x0000FFFFu /* PIN mask for assert test */
```

解析：上述代码是 GPIO 引脚定义，如定义 GPIO_PIN_0，其值为(uint16_t)0x0001，uint16_t 表示 unsigned short int，即将 0x0001 这个 16 位的数据强制转换为无符号短整型数据，当对寄存器写入 GPIO_PIN_0 时，即将 0x0001 写入该寄存器，也就是将该寄存器的最低位置 1，其余 15 位置 0，其他类似。

```
    #define  GPIO_MODE_INPUT       0x00000000u        /*输入模式 */
    #define  GPIO_MODE_OUTPUT_PP   0x00000001u        /*推挽输出模式 */
    #define  GPIO_MODE_OUTPUT_OD   0x00000011u        /*开漏输出模式 */
    #define  GPIO_MODE_AF_PP       0x00000002u        /*复用推挽输出模式 */
    #define  GPIO_MODE_AF_OD       0x00000012u        /*复用开漏输出模式 */
    #define  GPIO_MODE_AF_INPUT    GPIO_MODE_INPUT    /*复用输入模式 */
    ...
    #define  GPIO_MODE_EVT_RISING_FALLING   0x10320000u
```

解析：GPIO 输入/输出模式的定义，输出模式主要有推挽输出模式和开漏输出模式。

```
    #define  GPIO_SPEED_FREQ_LOW     (GPIO_CRL_MODE0_1)/*!< Low speed */
    #define  GPIO_SPEED_FREQ_MEDIUM  (GPIO_CRL_MODE0_0) /*!< Medium speed */
    #define  GPIO_SPEED_FREQ_HIGH    (GPIO_CRL_MODE0) /*!< High speed */
```

解析：GPIO 引脚输出速度定义，输出速度有三种，即低速、中速、高速，这里的输出速度指的是 I/O 引脚的响应速度。

stm32f1xx_hal_gpio.h 头文件中除相应的宏定义外，还包含 GPIO 的 HAL 库相关库函数的声明，相关代码如下。

```
        /*--- GPIO 初始化及复位函数---*/
    void HAL_GPIO_Init(GPIO_TypeDef *GPIOx, GPIO_InitTypeDef *GPIO_Init);
    void HAL_GPIO_DeInit(GPIO_TypeDef *GPIOx, uint32_t GPIO_Pin);
        /* ---GPIO 引脚功能操作函数---*/
    GPIO_PinState HAL_GPIO_ReadPin(GPIO_TypeDef *GPIOx, uint16_t GPIO_Pin);
    void    HAL_GPIO_WritePin(GPIO_TypeDef    *GPIOx,    uint16_t    GPIO_Pin,
GPIO_PinState PinState);
    void HAL_GPIO_TogglePin(GPIO_TypeDef *GPIOx, uint16_t GPIO_Pin);
    HAL_StatusTypeDef    HAL_GPIO_LockPin(GPIO_TypeDef    *GPIOx,    uint16_t
GPIO_Pin);
    void HAL_GPIO_EXTI_IRQHandler(uint16_t GPIO_Pin);
    void HAL_GPIO_EXTI_Callback(uint16_t GPIO_Pin);
```

以上函数的具体实现在 stm32f1xx_hal_gpio.c 源文件中。

本章小结

1．最小系统又称单片机最小应用系统，是指用最少的元件组成可以正常工作的单片机系统。对 STM32 微控制器来说，典型的最小系统一般包括电源电路、晶振电路、复位电路，以及调试和下载电路，往往还包含 LED 指示灯电路。

STM32 复位电路有以下两种复位方式。

（1）上电复位：在上电瞬间，由于电容两端的电压不能突变，因此 RESET 出现短暂低电平，芯片自动复位，然后电容充电，充电时间由电阻和电容共同决定，系统完成复位，之后，单片机开始正常工作，电容相当于断路，复位端 RESET 一直为高电平。

（2）手动复位：按键 S1 被按下时，RESET 与地连通，产生低电平，实现复位。

STM32 支持 JTAG 调试接口和 SWD 接口，还可以采用串口方式进行下载，通常采用 USB 转串口芯片 CH340G 将上位机的 USB 映射为串口。当 BOOT0=0，BOOT1=1 时，STM32 从用户 Flash 的起始地址 0x80000000 处启动运行代码。

2．嵌入式 C 语言中的 const 关键字用于定义只读的变量，其值在编译时不能被改变，使用 const 关键字是为了在编译时防止变量的值被误修改，同时提高程序的安全性和可靠性，一般放在头文件中或文件的开始部分。

static 关键字可以用来修饰变量，使用 static 关键字修饰的变量，称为静态变量。若在全局变量前加上关键字 static，则该全局变量被定义成一个静态全局变量，其只在定义该变量的源文件内有效，其他源文件不能引用该全局变量，这样就避免了在其他源文件中因引用相同名字的变量而引发的错误，有利于模块化程序设计。

volatile 关键字就是不让编译器进行优化，即每次读取或修改值时，都必须重新从内存中读取或修改，而不是使用保存在寄存器中的备份。

extern 关键字用于指明此函数或变量的定义在其他文件中，提示编译器遇到此函数或变量时到其他模块中寻找其定义。这样，extern 关键字声明的函数或变量就可以在本模块或其他模块中使用，因此，使用 extern 关键字是一个声明而不是重新定义。

3．嵌入式系统中大量用到#define 和 typedef。#define 是 C 语言的预处理命令，它用于宏定义，用来将一个标识符定义为一个字符串，该标识符称为宏名，被定义的字符串称为替换文本，采用宏定义的目的主要是方便程序编写，一般放在源文件的前面，称为预处理部分。

typedef 用于为复杂的声明定义一个简单的别名，它不是一个真正意义上的新类型。在编程中使用 typedef 的目的一般有两个：①为变量起一个容易记忆且意义明确的新名称；②简化一些比较复杂的类型声明。

#define 与 typedef 的区别：typedef 是在编译阶段处理的，具有类型检查的功能；而#define 是在预处理阶段处理的，即在编译前，只进行简单的字符串替换，不进行任何检查。

4．STM32 的 HAL 库中的回调函数原型如下。

```
__weak void HAL_GPIO_EXTI_Callback(uint16_t GPIO_Pin);
```

该回调函数的函数体基本上是空的，其默认实现声明为__weak 属性，weak 关键字表示弱声明，其作用在于一旦声明了用户自己编写的同名函数，链接器就会替换掉原来用__weak 声明的函数，链接用户编写的同名函数。所以，STM32 的 HAL 库的回调函数的函数体需要用户自己编写，其实质是通过中断处理函数 void HAL_GPIO_EXTI_IRQHandler (uint16_t GPIO_Pin)调用回调函数来实现中断服务功能。

习题与思考

一、选择题

1．NRST 引脚上的低电平复位属于（　　　）。
    A．内部复位　　　　　　　　　　　B．电源复位
    C．RTC 域复位　　　　　　　　　　D．系统复位

2．C 语言规定，if-else 嵌套条件语句，else 总是与（　　　）相配对。
    A．其之后最近的 if　　　　　　　　B．同一行上的 if
    C．其之间最近的 if　　　　　　　　D．最远的 if

3．一个 C 语言源程序中，main()函数的位置（　　　）。
    A．必须在最后面　　　　　　　　　B．必须在最前面
    C．可以在任意位置　　　　　　　　D．必须在系统调用的库函数的后面

4．变量的指针，其含义是指该变量的（　　　）。
    A．类型　　　　　　　　　　　　　B．地址
    C．值　　　　　　　　　　　　　　D．名称

5．有如下宏定义：

```
#define  N  2
#define  Y(n)  ((N+1)*n)
```

则执行语句 z= 2*(N+Y(5));后，其结果为（　　　）。
    A．z=70　　　　　　　　　　　　　B．z=34
    C．语句有错误　　　　　　　　　　D．z 无定值

二、填空题

1．若 STM32F103 系列微控制器从 Flash 的起始地址 0x80000000 处启动，则 BOOT0 设置为_____，BOOT1 设置为_____。

2．STM32 的复位电路主要有_____和_____。

3．static 关键字不仅可以用来修饰变量，还可以用来修饰_____。

4. STM32F103 系列微控制器的工作电压是_____V，其内核集成了_____调试接口。

5. 嵌入式 C 语言的 const 关键字定义的是_____，使用_____关键字修饰的变量，称为静态变量，使用_____关键字就是不让编译器进行优化。

三、判断题

1. 预处理命令必须以#号开始。　　　　　　　　　　　　　　　　　　　（　　）
2. 宏替换不占用运行时间，只占用编译时间。　　　　　　　　　　　　（　　）
3. STM32 的时钟电路，主要由晶振、电容、电阻构成。　　　　　　　　（　　）
4. 当定义一个结构体变量时，系统分配给它的内存是各成员所需内存的总和。

　　　　　　　　　　　　　　　　　　　　　　　　　　　　　　　　（　　）
5. 若 int a[2];int *p，则语句 p = &a[1];是合法的。　　　　　　　　　（　　）

四、简答题

1. 简述 STM32 的最小系统。
2. STM32 标准外设库和 HAL 库是通过什么来实现内存空间的定义和操作的？
3. STM32 的数据类型定义采用的是 C99 标准，请简述 STM32 嵌入式开发中常用的数据类型及其表示的数据范围。
4. 简述 STM32 的 HAL 库的回调函数的形式和作用。
5. STM32 开发中使用了很多英文缩写，请解释下列英文缩写的含义。
（1）RCC；（2）RTC；（3）EXTI；（4）PWM；（5）PLL；（6）OSC；（7）NVIC；（8）ISP；（9）UART；（10）SPI；（11）EIA；（12）API；（13）AFIO；（14）IRQ；（15）BKP；（16）APB。
6. 嵌入式开发中大量用到宏定义#define，简述#define 与 typedef 的区别。

五、综合应用题

利用画图软件绘制 STM32 最小系统，重点设计电源电路（220V 转 3.3V 或 DC 12V 转3.3V）和下载调试电路。

第5章　通用输入/输出

GPIO（General Purpose Input/Output，通用输入/输出）是微控制器最基本的片上外设，微控制器通过 GPIO 实现与外界的信息交换。基于库的开发方式能够快速搭建系统模型，ST 公司率先推出标准外设库，满足了开发者的设计需求，随着版本迭代升级，ST 公司现已停止标准外设库的更新，转而推广 HAL 库和 LL 库。HAL 库是由标准外设库升级而来的，学习标准外设库有助于对 HAL 库的理解，当然也可以直接学习 HAL 库。

本章在第 3 章和第 4 章的基础上，以基于 ARM Cortex-M3 内核的 STM32F103ZET6 微控制器为例，简述 GPIO 内部结构和工作原理，介绍与 GPIO 有关的库函数，详细介绍基于库函数进行微控制器开发的方式，并分别基于标准外设库和 HAL 库实现 GPIO 的应用与实践，从 LED 灯闪烁实例进入 STM32 的开发学习。

▊ 知识目标

- 理解 GPIO 的基本概念、内涵。
- 理解和掌握 STM32 微控制器 GPIO 的内部结构和应用特性。
- 理解 GPIO 的工作模式，熟悉 GPIO 的 HAL 接口函数及其使用。

▊ 能力目标

- 能够根据硬件原理图，正确配置相关参数并搭建实际电路。
- 能够依据 MCU 的 GPIO 驱动技术，使用 STM32CubeMX 和 HAL 库接口函数实现输入/输出控制。
- 能够将模块化编程思想应用于实际工程项目中。

▊ 思维与素养目标

- 引脚是微控制器感知和控制外部世界的触角和途径，对于嵌入式开发者而言，不仅需要掌握引脚的功能，还需要深入把握决定引脚功能的内部结构。唯物主义辩证法认为"内因是基础，外因是表现，外因通过内因起作用"。
- 通过学习和借鉴 HAL 库程序结构化代码的实践与训练，锻炼学生规范撰写代码的能力，培养良好的职业素养。
- 通过学习模块化编程设计思想，拓展裸机编程的边界，践行"知识-技能-思维"的教育闭环。

5.1　GPIO 概述

MCU 是如何与外界进行信息传输，并且实现与外界进行沟通、交流的呢？这些都是通过 MCU 的 I/O 引脚实现的。MCU 的 I/O 引脚既可以感知外界的信息/信号（I/O 引脚的输入模式），又可以操控某个外部设备（I/O 引脚的输出模式）。

嵌入式 MCU 开发中，有一些经常用到的功能模块，如 LED、按键、蜂鸣器、继电器等，这些外设功能模块控制简单，通常只需要将引脚与 MCU 连接，并将对应引脚设置为高电平或低电平即可工作，除此之外，还有一类外设需要多个引脚通过"协议"的方式协同完成复杂功能，如 UART、I²C 接口等。为减少芯片引脚数量和降低功耗，现今芯片的设计大都采用复用技术，使得大部分引脚兼有简单（通用）和复杂（专用）功能，当使用引脚的通用功能时，采用 GPIO 接口。GPIO 接口（有时又称端口）是 MCU 与外设进行信息交换的通道和桥梁。

GPIO 接口内部由寄存器组成，一个引脚对应一个寄存器或多个引脚对应一个多位的寄存器，如图 5-1 所示，将这些寄存器类比为只能存储"0"或"1"的黑匣子，通过改变送入黑匣子的数据，就可以改变外设的工作方式。

若将 I/O 引脚外接一个 LED 灯，则构成 LED 控制电路，其示意图如图 5-2 所示。此时，若向寄存器中写入 0，则 LED 灯亮；若向寄存器中写入 1，则 LED 灯熄灭。虽然这种控制结构很简单，类似于控制电动机的开、关，却反映了 MCU 对外围功能电路进行控制的基本原理和思想。MCU 的 GPIO 引脚的驱动电流相对较小，若要驱动大电流外设，则还需要外接晶体管对驱动电流进行放大。

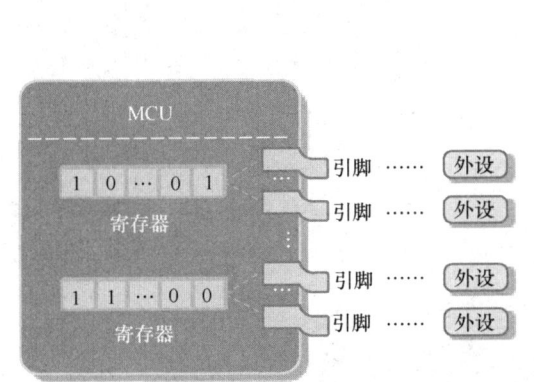

图 5-1 GPIO 接口与寄存器之间的关系

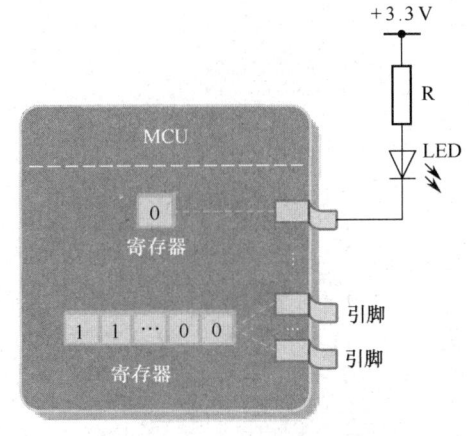

图 5-2 LED 控制电路示意图

与 51 单片机相比，STM32 拥有更多的 I/O 引脚，其驱动能力更强，控制方式更多、更灵活，功能也更强大。

5.2 STM32 的 GPIO

借助于 GPIO，微控制器可以与外设进行最简单的通信或对外设进行控制，如输出高、低电平可以使 LED 灯亮或灭，通过按键可以将高、低电平信号传递给 MCU 等。若要更好地使用 GPIO，则需要更深入地理解 GPIO 的相关知识，如内部工作原理、工作模式等，本节以 STM32F103 系列微控制器为例简述 STM32 的 GPIO 工作原理。

5.2.1　GPIO 引脚

STM32F103 系列微控制器的型号不同，GPIO 引脚的数量也不同，通过芯片数据手册可查看不同封装类型芯片的引脚分布和功能，如可以查看哪个外设挂接在哪个引脚上，以及默认的引脚功能和复用的引脚功能。图 5-3 所示为 STM32F103ZET6 芯片 LQFP144 的引脚图。

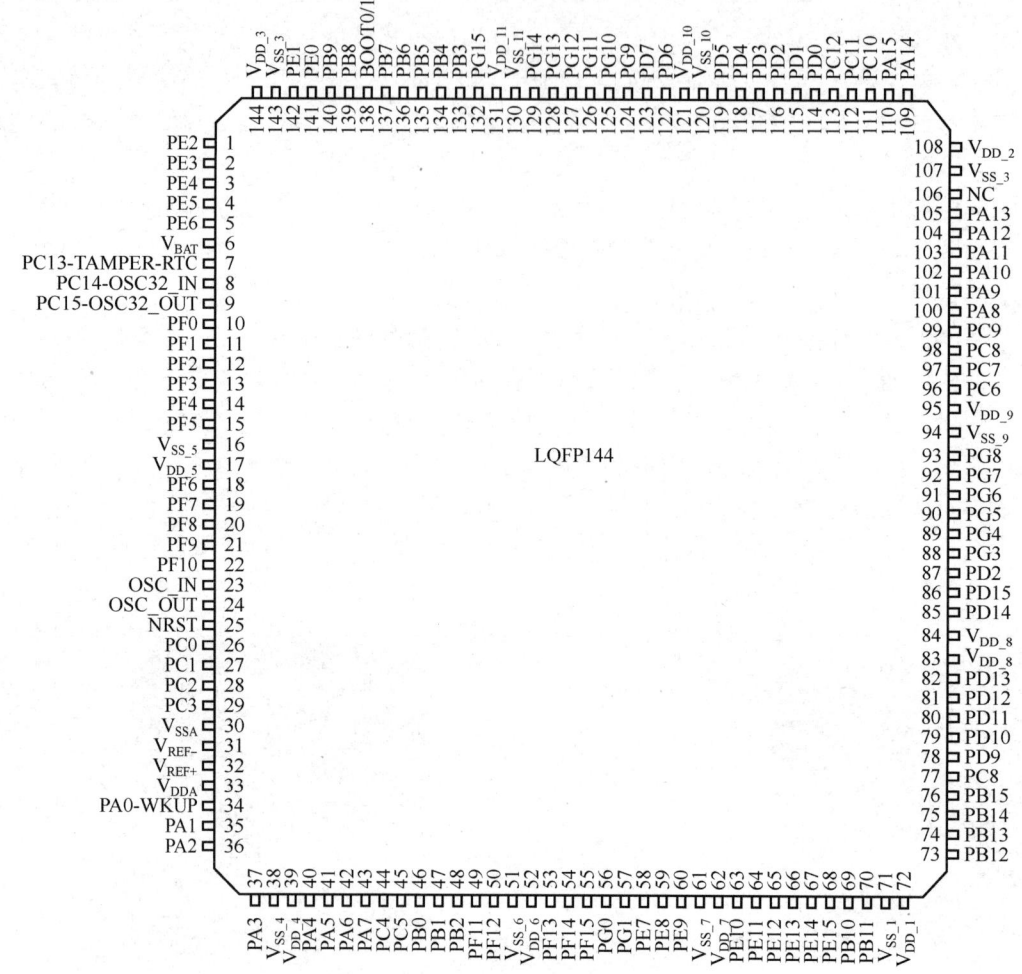

图 5-3　STM32F103ZET6 芯片 LQFP144 的引脚图

STM32F103ZET6 共有 144 个引脚，这些引脚分为六大类。

（1）**电源引脚**。微控制器工作需要电源，图 5-3 中的电源引脚 V_{DD}、接地引脚 V_{SS}、参考电压引脚 V_{REF+} 和 V_{REF-}、模拟电源引脚 V_{DDA} 和模拟地引脚 V_{SSA} 等都属于电源引脚，第 6 引脚 V_{BAT} 为外接电池引脚，系统中若不使用外接电池，则 V_{BAT} 需要连接到 V_{DD} 引脚上，即连接 3.3V 电压。

（2）**晶振引脚**。微控制器属于时序电路，需要外接振荡电路提供时钟信号，图 5-3 中的 PC14、PC15 和 OSC_IN、OSC_OUT 都属于晶振引脚。

（3）**复位引脚**。第 25 引脚为复位引脚 NRST。

（4）**BOOT 引脚**。BOOT0 和 BOOT1 属于 BOOT 引脚，用于 SMT32 启动模式选择。

（5）**程序下载引脚**。PA13、PA14、PA15、PB3 和 PB4 属于 JTAG 或 SW 下载引脚。这

些引脚也可用作普通引脚，具体使用方式需查看芯片数据手册（或硬件手册）。

（6）GPIO 引脚。 STM32 引脚中很大一部分是 GPIO 引脚，通常分为多个 GPIO 组，如 GPIOA、GPIOB、GPIOC 等。每个 GPIO 组默认包含 16 个引脚，每组引脚又根据 GPIO 寄存器中每位对应的位置分别编号为 0～15，如 STM32F103ZET6 芯片共有 7 组 GPIO，分别为 PA 组：PA0～PA15；PB 组：PB0～PB15；PC 组：PC0～PC15；PD 组：PD0～PD15；PE 组：PE0～PE15；PF 组：PF0～PF15；PG 组：PG0～PG15。这里要注意的是不同型号的 STM32 微控制器所包含的端口数量及各端口包含的引脚数量各不相同，具体信息需要查询相应芯片的数据手册。

这些引脚除具备通用的 I/O 功能外，为减少芯片引脚数量，提高引脚利用率，大多数引脚还通过复用技术兼具其他专用功能，图 5-3 中的 PC14 和 PC15 除可以用作通用引脚外，还可以用作外接晶振引脚 PC14-OSC32_IN、PC15-OSC32_OUT，当不使用 LSE（低速外部时钟信号）时，PC14 和 PC15 可以作为通用引脚来使用，当使用 LSE 时，PC14 和 PC15 用作 PC14-OSC32_IN、PC15-OSC32_OUT；PA1 可被复用为 USART2_RTS，更多复用功能请查阅芯片数据手册。

5.2.2　GPIO 内部结构

STM32F103 系列微控制器 GPIO 端口的基本结构如图 5-4 所示，右侧为 MCU 引出的 I/O 外设引脚，左侧连接 MCU 内部，中间部分为 GPIO 引脚的基本电路。通过对置位/复位寄存器（Bit Set/Reset Register，BSRR）、输出数据寄存器（Output Data Register，ODR）、输入数据寄存器（Input Data Register，IDR）等寄存器的相关操作，可将 GPIO 引脚设置成输出模式（推挽输出模式、开漏输出模式）、输入模式（模拟输入模式、上拉/下拉输入模式）或复用模式。

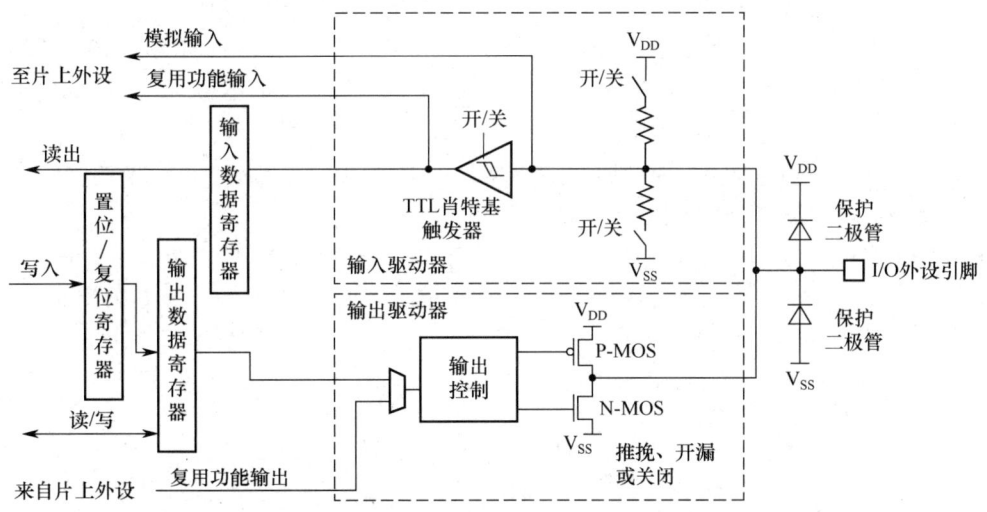

图 5-4　STM32F103 系列微控制器 GPIO 端口的基本结构

使用 GPIO 端口，实质是对相应 I/O 引脚的寄存器进行操作。STM32F103 系列微控制器共有 7 组 GPIO 端口，每组端口均包括 16 个引脚，如 PA 组端口，包括 PA0～PA15 共 16 个引脚，每组 GPIO 端口（Px）都由 7 个寄存器组成，负责控制该端口的 16 个引脚 Px0～Px15，这 7 个寄存器按存储空间顺序如下。

（1）配置寄存器：32 位，共有 2 个配置寄存器 GPIOx_CRL 和 GPIOx_CRH。

（2）数据寄存器：32 位，共有 2 个数据寄存器 GPIOx_IDR 和 GPIOx_ODR。

（3）置位/复位寄存器：32 位，共有 1 个置位/复位寄存器 GPIOx_BSRR。

（4）复位寄存器：16 位，共有 1 个复位寄存器 GPIOx_BRR。

（5）锁定寄存器：32 位，共有 1 个锁定寄存器 GPIOx_LCKR。

通过对上述寄存器的操作可以将相应的 I/O 引脚独立地配置为推挽输出、开漏输出、复用推挽输出、复用开漏输出、上拉输入、下拉输入、模拟输入及浮空输入等功能模式。

5.2.3 GPIO 工作模式

STM32F103 系列微控制器的 I/O 引脚共有 8 种工作模式，其中 4 种输出模式如下。

（1）推挽输出模式。

（2）开漏输出模式。

（3）复用推挽输出模式。

（4）复用开漏输出模式，该模式与复用推挽输出模式统称为复用功能输出模式。

另外，4 种输入模式如下。

（1）上拉输入模式。

（2）下拉输入模式。

（3）浮空输入模式。

（4）模拟输入模式。

1. 输出模式

（1）推挽输出模式（Push-Pull，PP）。推挽结构一般指两个 MOS 管受互补信号的控制，按互补对称的方式连接，任意时刻总是其中一个三极管导通，另一个三极管截止，从图 5-4 可以看出，其内部由两个 MOS 管组成，一个是 N-MOS，另一个是 P-MOS。MOS 管有三个电极：栅极、源极和漏极。当 MOS 管作为开关使用时，对 P-MOS 来说，当栅极加一定电压时，源极和漏极之间导通，当加在栅极的电压取消时，其源极和漏极之间截止，此时 P-MOS 处于高阻态；对 N-MOS 来说，当栅极不加电压时，源极和漏极导通，当栅极加一定电压时，源极和漏极截止，此时 N-MOS 处于高阻态。

在推挽输出模式下，当 I/O 引脚输出高电平时，P-MOS 导通，其 GPIO 端口内部简化结构（高电平）如图 5-5 所示。当 I/O 引脚输出低电平时，N-MOS 导通，其 GPIO 端口内部简化结构（低电平）如图 5-6 所示。

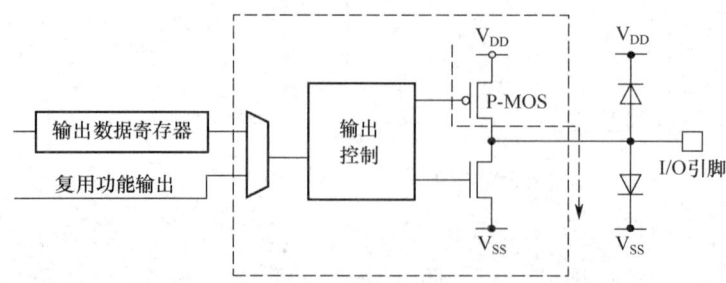

图 5-5　GPIO 端口内部简化结构（高电平）

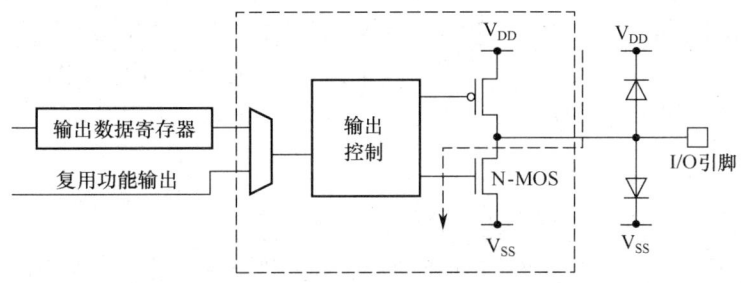

图 5-6　GPIO 端口内部简化结构（低电平）

这样两个 MOS 管轮流导通，其负载能力和开关速度得到提高。总之，使用推挽输出模式的目的是增大输出电流，即提高输出引脚的驱动能力，提高电路的负载能力和开关的动作速度。

（2）开漏输出模式（Open-Drain，OD）。漏极开路输出与集电极开路输出十分相似，即只有下拉 MOS 管没有上拉 MOS 管，MOS 管的漏极直接与 I/O 引脚相连，而不与电源连接，处于悬空状态，称之为漏极开路。

开漏输出模式下，I/O 引脚只能输出低电平，即当输出寄存器输出为低电平时，N-MOS 导通；当输出寄存器输出为高电平时，N-MOS 截止，此时无论写入什么数据，P-MOS 都截止，相当于断开了 P-MOS，输出为高阻状态。若要输出高电平，则需要外接电阻，所接的电阻称为上拉电阻，此时输出电平取决于该引脚外接的上拉电阻及外部电源电压情况。因此，开漏输出模式可以用来匹配电平，适用于电平不匹配的场合。

如何令单片机的 I/O 引脚输出确定的高电平来驱动外围电路呢？方法是在开漏输出引脚处外接一个上拉电阻到电源电压上，当 MOS 管导通时，I/O 引脚直接与 V_{ss} 连接，输出低电平；当 MOS 管截止时，单片机的 I/O 引脚通过上拉电阻与电源相连，输出高电平。上拉电阻的阻值取决于负载电源的大小。

推挽输出模式能够直接输出高电平，但开漏输出模式加上上拉电阻的形式实现高电平输出具备推挽输出模式不具备的功能，主要体现在以下三个方面。

① 利用外部电路的驱动能力，从而减小芯片内部的驱动。当单片机内部的 MOS 管导通时，驱动电流是从外部 V_{CC} 流经上拉电阻到负载的，单片机内部只需要很小的栅极驱动电流。例如，图 5-2 中 GPIO 引脚在开漏输出模式下经上拉电阻连接 LED 灯到 3.3V 的电源电压，当输出为 1 时，GPIO 引脚输出高电平，接近 3.3V，此时，LED 灯中没有电流流过，LED 灯不亮；当输出为 0 时，LED 灯亮。

② 实现电平转换。当开漏引脚不连接外部上拉电阻时，只能输出低电平，若需要输出高电平，则必须外接上拉电阻。外接上拉电阻的优点是可以通过改变外接电源的电压来改变传输电平，起到电平转换的作用，即可以用来匹配电平。例如，加上上拉电阻可以实现 TTL 电平和 CMOS 电平的转换。

③ 开漏输出模式能够方便地实现"逻辑与"功能，即多个开漏的引脚可以直接并在一起使用，不需要缓冲隔离，统一外接一个合适的上拉电阻，就可以在不增加任何器件的情况下，形成"逻辑与"关系，即当所有引脚均输出高电平时，输出才为高电平；若任意一个引脚输出低电平，则其输出为低电平。I²C 等总线的通信 I/O 引脚常设置为开漏输出模式。

（3）复用功能输出模式（Alternate Function，AF）。STM32F103 系列微控制器最多有 144 个引脚，其中的 GPIO 引脚除作为通用输入/输出引脚使用外，还可以作为片上外设（如串口、ADC、I²C 等）的 I/O 引脚，即一个引脚可以作为多个外设引脚使用，称为复用 I/O 引脚（Alternate Function I/O，AFIO），但某个时刻一个引脚只能使用复用功能中的一个。

当 I/O 引脚用作复用功能时，可选择复用推挽输出模式或复用开漏输出模式，在选择复用开漏输出模式时，需要外接上拉电阻。

2. 输入模式

STM32F103 系列微控制器的 I/O 引脚的输入模式如下。

（1）上拉输入模式（Input Pull-up）。 引脚内部有一个上拉电阻（见图 5-4），通过开关连接到电源 V_{DD}，当 I/O 引脚无输入信号时，默认输入高电平。

上拉输入模式的一个典型应用就是外部接按键，当没有按下按键时，单片机引脚是确定的高电平，当按下按键时，引脚电平被置为低电平。

（2）下拉输入模式（Input Pull-down）。 该模式与上拉输入模式正好相反，当 I/O 引脚无输入信号时，默认输入低电平。

（3）浮空输入模式。 引脚内部既不连接上拉电阻也不连接下拉电阻，直接经施密特触发器输入 I/O 引脚的信号，其结构示意图如图 5-7 所示。

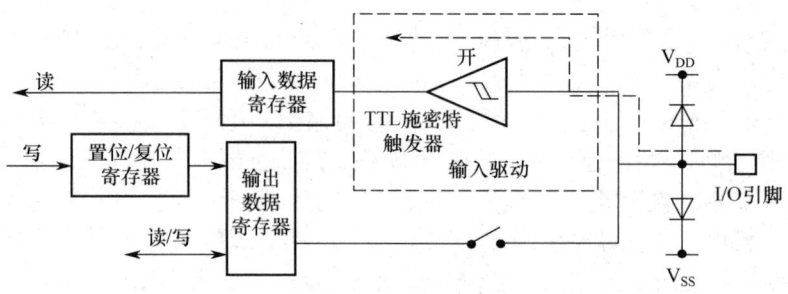

图 5-7 浮空输入模式结构示意图

浮空输入模式下的引脚电平是不确定的，即外部信号是什么电平，MCU 引脚就输入什么电平。一般用于 USART 或 I^2C 等的通信协议。

（4）模拟输入模式。 该模式下，既不连接上拉电阻又不连接下拉电阻，施密特触发器关闭，引脚信号连接芯片内部的片上外设，其典型应用是 A/D 模拟输入，实现对外部信号的采集。模拟输入模式结构示意图如图 5-8 所示。

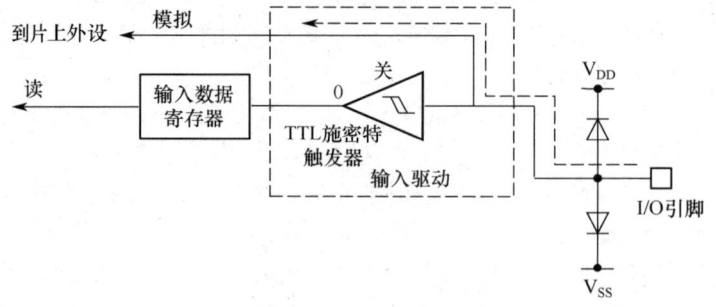

图 5-8 模拟输入模式结构示意图

5.2.4 GPIO 输出速度

当 STM32 的 I/O 引脚工作在输出模式下时，需要设置 I/O 引脚的输出速度，该输出速度并不是输出信号的速度，而是 I/O 口驱动电路的响应速度。

STM32F103 系列微控制器 I/O 引脚的输出速度有 3 种选择：2MHz、10MHz 和 50MHz。实际开发中，需要结合系统实际情况选择合适的响应速度，以确保信号的稳定性，同时降低功耗等。一般而言，当输出速度配置为高速时，噪声大、功耗高、电磁干扰强；当输出速度配置为低速时，噪声小、功耗低、电磁干扰弱。当输出较高频率的信号时，应选用较高频率响应速度的驱动模块，否则易出现信号失真现象。

一般常用的外设（如 LED、蜂鸣器等）建议采用 2MHz 的输出速度；而用作 I^2C、SPI 等复用功能的输出引脚时，尽量选择高响应速度，如 10MHz 或 50MHz。

当 GPIO 引脚设置为输入模式时，其内部结构与输出部分是分开的，所以不需要配置 I/O 引脚的输出速度。

5.3　GPIO 标准外设库接口函数及应用

基于库的开发模式与基于 C++、Java 等开发桌面应用程序（或软件）相似，都是通过调用库中已有的 API 函数快速地实现相关应用功能。ST 公司开发了标准外设库、HAL 库和 LL 库供开发者使用。既然是基于库进行开发的，开发者就必须首先了解库所提供的具体功能函数、各功能函数的功能、函数的形参及是否有返回值等内容。

下面以 STM32 标准外设库 v3.5.0 为基础，简单介绍 GPIO 的标准外设库接口函数及查看函数原型的方法，有兴趣的初学者可以阅读相关函数的源代码，学习其代码的编写方式。如何应用这些库函数是学习的重点，本节通过一个具体的应用实例——基于标准外设库 v3.5.0 实现 LED 灯闪烁来具体分析。

5.3.1　GPIO 标准外设库接口函数

GPIO 标准外设库接口函数主要分为以下三大类，其常用接口函数如表 5-1 所示。

（1）初始化及复位函数。

（2）引脚功能操作函数。

（3）外部中断处理函数。

表 5-1　GPIO 标准外设库常用接口函数

类　　型	函　　数	功　能　描　述
初始化及 复位函数	GPIO_Init()	根据 GPIO 初始化结构参数，初始化 GPIOx 外设寄存器
	GPIO_DeInit()	将 GPIOx 外设寄存器恢复为默认复位值
	GPIO_StructInit()	初始化 GPIO 结构体
	GPIO_AFIODeInit()	取消所有复用功能
引脚功能 操作函数	GPIO_Write()	置位或复位选定的 GPIO 数据端口
	GPIO_WriteBit()	置位或复位选定的 GPIO 端口引脚
	GPIO_SetBits()	置位选定的 GPIO 端口引脚
	GPIO_ResetBits()	复位选定的 GPIO 端口引脚
	GPIO_ReadInputData()	读取选定的 GPIO 输入端口数据
	GPIO_ReadInputDataBit()	读取选定的 GPIO 输入端口引脚数据
	GPIO_ReadOutputDataBit()	读取选定的 GPIO 输出端口数据
	GPIO_ReadOutputData()	读取选定的 GPIO 输出端口引脚数据
外部中断 处理函数	GPIO_EXTILineConfig()	外设端口作为中断线配置
	GPIO_EventOutputConfig()	事件输出配置

GPIO 标准外设库接口函数的源代码在源文件 stm32f10x_gpio.c 中，其对应的头文件 stm32f10x_gpio.h 声明了 GPIO 的所有库函数，共 18 种，如图 5-9 所示。

```
345  /** @defgroup GPIO_Exported_Functions
346    * @{
347    */
348
349  void GPIO_DeInit(GPIO_TypeDef* GPIOx);
350  void GPIO_AFIODeInit(void);
351  void GPIO_Init(GPIO_TypeDef* GPIOx, GPIO_InitTypeDef* GPIO_InitStruct);
352  void GPIO_StructInit(GPIO_InitTypeDef* GPIO_InitStruct);
353  uint8_t GPIO_ReadInputDataBit(GPIO_TypeDef* GPIOx, uint16_t GPIO_Pin);
354  uint16_t GPIO_ReadInputData(GPIO_TypeDef* GPIOx);
355  uint8_t GPIO_ReadOutputDataBit(GPIO_TypeDef* GPIOx, uint16_t GPIO_Pin);
356  uint16_t GPIO_ReadOutputData(GPIO_TypeDef* GPIOx);
357  void GPIO_SetBits(GPIO_TypeDef* GPIOx, uint16_t GPIO_Pin);
358  void GPIO_ResetBits(GPIO_TypeDef* GPIOx, uint16_t GPIO_Pin);
359  void GPIO_WriteBit(GPIO_TypeDef* GPIOx, uint16_t GPIO_Pin, BitAction BitVal);
360  void GPIO_Write(GPIO_TypeDef* GPIOx, uint16_t PortVal);
361  void GPIO_PinLockConfig(GPIO_TypeDef* GPIOx, uint16_t GPIO_Pin);
362  void GPIO_EventOutputConfig(uint8_t GPIO_PortSource, uint8_t GPIO_PinSource);
363  void GPIO_EventOutputCmd(FunctionalState NewState);
364  void GPIO_PinRemapConfig(uint32_t GPIO_Remap, FunctionalState NewState);
365  void GPIO_EXTILineConfig(uint8_t GPIO_PortSource, uint8_t GPIO_PinSource);
366  void GPIO_ETH_MediaInterfaceConfig(uint32_t GPIO_ETH_MediaInterface);
367
```

图 5-9　GPIO 的所有库函数

若要查看具体的函数定义，则可在 Keil 工程中先选中要查看的函数，再单击右键菜单中 "Go To Definition Of 'GPIO_Init'" 按钮，跳转到相应函数的函数体。如果要查看 void GPIO_Init(GPIO_TypeDef* GPIOx, GPIO_InitTypeDef* GPIO_InitStruct)函数，则先选中该函数，再单击右键菜单中 "Go To Definition Of 'GPIO_Init'" 按钮，跳转至 GPIO_Init()函数定义处，如图 5-10 所示。

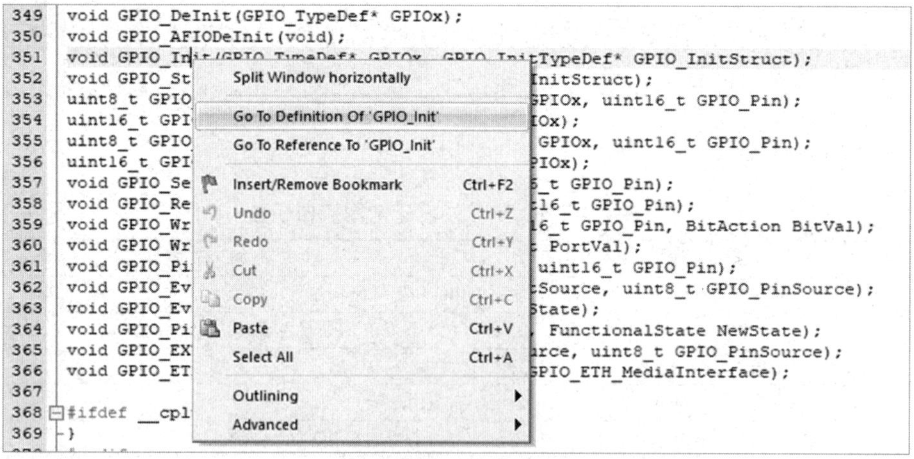

图 5-10　查看 GPIO_Init()函数

在 stm32f10x_gpio.c 源文件中定义的 GPIO_Init()函数代码如图 5-11 所示。

GPIO_Init()函数用于初始化 GPIO，该函数有两个输入参数：第一个参数用于指定 GPIO 的具体端口 x（x=A,B,C,D,E），第二个参数根据 GPIO_InitStruct 结构体变量中指定的参数初始化 GPIO，GPIO_InitStruct 是指向 GPIO_InitTypeDef 结构体的指针，包含 GPIO 的配置参数，如具体的 GPIO 引脚、输出速度、GPIO 引脚的工作模式等。GPIO_InitTypeDef 结构体在 stm32f10x_gpio.h 中被定义，如图 5-12 所示。

```
/**
  * @brief  Initializes the GPIOx peripheral according to the specified
  *         parameters in the GPIO_InitStruct.
  * @param  GPIOx: where x can be (A..G) to select the GPIO peripheral.
  * @param  GPIO_InitStruct: pointer to a GPIO_InitTypeDef structure that
  *         contains the configuration information for the specified GPIO peripheral.
  * @retval None
  */
void GPIO_Init(GPIO_TypeDef* GPIOx, GPIO_InitTypeDef* GPIO_InitStruct)
{
  uint32_t currentmode = 0x00, currentpin = 0x00, pinpos = 0x00, pos = 0x00;
  uint32_t tmpreg = 0x00, pinmask = 0x00;
  /* Check the parameters */
  assert_param(IS_GPIO_ALL_PERIPH(GPIOx));
  assert_param(IS_GPIO_MODE(GPIO_InitStruct->GPIO_Mode));
  assert_param(IS_GPIO_PIN(GPIO_InitStruct->GPIO_Pin));

/*---------------------- GPIO Mode Configuration -----------------------*/
  currentmode = ((uint32_t)GPIO_InitStruct->GPIO_Mode) & ((uint32_t)0x0F);
  if ((((uint32_t)GPIO_InitStruct->GPIO_Mode) & ((uint32_t)0x10)) != 0x00)
  {
    /* Check the parameters */
    assert_param(IS_GPIO_SPEED(GPIO_InitStruct->GPIO_Speed));
    /* Output mode */
    currentmode |= (uint32_t)GPIO_InitStruct->GPIO_Speed;
  }
/*---------------------- GPIO CRL Configuration -----------------------*/
  /* Configure the eight low port pins */
  if (((uint32_t)GPIO_InitStruct->GPIO_Pin & ((uint32_t)0x00FF)) != 0x00)
```

图 5-11   在 stm32f10x_gpio.c 源文件中定义的 GPIO_Init()函数代码

```
87  /**
88    * @brief  GPIO Init structure definition
89    */
90
91  typedef struct
92  {
93    uint16_t GPIO_Pin;            /*!< Specifies the GPIO pins to be configured.
94                                       This parameter can be any value of @ref GPIO_pins_define */
95
96    GPIOSpeed_TypeDef GPIO_Speed; /*!< Specifies the speed for the selected pins.
97                                       This parameter can be a value of @ref GPIOSpeed_TypeDef */
98
99    GPIOMode_TypeDef GPIO_Mode;   /*!< Specifies the operating mode for the selected pins.
100                                      This parameter can be a value of @ref GPIOMode_TypeDef */
101  }GPIO_InitTypeDef;
```

图 5-12   GPIO_InitTypeDef 结构体在 stm32f10x_gpio.h 中被定义

GPIO_InitTypeDef 结构体成员及其取值如表 5-2 所示。

表 5-2   GPIO_InitTypeDef 结构体成员及其取值

GPIO_InitTypeDef 结构体成员	取 值 范 围
GPIO_Pin	GPIO_Pin_0 ~ GPIO_Pin_15 GPIO_Pin_All（端口所有引脚）
GPIO_Speed	GPIO_Speed_10MHz（最大输出速率为 10MHz） GPIO_Speed_2MHz（最大输出速率为 2MHz） GPIO_Speed_50MHz（最大输出速率为 50MHz）
GPIO_Mode	GPIO_Mode_AIN（模拟输入模式） GPIO_Mode_IN_FLOATING（浮空输入模式） GPIO_Mode_IPD（下拉输入模式） GPIO_Mode_IPU（上拉输入模式） GPIO_Mode_Out_OD（开漏输出模式） GPIO_Mode_Out_PP（推挽输出模式） GPIO_Mode_AF_OD（复用开漏输出模式） GPIO_Mode_AF_PP（复用推挽输出模式）

5.3.2 GPIO 标准外设库应用实例

一、功能描述

采用基于标准外设库设计方式，利用单个 GPIO 引脚输出高、低电平控制 LED 灯，并按一定时间间隔改变 I/O 端口电平，达到灯光闪烁的效果。

二、硬件设计

LED 灯正极接 3.3V 电源，负极经限流电阻 R1 接在 STM32F103 的 PB5 引脚上，当 PB5 引脚输出低电平时，LED 灯亮；当 PB5 引脚输出高电平时，LED 灯熄灭。改变限流电阻 R1 的值可以改变 LED 灯的亮度，电阻 R1 的值一般为 $400\Omega \sim 1k\Omega$。LED 灯硬件电路设计示意图如图 5-13 所示。

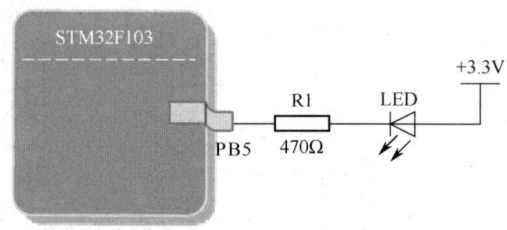

图 5-13　LED 灯硬件电路设计示意图

三、软件设计

1. 程序流程图

本实例的程序流程图由两部分构成：初始化函数部分和无限循环功能部分，如图 5-14 所示。

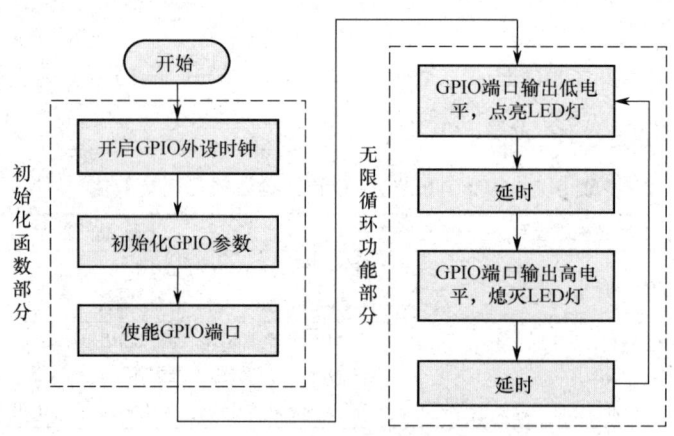

图 5-14　LED 灯控制程序流程图

2. 代码实现

（1）新建一个 led.h 头文件。该头文件用于存放 led.c 文件的引脚定义、全局变量声明和函数声明等内容，相关代码如下。

```
//宏定义，用于防止头文件被重复包含，这样编译时不会提示"redefine（重复定义）"的错误
```

```
#ifndef _ _LED_H
#define _ _LED_H

#include "stm32f10x.h"
void LED_Init(void); //函数声明

#endif
```

（2）新建一个 **led.c** 文件。该文件用于 GPIO 端口初始化操作，即硬件驱动程序的编写，相关代码如下。

```
#include "led.h"
void LED_Init(void)
{
  GPIO_InitTypeDef GPIO_InitStructure;
  //定义一个 GPIO_InitTypeDef 类型的结构体变量
  RCC_APB2PeriphClockCmd(RCC_APB2Periph_GPIOB,ENABLE);
  //开启 GPIOB 的时钟
  GPIO_InitStructure.GPIO_Pin = GPIO_Pin_5;
  //选择要使用的 I/O 引脚,此处选择 PB5 引脚
  GPIO_InitStructure.GPIO_Mode = GPIO_Mode_Out_PP;
  //设置引脚输出模式为推挽输出模式
  GPIO_InitStructure.GPIO_Speed = GPIO_Speed_50MHz;
  //设置引脚的输出速度为 50MHz
  GPIO_Init(GPIOB,&GPIO_InitStructure);//调用初始化库函数初始化 GPIOB 端口
}
```

（3）**main.c** 文件的代码如下。

```
#include "stm32f10x.h"
#include "led.h"
/*
*函数名:Delay
*功能描述:不精确的延时,延时时间= nCount/72000,单位为 ms,72MHz 为 STM32 主频
*输入参数:nCount
*输出参数:无
*/
void Delay(__IO u32 nCount)
{
  for(;nCount !=0;nCount--);
}

//主函数
int main(void)
{
LED_Init();
  while(1)
  {
  GPIO_SetBits(GPIOB,GPIO_Pin_5);
  //调用 GPIO_SetBits 函数,将 PB5 引脚置为高电平,熄灭 LED 灯
  Delay(720000); //调用延迟函数,延迟 10ms
```

```
    GPIO_ResetBits(GPIOB,GPIO_Pin_5);
    //调用 GPIO_ResetBits 函数，将 PB5 引脚置为低电平，点亮 LED 灯
    Delay(720000);        //调用延迟函数，延迟 10ms
    }
}
```

3. 下载调试验证

代码编写完成后，单击 Keil 中的"编译"按钮进行编译，若提示程序有错误，则需要认真检查代码，找出错误并改正，直至编译无错误；若提示无错误，则可以通过调试和下载工具，将编译好的可执行文件下载到芯片中，查看并验证实验结果，如图 5-15 所示。本实例的实验现象为 LED 灯不停地闪烁，可通过修改延迟函数 Delay() 的参数实现 LED 灯不同的闪烁频率。

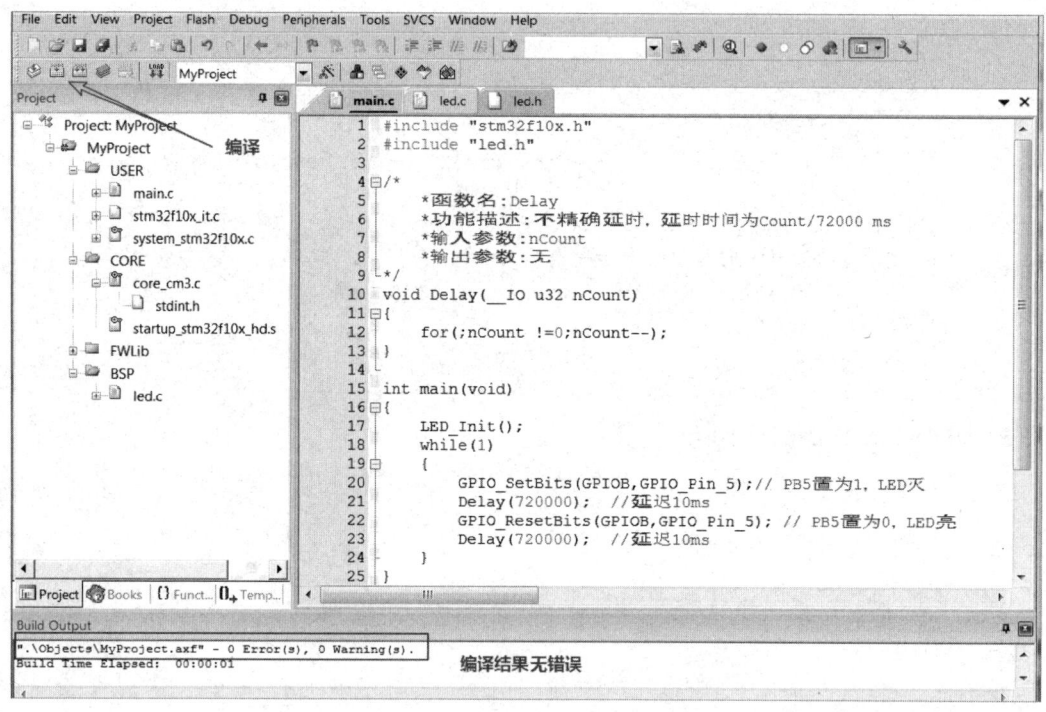

图 5-15　LED 灯闪烁程序编译成功

5.3.3　基于标准外设库开发的一般流程

基于标准外设库的嵌入式系统开发流程如图 5-16 所示，首先新建一个工程模板，详细步骤请参考 3.4 节，然后进行应用程序开发。应用程序开发具体流程可以总结为以下 5 个步骤。

1. 开启系统时钟

STM32 时钟系统很复杂，拥有多个时钟源，需要在系统启动函数中确定系统时钟，一般基于 STM32 标准外设库开发时，默认采用 HSE 外部高速时钟，通过设置得到频率为 72MHz 的系统时钟。

2. 确定功能引脚

I/O 端口是微控制器与外界进行信息交换与控制的通道。例如，大量种类繁多的传感器

采集到的数据信息，由 I/O 端口传送给 CPU 加工处理，处理完毕的信息再经由 I/O 端口连接 LED 灯、蜂鸣器和继电器等，进而实现 CPU 对外部设备的控制。在这个过程中，需要明确具体使用微控制器的 I/O 引脚，以及这些 I/O 引脚需要配置的功能。

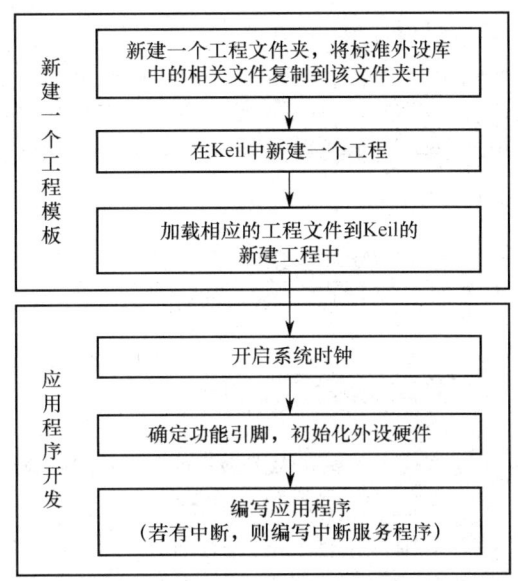

图 5-16　基于标准外设库的嵌入式系统开发流程

3. 初始化外设硬件

（1）开启相应外设时钟。STM32 与 51 单片机的区别之一在于其时钟源，51 单片机只有一个时钟源，而 STM32 有多个时钟源，且不同速度的片上外设挂接在速度不同的外设总线上，即低速片上外设连接在低速的 APB1 总线上，其频率为 36MHz，高速片上外设挂接在高速的 APB2 总线上，其频率为 72MHz。STM32 允许开发者根据具体需求关闭或开启相应片上外设的时钟，从而实现低功耗控制。

例如，STM32 的 I/O 接口片上外设（GPIOA、GPIOB、GPIOC 等）挂接在 APB2 总线上，其频率为 72MHz，在用 GPIO 点亮一个 LED 灯的实例中，只用到了一个 I/O 引脚，即 GPIOB 的第 5 个引脚 PB5，所以只需开启 GPIOB 的外设时钟即可，而 GPIOA、GPIOC 等 I/O 引脚的外设时钟不需要开启。开启 GPIOB 的外设时钟的代码如下。

```
RCC_APB2PeriphClockCmd(RCC_APB2Periph_GPIOB, ENABLE);
```

（2）配置外设功能参数，调用初始化函数，初始化外设相关的参数。STM32 标准外设库通过一系列初始化结构体来完成相应片上外设的功能参数配置。例如，GPIO_InitTypeDef 结构体中包含了 GPIO 引脚所有的配置特性，通过配置相应 I/O 引脚的工作模式、输出速度等特性，并利用 GPIO_InitTypeDef 结构体定义一个结构体变量，即可实现对 GPIO 引脚的功能配置，然后调用相应的初始化函数，完成相应外设的初始化配置。例如，GPIO 相应引脚的初始化函数 GPIO_Init()；异步串行通信接口的初始化函数 USART_Init()。

（3）使能相应的外设。STM32 标准外设库对一些功能复杂的片上外设增加了相应的使能函数，这些函数可以使能相应的功能部件，如 DMA 的使能库函数 DMA_Cmd()，若要使能 DMA1 通道 4，并开启数据传输，则可以通过如下语句实现。

```
DMA_Cmd (DMA1_Channel4, ENABLE);
```

4. 编写应用程序

在主函数 main.c 中编写应用程序，根据具体应用需求，通过自定义的功能函数或调用相应的标准外设库提供的函数编程实现相应功能。

例如，在 GPIO 点亮 LED 灯的程序中，通过调用库函数 GPIO_SetBits(GPIOB,GPIO_Pin_5) 和 GPIO_ResetBits(GPIOB,GPIO_Pin_5)实现对功能引脚 PB5 的读/写操作，通过调用 GPIO_SetBits(GPIOB,GPIO_Pin_5)库函数实现对 PB5 引脚置位（高电平）操作，通过调用 GPIO_ResetBits(GPIOB,GPIO_Pin_5)库函数实现对 PB5 引脚置 0（低电平）操作。

5. 若有中断，则编写中断服务程序

若应用程序中需要用到中断，则需要在相应的中断服务函数中编写程序，STM32F103 系列微控制器的标准外设库中断服务函数在 stm32f10x_it.c 文件中。

5.4 GPIO 的 HAL 库接口函数及应用

HAL 库是目前 STM32 开发方式中主流的接口函数库，配合图形化配置软件 STM32CubeMX，开发者不需要深入了解底层寄存器，就可以快速搭建系统应用。本节将系统地介绍 GPIO 的 HAL 库接口函数，并对常用接口函数的源代码进行详细分析，目的是通过分析 HAL 库函数的源代码，让读者能够深入学习函数封装方式，并体会函数源代码撰写的思路和规范的代码结构。最后利用实例来强化基于 HAL 库的开发实践。

5.4.1 GPIO 的 HAL 库接口函数

GPIO 的 HAL 库接口函数的源代码在源文件 stm32f1xx_hal_gpio.c 中，其对应的头文件 stm32f1xx_hal_gpio.h 声明了 GPIO 的 HAL 库接口函数，如图 5-17 所示。

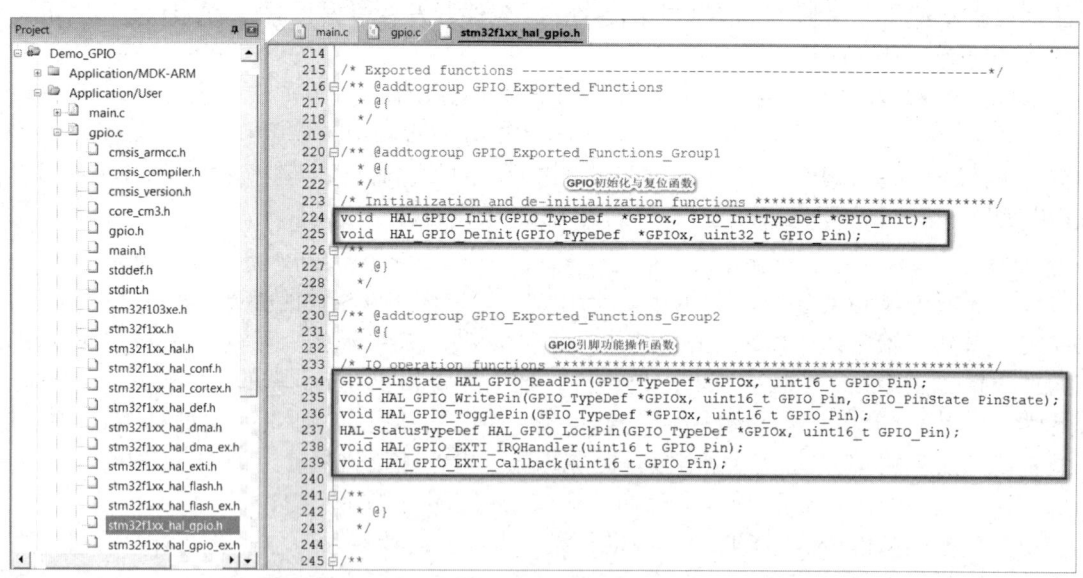

图 5-17　头文件 stm32f1xx_hal_gpio.h 声明 GPIO 的 HAL 库接口函数

GPIO 的 HAL 库接口函数可分为两大类：初始化与复位函数及引脚功能操作函数，具体接口函数如表 5-3 所示。

表 5-3　GPIO 的 HAL 库接口函数

类　型	函　数	功 能 描 述
初始化与 复位函数	HAL_GPIO_Init()	GPIO 初始化函数
	HAL_GPIO_DeInit()	复位选定的端口引脚到初始状态
引脚功能 操作函数	HAL_GPIO_ReadPin()	读取选定的端口引脚的电平状态
	HAL_GPIO_WritePin()	设置选定的端口引脚输出高电平或低电平
	HAL_GPIO_TogglePin()	设置选定的端口引脚的电平状态翻转
	HAL_GPIO_LockPin()	当端口引脚电平状态改变时保持锁定时的值
	HAL_GPIO_EXTI_IRQHandler()	外部中断处理函数
	HAL_GPIO_EXTI_Callback()	中断回调函数

（1）初始化与复位函数如下。

- HAL_GPIO_Init(GPIO_TypeDef *GPIOx, GPIO_InitTypeDef *GPIO_Init)。
- HAL_GPIO_DeInit()。

（2）引脚功能操作函数有以下三种。

① **HAL_GPIO_ReadPin(GPIO_TypeDef *GPIOx, uint16_t GPIO_Pin)**。

HAL_GPIO_ReadPin()函数的具体使用方法如下。

```
GPIO_PinState HAL_GPIO_ReadPin(GPIO_TypeDef *GPIOx, uint16_t GPIO_Pin)
{
  GPIO_PinState bitstatus;

  if ((GPIOx->IDR & GPIO_Pin) != (uint32_t)GPIO_PIN_RESET)
  {
    bitstatus = GPIO_PIN_SET;
  }
  else
  {
    bitstatus = GPIO_PIN_RESET;
  }
  return bitstatus;
}
```

解析：HAL_GPIO_ReadPin()函数用来读取某个具体引脚的状态，通过读取输入数据寄存器 IDR 的值与指定引脚进行按位与操作来实现具体功能。若结果不为 0，则返回高电平；若结果为 0，则返回低电平。

该函数有两个输入参数，GPIOx（x=A～G）端口和引脚 GPIO_PIN_x（x=0～15）。GPIOx 为引脚的端口号，取值为 GPIOA～GPIOG，表示指向 GPIO 结构体的指针，用于访问端口引脚的寄存器；GPIO_Pin 为常量，GPIO_PIN_0 表示 0x0001，GPIO_PIN_15 表示 0x8000。引脚定义寄存器地址表如表 5-4 所示。

表 5-4　引脚定义寄存器地址表

引 脚 号	引脚定义寄存器地址
GPIO_PIN_0	(uint16_t) 0x0001
GPIO_PIN_1	(uint16_t) 0x0002
GPIO_PIN_2	0x0004

续表

引 脚 号	引脚定义寄存器地址
GPIO_PIN_3	0x0008
GPIO_PIN_4	0x0010
GPIO_PIN_5	0x0020
GPIO_PIN_6	0x0040
GPIO_PIN_7	0x0080
GPIO_PIN_8	0x0100
GPIO_PIN_9	0x0200
GPIO_PIN_10	0x0400
GPIO_PIN_11	0x0800
GPIO_PIN_12	0x1000
GPIO_PIN_13	0x2000
GPIO_PIN_14	0x4000
GPIO_PIN_15	0x8000
GPIO_PIN_All	0xFFFF

GPIO_PinState 表示引脚电平状态，该变量为枚举变量，相关定义如下。

```
typedef enum
{
  GPIO_PIN_RESET=0U,
  GPIO_PIN_SET
} GPIO_PinState;
```

该变量的取值范围为 GPIO_PIN_SET=1 或 GPIO_PIN_RESET=0。

读取 PE5 引脚的状态代码如下。

```
HAL_GPIO_ReadPin(GPIOE,GPIO_PIN_5);
```

② **HAL_GPIO_WritePin(GPIO_TypeDef *GPIOx, uint16_t GPIO_Pin, GPIO_PinState PinState)。**

以上函数的源代码如下。

```
    void  HAL_GPIO_WritePin(GPIO_TypeDef  *GPIOx,  uint16_t  GPIO_Pin,
GPIO_PinState PinState)
  {
    if (PinState != GPIO_PIN_RESET)
    {
     GPIOx->BSRR = GPIO_Pin;
    }
    else
    {
     GPIOx->BSRR = (uint32_t)GPIO_Pin << 16U;
    }
  }
```

解析： HAL_GPIO_WritePin()函数用于设置某个具体引脚的状态，即写入 1 或 0。该函数有 3 个输入参数，即 GPIOx（x=A～G）端口、引脚 GPIO_Pin_x（x=0～15）和引脚状态（GPIO_PIN_SET 和 GPIO_PIN_RESET）。

该函数通过将指定引脚的电平状态写入置位/复位寄存器 GPIOx_BSRR 中来实现具体的

功能。GPIOx_BSRR 是 32 位的，其中高 16 位控制端口 16 个引脚（0～15）输出低电平，低 16 位控制端口 16 个引脚输出高电平。若设置的引脚电平状态 PinState 不等于低电平，则将该引脚设置的状态位写入 GPIOx_BSRR 对应的低 16 位，否则，将该 GPIO_Pin 左移 16 位写入 GPIOx_BSRR 对应的高 16 位。

置位/复位寄存器 GPIOx_BSRR 如图 5-18 所示。

地址偏移：0x10
复位值：0x00000000

31	30	29	28	27	26	25	24	23	22	21	20	19	18	17	16
BR15	BR14	BR13	BR12	BR11	BR10	BR9	BR8	BR7	BR6	BR5	BR4	BR3	BR2	BR1	BR0
w	w	w	w	w	w	w	w	w	w	w	w	w	w	w	w
15	14	13	12	11	10	9	8	7	6	5	4	3	2	1	0
BS15	BS14	BS13	BS12	BS11	BS10	BS9	BS8	BS7	BS6	BS5	BS4	BS3	BS2	BS1	BS0
w	w	w	w	w	w	w	w	w	w	w	w	w	w	w	w

位31:16	BRy：清除端口 x 的位 y(y=0…15)(Port x Reset bit y) 这些位只能写入并只能以字（16位）的形式操作 0：对对应的 ODRx 位不产生影响 1：清除对应的 ODRx 位为0 注：若同时设置了 BSx 和 BRx 的对应位，则 BSx 位起作用
位15:0	BSy：设置端口 x 的位 y(y=0…15)(Port x Set bit y) 这些位只能写入并只能以字（16位）的形式操作 0：对对应的 ODRx 位不产生影响 1：清除对应的 ODRx 位为1

图 5-18　置位/复位寄存器 GPIOx_BSRR

GPIOx_BSRR 的高 16 位称为清除寄存器，低 16 位称为置位寄存器。若将 GPIOx_BSRR 的高 16 位中的某位写入 1，则端口 x 的对应位被清零；若将 GPIOx_BSRR 高 16 位中的某位写入 0，则端口 x 的对应位不起作用。若将 GPIOx_BSRR 的低 16 位的某位写入 1，则相当于将端口 x 的对应位置 1；若将 GPIOx_BSRR 的低 16 位的某位写入 0，则端口 x 的对应位不起作用。

例如，将 PE5 引脚设置为高电平的代码如下。

```
HAL_GPIO_WritePin(GPIOE,GPIO_PIN_5,GPIO_PIN_SET);
```

③ **void HAL_GPIO_TogglePin(GPIO_TypeDef *GPIOx, uint16_t GPIO_Pin)。**

该函数的源代码如下。

```
void HAL_GPIO_TogglePin(GPIO_TypeDef *GPIOx, uint16_t GPIO_Pin)
{
    if((GPIOx->ODR&GPIO_Pin)!=0x00u)
    {
      GPIOx->BRR=(uint32_t)GPIO_Pin;
    }
    else
    {
      GPIOx->BSRR=(uint32_t)GPIO_Pin;
    }
}
```

解析： 读出输出数据寄存器 ODR 的值与指定引脚进行按位与操作。若结果为真，则表明 ODR 的值为高电平，写入 BRR 寄存器（BRR 寄存器写入 1 有效，写入 0 不影响 ODR 的状态）；若结果为假，则表明 ODR 的值为低电平，需要对 GPIOx_BSRR 的低 16 位部分进行置位（置 1）操作。

数据输出寄存器 GPIOx_ODR 如图 5-19 所示。

地址偏移：0x0C
复位值：0x0000 0000

31	30	28	28	27	26	25	24	23	22	21	20	19	18	17	16
保留															

15	14	13	12	11	10	9	8	7	6	5	4	3	2	1	0
ODR15	ODR14	ODR13	ODR12	ODR11	ODR10	ODR9	ODR8	ODR7	ODR6	ODR5	ODR4	ODR3	ODR2	ODR1	ODR0
rw	rw	rw	rw	rw	rw	rw	rw	rw	rw	rw	rw	rw	rw	rw	rw

位31:16	保留，保持为复位值
位15:0	ODRy[15:0]：端口输出数据(y=0…15)(Port output data) 这些位可读可写并只能以字（16位）的形式操作。 注：对于独立位的置位/复位，可以通过对GPIOx_BSRR(x=A…G)的操作实现对各ODR位的设置

图 5-19 数据输出寄存器 GPIOx_ODR

数据输出寄存器 GPIOx_ODR 的高 16 位为保留位，低 16 位对应 I/O 端口相应的引脚，可进行置位或复位操作。端口位清除寄存器 GPIOx_BRR 如图 5-20 所示。

地址偏移：0x10
复位值：0x0000 0000

31	30	29	28	27	26	25	24	23	22	21	20	19	18	17	16
保留															

15	14	13	12	11	10	9	8	7	6	5	4	3	2	1	0
BR15	BR14	BR13	BR12	BR11	BR10	BR9	BR8	BR7	BR6	BR5	BR4	BR3	BR2	BR1	BR0
w	w	w	w	w	w	w	w	w	w	w	w	w	w	w	w

位31:16	保留
位15:0	BRy：清除端口x的位y(y=0…15)(Port x Restet bit y) 这些位只能写入并只能以字（16位）的形式操作 0：对对应的ODRx位不产生影响 1：清除对应的ODRx位为0

图 5-20 端口位清除寄存器 GPIOx_BRR

端口位清除寄存器 GPIOx_BRR 可以对端口数据输出寄存器 GPIOx_ODR 中的每位都进行复位操作，即 GPIOx_BRR 只能改变引脚状态为低电平。GPIOx_BRR 的低 16 位有效，且写入 1 可清除 GPIOx_ODR 的对应位，写入 0 不影响 GPIOx_ODR 的状态。对比 GPIOx_BRR 和 GPIOx_BSRR 两个寄存器可以看出，GPIOx_BRR 的低 16 位与置位/复位寄存器 GPIOx_BSRR 的高 16 位具有相同的功能，清除端口 x 的相应位，即清除数据输出寄存器 GPIOx_ODR 的相应位。因此，若要修改数据输出寄存器 GPIOx_ODR 的某一位，则除直接操作 GPIOx_ODR 外，还可以通过对 GPIOx_BSRR 进行写操作或对 GPIOx_BRR 进行写操作来实现。

对以上寄存器的操作总结如下。

若对 GPIOx_BSRR 低 16 位的某位置 1，则对应的 I/O 端口引脚输出高电平。

若对 GPIOx_BSRR 低 16 位的某位置 0，则对应的 I/O 端口引脚状态不变。

若对 GPIOx_BSRR 高 16 位的某位置 1，则对应的 I/O 端口引脚输出低电平。

若对 GPIOx_BSRR 高 16 位的某位置 0，则对应的 I/O 端口引脚状态不变。

若对 GPIOx_BRR 低 16 位的某位置 1，则对应的 I/O 端口引脚输出低电平。

若对 GPIOx_BRR 低 16 位的某位置 0，则对应的 I/O 端口引脚状态不变。

例如，将 PB5 置为低电平，即将 GPIOB_ODR 的第 5 位 ODR5 置 0（注：寄存器的位数为 0~15），则可以有以下 3 种方式实现。

操作 GPIOx_ODR。

```
GPIOB->ODR =0xffef;
```

位	15	14	13	12	11	10	9	8	7	6	5	4	3	2	1	0
0x0020	1	1	1	1	1	1	1	1	1	1	0	1	1	1	1	1

操作 GPIOx_BSRR。

```
GPIOB->BSRR = 0x00200000;
```

操作 GPIOx_BRR。

```
GPIOB->BRR = 0x0020;
```

位	15	14	13	12	11	10	9	8	7	6	5	4	3	2	1	0
0x0020	0	0	0	0	0	0	0	0	0	0	1	0	0	0	0	0

例如，实现 **PE5 引脚状态翻转的语句如下。**

```
HAL_GPIO_TogglePin(GPIOE,GPIO_PIN_5);
```

5.4.2　GPIO 的 HAL 库应用实例

一、功能描述

采用基于 HAL 库设计方式，利用两个 GPIO 引脚输出高、低电平控制两个 LED 灯，并按一定时间间隔改变 I/O 引脚电平，达到灯光闪烁的效果。

二、硬件设计

基于 HAL 库实现 LED 灯闪烁的硬件电路设计示意图如图 5-21 所示。LED1、LED2 分别经限流电阻 R1、R2 连接 STM32F103 的 PB5、PE5 引脚，另一端连接+3.3V 电压，由图 5-21 可知，当 PB5 或 PE5 引脚输出低电平时，LED1 灯或 LED2 灯亮，当 PB5 或 PE5 引脚输出高电平时，LED1 灯或 LED2 灯熄灭。

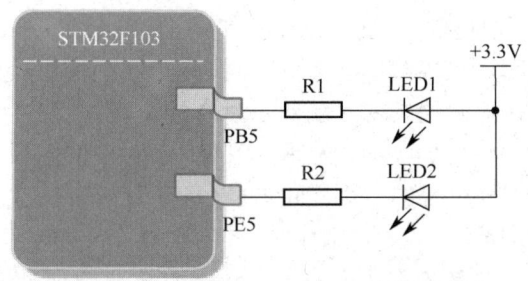

图 5-21　基于 HAL 库实现 LED 灯闪烁的硬件电路设计示意图

三、软件设计

很多初学者会像使用标准外设库那样建立基于 HAL 库的工程模板，其实这完全没必要，STM32 提供了图形化的工程配置软件 STM32CubeMX，通过 STM32CubeMX 建立的工程框架体系已足够清晰。当然，自己动手建立基于 HAL 库的工程模板能够更加清楚 HAL 库的框架结构，但建立过程很烦琐，失去了其 HAL 库应有的意义。本节基于 STM32CubeMX 建立工程。

1. 系统流程图

基于 HAL 库的软件设计流程图如图 5-22 所示，首先建立 STM32CubeMX 工程，然后配置功能参数，生成工程代码，修改代码完成应用程序设计，最后下载到开发板调试。

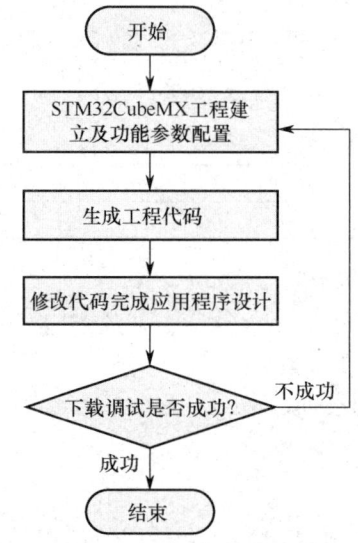

图 5-22　基于 HAL 库的软件设计流程图

2. 具体步骤

（1）新建 STM32CubeMX 工程，选择设计采用的 MCU。 在 D 盘或其他盘目录下新建一个文件夹，用来存放后面建立的 STM32CubeMX 工程。需要注意的是，所建工程文件名最好由英文字母组成，且存储路径也最好是英文的。

打开 STM32CubeMX 软件，在主界面中可以采用两种方式新建工程：①通过单击 "New Project" 选项中的 "ACCESS TO MCU SELECTOR" 按钮进行创建；②依次选择菜单栏中的 "File" → "New Project" 选项新建一个工程，如图 5-23 所示。

在弹出 MCU 设置界面中选择相应的微控制器芯片，如图 5-24 所示，这里使用的是 STM32F103ZET6 的 LQFP 封装的 144 个引脚芯片，用户可根据自己使用的芯片进行设置。具体操作如下：首先在 "Core" 选项页中选择所用 MCU 对应的内核，如 "ARM Cortex-M3"，然后在 "Series" 选项页中选择对应的系列，如 "STM32F1"，最后在右侧 "MCUs/MPUs List:125 items" 选项页中找到该系列下所使用的微控制器芯片型号，选中并单击对应芯片型号，在 "MCUs/MPUs List:125 items" 选项页上方会显示该芯片对应的基本信息，如存储器容量、主频、芯片参考价格等。上述选择具体微控制器芯片的操作也可以通过在搜索栏内直接输入芯片型号（采用搜索方式）来快速完成。

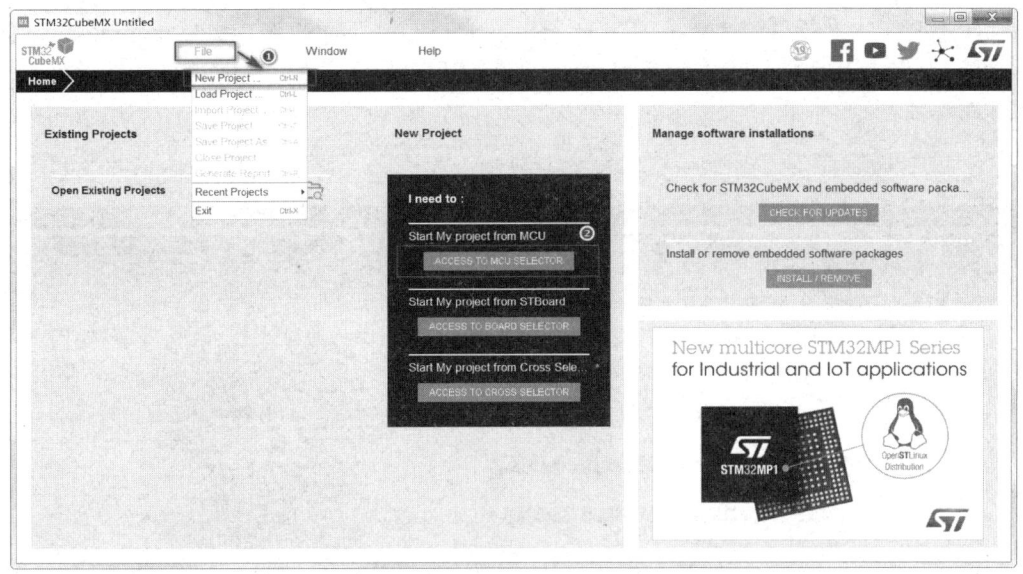

图 5-23   在 STM32CubeMX 主界面中新建工程

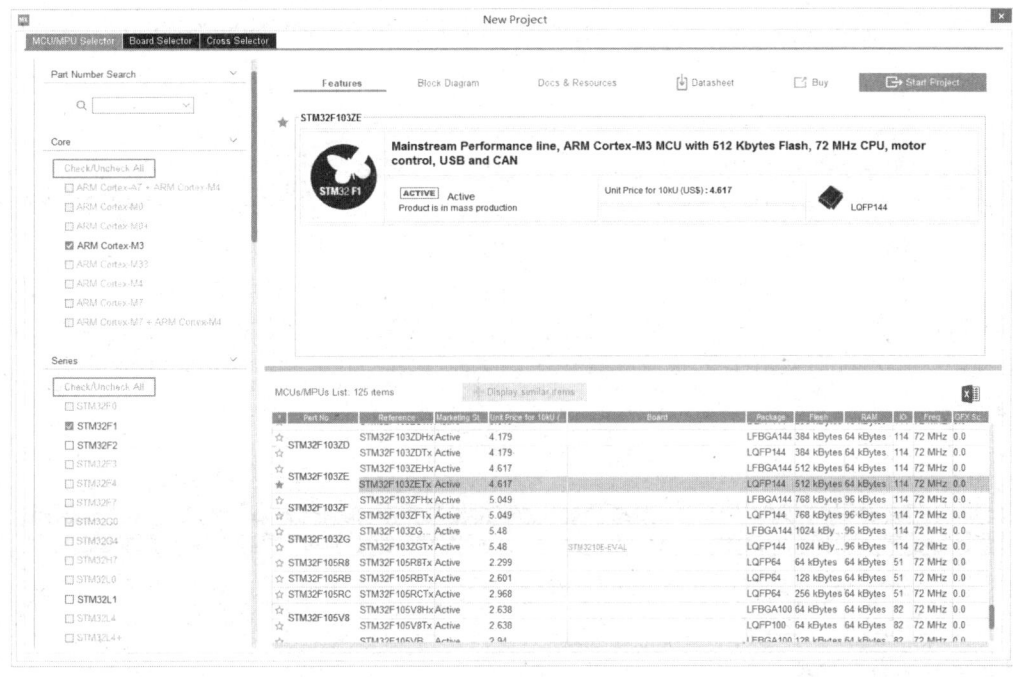

图 5-24   芯片选择界面

"Board Selector"属性页中的选项是可以选择默认值的,在该属性页中主要针对的是 ST 公司的开发板,如 Nucleo 系列、Discovery 系列和 EvalBoard 系列等,若用户有相应的开发板,则可以进行选择,ST 公司为各个开发板提供了相当丰富的例程供用户参考。

(2) **STM32CubeMX 功能参数配置。**在"New Project"对话窗完成 MCU 的相关设置后,双击所选择的具体芯片,进入 STM32CubeMX 的主界面,在此界面中进行芯片引脚功能、时钟等的配置。

① **RCC 和时钟配置。**在 STM32CubeMX 的主界面的左侧"Pinout&Configuration"选项页中,依次选择"Categories"→"System Core"→"RCC"选项,时钟信号选择 High Speed

Clock（HSE）作为系统的外部时钟源，在 HSE 下拉列表中选择"Crystal/Ceramic Resonator"（晶振/陶瓷谐振器）选项，在 Low Speed Clock（LSE）下拉列表中选择"Disable"选项，如图 5-25 所示。

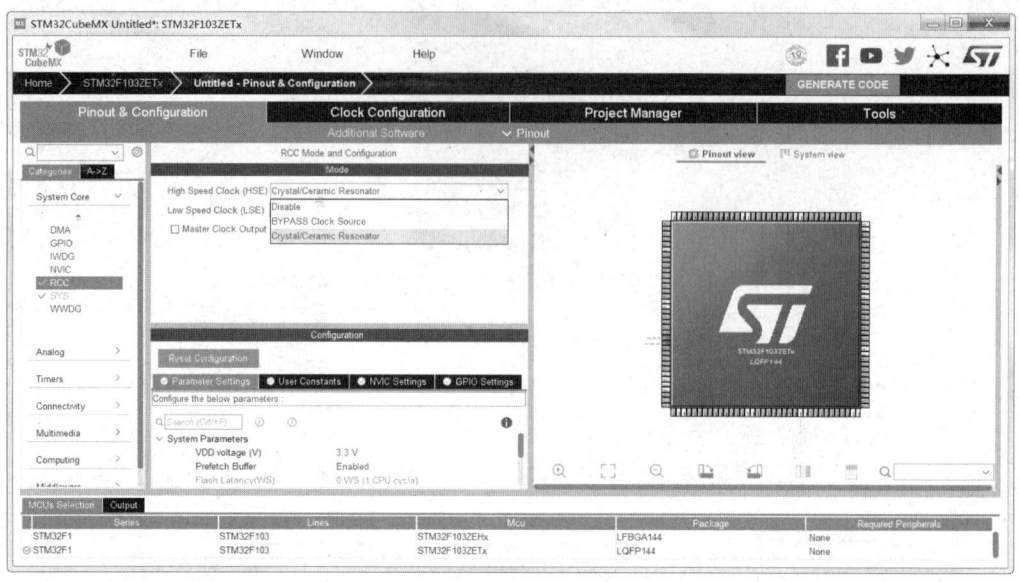

图 5-25　RCC 配置界面

时钟树配置：STM32F103 系列芯片最大时钟为 72MHz，系统采用外部高速时钟，默认的 APB2 为 72MHz，APB1 为 36MHz，STM32CubeMX 可通过图形化方式进行直观配置。

单击"Clock Configuration"选项页，进行时钟配置，这里采用 HSE 外部晶振，频率为 8MHz，通过 PLL 的 9 倍频使系统时钟 SYSCLK 的频率为 72MHz，即 HCLK 最大频率为 72MHz，APB2 时钟频率与 HCLK 频率相同，所以不需要分频，即 PCLK2=HCLK=72MHz，HCLK 经 2 分频得到 APB1 的时钟频率为 PCLK1=36MHz。STM32 时钟树配置界面如图 5-26 所示。

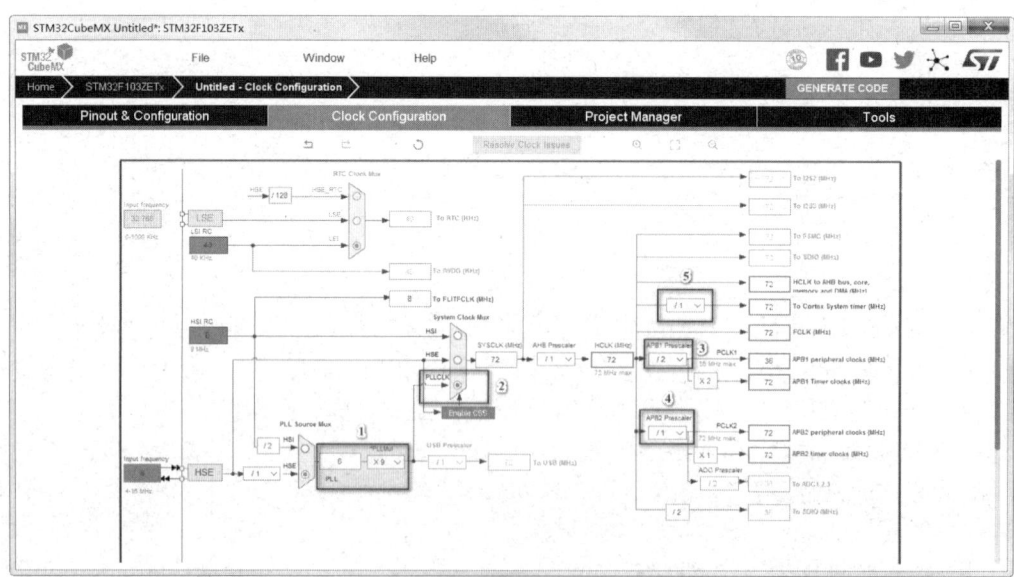

图 5-26　STM32 时钟树配置界面

② **MCU 引脚选择**。在 STM32CubeMX 主界面的左侧"Pinout & Configuration"选项页中，依次选择"Categories"→"System Core"→"GPIO"选项，在 STM32CubeMX 主界面的右侧"Pinout view"芯片引脚图中选中 PE5、PB5 引脚，将这两个引脚设置为"GPIO_Output"，如图 5-27 所示。黄色（图中为白色）引脚表示该引脚的 GPIO 已用作其他功能，用户可以不用关心，绿色（图中为深色）引脚表示该 GPIO 引脚功能已被使用，灰色引脚代表该 GPIO 引脚未被使用。由于引脚较多，不易寻找，可以在芯片引脚图下方的搜索框中输入具体的引脚直接搜索，搜索到的引脚会以闪烁的形式出现。

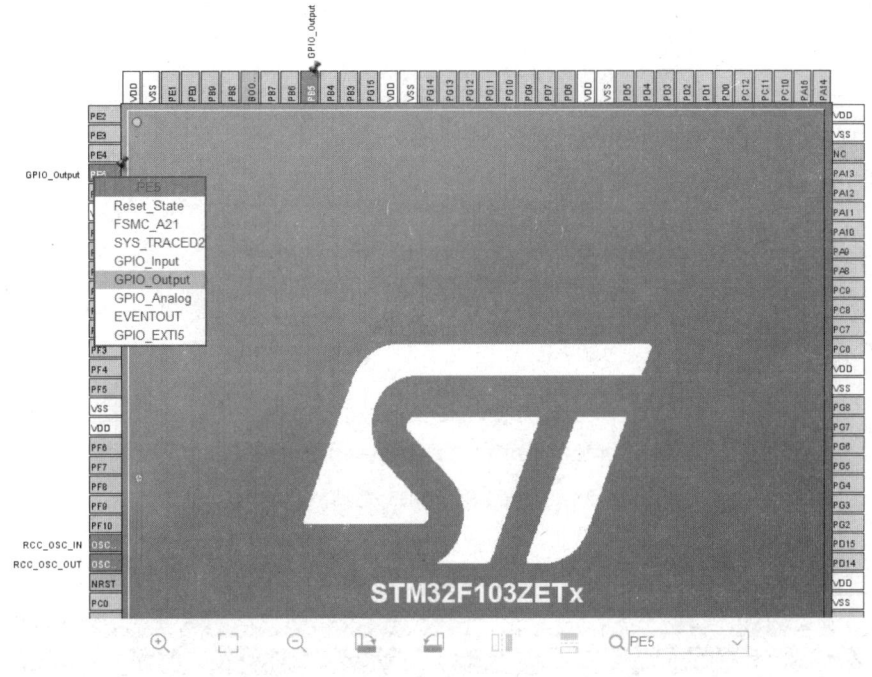

图 5-27　配置 MCU 的 PE5、PB5 引脚界面

③ **GPIO 引脚参数配置**。选择好引脚后，在左侧"Pinout & Configuration"选项页下显示所选择的引脚，选择"GPIO"选项，对应显示所有引脚的参数设置表，设置相应参数，如输出电平（GPIO output）、模式（GPIO mode）、用户标签（User Label）等，如图 5-28 所示。

（3）生成工程代码。STM32CubeMX 功能参数配置好后，需要对工程的存放位置、使用何种开发环境等内容进行工程管理设置，设置完成后才可以生成工程代码。

首先，单击 STM32CubeMX 主界面中的"Project Manager"菜单栏，在弹出的界面中单击"Project"按钮，如图 5-29 所示，在"Project Settings"选区中的"Project Name"文本框中输入项目名称"Demo_GPIO"（用户可以自己定义，项目名称一般应反映项目内容，便于管理），在"Project Location"文本框右侧单击"Browse"按钮选择工程存放的位置（注：英文路径）。"Application Structure"（工程架构，即应用程序架构）下拉列表中有两个选项，即"Basic"选项和"Advanced"选项，"Basic"选项为基础架构，不包括中间件（如 RTOS、文件系统）等。本实例选择默认的"Basic"选项即可。在"Toolchain/IDE"下拉列表中选择编译工程所使用的编译器，这里选择"MDK-ARM V5"选项。

设置生成工程代码相关的功能选项，单击"Code Generator"按钮，进入如图 5-30 所示的界面。

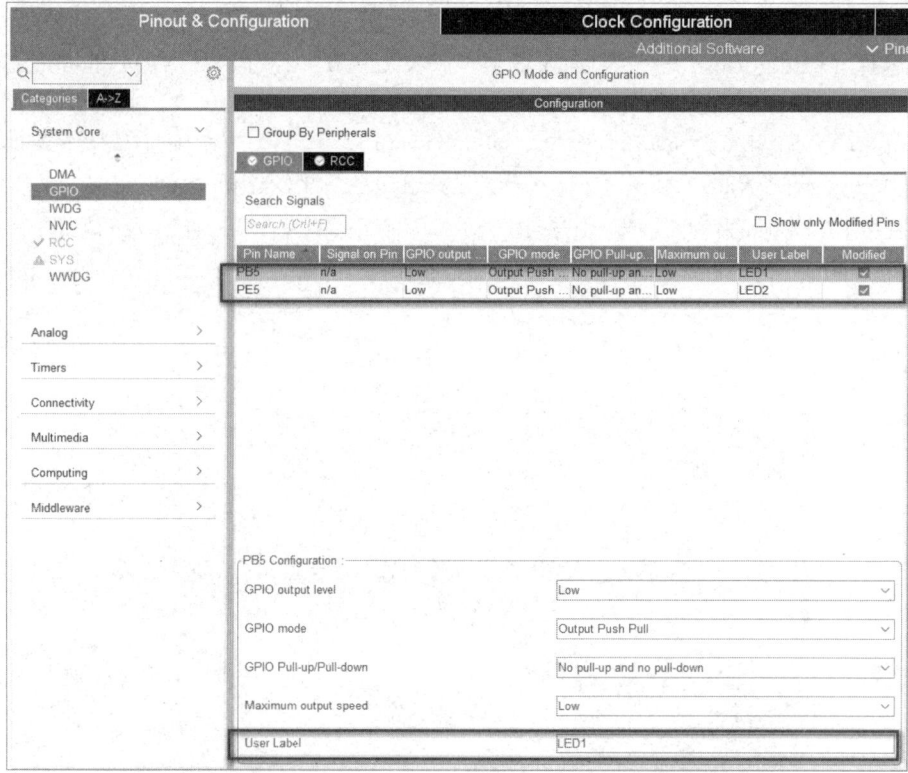

图 5-28　配置 PE5、PB5 引脚参数界面

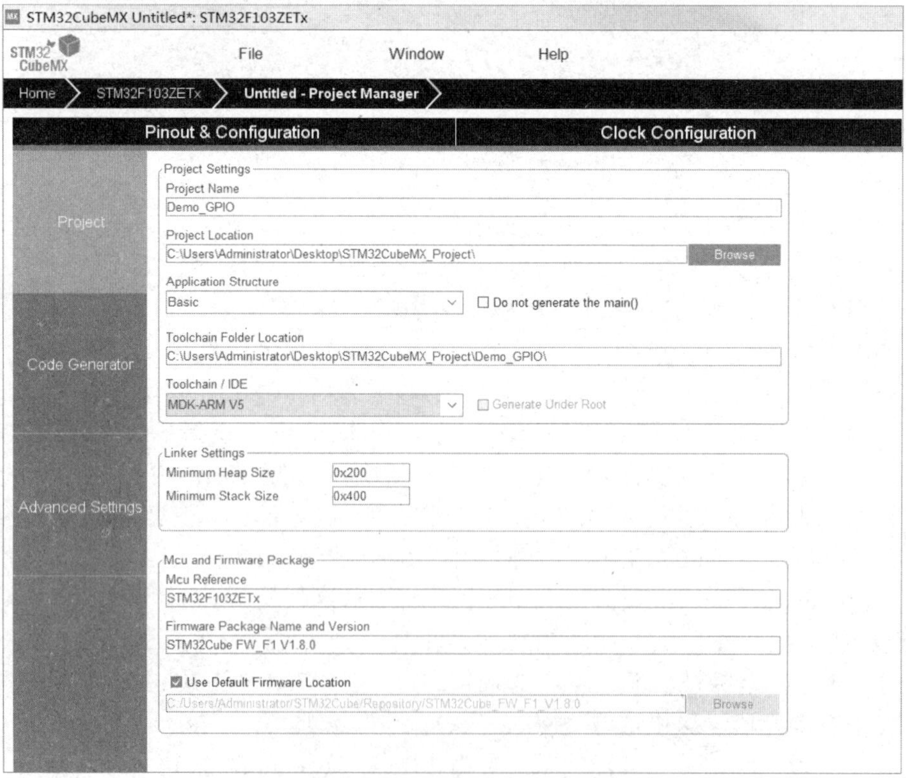

图 5-29　工程参数设置界面

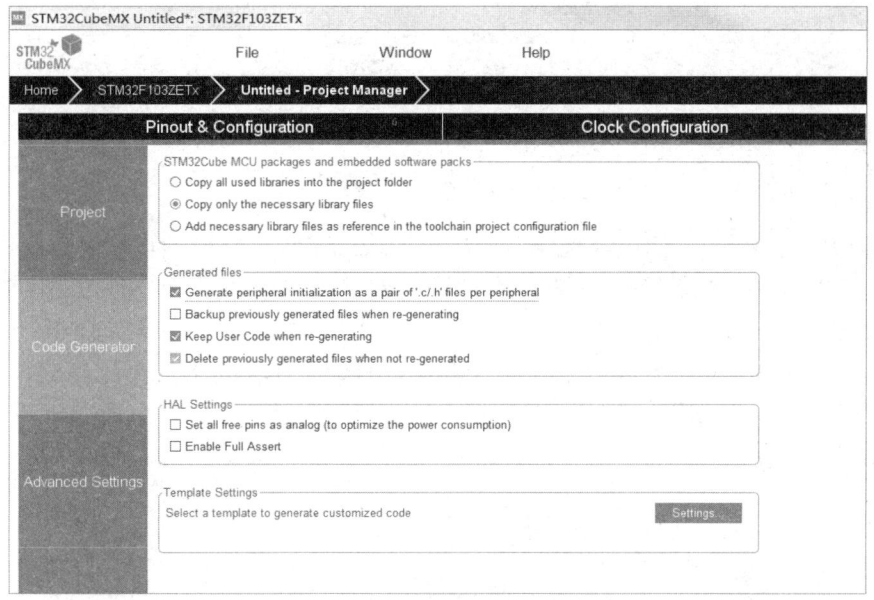

图 5-30　代码生成器设置界面

在"STM32Cube MCU packages and embedded software packs"选区中选择工程所要包含的函数库。

第 1 个单选项"Copy all used libraries into the project folder"是将所有的库文件都复制到工程项目中，此选项最终生成的工程文件较多。

第 2 个单选项"Copy only the necessary library files"是将当前工程用到的库文件复制到工程项目中，即仅复制工程所必需的库文件，此选项生成的工程文件较少。

第 3 个单选项"Add necessary library files as reference in the toolchain project configuration file"是在项目配置文件中添加必需的库文件作为参考，即没有复制 HAL 库文件，只包含 main.c 等文件。本实例选择第二个选项仅复制必要的库文件即可。

在"Generated files"选区中有以下 4 个复选框供用户选择。

第 1 个复选框"Generate peripheral initialization as a pair of'.c/.h' files per peripheral"是指项目工程文件的每个外设都生成独立的'.c/.h'文件。

第 2 个复选框"Backup previously generated files when re-generating"是指在重新生成工程代码时备份以前生成的文件，即重新生成工程代码时，会在项目目录下生成一个名为 Backup 的文件夹，用于存放之前的源文件。

第 3 个复选框"Keep User Code when re-generating"是指在重新生成工程代码时保留用户编写的代码，即应用程序应写在规定的位置，即/* USER CODE BEGIN x */和/* USER CODE END x */之间，这样在重新生成项目代码时，应用程序代码不会被删除。

第 4 个复选框"Delete previously generated files when not re-generated"是指删除以前生成但现在没有生成的文件。如果之前生成了 gpio.c 文件，现在重新配置没有再用到该文件，则重新生成项目代码时就会删除与 gpio.c 相关的文件。

以上参数设置好后，单击"GENERATE CODE"按钮，即可生成对应工程代码，成功后弹出如图 5-31 所示的对话框，提示代码生成成功，用户可以根据下一步需要选择打开/关闭文件夹及打开/关闭项目。至此，利用 STM32CubeMX 完成了工程代码的生成，后续就可以进行应用程序的编写了。

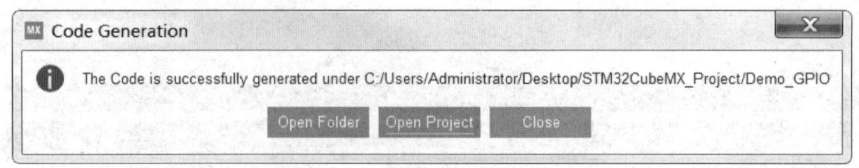

图 5-31　工程代码生成成功对话框

（4）编写应用程序。 利用 STM32CubeMX 生成的工程编写应用程序时，用户功能代码（应用程序）的编写位置是有要求的，用户自己编写的应用程序需要放在/* USER CODE BEGIN x */和/* USER CODE END x */之间，若将应用程序写在其他地方，则在使用 STM32CubeMX 重新配置和生成工程时，会删除该代码。本实例的应用程序应写在/* USER CODE BEGIN 3 */和/* USER CODE END 3 */之间，相关代码如下。

```
while (1)
{
  /* USER CODE END WHILE */
  /* USER CODE BEGIN 3 */
    HAL_GPIO_TogglePin(LED1_GPIO_Port,LED1_Pin); //LED1-PB5 状态翻转
    HAL_Delay(100); //延时 100ms
    HAL_GPIO_TogglePin(LED2_GPIO_Port,LED2_Pin); //LED2-PE5 状态翻转
    HAL_Delay(100); //延时 100ms
}
  /* USER CODE END 3 */
```

3. 下载调试验证

在/* USER CODE BEGIN 3 */和/* USER CODE END 3 */之间添加应用程序代码后，需要配置 Keil 的相关工程，然后重新编译。单击 Keil 工具栏的"Options for Target"按钮，打开配置窗口界面，在"Target"选项页中将"Xtal(MHz)"文本框中的值改为 8.0，即采用 8MHz 外部晶振，如图 5-32 所示。

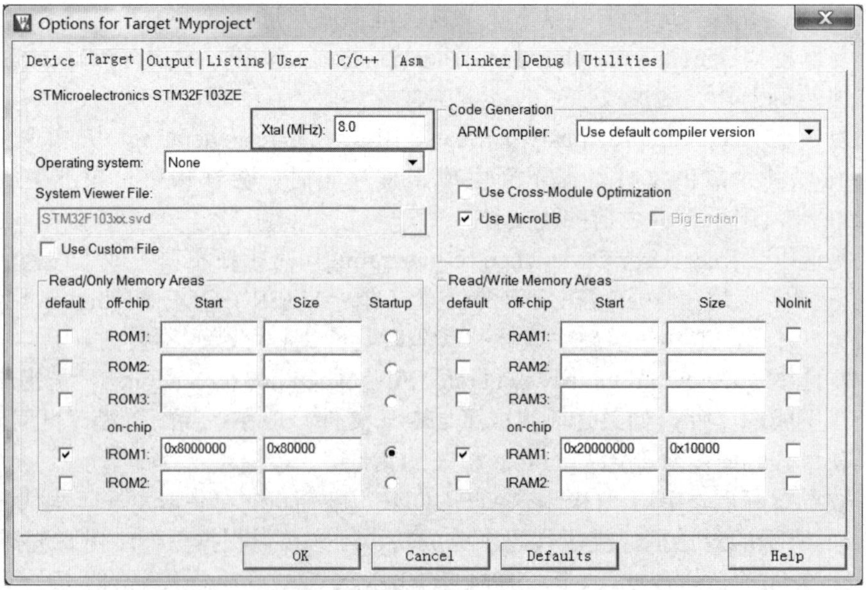

图 5-32　外部晶振设置界面

在"Output"选项页中,勾选"Create HEX File"复选框,如图 5-33 所示,在工程重新编译后,会生成相应的 HEX 文件。

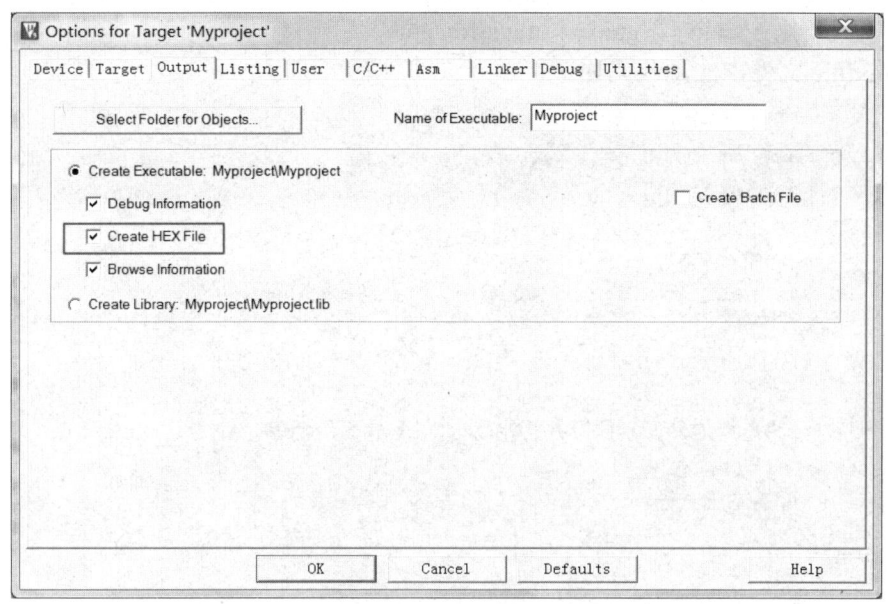

图 5-33　勾选"Create HEX File"复选框界面

在"Debug"选项页中,根据所使用的开发板下载调试工具选择相应的选项,这里选择"ST-Link Debugger"选项,如图 5-34 所示。

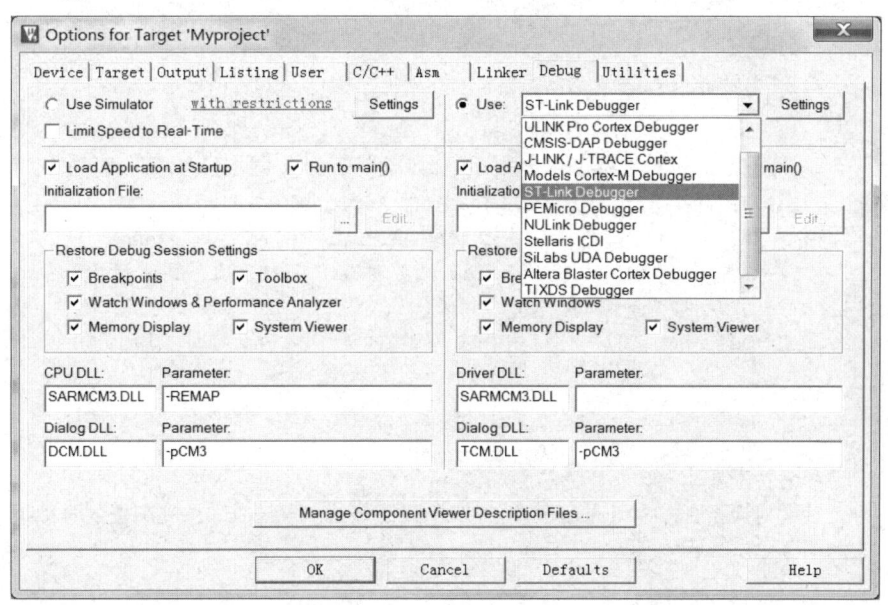

图 5-34　STM32 下载调试工具界面

设置完成后,在 Keil 主界面的工具栏中单击"Build"按钮(F7),进行重新编译。编译完成后,将开发板通过 USB 线与计算机进行连接,通过 Keil 主界面的工具栏中的"Download"按钮将编译通过的程序下载到开发板,下载完成后,可以通过观察开发板上相应 LED 灯的闪烁情况来验证程序的正确性。

4. GPIO 工程源代码解析

为加深对 HAL 库的理解，针对 LED 灯闪烁工程分别对相关源代码进行解析，该工程共有 4 个文件，分别是 main.c、gpio.c、main.h、gpio.h。

（1）main.c 文件中的源代码如下。

```
    /* Includes 头文件*/
#include "main.h"
#include "gpio.h"

    /* 函数声明 */
void SystemClock_Config(void); //设置系统时钟

int main(void)
{
    /* 将所有的外设复位，并初始化 Flash 和系统滴答时钟 SysTick */
  HAL_Init();
    /*配置系统时钟*/
  SystemClock_Config();
   /**
    *GPIO 初始化，函数实现定义在 gpio.c 文件中
    *此代码对应于 STM32CubeMX 中的 "Pinout & Configuration" 设置的
    引脚参数
    */
  MX_GPIO_Init();
  while (1)
  {
    //以下为用户编写的应用程序

      /*调用 HAL_GPIO_TogglePin 函数使 LED1-PB5 状态翻转 */
    HAL_GPIO_TogglePin(LED1_GPIO_Port,LED1_Pin);
    HAL_Delay(100); //调用 HAL 库函数 HAL_Delay 延时 100ms
      /*调用 HAL_GPIO_TogglePin 函数使 LED2-PE5 状态翻转 */
    HAL_GPIO_TogglePin(LED2_GPIO_Port,LED2_Pin);
    HAL_Delay(100); //调用 HAL 库函数 HAL_Delay 延时 100ms
  }
}
/**
  *系统时钟配置
  *此代码对应于 STM32CubeMX 中的 "Clock Configuration" 配置的时钟系统操作，
   如图 5-35 所示
*/
void SystemClock_Config(void)
{
    /*OSC 外部晶振初始化结构体变量，用于打开 HSE，设置 PLL 等 */
  RCC_OscInitTypeDef RCC_OscInitStruct = {0};
    /*SYSCLK 初始化结构体变量，用于选择 SYSCLK 的时钟源、设置 AHB 预分频系数*/
  RCC_ClkInitTypeDef RCC_ClkInitStruct = {0};
```

```
    /* 为 RCC_OscInitStruct 的成员赋值，用于选择系统时钟源,
        设置 PLL、PLLMul 的值等 */
    RCC_OscInitStruct.OscillatorType = RCC_OSCILLATORTYPE_HSE;
    //HSE 为外部晶振 8MHz
    RCC_OscInitStruct.HSEState = RCC_HSE_ON; //打开 HSE
    RCC_OscInitStruct.HSEPredivValue = RCC_HSE_PREDIV_DIV1;
    //设置 HSE 预分频系数为1
    RCC_OscInitStruct.HSIState = RCC_HSI_ON;
    //打开 HSI（高速内部时钟，HSI=8MHz）
    RCC_OscInitStruct.PLL.PLLState = RCC_PLL_ON;//打开 PLL
    RCC_OscInitStruct.PLL.PLLSource = RCC_PLLSOURCE_HSE;
    //PLL 的输入时钟选择为 HSE
    RCC_OscInitStruct.PLL.PLLMUL = RCC_PLL_MUL9;
    //设置 PLLMUL 为 9，8 倍频到 72MHz
        /**
         *调用 HAL_RCC_OscConfig()函数对时钟系统进行初始化配置
         * 通过 if 语句判断初始化设置是否成功，若初始化设置不成功，则由
Error_Handler()进行处理
         */
    if (HAL_RCC_OscConfig(&RCC_OscInitStruct) != HAL_OK)
    {
        Error_Handler();//出错处理函数
    }

        /**
         *为 RCC_ClkInitStruct 的成员赋值，用于选择 SYSCLK 的时钟源
         * 设置 AHB、APB1、APB2 的时钟
         *此代码对应于 STM32CubeMX 中的"Clock Configuration"配置的时钟系统操
作，如图 5-36 所示*/
    RCC_ClkInitStruct.ClockType = RCC_CLOCKTYPE_HCLK|RCC_CLOCKTYPE_SYSCLK
                            |RCC_CLOCKTYPE_PCLK1|RCC_CLOCKTYPE_PCLK2;
        /*将 SYSCLK 的时钟源选为 PLLCLK */
    RCC_ClkInitStruct.SYSCLKSource = RCC_SYSCLKSOURCE_PLLCLK;
        /* 将 AHB Prescaler 的分频值设为 1，AHB 时钟频率=72MHz*/
    RCC_ClkInitStruct.AHBCLKDivider = RCC_SYSCLK_DIV1;
        /* 将 APB1 Prescaler 的分频值设为 2，APB2 时钟频率=PCLK1=36MHz*/
    RCC_ClkInitStruct.APB1CLKDivider = RCC_HCLK_DIV2;
        /*将 APB2 Prescaler 的分频值设为 1，APB2 时钟频率=PCLK2=72MHz */
    RCC_ClkInitStruct.APB2CLKDivider = RCC_HCLK_DIV1;
        /**
         *判断 SYSCLK 时钟初始化配置是否成功，若初始化配置不成功，则由
Error_Handler()进行处理
         */
    if (HAL_RCC_ClockConfig(&RCC_ClkInitStruct, FLASH_LATENCY_2) != HAL_OK)
    {
      Error_Handler();
    }
    }
        /* 错误处理函数 */
```

```
void Error_Handler(void)
{
//错误处理代码由用户编写
}
    /* 断言函数，若使用断言函数，则需要定义宏 USE_FULL_ASSERT ，
       这里没有使用断言函数*/
#ifdef  USE_FULL_ASSERT
void assert_failed(uint8_t *file, uint32_t line)
{
//断言失败函数，具体处理代码由用户编写
}
#endif /* USE_FULL_ASSERT */
```

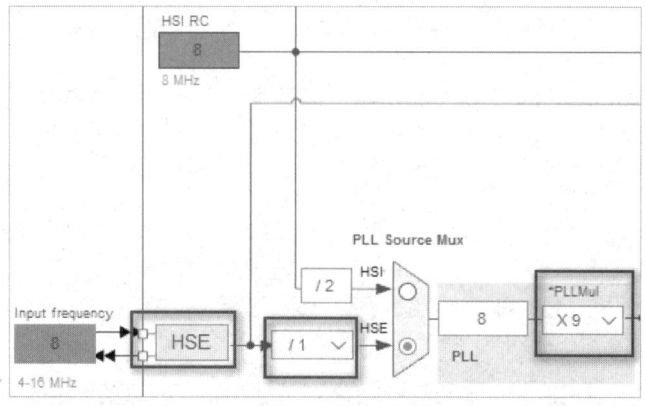

图 5-35　STM32CubeMX 中的 OSC 配置

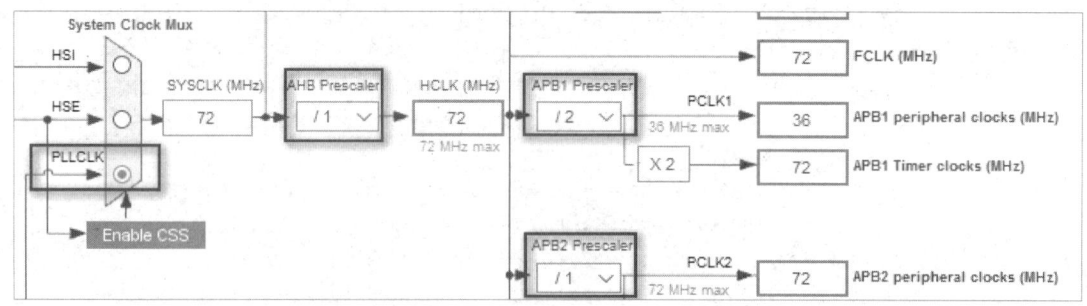

图 5-36　STM32CubeMX 中的 SYSCLK 配置

（2）gpio.c 文件中的源代码如下。

```
/* Includes 头文件*/
#include "gpio.h"

    /**
    *GPIO 初始化的方式与标准外设库 GPIO_Init 的初始化方式类似
    *此代码对应于 STM32CubeMX 中的 "Pinout & Configuration" 设置
      的引脚参数，如图 5-37 所示
    */

void MX_GPIO_Init(void)
```

```
{
    GPIO_InitTypeDef GPIO_InitStruct = {0};

    /* 使能 GPIOB、GPIOE 端口时钟 */
    __HAL_RCC_GPIOE_CLK_ENABLE();
    __HAL_RCC_GPIOB_CLK_ENABLE();
    /* 配置 GPIO 初始引脚 LED2-PE5 为低电平 */
    HAL_GPIO_WritePin(LED2_GPIO_Port, LED2_Pin, GPIO_PIN_RESET);

    /* 配置 GPIO 初始引脚 LED1-PB5 为低电平 */
    HAL_GPIO_WritePin(LED1_GPIO_Port, LED1_Pin, GPIO_PIN_RESET);

    /* LED2-PE5 引脚参数配置 */
    GPIO_InitStruct.Pin = LED2_Pin; //I/O 引脚设置为 LED2-PE5
    GPIO_InitStruct.Mode = GPIO_MODE_OUTPUT_PP;  //引脚模式设置为推挽输出模式
    GPIO_InitStruct.Pull = GPIO_NOPULL;          //无上拉
    GPIO_InitStruct.Speed = GPIO_SPEED_FREQ_LOW; //输出速度为低速
    HAL_GPIO_Init(LED2_GPIO_Port, &GPIO_InitStruct);
    //调用初始化函数初始化 PE5

    /* LED1-PB5 引脚参数配置 */
    GPIO_InitStruct.Pin = LED1_Pin; //I/O 引脚设置为 LED1-PB5
    GPIO_InitStruct.Mode = GPIO_MODE_OUTPUT_PP;  //引脚模式设置为推挽输出模式
    GPIO_InitStruct.Pull = GPIO_NOPULL;          //无上拉
    GPIO_InitStruct.Speed = GPIO_SPEED_FREQ_LOW; //输出速度为低速
    HAL_GPIO_Init(LED1_GPIO_Port, &GPIO_InitStruct); //调用初始化函数初始化 PB5
}
```

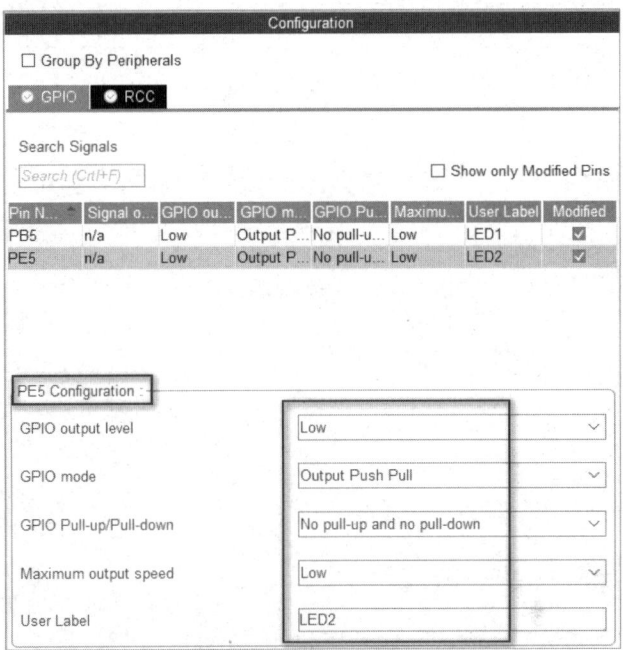

图 5-37　STM32CubeMX 中的 LED2-PE5 配置界面

（3）**main.h** 文件中的源代码如下。

```
/*条件编译，防止头文件被重复包含*/
#ifndef __MAIN_H
#define __MAIN_H

#ifdef __cplusplus
extern "C" {
#endif

/* Includes 头文件，stm32f1xx_hal.h 头文件很重要*/
#include "stm32f1xx_hal.h"

/* 函数声明 */
void Error_Handler(void);

/* 端口引脚的宏定义，方便修改 */
#define LED2_Pin GPIO_PIN_5
#define LED2_GPIO_Port GPIOE
#define LED1_Pin GPIO_PIN_5
#define LED1_GPIO_Port GPIOB

#ifdef __cplusplus
}
#endif

#endif /* __MAIN_H */
```

（4）**gpio.h** 文件中的源代码如下。

```
/* 条件编译，防止头文件被重复包含*/
#ifndef __gpio_H
#define __gpio_H
#ifdef __cplusplus
extern "C" {
#endif

/* Includes 头文件*/
#include "main.h"

/* 函数声明 */
void MX_GPIO_Init(void);
#ifdef __cplusplus
}
#endif
#endif /*__ pinoutConfig_H */
```

5.4.3　基于 HAL 库开发的一般流程

无论是基于标准外设库还是基于 HAL 库进行 STM32 开发，其基本思路大同小异，基于 HAL 库的开发主要有以下流程。

1. 开启系统时钟

在 STM32CubeMX 主界面的"Pinout & Configuration"选项页中将 RCC 系统外部时钟源设置为 HSE，在"HSE"下拉列表中选择"Crystal/Ceramic Resonator"（晶振/陶瓷谐振器），本节采用的外部时钟频率为 8MHz。

2. 配置系统时钟树，开启相应外设时钟

在 STM32CubeMX 主界面的"Clock Configuration"选项页中将外部的 8MHz 晶振经 PLL 9 倍频得到 72MHz 的系统时钟，然后设置相应外设时钟，如 APB1 为系统时钟的 2 分频，其频率为 36MHz，APB2 的频率与系统时钟的频率相同。

3. 外设参数配置

在 STM32CubeMX 主界面的"Pinout& Configuration"选项页中对片上外设进行功能配置，如配置 GPIO、ADC、定时器等，并在相应的"Configuration"选区中设置相应的配置参数，如 GPIO 引脚、NVIC 等参数。

4. 生成工程代码

STM32CubeMX 配置完成后，设置好工程所要存放的位置及所使用的集成开发环境，生成工程代码。

5. 应用程序编写

工程代码生成后，可以在 Keil 开发工具中编写应用程序，实现相应功能。一般建议将应用程序写在默认的用户代码段/* USER CODE BEGIN x */和/* USER CODE END x */之间，这样再重新使用 STM32CubeMX 生成代码时，用户自己编写的代码段就不会被覆盖。

5.5　编程思想之模块化编程

在掌握 HAL 库函数的基础上，可进一步学习与拓展。

1. 通过已有的库函数实现更为复杂的功能函数，通过对函数的进一步封装，来简化函数调用

例如，通过 HAL 库的 WritePin()函数和 ReadPin()函数，实现 TogglePin()函数的（I/O 状态翻转）功能，代码如下。

```
/**
 * 功能描述：自定义的I/O状态翻转函数 TogglePin
 * 输入参数1：GPIOx 为引脚端口号，取值范围为 GPIOA~GPIOG；
 * 输入参数2：GPIO_Pin 为端口引脚，取值范围为 GPIO_PIN_0~GPIO_PIN_15。
 * 输入参数3：time 为延时时间，单位为ms。
 * 无返回值
 */
void BSP_GPIO_TogglePin(GPIO_TypeDef *GPIOx, uint16_t GPIO_Pin,
uint16_t time)
    HAL_GPIO_WritePin(GPIOx,GPIO_Pin,(GPIO_PinState)((1-
HAL_GPIO_ReadPin(GPIOx,GPIO_Pin))));
```

```
    HAL_Delay(h);
    }
```

在主函数中通过以下代码，实现函数调用。

```
int main(void)
{
    ...
    MX_GPIO_Init();  // I/O 引脚硬件驱动配置初始化
    while (1)
    {
        //将 PE5 引脚状态每隔 100ms 进行翻转
        BSP_GPIO_TogglePin(GPIOE,GPIO_PIN_5,100);
    }
}
```

2. 模块化编程——BSP 板级驱动函数设计

嵌入式开发中，软件是配合硬件进行设计的，特别是硬件驱动及初始化程序紧密结合特定的 MCU，而不同项目的硬件（特定的开发板）差异很大，造成模块代码可重用性不高，且不易修改，因此嵌入式开发中有一个很重要的分层设计思想，采用结构化、模块化设计思想对底层硬件进行封装，并为上层提供接口调用支持。BSP（Board Support Packages，板级支持包）就是一个介于应用程序层和硬件抽象层之间的功能模块层，它包括系统中大部分与硬件相关的软件模块，在功能上包含两部分：系统初始化和与硬件相关的设备驱动（主要是片外功能模块，如 OLED 屏、GSM 模块、键盘等）。

对于 STM32 而言，硬件抽象层（Hardware Abstraction Layer，HAL）就是 STM32F1 的片上外设驱动包，如 GPIO、中断、定时器、ADC 等，其架构和使用方法与 STM32F1 的标准外设库的架构和使用方法基本一致。

针对 STM32 开发，BSP 板级驱动函数是在 HAL 库的基础上进行再次抽象和封装。BSP 与 HAL 的层次结构图如图 5-38 所示。

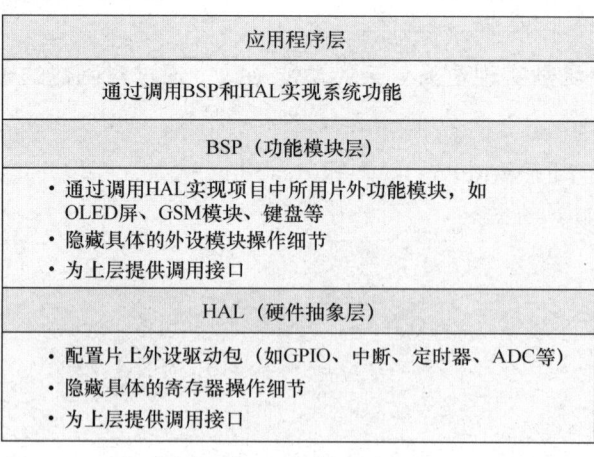

图 5-38　BSP 与 HAL 的层次结构图

BSP 的设计包括两部分：嵌入式系统的初始化和与硬件相关的设备驱动。其中，与硬件相关的设备驱动主要通过对片外功能模块设备的底层硬件驱动配置进行封装，将硬件进行抽象化，屏蔽底层硬件的差异性，隐藏具体的硬件操作，接口供操作系统及应用程序调用，即无论使用哪种 MCU，都只需修改少量底层驱动代码而不需要修改业务逻辑代码，就可以调用相同的接口函数实现对外设的控制，即可实现跨平台功能函数的移植。

模块化的板级驱动函数编程设计以.c 源文件和.h 头文件的形式实现，.c 源文件是具体业务逻辑实现，即功能函数实现，包含一个或多个具体的功能函数；.h 头文件则用于声明.c 源文件中的功能函数，用于隔离和封装底层具体硬件的宏定义及枚举类型、结构体类型等数据类型的定义，如将微控制器的具体引脚和寄存器用#define 宏定义为通用的名称，后续工程移植时只需修改具体引脚或寄存器即可。

因工业设备上多以 LED 灯闪烁作为硬件设备发生故障时的提示，以板级驱动函数为例，简单介绍模块化的 BSP 板级驱动函数的设计思路。

（1）**led.h** 头文件的源代码如下。

```
#ifndef __LED_H__
#define __LED_H__
#include "stm32f1xx_hal.h"
//采用宏定义，将指示灯 LED0 连接的引脚和端口分别定义一个别名
#define led0_port GPIOC
#define led0_pin GPIO_PIN_3
//采用宏定义，将指示灯 LED1 连接的引脚和端口分别定义一个别名
#define led1_port GPIOE
#define led1_pin GPIO_PIN_5
//采用宏定义，将指示灯 LED2 连接的引脚和端口分别定义一个别名
#define led2_port GPIOB
#define led2_pin GPIO_PIN_5
//声明函数
void BSP_LED_On(uint16_t number);
void BSP_LED_Off(uint16_t number);
#endif
```

（2）**led.c** 源文件。

在 led.c 源文件中设计一个 void BSP_LED_On (uint16_t led_unmber)和 void BSP_LED_Off (uint16_t led_unmber)函数，其中形参 led_unmber 为开发板上具体对应某个设备指示灯的编号，取值为 0、1 或 2，相关代码如下。

```
#include "stm32f1xx_hal.h"
#include "led.h"
//指示灯点亮函数，GPIO 引脚为低电平时有效
void BSP_LED_On (uint16_t led_unmber)
{
    switch(led_unmber)
    {
        case 0:
            HAL_GPIO_WritePin(led0_port, led0_pin,GPIO_PIN_RESET);
            break;
        case 1:
            HAL_GPIO_WritePin(led1_port, led1_pin,GPIO_PIN_RESET);
            break;
        case 2:
            HAL_GPIO_WritePin(led2_port, led2_pin,GPIO_PIN_RESET);
```

```
            break;
        default:
            break;
    }
}
//指示灯熄灭函数，GPIO 引脚为高电平时有效
void BSP_LED_Off (uint16_t led_unmber)
{
    switch(led_unmber)
    {
        case 0:
            HAL_GPIO_WritePin(led0_port, led0_pin,GPIO_PIN_SET);
            break;
        case 1:
            HAL_GPIO_WritePin(led1_port, led1_pin,GPIO_PIN_SET);
            break;
        case 2:
            HAL_GPIO_WritePin(led2_port, led2_pin,GPIO_PIN_SET);
            break;
        default:
            break;
    }
}
```

将指示灯以模块化的方式设计完成后，通过#include "led.h"就可以在主程序中调用 led.c 所对应的功能函数，从而实现具体功能。

模块化编程设计思想，主要是针对外围电路模块，为达到模块单元的通用性及屏蔽底层硬件的差异性的目的，对功能单元进行设计，从而实现简化程序移植过程，读者可根据自身经验进行模块化设计。

本章小结

1. GPIO 端口对外表现为"引脚"，是微控制器感知和控制外部世界的触角。嵌入式系统中，通过引脚输出高/低电平控制 LED 灯、蜂鸣器、继电器等外部设备；通过读取引脚的高/低电平状态，获取按键、中断信号及各类传感器的信息输入。

2. GPIO 的所有操作，最终目的都是操作寄存器。

3. STM32 微控制器的 GPIO 有两个重要的概念：端口和引脚。端口就是一些寄存器，引脚对应微控制器的一个引脚，STM32 将 GPIO 分成了很多组，如 GPIOA、GPIOB、GPIOC 等，一组端口最多包含 16 个引脚。STM32F103ZET6 共有 7 组 GPIO 端口（GPIOA～GPIOG），每组端口均有 16 个引脚。

4. STM32 的 GPIO 共有 8 种工作模式，包括 4 种输出模式：推挽输出模式、开漏输出模式、复用推挽输出模式、复用开漏输出模式；4 种输入模式：上拉输入模式、下拉输入模式、浮空输入模式、模拟输入模式。

GPIO 引脚的输出速度又称输出驱动电路的响应速度，通过选择合适的速度匹配不同的输出驱动模块，达到最佳的噪声控制和降低功耗的目的。

5．基于 HAL 库开发的一般流程：（1）在 STM32CubeMX 配置软件中开启系统时钟。（2）配置系统时钟树，开启相应外设时钟。（3）外设参数配置。（4）生成工程代码。（5）应用程序编写。

习题与思考

一、选择题

1．STM32 的 HAL 库和标准外设库中定义了很多布尔类型的常量，下列常量中属于复位、重置含义的是（　　　）。

 A．SET   B．RESET   C．ENABLE   D．DISABLE

2．对于 STM32 微控制器的 GPIO 模块描述中，（　　　）的说法不正确。

 A．I/O 引脚具备 5V 容限

 B．每个 I/O 引脚都具备中断功能

 C．I/O 引脚具备复用功能，可以设置为片内外设的功能引脚

 D．每个 I/O 引脚对应一个端口寄存器，可通过该硬件寄存器控制对应的引脚

3．如果要设置引脚 PE5 输出低电平，则下面（　　　）代码是正确的。

 A．HAL_GPIO_ReadPin(GPIOE, GPIO_PIN_5)

 B．HAL_GPIO_WritePin(GPIOE,GPIO_PIN_5,GPIO_PIN_RESET)

 C．HAL_GPIO_LockPin(GPIOE, GPIO_PIN_5, GPIO_PIN_RESET)

 D．HAL_GPIO_TogglePin(GPIOE, GPIO_PICN_5, GPIO_PIN_SET)

4．STM32 的 PA0 引脚与按键的连接电路如图 5-39 所示，则该引脚端口需要配置成（　　　）模式。

 A．输出   B．上拉输入

 C．下拉输入   D．复用第二功能输出

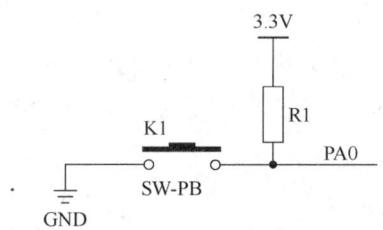

图 5-39　题 4 图

5．若当前连接 PB5 引脚的 LED 灯处于亮的状态，则连续执行 HAL_GPIO_TogglePin (GPIOB, GPIO_PIN_5)语句三次后，此时 LED 灯处于（　　　）状态。

 A．亮   B．灭   C．不确定   D．闪烁

二、填空题

1．GPIO 引脚的基本功能是_____。

2．通过阅读 STM32 标准外设库和 HAL 库的 GPIO 输入/输出函数源代码可以看出，其实质是通过操作_____来实现的。

3．RCC_APB2PeriphClockCmd(RCC_APB2Periph_GPIOC, ENABLE); 这句代码实现的功能是_____。

4．STM32 系列微控制器的 GPIO 配置成输出模式时，单个引脚的最大输出电流为_____mA，同时所有引脚总体输出电流不能超过_____mA，推挽输出模式下输出的高电平是_____V，GPIO 大部分引脚具备_____V 电压容限，容限即可以接受输入电压的最大值。

5．GPIO 的 HAL 库接口函数的源代码在源文件_____中，对应的头文件为_____。

三、判断题

1．使用 STM32CubeMX 生成的 Keil 工程代码，用户程序代码写在相应的"USER CODE BEGIN"和"USER CODE END"之间，再次使用 STM32CubeMX 修改参数配置并重新生成代码时，系统不会删除用户编写的程序代码。　　　　　　　　　（　　）

2．stm32f1xx_hal_gpio.h 文件是 GPIO 外设硬件驱动 HAL 库函数的源文件。　（　　）

3．对于同一个端口的多个引脚而言，如果配置参数相同，则可以按位或的方式来同时使用这些引脚。　　　　　　　　　　　　　　　　　　　　　　（　　）

4．GPIO 的输出模式有推挽输出、开漏输出、复用推挽输出和上拉输出模式。

（　　）

5．GPIO 多采用复用技术减少芯片引脚数量和降低功耗，使得大部分引脚兼有通用和专用功能。　　　　　　　　　　　　　　　　　　　　　　　　　（　　）

四、简答题

1．简述 I/O 引脚的通用功能和复用功能。

2．简述 STM32 推挽输出模式和开漏输出模式的区别及应用场合。

3．简述基于 HAL 库开发的一般流程。

五、综合应用题

1．蜂鸣器作为一种声音产生装置，根据结构和工作原理的不同，分为无源蜂鸣器和有源蜂鸣器。有源蜂鸣器内部自带了振荡电路，引脚有正、负之分，当两端加上电压时就会发声，发出的声音音调单一、频率固定。图 5-40 所示为蜂鸣器连接 STM32 微控制器的控制电路，请完成下列任务。

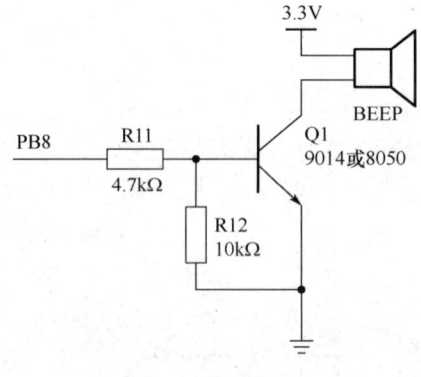

图 5-40　题图

（1）分析该控制电路的工作原理，三极管在此电路中的作用，BEEP 引脚是接高电平还是接低电平，才可以使 BEEP 发声？

（2）设计硬件电路，编写程序，实现系统上电后蜂鸣器发出一长两短的声音，其中长音持续的时间为 1s，短音持续的时间为 0.5s。

（3）分别利用两个按键 KEY1 和 KEY2 控制蜂鸣器发出不同频率的警报声，KEY1 按下，蜂鸣器发出救护车警报声，KEY2 按下，蜂鸣器发出火灾警报声（提示：利用 HAL_GPIO_WritePin()函数和延时函数，产生一段时间的 PWM 波，使蜂鸣器发出不同频率的声音）。

2．基于模块化编程思想，设计以下功能函数。

（1）BSP_LedOn(uint8_t　num)功能：点亮某个 LED 灯。

（2）BSP_LedOff(uint8_t　num)功能：熄灭某个 LED 灯。

（3）BSP_LedOnAll()功能：控制多个 LED 灯全亮。

（4）BSP_LedOffAll()功能：控制多个 LED 灯全灭。

第 6 章 中　　断

　　中断作为嵌入式系统一个非常重要的概念，已成为微控制器中最基本的外设模块之一。利用中断机制可以有效提高 CPU 效率，绝大多数嵌入式应用开发都会用到中断系统，如基于前后台的程序开发架构就是利用中断方式实现的。掌握中断机制、熟练编写中断服务程序是嵌入式开发者必备的基本技能之一。

▊ 知识目标

- 理解中断的概念和中断处理过程。
- 掌握 STM32F103 微控制器的中断类型、优先级概念和中断向量表。
- 了解 STM32F103 微控制器的 NVIC 中断结构和特点，熟悉 EXTI 的内部结构、工作原理和特性。
- 熟悉 EXTI 的标准外设库、HAL 库的接口函数，理解 EXTI 接口函数的编程思想。

▊ 能力目标

- 能够根据硬件原理图，正确配置外部中断相关参数并搭建实际电路。
- 熟练运用 NVIC 和 EXTI 相关的标准外设库函数和 HAL 库接口函数编写程序，实现系统功能。
- 熟练使用 STM32CubeMX 配置 EXTI，根据系统需求编写应用程序。

▊ 思维与素养目标

- 培养辩证思维能力：通过外部中断的处理学习，引导和培养学生的突发应急处理意识，以及让学生学习应对突发事件的处理方法和手段。
- 培养哲学思维方法：任何事情都有轻重缓急，要抓住主要矛盾。
- 通过学习和借鉴 HAL 库程序结构化代码的实践与训练，锻炼学生规范撰写代码的能力，培养良好的职业素养。

6.1　中断的相关概念

6.1.1　什么是中断

　　通俗的比喻：你正在图书馆看书，这时快递员通知你的快递到了，你暂停看书去拿快递，那么，拿快递就是一个中断，中止你现在正在做的事情（看书）。如果在去拿快递的路上，你突然肚子疼，只好先去卫生间，再去拿快递。此时，肚子疼又是一个中断，而且是比拿快递更重要、更迫切的事件，即中断中又有一个中断，这就是中断嵌套。只有更重要、更迫切的事件才能中止当前级别低的中断，即中断是有优先级的。能够引发中断的事件（快递、肚子疼等）称为中断源，而对中断进行处理（拿快递、去卫生间）称为中断服务程序（Interrupt Service Routine，ISR）。

概念：计算机在执行程序的过程中（这里主要指单片机执行主程序），当出现异常情况（断电等）或特殊请求（数据传输等）时，计算机暂停当前程序的运行，转向对这些异常情况或特殊请求进行处理（调用相应的中断处理程序处理该事件），处理完后返回当前程序的中断处，继续执行原程序，这就是中断。中断是单片机实时处理内部或外部事件的一种机制。

能够打断当前正常执行流程的事件有两种：一种是中断，一般由外部事件触发；另一种是异常，由 CPU 内部事件产生。中断和异常的本质都是对主程序的"中断"，中断其实是异常的一种形式，后面若无特别说明，则两者混用。

6.1.2 为什么使用中断

计算机系统为什么要使用中断？使用中断有什么好处呢？中断在计算机系统中有何意义？

在计算机系统中，CPU 的运行速度最快，存储器的运行速度较慢，外设的运行速度最慢。当外设与 CPU 进行数据交换时，由于彼此数据处理速度上的差异，CPU 的大部分时间都在等待外设，大大降低了 CPU 效率。特别是在实时控制系统中，系统的实时性要求 CPU 能够及时响应外部紧急信号的请求，中断技术的出现有效地解决了此类问题。

1. 提高 CPU 效率

CPU 由控制器、运算器和寄存器等构成，CPU 作为指挥中心，是通过 I/O 口与外设（如按键、显示器等）进行信息交互（信息传送方式）的，其方式有以下两种。

（1）查询方式，即 CPU 通过程序不停地查询 I/O 设备是否准备好要与 CPU 交换信息，由于外设的运行速度一般比较慢，CPU 的运行速度比较快，所以这种方式的效率很低，CPU 浪费了大量时间用于查询工作，而不是进行数据处理。

（2）中断，在这种方式下，只有在外设需要与 CPU 进行信息交换时，才主动告知 CPU，这时 CPU 暂停当前程序转去处理中断，其他时间 CPU 处理其他事务。在该方式下，CPU 与外设可以同步工作，较好地解决了 CPU 与慢速外设之间的矛盾。相比于查询方式，该方式下的 CPU 效率更高。

2. 实现对实时事件的及时处理（实时处理）

采用中断，系统可以实现对实时事件的及时处理，满足了实时系统的需求。

3. 对突发故障进行及时处理（异常处理）

计算机系统在运行过程中难免会遇到无法预料的突发事件或故障，如掉电、外设故障、存储器出错（硬盘故障）等，采用中断，CPU 可以及时进行处理，提高系统的可靠性。

中断在计算机系统，特别是嵌入式系统中占有极其重要的地位，中断机制使计算机系统更高效地运行。

6.1.3 中断处理流程

一个完整的中断处理流程分为 4 个步骤：中断请求、中断响应、中断服务和中断返回。单重中断的中断处理流程如图 6-1 所示，多重中断的中断处理流程如图 6-2 所示。

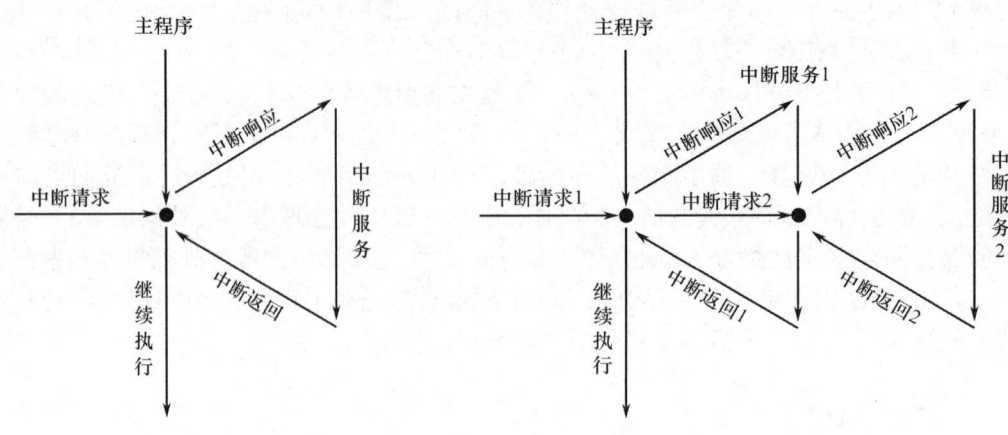

图 6-1　单重中断的中断处理流程　　　　图 6-2　多重中断的中断处理流程

1. 中断请求

中断请求是中断源向 CPU 发出的中断请求信号，此时中断控制系统的中断请求寄存器被置位，向 CPU 请求中断。

2. 中断响应

中断响应是指 CPU 的中断系统判断中断源的中断请求是否符合中断响应条件，若符合条件，则暂时中断当前程序并控制程序跳转到中断服务程序，完成相应的中断服务操作。CPU 的中断响应一般需要满足以下条件。

（1）中断源发出中断请求。

（2）系统允许中断提出中断请求，即中断没有被屏蔽。

（3）无同级或更高级的中断正在被处理。

CPU 根据中断类型号进行中断优先级的判断，若无更高优先级的中断请求，则保护断点和现场，根据中断类型获得中断服务程序的入口地址，转入相应的中断服务程序。

保护现场主要是指保存当前程序的断点和当前通用寄存器、状态寄存器的内容，即将这些寄存器中的内容压入堆栈，这部分底层操作已经由硬件自动实现，不需要开发者进行处理。

3. 中断服务

为处理中断而编写的程序称为中断服务程序，中断类型不同，其中断服务程序也不同。中断服务程序的入口地址称为中断向量，将所有中断的中断服务程序的入口地址汇成一张表，称为中断向量表。

中断服务程序是由开发者针对具体中断所要实现的功能设计和编写的。这部分内容需要由开发者来实现。

4. 中断返回

中断返回是指 CPU 退出中断服务程序，返回中断请求响应前中止的位置继续执行主程序。中断服务程序的最后一条指令通常是一条中断返回指令，使其返回到原来程序的断点处，以便继续执行原来的程序。若在中断处理过程中又产生了一个优先级更高的中断，则 CPU 会暂停当前的中断，将断点和相关的寄存器的内容入栈后，转而去处理优先级更高的中断，相关流程如图 6-2 所示。

在中断服务完成后，需要将中断前的"现场"（断点）进行恢复，将压入堆栈的寄存器内容送回到原来的寄存器中（出栈）。这部分操作同样由硬件实现，不需要开发者处理。

6.2　STM32 中断和异常

由于 ARM Cortex-M3 内核的中断功能十分强大，因此 ARM Cortex-M3 内核需要通过其内部的 NVIC（Nested Vectored Interrupt Controller，嵌套向量中断控制器）来进行管理和配置，实现中断通道的设置、优先级分配及中断使能等功能。无论是来自 ARM Cortex-M3 内核内部的异常还是来自外设的中断，都由 NVIC 进行控制和处理。STM32 的内部中断处理机制如图 6-3 所示。

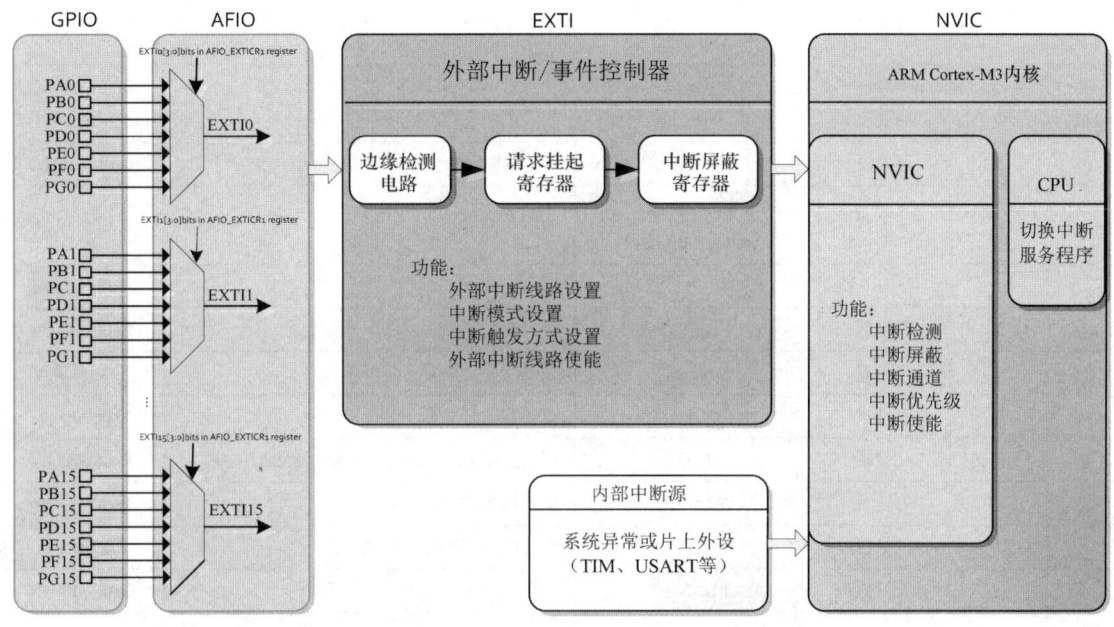

图 6-3　STM32 的内部中断处理机制

6.2.1　STM32 中断和异常向量表

单片机的中断有两类：外部中断和内部中断。由外部原因或事件导致的中断称为外部中断，即可以人工控制的中断；由自身因素导致的中断称为内部中断（在 ARM Cortex-M3 中被称为异常）。

ARM 公司设计的 Cortex-M3 内核可支持 256 个中断，包括 15 个内部中断和 240 个外部中断，并具有 256 级的可编程中断优先级设置，即除 3 个固定的高优先级（Reset、NMI、硬件失效）外，其他中断和异常的优先级是可以由用户进行设置的，但使用 ARM Cortex-M3 内核的芯片制造商（如 ST、NXP 公司等）不需要用到那么多中断，故可以对中断进行精简。STM32 只使用了其中一部分中断，STM32F10x 系列产品有 84 个中断通道，包括 16 个内部中断和 68 个可屏蔽中断，具体到 STM32F103 系列芯片只有 60 个可屏蔽中断，STM32F107 系列有 68 个可屏蔽中断。STM32F10x 系列的中断和异常向量表如表 6-1 所示。

表 6-1　STM32F10x 系列的中断和异常向量表

位置	优先级	优先级类型	名　　称	说　　明	地　　址
—	—	—	—	保留	0x00000000
	−3	固定	Reset	复位	0x00000004
	−2	固定	NMI	不可屏蔽中断 RCC 时钟安全系统 CSS 连接到 NMI 向量	0x00000008
	−1	固定	硬件失效（Hard Fault）	所有类型的失效	0x0000000C
	0	可设置	存储器管理（MemManage）	存储器管理	0x00000010
	1	可设置	总线错误（Bus Fault）	预取指失败，存储器访问失败	0x00000014
	2	可设置	错误应用（Usage Fault）	未定义的指令或非法状态	0x00000018
—	—			保留	0x0000001C 0x0000002B
	3	可设置	SVCall	通过 SWI 指令的系统服务调用	0x0000002C
	4	可设置	调试监控器（Debug Monitor）	调试监控器	0x00000030
—	—			保留	0x00000034
	5	可设置	PendSV	可挂起的系统服务	0x00000038
	6	可设置	SysTick	系统嘀嗒定时器	0x0000003C
0	7	可设置	WWDG	窗口定时器中断	0x00000040
1	8	可设置	PVD	连到 EXTI 的电源电压检测（PVD）中断	0x00000044
2	9	可设置	TAMPER	侵入检测中断	0x00000048
3	10	可设置	RTC	实时时钟（RTC）全局中断	0x0000004C
4	11	可设置	FLASH	闪存全局中断	0x00000050
5	12	可设置	RCC	复位和时钟控制（RCC）中断	0x00000054
6	13	可设置	EXTI0	EXTI 线 0 中断	0x00000058
7	14	可设置	EXTI1	EXTI 线 1 中断	0x0000005C
8	15	可设置	EXTI2	EXTI 线 2 中断	0x00000060
9	16	可设置	EXTI3	EXTI 线 3 中断	0x00000064
10	17	可设置	EXTI4	EXTI 线 4 中断	0x00000068
11	18	可设置	DMA1 通道 1	DMA1 通道 1 全局中断	0x0000006C
12	19	可设置	DMA1 通道 2	DMA1 通道 2 全局中断	0x00000070
13	20	可设置	DMA1 通道 3	DMA1 通道 3 全局中断	0x00000074
14	21	可设置	DMA1 通道 4	DMA1 通道 4 全局中断	0x00000078
15	22	可设置	DMA1 通道 5	DMA1 通道 5 全局中断	0x0000007C
16	23	可设置	DMA1 通道 6	DMA1 通道 6 全局中断	0x00000080
17	24	可设置	DMA1 通道 7	DMA1 通道 7 全局中断	0x00000084
18	25	可设置	ADC1_2	ADC1 和 ADC2 全局中断	0x00000088
19	26	可设置	USB_HP_CAN_TX	USB 高优先级或 CAN 发送中断	0x0000008C

续表

位置	优先级	优先级类型	名　　称	说　　明	地　　址
20	27	可设置	USB_LP_CAN_RX0	USB 低优先级或 CAN 接收 0 中断	0x00000090
21	28	可设置	CAN_RX1	CAN 接收 1 中断	0x00000094
22	29	可设置	CAN_SCE	CAN SCE 中断	0x00000098
23	30	可设置	EXTI9_5	EXTI 线[9:5]中断	0x0000009C
24	31	可设置	TIM1_BRK	TIM1 刹车中断	0x000000A0
25	32	可设置	TIM1_UP	TIM1 更新中断	0x000000A4
26	33	可设置	TIM1_TRG_COM	TIM1 出发和通信中断	0x000000A8
27	34	可设置	TIM1_CC	TIM1 捕获比较中断	0x000000AC
28	35	可设置	TIM2	TIM2 全局中断	0x000000B0
29	36	可设置	TIM3	TIM3 全局中断	0x000000B4
30	37	可设置	TIM4	TIM4 全局中断	0x000000B8
31	38	可设置	I2C1_EV	I2C1 事件中断	0x000000BC
32	39	可设置	I2C1_ER	I2C1 错误中断	0x000000C0
33	40	可设置	I2C2_EV	I2C2 事件中断	0x000000C4
34	41	可设置	I2C2_ER	I2C2 错误中断	0x000000C8
35	42	可设置	SPI1	SPI1 全局中断	0x000000CC
36	43	可设置	SPI2	SPI2 全局中断	0x000000D0
37	44	可设置	USART1	USART1 全局中断	0x000000D4
38	45	可设置	USART2	USART2 全局中断	0x000000D8
39	46	可设置	USART3	USART3 全局中断	0x000000DC
40	47	可设置	EXTI15_10	EXTI 线[15:10]中断	0x000000E0
41	48	可设置	RTCAlarm	连到 EXTI 的 RTC 闹钟中断	0x000000E4
42	49	可设置	USB 唤醒	连到 EXTI 的从 USB 待机唤醒中断	0x000000E8
43	50	可设置	TIM8_BRK	TIM8 刹车中断	0x000000EC
44	51	可设置	TIM8_UP	TIM8 更新中断	0x000000F0
45	52	可设置	TIM8_TRG_COM	TIM8 触发和通信中断	0x000000F4
46	53	可设置	TIM8_CC	TIM8 捕获比较中断	0x000000F8
47	54	可设置	ADC3	ADC3 全局中断	0x000000FC
48	55	可设置	FSMC	FSMC 全局中断	0x00000100
49	56	可设置	SDIO	SDIO 全局中断	0x00000104
50	57	可设置	TIMS	TIMS 全局中断	0x00000108
51	58	可设置	SPI3	SPI3 全局中断	0x0000010C
52	59	可设置	UART4	UART4 全局中断	0x00000110
53	60	可设置	UART5	UART5 全局中断	0x00000114
54	61	可设置	TIM6	TIM6 全局中断	0x00000118
55	62	可设置	TIM7	TIM7 全局中断	0x0000011C
56	63	可设置	DMA2 通道 1	DMA2 通道 1 全局中断	0x00000120
57	64	可设置	DMA2 通道 2	DMA2 通道 2 全局中断	0x00000124
58	65	可设置	DMA2 通道 3	DMA2 通道 3 全局中断	0x00000128
59	66	可设置	DMA2 通道 4_5	DMA2 通道 4 和 DAM2 通道 5 全局中断	0x0000012C

由中断处理流程可知，当发生了异常或中断时，若内核响应这些异常或中断，则需要获取这些异常或中断服务程序的入口地址，再由入口地址找到相应的中断服务程序。这些入口地址一般存放在程序存储器（ROM）中，也有芯片厂商将其映射在其他位置，默认情况下，ARM Cortex-M3 内核的中断向量表从零地址开始，且每个向量均占用 4 字节。中断向量表的入口地址如表 6-2 所示。

表 6-2   中断向量表的入口地址

向 量 编 号	向量入口地址	说　　　明
—	0x00000000	MSP 的初始值
1	0x00000004	复位向量（PC 的初始值）
2	0x00000008	NMI 异常服务程序的入口地址
3	0x0000000C	硬 Fault 异常服务程序的入口地址
⋮	⋮	其他中断服务程序的入口地址

STM32 在标准外设库 stm32f10x.h 文件中，通过宏定义将中断通道号（中断号）与宏名联系起来，这样在使用中断时直接引用宏名即可。

stm32f10x.h 文件的源代码如下。

```
typedef enum IRQn
{
/******Cortex-M3 Processor Exceptions Numbers ********/
NonMaskableInt_IRQn=-14, /*!< 2 Non Maskable Interrupt */
MemoryManagement_IRQn=-12,/*!< 4 Cortex-M3 Memory Management
Interrupt */
BusFault_IRQn = -11,      /*!< 5 Cortex-M3 Bus Fault Interrupt */
UsageFault_IRQn = -10,    /*!< 6 Cortex-M3 Usage Fault Interrupt */
SVCall_IRQn = -5,         /*!< 11 Cortex-M3 SV Call Interrupt */
DebugMonitor_IRQn = -4,   /*!< 12 Cortex-M3 Debug Monitor Interrupt */
PendSV_IRQn=-2,           /*!< 14 Cortex-M3 Pend SV Interrupt */
SysTick_IRQn=-1,          /*!< 15 Cortex-M3 System Tick Interrupt */

/******STM32 详细的中断号**********/
WWDG_IRQn = 0,            /*!< Window WatchDog Interrupt  */
PVD_IRQn = 1,        /*!< PVD through EXTI Line detection Interrupt */
TAMPER_IRQn = 2,          /*!< Tamper Interrupt */
RTC_IRQn = 3,             /*!< RTC global Interrupt */
FLASH_IRQn = 4,           /*!< FLASH global Interrupt */
RCC_IRQn = 5,             /*!< RCC global Interrupt */
EXTI0_IRQn = 6,           /*!< EXTI Line0 Interrupt */
EXTI1_IRQn = 7,           /*!< EXTI Line1 Interrupt */
EXTI2_IRQn = 8,           /*!< EXTI Line2 Interrupt */
EXTI3_IRQn = 9,           /*!< EXTI Line3 Interrupt */
EXTI4_IRQn = 10,          /*!< EXTI Line4 Interrupt */
DMA1_Channel1_IRQn= 11,   /*!< DMA1 Channel 1 global Interrupt   */
DMA1_Channel2_IRQn = 12,  /*!< DMA1 Channel 2 global Interrupt */
DMA1_Channel3_IRQn= 13,   /*!< DMA1 Channel 3 global Interrupt */
DMA1_Channel4_IRQn = 14,  /*!< DMA1 Channel 4 global Interrupt */
```

```
DMA1_Channel5_IRQn = 15,   /*!< DMA1 Channel 5 global Interrupt */
DMA1_Channel6_IRQn = 16,   /*!< DMA1 Channel 6 global Interrupt */
DMA1_Channel7_IRQn = 17,   /*!< DMA1 Channel 7 global Interrupt */
/*以下是大容量 STM32 芯片所使用的中断号*/
#ifdef STM32F10X_HD
ADC1_2_IRQn = 18,          /*!< ADC1 and ADC2 global Interrupt */
USB_HP_CAN1_TX_IRQn = 19,
/*!< USB Device High Priority or CAN1 TX Interrupts */
USB_LP_CAN1_RX0_IRQn = 20,
/*!< USB Device Low Priority or CAN1 RX0 Interrupts */
CAN1_RX1_IRQn= 21,         /*!< CAN1 RX1 Interrupt */
CAN1_SCE_IRQn = 22,        /*!< CAN1 SCE Interrupt */
EXTI9_5_IRQn = 23,         /*!< External Line[9:5] Interrupts */
TIM1_BRK_IRQn = 24,        /*!< TIM1 Break Interrupt */
TIM1_UP_IRQn = 25,         /*!< TIM1 Update Interrupt */
TIM1_TRG_COM_IRQn= 26,     /*!< TIM1 Trigger and Commutation Interrupt */
TIM1_CC_IRQn = 27,         /*!< TIM1 Capture Compare Interrupt */
TIM2_IRQn = 28,            /*!< TIM2 global Interrupt */
TIM3_IRQn = 29,            /*!< TIM3 global Interrupt */
TIM4_IRQn = 30,            /*!< TIM4 global Interrupt */
I2C1_EV_IRQn = 31,         /*!< I2C1 Event Interrupt */
I2C1_ER_IRQn= 32,          /*!< I2C1 Error Interrupt */
I2C2_EV_IRQn= 33,          /*!< I2C2 Event Interrupt */
I2C2_ER_IRQn= 34,          /*!< I2C2 Error Interrupt */
SPI1_IRQn= 35,             /*!< SPI1 global Interrupt */
SPI2_IRQn= 36,             /*!< SPI2 global Interrupt */
USART1_IRQn= 37,           /*!< USART1 global Interrupt */
USART2_IRQn= 38,           /*!< USART2 global Interrupt */
USART3_IRQn = 39,          /*!< USART3 global Interrupt */
EXTI15_10_IRQn = 40,       /*!< External Line[15:10] Interrupts */
RTCAlarm_IRQn= 41,         /*!< RTC Alarm through EXTI Line Interrupt */
USBWakeUp_IRQn = 42,
/*!< USB Device WakeUp from suspend through EXTI Line Interrupt */
TIM8_BRK_IRQn = 43,        /*!< TIM8 Break Interrupt */
TIM8_UP_IRQn= 44,          /*!< TIM8 Update Interrupt */
TIM8_TRG_COM_IRQn= 45,     /*!< TIM8 Trigger and Commutation Interrupt */
TIM8_CC_IRQn= 46,          /*!< TIM8 Capture Compare Interrupt */
ADC3_IRQn= 47,             /*!< ADC3 global Interrupt */
FSMC_IRQn= 48,             /*!< FSMC global Interrupt */
SDIO_IRQn= 49,             /*!< SDIO global Interrupt */
TIM5_IRQn= 50,             /*!< TIM5 global Interrupt */
SPI3_IRQn= 51,             /*!< SPI3 global Interrupt */
UART4_IRQn= 52,            /*!< UART4 global Interrupt */
UART5_IRQn= 53,            /*!< UART5 global Interrupt */
TIM6_IRQn= 54,             /*!< TIM6 global Interrupt */
TIM7_IRQn= 55,             /*!< TIM7 global Interrupt */
DMA2_Channel1_IRQn= 56,    /*!< DMA2 Channel 1 global Interrupt   */
DMA2_Channel2_IRQn= 57,    /*!< DMA2 Channel 2 global Interrupt   */
```

```
        DMA2_Channel3_IRQn= 58,   /*!< DMA2 Channel 3 global Interrupt   */
        DMA2_Channel4_5_IRQn= 59
        /*!< DMA2 Channel 4 and Channel 5 global Interrupt */
    #endif /* STM32F10X_HD */
    ...
    } IRQn_Type;
```

STM32F103 系列芯片将中断向量表映射在启动代码 startup_stm32f10x_xx.s 文件中（注意：STM32F103ZET6 的启动代码文件为 startup_stm32f10x_hd.s，其中 hd 表示高密度芯片）。

内核通过标准外设库 misc.c 文件中的 NVIC_SetVectorTable()函数，并根据中断号到中断向量表中查找相应的中断服务程序。

6.2.2　STM32 中断优先级

基于 ARM Cortex-M3 内核设计的芯片都会进行精简，如 STM32 使用 ARM Cortex-M3 内核的 8 位优先级寄存器中的 4 位来配置中断优先级，即 STM32 中的 NVIC 只支持 16 级中断优先级的管理。

下面以 STM32 标准外设库 v3.5.0 为例进行说明，NVIC 中断配置的相关函数存放在标准外设库 misc.c 文件和 misc.h 文件中，共定义了 5 个相关函数及 NVIC 初始化结构体，相关代码如下。

```
    void NVIC_PriorityGroupConfig(uint32_t NVIC_PriorityGroup);
    void NVIC_Init(NVIC_InitTypeDef* NVIC_InitStruct);
    void NVIC_SetVectorTable(uint32_t NVIC_VectTab, uint32_t Offset);
    void NVIC_SystemLPConfig(uint8_t LowPowerMode, FunctionalState NewState);
    void SysTick_CLKSourceConfig(uint32_t SysTick_CLKSource);
```

其中，中断分组管理函数 void NVIC_PriorityGroupConfig(uint32_t NVIC_PriorityGroup) 用于设置中断的优先级分组，此函数只有一个参数 NVIC_PriorityGroup，从源代码中可以看到其取值共有 5 组，每组的抢占优先级和响应优先级所占位数均不同，取值范围也不同，故每组可供设置的优先级的数值是不一样的。优先级分组、抢占优先级和响应优先级的取值范围如表 6-3 所示。

表 6-3　优先级分组、抢占优先级和响应优先级的取值范围

NVIC_PriorityGroup	抢占优先级的取值范围	响应优先级的取值范围	描　　述
NVIC_PriorityGroup_0	0	0～15	抢占优先级占 0 位，响应优先级占 4 位
NVIC_PriorityGroup_1	0，1	0～7	抢占优先级占 1 位，响应优先级占 3 位
NVIC_PriorityGroup_2	0，1，2，3	0，1，2，3	抢占优先级占 2 位，响应优先级占 2 位
NVIC_PriorityGroup_3	0，1，2，3，4，5，6，7	0，1	抢占优先级占 3 位，响应优先级占 1 位
NVIC_PriorityGroup_4	0～15	0	抢占优先级占 4 位，响应优先级占 0 位

注：若使用 NVIC_PriorityGroup_0，则抢占优先级 NVIC_IRQChannelPreemptionPriority 对中断通道的设置不起作用；若使用 NVIC_PriorityGroup_4，则响应优先级 NVIC_

IRQChannelSubPriority 对中断通道的设置不起作用。

通过函数 void NVIC_PriorityGroupConfig()设置中断分组,对于具体的中断,其抢占优先级和响应优先级设置是通过中断初始化函数 void NVIC_Init(NVIC_InitTypeDef * NVIC_InitStruct)实现的,其中,NVIC_InitTypeDef 是结构体,参数 NVIC_InitStruct 是指向 NVIC_InitTypeDef 结构体的指针,相关代码如下。

```
typedef struct
{
  uint8_t  NVIC_IRQChannel;                        //配置中断源,IRQ 通道
  uint8_t  NVIC_IRQChannelPreemptionPriority;    //配置抢占优先级
  uint8_t  NVIC_IRQChannelSubPriority;           //配置响应优先级
  FunctionalState  NVIC_IRQChannelCmd;          //使能中断通道
} NVIC_InitTypeDef;
```

(1)NVIC_IRQChannel:用于指定某个具体的 IRQ 通道,即具体是哪个中断,在标准外设库 stm32f10x.h 文件中包含了所有中断对应的名称。

(2)NVIC_IRQChannelPreemptionPriority:用于设置 NVIC_IRQChannel 的抢占优先级,其取值范围如表 6-3 所示。

(3)NVIC_IRQChannelSubPriority:用于设置 NVIC_IRQChannel 的响应优先级,其取值范围如表 6-3 所示。

(4)NVIC_IRQChannelCmd:用于 IRQ 通道的使能或失能,取值为 ENABLE 或 DISABLE。

例如:

```
NVIC_InitTypeDef NVIC_InitStructure;
NVIC_PriorityGroupConfig(NVIC_PriorityGroup_2);    //使用优先级分组 2
NVIC_InitStructure.NVIC_IRQChannel = EXTI3_IRQn;  //外部中断 3 中断
NVIC_InitStructure.NVIC_IRQChannelPreemptionPriority = 0;//抢占优先级 0
NVIC_InitStructure.NVIC_IRQChannelSubPriority = 2;//响应优先级 2
NVIC_InitStructure.NVIC_IRQChannelCmd = ENABLE;    //使能中断通道
NVIC_Init(&NVIC_InitStructure);
```

以上通过两个函数确定了具体中断的抢占优先级和响应优先级。若系统中存在多个中断,则一般遵循以下原则判断中断的优先级。

(1)高抢占优先级的中断可以打断低抢占优先级的中断,构成中断嵌套。

(2)优先级的数值越小,优先级的级别越高。

(3)抢占优先级的优先级总是高于响应优先级的。

(4)先判断抢占优先级,若抢占优先级相同,则比较响应优先级,若抢占优先级和响应优先级均相同,则根据中断向量表中的顺序来决定。

(5)Reset NMI Hard Fault 的优先级为负,且不可修改,高于其他普通的中断的优先级。

例如,已知三个中断:中断 3(RTC 中断)、中断 6(外部中断 0)和中断 7(外部中断 1)。其优先级如下。

① 中断 3(RTC 中断)的抢占优先级为 2,响应优先级为 1。

② 中断 6(外部中断 0)的抢占优先级为 3,响应优先级为 0。

③ 中断 7(外部中断 1)的抢占优先级为 2,响应优先级为 0。

假设设置中断优先级组为 2，则这三个中断的优先级顺序为中断 7>中断 3>中断 6，即中断 3 和中断 7 都可以打断中断 6，而中断 7 和中断 3 不可以相互打断。

6.2.3　STM32 中断服务程序

STM32 将中断服务程序统一存放在标准外设库 stm32f10x_it.c 文件中，其中每个中断服务函数都只有函数名，函数体都是空的，需要用户自己编写 stm32f10x_it.c 文件中相应的程序，但中断服务程序的函数名是不能更改的。stm32f10x_it.c 文件中的中断处理函数如图 6-4 所示。

```
stm32f10x_it.c
24   /* Includes ------------------------------------------------------------*/
25   #include "stm32f10x_it.h"
26
27 /** @addtogroup STM32F10x_StdPeriph_Template
28     * @{
29     */
30
31   /* Private typedef -----------------------------------------------------*/
32   /* Private define ------------------------------------------------------*/
33   /* Private macro -------------------------------------------------------*/
34   /* Private variables ---------------------------------------------------*/
35   /* Private function prototypes -----------------------------------------*/
36   /* Private functions ---------------------------------------------------*/
37
38   /*****************************************************************************/
39   /*              Cortex-M3 Processor Exceptions Handlers                      */
40   /*****************************************************************************/
41
42 /**
43     * @brief  This function handles NMI exception.
44     * @param  None
45     * @retval None
46     */
47   void NMI_Handler(void)
48   {
49   }
50
51 /**
52     * @brief  This function handles Hard Fault exception.
53     * @param  None
54     * @retval None
55     */
56   void HardFault_Handler(void)
57   {
58     /* Go to infinite loop when Hard Fault exception occurs */
59     while (1)
60     {
61     }
62   }
63
64 /**
65     * @brief  This function handles Memory Manage exception.
66     * @param  None
```

图 6-4　stm32f10x_it.c 文件中的中断处理函数

6.3　STM32 外部中断 EXTI

STM32 芯片内的外设（USART、TIM、ADC、CAN、DMA、I²C、SPI 等）的中断直接由 NVIC 负责，STM32 芯片以外的外设中断（I/O 端口）由 EXTI 和 NVIC 共同负责，即 STM32 的每个 GPIO 引脚都可以配置成一个外部中断触发源。

STM32F103 微控制器的 EXTI（外部中断/事件控制器）支持 20 个外部中断/事件请求（互联型的 STM32 芯片有 20 个外部中断/事件请求，其他型号有 19 个），每个外部中断/事件请求都有独立的触发和屏蔽设置，具有中断模式和事件模式两种设置模式。中断模式是指通过外部信号的边沿产生中断信号传送给 NVIC，触发中断，最终实现中断服务程序的执行；事件模式是指产生脉冲，将系统从睡眠和停止模式中唤醒，从而产生相应外设的触发信号供外设电路使用，如产生脉冲触发 TIM 或 ADC 等。

注意：事件属于硬件触发执行的过程，而中断是由软件实现相应功能的。

由 STM32 EXTI 外部中断内部功能框图（见图 6-5）可以看出，EXTI 由以下几部分组成。

（1）20 条外部中断/事件请求输入线，图 6-5 中画有斜线"/"的信号线就表示这样的线路，共有 20 条。

（2）20 个用来产生外部中断/事件请求的边沿检测电路。

（3）相应的控制寄存器（上升沿触发选择寄存器、下降沿触发选择寄存器、请求挂起寄存器、中断屏蔽寄存器等）。

（4）APB 总线外设接口。STM32F103 的 GPIO 引脚挂接在 APB 总线上，因此，若要使用 GPIO 引脚的外部中断/事件请求映射功能，必须使能（打开）APB 总线上该引脚对应端口的时钟和 AFIO 复用功能时钟。

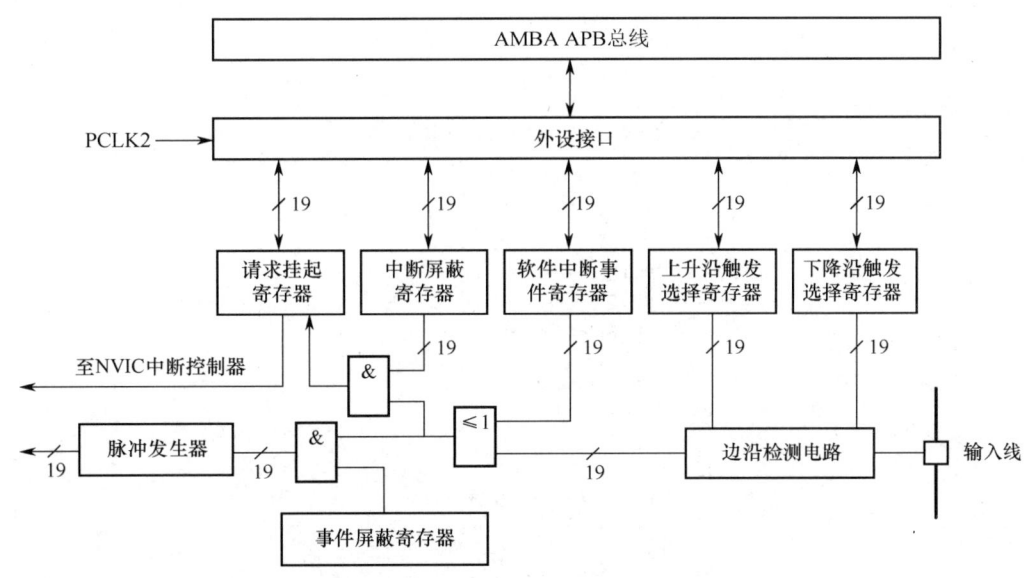

图 6-5　STM32 EXTI 外部中断内部功能框图

EXTI 的每条外部中断/事件请求输入线都对应一个边沿检测电路，可以实现输入信号的上升沿检测或下降沿检测，若此时上升沿或下降沿这两个触发选择的寄存器有触发信号，则产生外部硬件触发信号，也可以由软件中断事件寄存器产生软件触发信号。无论是软件触发还是硬件触发，若此时中断屏蔽寄存器允许，且请求挂起寄存器没有挂起，则会产生一个中断，该中断信号被送至 NVIC 中断控制器进行处理。若此时事件屏蔽寄存器允许，则将产生一个事件（Event），该事件信号可传输给其他模块使用。

STM32F103ZET6 有 7 个端口，共 112 个通用 I/O 引脚（PA0～PA15、PB0～PB15、PC0～PC15、PD0～PD15、PE0～PE15、PF0～PF15、PG0～PG15），每个 I/O 引脚都可以用作 EXTI 线（外部中断通道），STM32F103 系列微控制器的 20 条外部中断线如下。

（1）线 0～15：对应 I/O 引脚的外部中断。

（2）线 16：连接到 PVD 输出。

（3）线 17：连接到 RTC 闹钟事件。

（4）线 18：连接到 USB 唤醒事件。

（5）线 19：连接到以太网唤醒事件（只适用于互联型产品）。

在 STM32 中，每个 GPIO 都可以触发一个外部中断，但是供外部中断使用的中断线总共只有 16 条（线 0～15），STM32 是怎么把这 16 条中断线与 I/O 引脚对应起来的呢？

GPIO 的中断是以组为单位的，同组的外部中断共用一条外部中断线。例如，PA0、PB0、PC0、PD0、PE0、PF0、PG0 这些端口为一组，若使用 PA0 作为外部中断源，则 PB0、PC0、PD0、PE0、PF0、PG0 就不能同时作为外部中断使用了，在此情况下，只能使用类似于 PB1、PC2 这种末端序号不同的外部中断源。GPIO 引脚和外部中断线的映射关系如图 6-6 所示。

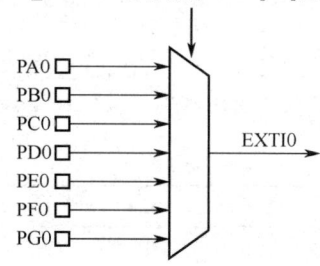

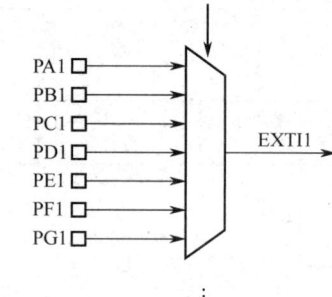

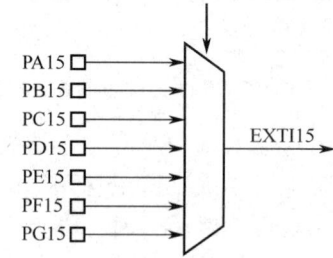

图 6-6　GPIO 引脚和外部中断线的映射关系

由图 6-6 可知，每组使用一个中断标志 EXTIx。EXTI0～EXTI4 这 5 个外部中断有着各自独立的中断服务函数，如 EXTI3 对应的中断服务函数为 void EXTI3_IRQHandler(void)，EXTI5～EXTI9 公用一个中断服务函数 void EXTI9_5_IRQHandler(void)，EXTI10～EXTI15 公用一个中断服务函数 void EXTI15_10_IRQHandler(void)。

6.4　EXTI 标准外设库接口函数及应用

6.4.1　EXTI 标准外设库接口函数

标准外设库 v3.5.0 的 stm32f10x_exti.c 源文件定义了与 EXTI 相关的标准外设库接口函数，并在 stm32f10x_exti.h 头文件中声明了与 EXTI 相关的标准外设库接口函数，如图 6-7 所示。

```
154  /** @defgroup EXTI_Exported_Functions
155   * @{
156   */
157
158  void EXTI_DeInit(void);
159  void EXTI_Init(EXTI_InitTypeDef* EXTI_InitStruct);
160  void EXTI_StructInit(EXTI_InitTypeDef* EXTI_InitStruct);
161  void EXTI_GenerateSWInterrupt(uint32_t EXTI_Line);
162  FlagStatus EXTI_GetFlagStatus(uint32_t EXTI_Line);
163  void EXTI_ClearFlag(uint32_t EXTI_Line);
164  ITStatus EXTI_GetITStatus(uint32_t EXTI_Line);
165  void EXTI_ClearITPendingBit(uint32_t EXTI_Line);
166
```

图 6-7　EXTI 标准外设库接口函数

1. EXTI_Init()函数

stm32f10x_exit.h 头文件中的第 76～89 行代码定义了 EXTI_InitTypeDef 结构体，代码如下。

```
typedef struct
{
    uint32_t EXTI_Line;                        //外部中断/事件请求输入线
    EXTIMode_TypeDef EXTI_Mode;                //EXTI 模式
    EXTITrigger_TypeDef EXTI_Trigger;          //触发方式
    FunctionalState EXTI_LineCmd;              //EXTI 使能
}EXTI_InitTypeDef;
```

（1）**EXTI_Line**：用于指定某个具体的外部中断线路，如表 6-4 所示。

表 6-4　外部中断线路

EXTI_Line	地址	描　　述
EXTI_Line0	（uint32_t）0x00001	外部中断线 0
EXTI_Line1	（uint32_t）0x00002	外部中断线 1
EXTI_Line2	（uint32_t）0x00004	外部中断线 2
EXTI_Line3	（uint32_t）0x00008	外部中断线 3
EXTI_Line4	（uint32_t）0x00010	外部中断线 4
EXTI_Line5	（uint32_t）0x00020	外部中断线 5
EXTI_Line6	（uint32_t）0x00040	外部中断线 6
EXTI_Line7	（uint32_t）0x00080	外部中断线 7
EXTI_Line8	（uint32_t）0x00100	外部中断线 8
EXTI_Line9	（uint32_t）0x00200	外部中断线 9
EXTI_Line10	（uint32_t）0x00400	外部中断线 10
EXTI_Line11	（uint32_t）0x00800	外部中断线 11
EXTI_Line12	（uint32_t）0x01000	外部中断线 12
EXTI_Line13	（uint32_t）0x02000	外部中断线 13
EXTI_Line14	（uint32_t）0x04000	外部中断线 14
EXTI_Line15	（uint32_t）0x08000	外部中断线 15

续表

EXTI_Line	地址	描 述
EXTI_Line16	（uint32_t）0x10000	外部中断线 16
EXTI_Line17	（uint32_t）0x20000	外部中断线 17
EXTI_Line18	（uint32_t）0x40000	外部中断线 18
EXTI_Line19	（uint32_t）0x80000	外部中断线 19

（2）**EXTI_Mode**：用于设置 EXTI 线路是中断模式还是事件模式，取值可以为 EXTI_Mode_Interrupt 或 EXTI_Mode_Event。

（3）**EXTI_Trigger**：用于设置外部中断的触发方式。不同触发方式说明如表 6-5 所示。

表 6-5　不同触发方式说明

EXTI_Trigger	描 述
EXTI_Trigger_Falling	设置输入线路下降沿为中断请求
EXTI_Trigger_Rising	设置输入线路上升沿为中断请求
EXTI_Trigger_Rising_Falling	设置输入线路上升沿和下降沿为中断请求

（4）**EXTI_LineCmd**：用于使能或失能外部中断线路，取值为 ENABLE 或 DISABLE。
例如：

```
EXTI_InitTypeDef EXTI_InitStructure;
EXTI_InitStructure.EXTI_Line = EXTI_Line3;
EXTI_InitStructure.EXTI_Mode = EXTI_Mode_Interrupt;
EXTI_InitStructure.EXTI_Trigger = EXTI_Trigger_Rising_Falling;
EXTI_InitStructure.EXTI_LineCmd = ENABLE;
EXTI_Init(&EXTI_InitStructure);
```

2. EXTI_GetITStatus()函数

EXTI_GetITStatus()函数用于检查指定的 EXTI 线路触发请求是否发生，返回值为 SET 或 RESET。

3. EXTI_ClearITPendingBit()函数

EXTI_ClearITPendingBit()函数用于清除 EXTI 线路挂起位，其说明如表 6-6 所示。

表 6-6　EXTI_ClearITPendingBit()函数说明

函　数	描　述
函数名	EXTI_ClearITPendingBit
函数原型	void EXTI_ClearITPendingBit(u32 EXTI_Line)
功能描述	清除 EXTI 线路挂起位
输入参数	EXTI_Line：待清除的 EXIT 线路挂起位
输出参数	无
返回值	无
先决条件	无
被调用函数	无

例如：

```
EXTI_ClearITPendingBit(EXTI_Line3);//清除外部中断线 3 挂起位
```

4. GPIO_EXTILineConfig()函数

GPIO_EXTILineConfig()函数为外部中断线配置函数,将 GPIO 具体引脚设置为外部中断线路。例如:

```
GPIO_EXTILineConfig(GPIO_PortSourceGPIOE,GPIO_PinSource3);//将 PE3 用作
外部中断线路
```

6.4.2 EXTI 标准外设库中断应用编程步骤

1. GPIO 初始化配置

GPIO 初始化配置的相关代码如下。

```
GPIO_InitTypeDef GPIO_InitStructure;
GPIO_InitStructure.GPIO_Pin = GPIO_Pin_3;
GPIO_InitStructure.GPIO_Mode = GPIO_Mode_IN_FLOATING;
//初始化 I/O 端口为浮空输入模式
```

2. 开启 I/O 端口的时钟和复用时钟

GPIO 不仅可以作为通用的 I/O 引脚,还可以作为片上外设(如 USART、ADC 等)的 I/O 引脚,称为复用 I/O(Alternate-Function I/O,AFIO)端口,当 GPIO 用作复用 I/O 端口时,必须开启 AFIO 时钟。这里 I/O 端口不是 GPIO,而是 EXTI 外部中断功能引脚,所以必须开启复用功能,通过调用 RCC_APB2PeriphClockCmd()函数打开相应引脚的 AFIO 时钟,相关代码如下。

```
RCC_APB2PeriphClockCmd(RCC_APB2Periph_GPIOE|RCC_APB2Periph_AFIO,
ENABLE);
```

3. 设置 I/O 引脚与中断线路的映射关系

当 GPIO 引脚作为中断功能引脚来触发外部中断时,需要将 GPIO 引脚与相应的中断线关联在一起,使用库函数 GPIO_EXTILineConfig()来实现这种映射关系,如将 PE3 引脚与外部中断 EXTI3_IRQn 关联在一起,具体应用代码如下。

```
GPIO_EXTILineConfig(GPIO_PortSourceGPIOE,GPIO_PinSource3);
```

4. 初始化 EXTI,配置 EXTI 相关参数并使能

例如,选择具体的中断引脚、中断线路、触发方式等,实例代码如下。

```
EXTI_InitStructure.EXTI_Line = EXTI_Line3; //设置外部中断线 3 中断
EXTI_InitStructure.EXTI_Mode = EXTI_Mode_Interrupt; //设置为中断模式
EXTI_InitStructure.EXTI_Trigger = EXTI_Trigger_Rising_Falling;
//设置为上升沿和下降沿触发
EXTI_InitStructure.EXTI_LineCmd = ENABLE;  //使能该外部中断线
EXTI_Init(&EXTI_InitStructure);
```

5. 初始化 NVIC,配置 NVIC 参数并使能

NVIC 相关的配置主要包括配置中断优先级的中断分组,确定各具体中断的抢占优先级和响应优先级。选择中断通道,在 stm32f10x.h 文件中通过 IRQn_Type 中断通道结构体定义

所有的中断通道，不同的引脚对应不同的中断通道，使能相应的中断，相关代码如下。

```
NVIC_InitTypeDef NVIC_InitStructure;
NVIC_PriorityGroupConfig(NVIC_PriorityGroup_2);
NVIC_InitStructure.NVIC_IRQChannel = EXTI3_IRQn;
NVIC_InitStructure.NVIC_IRQChannelPreemptionPriority = 0;
NVIC_InitStructure.NVIC_IRQChannelSubPriority = 1;
NVIC_InitStructure.NVIC_IRQChannelCmd = ENABLE;
NVIC_Init(&NVIC_InitStructure);
```

6. 编写中断服务程序

中断服务程序主要用于检测中断线路的状态、中断处理的内容和清除相关的中断，如 EXTI2 的中断服务程序的代码如下。

```
void EXTI2_IRQHandler(void)
{
    if(EXTI_GetITStatus(EXTI_Line2)!=RESET)   //判断某条线上的中断是否发生
    {
        中断逻辑…
        EXTI_ClearITPendingBit(EXTI_Line2);    //清除中断标志
    }
}
```

6.4.3 EXTI 标准外设库应用实例

1. 功能描述

通过按键控制 LED 灯的状态翻转，每按下一次按键，LED 灯的状态翻转一次。

2. 硬件设计

LED 连接在 STM32F103 的 PB5 引脚上，按键 K1 连接在 STM32F103 的 PE3 引脚上，其硬件设计示意图如图 6-8 所示。

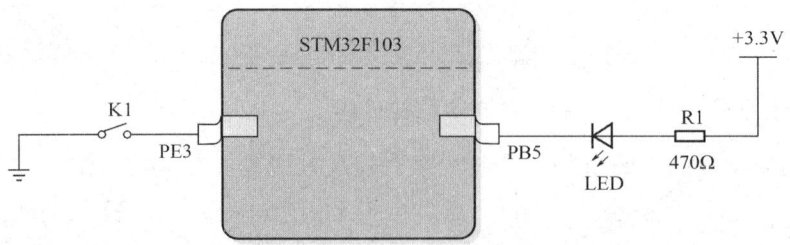

图 6-8   通过按键控制 LED 灯的状态翻转硬件设计示意图

3. 软件设计

在 BSP 文件夹下新建 exti_key.h 文件和 exti_key.c 文件，并将 exti_key.c 文件加入工程，添加方法：首先，在快捷工具栏中找到 🔧 按钮，并单击进入；然后，在"Groups"选项栏中选中"BSP"选项；最后，单击"Add Files"按钮，选择要加入工程的.c 文件，具体操作如图 6-9 所示。

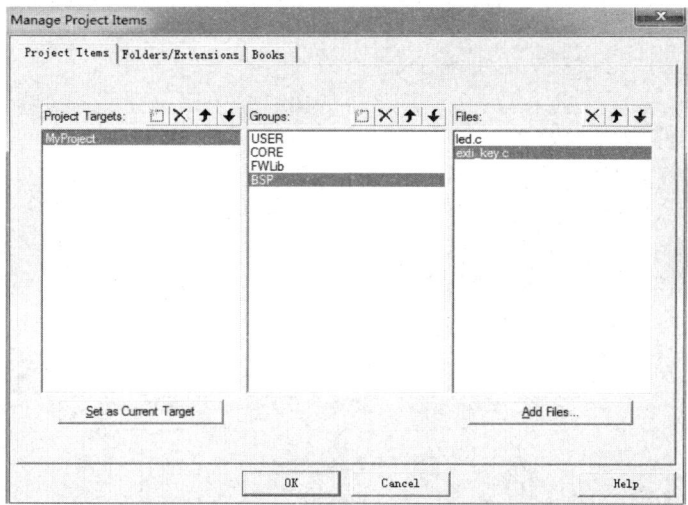

图 6-9 添加 exti_key.c 文件到工程中

（1）新建 exti_key.h 文件，代码如下。

```
#ifndef __EXTI_KEY_H
#define __EXTI_KEY_H
#include "stm32f10x.h"
void EXTI_Key_Init(void);
#endif
```

（2）新建 exti_key.c 文件，代码如下。

```
#include "exti_key.h"
#include "misc.h"

void EXTI_Key_Init(void)
{
  GPIO_InitTypeDef GPIO_InitStructure;
  RCC_APB2PeriphClockCmd(RCC_APB2Periph_GPIOE|RCC_APB2Periph_AFIO,
ENABLE);
  GPIO_InitStructure.GPIO_Pin = GPIO_Pin_3;
  GPIO_InitStructure.GPIO_Mode = GPIO_Mode_IN_FLOATING;
  GPIO_Init(GPIOE,&GPIO_InitStructure);
  NVIC_InitTypeDef NVIC_InitStructure;
  NVIC_PriorityGroupConfig(NVIC_PriorityGroup_2);
  NVIC_InitStructure.NVIC_IRQChannel = EXTI3_IRQn;
  NVIC_InitStructure.NVIC_IRQChannelPreemptionPriority = 0;
  NVIC_InitStructure.NVIC_IRQChannelSubPriority = 1;
  NVIC_InitStructure.NVIC_IRQChannelCmd = ENABLE;
  NVIC_Init(&NVIC_InitStructure);
  EXTI_InitTypeDef EXTI_InitStructure;
  EXTI_ClearITPendingBit(EXTI_Line3);
  GPIO_EXTILineConfig(GPIO_PortSourceGPIOE,GPIO_PinSource3);
  EXTI_InitStructure.EXTI_Line = EXTI_Line3;
  EXTI_InitStructure.EXTI_Mode = EXTI_Mode_Interrupt;
  EXTI_InitStructure.EXTI_Trigger = EXTI_Trigger_Falling;
```

```
        EXTI_InitStructure.EXTI_LineCmd = ENABLE;
        EXTI_Init(&EXTI_InitStructure);
    }
```

（3）main.c 文件的代码如下。

```
    #include "stm32f10x.h"

    #include "led.h"
    #include "exti_key.h"

    int main(void)
    {
        LED_Init();
        GPIO_ResetBits(GPIOB,GPIO_Pin_5);
        EXTI_Key_Init();
        while(1)
        {  }
    }
    void EXTI3_IRQHandler(void)
    {
        if(EXTI_GetITStatus(EXTI_Line3) != RESET)
        {
    GPIO_WriteBit(GPIOB,GPIO_Pin_5,(BitAction)((1-
    GPIO_ReadOutputDataBit(GPIOB,GPIO_Pin_5))));
            EXTI_ClearITPendingBit(EXTI_Line3);
        }
    }
```

实现 LED 灯的状态翻转的另一种中断服务程序的相关代码如下。

```
    uint8_t led =1;
    void EXTI3_IRQHandler(void)
    {
        if(EXTI_GetITStatus(EXTI_Line3) != RESET)
        {
            //状态翻转
            led = ~led;
            //如果等于 1，则 PB5 复位点亮，否则置 1 熄灭
            if(led == 1)
                GPIO_ResetBits(GPIOB,GPIO_Pin_5);
            else
                GPIO_SetBits(GPIOB,GPIO_Pin_5);
        }
            //清除 EXTI3 的中断标志位
        EXTI_ClearITPendingBit(EXTI_Line3);
    }
```

总结：若使用 STM32 的外部中断，则需要以下几个步骤。

（1）使用 RCC_APB2PeriphClockCmd()函数配置时钟，初始化 GPIO 引脚为复用 I/O 端口。

（2）使用 GPIO_EXTILineConfig()函数配置 I/O 引脚与外部中断线路的映射关系。

（3）使用 EXTI_Init()函数配置外部中断。

（4）使用 NVIC_Init()函数配置中断优先级等。

（5）编写中断服务函数。

由 GPIO 控制 LED 灯闪烁实例可以看出嵌入式系统开发的一种典型程序架构，该程序架构由初始化部分和主程序部分组成，初始化部分涉及系统所用外设的初始化配置程序，主程序部分一般是由 while(1){ }构成的无限循环，程序实体一直循环不停地轮流执行，其程序结构如图 6-10 所示。

上述程序架构简单，容易实现，但由于主程序部分是一个轮流执行的无限循环体，当遇到突发事件时，无法保证系统响应的及时性，因此，常常将对实时性要求较高的任务放在中断（前台）中进行处理，而将一般的任务交给主程序（后台）完成，这就形成了前后台系统的程序架构。前台程序通过中断来处理事件，后台程序是一个无限循环的应用程序实体，负责嵌入式系统软硬件资源的分配、管理等日常事务。例如，本节 STM32 中断的应用实例即采用了前后台系统的程序架构。前后台系统程序架构如图 6-11 所示。

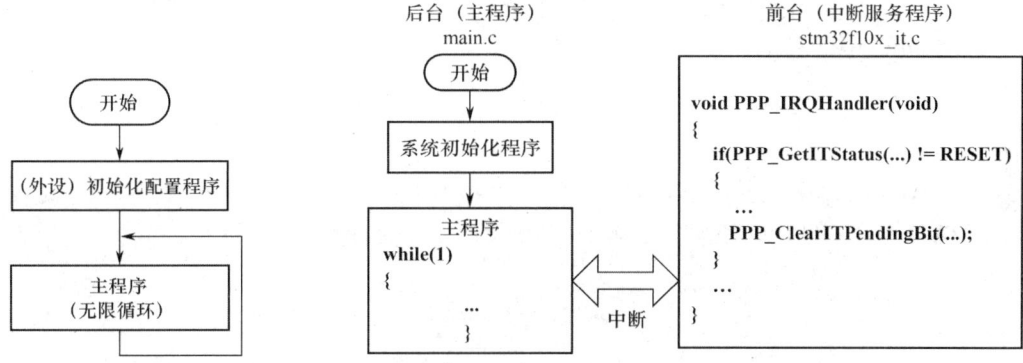

图 6-10 嵌入式开发的典型程序架构　　　　图 6-11 前后台系统程序架构

6.5 EXTI 的 HAL 库接口函数及应用

6.5.1 EXTI 的 HAL 库接口函数

EXTI 的 HAL 库接口函数的源代码存储在 stm32f1xx_hal_exti.c 文件中，其对应的头文件 stm32f1xx_hal_exti.h 声明了 EXTI 所有的库函数。

EXTI 的 HAL 库常用接口函数如表 6-7 所示。

表 6-7　EXTI 的 HAL 库常用接口函数

类型	函数及功能描述
配置函数	HAL_EXTI_SetConfigLine(EXTI_HandleTypeDef *hexti, EXTI_ConfigTypeDef *pExtiConfig); 功能描述：设置外部中断 EXTI 的外部中断线路
	HAL_EXTI_GetConfigLine(EXTI_HandleTypeDef *hexti, EXTI_ConfigTypeDef *pExtiConfig); 功能描述：获取已配置好的外部中断 EXTI 的外部中断线路
	HAL_StatusTypeDef HAL_EXTI_ClearConfigLine(EXTI_HandleTypeDef *hexti); 功能描述：将已设置好的外部中断线路清除
	HAL_EXTI_GetHandle(EXTI_HandleTypeDef *hexti, uint32_t ExtiLine); 功能描述：获取 EXTI 的句柄

续表

类型	函数及功能描述
引脚功能操作函数	void HAL_EXTI_IRQHandler(EXTI_HandleTypeDef *hexti); 功能描述：外部中断 EXTI 的中断处理函数
	uint32_t HAL_EXTI_GetPending(EXTI_HandleTypeDef *hexti, uint32_t Edge); 功能描述：获取被挂起的外部中断线/事件线
	void HAL_EXTI_ClearPending(EXTI_HandleTypeDef *hexti, uint32_t Edge); 功能描述：清除被挂起的外部中断线/事件线
	void HAL_EXTI_GenerateSWI(EXTI_HandleTypeDef *hexti); 功能描述：产生一个软件中断

6.5.2 EXTI 的 HAL 库应用实例

1. 功能描述

采用基于 HAL 库的设计方式，通过两个按键分别控制两个 LED 灯的状态翻转。

2. 硬件设计

LED2 连接在 STM32F103 的 PE5 引脚上，LED3 连接在 STM32F103 的 PB5 引脚上，低电平有效。

按键 WAKE_UP 连接在 STM32F103 的 PA0 引脚上，按下时 PA0 为高电平；按键 S2 连接在 STM32F103 的 PE3 引脚上。硬件电路设计示意图如图 6-12 所示。

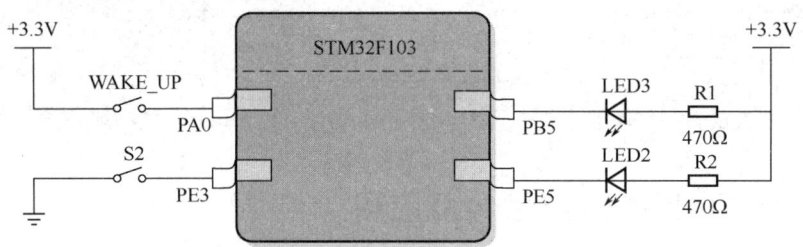

图 6-12　硬件电路设计示意图

3. 软件设计

具体操作步骤如下。

1）新建一个 STM32CubeMX 工程，选择 MCU

在 D 盘或其他盘目录下新建一个文件夹，用来存放后面建立的 STM32CubeMX 工程。需要注意的是，所建工程文件名最好是英文名称，存储路径最好是英文路径。

这里选择 STM32F103ZET6 芯片，如图 6-13 所示。

2）配置 STM32CubeMX 功能参数

（1）RCC 和时钟配置。在"High Speed Clock(HSE)"下拉列表中选择"Crystal/Ceramic Resonator"（晶振/陶瓷谐振器）选项，在"Low Speed Clock(LSE)"下拉列表中选择"Disable"选项，如图 6-14 所示。

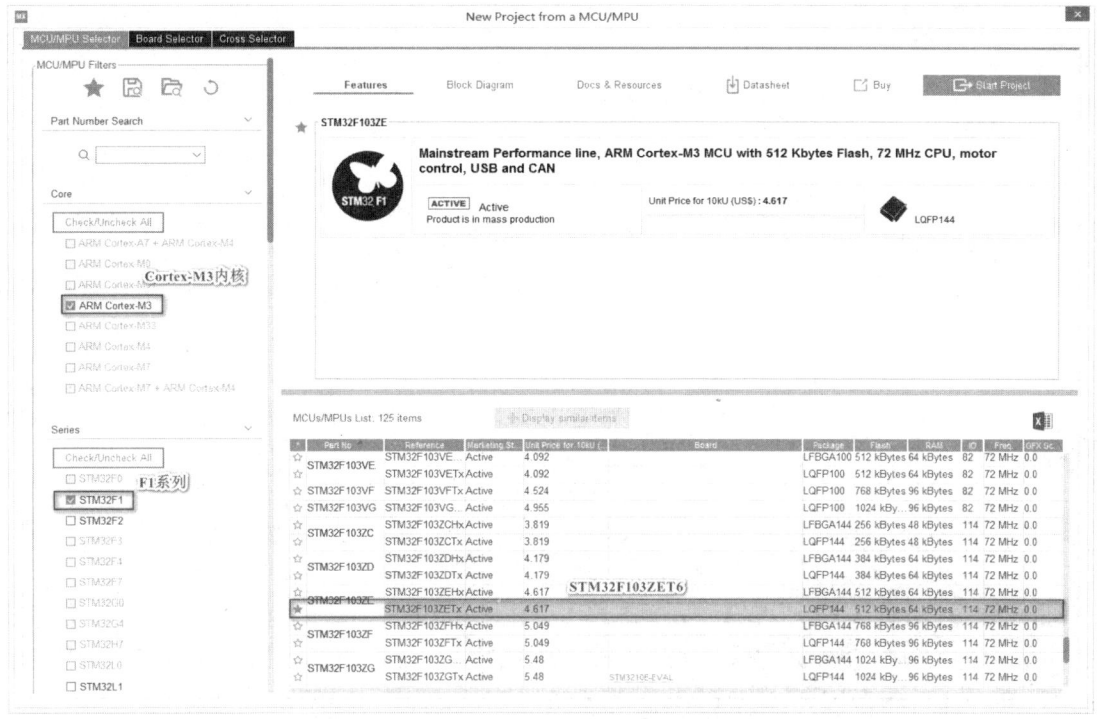

图 6-13　新建工程并选择 STM32F103ZET6 芯片

图 6-14　配置 RCC 界面

STM32CubMX 软件通过图形化方式直观地对系统时钟进行配置，系统时钟采用外部高速时钟，配置 STM32F103 系列芯片时钟的最高频率为 72MHz，配置 APB2 的频率为 72MHz，配置 APB1 的频率为 36MHz。配置时钟界面如图 6-15 所示。

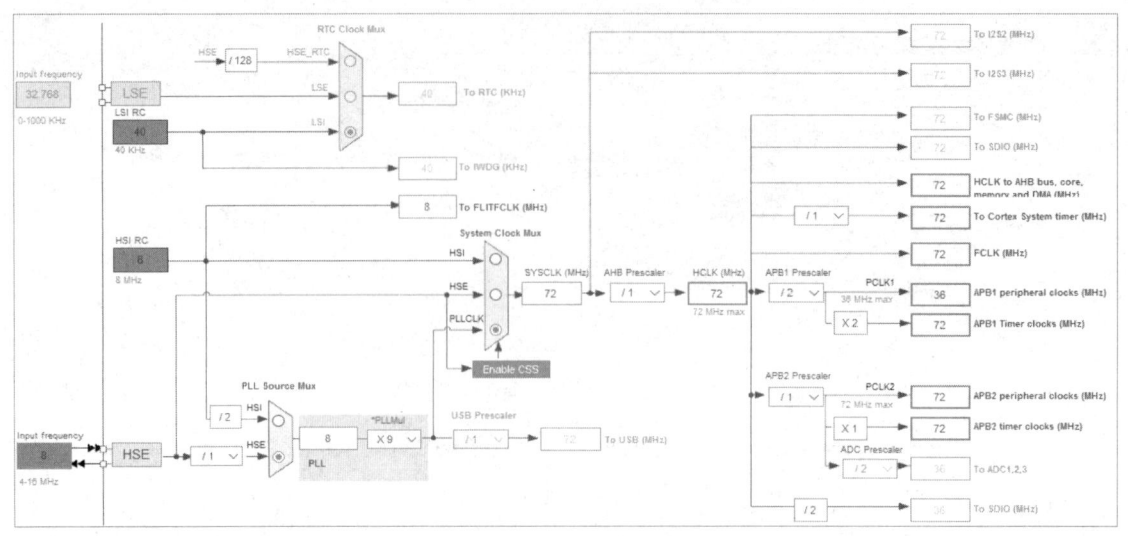

图 6-15　配置时钟界面

（2）**MCU 引脚选择**。 根据图 6-12，LED2 连接在 PE5 引脚上，LED3 连接在 PB5 引脚上，并设置为 GPIO_Output。PA0 设置为 GPIO_EXTI0 外部中断线，作为 WAKE_UP 按键使用，用于控制 LED3 灯闪烁；将 PE3 设置为 GPIO_EXTI3，作为按键 S2 使用，用于控制 LED2 灯闪烁，如图 6-16 所示。

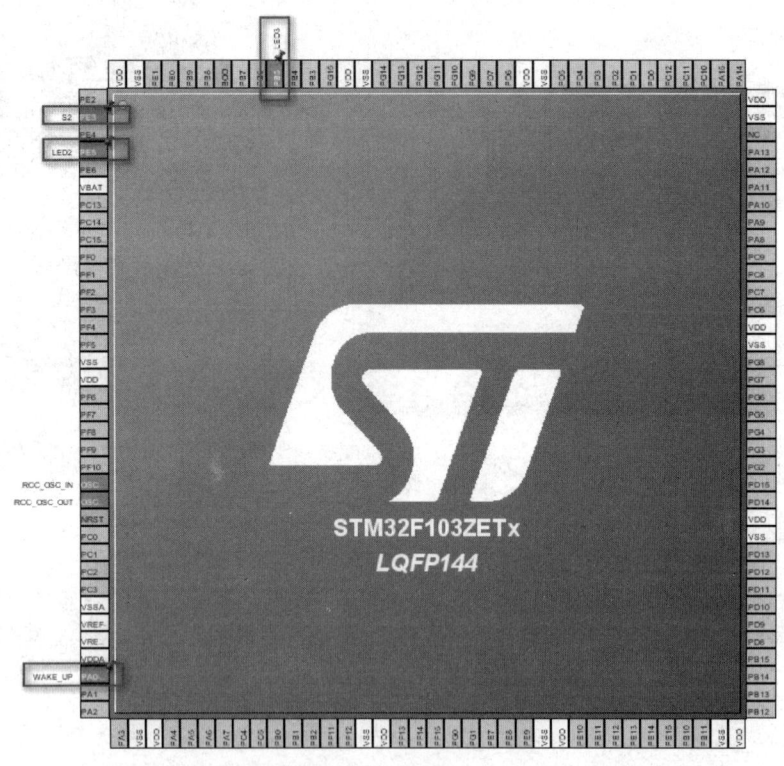

图 6-16　配置引脚

（3）**GPIO 引脚参数配置**。在 STM32CubeMX 主界面的"Configuration"选项页中，单击"System"选项中的"GPIO"配置项，进行 GPIO 的相关配置，如图 6-17 所示。

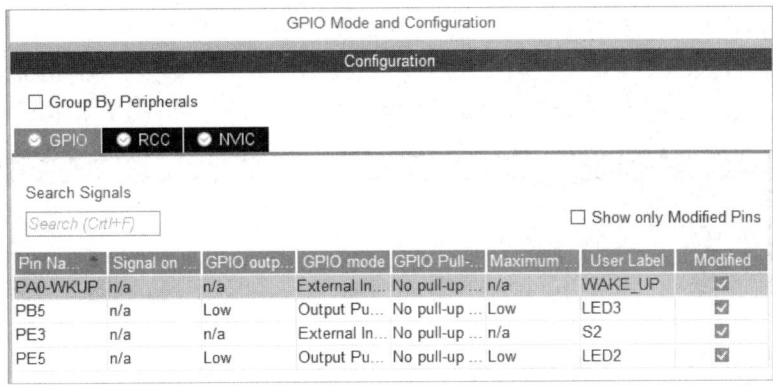

图 6-17　配置 GPIO 引脚参数界面

在 "GPIO" 参数配置中设置 PA0 为上升沿触发（External Interrupt Mode With Rising edge trigger detection），内部既不上拉又不下拉，添加用户标签 WAKE_UP（也可以在配置引脚时修改用户标签）。

PE3 的 "GPIO mode" 设置为下降沿触发（External Interrupt Mode With Falling edge trigger detection），内部既不上拉又不下拉，添加用户标签 S2。

PB5 和 PE5 两个 LED 灯设置为推挽输出模式（Output Push Pull），内部既不上拉又不下拉，分别添加用户标签 LED2 和 LED3。

（4）配置外部中断参数。 在 "NVIC"（嵌套向量中断控制器）选项页中，设置 "Priority Group" 进行优先级分组，共有 0~4 个分组可供选择。

勾选 "EXIT line0 interrupt" 复选框，使能 PA0 外部中断线，"Preemption Priority" 和 "Sub Priority" 两个选项分别用于设置抢占优先级和响应优先级的大小，数值越小，优先级越高。复选框使能 PE3 外部中断线。类似地，勾选 "EXTI line3 interrupt" 复选框。配置抢占优先级和响应优先级界面如图 6-18 所示。

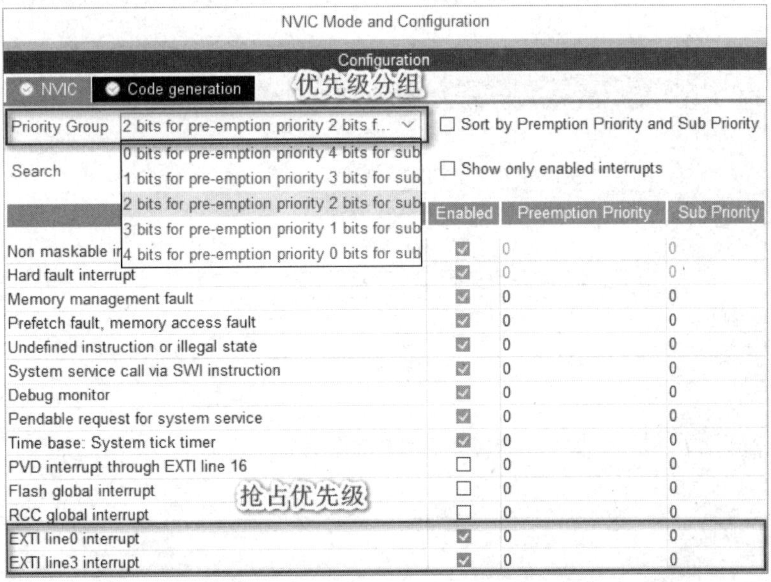

图 6-18　配置抢占优先级和响应优先级界面

3）生成工程代码

配置 Keil 工程名称和存放位置。将"Project Name"设置为"MyProject_EXTI"，在"Toolchain/IDE"下拉列表中选择"MDK-ARM V5"选项，如图 6-19 所示。

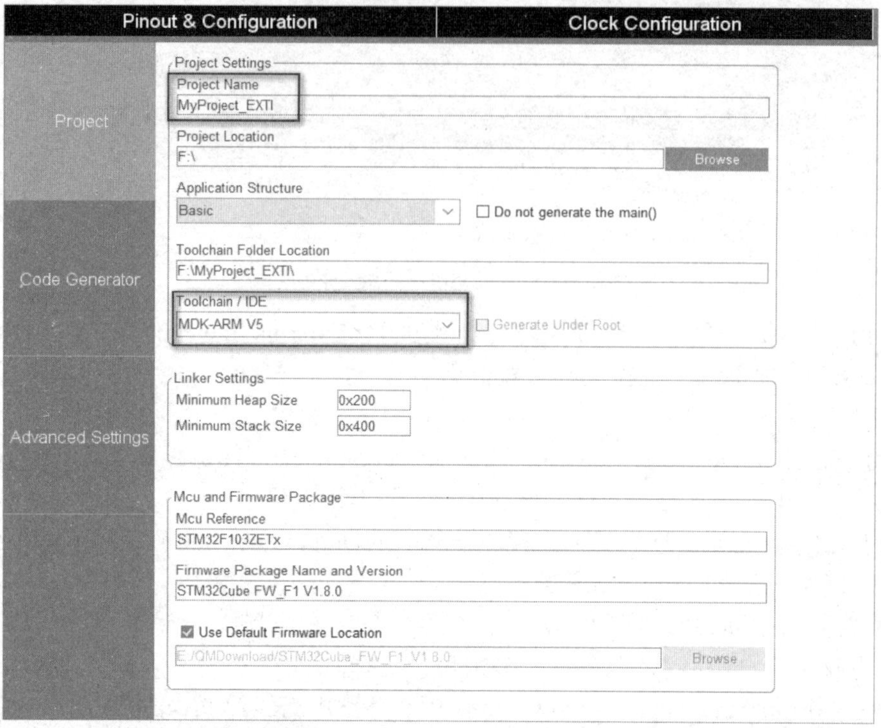

图 6-19　配置 STM32CubeMX 工程和存放位置界面

在"Code Generator"选项页中找到"Generated files"选区，勾选"Generate peripheral initialization as a pair of '.c/.h' files per peripheral"复选框，将外设初始化代码生成为独立的.c 源文件和.h 头文件，如图 6-20 所示。

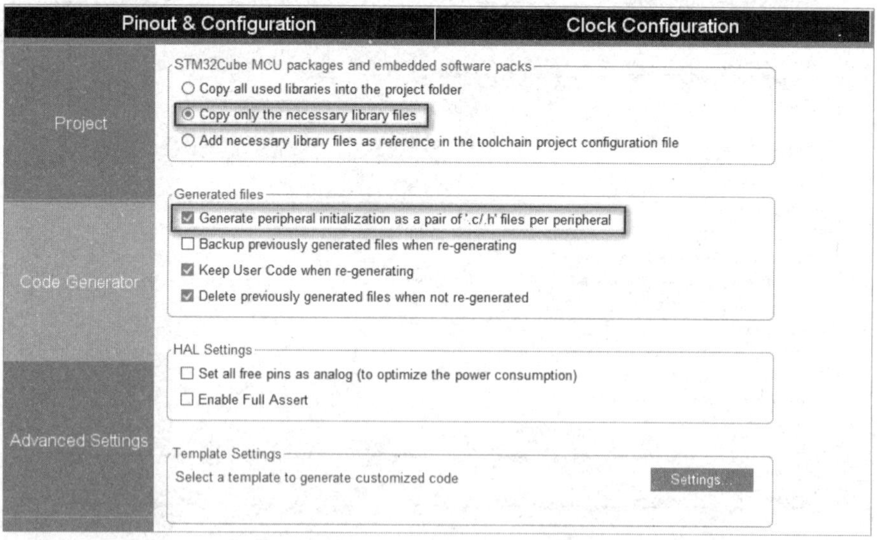

图 6-20　将外设初始化代码生成独立的文件

单击 STM32CubeMX 菜单栏中的"GENERATE CODE"按钮，生成工程代码，并弹出代码生成成功提示对话框，如图 6-21 所示。

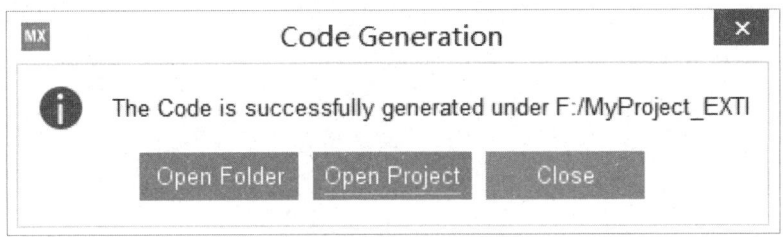

图 6-21　代码生成成功提示对话框

4）编写应用程序

在 Keil 中单击"编译"按钮，对生成的工程进行编译。在 stm32f1xx_it.c 文件中找到所定义的外部中断处理函数，如图 6-22 所示。

```
  main.c    gpio.c    stm32f1xx_it.h    stm32f1xx_it.c    stm32f1xx_hal_gpio.c
188   /* STM32F1xx Peripheral Interrupt Handlers
189   /* Add here the Interrupt Handlers for the used peripherals.
190   /* For the available peripheral interrupt handler names,
191   /* please refer to the startup file (startup_stm32f1xx.s).
192   /*****************************************************
193
194 □/**
195   * @brief This function handles EXTI line0 interrupt.
196   └*/
197   void EXTI0_IRQHandler(void)
198 □{
199     /* USER CODE BEGIN EXTI0_IRQn 0 */          外部中断线0的中断处理函数
200
201     /* USER CODE END EXTI0_IRQn 0 */
202     HAL_GPIO_EXTI_IRQHandler(GPIO_PIN_0);
203     /* USER CODE BEGIN EXTI0_IRQn 1 */
204
205     /* USER CODE END EXTI0_IRQn 1 */
206   }
207
208 □/**
209   * @brief This function handles EXTI line3 interrupt.
210   └*/
211   void EXTI3_IRQHandler(void)
212 □{
213     /* USER CODE BEGIN EXTI3_IRQn 0 */
214                                                外部中断线3的中断处理函数
215     /* USER CODE END EXTI3_IRQn 0 */
216     HAL_GPIO_EXTI_IRQHandler(GPIO_PIN_3);
217     /* USER CODE BEGIN EXTI3_IRQn 1 */
218
219     /* USER CODE END EXTI3_IRQn 1 */
220   }
221
222   /* USER CODE BEGIN 1 */
223
```

图 6-22　外部中断处理函数

从图 6-22 中可以看出，外部的两个按键中断触发后，首先会调用 GPIO 相应引脚的外部中断处理函数，如用户按键 S2 连接在 PE3 引脚上会触发外部中断 EXTI3 的中断处理函数 EXTI3_IRQHandler(void)，而这个函数又调用 HAL_GPIO_EXTI_IRQHandler(GPIO_PIN_3)函数，参数为 GPIO_PIN_3，即 EXTI3 中断。右击跳转到这个函数，可以看到该函数的原型，如图 6-23 所示。

```
void HAL_GPIO_EXTI_IRQHandler(uint16_t GPIO_Pin)
{
    /* EXTI line interrupt detected */
    if (__HAL_GPIO_EXTI_GET_IT(GPIO_Pin) != RESET)
    {
        __HAL_GPIO_EXTI_CLEAR_IT(GPIO_Pin);
        HAL_GPIO_EXTI_Callback(GPIO_Pin);
    }
}
```

图 6-23　HAL_GPIO_EXTI_IRQHandler()函数的原型

从图 6-23 中的代码可知，当中断发生时，调用 HAL_GPIO_EXTI_Callback()函数，但程序中只给出了一个虚函数，需要用户添加应用程序来实现相关功能。在 main.c 文件中的 /*USER CODE BEGIN 4*/和/*USER CODE END 4*/之间添加中断回调函数相应的程序代码，如下。

```
        /* USER CODE BEGIN 4 */
    void HAL_GPIO_EXTI_Callback(uint16_t GPIO_Pin)
{
    if(GPIO_Pin == GPIO_PIN_3)
    {
        HAL_GPIO_TogglePin(GPIOE,GPIO_PIN_5);
    }
    if(GPIO_Pin == GPIO_PIN_0)
    {
        HAL_GPIO_TogglePin(LED3_GPIO_Port,LED3_Pin);
    }
}
        /* USER CODE END 4 */
```

另外，还可以将上述外部中断回调函数的代码添加到 gpio.c 文件中。

5）下载调试验证

应用程序编写完后，需要重新编译工程，生成工程.hex 文件。通过 ST-Link 仿真器或其他下载器下载到开发板中，并对其进行验证。可以看到，按下相应的按键，其对应的 LED 灯的状态会发生改变。

本章小结

1. 中断是单片机实时处理内部或外部事件的一种机制。计算机在执行程序的过程中，当出现异常情况（断电等）或特殊请求（数据传输等）时，计算机暂停当前程序的运行，转向对这些异常情况或特殊请求进行处理，处理完再返回当前程序的中断处，继续执行原程序，这就是中断。

中断处理流程一般包括中断请求、中断响应、中断服务和中断返回 4 部分。

2. STM32F10x 系列产品有 84 个中断通道，包括 16 个内部中断和 68 个可屏蔽中断。

STM32 通过 ARM Cortex-M3 内核集成的 NVIC 对中断进行统一管理，实现中断优先级管理，STM32 微控制器只使用了中断优先级寄存器 NVIC_IP 8 位中的 4 位，将其分成两类优先级：抢占优先级和响应优先级，共组成 0～4 个优先级分组。编号越小，优先级越高：0 号为最高，15 号为最低。当多个中断同时提出中断请求时，抢占优先级高的中断会优先被执行，如果抢占优先级相同，则根据响应优先级进行执行，若抢占优先级和响应优先级都相同，则根据各中断在中断向量表中的位置按先后顺序执行。

3．STM32 微控制器专门设计了一个外部中断控制器（EXTI）对来自 GPIO 引脚产生的中断和来自 RTC、USB 等外设的唤醒事件引发的中断进行统一管理，其中 0～15 号外部中断线用于 GPIO 引脚，尾号相同的引脚作为一组，通过一个多路选择器连接到同一根外部中断线上，同组的引脚只能使用其中一个与外部中断线连接，具备外部中断功能，即 PA0、PB0、PC0、PD0、PE0、PF0 作为同组的外部中断线，只能有一个引脚可以作为外部中断引脚。中断的触发方式有上升沿触发、下降沿触发和双边沿触发。

每组使用一个中断标志 EXTIx。EXTI0～EXTI4 这 5 个外部中断有着各自独立的中断服务函数，如 EXTI3 对应的中断服务函数为 void EXTI3_IRQHandler(void)，EXTI5～EXTI9 公用一个中断服务函数 void EXTI9_5_IRQHandler(void)，EXTI10～EXTI15 公用一个中断服务函数 void EXTI15_10_IRQHandler(void)。

4．STM32 的 HAL 库对中断的处理过程进行了封装，定义了各个外设的通用中断服务函数 HAL_PPP_IRQHandler()，这里 PPP 代表各个外设的名称，该函数主要用于完成中断标志的判断和清除。

HAL 库将中断中需要执行的操作以回调函数的形式提供给用户，默认的外部中断回调函数的属性设计为 weak，函数内部没有任何可执行代码，仅有一个避免编译器发出警告的语句：UNUSED(GPIO_Pin)。weak 属性的函数功能：如果该函数没有在其他文件中被定义，则使用该函数，如果用户在其他地方定义了该函数，则使用用户定义的函数。因此，在编写中断服务程序时，用户只需要在应用程序中重新定义一个同名的回调函数，在该回调函数中编写具体的中断服务程序。

5．嵌入式系统常用的程序架构主要有 3 种：轮询方式、前后台系统及基于嵌入式实时操作系统的开发方式。前后台系统程序架构通常将对实时性要求较高的任务放在中断（前台）中进行处理，而将一般的任务交给主程序（后台）完成，即前台程序通过中断来处理事件，后台程序是一个无限循环的应用程序实体，负责嵌入式系统软硬件资源的分配、管理等日常事务。

习题与思考

一、选择题

1．以下选项中不属于中断处理流程的是（　　）。
　　A．中断请求　　　　B．中断响应　　　　C．中断处理　　　　D．中断回调

2．假设按键 WAKE_UP 连接在 STM32F103 的 PA0 引脚上，则 PA0 映射到外部中断事件线上的是（　　）。
　　A．EXTI 线 0　　B．EXTI 线 1　　C．EXTI 线 13　　D．EXTI 线 16

3．HAL 库中用于设置中断优先级分组的函数是（　　　）。

    A．HAL_NVIC_SetPriority

    B．HAL_NVIC_EnableIRQ

    C．HAL_NVIC_SetPriorityGrouping

    D．HAL_NVIC_SystemReset

4．以下关于 NVIC 的描述中，正确的是（　　　）。

    A．STM32 的每个中断都可以使能或禁止，并且可以被设置为挂起或清除状态

    B．STM32 的中断都有一个固定或可编程的中断优先级

    C．异常发生时，需要通过软件实现异常处理的定位

    D．STM32 的 NVIC 可以屏蔽硬件错误、NMI 及其他所有异常

5．下列不属于 STM32 微控制器外部中断的触发方式的是（　　　）。

    A．低电平触发　　　　　　　　　　　B．双边沿触发

    C．下降沿触发　　　　　　　　　　　D．上升沿触发

二、填空题

1．STM32 的外部中断由_____和_____共同管理与实现。

2．HAL 库将中断中需要执行的操作以_____的形式提供给用户，用户在该函数中编写具体的中断服务程序。

3．ARM Cortex-M3 内核的 NVIC 支持_____种异常和中断，STM32F103 系列微控制器有_____根外部中断线。

4．STM32 的中断优先级分为_____和_____两类。

5．STM32 使用 Cortex-M3 的 8 位优先级寄存器中的_____来配置中断优先级。

三、判断题

1．SMT32 微控制器的 PA0 和 PB0 两个引脚可以同时触发外部中断。（　　　）

2．HAL 库函数 HAL_GPIO_EXTI_Rising_Callback()在下降沿触发时进行回调。

（　　　）

3．中断优先级的数字越小，优先级越高。（　　　）

4．HAL 库中默认的外部中断回调函数的属性设计为 weak，用户需要重新定义一个同名的回调函数用于中断服务程序的编写。（　　　）

5．前后台系统中的后台程序为主程序。（　　　）

四、简答题

1．假设 STM32 配置了三个中断向量，其属性如表 6-8 所示，那么 STM32 在响应中断时，中断 A 能否打断中断 C 的中断服务函数？中断 B 能否打断中断 C 的中断服务函数？如果中断 B 和中断 C 同时到达，那么响应哪个中断？

表 6-8　题 1 表

中断	抢占优先级	响应优先级
A	0	0
B	1	0
C	1	1

2．简述中断的处理流程。

3．STM32 的中断和异常有什么不同？ARM Cortex-M3 内核的 NVIC 支持多少种异常和中断？

五、综合应用题

1．补全代码。

现有一个按键通过外部中断线 3 触发中断实现控制 LED 灯亮灭状态的翻转。以下为中断服务函数，请基于标准外设库实现下列程序并补全代码。

```
void _____①_____(void)   //EXTI3 的中断服务函数的名称
{
    if(EXTI_GetITStatus(_____②_____) != RESET)
    {
GPIO_WriteBit(GPIOB,GPIO_Pin_5,(BitAction)((1-GPIO_ReadOutputDataBit(GPIOB,GPIO_Pin_
5))));//LED 灯状态翻转
        _____③_____;  //清除中断
    }
}
```

2．程序编程：按键 K1 通过外部中断方式控制 LED1，每按下一次按键 K1，LED1 的状态发生翻转，同时统计按键被按下的次数，利用数码管显示计数值或利用多个 LED 灯以 BCD 码的形式显示计数值。

第 7 章　串口通信

通信在嵌入式系统中应用十分广泛，嵌入式微处理器的通信接口类型有很多，如 UART、SPI、I²C、USB 和 CAN 等，其中 UART（Universal Asynchronous Receiver/Transmitter，通用异步收发器）是应用最为方便、最为普遍的一种通信接口。目前，大多数微控制器内部都集成有 UART 接口，是嵌入式系统的常用外设。STM32 系列微控制器在其内部配备了功能强大的 USART（Universal Synchronous/Asynchronous Receiver/Transmitter，通用同步/异步收发器），该接口不仅具备 UART 接口的基本功能，还支持同步单向通信、智能卡协议、调制解调器操作（CTS/RTS，请求发送/清除发送）等。本章从数据通信的基本概念出发，对 STM32 的 USART 接口进行详细介绍。

知识目标

- 理解和掌握通信（异步串行通信）的基本概念，熟知常见的串行通信接口（RS-232、RS-485、SPI、I²C、USB 等接口）及通信协议。
- 了解 STM32 微控制器的 USART 的内部结构、特性，理解其通信原理及过程。
- 熟悉标准外设库和 HAL 库中有关 USART 的接口函数，理解基于 USART 接口函数编程的思想。

能力目标

- 能够根据硬件原理图，正确配置串口相关参数并搭建实际电路。
- 熟练运用串口通信的标准外设库接口函数和 HAL 库接口函数，实现轮询方式、中断方式、DMA 方式下串口通信程序的编写，进而实现系统功能。
- 借鉴 ModBus 通信协议和 CRC 校验算法，自定义通信协议的编程思想并应用于实际工程项目。

思维与素养目标

- 通过学习和借鉴 HAL 库程序结构化代码的实践与训练，锻炼学生规范撰写代码的能力，培养良好的职业素养。
- 通过串口通信协议的学习，树立通用接口标准意识和标准化理念。
- 通过借鉴 ModBus 通信协议和 CRC 校验算法，将自定义通信协议的编程思想应用于实际工程项目，拓展裸机编程的边界，践行"知识-技能-思维"的教育闭环。

7.1　通信概述

通信就是数据交换、信息交换。在嵌入式系统中，微控制器与其他外设相互连接，系统各部件之间进行数字信号/数据的传输就是通信。

通信的方式有很多种,按数据传输方式可分为串行通信和并行通信;按通信数据同步方式可分为同步通信和异步通信;在串行通信中,按数据传输方向及与时间的关系可分为单工通信、半双工通信和全双工通信。

1. 串行通信和并行通信

串行通信(Serial Transmission)是指通过一根数据线或少量数据线(少于 8 根)将数据一位一位地按顺序依次传输,如图 7-1 所示。

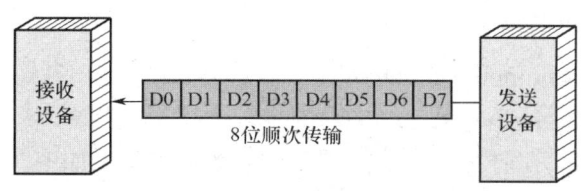

图 7-1　串行通信

并行通信(Parallel Transmission)是指用多根数据线同时传输多位数据,通常以 8 位、16 位、32 位等数据位传输,如图 7-2 所示。

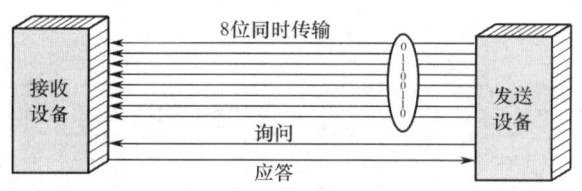

图 7-2　并行通信

相比于串行通信,并行通信一次可传输多位数据,在相同的工作频率下,并行通信的传输数据量是串行通信的传输数据量的数倍,所以早期的计算机系统多采用并行通信传输,以提高传输速率,如采用并行接口的硬盘、打印机,以及采用 PCI(Peripheral Component Interconnect,外设部件互连)显卡等。但并行通信存在以下缺点。

(1)由于并行通信所用通信线数量较多,因此长距离传输成本较高,而串行通信所用通信线数量少(只需一根或几根数据线,以及地线和控制信号线等),线路成本低,更适合计算机与计算机之间、计算机与外设之间的远距离传输。

(2)信号线之间的干扰大,传输速率越高、距离越长,信号之间的干扰就越严重,所以,并行通信的传输速率不会很高,而串行通信则不存在该问题。

(3)体积大,占用空间大,不利于设备的小型化、微型化。

由于并行通信自身的特点,因此并行通信仅适用于短距离传输,而长距离传输则采用串行通信;同时,在短距离传输中,串行通信也在逐步取代并行通信。

串行通信是目前最为流行的一种通信方式,如 USB、工业上常用的 RS-485 和 RS-232 等都是串行通信方式。USB 接口如图 7-3 所示。

计算机网络中使用的传输方式均是串行通信,单片机与外设之间也大多采用各类串行接口,如 USART、USB、I²C、SPI 等;而计算机内部的总线结构,即 CPU 与内部寄存器及接口之间采用并行通信。

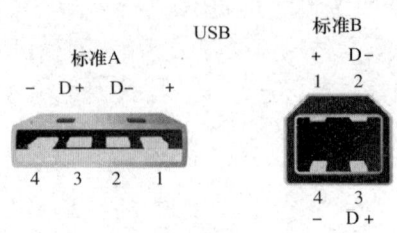

图 7-3　USB 接口

2. 同步通信和异步通信

（1）同步通信（Synchronous Communication）。同步通信是一种连续串行传输数据的通信方式，要求收发双方的时钟必须保持严格的同步，所以，同步通信中收、发双方必须用同一根信号线表示时钟信号，在时钟信号的控制下进行数据传输，如图 7-4 所示，通信双方按统一规定在时钟信号的上升沿或下降沿对数据信号进行采样。

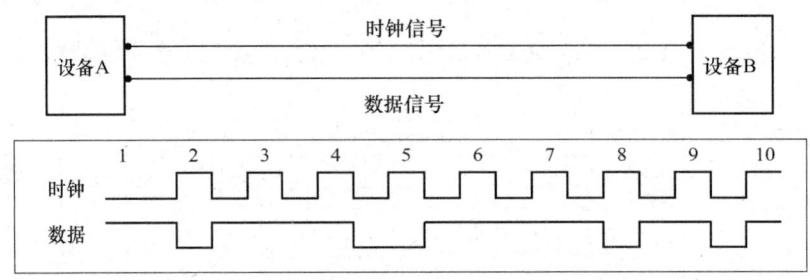

图 7-4　同步通信

同步通信的优点是数据的传输速率较高，可达到 56000bit/s 或更高。

（2）异步通信（Asynchronous Communication）。异步通信中收、发双方不使用时钟信号进行数据同步，而是在发送的有效数据中增加一些用于同步的控制位，如起始位和停止位等，数据以字符为单位组成数据帧的形式进行传送，这就需要收、发双方约定数据的传输速率，以便更好地进行数据传输。

由于异步通信的传输数据中增加了很多控制位，因此传输效率较低，但异步通信设备实现简单、成本低，通信双方只需要采用相同的数据帧格式和传输速率，就能在不共享时钟信号的情况下，仅用两根线（发送线 Tx 和接收线 Rx）就可以完成通信过程。

3. 单工通信、半双工通信和全双工通信

根据数据传输方向及与时间的关系，串行通信可以分为单工、半双工和全双工三种通信方式，各通信方式的特点及实例如表 7-1 所示。

表 7-1　单工通信、半双工通信和全双工通信的特点及实例

通信方式	描　述	举　例
单工	任何时刻都只能单方向通信，即一端固定为发送端，另一端固定为接收端	灯塔、广播和电视
半双工	两个设备均可以收、发数据，但不能在同一时刻进行	对讲机
全双工	两个设备可以同时收、发数据	手机

7.2　异步串行通信

在异步串行通信中，由于通信双方没有专门的时钟同步信号，因此要求通信双方在建立物理连接的同时，需要依靠事先约定的通信数据帧格式和通信速率来完成通信，这就涉及通信协议的概念。

通信协议是通信双方为了实现信息传输，相互之间必须遵循的一种规则或约定，包括物理层和协议层。物理层规定机械、电气方面的特性，确保原始数据在物理媒体上的传输，即常说的硬件接口；协议层主要规定通信的传输速率、数据帧的格式等，即通常所说的通信协议。通俗地比喻，物理层决定人们说话的方式，协议层决定人们说话的语言。

7.2.1　异步串行通信协议

通信传输速率和数据帧格式两者统称为通信协议。

异步串行通信的数据帧由起始位、数据位、校验位、停止位 4 部分组成，其格式如图 7-5 所示。

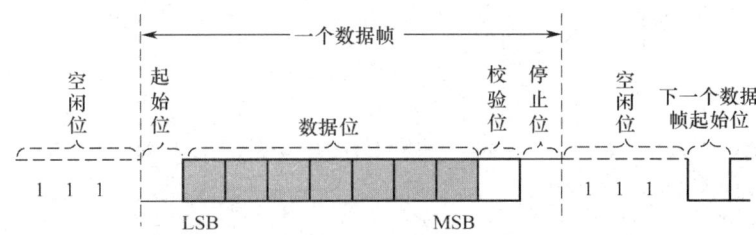

图 7-5　异步串行通信的数据帧格式

起始位：占 1 位，位于数据帧的开头，其值为 0，即以逻辑 0 表示传输数据的开始。

数据位：要发送的数据，数据长度可以是 5 位、6 位、7 位或 8 位，低位在前，高位在后，数据通常用 ASCII 码（American Standard Code for Information Interchange，美国信息交换标准代码）表示。传输数据时先传送低位，后传送高位，即由最低有效位（Least Significant Bit，LSB）到最高有效位（Most Significant Bit，MSB）一位一位地传输。

校验位：占 1 位，用于检测数据是否有效，该位为可选项。若校验位为 0，则表示不对数据进行校验。若校验位为"1"，则对数据位进行奇校验或偶校验。设置奇偶校验位是为了发现数据传输的错误位。

停止位：一帧传输结束的标志，根据实际情况而定，可以是 1 位、1.5 位或 2 位。

空闲位：数据传输完毕，数据帧之间用 1 表示空闲位，即用 1 表示当前线路上没有数据传输。

串口通信中一个很重要的参数是通信速率，通常用波特率表示。波特率是指每秒传输的二进制位数，单位为 bit/s，是衡量串行数据传输速度快慢的指标。常用的波特率有 1200bit/s、2400bit/s、4800bit/s、9600bit/s、19200bit/s、38400bit/s、57600bit/s、115200bit/s。

波特率决定了异步串行通信中每位数据占用的时间。例如，波特率为 115200bit/s，表示每秒传输 115200 位二进制数据，每位数据在数据线上持续的时间约为 1/115200≈8.68μs。

通信时，数据是逐位传送的，而 1 个字符往往由若干位组成，因此每秒传输的字符数（字符速率）和波特率是两个概念。在串行通信中，所说的传输速率是指波特率，而不是字符速率，两者的关系：波特率=字符速率×每个字符包含的位数。

例如，字符速率为 120 字符/秒，若每个字符均由 10 位（1 个起始位，7 个数据位，1 个校验位，1 个停止位）构成，则波特率为

$$10 \text{ 位/字符} \times 120 \text{ 字符/秒} = 1200 \text{bit/s}$$

7.2.2 异步串行通信接口

UART 是一个全双工通用异步串行收/发模块，是嵌入式系统中应用较为广泛的一种串行通信接口方式，主要用于打印程序调试信息、上位机和下位机的通信，以及 ISP 程序下载等场合。

UART 采用全双工通信，其至少需要两根数据线用于通信双方进行数据的双向同时传输，最简单的 UART 接口由 TxD、RxD、GND 三根线组成。其中，TxD 用于发送数据，RxD 用于接收数据，GND 为信号地线，通过交叉连接实现两个芯片间的串口通信，如图 7-6 所示。

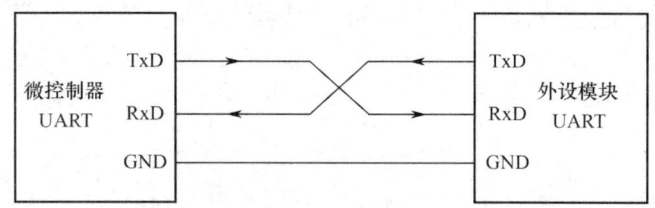

注：RxD：数据输入引脚，用于数据接收；TxD：数据输出引脚，用于数据发送

图 7-6　UART 设备之间的交叉连接

由于 UART 通信距离较短，因此一般仅用于板级芯片之间的通信。在实际应用中，通常对 UART 进行扩展或变换，从而得到适合较长距离传输的串行数据通信接口标准，如 RS-232、RS-485 等。

UART 在物理层常采用 RS-232 标准，RS-232 是美国电子工业协会（Electronic Industry Association，EIA）制定的串行通信物理接口标准，RS 为英文"推荐标准"的缩写，232 为标识号。RS-232 标准主要规定了通信接口的机械特性、信号用途及信号电平标准等电气特性，实现点对点的通信。RS-485 标准描述了物理层的电气特性，采用差分信号传输，即通过两根通信线之间的电压差的方式来传递信号，有效地提高了抗干扰能力，实现远距离传输，同时 RS-485 标准支持多点数据通信，能够实现联网功能，广泛应用于工业自动化领域，是实现 ModBus 通信协议、Profibus DP 通信协议等工业网络的基础。

一般台式计算机上会有 1～2 个采用 RS-232 标准的接口，即 COM 口，分别称为 COM1 和 COM2，COM 口通常采用 DB-9（9 针）或 DB-25（25 针）的形式，其中 DB-9 最为常见，如图 7-7 所示。DB-9 引脚定义如表 7-2 所示。

图 7-7　采用 DB-9 标准的串口线

表 7-2　DB-9 引脚定义

外　形	引　脚　号	符　号	功　能
	1	DCD	数据载波检测，输入
	2	RxD	接收数据，输入
	3	TxD	发送数据，输出
	4	DTR	数据终端准备就绪，输出
	5	GND	信号地线
	6	DSR	数据设备准备就绪，输入
	7	RTS	请求发送，输出
	8	CTS	清除发送，输入
	9	RI	振铃指示，输入

在实际应用中，对可靠性要求不高的场合，DB-9 通常采用三线制串口，仅需发送（Tx）、接收（Rx）和地（GND）3 根线，即可实现全双工通信，最高传输速率可达 20kbit/s。若需要进行高可靠性传输，则采用硬件流控制，由专用信号线 CTS/RTS（清除发送/请求发送）进行传输，如利用 DB-9 接口中的 4 号、6 号、7 号和 8 号引脚实现数据流控制，通常应用在调制解调器中。

由于微控制器中的 UART 采用的是 TTL 电平标准，因此该电平标准逻辑 1 的电平范围为+2.4～+5V，逻辑 0 的电平范围为 0～+0.5V。而 RS-232 的电平标准采用负逻辑，即逻辑 0 为+3～+15V，逻辑 1 为-15～-3V，这种方式有利于降低信号衰减。相比于 UART 的板级通信，RS-232 的传输距离最远可达 15m。因此采用 RS-232 电平标准的 COM 口不能与采用 TTL 电平标准的微控制器直接相连，需要使用 MAX3232 芯片实现 RS-232 电平与 TTL 电平的转换才能通信，微控制器的 UART 与计算机的 COM 口的连接如图 7-8 所示。

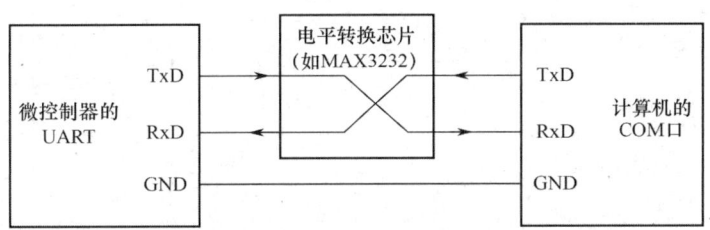

图 7-8　微控制器的 UART 与计算机的 COM 口的连接

7.3　STM32 的 USART 模块

很多微控制器和外设模块都集成有 UART 模块，STM32 微控制器将 UART 串口通信模块统称为 USART，意味着 USART 模块不仅具有异步双向通信传输的功能，还具有同步通信功能，因此 STM32 有两种串行通信接口，分别是 UART（通用异步收发器）和 USART（通用同步/异步收发器），区别在于，USART 接口支持同步模式，在该模式下有一根时钟信号线用于数据同步。对于大容量的 STM32F10x 系列微控制器，一般有 3 个 USART 和 2 个 UART，本节重点介绍 USART 的原理及应用。

7.3.1 USART 的内部结构

STM32F103 的 USART 的内部结构如图 7-9 所示。

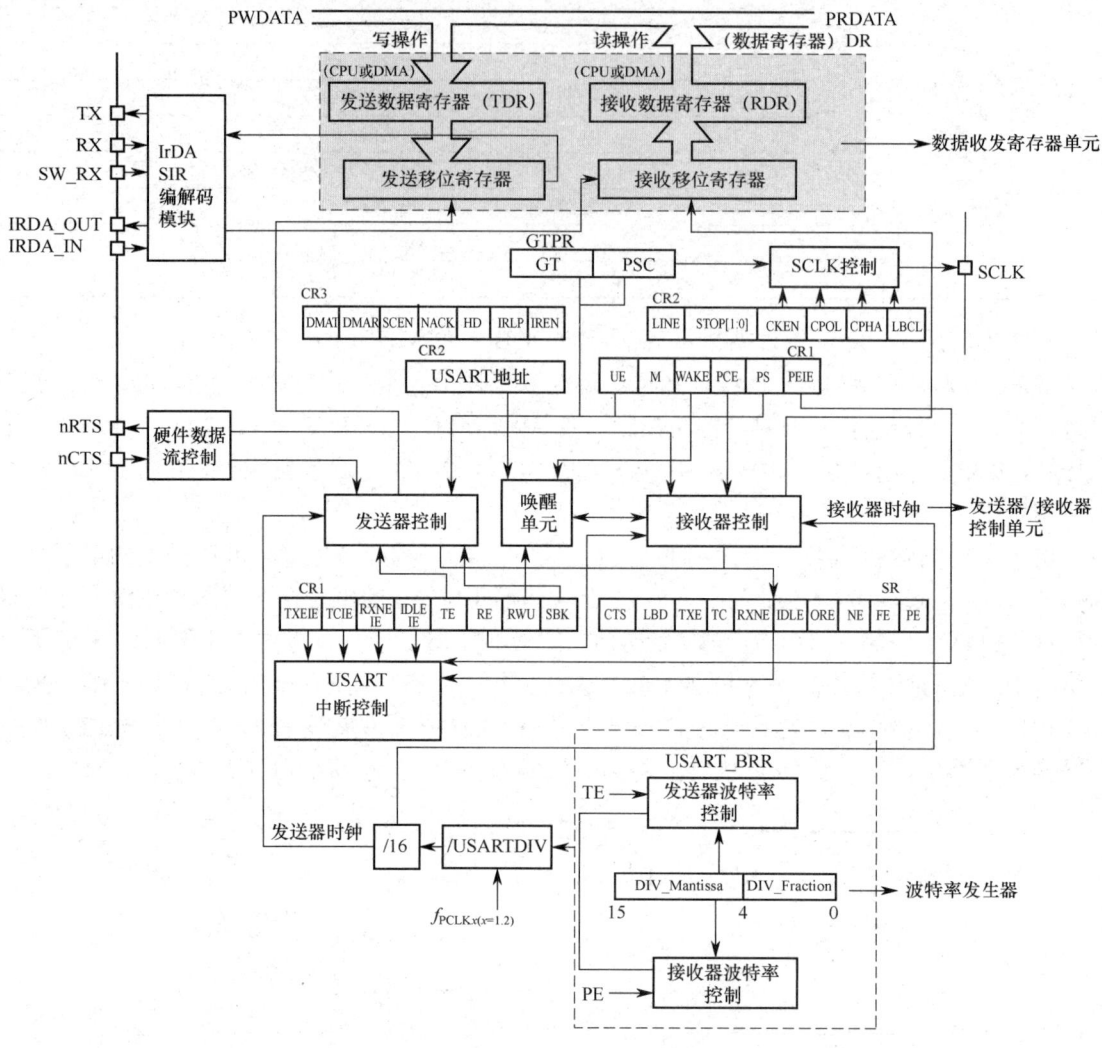

图 7-9　STM32F103 的 USART 的内部结构

从图 7-10 可以看出，USART 功能的实现由以下 3 部分构成。

1. 波特率发生器

波特率发生器通过 USART_BRR 寄存器实现串口通信数据传输速率的设置。

2. 发送器/接收器控制单元

发送器/接收器控制单元通过向 USART 的控制寄存器 CR1、CR2、CR3 和 USART 的状态寄存器（SR）写入相应的参数，实现 USART 数据的发送和接收控制，其中，CR1 主要用于配置 USART 的数据位、校验位及中断使能，CR2 用于配置 USART 的停止位及 SCLK 时钟控制，CR3 主要涉及 CTS 硬件流控制和单字节/DMA 多缓冲传输控制的配置。通过读取状态寄存器的值，可以查询 USART 的状态。USART 状态寄存器各比特位代表的含义如表 7-3 所示。

表 7-3　USART 状态寄存器各比特位代表的含义

比特位	寄存器名称	功 能 描 述
31～10	—	保留，硬件强制设置为 "0"
9	CTS	CTS 标志。 若 CTS 流控制被使能（CTSE=1），则发送器在发送下一帧前检查 nCTS 的输入。 若设置了 CTSE 位，则当 nCTS 的输入改变状态时，该位被硬件置位，其作用是表明接收器是否已准备好进行通信。清零由软件实现。若 USART_CR3 中的 CTSIE 为 1，则产生中断。 0：nCTS 状态线上没有变化 1：nCTS 状态线上发生变化
8	LBD	LIN 断开检测标志（LIN Break Detection Flag）。 当探测到 LIN 断开时，该位由硬件置 1，由软件清零（向该位写 0）。 若 USART_CR3 中的 LBDIE =1，则产生中断。 0：没有检测到 LIN 断开 1：检测到 LIN 断开
7	TXE	发送数据寄存器为空（Transmit Data Register Empty）。 当 TDR 寄存器中的数据被硬件转移到移位寄存器时，则该位被硬件置位。若 USART_CR1 寄存器中的 TXEIE 为 1，则产生中断。对 USART_DR 进行写操作可以将该位清零。 0：数据还没有被转移到移位寄存器 1：数据已经被转移到移位寄存器
6	TC	发送完成（Transmission Complete）。 当含有数据的一帧发送完成，且 TXE=1 时，由硬件将该位置 1。若 USART_CR1 中的 TCIE 为 1，则产生中断，由软件序列清除该位（先读 USART_SR，再写入 USART_DR）。TC 位也可以通过写入 0 来清除，只有在多缓存通信中才推荐这种清除程序。 0：发送还未完成 1：发送完成
5	RXNE	读数据寄存器非空（Read Data Register not Empty）。 当 RDR 移位寄存器中的数据被转移到 USART_DR 寄存器中时，该位被硬件置位。若 USART_CR1 寄存器中的 RXNEIE 为 1，则产生中断。对 USART_DR 进行读操作可以将该位清零。RXNE 位也可以通过写入 0 来清除，只有在多缓存通信中才推荐使用该清除程序。 0：没有收到数据 1：收到数据，可以读出
4	IDLE	检测到总线空闲（IDLE Line Detected）。 当检测到总线空闲时，该位被硬件置位。若 USART_CR1 中的 IDLEIE 为 1，则产生中断。由软件序列清除该位（先读 USART_SR，再读 USART_DR）。 0：没有检测到空闲总线 1：检测到空闲总线
3	ORE	过载错误（Overrun Error）。 当 RXNE 仍然为 1 时，当前被接收在移位寄存器中的数据需要传送至 RDR 寄存器，硬件将该位置位。若 USART_CR1 中的 RXNEIE 为 1，则产生中断。由软件序列将其清零（先读 USART_SR，再读 USART_CR）。 0：没有过载错误 1：检测到过载错误
2	NE	噪声错误标志（Noise Error Flag）。 在收到的帧中检测到噪声时，由硬件对该位置位。由软件序列对其清零（先读 USART_SR，再读 USART_DR）。 0：没有检测到噪声 1：检测到噪声

续表

比特位	寄存器名称	功能描述
1	FE	帧错误（Framing Error）。 当检测到同步错位、过多的噪声或检测到断开符时，该位被硬件置位。由软件序列将其清零（先读 USART_SR，再读 USART_DR）。 0：没有检测到帧错误 1：检测到帧错误或 break 符
0	PE	校验错误（Parity Error） 在接收模式下，若出现奇偶校验错误，则硬件对该位置位。由软件序列对其清零（依次读 USART_SR 和 USART_DR）。在清除 PE 位前，软件必须等待 RXNE 标志位被置 1。若 USART_CR1 中的 PEIE 为 1，则产生中断。 0：没有奇偶校验错误 1：奇偶校验错误

3. 数据收发寄存器单元

数据收发寄存器单元主要由发送数据寄存器（TDR）、接收数据寄存器（RDR）、发送移位寄存器、接收移位寄存器组成，其中，发送移位寄存器负责对发送的数据进行并串转换，接收数据移位寄存器对接收的数据进行串并转换，保证数据在传输时一位一位地发送和接收。

数据发送过程：一帧数据从发送数据寄存器移位到发送移位寄存器，表示数据开始发送，此时发送数据寄存器为空。若 CR1 的 TXEIE 位被置位（置 1），则会触发 TXE 中断，这时就可以在 USART 中断服务中将要发送的下一帧数据写入发送数据寄存器；等发送移位寄存器中的一帧数据被一位一位地从微控制器的 Tx 引脚传送完毕，TC 位被置位（置 1），若此时 CR1 的 TCIE 被置位，则会触发 TC 中断，至此一帧数据发送结束。

数据接收过程：一帧数据从微控制器的 Rx 引脚一位一位地传送到接收移位寄存器，再由接收移位寄存器将数据传输到接收数据寄存器，此时，RXNE 被置位，表明接收移位寄存器中的数据已全部转移到接收数据寄存器中，若 RXNEIE=1，则产生 RXNE 中断，在 USART 中断服务程序中就可以对接收的数据进行处理。当接收数据寄存器中的数据被读出后，RXNE 位清零，开始接收下一帧数据。

7.3.2 USART 接口

STM32F103 大容量芯片有 5 个串行通信接口，其中，USART1、USART2 和 USART3 是通用同步/异步收发器；USART4 和 USART5 为通用异步收发器，不支持同步模式，只有异步通信功能。STM32F103 系列微控制器 USART 支持的功能模式如表 7-4 所示。

表 7-4　STM32F103 系列微控制器 USART 支持的功能模式

USART 模式	USART1	USART2	USART3	USART4	USART5
异步模式	✓（支持）	✓	✓	✓	✓
硬件流控制	✓	✓	✓	×（不支持）	×
多缓存通信（DMA）	✓	✓	✓	✓	✓
多处理器通信	✓	✓	✓	✓	✓
同步	✓	✓	✓	×	×
智能卡	✓	✓	✓	×	×
半双工（单线模式）	✓	✓	✓	✓	✓
IrDA	✓	✓	✓	✓	✓
LIN	✓	✓	✓	✓	✓

USART1 挂接在 APB2 总线上，其频率为 72MHz，USART2、USART3、USART4 和 USART5 挂接在 APB1 总线上，其频率为 36MHz。本章重点介绍 USART 的异步模式。

USART 的异步模式不需要专门的时钟信号控制数据的收和发，但双向通信时仍至少需要两个引脚：Rx（接收数据引脚）和 Tx（发送数据引脚）。这些引脚与 STM32 的 GPIO 是公用的。也就是说，STM32 把 GPIO 的某些引脚专门用于 USART 的收和发，即 USART 使用了复用 I/O 端口功能。STM32 参考手册在通用 I/O 和复用 I/O 章节中对 USART 复用功能重映射进行了说明。表 7-5 所示为 STM32F103ZET6 芯片的 USART 默认的 I/O 引脚。

表 7-5　STM32F103ZET6 芯片的 USART 默认的 I/O 引脚

总线	USARTx	复用功能	USARTx_REMAP=0	USARTx_REMAP=1	GPIO 配置
APB2 总线	USART1	USART1_TX	PA9	PB6	复用推挽输出
		USART1_RX	PA10	PB7	浮空输入
APB1 总线	USART2	USART2_TX	PA2	PD5	复用推挽输出
		USART2_RX	PA3	PD6	浮空输入
	USART3	USART3_TX	PB10	PC10	复用推挽输出
		USART3_RX	PB11	PC11	浮空输入

由表 7-5 可以看出，USART1 端口的 Tx 引脚在默认情况下（USART1_REMAP=0）复用 PA9 引脚，USART1 端口的 Rx 引脚复用 PA10 引脚，若此时 PA9 和 PA10 引脚已经连接了其他设备，则 USART1 端口引脚需要重新映射，设置 USART1_REMAP=1，将 USART1_TX 引脚映射到 PB6 引脚，USART1_RX 引脚映射到 PB7 引脚。

7.3.3　USART 的编程方式

STM32 的 USART 具备 3 种编程方式：轮询方式、中断方式和 DMA 方式。

1. 轮询方式

轮询方式即 CPU 不断地查询 I/O 设备是否准备就绪，若 I/O 设备准备就绪，则向 CPU 发送处理请求，否则提示超时错误，这种方式会占用 CPU 大量的时间，执行效率低。

针对 USART，CPU 通过定期或循环查询 USART 状态寄存器各位的状态，调用编写的应用程序对接收或发送的数据进行处理。

在实际编程中，有两种方式可以对 USART 相关寄存器进行操作，一种是寄存器开发方式，即在编程过程中直接配置这些功能寄存器；另一种是通过调用 STM32 提供的库接口函数(如标准外设库、HAL 库和 LL 库等)间接对这些寄存器进行操作，从而实现相应的 USART 通信功能。鉴于目前基于库的开发方式已成为嵌入式开发的主流方式，故本书主要采用标准外设库和 HAL 库讲解 USART 的轮询方式。

2. 中断方式

中断方式通过中断请求线在 I/O 设备准备就绪时向 CPU 发出中断请求，CPU 中止正在进行的工作并转向处理 I/O 设备的中断事件。中断方式比轮询方式效率高。

USART 主要有以下中断事件。

（1）发送期间：发送完成、清除发送和发送数据寄存器空。

（2）接收期间：空闲总线检测、溢出错误、接收数据寄存器非空、校验错误、LIN 断开、符号检测、噪声标志（仅在多缓冲器通信中）和帧错误（仅在多缓冲器通信中）。

若设置了对应的使能控制位，则以上事件可以产生各自的中断，如表 7-6 所示。

表 7-6　USART 中断事件及中断使能标志位

中 断 事 件	中 断 标 志	中断使能位	STM32 中的定义
发送数据寄存器空	TXE	TXEIE	UART_IT_TXE
CTS 标志	CTS	CTSIE	UART_IT_CTS
发送完成	TC	TCIE	UART_IT_TC
接收数据就绪（可读）	RXNE	RXNEIE	UART_IT_RXNE
检测到数据溢出	ORE		
检测到空闲线路标志	IDLE	IDLEIE	UART_IT_IDLE
奇偶检验错误标志	PE	PEIE	UART_IT_PE
断开标志	LBD	LBDIE	UART_IT_LBD
噪声标志、溢出错误和帧错误	NE、ORE 或 FE	EIE	UART_IT_ERR

USART 的各种中断事件被连接到同一个中断向量，如图 7-10 所示。

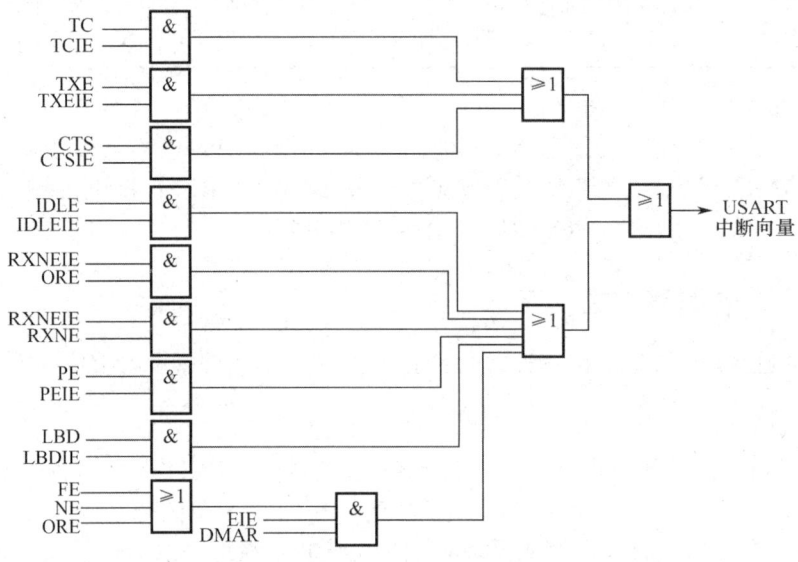

图 7-10　USART 中断映射

3. DMA 方式

DMA 即直接存储器存取，是一种完全由硬件执行数据交换的工作方式，由 DMA 控制器从 CPU 获得总线控制权，不经过 CPU，直接在内存和外设之间进行批量数据交换，即 DMA 方式可以使 I/O 设备绕开 CPU，直接与存储器进行大批量数据交换，一般适用于高速、大批量、成组数据的传输。DMA 控制器首先向内存发出地址和控制信号，然后修改地址，对传送字的个数进行计数，并以中断方式向 CPU 报告传送操作结束。相比于中断方式，DMA 方式省去了保护现场、恢复现场等工作，由硬件电路直接实现内存地址的修改和统计传送字的个数等功能，满足高速 I/O 设备的传输要求，有利于提高 CPU 的利用率。

USART 模块可通过 DMA 方式进行大批量数据的连续传输。STM32F103 微控制器的 USART 的发送和接收分别映射到不同的 DMA 通道，如 USART1_Rx 被映射到 DMA1 的通道 5，USART1_Tx 被映射到 DMA1 的通道 4，具体参见第 8 章。另外，USART 的 DMA 方式的具体案例请参考第 8 章。

7.4　USART 标准外设库接口函数及应用

7.4.1　USART 标准外设库接口函数

　　STM32 的 USART 标准外设库接口函数定义在 STM32F10x 标准外设库的 stm32f10x_usart.c 文件中，其相应的 stm32f10x_usart.h 头文件定义了 USART 相关的结构体和宏定义，并声明了相关的标准外设库接口函数（共 29 种），如图 7-11 所示。

```
365  void USART_DeInit(USART_TypeDef* USARTx);
366  void USART_Init(USART_TypeDef* USARTx, USART_InitTypeDef* USART_InitStruct);
367  void USART_StructInit(USART_InitTypeDef* USART_InitStruct);
368  void USART_ClockInit(USART_TypeDef* USARTx, USART_ClockInitTypeDef* USART_ClockInitStruct);
369  void USART_ClockStructInit(USART_ClockInitTypeDef* USART_ClockInitStruct);
370  void USART_Cmd(USART_TypeDef* USARTx, FunctionalState NewState);
371  void USART_ITConfig(USART_TypeDef* USARTx, uint16_t USART_IT, FunctionalState NewState);
372  void USART_DMACmd(USART_TypeDef* USARTx, uint16_t USART_DMAReq, FunctionalState NewState);
373  void USART_SetAddress(USART_TypeDef* USARTx, uint8_t USART_Address);
374  void USART_WakeUpConfig(USART_TypeDef* USARTx, uint16_t USART_WakeUp);
375  void USART_ReceiverWakeUpCmd(USART_TypeDef* USARTx, FunctionalState NewState);
376  void USART_LINBreakDetectLengthConfig(USART_TypeDef* USARTx, uint16_t USART_LINBreakDetectLength);
377  void USART_LINCmd(USART_TypeDef* USARTx, FunctionalState NewState);
378  void USART_SendData(USART_TypeDef* USARTx, uint16_t Data);
379  uint16_t USART_ReceiveData(USART_TypeDef* USARTx);
380  void USART_SendBreak(USART_TypeDef* USARTx);
381  void USART_SetGuardTime(USART_TypeDef* USARTx, uint8_t USART_GuardTime);
382  void USART_SetPrescaler(USART_TypeDef* USARTx, uint8_t USART_Prescaler);
383  void USART_SmartCardCmd(USART_TypeDef* USARTx, FunctionalState NewState);
384  void USART_SmartCardNACKCmd(USART_TypeDef* USARTx, FunctionalState NewState);
385  void USART_HalfDuplexCmd(USART_TypeDef* USARTx, FunctionalState NewState);
386  void USART_OverSampling8Cmd(USART_TypeDef* USARTx, FunctionalState NewState);
387  void USART_OneBitMethodCmd(USART_TypeDef* USARTx, FunctionalState NewState);
388  void USART_IrDAConfig(USART_TypeDef* USARTx, uint16_t USART_IrDAMode);
389  void USART_IrDACmd(USART_TypeDef* USARTx, FunctionalState NewState);
390  FlagStatus USART_GetFlagStatus(USART_TypeDef* USARTx, uint16_t USART_FLAG);
391  void USART_ClearFlag(USART_TypeDef* USARTx, uint16_t USART_FLAG);
392  ITStatus USART_GetITStatus(USART_TypeDef* USARTx, uint16_t USART_IT);
393  void USART_ClearITPendingBit(USART_TypeDef* USARTx, uint16_t USART_IT);
```

图 7-11　USART 标准外设库接口函数

stm32f10x_usart.h 头文件中定义了 USART 初始化结构体，代码如下。

```
typedef struct
{
  uint32_t USART_BaudRate;
  uint16_t USART_WordLength;
  uint16_t USART_StopBits;
  uint16_t USART_Parity;
  uint16_t USART_Mode;
  uint16_t USART_HardwareFlowControl;
} USART_InitTypeDef;
```

USART 初始化结构体 USART_InitTypeDef 的结构体成员及其取值范围如表 7-7 所示。

表 7-7　USART_InitTypeDef 的结构体成员及其取值范围

结构体成员	取 值 范 围
USART_BaudRate （波特率）	常用的串口波特率有 2400bit/s、9600bit/s、19200bit/s、57600bit/s、115200bit/s、256000bit/s 等
USART_WordLength （数据位数）	USART_WordLength_8b（8 位） USART_WordLength_9b（9 位）
USART_StopBits （停止位）	USART_StopBits_1（1 位） USART_StopBits_0_5（0.5 位） USART_StopBits_2（2 位） USART_StopBits_1_5（1.5 位）

续表

结构体成员	取 值 范 围
USART_Parity （校验模式）	USART_Parity_No（无校验） USART_Parity_Even（偶校验） USART_Parity_Odd（奇校验）
USART_Mode （收发模式）	USART_Mode_Rx（接收模式） USART_Mode_Tx（发送模式）
USART_HardwareFlowControl （硬件流控制）	USART_HardwareFlowControl_None（不使用联络信号） USART_HardwareFlowControl_RTS（使用 RTS） USART_HardwareFlowControl_CTS（使用 CTS） USART_HardwareFlowControl_RTS_CTS（使用 RTC 和 CTS）

STM32 标准外设库提供了很多 USART 相关的库函数，现对常用的库函数进行如下说明。

1. USART 初始化函数

USART 初始化函数如下。

```
void USART_Init(USART_TypeDef* USARTx, USART_InitTypeDef* USART_InitStruct);
```

例如：

```
USART_Init(USART1,&USART_InitStructurer); //初始化串口 1
```

2. USART 初始化复位函数

USART 初始化复位函数如下。

```
void USART_DeInit(USART_TypeDef* USARTx);
```

当外设出现异常时，可以通过复位操作对外设重新进行配置。在应用程序中，一般在系统开始配置外设时，先对外设进行复位，以防出现异常。例如：

```
USART_DeInit(USART1);//复位串口 1
```

3. USART 使能函数

USART 使能函数如下。

```
void USART_Cmd(USART_TypeDef* USARTx, FunctionalState NewState);
```

例如：

```
USART_Cmd(USART1,ENABLE);//使能串口 1
```

4. USART 发送单个数据函数

USART 发送单个数据函数如下。

```
void USART_SendData(USART_TypeDef* USARTx, uint16_t Data);
```

例如：

```
USART_SendData(USART1,0x26); //通过串口 1 发送十六进制数 26H
```

从该函数中可以看出，串口是以位为单位来传输的，即一位一位地传输。

5. USART 接收数据函数

USART 接收数据函数如下。

```
uint16_t USART_ReceiveData(USART_TypeDef* USARTx);
```

例如：

```
Temp = USART_ ReceiveData(USART1); //将接收串口1发来的数据存到变量 Temp 中
```

6. USART 获取串口状态函数

USART 获取串口状态函数如下。

```
FlagStatus USART_GetFlagStatus(USART_TypeDef* USARTx, uint16_t USART_FLAG);
```

使用串口进行数据的发送或接收时，一般先判断状态寄存器的状态，然后根据串口状态寄存器相应位的状态，进行下一步操作。STM32 标准外设库提供了 USART_GetFlagStatus() 函数，该函数的功能是对指定的 USART 标志位的设置进行检查。

函数 USART_GetFlagStatus()有两个输入参数，即输入参数 1：USARTx，可以是 USART1、USART2 或 USART3；输入参数 2：USART_FLAG，是待检测的 USART 标志位，相关描述如表 7-8 所示。函数 USART_GetFlagStatus()的返回值为 SET（置位）或 RESET（复位）。

表 7-8　USART_FLAG 标志位

USART_FLAG	描　　述
USART_FLAG_CTS	CTS 标志位
USART_FLAG_LBD	LIN 中断检测标志位
USART_FLAG_TXE	发送数据寄存器空标志位
USART_FLAG_TC	发送完成标志位
USART_FLAG_RXNE	接收数据寄存器非空标志位
USART_FLAG_IDLE	空闲总线标志位
USART_FLAG_ORE	溢出错误标志位
USART_FLAG_NE	噪声错误标志位
USART_FLAG_FE	帧错误标志位
USART_FLAG_PE	奇偶校验错误标志位

例如：

```
FlagStatus Status;
Status=USART_GetFlagStatus(USART1,USART_FLAG_TXE);
```

例如，串口采用 USART_SendData()函数发送数据时，若要先判断 USART_FLAG_TXE（发送数据寄存器空标志位）或 USART_FLAG_TC（发送完成标志位）的状态，则需要待数据发送完成后执行后面的程序，具体实现代码如下。

```
USART_SendData(USART1, (uint8_t) ch);    //发送数据
//判断数据发送是否完成，循环等待直到数据发送完毕
while(USART_GetFlagStatus(USART1,USART_FLAG_TC) != SET);
    return ch;
```

或

```
while(USART_GetFlagStatus(USART1,USART_FLAG_TC) == RESET);
    return ch;
```

或

```
while (USART_GetFlagStatus(DEBUG_USARTx, USART_FLAG_TXE) == RESET);
        return (ch);
```

采用 USART_ReceiveData()函数接收数据时，首先判断 USART_FLAG_RXNE（接收数

据寄存器非空标志位），非空时接收数据，当该位被置 1 时表示有数据被接收，并可以读出。具体代码如下。

```
//判断接收寄存器是否为空，非空接收数据
if(USART_GetFlagStatus(USART1,USART_FLAG_RXNE) == SET)
{
    ch = USART_ReceiveData(USART1);  //接收数据
}
```

7. USART 清除状态标志函数

USART 清除状态标志函数如下。

```
void USART_ClearFlag(USART_TypeDef* USARTx, uint16_t USART_FLAG);
```

例如：

```
USART_ClearFlag(USART1,USART_FLAG_TC);//清除串口 1 的 TC 状态标志位
```

8. USART 串口中断使能函数

USART 串口中断使能函数如下。

```
void USART_ITConfig(USART_TypeDef* USARTx, uint16_t USART_IT,
FunctionalState NewState);
```

函数 USART_ITConfig()的参数 1：USARTx，可选为 USART1、USART2 或 USART3；参数 2：USART_IT，是待检测的 USART 标志位，各标志位及其含义如表 7-9 所示；参数 3：ENABLE 或 DISABLE。函数 USART_ITConfig()的返回值为 SET（置位）或 RESET（复位）。

表 7-9　USART_IT 标志位及其含义

USART_IT	含义
USART_IT_PE	奇偶校验错误中断
USART_IT_TXE	发送中断
USART_IT_TC	传输完成中断
USART_IT_RXNE	接收中断
USART_IT_IDLE	空闲总线中断
USART_IT_LBD	LIN 中断检测标志位
USART_IT_CTS	CTS 中断
USART_IT_ERR	错误中断

例如，若接收数据（RXNE 读数据寄存器非空）时产生中断，则使用：

```
USART_ITConfig(USART1, USART_IT_RXNE, ENABLE);//开启接收数据寄存器非空中断
```

若在发送数据结束（TC，发送完成）时产生中断，则使用：

```
USART_ITConfig(USART1, USART_IT_TC, ENABLE); //开启发送完成中断
```

9. USART 获取串口中断状态函数

USART 获取串口中断状态函数如下。

```
ITStatus USART_GetITStatus(USART_TypeDef* USARTx, uint16_t USART_IT);
```

当中断发生时，若使能了中断，则会设置状态寄存器中的某个标志位，通过调用 USART_GetITStatus()函数来判断是否为串口发送完成中断，实现方式如下。

```
USART_GetITStatus(USART1, USART_IT_TC);
```

若返回值是 SET，则说明串口 1 发送完成，产生中断。

10. USART 清除串口中断标志函数

USART 清除串口中断标志函数如下。

```
void USART_ClearITPendingBit(USART_TypeDef* USARTx, uint16_t USART_IT);
```

例如，复位发送完成中断标志位。

```
USART_ClearITPendingBit(USART1,USART_IT_TC);
```

11. USART 串口 DMA 使能函数

USART 串口 DMA 使能函数如下。

```
void USART_DMACmd(USART_TypeDef* USARTx, uint16_t USART_DMAReq,
FunctionalState NewState);
```

函数 USART_DMACmd()用于配置 DMA 与 USART 通道，当使用 DMA 发送串口数据时，需要配置此函数，例如：

```
USART_DMACmd(USART1, USART_DMAReq_Tx, ENABLE);//使能 USART1 的发送 DMA 请求
USART_DMACmd(USART1, USART_DMAReq_Rx, ENABLE);//使能 USART1 的接收 DMA 请求
```

7.4.2　USART 标准外设库串口应用编程步骤

1. 声明 GPIO 和 USART 初始化结构体

```
USART_InitTypeDef  USART_InitStructure;
```

2. 使能串口所用的 GPIO 时钟、串口时钟

开启外设时钟 RCC_APB2PeriphClockCmd()。例如，使能 USART1、GPIOA 的时钟，所用函数如下。

```
RCC_APB2PeriphClockCmd(RCC_APB2Periph_USART1|RCC_APB2Periph_GPIOA,
ENABLE);
```

3. 设置 I/O 引脚功能为复用推挽输出模式、浮空输入模式

串口使用的是 I/O 的复用功能。例如，USART1 的发送引脚为 PA9，需要将 PA9 配置为复用推挽输出模式；USART1 的输入引脚为 PA10，需要将 PA10 配置为浮空输入模式，相关代码如下。

```
//USART1_TX, PA9, 配置 PA9 引脚为复用推挽输出模式，并初始化 PA9
GPIO_InitStructure.GPIO_Pin = GPIO_Pin_9;
GPIO_InitStructure.GPIO_Speed = GPIO_Speed_50MHz;
GPIO_InitStructure.GPIO_Mode = GPIO_Mode_AF_PP;    //复用推挽输出模式
GPIO_Init(GPIOA, &GPIO_InitStructure);
//USART1_RX, PA10, 配置为浮空输入模式，并初始化 PA10
GPIO_InitStructure.GPIO_Pin = GPIO_Pin_10;
GPIO_InitStructure.GPIO_Mode = GPIO_Mode_IN_FLOATING;  //浮空输入模式
GPIO_Init(GPIOA, &GPIO_InitStructure);  //初始化 PA10
```

4. 设置串口波特率、数据位、停止位、校验位

```
USART_InitStructure.USART_BaudRate = 115200; //设置串口波特率
//设置数据位占 8 位
USART_InitStructure.USART_WordLength= USART_WordLength_8b;
USART_InitStructure.USART_StopBits = USART_StopBits_1; //设置停止位占 1 位
USART_InitStructure.USART_Parity = USART_Parity_No; //无校验位
//不采用硬件数据流控制
USART_InitStructure.USART_HardwareFlowControl=USART_HardwareFlowControl_None;
USART_InitStructure.USART_Mode=USART_Mode_Rx|USART_Mode_Tx;
//设置为收/发模式
```

5. 利用串口初始化函数 USART_Init()初始化相应串口

```
USART_Init(USART1, &USART_InitStructure);//初始化串口 1 USART1
```

6. 利用串口使能函数 USART_Cmd()使能相应串口

```
USART_Cmd(USART1, ENABLE);//使能串口
```

7. 应用程序的编写

若使用中断，则编写串口中断函数 void USART1_IRQHandler(void)。

7.4.3 USART 标准外设库应用实例

1. 应用实例一：实现串口通信

功能描述：通过串口 USART1 实现简单的数据收/发功能。本实例通过串口调试助手进行数据的收/发显示。

USART 初始化头文件 USART_Init_Config.h，代码如下。

```
#ifndef __USART_INIT_CONFIG_H
#define __USART_INIT_CONFIG_H

#include "stm32f10x.h"
void USART_Init_Config(void);

#endif
```

USART 初始化程序 USART_Init_Config.c 文件，代码如下。

```
#include <stdio.h>
#include "USART_Init_Config.h"

void USART_Init_Config(void)
{
    GPIO_InitTypeDef GPIO_InitStructure;
    USART_InitTypeDef USART_InitStructure;
    //开启 GPIOA 和 USART1 的时钟
    RCC_APB2PeriphClockCmd(RCC_APB2Periph_USART1|RCC_APB2Periph_GPIOA,
ENABLE);
    //USART1_TX，设置 PA9 为复用输出模式
```

```
    GPIO_InitStructure.GPIO_Pin = GPIO_Pin_9; //PA9
    GPIO_InitStructure.GPIO_Speed = GPIO_Speed_50MHz;
    GPIO_InitStructure.GPIO_Mode = GPIO_Mode_AF_PP;
    GPIO_Init(GPIOA, &GPIO_InitStructure);
    //USART1_RX，设置 PA10 为浮空输入模式
    GPIO_InitStructure.GPIO_Pin = GPIO_Pin_10;
    GPIO_InitStructure.GPIO_Mode = GPIO_Mode_IN_FLOATING;
    GPIO_Init(GPIOA, &GPIO_InitStructure);
    //USART1 参数配置
    USART_InitStructure.USART_BaudRate = 115200;               //设置波特率
    USART_InitStructure.USART_WordLength = USART_WordLength_8b;
    //数据位占 8 位
    USART_InitStructure.USART_StopBits = USART_StopBits_1;  //1 位停止位
    USART_InitStructure.USART_Parity = USART_Parity_No;      //无校验位
    USART_InitStructure.USART_HardwareFlowControl=USART_HardwareFlow
Control_None;
    USART_InitStructure.USART_Mode = USART_Mode_Rx | USART_Mode_Tx;
    USART_Init(USART1, &USART_InitStructure);               //初始化串口1
    USART_Cmd(USART1, ENABLE);                              //使能串口1
    }
```

主程序 main.c 文件的代码如下。

```
    #include "stm32f10x.h"
    #include <stdio.h>
    #include "led.h"
    #include "USART_Init_Config.h"

    int main(void)
    {
      LED_Init();
      USART_Init_Config();
      char Temp;
      while(1)
      {
        if(USART_GetFlagStatus(USART1,USART_FLAG_RXNE))
        {
          USART_ClearFlag(USART1,USART_FLAG_TC);
          Temp = USART_ReceiveData(USART1);
          USART_SendData(USART1,Temp);
          USART_ClearFlag(USART1,USART_FLAG_RXNE);
        }
      }
    }
```

另一种实现方式的代码如下。

```
    int main(void)
    {
      while(1)
      {
```

```
        if(USART_GetFlagStatus(USART1,USART_IT_RXNE) == SET)
        {
            ch = USART_ReceiveData(USART1);  //接收数据
            USART_SendData(USART1,ch);  //发送数据
            //循环等待发送完毕
            while(USART_GetFlagStatus(USART1, USART_FLAG_TC) != SET);
        }
    }
}
```

2. 应用实例二：重定向 printf()函数和 scanf()函数

在标准 C 语言库函数中，经常用到标准输出函数 printf()和输入函数 scanf()。printf()函数默认的输出设备是显示器，scanf()函数默认的输入设备是键盘，而 STM32 微控制器是没有显示器和键盘的。在学习 STM32 时，常常需要用串口来打印调试信息，进而测试代码是否正确，因此，在嵌入式 C 语言开发中需要重新定义 printf()函数和 scanf()函数，只有将标准的输入和输出重新定向到串口这个外设，才能实现串口输出或 LCD 输出。C 语言支持重定向（Retarget），但需要用户重新编写 C 语言库函数，即当 C 编译器检测到与标准 C 语言库函数具有相同名称的函数时，优先采用用户编写的函数。

重定向 printf()函数和 scanf()函数需要在串口初始化头文件 usart.h 中添加#include <stdio.h>语句，stdio.h 是 C 语言的标准输入/输出头文件，同时在 Keil 编译器的"Target"选项中勾选"Use MicroLIB"复选框（MicroLIB 为 Keil MDK 提供的一个精简版的小型 C 语言库，其生成的目标代码占用的 Flash 和 RAM 空间都比标准 C 语言库占用的小很多，专为资源受限的微控制器应用程序而设计）。在标准 C 语言库函数中，printf()函数和 scanf()函数本质上是一个宏，分别通过调用字符输出函数 fputc()和字符输入函数 fgetc()来实现输入/输出功能，因此，重定向 printf()函数和 scanf()函数也就是重写 fputc()函数和 fgetc()函数。C 语言中 fputc()函数和 fgetc()函数的具体内容如表 7-10 所示。

表 7-10　C 语言中 fputc()函数和 fgetc()函数的具体内容

内容	fputc()函数	fgetc()函数
函数原型	int fputc(int ch,FILE *f)	int fgetc(FILE *f)
功能	将一个字符写入文件	从文件中读出一个字符
参数	ch 为要输出的字符，f 为指向 FILE 结构的指针	f 为指向 FILE 结构的指针
返回值	若发送成功，则返回 ch 的值；若发送失败，则返回 EOF（通常为-1）	若发送成功，则返回读取的字符；若发送失败，则返回 EOF（通常为-1）

在串口初始化源文件 usart.c 中重写 fgetc()函数和 fputc()函数，只需按照 fgetc()函数和 fputc()函数的原型重写相应的 USART 接口程序，即可实现 printf()函数和 scanf()函数的重定向，代码如下。

```
//重定向 C 语言库函数 printf()到串口，重定向后可使用 printf()函数
int fputc(int ch, FILE *f)
{
    /* 发送 1 字节数据到串口 */
    USART_SendData(DEBUG_USARTx, (uint8_t) ch);
    /*等待发送完毕 */
    while (USART_GetFlagStatus(DEBUG_USARTx, USART_FLAG_TXE) == RESET);
```

```
        return (ch);
    }
```

该程序代码调用 USART_SendData()函数，将字符发送到 USARTx 接口（USARTx 可以为 USART1、USART2 等）。使用上述代码输出字符串时，会出现丢失第一个字符的现象，可以在发送字符前调用 USART_ClearFlag()函数复位 TC 标志位，代码如下。

```
USART_ClearFlag(USARTx,USART_FLAG_TC);
//重定向 C 语言库函数 scanf()到串口，重定向后可使用 scanf()函数
int fgetc(FILE *f)
{
    /*等待串口输入数据  */
    while (USART_GetFlagStatus(DEBUG_USARTx, USART_FLAG_RXNE)==RESET);
        return (int)USART_ReceiveData(DEBUG_USARTx);
}
```

3. 应用实例三：USART 查询方式

功能描述：通过串口 1，利用查询方式实现发送字符命令"Y"点亮 LED 灯，发送字符命令"N"熄灭 LED 灯。

USART 可以采用查询方式进行数据通信，即定期或循环查询 USART 各状态寄存器的状态，从而决定下一步是否要执行发送、接收或转入相应错误处理。USART 查询方式的程序流程图如图 7-12 所示。

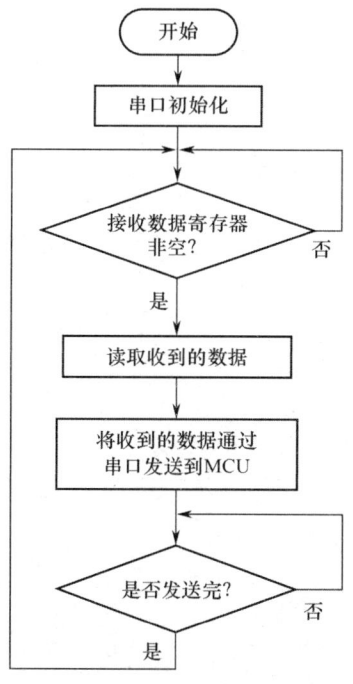

图 7-12　USART 查询方式的程序流程图

USART 初始化头文件 USART_Init_Config.h，代码如下。

```
#ifndef __USART_INIT_CONFIG_H
#define __USART_INIT_CONFIG_H
```

```
#include "stm32f10x.h"
void USART_Init_Config(void);


#endif
```

USART 初始化源文件 USART_Init_Config.c，代码如下。

```
#include <stdio.h>
#include "USART_Init_Config.h"

void USART_Init_Config(void)
{
    GPIO_InitTypeDef GPIO_InitStructure;
    USART_InitTypeDef USART_InitStructure;
    //使能 USART1 和 GPIOA 的时钟
    RCC_APB2PeriphClockCmd(RCC_APB2Periph_USART1|RCC_APB2Periph_
GPIOA,ENABLE);
    USART_DeInit(USART1);   //复位串口 1
    //USART1_TX    PA9 为复用推挽输出模式
    GPIO_InitStructure.GPIO_Pin = GPIO_Pin_9; //PA.9
    GPIO_InitStructure.GPIO_Speed = GPIO_Speed_50MHz;
    GPIO_InitStructure.GPIO_Mode = GPIO_Mode_AF_PP;
    GPIO_Init(GPIOA, &GPIO_InitStructure);

    //USART1_RX     PA10 为浮空输入模式
    GPIO_InitStructure.GPIO_Pin = GPIO_Pin_10;
    GPIO_InitStructure.GPIO_Mode = GPIO_Mode_IN_FLOATING;
    GPIO_Init(GPIOA, &GPIO_InitStructure);
    //USART1 参数配置：波特率为 115200bit/s，8 位数据位，1 位停止位，无校验位，不
使用硬件流控制
    USART_InitStructure.USART_BaudRate = 115200;
    USART_InitStructure.USART_WordLength = USART_WordLength_8b;
    USART_InitStructure.USART_StopBits = USART_StopBits_1;
    USART_InitStructure.USART_Parity = USART_Parity_No;
    USART_InitStructure.USART_HardwareFlowControl=SART_HardwareFlow
Control_None;
    USART_InitStructure.USART_Mode = USART_Mode_Rx | USART_Mode_Tx;
    USART_Init(USART1, &USART_InitStructure);
    USART_Cmd(USART1, ENABLE);
}

//重定向 printf()函数
int fputc(int ch, FILE *f)
{
    /* 发送 1 字节数据到 USART1*/
    USART_SendData(USART1, (uint8_t) ch);
    /*等待发送寄存器为空 */
    while (USART_GetFlagStatus(USART1, USART_FLAG_TXE) == RESET);
      return (ch);
```

```
}
//重定向 scanf()函数
int fgetc(FILE *f)
{
    /*等待串口 1 输入数据 */
    while (USART_GetFlagStatus(USART1, USART_FLAG_RXNE) == RESET);
    return (int)USART_ReceiveData(USART1);
}
```

主程序 main.c 文件的代码如下。

```
#include "stm32f10x.h"
#include <stdio.h>
#include "led.h"
#include "USART_Init_Config.h"


int main(void)
{
    char ch;  //定义一个字符变量，用于接收字符
    LED_Init();  //LED 灯初始化
    USART_Init_Config();  //USART 初始化

    while(1)
    {
        ch = getchar();
        printf("接收到的指令 %c \n",ch);
        switch(ch)
        {
            case 'N':
                GPIO_SetBits(GPIOB,GPIO_Pin_5);
                printf("熄灭 LED 灯 \n");
                break;
            case 'Y':
                GPIO_ResetBits(GPIOB,GPIO_Pin_5);
                printf("点亮 LED 灯 \n");
                break;
            default:
                printf("请输入正确的指令：N 熄灭 LED 灯，Y 点亮 LED 灯!\n");
                break;
        }
    }
}
```

7.5 USART 的 HAL 库接口函数及应用

7.5.1 USART 的 HAL 库接口函数

USART 的 HAL 库相关接口函数定义在源文件 stm32f1xx_hal_uart.c 中，在 stm32f1xx_hal_uart.h 头文件中可以查看相关库函数声明及相关结构体定义，如图 7-13 所示。

```
/* Initialization and de-initialization functions  ***************************/
HAL_StatusTypeDef HAL_UART_Init(UART_HandleTypeDef *huart);
HAL_StatusTypeDef HAL_HalfDuplex_Init(UART_HandleTypeDef *huart);
HAL_StatusTypeDef HAL_LIN_Init(UART_HandleTypeDef *huart, uint32_t BreakDetectLength);
HAL_StatusTypeDef HAL_MultiProcessor_Init(UART_HandleTypeDef *huart, uint8_t Address, uint32_t WakeUpMethod);
HAL_StatusTypeDef HAL_UART_DeInit (UART_HandleTypeDef *huart);
void HAL_UART_MspInit(UART_HandleTypeDef *huart);
void HAL_UART_MspDeInit(UART_HandleTypeDef *huart);

/**
  * @}
  */

/** @addtogroup UART_Exported_Functions_Group2 IO operation functions
  * @{
  */

/* IO operation functions  *****************************************************/
HAL_StatusTypeDef HAL_UART_Transmit(UART_HandleTypeDef *huart, uint8_t *pData, uint16_t Size, uint32_t Timeout);
HAL_StatusTypeDef HAL_UART_Receive(UART_HandleTypeDef *huart, uint8_t *pData, uint16_t Size, uint32_t Timeout);
HAL_StatusTypeDef HAL_UART_Transmit_IT(UART_HandleTypeDef *huart, uint8_t *pData, uint16_t Size);
HAL_StatusTypeDef HAL_UART_Receive_IT(UART_HandleTypeDef *huart, uint8_t *pData, uint16_t Size);
HAL_StatusTypeDef HAL_UART_Transmit_DMA(UART_HandleTypeDef *huart, uint8_t *pData, uint16_t Size);
HAL_StatusTypeDef HAL_UART_Receive_DMA(UART_HandleTypeDef *huart, uint8_t *pData, uint16_t Size);
HAL_StatusTypeDef HAL_UART_DMAPause(UART_HandleTypeDef *huart);
HAL_StatusTypeDef HAL_UART_DMAResume(UART_HandleTypeDef *huart);
HAL_StatusTypeDef HAL_UART_DMAStop(UART_HandleTypeDef *huart);
void HAL_UART_IRQHandler(UART_HandleTypeDef *huart);
void HAL_UART_TxCpltCallback(UART_HandleTypeDef *huart);
void HAL_UART_TxHalfCpltCallback(UART_HandleTypeDef *huart);
void HAL_UART_RxCpltCallback(UART_HandleTypeDef *huart);
void HAL_UART_RxHalfCpltCallback(UART_HandleTypeDef *huart);
void HAL_UART_ErrorCallback(UART_HandleTypeDef *huart);
```

图 7-13　USART 的 HAL 库相关接口函数

USART 模块有轮询、中断和 DMA 三种操作方式，USART 模块的 HAL 库常用接口函数可分为 4 大类，如表 7-11 所示。

表 7-11　USART 模块的 HAL 库常用接口函数

类 型		函数及功能描述
初始化及复位函数		HAL_UART_Init(UART_HandleTypeDef *huart); 功能描述：串口初始化函数
		HAL_UART_DeInit(UART_HandleTypeDef *huart); 功能描述：串口复位函数
引脚功能操作函数	轮询方式	HAL_UART_Transmit(UART_HandleTypeDef *huart, uint8_t *pData, uint16_t Size, uint32_t Timeout); 功能描述：串口轮询方式发送函数，使用超时管理机制
		HAL_UART_Receive(UART_HandleTypeDef *huart, uint8_t *pData, uint16_t Size, uint32_t Timeout); 功能描述：串口轮询方式接收函数，使用超时管理机制
	中断方式	HAL_UART_Transmit_IT(UART_HandleTypeDef *huart, uint8_t *pData, uint16_t Size); 功能描述：串口中断方式发送函数
		HAL_UART_Receive_IT(UART_HandleTypeDef *huart, uint8_t *pData, uint16_t Size); 功能描述：串口中断方式接收函数
	DMA 方式	HAL_UART_Transmit_DMA(UART_HandleTypeDef *huart, uint8_t *pData, uint16_t Size); 功能描述：串口 DMA 方式发送函数
		HAL_UART_Receive_DMA(UART_HandleTypeDef *huart, uint8_t *pData, uint16_t Size); 功能描述：串口 DMA 方式接收函数
		HAL_UART_DMAPause(UART_HandleTypeDef *huart); 功能描述：串口 DMA 方式暂停函数
		HAL_UART_DMAStop(UART_HandleTypeDef *huart); 功能描述：串口 DMA 方式停止函数

续表

类　　型	函数及功能描述
中断服务函数 （回调函数）	void HAL_UART_IRQHandler(UART_HandleTypeDef *huart); 功能描述：串口中断服务函数
	void HAL_UART_TxCpltCallback(UART_HandleTypeDef *huart); 功能描述：串口数据发送完成时的回调函数，用户在该函数内编写中断服务程序
	void HAL_UART_TxHalfCpltCallback(UART_HandleTypeDef *huart); 功能描述：发送一半 UART 数据时的回调函数
	void HAL_UART_RxCpltCallback(UART_HandleTypeDef *huart); 功能描述：串口数据接收完成时的回调函数，用户在该函数内编写中断服务程序
	void HAL_UART_RxHalfCpltCallback(UART_HandleTypeDef *huart); 功能描述：接收一半串口数据时的回调函数
	void HAL_UART_ErrorCallback(UART_HandleTypeDef *huart); 功能描述：串口传输出现错误时调用的回调函数
外设状态函数	HAL_UART_GetState(UART_HandleTypeDef *huart); 功能描述：获取串口状态函数
	HAL_UART_GetError(UART_HandleTypeDef *huart); 功能描述：获取串口错误函数

STM32 的 HAL 库针对 USART 模块提供了很多相关的接口函数，现对常用的部分库函数进行解析。

1. UART 发送函数 HAL_UART_Transmit()

函数原型如下。

```
HAL_StatusTypeDef  HAL_UART_Transmit(UART_HandleTypeDef *huart, uint8_t
*pData, uint16_t Size, uint32_t Timeout);
```

函数解析：该函数为串口在轮询方式下发送指定长度的数据，采用超时管理机制，若超出设定值时数据还没有发送完成，则不再发送，返回超时标志（HAL_TIMEOUT）。

HAL_UART_Transmit()函数共有 4 个参数，第 1 个参数 huart 为结构体类型 UART_HandleTypeDef 定义的指针，取值为 huart1～huart5。

UART_HandleTypeDef 是 UART 外设接口的结构体（官方称句柄），源代码如下。

```
Typedef  struct  __UART_HandleTypeDef
{
  USART_TypeDef    *Instance;              /* UART 寄存器基地址  */
  UART_InitTypeDef   Init;                 /* UART 初始化配置 */
  uint8_t   *pTxBuffPtr;                   /*指向 UART 发送缓冲区 */
  uint16_t  TxXferSize;                    /*UART 发送数据大小 */
  __IO uint16_t  TxXferCount;              /* UART 发送计数器*/
  uint8_t   *pRxBuffPtr;                   /*指向 UART 接收缓冲区*/
  uint16_t  RxXferSize;                    /* UART 接收数据大小*/
  __IO uint16_t  RxXferCount;              /*UART 接收计数器 */
  DMA_HandleTypeDef  *hdmatx;              /*UART 在 DMA 方式下发送参数的设置*/
  DMA_HandleTypeDef  *hdmarx;              /*UART 在 DMA 方式下接收参数的设置*/
  HAL_LockTypeDef  Lock;                   /*上锁*/
  __IO HAL_UART_StateTypeDef  gState;   /*UART 通信状态*/
  __IO HAL_UART_StateTypeDef  RxState;  /*UART 接收状态*/
```

```
         __IO uint32_t   ErrorCode;              /*UART 错误代码*/
    } UART_HandleTypeDef;
```

　　__IO 表示 volatile，这是标准 C 语言中的一个修饰关键字，表示该变量是非易失性的，编译器不需要将其优化。在内核文件 core_cm3.h 中定义了该宏定义，相关代码如下。

```
#define   __O     volatile
#define   __IO    volatile
/* following defines should be used for structure members */
#define   __IM    volatile const
#define   __OM    volatile
#define   __IOM   volatile
```

　　第 2 个参数 uint8_t *pData 为要发送的数据，pData 为指向数据缓冲区的指针，类型为 uint8_t；若发送的数据不是此类型，则需要进行类型转换。

　　第 3 个参数 uint16_t Size 为要发送数据的大小。

　　第 4 个参数 uint32_t Timeout 为超时等待时间。

　　使用范例：采用串口 2 发送固定数据，无限等待，间隔 1s 循环发送，相关代码如下。

```
    const char *Send_Data="Welcome to School ! \r\n";
    HAL_UART_Transmit(&huart2,(uint8_t *)
Send_Data,strlen(Send_Data),0xFFFF);
    HAL_Delay(1000);
```

2．UART 接收函数 HAL_UART_Receive()

　　函数原型如下。

```
    HAL_StatusTypeDef  HAL_UART_Receive(UART_HandleTypeDef *huart,
uint8_t *pData, uint16_t Size, uint32_t Timeout);
```

　　函数解析：HAL_UART_Receive()为 UART 在轮询方式下的接收函数，采用超时管理机制，其使用方式与 HAL_UART_Transmit()的使用方式相似。

　　使用范例：

```
    uint8_t  ch;
    HAL_UART_Receive(&huart3,(uint8_t *)&ch, 1, 1000);
```

3．UART 中断接收函数 HAL_UART_Receive_IT()

　　函数源代码如下。

```
    HAL_StatusTypeDef HAL_UART_Receive_IT(UART_HandleTypeDef *huart,
uint8_t *pData, uint16_t Size)
    {
      if (huart->RxState == HAL_UART_STATE_READY)
      //若串口处于空闲状态，则执行以下语句
      {
        if ((pData == NULL) || (Size == 0U))
        //若发送数据为空或发送的数据长度为 0，则返回错误标志
        {
          return HAL_ERROR;
        }
      __HAL_LOCK(huart); //配置 huart 参数前先上锁
```

```
    /*以下为结构体变量 huart 的参数配置:
     * pData 为指向接收缓冲区的指针
     * RxXferSize 为接收数据的长度
     * RxXferCount 为接收计数器
     * 这里的 "->" 是结构体指针变量对结构体成员访问的操作符
     * "." 是一般结构体变量访问结构体成员的操作符
     */
    huart->pRxBuffPtr = pData;  //设置缓存指针
    huart->RxXferSize = Size;  //设置接收数据数量
    huart->RxXferCount = Size; //设置接收计数器
    huart->ErrorCode = HAL_UART_ERROR_NONE; //ErrorCode 设置为无错误
    huart->RxState = HAL_UART_STATE_BUSY_RX; //接收状态设置为接收忙碌
    /* huart 解锁 */
    __HAL_UNLOCK(huart);
    /*使能 UART 的 PE(奇偶检验错误)中断 */
    __HAL_UART_ENABLE_IT(huart, UART_IT_PE);
    /*使能 UART 错误中断,如帧错误、噪声错误、溢出错误*/
    __HAL_UART_ENABLE_IT(huart, UART_IT_ERR);
    /*使能 UART 数据寄存器非空中断*/
    __HAL_UART_ENABLE_IT(huart, UART_IT_RXNE);
    return HAL_OK; //若配置完成, 则返回 HAL_OK
  }
  else
  {
    return HAL_BUSY; //若 huart 不是 READY 状态, 则返回 HAL_BUSY 忙状态
  }
}
```

使用范例:

```
uint8_t RxBuffer[10];
HAL_UART_Receive_IT(&huart1,(uint8_t *)&RxBuffer,1);
```

7.5.2 USART 的 HAL 库应用实例

1. 功能描述

在自动化控制系统或电气控制系统中,通常利用计算机对工业设备进行信息(数据)采集和实时监控等,常采用串口通信总线,利用计算机的串口实现与工业设备的实时通信,这种串口数据通信模式成本低且易实现。

本实例实现简单的 STM32 串口发送/接收数据,进行数据回显。调试此应用实例,需要在计算机端安装"串口调试助手",通过串口调试助手输入想要发送的字符到 STM32 开发板实现计算机与 STM32F103 开发板的通信。

2. 硬件设计

通过 STM32F103 开发板上的串口 1(USART1,其发送引脚 USART1_Tx 默认连接 PA9,接收引脚 USART1_Rx 默认连接 PA10)实现与计算机的通信,可通过串口调试助手查看测试结果。由于一般的计算机没有串口,因此可以通过 USB-TTL 串口转换电路实现 USB 串口

通信，计算机需要安装 USB 转串口驱动（如针对 CH341SER 芯片安装 USB 转串口 CH341 驱动）。本实例硬件电路设计示意图如图 7-14 所示。

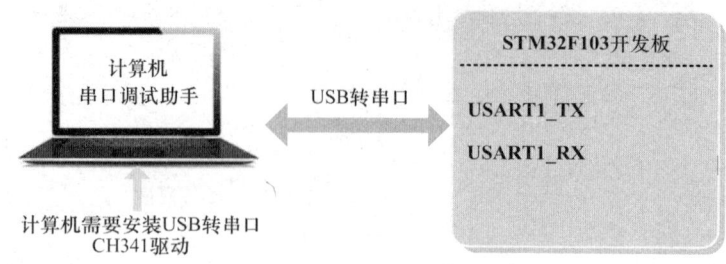

图 7-14 本实例硬件电路设计示意图

3. 软件设计

软件设计的具体操作步骤如下。

1）新建 STM32CubeMX 工程，选择 MCU

新建 STM32CubeMX 工程，选择 MCU，这里选择 STM32F103ZETx 系列芯片，用户可根据自己的开发板选择相应的芯片，如图 7-15 所示。

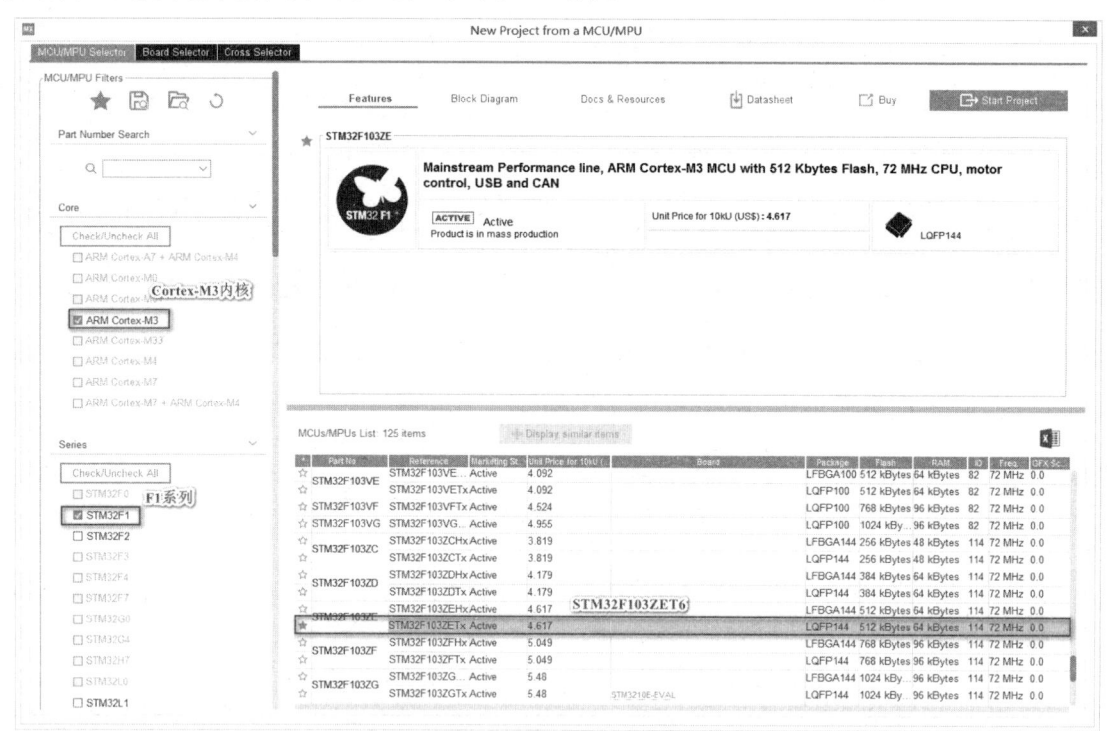

图 7-15 新建 STM32CubeMX 工程并选择 STM32F103ZETx 系列芯片

2）STM32CubeMX 功能参数配置

（1）**配置 RCC 和时钟**。当 RCC 选择外部时钟源 HSE 作为系统时钟时，HSE 配置为 "Crystal/Ceramic Resonator"（晶振/陶瓷谐振器），如图 7-16 所示。

配置时钟系统如图 7-17 所示。这里，配置系统时钟的频率为 72MHz，APB2 的频率为 72MHz，APB1 的频率为 36MHz。

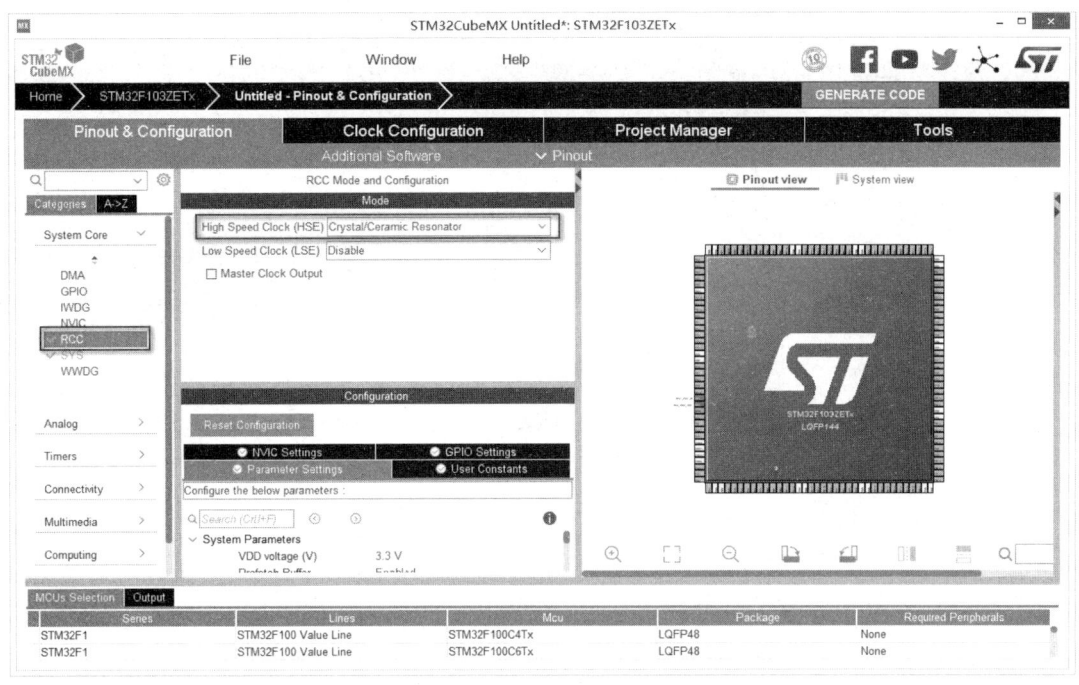

图 7-16 配置 RCC 参数

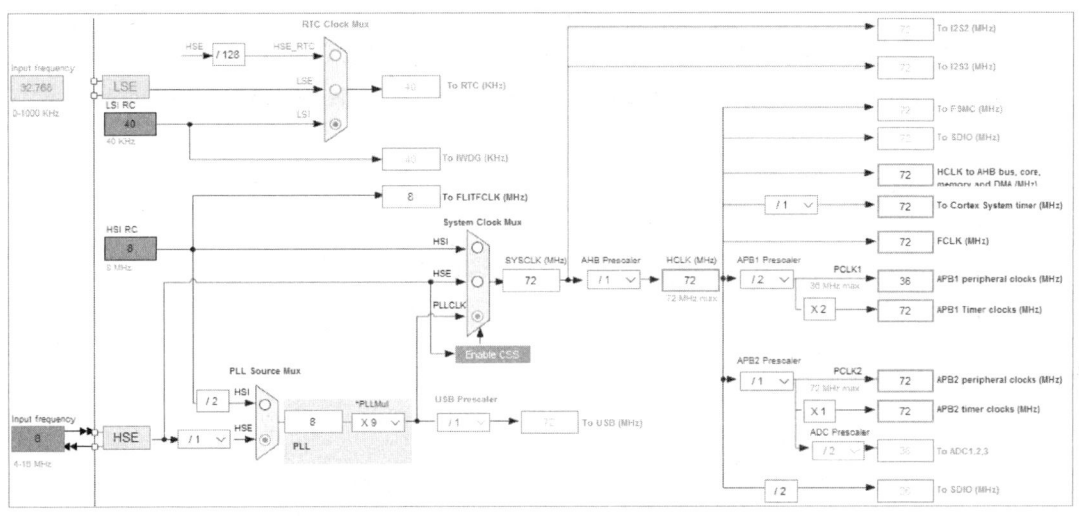

图 7-17 配置时钟系统

（2）**配置串口**。在"Connectivity"选项栏中选择"USART1"选项，将"Mode"设置为"Asynchronous"模式（异步传输模式），在"Configuration"配置页面中的"Parameter Settings"选项页中配置串口 USART1 的相关参数，这里配置默认值为 115200bit/s、8bit、None 和 1bit。用户可根据具体需要进行相应参数的配置，如图 7-18 所示。

配置串口 USART1 的 PA9 和 PA10 引脚参数，如图 7-19 所示。USART1 的发送引脚 USART1_TX 默认连接 PA9，接收引脚 USART1_RX 默认连接 PA10，在配置 USART1 时已经将 PA9 引脚设置为 Alternate Function（复用推挽输出）模式，将 PA10 引脚设置为 Input mode（输入模式）。单击"Configuration"配置页面中的"GPIO Settings"选项卡也可以查看其引脚参数配置。

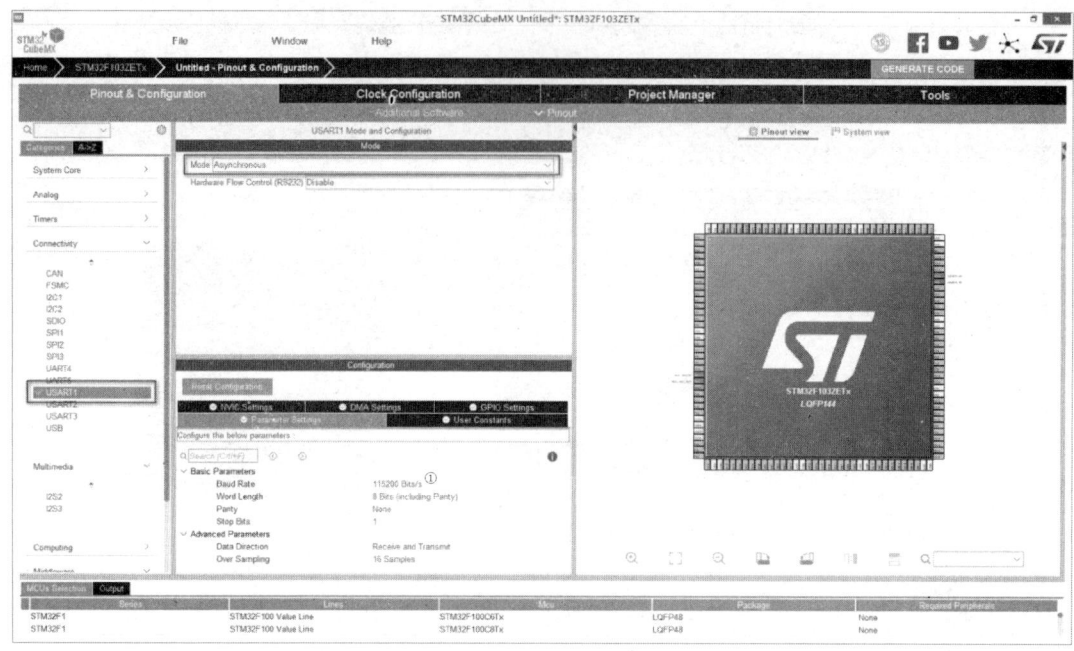

图 7-18　配置串口

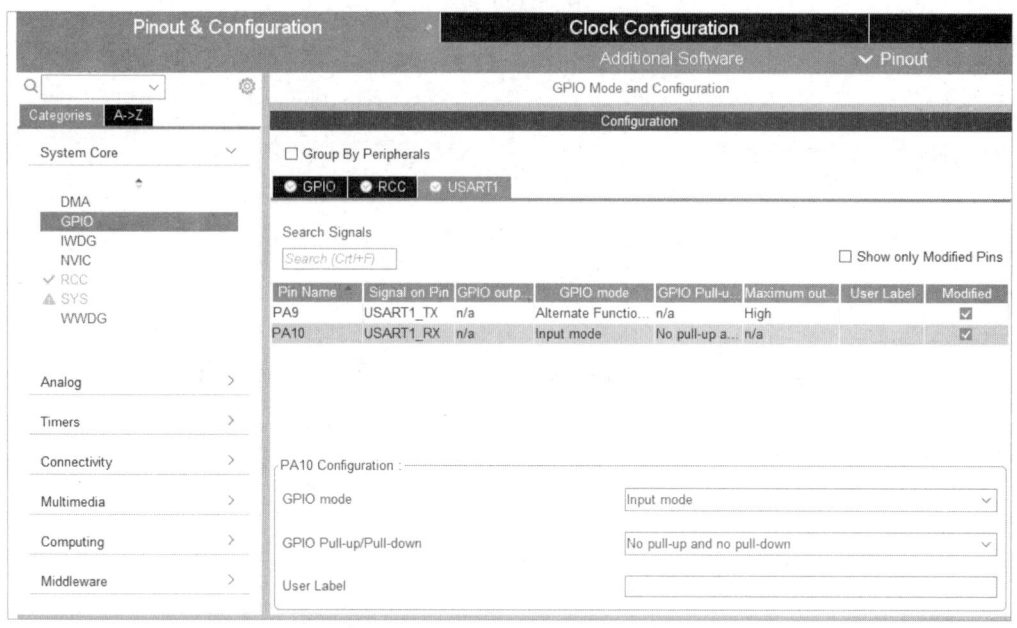

图 7-19　串口 USART1 的 PA9 和 PA10 引脚参数

开启 USART1 的串口中断，如图 7-20 所示。在"Configuration"配置页面的"NVIC Settings"选项页中勾选"USART1 global interrupt"复选框。

在"System Core"选项栏的"NVIC"选项中可选择 NVIC 中断优先级分组，默认为"4bits for pre-emption priority 0 bits for subpriority"，勾选"USART1 global interrupt"复选框，如图 7-21 所示。

---

① Bits/s 为软件自带的单位，即 bit/s。

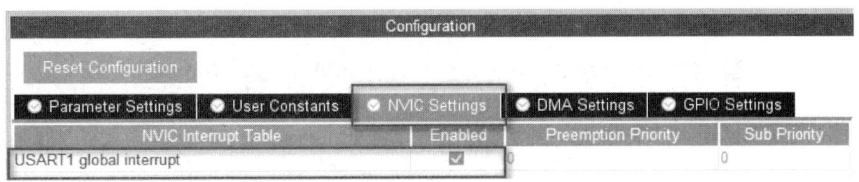

图 7-20　开启 USART1 的串口中断

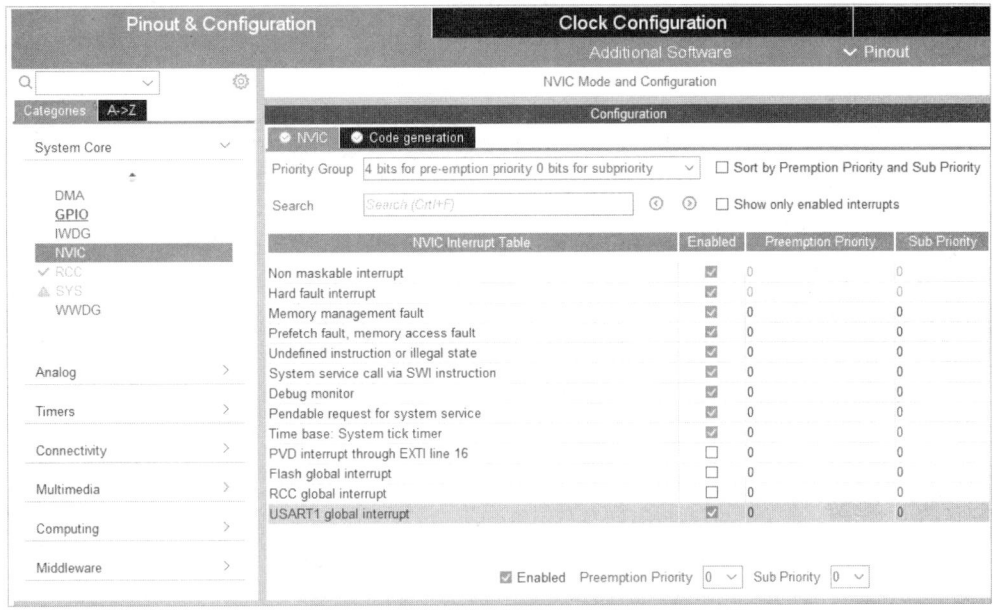

图 7-21　配置 USART1 的中断优先级

3）生成工程代码

配置工程名称、工程保存位置等工程属性并选择"MDK-ARM V5"编译器，如图 7-22 所示。

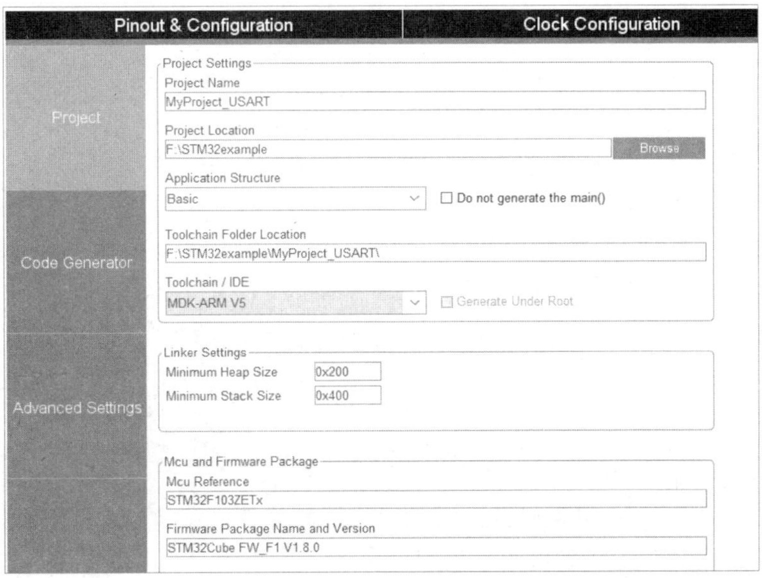

图 7-22　配置工程属性

在"Code Generator"配置项中找到"Generated files"选区，勾选"Generate peripheral initialization as a pair of '.c/.h' files per peripheral"复选框，如图 7-23 所示，将外设初始化的代码生成为独立的源文件和头文件。

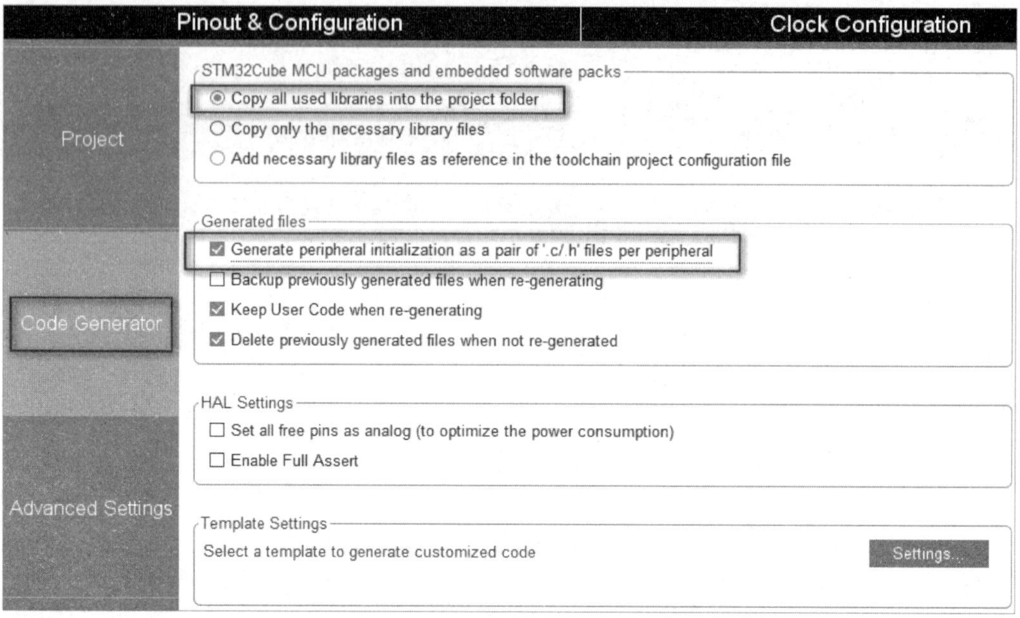

图 7-23　配置外设初始化代码生成属性

单击"GENERATE CODE"按钮生成工程代码，生成代码后，会出现提示是否打开该工程的对话框，单击"Open Project"按钮，就会使用配置的 Keil 打开该工程。

4）编写应用程序

在 Keil 中重新编译该工程，提示无错误后编写应用程序。在 main.c 文件中添加代码。先定义一个全局变量数组 RxBuffer，用于保存串口接收的数据，在 main.c 文件的/* USER CODE BEGIN PV */和/* USER CODE END PV */之间添加如下代码。

```
/* USER CODE BEGIN PV */

    uint8_t RxBuffer[10]; //数据接收

/* USER CODE END PV */
```

接下来要使能 USART1 接收中断，进行串口接收中断初始化工作，准备数据的接收，在 main.c 文件中的/* USER CODE BEGIN 2 */和/* USER CODE END 2 */之间添加如下代码。

```
/* USER CODE BEGIN 2 */

    HAL_UART_Receive_IT(&huart1,(uint8_t *)&RxBuffer,1);//使能接收中断

/* USER CODE END 2 */
```

在串口接收中断回调函数中进行相应功能程序的处理，在/* USER CODE BEGIN 4 */和/* USER CODE END 4 */之间添加如下代码。

```
/* USER CODE BEGIN 4 */

void HAL_UART_RxCpltCallback(UART_HandleTypeDef *huart)
{
    if(huart == &huart1)  //判断是否是串口1发生的接收中断
    {
      HAL_UART_Transmit(&huart1,(uint8_t *)&RxBuffer,1,0);  //发送接收的数据
    }
     HAL_UART_Receive_IT(&huart1,(uint8_t *)&RxBuffer,1);    //重新使能接收中断
    }

/* USER CODE END 4 */
```

将上述程序编译链接成功后，下载到开发板，打开串口调试助手，选择 USB 口映射的串口号，设置串口参数：波特率为 115200bit/s、数据位为 8bit、停止位为 None、校验位为 1bit，此时在串口调试助手发送区域输入任意字符，单击"发送"按钮，即可在串口调试助手的接收区域看到相同的字符。

增加功能示例：STM32 开发板每隔 1s 循环发送字符"welcome to UART!"到计算机上的串口调试助手。

```
char *TxBuffer = "welcome to UART! \r\n";
HAL_UART_Transmit(&huart1,(uint8_t *)TxBuffer,strlen(TxBuffer),0xFF);
HAL_Delay(1000);
```

7.5.3　USART 应用实例拓展

1. 功能描述

STM32 的串口模块提供了 3 种操作方式：轮询方式、中断方式、DMA 方式。本实例基于 HAL 库采用轮询方式实现计算机（PC）通过串口通信控制 STM32 开发板上 LED 灯的点亮与熄灭。若发送字符命令 Y，则点亮 LED 灯；若发送字符命令 N，则熄灭 LED 灯。DMA 方式的具体实例请参考第 8 章。

2. 硬件设计

通过计算机上的串口调试助手发送命令，控制 STM32F103 开发板上的 LED 灯的点亮、熄灭或闪烁，该实例使用 STM32F103 的 PE5 引脚连接一个 LED 灯，硬件电路设计示意图如图 7-24 所示。注意：本实例使用 USB 转串口实现计算机与 STM32F103 开发板的连接。

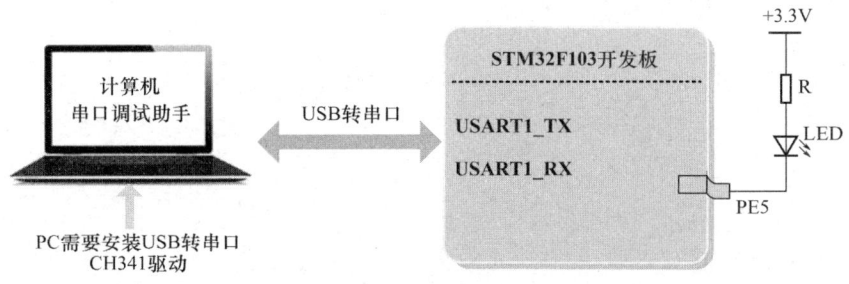

图 7-24　硬件电路设计示意图

3. 软件设计

本实例需要对 USART1 进行轮询方式配置，在"Connectivity"选项页中选择"USART1"选项，将"Mode"设置为"Asynchronous"模式（异步传输模式），无硬件流控制；在"Configuration"配置页面的"Parameter Settings"选项页中配置串口 USART1 的相关参数，配置为默认值：115200bit/s、8bit、None 和 1bit，并添加 LED 灯配置。将 PE5 引脚配置为"Output Push Pull"模式（推挽输出模式），初始化电平为低电平，如图 7-25 所示。

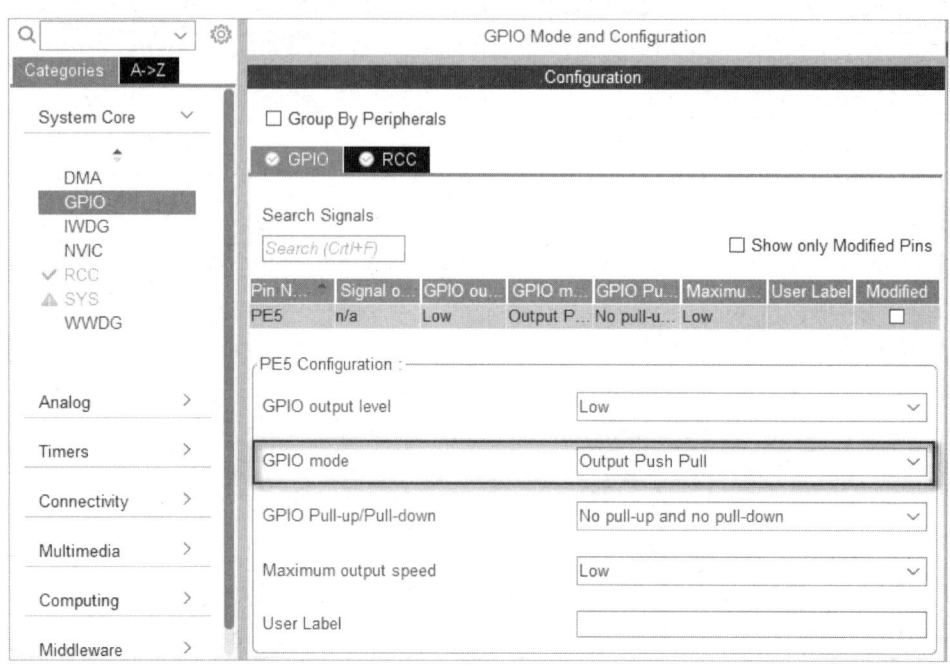

图 7-25　配置 PE5 引脚

在 main.c 文件中添加函数体。首先定义一个字符变量 Receive_data 用于存放接收的字符，并添加标准输入/输出头文件 stdio.h，添加位置及代码如下。

```
    /* USER CODE BEGIN Includes */
#include "stdio.h"
    /* USER CODE END Includes */
while (1)
{
    /* USER CODE END WHILE */
    /* USER CODE BEGIN 3 */
uint8_t Receive_data;         //定义一个字符变量
Receive_data = getchar();     //获取输入的命令字符
printf("The Receive order is : %c\n",Receive_data);
if(Receive_data == 'Y')       //发送字符命令 Y，点亮 LED 灯
{
    HAL_GPIO_WritePin(GPIOE, GPIO_PIN_5, GPIO_PIN_RESET);
    printf("The LED is ON !\r\n");
}
else if(Receive_data == 'N') //发送字符命令 N，熄灭 LED 灯
{
```

```
        HAL_GPIO_WritePin(GPIOE,GPIO_PIN_5,GPIO_PIN_SET);
        printf("The LED is OFF !\r\n");
    }
}
    /* USER CODE END 3 */
```

在 usart.c 文件中重定向 printf()函数，程序代码如下。

```
    /* USER CODE BEGIN 1 */
//重定向 C 语言库函数 printf()到串口，重定向后可使用 printf()函数
int fputc(int ch, FILE *f)
{
    HAL_UART_Transmit(&huart1, (uint8_t *)&ch, 1, 0xffff);
    return ch;
}
//重定向 C 语言库函数 scanf()到串口，重定向后可使用 scanf()函数
int fgetc(FILE * f)
{
    uint8_t ch = 0;
    HAL_UART_Receive(&huart1,&ch, 1, 0xffff);
    return ch;
}
    /* USER CODE END 1 */
```

重新编译工程程序，无错误和警告后，将以上程序下载到 STM32F103 开发板进行验证。

注意：在 usart.c 文件中重定向 printf()函数时，若 Keil 编译工程后提示错误："error: #20: identifier "FILE" is undefined"，则可在 usart.c 文件中添加#include "stdio.h"语句，或者将 FILE 重新定义为"typedef struct __FILE FILE;"，这两种方式均可解决此类问题。

7.6 编程思想之自定义串口通信协议

在工业控制领域中，经常会涉及一些复杂的通信控制，通常这些控制是以数据帧为单位进行传输的，如 Modbus 通信协议中的消息帧。帧是数据传输的一种单位，一帧数据由多个字符组合而成，不同字段的字符代表不同的含义，且实现不同的功能。

自定义串口通信协议就是根据需求定义一个数据帧格式，发送端按照规定的数据帧格式发送一帧数据，接收端根据规定的数据帧格式进行解析，获取正确的数据。自定义通信协议的数据帧格式如表 7-12 所示。

表 7-12 自定义通信协议的数据帧格式

起始位	数据 1	数据 2	校验位	结束位
0xAA	01：设备 1 02：设备 2	00：功能 1 01：功能 2	—	0xCC
0xBB	01：设备 1 02：设备 2	02：功能 1 03：功能 2	—	0xCC

起始位：帧头，表示一帧数据的开始，不可省略，长度不限，但不建议太长。例如，0xAA 表示控制，0xBB 表示读取等。

数据 1：用于表示设备，长度不限，用户根据需要自定义。例如，规定长度为 1 个字符，0x01 表示 LED 灯，0x02 表示电动机等。

数据 2：用于功能选择，长度不限，用户根据需要自定义。例如，0x00 表示熄灭 LED 灯，0x01 表示点亮 LED 灯，0x02 表示控制 LED 灯每隔 100ms 闪烁一次，0x03 表示获取按键的状态。

校验位：复杂的通信协议中需要用到该位，对于一些简单的自定义串口通信协议，此项可有可无，长度一般为 1、2 字节。

结束位：帧尾，表示一帧数据的结束，长度不限，如 0xCC 等。

如果去除校验位，则当自定义串口通信的数据帧为 AA0101CC 时，表示控制 LED 灯亮。

应用实例：上位机通过一个由 4 字节组成的数据帧控制 LED 灯的亮灭，该通信协议的数据帧格式如表 7-13 所示。

表 7-13　上位机控制 LED 灯的数据帧格式

帧头	数据 1	数据 2	帧尾
0xAA	0x01LED 灯	0x01LED 灯亮	0x55
		0x02LED 灯灭	

在主程序中定义一个数组变量，用于接收数据，代码如下。

```
/* USER CODE BEGIN PV */
    uint8_t Rx_Buff[16];  // 定义一个数组，用于接收数据
/* USER CODE END PV */
```

开启串口接收中断，代码如下。

```
/* USER CODE BEGIN 2 */
HAL_UART_Receive_IT(&huart1, Rx_Buff,4);
/* USER CODE END 2 */
```

在串口中断回调函数中，根据接收的数据进行相应的中断操作。代码如下。

```
/* USER CODE BEGIN 4 */
void HAL_UART_RxCpltCallback(UART_HandleTypeDef *huart)
{
    if(huart->Instance == USART1)   //判断是哪个串口触发的接收中断
    {
    if(Rx_Buff[0] == 0xAA && Rx_Buff[3] == 0x55) //判断帧头和帧尾
    {
        switch(Rx_Buff[1])
        {
          case 0x01:
          switch(Rx_Buff[2])
          {
            case 0x01:HAL_GPIO_WritePin(LED2_GPIO_Port, LED2_Pin,
GPIO_PIN_RESET);
                 printf("LED2 is ON! \r\n");
            break;
            case 0x02: HAL_GPIO_WritePin(LED2_GPIO_Port,LED2_Pin,
GPIO_PIN_SET);
```

```
                        printf("LED2 is OFF !\r\n");
                    break;
                    default:
                        printf("指令错误!\r\n");
                    break;
                }
            break;
            default:
                printf("The command is wrong !\r\n");
            break;
            }
            HAL_UART_Receive_IT(&huart1,Rx_Buff,4);
        }
        else
        {
            printf("命令错误!\r\n");
        }
        HAL_UART_Receive_IT(&huart1,Rx_Buff,4);
    }
}
    /* USER CODE END 4 */
```

　　编译无错误后，下载到开发板中，通过串口调试助手发送指令进行验证。注意：发送指令时要以十六进制数的格式发送，可在串口调试助手的发送区设置中以十六进制数发送。

　　该程序对数据帧的处理存放在中断回调函数中，用户还可以通过自定义一个标志变量（如 Rx_Flag），在主程序 while(1)循环中进行数据帧的处理，中断回调函数的内容如下。

```
void HAL_UART_RxCpltCallback(UART_HandleTypeDef *huart)
{
    if(huart->Instance==USART1)
    {
        Rx_Flag=1;
        HAL_UART_Receive_IT(&huart1,(uint8_t *)Rx_Buff,4);
    }
}
```

本章小结

　　1. 通信按数据传输方式可分为串行通信和并行通信；在串行通信中，按数据传输方向及与时间的关系可分为单工通信、半双工通信和全双工通信；按通信数据同步方式可分为同步通信和异步通信。同步通信是指带时钟同步信号的传输方式，如 SPI、I^2C 通信接口；异步通信是指不带时钟同步信号的传输方式，如 UART、单总线等。

　　2. 异步串行通信不使用时钟信号进行数据同步，通常以数据帧的格式传输数据，通信双方约定好数据的传输速率（波特率），以便更好地同步。

　　异步串行通信的数据帧由起始位、数据位、校验位、停止位 4 部分组成。

　　串口通信中一个很重要的参数是通信速率，通常用波特率表示。波特率是指每秒传输的二进制位数，单位为 bit/s，是衡量串行数据传输速率快慢的指标。

3．STM32 的串口通信接口有两种：UART 和 USART。对大容量的 STM32F10x 系列微控制器而言，有 3 个 USART 和 2 个 UART。

UART 是全双工通信，UART 至少需要两根数据线用于通信双方进行数据双向同时传输，最简单的 UART 接口由 TxD、RxD、GND 三根线组成，其中，TxD 用于发送数据，RxD 用于接收数据，GND 为信号地线，通过交叉连接实现两个芯片间的串口通信，即芯片 1 的 RxD 连接芯片 2 的 TxD，芯片 1 的 TxD 连接芯片 2 的 RxD，两个芯片的 GND 共地。

由于微控制器中的 UART 采用的是 TTL 电平标准，该电平标准逻辑 1 的电平范围为 +2.4～+5V，逻辑 0 的电平范围为 0～+0.5V，而计算机（或上位机）通常使用 RS-232 接口，其电平标准采用负逻辑，即逻辑 0 为+3～+15V，逻辑 1 为-15～-3V，因此若微控制器与计算机相连，则需要通过电平转换电路（如 MAX232 芯片）实现 TTL 电平与 RS-232 电平之间的转换。

4．STM32 的串口通信过程如图 7-26 所示。

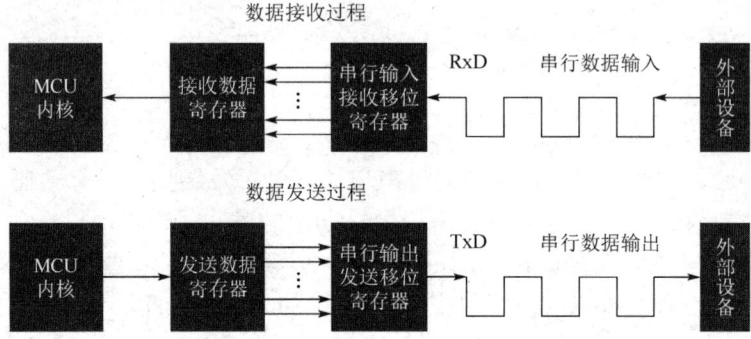

图 7-26　STM32 的串口通信过程

外部数据从 RxD 发送到接收移位寄存器中，进入接收数据寄存器后，最终供 MCU 内核进行读取；数据从 MCU 内核输出，进入发送数据寄存器后，传输到发送移位寄存器，最终通过 TxD 发送出去。

5．STM32 的 USART 具备 3 种编程方式：轮询方式、中断方式和 DMA 方式。相应的标准库、HAL 库都提供有这 3 种 API 接口函数供用户调用。

printf()函数是 C 语言中常用的数据输出函数，其含义是向标准的输出设备格式化输出数据，其中标准的输出设备可以是显示器，也可以是某个串口等，默认情况下是显示器。如果要将标准的输出设备指向某个串口，则需要重定义 fputc()函数，将 fputc()函数要输出的数据写入串口发送数据寄存器，即可实现用 printf()函数进行格式化串口输出。

以串口 1 为例，重定义 fputc()函数，代码如下。

```c
int fputc(int ch,FILE *f)
{
    HAL_UART_Transmit(&huart1 ,(uint8_t *)&ch,1,0xff);
    return ch;
}
```

注意：printf()函数的原型位于 stdio.h 头文件中，使用时需要添加#include "stdio.h"语句。

习题与思考

一、选择题

1. UART 在双机通信中，设备 1 的 RxD 应该连接到设备 2 的（　　）引脚上。

　　A．RxD
　　B．TxD
　　C．GND
　　D．VCC

2. 串行通信中数据通信速率通常用波特率表示，波特率为每秒传送的（　　）。

　　A．字节数
　　B．位数
　　C．双位数
　　D．数据包数

3. 异步串行通信波特率设置为 2400bit/s，数据位为 8 位，停止位 1 位，无奇偶校验位，则每秒传输的最大字符个数为（　　）。

　　A．2400
　　B．9
　　C．240
　　D．266

4. 串口接收时，要判断是否收到新的数据，应该判断（　　）标志位。

　　A．RXE
　　B．TXE
　　C．RXNE
　　D．TC

5. RS-232 高电平脉冲对应的 TLL 逻辑是（　　）。

　　A．高电平
　　B．低电平
　　C．+3～+15V
　　D．−15～−3V

二、填空题

1. 异步串行通信的数据帧格式由起始位、数据位、_____和停止位构成。

2. 微控制器中的 UART 采用的是 TTL 电平标准，因此该电平标准逻辑 1 的电平范围为_____，逻辑 0 的电平范围为_____。

3. RS-485 接口采用_____传输，即通过两根通信线之间的电压差的方式来传递信号，有效提高了抗干扰能力，实现了远距离传输。

三、判断题

1. RS-232、RS-485 等串行通信中这些不同的电气协议都对设备的电气特性和物理特性进行了规定。（　　）

2. UART 异步串行通信为保证传输数据的正确性，收发双方需要设置相同的波特率。（　　）

3. RS-232 的电平标准采用负逻辑。（　　）

4. UART 是全双工通信，具有异步和同步通信功能。（　　）

5. 常见的异步串行通信接口有 RS-232、I^2C、SPI、USB。（　　）

四、简答题

1. 在数字通信中，比特率和波特率有什么区别与联系？

2. 简述 RS-232 的接口组成及其电平标准。

3. UART 数据帧格式由哪几部分组成？

4. 简述 STM32 的 USARTx 的各引脚的复用和重映射情况。

五、综合应用题

1. 利用串口通信的轮询方式实现控制 LED 灯的亮灭。LED 灯连接在 PE5 引脚上，发送小写字符 "o"，点亮 LED 灯；发送小写字符 "t"，LED 灯闪烁。请补全程序。

```
while (1)
{
    uint8_t Receive_data;
    Receive_data = getchar();
    if(_____)
    {
        _____;
        printf("The LED is ON !\r\n");
    }
    else if(_____)
    {
        HAL_GPIO_TogglePin(GPIOE, GPIO_PIN_5);
    }
}
```

2. 编写程序：实现可接收任意字节的串口通信程序。

第 8 章　DMA

直接存储器存取（Direct Memory Access，DMA）既是一种数据传输技术，又是微控制器的一种片上外设。DMA 方式无须 CPU 干预，通过硬件直接实现外设与存储器之间或存储器与存储器之间的数据传输，适用于大批量高速数据传输。相比于中断方式，DMA 方式不需要像中断处理方式那样保留现场、恢复现场，而是由 DMA 控制器直接控制，这样节省了CPU 资源，加快了传输速率。本章基于 STM32F103 微控制器讲述 DMA 的结构原理、配置和使用方法。

知识目标

- 理解和掌握 DMA 的基本概念、原理和适用场合。
- 理解和熟知 STM32 的 DMA 内部结构及工作原理。
- 熟悉 DMA 的标准外设库、HAL 库的接口函数，理解基于 DMA 接口函数编程的思想。

能力目标

- 能够根据硬件原理图，正确配置相关参数并搭建实际电路。
- 能够正确使用标准外设库、HAL 库的接口函数实现 DMA 数据传输。
- 熟练使用 STM32CubeMX 配置 DMA，基于 DMA 方式实现串口接收不定长数据。

思维与素养目标

- 移动互联时代，网络从 2G 到 5G，数据量变得越来越大，人们对大批量低延时数据的传输性能提出了更高的要求，DMA 传输方式适用于大批量高速数据传输。通过 DMA的大批量数据传输技术与中断方式的对比，引导和培养学生的逻辑思维能力。
- 通过产品功能设计的迭代，树立和构建工程思维及产品思维。在产品功能设计的迭代进程中，工程思维与产品思维是驱动产品持续优化、实现商业价值与用户价值的关键要素。工程思维聚焦于问题的拆解、方案的可行性及技术实现，强调逻辑严谨与流程规范；产品思维则以用户需求为核心，关注产品的整体体验、商业目标与市场竞争力。二者相辅相成，通过产品功能设计的迭代，能够逐步树立与强化这两种思维。
- 通过 HAL 库程序结构化代码的实践与训练，锻炼规范化编程能力，永远寻求每一个机会来拓展自己的知识边界和视野。

8.1　DMA 基础理论知识

运算器、控制器、存储器、输入设备和输出设备是组成计算机系统的五大部件，其中运算器和控制器被集成在一个芯片上构成处理器（CPU）。CPU 作为微控制器的"大脑"，除了具有控制功能，还具有数据处理功能，数据则来源于存储器或外设。因此，在一个完整的计算机系统中，一般的数据处理流程是将数据从外设经总线传输给 CPU 处理后，再经总线存储到存储器中，或者将数据从存储器中取出，经总线传送给 CPU 处理，然后由总线输出给外设。在外设与存储器传输数据过程中，CPU 全程参与，若仅是传输数据，而不需要处理数据，则这种传输方式因外设和存储器速度较低，所以会浪费大量的 CPU 时间和资源，使 CPU 处理效率降低。

DMA 方式是利用 DMA 控制器直接控制总线的，在外设与存储器之间建立一条直接通道，而不需要 CPU 中转。这就涉及总线控制权转移问题，即 DMA 传输开始前，CPU 需要把总线控制权交给 DMA 控制器，DMA 传输结束后，DMA 控制器再把总线控制权交还给 CPU。DMA 传输过程示意图如图 8-1 所示。

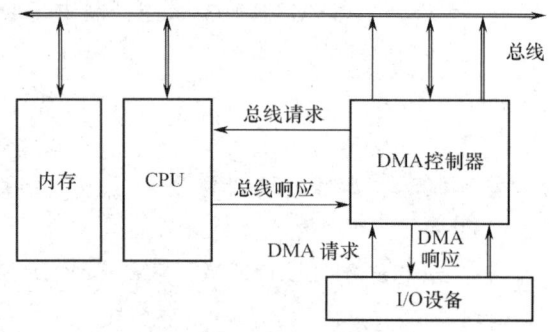

图 8-1　DMA 传输过程示意图

一个完整的 DMA 传输过程包括 DMA 请求、DMA 响应、DMA 传输、DMA 结束 4 个步骤。

（1）DMA 请求。这一阶段主要是对 DMA 进行初始化，I/O 设备准备好后，向 DMA 控制器发出 DMA 请求。

（2）DMA 响应。DMA 控制器对 I/O 设备发送的 DMA 请求进行优先级判别，决定是否屏蔽向 CPU 发出总线请求信号。CPU 响应 DMA 控制器的总线请求，当 CPU 执行完后，当前总线周期就将总线控制权交给 DMA 控制器。DMA 控制器完成 DMA 响应，并开始 DMA 传输。

（3）DMA 传输。DMA 控制器获得总线控制权后，外设经硬件信号请求 DMA 传输或通过软件启动 DMA 传输，并按配置好的相关参数（如传输数据的起始地址、需要传输数据的字节数等）发出读/写命令，接着便开始在存储器和外设之间直接进行数据传输。

（4）DMA 结束。DMA 控制器对传输的数据进行计数，判断数据是否传输完成，当数据传输完成后，DMA 控制器将总线控制权交给 CPU，并向 I/O 设备发出结束信号。

与查询方式、中断方式相比，在大批量、高速传输数据方面，DMA 方式具有显著优势，如在视频监控系统中对数据进行滤波处理（如中值滤波等）。

8.2　STM32 的 DMA 模块

8.2.1　DMA 内部结构

STM32 最多有 2 个 DMA 控制器（DMA1 和 DMA2），DMA1 有 7 个通道，DMA2 有 5

个通道，每个通道都专门用来管理一个或多个外设对存储器访问的请求。图 8-2 所示为 DMA 内部结构框图。需要注意的是，DMA2 控制器只存在于大容量的 STM32F103 系列芯片和互联型的 STM32F105 和 STM32F107 系列芯片中，中/小容量的 STM32F103 系列芯片中只有 DMA1。另外，STM32F103ZET6 属于大容量芯片，具有 DMA1 和 DMA2 两个控制器。DMA 通道支持 8 位、16 位或 32 位数据传输，最大传输数据量可达 64KB。

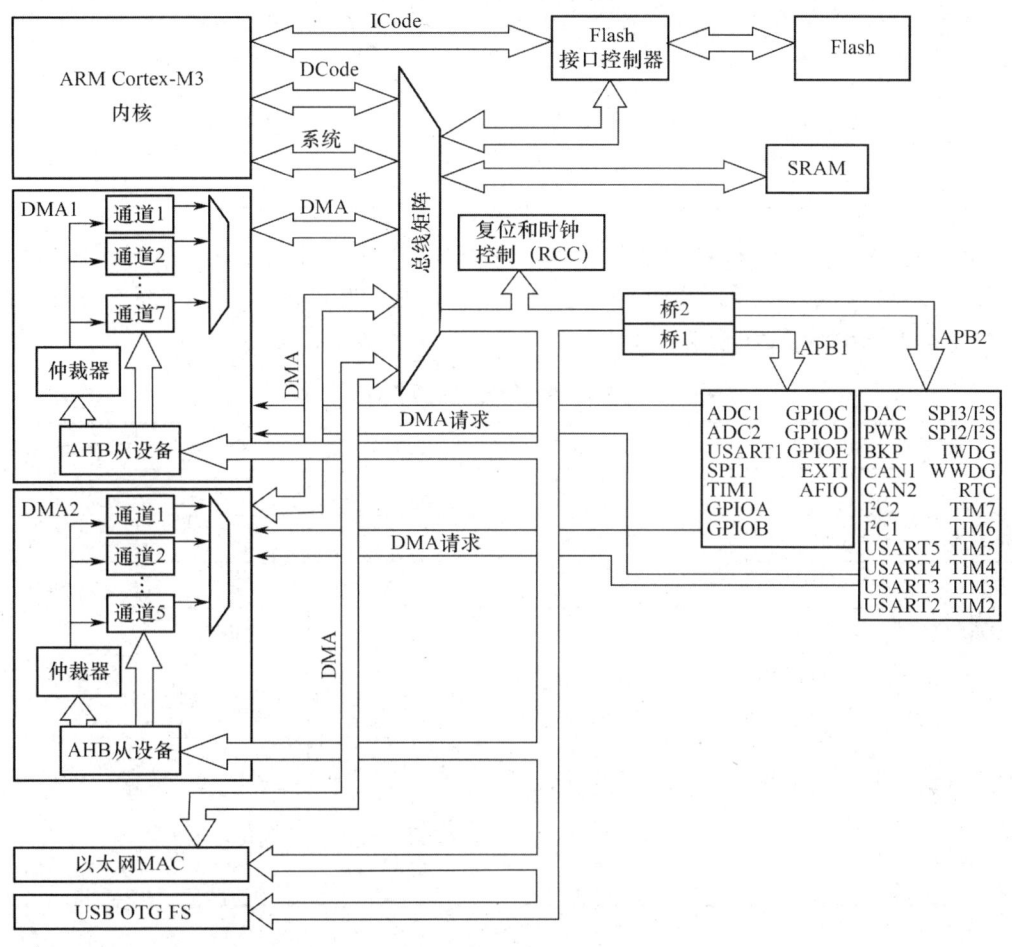

图 8-2　DMA 内部结构框图

从图 8-2 可以看出，外设 [TIMx（x=1,2,3,4）、ADC1、SPI1、USARTx（x=1,2,3）] 产生的 DMA1 请求传送到 DMA1 控制器，且同一时刻只有一个请求有效。例如，DMA1 有 7 个通道（通道 1～通道 7），DMA1 的通道 1 具有 3 个请求，分别是 ADC1、TIM2 和 TIM4，在同一时刻，只能有一个请求被允许。表 8-1 所示为 DMA1 各个通道的 DMA 请求。

表 8-1　DMA1 各个通道的 DMA 请求

外设	通道 1	通道 2	通道 3	通道 4	通道 5	通道 6	通道 7
ADC1	ADC1	—	—	—	—	—	—
SPI/I²S	—	SPI1_RX	SPI1_TX	SPI/I²S_RX	SPI/I²S_TX	—	—

续表

外设	通道 1	通道 2	通道 3	通道 4	通道 5	通道 6	通道 7
USART	—	USART3_TX	USART3_RX	USART1_TX	USART1_RX	USART2_RX	USART2_TX
I^2C	—			I^2C2_TX	I^2C2_RX	I^2C1_TX	I^2C1_RX
TIM1	—	TIM1_CH1	TIM1_CH2	TIM1_TX4 TIM1_TRIG TIM1_COM	TIM1_UP	TIM1_CH3	—
TIM2	TIM2_CH3	TIM2_UP	—		TIM2_CH1	—	TIM2_CH2 TIM2_CH4
TIM3	—	TIM3_CH3	TIM3_CH4 TIM3_UP			TIM3_CH1 TIM3_TRIG	
TIM4	TIM4_CH1	—	—	TIM4_CH2	TIM4_CH3	—	TIM4_UP

外设［TIMx（x=5,6,7,8）、ADC3、SPI/I^2S3、USART4、DAC1、DAC2 和 SDIO］产生 5 个通道的 DMA2 请求传送到 DMA2 控制器，同样在某一时刻只能有一个请求有效。表 8-2 所示为 DMA2 的 5 个通道的 DMA 请求。

表 8-2　DMA2 的 5 个通道的 DMA 请求

外设	通道 1	通道 2	通道 3	通道 4	通道 5
ADC3	—	—	—	—	ADC3
SPI3/I^2S	SPI/I^2S3_RX	SPI/I^2S3_TX	—	—	
USART4			USART4_RX	—	USART4_TX
SDIO	—			SDIO	—
TIM5	TIM5_CH4 TIM5_TRIG	TIM5_CH3 TIM5_UP	—	TIM5_CH2	TIM5_CH1
TIM6/DAC1	—	—	TIM6_UP/ DMA_Channel1		
TIM7/DAC2	—	—		TIM7_UP/ DMA_Channel2	

8.2.2　DMA 优先权

当有多个 DMA 请求时，DMA 控制器通过内部的仲裁器来管理优先权。通道的优先权分为 4 个等级：最高优先级（Very High）、高优先级（High）、中等优先级（Medium）和低优先级（Low）。最高优先级的通道优先获得总线响应，若 2 个请求具有相同的软件优先级，则较小编号的通道比较大编号的通道具有更高的优先权，如通道 2 优先于通道 4。此外，在大容量产品和互联型产品中，DMA1 控制器拥有高于 DMA2 控制器的优先级，图 8-3 所示为 DMA1 各通道的 DMA 映射及优先级，图 8-4 所示为 DMA2 各通道的 DMA 映射及优先级。

图 8-3　DMA1 各通道的 DMA 映射及优先级

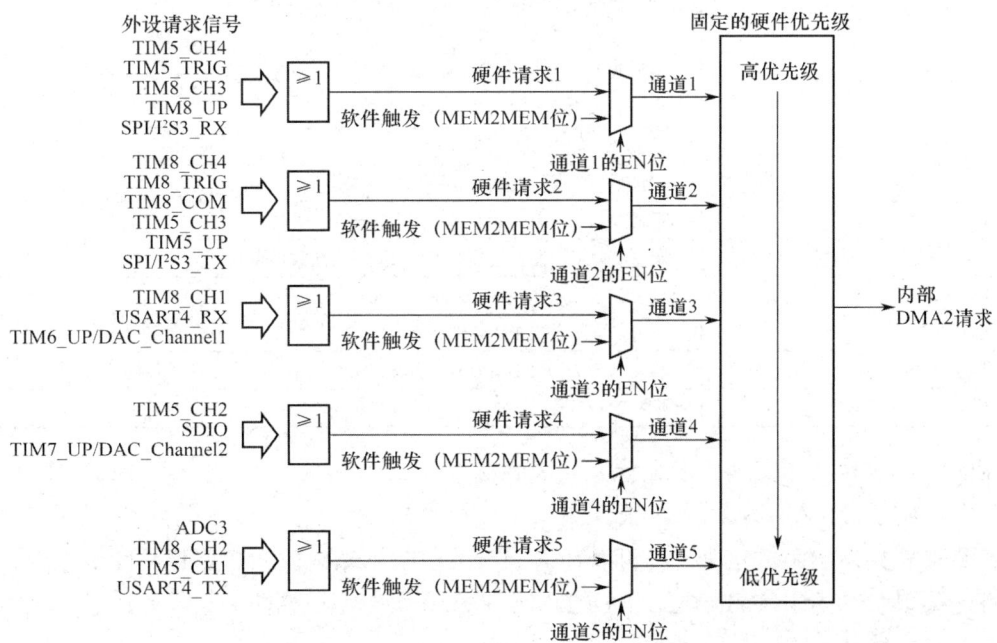

图 8-4　DMA2 各通道的 DMA 映射及优先级

8.2.3 DMA 中断请求

DMA 的每个通道都可以在 DMA 传输过程中触发中断，可通过设置相应寄存器的不同位来打开这些中断。DMA 中断事件主要有 HT（Half Transfer，传输一半）、TC（Transfer Complete，传输完成）和 TE（Transfer Error，传输错误），分别对应 3 个中断标志位：HTIF、TCIF 和 TEIF，并且每个中断标志位都对应一个中断使能控制位，具体对应关系如表 8-3 所示。

表 8-3　DMA 中断事件的具体对应关系

中断标志位	中断使能控制位	中 断 事 件
HTIF	HTIE	传输一半
TCIF	TCIE	传输完成
TEIF	TEIE	传输错误

8.3　DMA 标准外设库接口函数及应用

8.3.1 DMA 标准外设库接口函数

DMA 标准外设库接口函数如表 8-4 所示。

表 8-4　DMA 标准外设库接口函数

函 数 名 称	功 能 描 述
DMA_DeInit	将 DMA 的通道 x 寄存器重设为默认值
DMA_Init	根据传入的 DMA 初始化结构体 DMA_InitTypeDef 中的参数配置，对指定的 DMA 通道进行初始化设置
DMA_StructInit	该函数参数为 DMA_InitStruct，是指向 DMA_InitTypeDef 结构体的指针，该结构体用于配置 DMA 通道的各项参数
DMA_Cmd	使能或失能指定的通道 x
DMA_ITConfig	使能或失能指定的通道 x 中断
DMA_GetCurrDataCounter	返回当前 DMA 通道 x 剩余的待传输数据个数
DMA_SetCurrDataCounter	设置 DMA 通道 x 进行 DMA 传输的当前数据个数
DMA_GetFlagStatus	检查是否设置指定的 DMA 通道 x 标志位
DMA_ClearFlag	清除 DMA 通道 x 待处理标志位
DMA_GetITStatus	检查指定的 DMA 通道 x 是否发生中断
DMA_ClearITPendingBit	清除 DMA 通道 x 中断待处理标志位

这些库函数的具体实现可参见源文件 stm32f10x_adc.c 中的源代码，在 stm32f10x_adc.h 头文件中声明了 DMA 所有的库函数，如图 8-5 所示。

若要查看具体的函数定义，则可以在 Keil 5 工程中将光标放在想要查看的函数上，然后单击右键菜单中的 "Go To Definition Of 'DMA_DeInit'" 按钮，如图 8-6 所示，即可跳转到相应函数的函数体外。

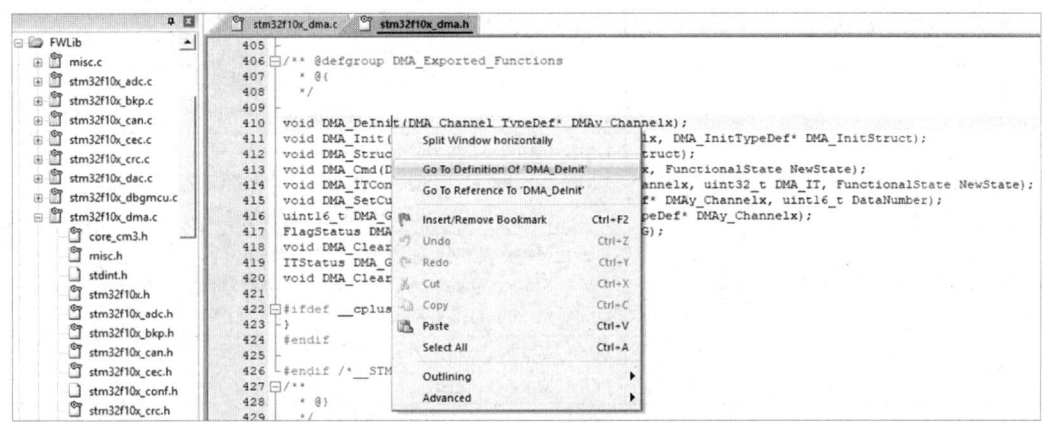

图 8-5　DMA 库函数

图 8-6　查看某个函数的具体内容

下面以 DMA 初始化函数为例进行说明。DMA 的初始化函数如下。

```
    void DMA_Init(DMA_Channel_TypeDef* DMAy_Channelx, DMA_InitTypeDef*
DMA_InitStruct)
```

该函数有两个参数，第 1 个参数用于指定 DMA 的具体通道 x；第 2 个参数根据 DMA_InitStruct 结构体变量中指定的参数初始化 DMA 的通道 x，DMA_InitStruct 是指向 DMA_InitTypeDef 结构体的指针，包含 DMA 通道的配置参数。配置 DMA 相关参数的代码如下。

```
    typedef struct
    {
      uint32_t DMA_PeripheralBaseAddr;      //外设基地址
      uint32_t DMA_MemoryBaseAddr;          //存储器基地址
      uint32_t DMA_DIR;                     //传输方向
      uint32_t DMA_BufferSize;              //缓冲区大小
      uint32_t DMA_PeripheralInc;           //外设地址是否递增
      uint32_t DMA_MemoryInc;               //内存地址是否递增
      uint32_t DMA_PeripheralDataSize;      //外设数据宽度
      uint32_t DMA_MemoryDataSize;          //存储器数据宽度
```

```
    uint32_t DMA_Mode;                      //DMA 工作模式
    uint32_t DMA_Priority;                  //DMA 优先权
    uint32_t DMA_M2M;                       //是否从内存到内存传输
}DMA_InitTypeDef;
```

  DMA 初始化结构体成员的过程就是配置 DMA 相关参数的过程，DMA_InitTypeDef 结构体成员定义在 stm32f10x_dma.h 头文件中。DMA_InitTypeDef 结构体成员及其取值范围如表 8-5 所示。

表 8-5　DMA_InitTypeDef 结构体成员及其取值范围

DMA_InitTypeDef 结构体成员	取 值 范 围
DMA_PeripheralBaseAddr（外设基地址）	直接给出外设地址
DMA_MemoryBaseAddr（存储器基地址）	通常为用户程序定义的主存缓冲区首地址
DMA_DIR（传输方向）	DMA_DIR_PeripheralSRC，外设作为数据传输的来源 DMA_DIR_PeripheralDST，外设作为数据传输的目的地
DMA_BufferSize（缓冲区大小）	设置一次传输数据量的大小，可设为 0～65536
DMA_PeripheralInc（外设地址增量）	DMA_PeripheralInc_Enable，外设地址允许递增 DMA_PeripheralInc_Disable，外设地址不变
DMA_MemoryInc（内存地址增量）	DMA_MemoryInc_Enable，内存地址允许递增 DMA_MemoryInc_Disable，内存地址不变
DMA_PeripheralDataSize（外设数据宽度）	DMA_PeripheralDataSize_Byte，外设数据宽度为 8 位 DMA_PeripheralDataSize_HalfWord，外设数据宽度为 16 位 DMA_PeripheralDataSize_Word，外设数据宽度为 32 位
DMA_MemoryDataSize（存储器数据宽度）	DMA_MemoryDataSize_Byte，存储器数据宽度为 8 位 DMA_MemoryDataSize_HalfWord，存储器数据宽度为 16 位 DMA_MemoryDataSize_Word，存储器数据宽度为 32 位
DMA_Mode（DMA 工作模式）	DMA_Mode_Circular，工作在循环缓冲模式 DMA_Mode_Normal，工作在正常缓冲模式
DMA_Priority（DMA 优先权）	DMA_Priority_VeryHigh，最高优先级 DMA_Priority_High，高优先级 DMA_Priority_Medium，中等优先级 DMA_Priority_Low，低优先级
DMA_M2M（从内存到内存传输）	DMA_M2M_Enable，允许从内存到内存的传输 DMA_M2M_Disable，禁止从内存到内存的传输

8.3.2　DMA 标准外设库应用编程步骤

  下面以 DMA1 通道 4 为例，介绍 DMA 标准外设库的配置过程。

  （1）使能 DMA 时钟。因为 DMA 挂接在 AHB 上，所以使用 RCC_AHBPeriphClockCmd() 函数使能 DMA 时钟，代码如下。

```
RCC_AHBPeriphClockCmd(RCC_AHBPeriph_DMA1,ENABLE);
```

  （2）初始化 DMA 通道 4 参数的相关代码如下。

```
DMA_InitTypeDef DMA_InitStructure;
/*设置 DMA 源：串口数据寄存器地址*/
DMA_InitStructure.DMA_PeripheralBaseAddr =(uint32_t)(&(USART1->DR));
/*内存地址：要传输的变量指针*/
DMA_InitStructure.DMA_MemoryBaseAddr = (uint32_t)SendBuff;
/*方向：从内存到外设*/
```

```
DMA_InitStructure.DMA_DIR = DMA_DIR_PeripheralDST;
/*传输数据的大小为 DMA_BufferSize=SENDBUFF_SIZE*/
DMA_InitStructure.DMA_BufferSize = SENDBUFF_SIZE;
/*外设地址设置为不增*/
DMA_InitStructure.DMA_PeripheralInc = DMA_PeripheralInc_Disable;
/*内存地址设置为自增*/
DMA_InitStructure.DMA_MemoryInc = DMA_MemoryInc_Enable;
/*设置外设数据宽度*/
DMA_InitStructure.DMA_PeripheralDataSize = DMA_PeripheralDataSize_Byte;
/*设置内存数据宽度为 8 位*/
DMA_InitStructure.DMA_MemoryDataSize = DMA_MemoryDataSize_Byte;
/*设置 DMA 模式为循环缓冲模式*/
DMA_InitStructure.DMA_Mode = DMA_Mode_Circular;
/*设置 DMA 的优先权：中*/
DMA_InitStructure.DMA_Priority = DMA_Priority_Medium;
/*禁止从内存到内存的传输*/
DMA_InitStructure.DMA_M2M = DMA_M2M_Disable;
DMA_Init(DMA1_Channel4, &DMA_InitStructure);
```

（3）使能 DMA1 通道 4，启动传输，相关代码如下。

```
DMA_Cmd (DMA1_Channel4, ENABLE);
```

（4）允许 DMA 中断，若使用中断，则要进行 DMA 中断配置，相关代码如下。

```
DMA_ITConfig(DMA1_Channel4,DMA_IT_TC,ENABLE);
```

8.3.3　DMA 标准外设库应用实例

1. 功能描述

本实例通过 DMA 方式将数据发送到 USART1 接口，并通过计算机串口调试助手显示传输结果。为证明 DMA 方式不需要由 CPU 直接控制，需要在主程序中循环点亮 LED 灯。

2. 硬件设计

本实例不需要其他硬件，主程序所用到的硬件设计与第 5 章 GPIO 中的硬件设计相同。

3. 软件设计

（1）main.c 文件中的代码如下。

```
#include "stm32f10x.h"
#include "led.h"
#include "USARTx.h"

extern uint8_t SendBuff[SENDBUFF_SIZE];
//SENDBUFF_SIZE 变量定义在 USARTx.h 头文件中

//不精确延时
static void Delay(uint32_t time)
{
  uint32_t i,j;
  for(i=0;i<time;++i)
```

```
        {
            for(j=0;j<10000;++j)
            {
                //空循环体，什么都不做
            }
        }
    }


    int main(void)
    {
        uint16_t i;

        LED_Init(); //初始化 LED 灯
        USARTx_Init_Config(); //初始化 USART1
        USARTx_DMA_Config();   //初始化 DMA
        printf("使用 DMA 方式传输串口数据\n");
        /*输入要发送的数据，作为 DMA 传输的数据源*/
        for(i=0;i<SENDBUFF_SIZE;i++)
        {
            SendBuff[i] =  'A';
        }
        /* USART1 向 DMA 发出传输请求*/
        USART_DMACmd(USART1, USART_DMAReq_Tx, ENABLE);
        while(1)
        {
            GPIO_SetBits(GPIOB,GPIO_Pin_5);    //熄灭 LED 灯
            Delay(1000);
            GPIO_ResetBits(GPIOB,GPIO_Pin_5); //点亮 LED 灯
            Delay(1000);
        }
    }
```

（2）**USARTx.c** 文件中的代码如下。

```
    #include "USARTx.h"
    uint8_t SendBuff[SENDBUFF_SIZE];

    void USARTx_Init_Config(void)
    {
        GPIO_InitTypeDef GPIO_InitStructure;
        USART_InitTypeDef USART_InitStructure;
        RCC_APB2PeriphClockCmd(RCC_APB2Periph_USART1|RCC_APB2Periph_
GPIOA,ENABLE);
        USART_DeInit(USART1);
        //USART1_TX   PA.9
        GPIO_InitStructure.GPIO_Pin = GPIO_Pin_9; //PA.9
        GPIO_InitStructure.GPIO_Speed = GPIO_Speed_50MHz;
        GPIO_InitStructure.GPIO_Mode = GPIO_Mode_AF_PP;
        GPIO_Init(GPIOA, &GPIO_InitStructure);
        //USART1_RX   PA.10
        GPIO_InitStructure.GPIO_Pin = GPIO_Pin_10;
```

```
            GPIO_InitStructure.GPIO_Mode = GPIO_Mode_IN_FLOATING;
            GPIO_Init(GPIOA, &GPIO_InitStructure);
            //USART1 参数配置
            USART_InitStructure.USART_BaudRate = 115200;
            USART_InitStructure.USART_WordLength = USART_WordLength_8b;
            USART_InitStructure.USART_StopBits = USART_StopBits_1;
            USART_InitStructure.USART_Parity = USART_Parity_No;
            USART_InitStructure.USART_HardwareFlowControl = USART_Hardware
FlowControl_None;
            USART_InitStructure.USART_Mode = USART_Mode_Rx | USART_Mode_Tx;
            USART_Init(USART1, &USART_InitStructure);
            USART_Cmd(USART1, ENABLE);
            /* 清除发送完成标志*/
            USART_ClearFlag(USART1, USART_FLAG_TC|USART_FLAG_TXE|USART_FLAG_
RXNE);
        }


        void USARTx_DMA_Config(void)
        {
          DMA_InitTypeDef DMA_InitStructure;
          /*开启 DMA 时钟*/
          RCC_AHBPeriphClockCmd(RCC_AHBPeriph_DMA1, ENABLE);
          /*设置 DMA 源：串口数据寄存器地址*/
          DMA_InitStructure.DMA_PeripheralBaseAddr =(uint32_t)(&(USART1->DR));
          /*内存地址，要传输的变量的指针*/
          DMA_InitStructure.DMA_MemoryBaseAddr = (uint32_t)SendBuff;
          /*方向：从内存到外设*/
          DMA_InitStructure.DMA_DIR = DMA_DIR_PeripheralDST;
          /*传输大小：DMA_BufferSize=SENDBUFF_SIZE*/
          DMA_InitStructure.DMA_BufferSize = SENDBUFF_SIZE;
          /*外设地址设置为不增*/
          DMA_InitStructure.DMA_PeripheralInc = DMA_PeripheralInc_Disable;
          /*内存地址设置为自增*/
          DMA_InitStructure.DMA_MemoryInc = DMA_MemoryInc_Enable;
          /*设置外设数据宽度*/
          DMA_InitStructure.DMA_PeripheralDataSize = DMA_PeripheralDataSize_
Byte;
          /*设置内存数据宽度为 8 位*/
          DMA_InitStructure.DMA_MemoryDataSize = DMA_MemoryDataSize_Byte;
          /*设置 DMA 模式为循环缓冲模式*/
          DMA_InitStructure.DMA_Mode = DMA_Mode_Circular;
          /*设置 DMA 的优先级：中*/
          DMA_InitStructure.DMA_Priority = DMA_Priority_Medium;
          /*禁止内存到内存的传输*/
          DMA_InitStructure.DMA_M2M = DMA_M2M_Disable;
          /*配置 DMA1 的通道 4*/
          DMA_Init(DMA1_Channel4, &DMA_InitStructure);
          /*使能 DMA*/
```

```
        DMA_Cmd (DMA1_Channel4,ENABLE);
        /*设置 DMA 发送完成后产生中断 */
        DMA_ITConfig(DMA1_Channel4,DMA_IT_TC,ENABLE);
}


// 重定向 C 语言库函数 printf 到 USART1
int fputc(int ch, FILE *f)
{
        /* 发送 1 字节数据到串口 USART1*/
        USART_SendData(USART1, (uint8_t) ch);
        /* 等待串口数据发送完毕*/
        while (USART_GetFlagStatus(USART1, USART_FLAG_TXE) == RESET);
        return (ch);
}


//重定向 C 语言库函数 scanf 到 USART1
int fgetc(FILE *f)
{
        /* 等待串口输入数据*/
        while (USART_GetFlagStatus(USART1, USART_FLAG_RXNE) == RESET);
        return (int)USART_ReceiveData(USART1);
}
```

（3）USARTx.h 头文件中的代码如下。

```
#ifndef __USARTx_H
#define __USARTx_H

#include "stm32f10x.h"
#include <stdio.h>

#define  SENDBUFF_SIZE    100

void USARTx_Init_Config(void);
void USARTx_DMA_Config(void);

int fputc(int ch, FILE *f);
int fgetc(FILE *f);

#endif
```

所有程序编译无错误后均下载到开发板，通过串口调试助手可观察实验现象：主程序 LED 灯一直循环闪烁，通过 DMA 方式发送数据到串口显示。

8.4 DMA 的 HAL 库接口函数及应用

8.4.1 DMA 的 HAL 库接口函数

DMA 的 HAL 库接口函数定义在 stm32f1xx_hal_dma.c 源文件中，其头文件 stm32f1xx_

hal_dma.h 定义了相关的结构体并声明了相应的库接口函数。

DMA 的 HAL 库常用接口函数可分为四大类，如表 8-6 所示。

表 8-6　DMA 的 HAL 库常用接口函数

类　　型	函数及功能描述
初始化及 复位函数	HAL_DMA_Init(DMA_HandleTypeDef *hdma); 功能描述：DMA 初始化函数
	HAL_DMA_DeInit (DMA_HandleTypeDef *hdma); 功能描述：DMA 复位函数
引脚功能 操作函数	HAL_DMA_Start (DMA_HandleTypeDef *hdma, uint32_t SrcAddress, uint32_t DstAddress, uint32_t DataLength); 功能描述：DMA 启动传输函数
	HAL_DMA_Start_IT(DMA_HandleTypeDef *hdma, uint32_t SrcAddress, uint32_t DstAddress, uint32_t DataLength); 功能描述：DMA 中断开始函数
	void HAL_DMA_IRQHandler(DMA_HandleTypeDef *hdma); 功能描述：DMA 中断处理函数
外设状态 函数	HAL_DMA_GetState(DMA_HandleTypeDef *hdma); 功能描述：获取 DMA 状态函数
	HAL_DMA_GetError(DMA_HandleTypeDef *hdma); 功能描述：获取 DMA 错误函数
发送数据 传输函数	HAL_UART_Transmit_DMA() 功能描述：DMA 串口发送数据传输函数

下面对 DMA 的 HAL 库常用接口函数进行解析。

1. DMA 启动传输函数 HAL_DMA_Start()

函数原型如下。

```
    HAL_DMA_Start(DMA_HandleTypeDef *hdma, uint32_t SrcAddress, uint32_t
DstAddress, uint32_t DataLength);
```

函数解析：HAL_DMA_Start()函数是开启 DMA 传输的功能函数，共有 4 个参数。其中，hdma：具体使用的 DMA 对象；SrcAddress：DMA 传输的源数据地址；DstAddress：DMA 传输的目的地址；DataLength：DMA 传输数据的长度。

使用范例如下。

```
    HAL_DMA_Start(huart->hdmatx, (u32)pData, (uint32_t)&huart->Instance
->DR, 100);//开启 DMA 的串口传输
```

2. DMA 串口发送数据传输函数 HAL_UART_Transmit_DMA()

函数原型如下。

```
    HAL_StatusTypeDef HAL_UART_Transmit_DMA(UART_HandleTypeDef *huart,
uint8_t *pData, uint16_t Size)
    {
      uint32_t *tmp;
      if (huart->gState == HAL_UART_STATE_READY)
      {
        if ((pData == NULL) || (Size == 0U))
        {
```

```
            return HAL_ERROR;
        }
        /*huart 配置，上锁 */
        __HAL_LOCK(huart);
        huart->pTxBuffPtr = pData;
        huart->TxXferSize = Size;
        huart->TxXferCount = Size;
        huart->ErrorCode = HAL_UART_ERROR_NONE;
        huart->gState = HAL_UART_STATE_BUSY_TX;
        /*设置 UART 的 DMA 传输完成时调用的回调函数*/
        huart->hdmatx->XferCpltCallback = UART_DMATransmitCplt;
        /*设置 UART 的 DMA 传输完成一半时的回调函数 */
        huart->hdmatx->XferHalfCpltCallback = UART_DMATxHalfCplt;
        /*设置 DMA 传输错误的回调函数 */
        huart->hdmatx->XferErrorCallback = UART_DMAError;
        /*设置 DMA 传输中止的回调函数*/
        huart->hdmatx->XferAbortCallback = NULL;
        /*设置存储器到外设的地址，开启中断，并使能 UART 的 DMA 传输的通道*/
        tmp = (uint32_t *)&pData;
        HAL_DMA_Start_IT(huart->hdmatx, *(uint32_t *)tmp, (uint32_t)&huart
->Instance->DR, Size);
        /*清除串口 TC 中断标志位 */
        __HAL_UART_CLEAR_FLAG(huart, UART_FLAG_TC);
        /* huart 解锁 */
        __HAL_UNLOCK(huart);
        /* 通过配置 UART 的 CR3 寄存器，使能 DMA 发送*/
        SET_BIT(huart->Instance->CR3, USART_CR3_DMAT);
        return HAL_OK;
    }
    else
    {
        return HAL_BUSY;
    }
}
```

使用范例如下。

```
    uint8_t DMA_TxBuffer[] = " Welcome to DMA! \r\n ";
    HAL_UART_Transmit_DMA(&huart1,(uint8_t *)DMA_TxBuffer,sizeof(DMA_
TxBuffer));
```

8.4.2 DMA 的 HAL 库应用实例

1. 功能描述

在 7.2 节介绍的电气控制系统中工业设备与计算机的通信，由于通信的信息量较小，因此可通过轮询方式或中断方式实现通信。若需要大批量数据的通信与信息交换，则需要采用 DMA 方式，本实例基于 HAL 库采用 DMA 方式实现 USART 串口收/发数据。

2. 硬件设计

通过 STM32F103 开发板上的串口 1（USART1，其发送引脚 USART1_TX 默认连接 PA9，接收引脚 USART1_RX 默认连接 PA10），采用 DMA 方式实现与计算机（PC）的数据传输，测试结果可以通过计算机串口调试助手查看。本实例硬件电路设计示意图如图 8-7 所示。

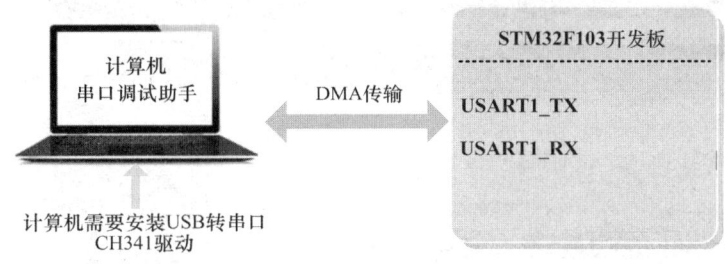

图 8-7　本实例硬件电路设计示意图

3. 软件设计

软件设计的具体操作步骤如下。

1）新建 STM32CubeMX 工程，选择 MCU

新建 STM32CubeMX 工程，选择 MCU，这里选择 STM32F103ZETx 系列芯片，用户可根据自己的开发板选择相应的芯片，如图 8-8 所示。

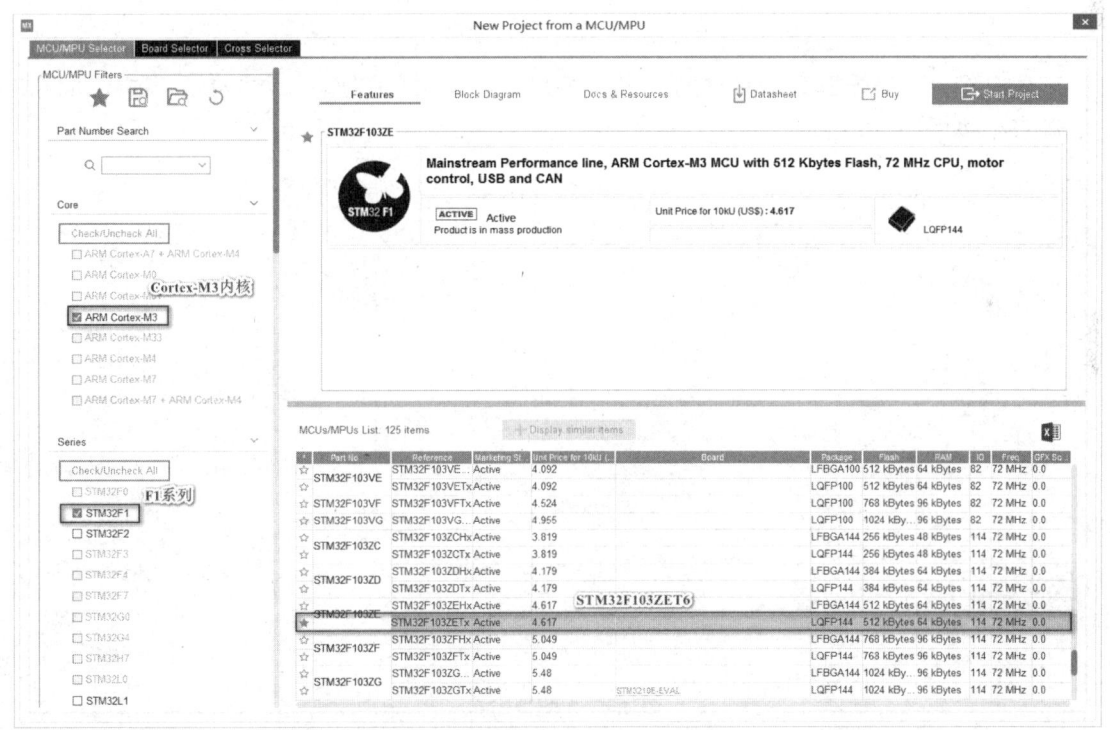

图 8-8　新建 STM32CubeMX 工程并选择 STM32F103ZETx 系列芯片

2）STM32CubeMX 功能参数配置

（1）配置 RCC 和时钟。RCC 选择外部高速时钟源 HSE 作为系统时钟，在 "High Speed Clock（HSE）" 下拉列表中选择 "Crystal/Ceramic Resonator"（晶振/陶瓷谐振器）选项，如

图 8-9 所示。

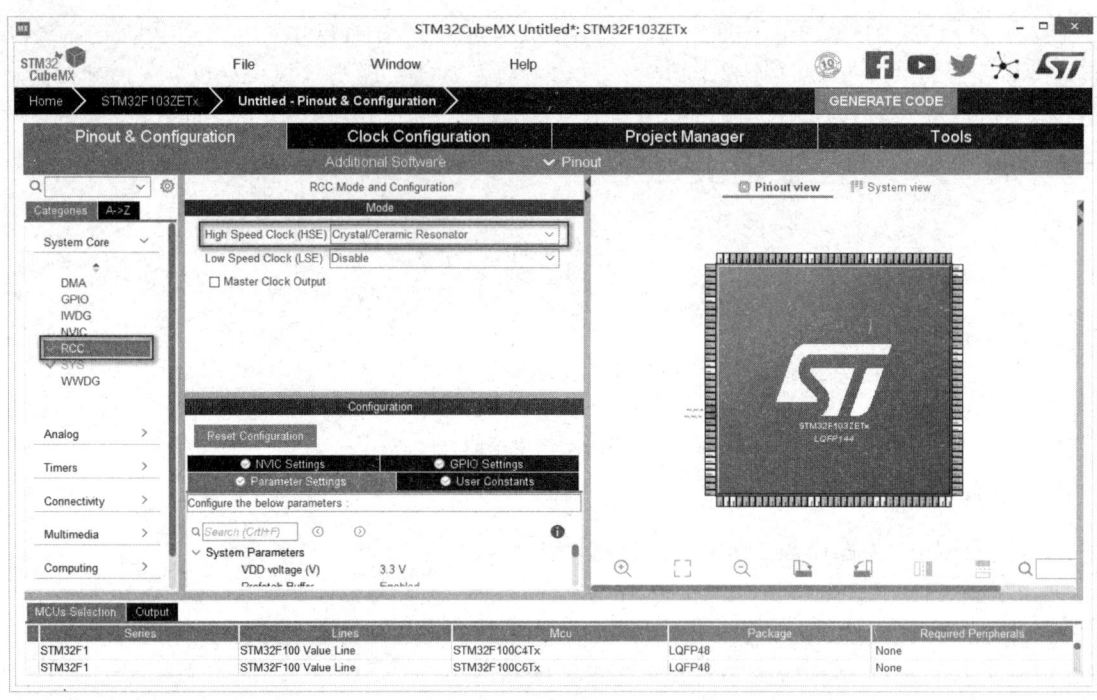

图 8-9　配置 RCC 参数

配置时钟：这里配置系统时钟的频率为 72MHz，APB2 的频率为 72MHz，APB1 的频率为 36MHz，如图 8-10 所示。

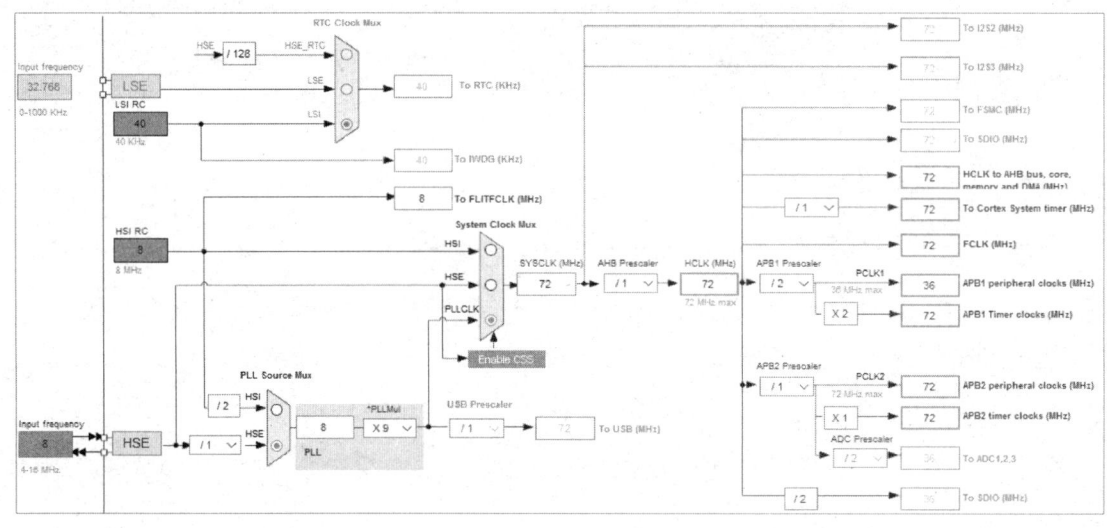

图 8-10　配置时钟

（2）**配置串口。**在"Connectivity"选项栏中选择"USART1"选项，在"Mode"下拉列表中选择"Asynchronous"选项，同时将 USART1 的相关参数配置默认值为 115200bit/s、8bit、None 和 1bit，如图 8-11 所示。

（3）**配置 DMA。**在"System Core"选项栏中选择"DMA"选项，在右侧的"Configuration"

配置页面中单击"Add"按钮，添加"USART1_TX"引脚，在"Mode"下拉列表中选择"Circular"选项，在"Data Width"下拉列表中选择默认的"Byte"选项，如图 8-12 所示，按同样的操作方式添加"USART1_RX"引脚。

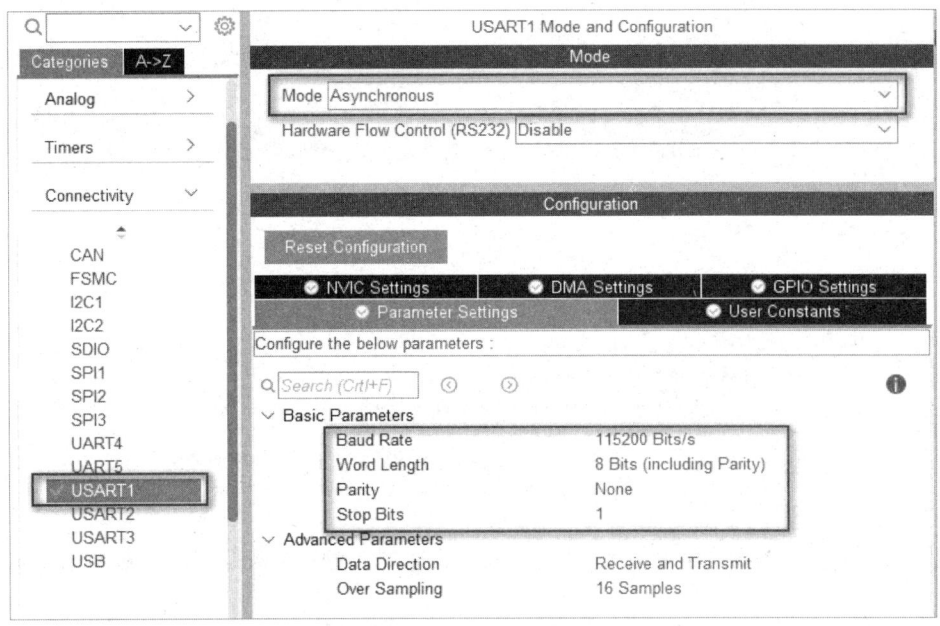

图 8-11　配置串口 USART1

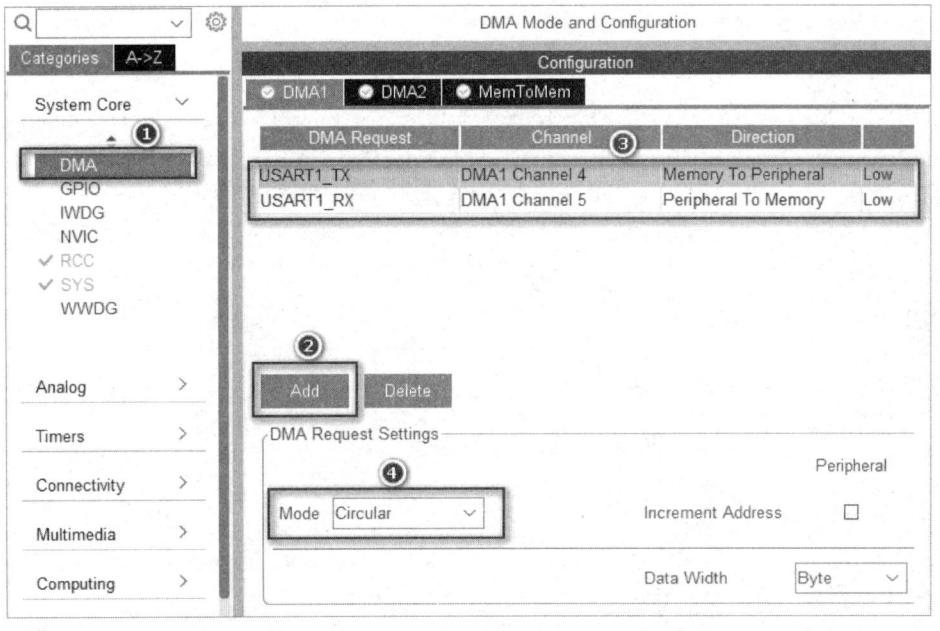

图 8-12　配置 DMA

（4）开启串口 USART1 中断。在"System Core"选项栏中选择"NVIC"选项，在右侧的"Configuration"配置页面中设置优先级分组，在"Priority Group"下拉列表中选择默认的"4 bits for pre-emption priority 0 bits for subpriority"选项，并勾选"USART1 global interrupt"复选框，如图 8-13 所示，"Priority Group"优先级分组可根据具体需要选择。

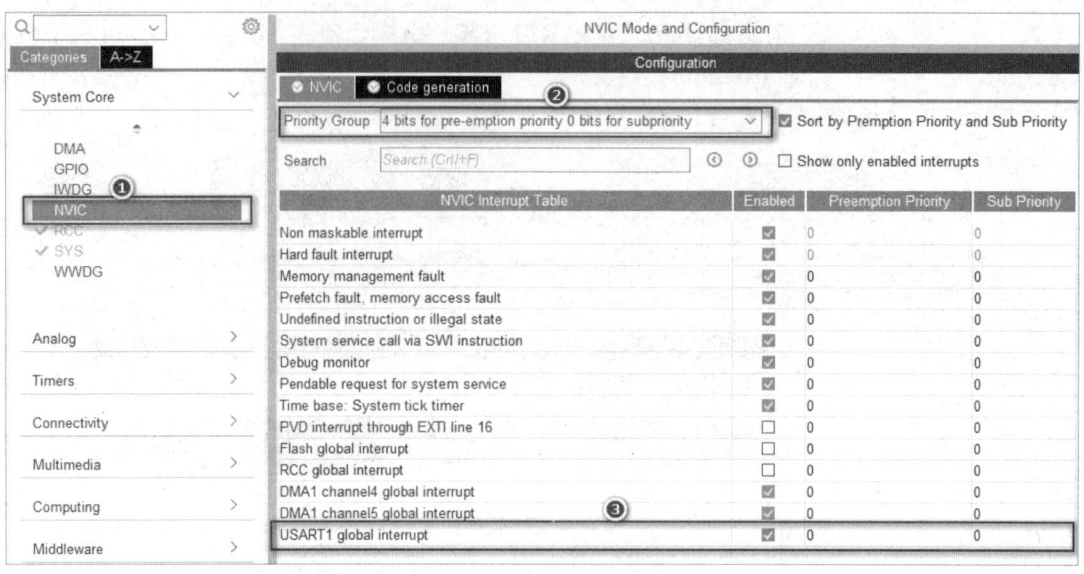

图 8-13　开启串口 USART1 中断

3）生成工程代码

配置工程名称、工程保存位置等工程属性，并选择"MDK-ARM V5"编译器，如图 8-14 所示。

图 8-14　配置工程属性

在"Code Generator"配置项中找到"Generated files"选区，勾选"Generate peripheral initialization as a pair of '.c/.h' files per peripheral"复选框，如图 8-15 所示，将外设初始化的代码生成为独立的源文件和头文件。

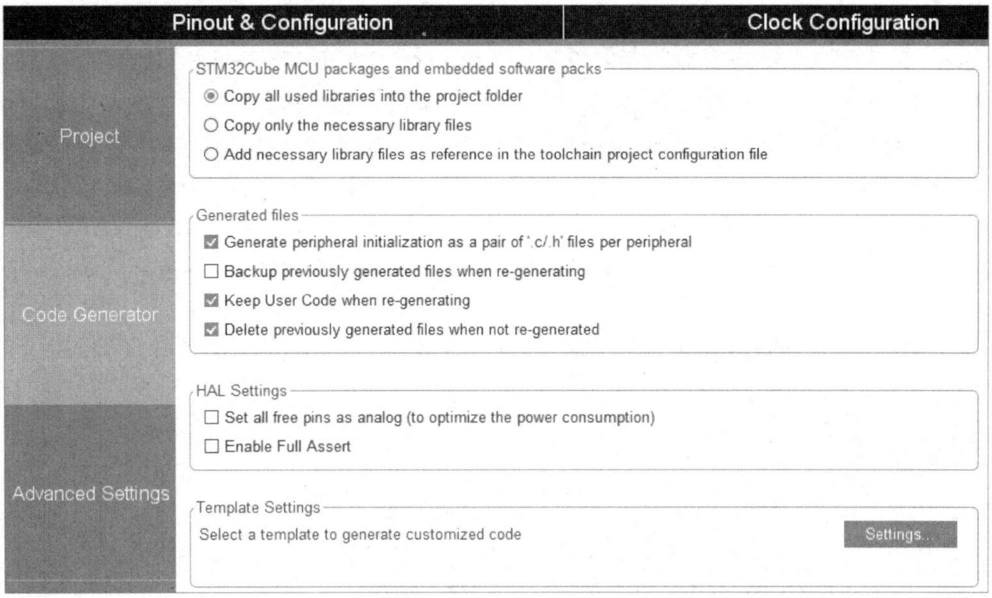

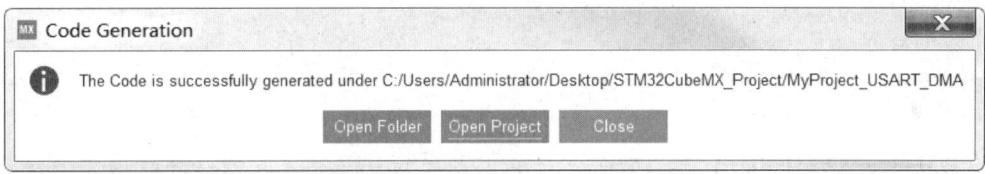

图 8-15　配置外设初始化代码生成属性

单击"GENERATE CODE"按钮生成工程代码，生成代码后，会出现提示是否打开该工程的对话框，如图 8-16 所示。单击"Open Project"按钮，就会使用配置好的 MDK-ARM V5 编译器打开该工程。

图 8-16　生成工程代码成功后的对话框

4）编写应用程序

在 MDK-ARM V5 编译器中重新编译该工程，无错误提示后开始编写应用程序。

在 main.c 文件中添加代码。首先定义两个数组 DMA_RxBuffer 和 DMA_TxBuffer，分别用于接收数据和发送数据，将如下代码放在 main.c 文件中的/* USER CODE BEGIN PV */和/* USER CODE END PV */之间。

```
/* Private variables ------------------------------------------*/
/* USER CODE BEGIN PV */
/* Private variables ------------------------------------------*/
uint8_t DMA_RxBuffer[10];
uint8_t DMA_TxBuffer[] = " This is the sending code with DMA  \r\n ";
/* USER CODE END PV */
```

然后在 int main(void)函数中的/* USER CODE BEGIN 2 */和/* USER CODE END 2 */之间添加如下代码。

```
    /* USER CODE BEGIN 2 */
    HAL_UART_Receive_DMA(&huart1,DMA_RxBuffer,10);// 开启 DMA 接收数据
    HAL_UART_Transmit_DMA(&huart1,(uint8_t *)DMA_TxBuffer,sizeof(DMA_
TxBuffer));
    /* USER CODE END 2 */
```

注意：若将 DMA 模式设置为循环缓冲（Circular）模式，则 DMA 处于循环接收状态；否则 DMA 只能接收一次数据。因为将 DMA 模式设置为 Circular 模式，所以 HAL_UART_Receive_DMA()函数可以不在 while 循环中。若没有将 DMA 模式设置为 Circular 模式，即设置为 Normal 模式，由于 Normal 模式下 DMA 只进行一次传输，传输完成后就会停止，如果想要持续接收数据，就需要在每次传输完成后重新启动 DMA 接收，将 HAL_UART_Receive_DMA()函数放在 while 循环中，就可以在每次传输完成后再次调用该函数，重新启动 DMA 接收。

在/* USER CODE BEGIN 4 */和/* USER CODE END 4 */之间添加如下代码。

```
    /* USER CODE BEGIN 4 */
    void HAL_UART_RxCpltCallback(UART_HandleTypeDef *huart)
    {
        if(huart == &huart1)
        {
          HAL_UART_Transmit_DMA(&huart1,DMA_RxBuffer,10);//把收到的数据回传
        }
        HAL_UART_Receive_DMA(&huart1,DMA_RxBuffer,10);//再次开启 DMA 接收
    }
    /* USER CODE END 4 */
```

重新编译程序，无错误提示后下载到 STM32F103 开发板中进行验证，通过计算机上的串口调试助手可以查看结果。

本章小结

1. DMA 在无须 CPU 干预的情况下，提供外设与存储器之间或存储器与存储器之间的数据传输，既节省了 CPU 的资源，又加快了数据的传输速率，因此越来越多的微控制器提供 DMA 功能。

由于 DMA 的数据传输是在后台进行的，只有当一个完整的数据块传输完成时，才会触发一次 DMA 中断。

一个完整的 DMA 传输过程包括 DMA 请求、DMA 响应、DMA 传输、DMA 结束 4 个步骤。

2. STM32 微控制器有 2 个 DMA 控制器，共 12 个通道，其中 DMA1 有 7 个通道，DMA2 有 5 个通道，每个通道专门用来管理来自一个或多个外设对存储器访问的请求。DMA 通道支持 8 位（字节）、16 位（半字）或 32 位（字）数据传输，最大传输数据量可达 64KB。

3. DMA 控制器中还有一个仲裁器，专门协调各个 DMA 请求的优先权。当有多个 DMA 请求时，DMA 控制器通过内部的仲裁器来管理优先权。通道的优先权分为 4 个等级：最高优先级（Very High）、高优先级（High）、中等优先级（Medium）和低优先级（Low）。最高优先级的通道优先获得总线响应，若 2 个请求具有相同的软件优先级，则较小编号的通道比

较大编号的通道具有更高的优先权，此外，在大容量产品和互联型产品中，DMA1 控制器拥有高于 DMA2 控制器的优先级。

4．DMA 的每个通道都可以在 DMA 传输过程中触发中断，可通过设置相应寄存器的不同位来打开这些中断。DMA 中断事件主要有 HT（Half Transfer，传输一半）、TC（Transfer Complete，传输完成）和 TE（Transfer Error，传输错误），分别对应 3 个中断标志位：HTIF、TCIF 和 TEIF，并且每个中断标志位都对应一个中断使能控制位。

习题与思考

一、选择题

1．STM32 的 DMA 控制器不支持（　　）的 DMA 传输方式。

　　A．外设到存储器　　　　　　　　　B．存储器到外设

　　C．外设到外设　　　　　　　　　　D．存储器到存储器

2．STM32 的 DMA 通道优先级具有（　　）等级。

　　A．16　　　　　　　　　　　　　　B．3

　　C．8　　　　　　　　　　　　　　 D．4

3．STM32 的 DMA 通道支持 8 位、16 位或 32 位数据传输，最大传输数据量可达（　　）。

　　A．8KB　　　　　　　　　　　　　B．64KB

　　C．16KB　　　　　　　　　　　　 D．32KB

4．HAL 库提供的 DMA 串口发送数据的传输函数是（　　）。

　　A．HAL_UART_Transmit_DMA()

　　B．HAL_DMA_Start()

　　C．DMA_GetITStatus()

　　D．HAL_DMA_Start_IT()

二、填空题

1．STM32 的 DMA1 控制器有_____个通道，DMA2 有_____个通道，每个通道专门用来管理来自一个或多个外设对存储器访问的请求。

2．一个完整的 DMA 传输过程包括_____、_____、_____、_____ 4 个步骤。

三、判断题

1．外设采用 DMA+中断方式读写数据时，不需要处理器查询操作，实时性高。

（　　　）

2．STM32 中 DMA 的每个通道都可以在 DMA 传输过程中触发中断，可通过设置相应寄存器的不同位来打开这些中断。　　　　　　　　　　　　　　　　　　（　　　）

3．外设发送一个请求信号到 DMA 控制器，DMA 控制器根据通道的优先权处理请求。

（　　　）

4．STM32F103ZET6 微控制器中，DMA1 控制器拥有高于 DMA2 控制器的优先级。

（　　　）

5．DMA 的数据传输是在后台进行的，只有当一个完整的数据块传输完成时，才会触发一次 DMA 中断。　　　　　　　　　　　　　　　　　　　（　　　）

四、简答题

1．简述 DMA 控制器的工作原理。

2．STM32 有几个 DMA 控制器？简述各 DMA 通道的 DMA 映射及优先权。

3．STM32 的 DMA 控制器支持哪几种 DMA 传输方式？

五、综合应用题

编写程序：采用 DMA 方式实现接收不定长数据到主存，并统计发送数据中包含的字符数。

第9章 定 时 器

在实时控制系统中，常需要使用内部的实时时钟来实现定时、延时或对外部事件进行计数等功能。定时器作为 STM32 微控制器最基本的片上外设，本质上是一个计数器，除具有基本的延时/计数功能外，还具有输入捕获、输出比较和 PWM 输出等高级功能。嵌入式开发中，定时器应用较为广泛。本章基于 STM32F103 系列微控制器讲述 STM32 定时器的基本功能、工作原理及编程方法。

知识目标

- 理解 STM32 定时器的基本概念、内涵（定时、计数、输入捕获、输出比较等功能）。
- 理解和掌握 STM32 定时器的内部结构、工作模式和应用特性。
- 掌握 SysTick、PWM 实现原理，熟悉定时器的标准外设库、HAL 库接口函数编程规范。

能力目标

- 能够根据硬件原理图，正确配置定时器相关参数并搭建实际电路。
- 能够正确使用 STM32CubeMX 配置定时器参数，并能够基于 HAL 库的接口函数编程实现精确定时控制。
- 能够将状态机编程思想应用于实际工程项目中。

思维与素养目标

- 时间可以测量吗？从农耕时代的日出而作、日落而息，到日晷、铜壶滴漏等中国古代科技的发明与应用，体现了人文修养。
- PWM 变频控制技术，实现节能减排控制，践行绿色、科学的发展观。
- 通过学习和借鉴 HAL 库程序结构化代码的实践与训练，提升学生规范撰写代码能力，培养良好的职业素养。
- 通过学习状态机编程设计思想，培养学生透过现象抓本质的抽象化、结构化的思维方式，拓展裸机编程的边界，践行"知识-技能-思维"的教育闭环。

定时和计数是嵌入式开发中应用较多的操作，实现方式有软件编程实现和硬件电路实现两种。软件编程实现方式虽然实现过程简单但难以做到精确延时，硬件电路实现方式在早期仪器和仪表开发中常用数字电路的中、小规模集成电路来完成，如利用 74 系列集成计数器来实现计数和延时功能。硬件电路实现方式中的硬件电路结构固定，一旦设计完成就不能随意更改，随着集成电路的不断发展，现在的微控制器内部往往集成一个或多个定时器/计数器，具有通用性强、可编程、成本低等优点，是目前应用较广的一种定时/计数方式。定时器和计数器本质上都是计数器，定时器是计数器的一种特例。

STM32F103 系列微控制器提供了多种类型且功能强大的定时器，主要包括 1 个 SysTick（系统节拍）定时器、1 个实时时钟（RTC）、2 个看门狗（WatchDog）定时器、2 个高级定时器、4 个通用定时器和 2 个基本定时器，这些定时器完全独立、互不干扰，可以同步操作。STM32 定时器如图 9-1 所示。

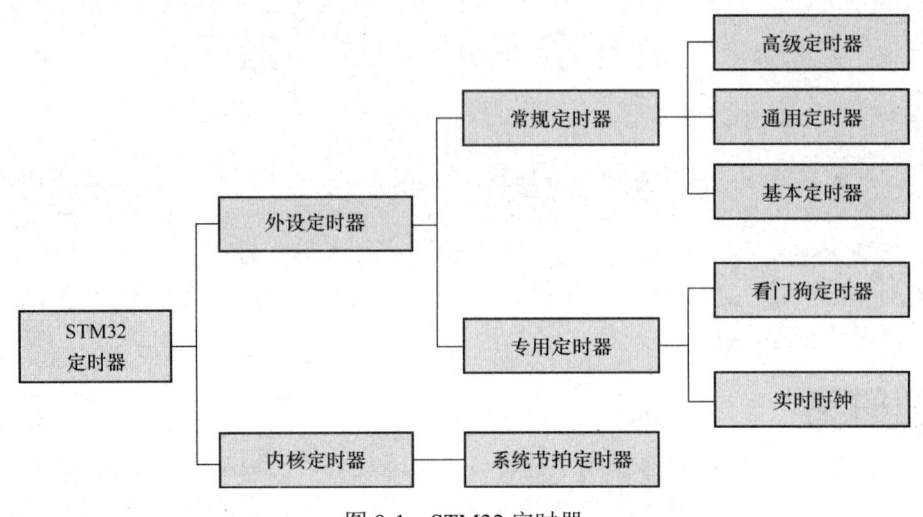

图 9-1　STM32 定时器

（1）内核定时器：SysTick（系统节拍）定时器，又称系统嘀嗒定时器。SysTick 定时器位于 ARM Cortex-M3 内核，是一个 24 位的递减计数器，主要用于精确延时，HAL 库中的 HAL_Delay()延时函数就是使用 SysTick 定时器来实现的。在多任务操作系统中为系统提供时间基准（时基），用于任务切换，为每个任务分配时间片。

（2）专用定时器：主要包括看门狗定时器和实时时钟。看门狗定时器的作用是当微控制器受到外部干扰或程序中出现不可预知的逻辑故障导致应用程序脱离正常的执行流程时（俗称程序跑飞），在一定的时间间隔内使系统复位，回到初始状态，因此看门狗定时器是用来监视 MCU 程序运行状态的，确保系统可靠、稳定运行。看门狗定时器一旦启动就开始计数，达到溢出条件后会使 MCU 复位，所以用户需要在程序中使用专门语句在看门狗定时器达到溢出条件前，对计数值进行重置，以免 MCU 复位，这个过程俗称"喂狗"。

STM32F103 内置了 2 个看门狗定时器，即独立看门狗定时器（IWDG）和窗口看门狗定时器（WWDG），两者适用场合不同。独立看门狗定时器采用独立时钟（STM32 内部独立的、频率为 32kHz 的低速时钟），不受其他时钟和总线影响，可在停机和待机模式下工作，因此适用于独立于主程序之外、能够独立工作且对时间精度要求不高的场合；窗口看门狗定时器的窗口指计数值（喂狗时间）有上、下限，低于下限或高于上限都会触发 MCU 复位，因此窗口看门狗定时器适用于需要精确计时窗口的应用程序，如用于检测应用程序过迟或过早执行的非正常操作。

（3）常规定时器：包括基本定时器、通用定时器和高级定时器。基本定时器功能相对简单，主要用于基本的定时/计数功能，如产生精确的时间基准，为系统提供时基中断。通用定时器功能更为丰富，除了具备基本定时器的定时功能，还支持输入捕获、输出比较、PWM 生成等功能，可用于测量外部信号的频率、脉宽，以及产生不同占空比的 PWM 波形，广泛应用于电动机控制、信号测量等领域。高级定时器在通用定时器功能的基础上，增加了一些高级特性，如带死区控制的互补 PWM 输出、刹车功能等，这些特性使其在三相电动机驱动等对 PWM 输出有严格要求的应用中发挥重要作用，能够有效避免功率管的直通现象，提高系统的安全性和可靠性。

9.1 STM32 定时器模块

STM32F103 微控制器内部集成了多个可编程定时器，分为基本定时器、通用定时器和高级定时器三大类。其中，基本定时器有 2 个：TIM6 和 TIM7；通用定时器有 4 个：TIM2、TIM3、TIM4 和 TIM5；高级定时器有 2 个：TIM1 和 TIM8。STM32 系列微控制器中只有大容量的 STM32F103/107 系列微控制器具有高级定时器，从功能上来看，高级定时器的功能强于通用定时器的功能，通用定时器的功能强于基本定时器的功能。STM32 定时器的分类如表 9-1 所示。

表 9-1 STM32 定时器的分类

定 时 器	基本定时器 （TIM6、TIM7）	通用定时器 TIMx（x=2,3,4,5）	高级定时器 （TIM1、TIM8）
计数器类型	16 位，向上	16 位， 向上、 向下、 向上/向下	16 位， 向上、 向下、 向上/向下
预分频系数	1～65535 之间的任意数	1～65535 之间的任意数	1～65535 之间的任意数
输入/捕获通道	—	4 个独立通道：输入捕获、输出比较、 PWM 生成、单脉冲模式输出	
产生中断/DMA	可以	可以	可以
可编程死区互补输出、带刹车（断路）等功能	—	—	可以

STM32 定时器具有以下主要功能。

（1）计数：对外部输入脉冲信号进行计数。

（2）定时：时间控制，通过对微控制器内部的时钟脉冲进行计数以实现定时功能。

对于微控制器，定时和计数的本质是一样的，两者的主要区别在于信号的来源不同。定时器使用微控制器内部的时钟脉冲信号对固定周期的脉冲信号进行计数，定时器的触发源是 MCU 内部的时钟信号。计数器是对外部输入信号的脉冲个数进行计数，外部信号的脉冲长度可以不固定。计数器的触发源是外部脉冲信号。

在实际应用中，如药厂使用的全自动药片/胶囊装粒机对外部的药片/胶囊颗粒进行计数，利用的就是定时器的计数功能，而篮球比赛中最后的倒计时利用的是定时器的定时功能。

（3）输入捕获：对输入信号进行捕获（采样或存储），实现对脉冲的频率测量，可用于对外部输入信号脉冲宽度的测量，如测量电动车的电动机转速。

（4）输出比较：将计数器当前的计数值和设定值进行比较，根据比较结果输出不同电平，用于控制输出波形，如直流电动机的调速、智能台灯的亮度调节等。

9.1.1 通用定时器

TIM2、TIM3、TIM4 和 TIM5 为 STM32 的 4 个独立的 16 位通用定时器，具有定时、测量输入信号的脉冲长度（输入捕获）、输出所需波形（输出比较、PWM 生成、单脉冲输出等）等功能。图 9-2 所示为 STM32 通用定时器内部结构框图。

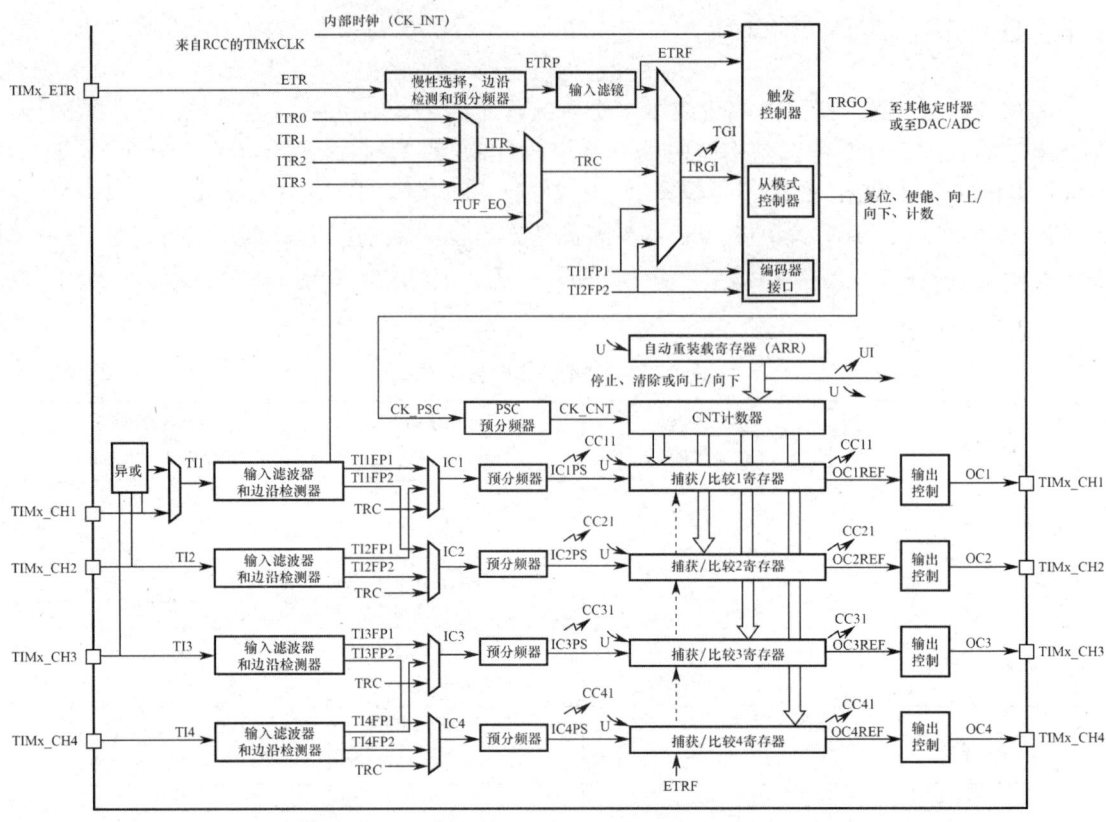

图 9-2　STM32 通用定时器内部结构框图

STM32F103 系列微控制器的定时器功能十分强大，内部结构也比较复杂，STM32 通用定时器 TIMx（x=2,3,4,5）主要由时钟源、时钟单元、捕获和比较通道构成。其核心是可编程预分频器驱动的 16 位自动重装载寄存器。通用定时器内部简化图如图 9-3 所示。

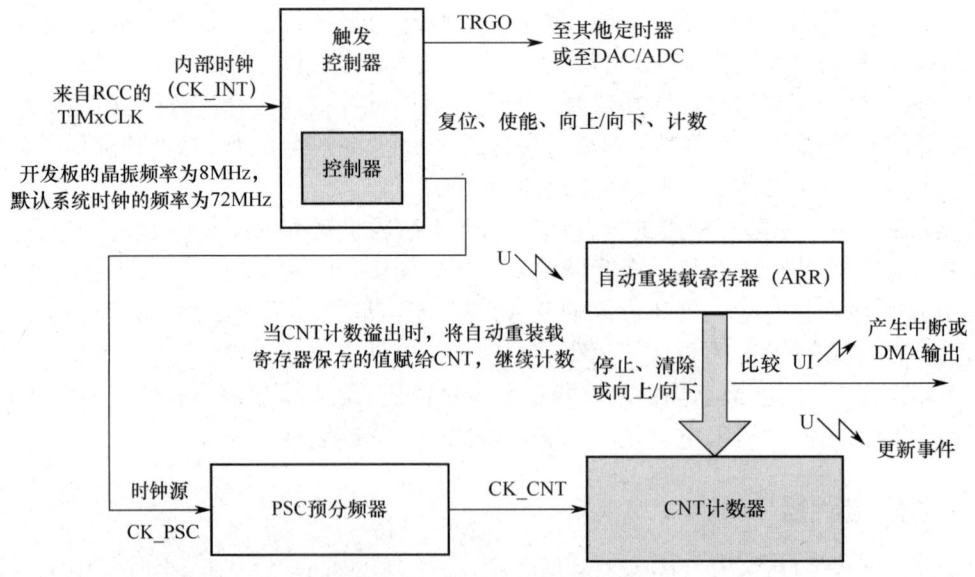

图 9-3　通用定时器内部简化图

1. 时钟源

当定时器使用内部时钟时，定时器的时钟源统称为 TIMxCLK，如图 9-4 所示。虽然在系统默认的配置中，TIMxCLK 的时钟频率都是 72MHz，但其时钟源并不相同。

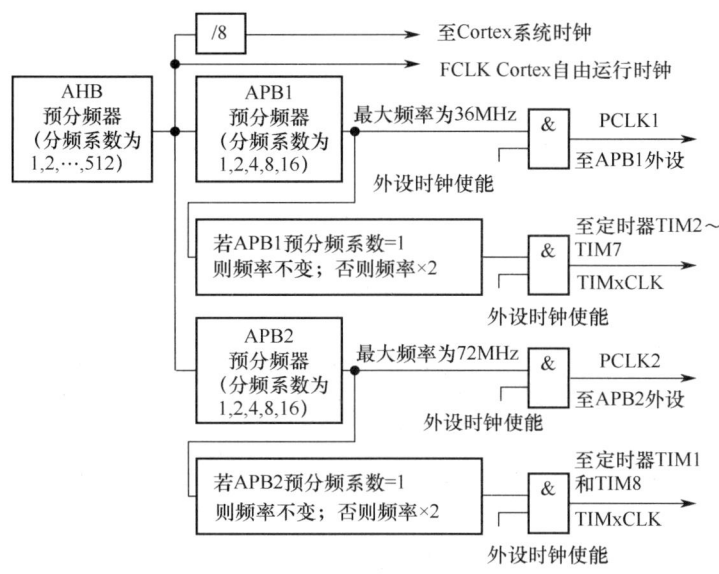

图 9-4　STM32 定时器的时钟源

定时器 TIM2～TIM7 挂接在 APB1 上，定时器 TIM1 和 TIM8 挂接在 APB2 上，若外部晶振的频率为 8MHz，则系统默认的时钟频率为 72MHz（AHB=72MHz）。若将 APB1 预分频器的分频系数设置为 2，则 PCLK1=36MHz。由图 9-4 可以看出，若 APB1 预分频系数不等于 1，则定时器 TIM2～TIM7 的时钟频率是 APB1 频率的 2 倍，即 TIM2～TIM7 的时钟频率 TIMxCLK=(AHB/2)×2=72MHz；若 APB2 预分频系数等于 1，则 PCLK2=72MHz，TIM1 和 TIM8 的时钟频率 TIMxCLK=72MHz。

Cortex 系统时钟（SysTick）是由 AHB 时钟（HCLK）8 分频得到的，即 SysTick 的频率为 9MHz（HCLK/8）。

2. 预分频器（PSC）

可以以 1～65535 之间的任意数对时钟源 CK_PSC 的时钟频率进行分频，输出的 CK_CNT 脉冲供计数器计数。

3. 计数器（CNT）

TIMxCNT 是一个 16 位的计数器，计数范围为 1～65535，可以向上计数、向下计数或向下/向上双向计数。因为计数器是 16 位的，最大计数值为 65535。若要得到想要的计数值，则需要对输入时钟频率进行分频。

计数器按设定的计数方式（向上、向下或向上/向下双向）进行计数，当计数值达到设定值时，会产生溢出事件，溢出时产生中断或 DMA 请求，再由自动重装载寄存器进行重新加载或更新。

计数器溢出中断是定时器最基本的功能，属于软件中断，即定时器计数到预先设定的数值后再重新计数，并同时触发定时器更新溢出中断，从而执行相应的定时器中断服务程序。

4. 自动重装载寄存器（ARR）

自动重装载寄存器用来存储预先设定的值，用于在每次计数器溢出事件后自动将设定的计数数值重新装载到计数器中。

定时器的定时时间主要取决于定时周期和预分频因子，计算公式为

$$定时时间=(ARR+1)×(预分频系数 PSC+1)/输入时钟频率$$

或

$$T=(TIM\_Period+1)×(TIM\_Prescaler+1)/TIMxCLK$$

这里 ARR+1 是因为计数器都是从 0 开始计数的。

例如，使用通用定时器定时 1s。

假设系统时钟频率为 72MHz，通用定时器时钟 TIMxCLK 频率为 72MHz，采用通用定时器得到 1s 的定时时间，设置如下：

$$预分频系数 PSC=36000-1，ARR=2000-1$$

此时，定时时间=2000×36000/72000000=1s。

也可以进行如下设置：

$$预分频系数 PSC=7200-1，ARR=10000-1$$

此时，定时时间=10000×7200/72000000=1s。

9.1.2　基本定时器

STM32 的 2 个基本定时器 TIM6 和 TIM7 既可用于通用的 16 位计数器，又可用于产生 DAC 的触发信号，基本定时器的计数模式只有向上计数模式。基本定时器结构框图如图 9-5 所示。

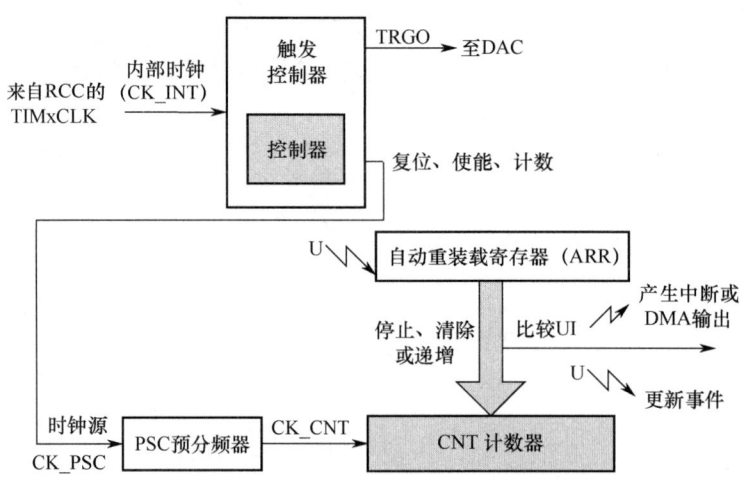

图 9-5　基本定时器结构框图

9.1.3　高级定时器

TIM1 和 TIM8 是 STM32 的 2 个 16 位的高级定时器，TIM1 除具有通用定时器具备的功能外，还提供控制三相六步电动机的接口，具有制动、死区时间控制等功能，主要用于电动机控制。高级定时器的功能比基本定时器和通用定时器的功能更强大。

9.2　定时器标准外设库接口函数及应用

9.2.1　定时器标准外设库接口函数

STM32F103 系列微控制器的定时器库函数存放在 STM32 标准外设库的 stm32f10x_tim.c 和 stm32f10x_tim.h 文件中，stm32f10x_tim.h 文件声明了与定时器有关的库函数，以及相关的宏定义、结构体等，如图 9-6 所示，STM32 的定时器功能强大，因此其库函数也较多。

```
1054   void TIM_DeInit(TIM_TypeDef* TIMx);
1055   void TIM_TimeBaseInit(TIM_TypeDef* TIMx, TIM_TimeBaseInitTypeDef* TIM_TimeBaseInitStruct);
1056   void TIM_OC1Init(TIM_TypeDef* TIMx, TIM_OCInitTypeDef* TIM_OCInitStruct);
1057   void TIM_OC2Init(TIM_TypeDef* TIMx, TIM_OCInitTypeDef* TIM_OCInitStruct);
1058   void TIM_OC3Init(TIM_TypeDef* TIMx, TIM_OCInitTypeDef* TIM_OCInitStruct);
1059   void TIM_OC4Init(TIM_TypeDef* TIMx, TIM_OCInitTypeDef* TIM_OCInitStruct);
1060   void TIM_ICInit(TIM_TypeDef* TIMx, TIM_ICInitTypeDef* TIM_ICInitStruct);
1061   void TIM_PWMIConfig(TIM_TypeDef* TIMx, TIM_ICInitTypeDef* TIM_ICInitStruct);
1062   void TIM_BDTRConfig(TIM_TypeDef* TIMx, TIM_BDTRInitTypeDef *TIM_BDTRInitStruct);
1063   void TIM_TimeBaseStructInit(TIM_TimeBaseInitTypeDef* TIM_TimeBaseInitStruct);
1064   void TIM_OCStructInit(TIM_OCInitTypeDef* TIM_OCInitStruct);
1065   void TIM_ICStructInit(TIM_ICInitTypeDef* TIM_ICInitStruct);
1066   void TIM_BDTRStructInit(TIM_BDTRInitTypeDef* TIM_BDTRInitStruct);
1067   void TIM_Cmd(TIM_TypeDef* TIMx, FunctionalState NewState);
1068   void TIM_CtrlPWMOutputs(TIM_TypeDef* TIMx, FunctionalState NewState);
1069   void TIM_ITConfig(TIM_TypeDef* TIMx, uint16_t TIM_IT, FunctionalState NewState);
1070   void TIM_GenerateEvent(TIM_TypeDef* TIMx, uint16_t TIM_EventSource);
1071   void TIM_DMAConfig(TIM_TypeDef* TIMx, uint16_t TIM_DMABase, uint16_t TIM_DMABurstLength);
1072   void TIM_DMACmd(TIM_TypeDef* TIMx, uint16_t TIM_DMASource, FunctionalState NewState);
1073   void TIM_InternalClockConfig(TIM_TypeDef* TIMx);
1074   void TIM_ITRxExternalClockConfig(TIM_TypeDef* TIMx, uint16_t TIM_InputTriggerSource);
1075   void TIM_TIxExternalClockConfig(TIM_TypeDef* TIMx, uint16_t TIM_TIxExternalCLKSource,
1076                                   uint16_t TIM_ICPolarity, uint16_t ICFilter);
1077   void TIM_ETRClockModelConfig(TIM_TypeDef* TIMx, uint16_t TIM_ExtTRGPrescaler, uint16_t TIM_ExtTRGPolarity,
1078                                uint16_t ExtTRGFilter);
1079   void TIM_ETRClockMode2Config(TIM_TypeDef* TIMx, uint16_t TIM_ExtTRGPrescaler,
1080                                uint16_t TIM_ExtTRGPolarity, uint16_t ExtTRGFilter);
1081   void TIM_ETRConfig(TIM_TypeDef* TIMx, uint16_t TIM_ExtTRGPrescaler, uint16_t TIM_ExtTRGPolarity,
1082                      uint16_t ExtTRGFilter);
1083   void TIM_PrescalerConfig(TIM_TypeDef* TIMx, uint16_t Prescaler, uint16_t TIM_PSCReloadMode);
1084   void TIM_CounterModeConfig(TIM_TypeDef* TIMx, uint16_t TIM_CounterMode);
1085   void TIM_SelectInputTrigger(TIM_TypeDef* TIMx, uint16_t TIM_InputTriggerSource);
1086   void TIM_EncoderInterfaceConfig(TIM_TypeDef* TIMx, uint16_t TIM_EncoderMode,
1087                                   uint16_t TIM_IC1Polarity, uint16_t TIM_IC2Polarity);
1088   void TIM_ForcedOC1Config(TIM_TypeDef* TIMx, uint16_t TIM_ForcedAction);
1089   void TIM_ForcedOC2Config(TIM_TypeDef* TIMx, uint16_t TIM_ForcedAction);
1090   void TIM_ForcedOC3Config(TIM_TypeDef* TIMx, uint16_t TIM_ForcedAction);
1091   void TIM_ForcedOC4Config(TIM_TypeDef* TIMx, uint16_t TIM_ForcedAction);
1092   void TIM_ARRPreloadConfig(TIM_TypeDef* TIMx, FunctionalState NewState);
1093   void TIM_SelectCOM(TIM_TypeDef* TIMx, FunctionalState NewState);
1094   void TIM_SelectCCDMA(TIM_TypeDef* TIMx, FunctionalState NewState);
1095   void TIM_CCPreloadControl(TIM_TypeDef* TIMx, FunctionalState NewState);
1096   void TIM_OC1PreloadConfig(TIM_TypeDef* TIMx, uint16_t TIM_OCPreload);
1097   void TIM_OC2PreloadConfig(TIM_TypeDef* TIMx, uint16_t TIM_OCPreload);
1098   void TIM_OC3PreloadConfig(TIM_TypeDef* TIMx, uint16_t TIM_OCPreload);
1099   void TIM_OC4PreloadConfig(TIM_TypeDef* TIMx, uint16_t TIM_OCPreload);
1100   void TIM_OC1FastConfig(TIM_TypeDef* TIMx, uint16_t TIM_OCFast);
```

图 9-6　定时器的库函数

TIM_TimeBaseInit() 库函数用于初始化定时器 TIMx 的参数，其函数原型如下。

```
    void   TIM_TimeBaseInit(TIM_TypeDef*   TIMx,   TIM_TimeBaseInitTypeDef*
TIM_TimeBaseInitStruct);
```

其中，TIM_TimeBaseInitTypeDef 定义在 stm32f10x_tim.h 文件中，相关代码如下。

```
    typedef struct
    {
        uint16_t TIM_Prescaler;
        uint16_t TIM_CounterMode;
        uint16_t TIM_Period;
        uint16_t TIM_ClockDivision;
        uint8_t TIM_RepetitionCounter;
    } TIM_TimeBaseInitTypeDef;
```

其结构体成员如下。

（1）**TIM_Prescaler**：TIMx 预分频寄存器 TIMx_PSC 的值，数值上等于 TIMx 计数器 TIMxCNT 的预分频系数减 1。

（2）**TIM_CounterMode**：计数模式。TIMx 计数器 TIMxCNT 的计数模式有以下 5 种。

① TIM_CounterMode_Up：向上计数模式，从 0 递增计数到 TIMx_ARR 计数器的自动重装载值，并产生计数溢出脉冲。

② TIM_CounterMode_Down：向下计数模式，从 TIMx_ARR 计数器的自动重装载值递减计数到 0，并产生计数溢出脉冲。

③ TIM_CounterMode_CenterAligned1：中央对齐计数模式 1 计数器。

④ TIM_CounterMode_CenterAligned2：中央对齐计数模式 2 计数器。

⑤ TIM_CounterMode_CenterAligned3：中央对齐计数模式 3 计数器。

（3）**TIM_Period**：在下一个更新事件时，装入自动重装载寄存器 TIMx_ARR 的周期值，数值等于 TIMx 计数器 TIMxCNT 的计数周期减 1。TIM_Period 是一个 16 位无符号整型数据，取值范围为 0～65535。

定时器定时时间主要取决于预分频因子 TIM_Prescaler 和定时周期 TIM_Period，定时时间为

$$T=(TIM\_Prescaler+1)\times(TIM\_Period+1)/TIMxCLK$$

其中，TIMxCLK 为定时器 TIMx 的时钟频率，STM32F103 的 TIMxCLK 默认设置为 72MHz。

上面的 3 种中央对齐计数模式都是先从 0 递增计数到 TIMx_ARR 计数器的自动重装载值，并产生计数溢出脉冲；然后从 TIMx_ARR 计数器的自动重装载值递减到 0，并产生计数溢出脉冲；最后又从 0 开始循环计数。中央对齐计数模式 1 计数器交替地向上和向下计数，输出比较中断标志位，只在计数器向下计数时被设置；中央对齐计数模式 2 计数器交替地向上和向下计数，输出比较中断标志位，只在计数器向上计数时被设置；中央对齐计数模式 3 计数器交替地向上和向下计数，输出比较中断标志位，在计数器向下和向上计数时均可被设置。

（4）**TIM_ClockDivision**：与 TIMx_CR 寄存器中 bit[9:8]的 CKD[1:0]对应，用于在计数器工作时滤除高频干扰，该参数有如下 3 种选择。

① "00"：采样频率基准 fDTS=定时器输入频率 fCK_INT。

② "01"：fDTS=fCK_INT/2。

③ "10"：fDTS=fCK_INT/4。

（5）**TIM_RepetitionCounter**：仅 TIM1 和 TIM8 高级定时器具备。

9.2.2 定时器标准外设库应用编程步骤

定时器的标准外设库配置步骤如下。

1. TIM2 时钟使能

TIM2 时钟使能代码如下。

```
RCC_APB1PeriphClockCmd(RCC_APB1Periph_TIM2,ENABLE);
```

2. 初始化定时器参数，设置自动重装载值、分频系数、计数方式等

使用 TIM_TimeBaseInit()函数初始化定时器，其原型如下。

```
        void TIM_TimeBaseInit(TIM_TypeDef*TIMx,TIM_TimeBaseInitTypeDef* TIM_
TimeBaseInitStruct);
```

第 1 个参数是选择的具体定时器 TIMx（x=2,3,4），第 2 个参数为 TimeBaseInitStruct 结构体指针。

以初始化通用定时器 TIM2 为例，配置如下。

```
    TIM_TimeBaseInitTypeDef TIM_TimeBaseStructure;
    //定义 TIM 初始化类型结构体变量
    TIM_TimeBaseStructure.TIM_Period = (36000-1);  //设置自动重载计数周期值
    TIM_TimeBaseStructure.TIM_Prescaler = (2000-1);   //设置分频系数
    TIM_TimeBaseStructure.TIM_ClockDivision = TIM_CKD_DIV1;
    //设置时钟分频因子
    TIM_TimeBaseStructure.TIM_CounterMode = TIM_CounterMode_Up;
    //设置为向上计数模式
    TIM_TimeBaseInit(TIM2,&TIM_TimeBaseStructure);      //初始化定时器 TIM2
    TIM_Cmd(TIM2,ENABLE); //使能 TIM2 定时器
```

3. 设置 TIM2 允许更新中断

为了避免在初始化定时器时进入中断，需要在初始化过程中清除相应的中断标志位。若设置定时器为向上计数模式,则调用库函数 TIM_ClearFlag(TIM2,TIM_FLAG_Update)来清除向上溢出中断标志位。

中断在使用前必须先使能再使用，若使能定时器 TIM2 的更新模式中断，则调用库函数 TIM_ITConfig(),其函数原型如下。

```
    void TIM_ITConfig(TIM_TypeDef* TIMx, uint16_t TIM_IT, FunctionalState NewState);
```

第 1 个参数是选择的具体定时器 TIMx（x=2,3,4）；第 2 个参数用来指明所使能定时器的中断类型，TIM_IT 参数描述如表 9-2 所示；第 3 个参数为 TIMx 的中断状态，该参数可取值为 ENABLE（使能）或 DISABLE（失能）。

表 9-2　TIM_IT 参数描述

TIM_IT	描　　述
TIM_IT_Update	TIM 更新中断
TIM_IT_CC1	TIM 捕获/比较 1 中断
TIM_IT_CC2	TIM 捕获/比较 2 中断
TIM_IT_CC3	TIM 捕获/比较 3 中断
TIM_IT_CC4	TIM 捕获/比较 4 中断
TIM_IT_Trigger	TIM 触发中断

例如，使能定时器 TIM2 的更新中断，配置如下。

```
    TIM_ITConfig(TIM2,TIM_IT_Update,ENABLE);
```

4. TIM2 中断优先级设置

设置 TIM2 中断优先级的相关代码如下。

```
    NVIC_InitTypeDef NVIC_InitStructure;
    NVIC_PriorityGroupConfig(NVIC_PriorityGroup_2);
    NVIC_InitStructure.NVIC_IRQChannel = TIM2_IRQn;
    NVIC_InitStructure.NVIC_IRQChannelPreemptionPriority = 0;
```

```
NVIC_InitStructure.NVIC_IRQChannelSubPriority = 1;
NVIC_InitStructure.NVIC_IRQChannelCmd = ENABLE;
NVIC_Init(&NVIC_InitStructure);
```

5. 使能 TIM2

使用 TIM_Cmd()函数使能相应的定时器，其函数原型如下。

```
void TIM_Cmd(TIM_TypeDef* TIMx, FunctionalState NewState);
```

第 1 个参数为 TIMx（x=2,3,4）；第 2 个参数为 TIMx 的状态，该参数可取值为 ENABLE（使能）或 DISABLE（失能）。

例如，使能通用定时器 TIM2，配置如下。

```
TIM_Cmd(TIM2,ENABLE);
```

6. 编写中断服务函数

STM32 标准外设库函数中用来读取中断状态的库函数如下。

```
ITStatus TIM_GetITStatus(TIM_TypeDef* TIMx, uint16_t);
```

清除定时器相应中断标志位的函数如下。

```
void TIM_ClearITPendingBit(TIM_TypeDef* TIMx, uint16_t TIM_IT);
```

例如，定时器 TIM2 的中断服务函数如下。

```
void TIM2_IRQHandler(void)
{
   if(TIM_GetITStatus(TIM2,TIM_IT_Update) != RESET)
   //检查 TIM2 更新中断是否发生
   {
   //LED 灯的状态翻转
GPIO_WriteBit(GPIOB,GPIO_Pin_5,(BitAction)((1-GPIO_ReadOutputDataBit
(GPIOB,GPIO_Pin_5)))));
   TIM_ClearITPendingBit(TIM2,TIM_IT_Update); //清除 TIM2 更新中断标志位
   }
}
```

9.2.3 定时器标准外设库应用实例

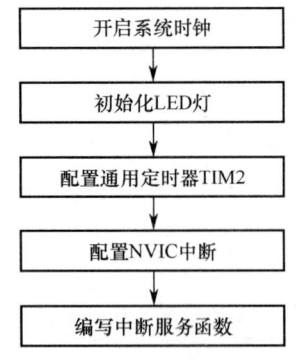

图 9-7 定时器精确延时流程图

1. 硬件设计

本实例利用通用定时器 TIM2 实现 LED 灯精确延时 1s 闪烁，硬件设计只需要一个 LED 灯通过串联一个限流电阻连接到 STM32F103 系列微控制器的 PB5 引脚即可。

2. 软件设计

本实例使用 LED 灯来展示精确延时的效果，在系统初始化（开启系统时钟）后，对 LED 灯进行初始化操作，然后配置通用定时器 TIM2 的相关参数及 NVIC 中断，最后编写中断服务函数。定时器精确延时流程图如图 9-7 所示。

相关代码如下。

（1）新建 Timer.h 文件，代码如下。

```
#ifndef __TIMER_H
#define __TIMER_H
#include "stm32f10x.h"

void Timer_Init(void);
void TIM2_NVIC_Configuration(void);

#endif
```

（2）新建 Timer.c 文件，代码如下。

```
#include "Timer.h"
void TIM2_NVIC_Configuration(void)
{
    // NVIC 配置
    NVIC_InitTypeDef NVIC_InitStructure;
    NVIC_PriorityGroupConfig(NVIC_PriorityGroup_2); //NVIC 中断分组
    NVIC_InitStructure.NVIC_IRQChannel = TIM2_IRQn;
    //设置中断通道为定时器 TIM2 中断
    NVIC_InitStructure.NVIC_IRQChannelPreemptionPriority = 0;
    //抢占优先级为 0
    NVIC_InitStructure.NVIC_IRQChannelSubPriority = 1; //响应优先级为 1
    NVIC_InitStructure.NVIC_IRQChannelCmd = ENABLE;      //使能引脚为中断源
    NVIC_Init(&NVIC_InitStructure);    //NVIC 初始化
}
    //定时器 TIM2 初始化
void Timer_Init(void)
{
    TIM_TimeBaseInitTypeDef TIM_TimeBaseStructure;
    RCC_APB1PeriphClockCmd(RCC_APB1Periph_TIM2,ENABLE);
    //开启定时器 TIM2 的时钟
    TIM_TimeBaseStructure.TIM_Period = (36000-1); //设置自动重装载计数周期值
    TIM_TimeBaseStructure.TIM_Prescaler = (2000-1);     //设置分频系数
    TIM_TimeBaseStructure.TIM_ClockDivision = TIM_CKD_DIV1;
    //设置时钟分频因子
    TIM_TimeBaseStructure.TIM_CounterMode = TIM_CounterMode_Up;
    //设置为向上计数模式
    TIM_TimeBaseInit(TIM2,&TIM_TimeBaseStructure);      //初始化时钟 TIM2
    TIM_ClearFlag(TIM2,TIM_FLAG_Update);
    //清除中断，避免系统启动中断后会立即产生中断
    TIM_ITConfig(TIM2,TIM_IT_Update,ENABLE); //使能定时器 TIM2 的更新中断
    TIM_Cmd(TIM2,ENABLE);                       //使能 TIM2 定时器
}
```

（3）主程序 main.c 的代码如下。

```
#include "stm32f10x.h"
#include "led.h"
#include "Timer.h"

int main(void)
```

```
        {
          LED_Init();//LED 灯初始化
          Timer_Init();//定时器初始化
          TIM2_NVIC_Configuration(); //NVIC 配置
          while(1)
          { } //空，无操作
        }
        //通用定时器 TIM2 中断服务函数
        void TIM2_IRQHandler(void)
        {
          if(TIM_GetITStatus(TIM2,TIM_IT_Update) != RESET)
          {
        //将 LED 灯的状态翻转
        GPIO_WriteBit(GPIOB,GPIO_Pin_5,(BitAction)((1-GPIO_ReadOutputDataBit
(GPIOB,GPIO_Pin_5)))));
              TIM_ClearITPendingBit(TIM2,TIM_IT_Update);//清除 TIM2 更新中断标志位
          }
        }
```

（4）LED 灯相关的程序。led.c 文件主要用于完成 LED 灯的初始化，代码如下。

```
        #include "led.h"
        void LED_Init(void)
        {
          GPIO_InitTypeDef GPIO_InitStructure;
          RCC_APB2PeriphClockCmd(RCC_APB2Periph_GPIOB,ENABLE);
          GPIO_InitStructure.GPIO_Pin = GPIO_Pin_5;
          GPIO_InitStructure.GPIO_Mode = GPIO_Mode_Out_PP;
          GPIO_InitStructure.GPIO_Speed = GPIO_Speed_50MHz;
          GPIO_Init(GPIOB,&GPIO_InitStructure);
        }
```

led.h 头文件的代码如下。

```
        #ifndef __LED_H
        #define __LED_H

        #include "stm32f10x.h"
        void LED_Init(void);

        #endif
```

9.3 定时器 HAL 库接口函数及应用

9.3.1 定时器 HAL 库接口函数

定时器的 HAL 库接口函数定义在 stm32f1xx_hal_tim.c 源文件中，stm32f1xx_hal_tim.h 头文件中声明了定时器库函数及相关的结构体定义。

STM32 定时器功能十分强大，其函数比其他模块函数多，与串口、ADC 等外设模块类似，定时器模块也有轮询、中断和 DMA 三种操作方式。定时器模块常用的 HAL 库接口函数可分为七大类，如表 9-3 所示。

表 9-3 定时器模块常用的 HAL 库接口函数

类 型	函数及功能描述
基本定时器 功能函数	HAL_TIM_Base_Init(TIM_HandleTypeDef *htim); 功能描述：基本定时器初始化函数
	void HAL_TIM_Base_MspInit(TIM_HandleTypeDef *htim); 功能描述：基本定时器硬件初始化配置函数，该函数被 HAL 库内部调用
定时器输出 比较功能函数	HAL_TIM_OC_Init(TIM_HandleTypeDef *htim); 功能描述：定时器输出比较的初始化函数
	HAL_TIM_OC_Start(TIM_HandleTypeDef *htim, uint32_t Channel); 功能描述：定时器输出比较轮询方式的启动函数
	HAL_TIM_OC_Start_IT(TIM_HandleTypeDef *htim, uint32_t Channel); 功能描述：定时器输出比较中断方式的启动函数
	HAL_TIM_OC_Start_DMA(TIM_HandleTypeDef *htim, uint32_t Channel, uint32_t *pData, uint16_t Length); 功能描述：定时器输出比较 DMA 方式的启动函数
定时器 PWM 函数	HAL_TIM_PWM_Init(TIM_HandleTypeDef *htim); 功能描述：定时器 PWM 初始化函数
	HAL_TIM_PWM_Start(TIM_HandleTypeDef *htim, uint32_t Channel); 功能描述：定时器 PWM 轮询方式的启动函数
	HAL_TIM_PWM_Start_IT(TIM_HandleTypeDef *htim, uint32_t Channel); 功能描述：定时器 PWM 中断方式的启动函数
	HAL_TIM_PWM_Start_DMA(TIM_HandleTypeDef *htim, uint32_t Channel, uint32_t *pData, uint16_t Length); 功能描述：定时器 PWM 的 DMA 方式的启动函数
定时器输入 捕获函数	HAL_TIM_IC_Init(TIM_HandleTypeDef *htim); 功能描述：定时器输入捕获初始化函数
	HAL_TIM_IC_Start(TIM_HandleTypeDef *htim, uint32_t Channel); 功能描述：定时器输入捕获轮询方式的启动函数
	HAL_TIM_IC_Start_IT(TIM_HandleTypeDef *htim, uint32_t Channel); 功能描述：定时器输入捕获中断方式的启动函数
	HAL_TIM_IC_Start_DMA(TIM_HandleTypeDef *htim, uint32_t Channel, uint32_t *pData, uint16_t Length); 功能描述：定时器输入捕获的 DMA 方式的启动函数
定时器中断及 回调函数	void HAL_TIM_IRQHandler(TIM_HandleTypeDef *htim); 功能描述：定时器中断服务函数
	void HAL_TIM_PeriodElapsedCallback(TIM_HandleTypeDef *htim); 功能描述：定时器定时/更新中断回调函数，用户在该函数内编写实际的中断服务程序
	void HAL_TIM_IC_CaptureCallback(TIM_HandleTypeDef *htim); 功能描述：定时器输入捕获回调函数
	void HAL_TIM_PWM_PulseFinishedCallback(TIM_HandleTypeDef *htim); 功能描述：定时器 PWM 结束回调函数
定时器功能 配置函数	HAL_TIM_OC_ConfigChannel(TIM_HandleTypeDef *htim, TIM_OC_InitTypeDef* sConfig, uint32_t Channel); 功能描述：定时器输出比较配置函数
	HAL_TIM_PWM_ConfigChannel(TIM_HandleTypeDef *htim, TIM_OC_InitTypeDef* sConfig, uint32_t Channel); 功能描述：定时器 PWM 配置函数
	HAL_TIM_IC_ConfigChannel(TIM_HandleTypeDef *htim, TIM_IC_InitTypeDef* sConfig, uint32_t Channel); 功能描述：定时器输入捕获配置函数

续表

类　　型	函数及功能描述
定时器 状态函数	HAL_TIM_OC_GetState(TIM_HandleTypeDef *htim); 功能描述：获取定时器输出比较的状态函数
	HAL_TIM_PWM_GetState(TIM_HandleTypeDef *htim); 功能描述：获取定时器 PWM 的状态函数
	HAL_TIM_IC_GetState(TIM_HandleTypeDef *htim); 功能描述：获取定时器输入捕获的状态函数

stm32f1xx_hal_tim.c 源文件中有关定时器的函数较多，现对常用函数进行解析。

1. 基本定时器初始化配置函数 HAL_TIM_Base_Init()

函数源代码如下。

```
HAL_StatusTypeDef  HAL_TIM_Base_Init(TIM_HandleTypeDef *htim)
{
  /* 检测 htim 句柄是否有效 */
  if(htim == NULL)
  {
    return HAL_ERROR;
  }
  /* 采用断言方式检测参数是否有效 */
  assert_param(IS_TIM_INSTANCE(htim->Instance));
  assert_param(IS_TIM_COUNTER_MODE(htim->Init.CounterMode));
  assert_param(IS_TIM_CLOCKDIVISION_DIV(htim->Init.ClockDivision));
  assert_param(IS_TIM_AUTORELOAD_PRELOAD(htim->Init.AutoReloadPreload));
  if(htim->State == HAL_TIM_STATE_RESET)
  {
    /* 取消上锁 */
    htim->Lock = HAL_UNLOCKED;
    /* 初始化底层硬件：GPIO、CLOCK、 NVIC */
    HAL_TIM_Base_MspInit(htim);
  }
  /* 设置 TIM 状态 */
  htim->State= HAL_TIM_STATE_BUSY; //将状态设置为 BUSY
  /* 配置 TIM 的基本参数 */
  TIM_Base_SetConfig(htim->Instance, &htim->Init);
  /* 初始化 TIM 状态，TIM 就绪 */
  htim->State= HAL_TIM_STATE_READY; //将状态设置为 READY
  return HAL_OK;
}
```

源代码解析：基本定时器初始化函数 HAL_TIM_Base_Init()通过调用底层初始化函数 HAL_TIM_Base_MspInit(htim)完成引脚、时钟和中断的设置，该函数由 STM32CubeMX 软件自动生成。

HAL 库在 TIM_TypeDef 的基础上封装了一个结构体 TIM_HandleTypeDef（定时器句柄），该结构体定义如下。

```
typedef struct
```

```
{
    TIM_TypeDef  *Instance;              /*TIM 寄存器的实例化*/
    TIM_Base_InitTypeDef  Init;          /*配置定时器的基本参数 */
    HAL_TIM_ActiveChannel  Channel;      /*配置定时器通道 */
    DMA_HandleTypeDef  *hdma[7];         /*配置 DMA */
    HAL_LockTypeDef  Lock;               /*上锁*/
    __IO HAL_TIM_StateTypeDef  State;    /*定时器操作状态*/
} TIM_HandleTypeDef;
```

TIM_HandleTypeDef 结构体包含了定时器初始化结构体 TIM_Base_InitTypeDef。HAL 库中的初始化结构体 TIM_Base_InitTypeDef 定义如下。

```
typedef struct
{
    uint32_t  Prescaler; /*定时器预分频系数，其取值范围为 0x0000～0xFFFF */
    uint32_t  CounterMode;
    /*定时器计数模式，向上计数模式、向下计数模式和中心对齐模式 */
    uint32_t  Period;  /*定时器定时周期，其取值范围为 0x0000～0xFFFF */
    uint32_t  ClockDivision;       /* 定时器时钟分频因子*/
    uint32_t  RepetitionCounter; /*重复计数器，仅用于高级定时器 TIM1 和 TIM8*/
    uint32_t  AutoReloadPreload; /*定时器自动重装载值*/
} TIM_Base_InitTypeDef;
```

使用范例如下。

```
if (HAL_TIM_Base_Init(&htim3) != HAL_OK)
{
    Error_Handler();
}
```

2. 启动定时器函数 HAL_TIM_Base_Start()

函数源代码如下。

```
HAL_StatusTypeDef HAL_TIM_Base_Start(TIM_HandleTypeDef *htim)
{
    uint32_t  tmpsmcr;
    /* 使用断言，检测参数是否正确 */
    assert_param(IS_TIM_INSTANCE(htim->Instance));
    /*设置定时器的状态 */
    htim->State = HAL_TIM_STATE_BUSY;
    /* 使能外设*/
    tmpsmcr = htim->Instance->SMCR & TIM_SMCR_SMS;
    if (!IS_TIM_SLAVEMODE_TRIGGER_ENABLED(tmpsmcr))
    {
        __HAL_TIM_ENABLE(htim);
    }
    /* 定时器就绪*/
    htim->State = HAL_TIM_STATE_READY;
    /* 返回 HAL_OK, 初始化成功*/
    return HAL_OK;
}
```

源代码解析：HAL_TIM_Base_Start()函数只有一个入口参数，为定时器外设句柄的地址。该函数通过调用__HAL_TIM_ENABLE(htim)函数使能相应的定时器，用于轮询方式下启动定时器。该函数实质是一个带参数的宏定义，该函数用于获取当前计数器的计数值，即

```
    #define  __HAL_TIM_ENABLE(__HANDLE__)  ((__HANDLE__)->Instance->
CR1|=(TIM_CR1_CEN))
```

3. 启动定时器中断模式定时函数 HAL_TIM_Base_Start_IT()

函数源代码如下。

```
HAL_StatusTypeDef  HAL_TIM_Base_Start_IT(TIM_HandleTypeDef *htim)
{
    uint32_t tmpsmcr;
    /* 使用断言，进行参数状态检测*/
    assert_param(IS_TIM_INSTANCE(htim->Instance));
    /*使能定时器更新中断*/
    __HAL_TIM_ENABLE_IT(htim, TIM_IT_UPDATE);
    /* 使能外设*/
    tmpsmcr = htim->Instance->SMCR & TIM_SMCR_SMS;
    if (!IS_TIM_SLAVEMODE_TRIGGER_ENABLED(tmpsmcr))
    {
        __HAL_TIM_ENABLE(htim);
    }
    /* 返回 HAL_OK*/
    return HAL_OK;
}
```

源代码解析：HAL_TIM_Base_Start_IT()函数需要由用户调用，用于使能定时器的更新中断，并启动定时器运行，启动前需要调用宏函数 HAL_TIM_CLEAR_IT 来清除更新中断标志位。

使用范例如下。

```
    HAL_TIM_Base_Start_IT(&htim3); //启动定时器 TIM3 定时中断
```

对于定时器的 PWM 模式、输入捕获模式、输出比较模式的初始化及启动函数的分析与上述函数类似，在此不再赘述。

9.3.2 定时器 HAL 库应用实例

1. 功能描述

HAL 库中实现延时的函数是 HAL_Delay()，可以实现毫秒级延时，该函数使用 SysTick 作为延时计数器。若要想得到更为精确的延时（如微秒级延时），则需要修改 SysTick 的配置参数，但由于 SysTick 是系统节拍时钟，HAL 库的许多地方都用到了 HAL_Delay()函数。若工程中需要用到操作系统，则操作系统中也会用到 SysTick，因此采用修改 SysTick 相关参数来实现更为精确的延时，是一种最合适的方式。STM32 具有多种定时器，使用定时器实现精确延时控制是一种比较灵活且方便的方案。

下面利用基于 HAL 库采用定时器 TIM3 产生精确延时 1s 的应用实例来进行详细分析。

2. 硬件设计

利用定时器 TIM3 产生 1s 的定时中断，通过 LED 灯进行状态显示，LED 灯连接在 STM32F103 的 PE5 引脚上，且低电平有效。本实例硬件电路设计示意图如图 9-8 所示。

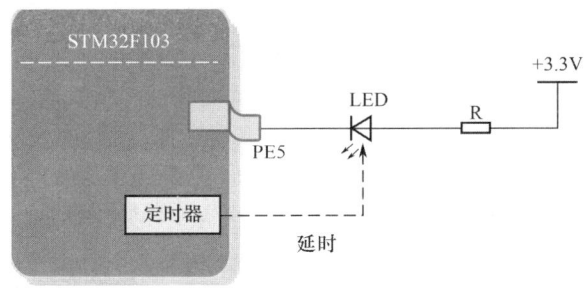

图 9-8　本实例硬件电路设计示意图

3. 软件设计

具体操作步骤如下。

1）新建 STM32CubeMX 工程，选择 MCU

新建一个 STM32CubeMX 工程，选择 MCU，这里选择 STM32F103ZETx 系列芯片，用户可根据自己的开发板选择相应的芯片，如图 9-9 所示。

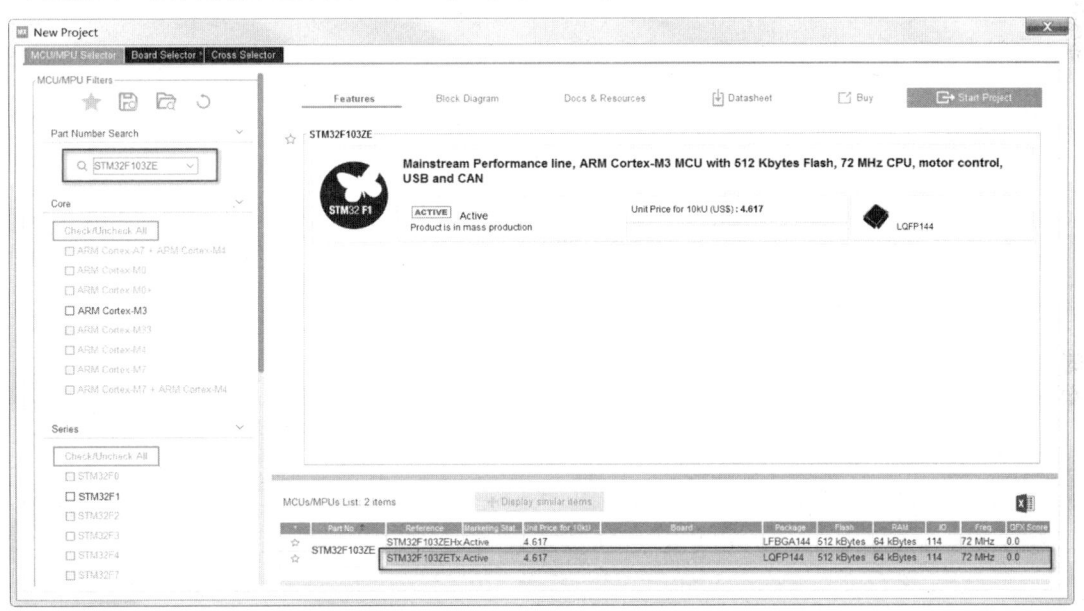

图 9-9　新建 STM32CubeMX 工程并选择 STM32F103ZETx 系列芯片

2）STM32CubeMX 功能参数配置

（1）配置 RCC 和时钟。RCC 选择外部高速时钟源 HSE 作为系统时钟，在"High Speed Clock（HSE）"下拉列表中选择"Crystal/Ceramic Resonator"选项（晶振/陶瓷谐振器），如图 9-10 所示。

配置系统时钟。这里将系统时钟的频率配置为 72MHz，APB2 的频率配置为 72MHz，APB1 的频率配置为 36MHz，如图 9-11 所示。

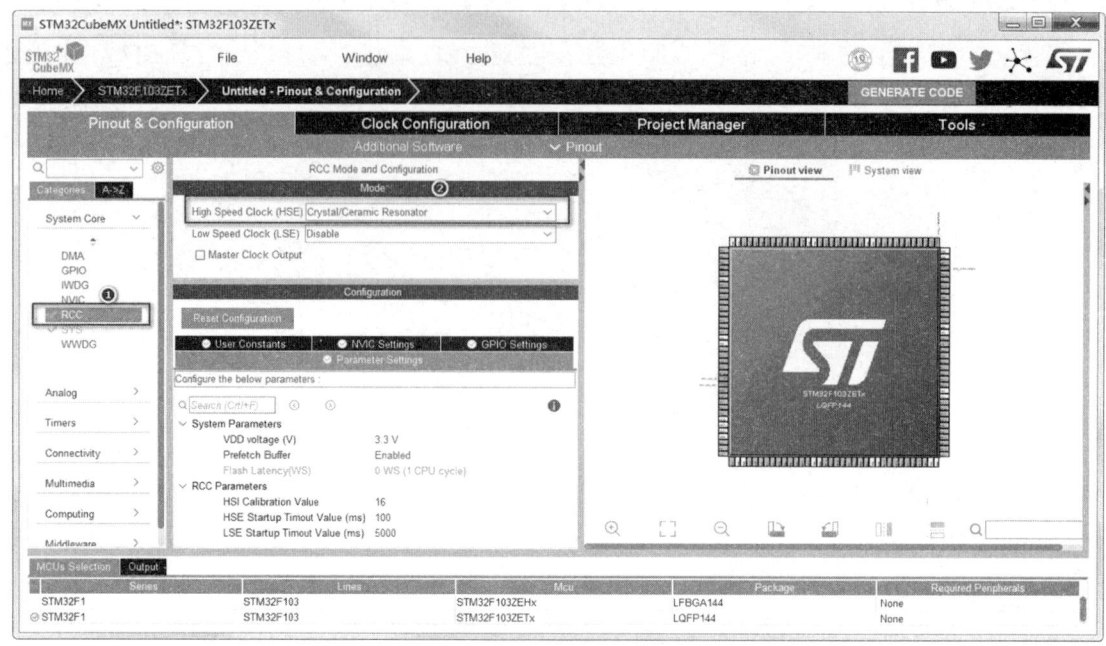

图 9-10　配置 RCC 参数

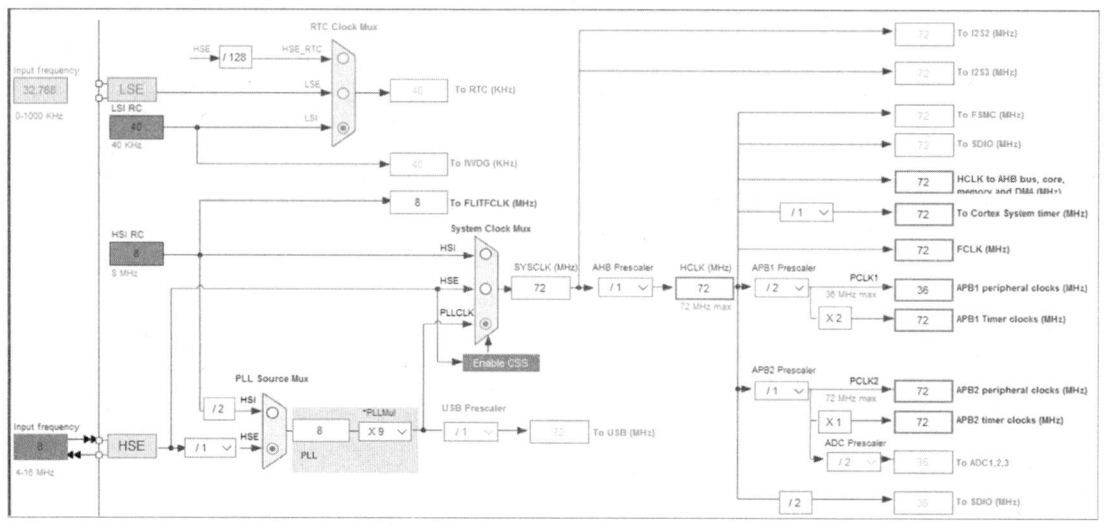

图 9-11　配置系统时钟

（**2**）**定时器 TIM3 的参数配置**。在"Timers"选项栏中选择"TIM3"选项，在右侧的"TIM3 Mode and Configuration"配置项中设置 TIM3 的时钟源，在"Clock Source"下拉列表中选择"Internal Clock"选项（内部时钟）。

在定时器"TIM3"参数配置"Configuration"配置页的"Parameter Settings"选项栏中对 TIM3 的相关参数进行设置，将"Prescaler"设置为"36000-1"，将"Counter Mode"设置为"Up"，将"Counter Period"设置为"2000-1"，将"auto-reload preload"设置为"Enable"，如图 9-12 所示。

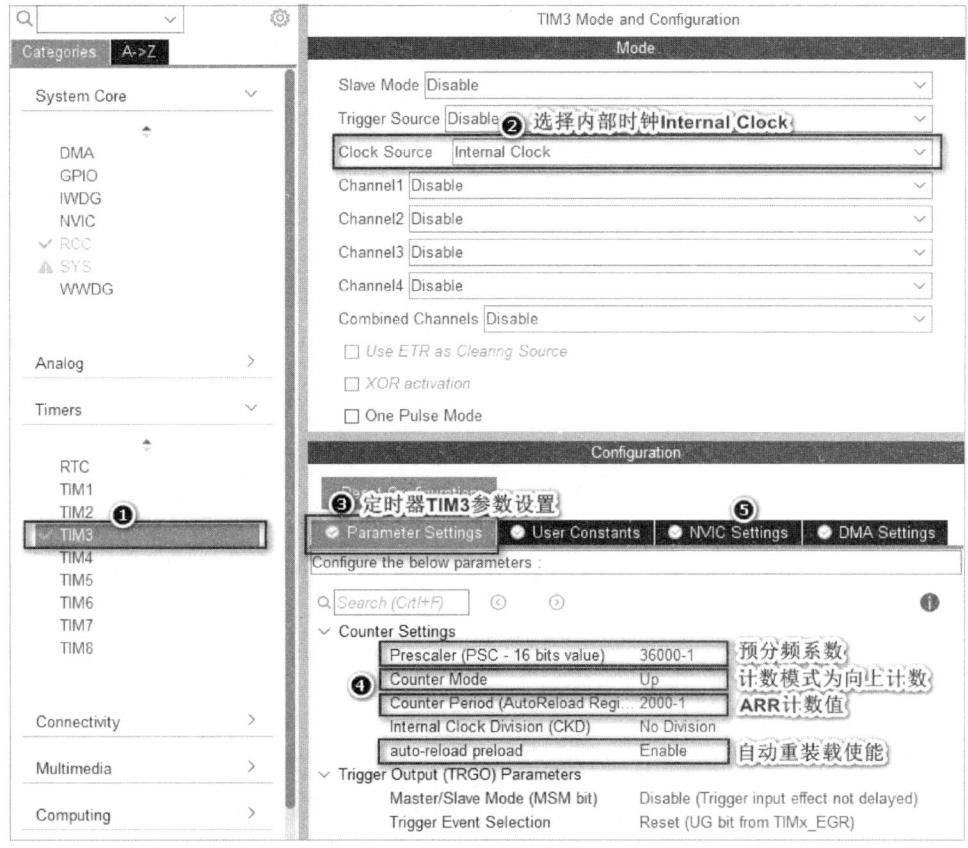

图 9-12　定时器 TIM3 的参数配置

在 STM32CubeMX 工程中将 TIM3 定时器配置为内部时钟，且不分频，并作为时钟源。TIM3 挂接在 APB2 总线上（频率为 72MHz，即 TIMxCLK=72MHz），并且将其设置为向上计数模式，将 "Prescaler" 设置为 "36000-1"，将 "Counter Period"（ARP）设置为 "2000-1"，则根据公式 $T=(TIM\_Period+1)\times(TIM\_Prescaler+1)/TIMxCLK$ 可知：

$$T=36000\times2000/72000000=1s$$

即定时器 TIM3 精确定时 1s。

在定时器 TIM3 参数配置 "Configuration" 配置页的 "NVIC Settings" 选项栏中使能定时器 TIM3 的全局中断，如图 9-13 所示。

（3）GPIO 引脚设置。 设置 PE5 引脚为 "GPIO_Output"，用于本例的 LED 灯显示，并在 "GPIO Mode and Configuration" 页面中配置相应的参数，如图 9-14 所示。

3）生成工程代码

经过以上几个步骤，完成了基于 STM32CubeMX 的定时器 TIM3 的相关配置，后续将配置工程名称和工程保存位置，并选择 "MDK-ARM V5" 编译器等，最后生成工程代码，如图 9-15 所示。

在 "Code Generator" 选项栏中找到 "Generated files" 选区，勾选 "Generate peripheral initialization as a pair of '.c/.h' files per Peripheral" 复选框，将外设初始化的代码生成为独立的源文件和头文件，如图 9-16 所示。

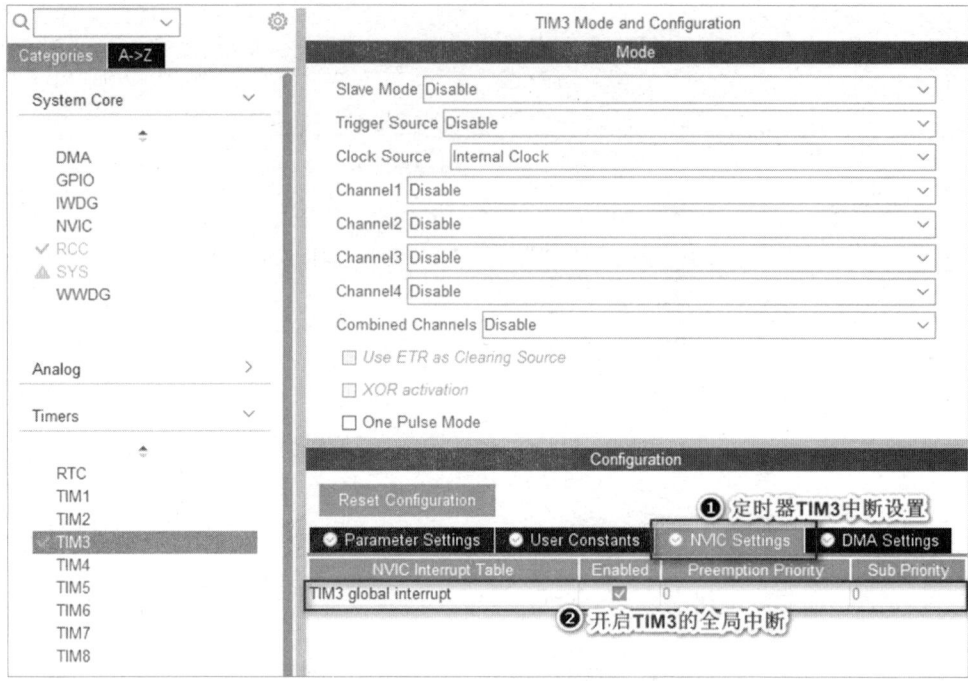

图 9-13　使能定时器 TIM3 的全局中断

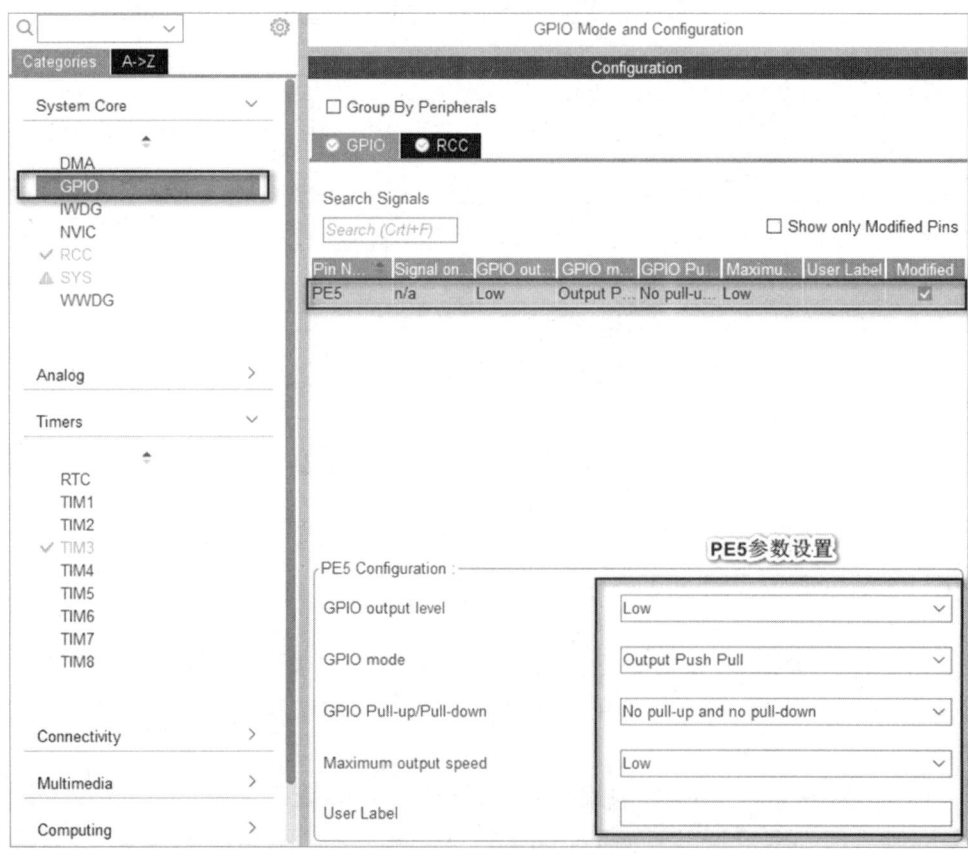

图 9-14　PE5 引脚参数设置

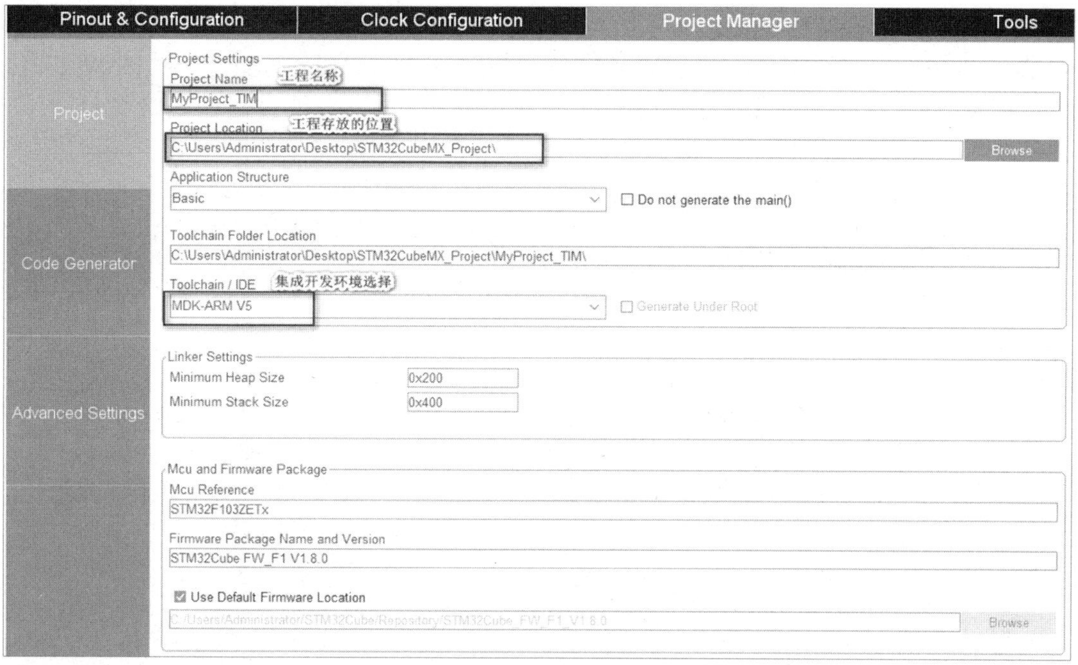

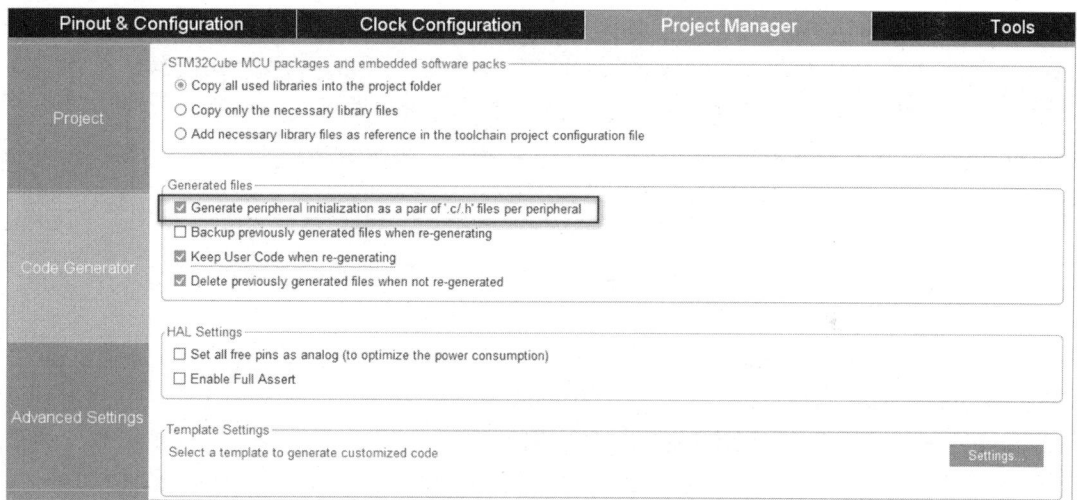

图 9-15 配置工程相关参数

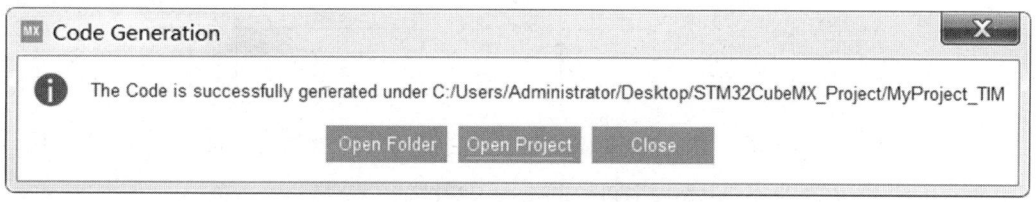

图 9-16 配置外设初始化代码生成属性

单击 STM32CubeMX 的 "GENERATE CODE" 按钮生成工程代码，生成代码后，会出现提示是否打开该工程的对话框，如图 9-17 所示。

图 9-17 生成工程代码成功后的对话框

4）编写应用程序

在 main.c 文件中的/*USER CODE BEGIN 2 */和/*USER CODE END 2 */之间添加开启定时器 TIM3 中断的程序，注意程序应放置在定时器配置之后，相关代码如下。

```
    MX_TIM3_Init();
        /* USER CODE BEGIN 2 */
    HAL_TIM_Base_Start_IT(&htim3); //启动定时器 TIM3 定时中断
        /* USER CODE END 2 */
```

在 mian.c 文件的/*USER CODE BEGIN 4 */和/*USER CODE END 4 */之间添加定时器 TIM3 的中断回调函数，代码如下。也可以在 tim.c 文件的/*USER CODE BEGIN 1 */和/*USER CODE END 1 */之间添加回调函数程序。

```
        /* USER CODE BEGIN 4 */
    void HAL_TIM_PeriodElapsedCallback(TIM_HandleTypeDef *htim)
    {
        if(htim->Instance == htim3.Instance)
        {
            HAL_GPIO_TogglePin(GPIOE,GPIO_PIN_5);
        }
    }
        /* USER CODE END 4 */
```

在 main()函数中调用 HAL_TIM_Base_Start_IT(&htim3)开启定时器中断计数模式，定时器从 0 开始计数，当计数到 2000-1，即 1999 时，产生向上溢出事件，计数器又从 0 开始重新计数，由于采用了定时器中断，因此发生溢出事件时会触发定时器中断，程序会跳转到定时器 TIM3 中断服务函数中执行相关程序，本实例在中断服务函数中实现 LED 灯的状态翻转，故会看到 LED 灯每隔 1s 闪烁一次。

9.4 PWM

PWM（Pulse Width Modulation，脉冲宽度调制）是一种利用脉冲宽度实现对模拟信号进行控制的技术，也就是对模拟信号电平进行数字表示的方法，广泛应用于电力电子技术中，如 PWM 控制技术在逆变电路中的应用。PWM 还广泛应用于直流电动机调速，如变频空调的交直流变频调速，除可以实现调速外，还具有节能等特性。图 9-18 所示为周期为 10ms（频率为 100Hz）的 PWM 输出波形。从图中可以看出，每个脉冲周期内的高、低电平的脉冲宽度可以不相同，常用占空比来描述高电平对于脉冲周期的比例。

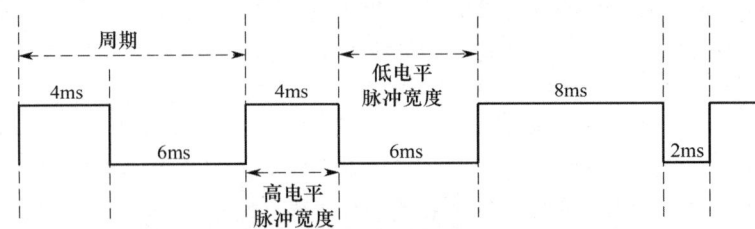

图 9-18　周期为 10ms（频率为 100Hz）的 PWM 输出波形

占空比（Duty Cycle）是指在一个周期内，高电平时间占整个信号周期的百分比，即高电平时间与周期的比值：

$$占空比 = T_p/T$$

占空比示意图如图 9-19 所示。

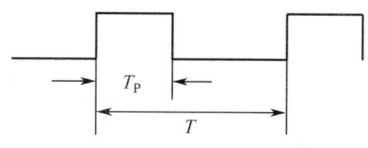

图 9-19　占空比示意图

例如，1s 高电平、1s 低电平的 PWM 波形，其占空比为 50%。图 9-20 所示为不同占空比的 PWM 波形。

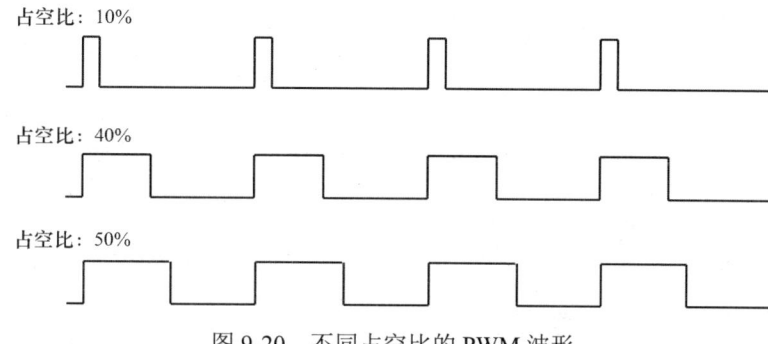

图 9-20　不同占空比的 PWM 波形

9.4.1　PWM 的工作原理

PWM 是 STM32 定时器输出比较典型的应用，用于产生 PWM 输出。STM32 中除 TIM6 定时器和 TIM7 定时器外，其他定时器都可以用来产生 PWM 输出，其中高级定时器 TIM1 和 TIM8 可以同时产生多达 7 路的 PWM 输出，而通用定时器也能同时产生 4 路的 PWM 输出。

STM32 中并不是每个 I/O 引脚都可以直接用于 PWM 输出，STM32 规定了具体的引脚作为 PWM 输出引脚，使用这些引脚时还必须使用重映像功能。表 9-4 所示为定时器 TIM1 的引脚复用功能重映像，表 9-5 所示为定时器 TIM2 的引脚复用功能重映像，表 9-6 所示为定时器 TIM3 的引脚复用功能重映像。

表 9-4　定时器 TIM1 的引脚复用功能重映像

复用功能	TIM1_REMAP[1:0] = 00 （没有重映像）	TIM1_REMAP[1:0] = 01 （部分重映像）	TIM1_REMAP[1:0] = 11 （完全重映像）[1]
TIM1_ETR	PA12		PE7
TIM1_CH1	PA8		PE9
TIM1_CH2	PA9		PE11
TIM1_CH3	PA10		PE13
TIM1_CH4	PA11		PE14
TIM1_BKIN	PB12[2]	PA6	PE15
TIM1_CH1N	PB13[2]	PA7	PE8
TIM1_CH2N	PB14[2]	PB0	PE10
TIM1_CH3N	PB15[2]	PB1	PE12

注：（1）重映像只适用于 100 个引脚和 144 个引脚的封装；（2）重映像不适用于 36 个引脚的封装。

表 9-5　定时器 TIM2 的引脚复用功能重映像

复用功能	TIM2_REMAP[1:0]=00 （没有重映像）	TIM2_REMAP[1:0]=01 （部分重映像）	TIM2_REMAP[1:0]=10 （部分重映像）[1]	TIM2_REMAP[1:0]=11 （完全重映像）[1]
TIM2_CH1_ETR [2]	PA0	PA15	PA0	PA15
TIM2_CH2	PA1	PB3	PA1	PB3
TIM2_CH3	PA2		PB10	
TIM2_CH4	PA3		PB11	

注：（1）重映像不适用于 36 个引脚的封装；（2）TIM2_ETR 和 TIM2_CH1 公用一个引脚，但不能同时使用。

表 9-6　定时器 TIM3 的引脚复用功能重映像

复用功能	TIM3_REMAP[1:0] = 00 （没有重映像）	TIM3_REMAP[1:0] = 10 （部分重映像）	TIM3_REMAP[1:0] = 11 （完全重映像）[1]
TIM3_CH1	PA6	PB4	PC6
TIM3_CH2	PA7	PB5	PC7
TIM3_CH3	PB0		PC8
TIM3_CH4	PB1		PC9

注：（1）重映像只适用于 64 个引脚、100 个引脚和 144 个引脚的封装。

　　STM32 中每个定时器都有 4 个输入通道：TIMx_CH1～TIMx_CH4，每个通道都对应 1 个比较寄存器 TIMx_CCRx，将比较寄存器的值和计数器的值相比较，通过比较结果输出高、低电平，从而得到 PWM 信号，这样就可以产生一个由 TIMx_ARR 寄存器确定频率、由 TIMx_CCRx 寄存器确定占空比的 PWM 信号。

　　若设置脉冲计数器 TIMx_CNT 为向上计数，定时器重装载值为 TIMx_ARR，比较寄存器的值为 TIMx_CCRx，则产生的 PWM 波形如图 9-21 所示。

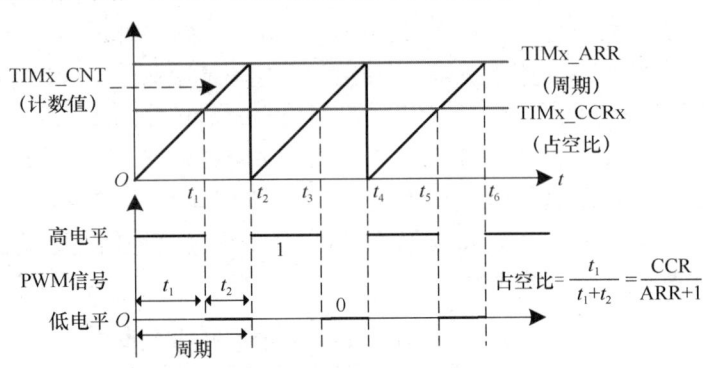

图 9-21　PWM 波形

　　在 PWM 波形的一个周期内，定时器从 0 开始向上计数，在 $0～t_1$ 时间内，计数器的值 TIMx_CNT 小于比较寄存器的值 TIMx_CCRx，输出高电平；在 $t_1～t_2$ 时间段，计数器的值 TIMx_CNT 大于比较寄存器的值 TIMx_CCRx，输出低电平；当计数器的值 TIMx_CNT 达到定时器重装载值 TIMx_ARR 时，定时器溢出，重新从 0 开始向上计数，如此循环。由此可以看出，定时器重装载值 TIMx_ARR 决定 PWM 波形的周期，而比较寄存器的值 TIMx_CCRx 决定 PWM 波形的占空比。

　　在时钟频率一定的情况下，默认内部时钟为 CK_INT，可得到输出脉冲周期等于定时器重装载值 TIMx_ARR 乘以触发脉冲的时钟周期，其脉冲宽度等于比较寄存器的值 TIMx_CCRx

乘以触发脉冲的时钟周期，即输出 PWM 波形的占空比为 TIMx_CCRx/(TIMx_ARR+1)，比较寄存器的值 TIMx_CCRx 不同，PWM 波形输出的占空比就不同。

SMT32 的 PWM 有 PWM1、PWM2 两种工作模式，PWM 的工作模式和输出有效电平的极性共同决定了 PWM 信号的波形。

在 PWM1 模式下，计数器向上计数时，当计数器的值 TIMx_CNT 小于比较寄存器的值 TIMx_CCRx 时，输出为有效电平，否则为无效电平；计数器向下计数时，当计数器的值 TIMx_CNT 大于比较寄存器的值 TIMx_CCRx 时，输出为有效电平，否则为无效电平。

在 PWM2 模式下，计数器向上计数时，当计数器的值 TIMx_CNT 小于比较寄存器的值 TIMx_CCRx 时，输出为无效电平，否则为有效电平；计数器向下计数时，当计数器的值 TIMx_CNT 大于比较寄存器的值 TIMx_CCRx 时，输出为有效电平，否则为无效电平。

其中，有效电平与无效电平取决于用户设置的 PWM 通道的极性（CH Polarity），若 PWM 信号的极性为高电平，则有效电平为高电平；若 PWM 信号的极性为低电平，则有效电平为低电平。

9.4.2　PWM 的标准外设库应用实例

1. 功能描述

基于 PWM 的呼吸灯使用通用定时器 TIM3 产生 PWM 信号，输出占空比可变的 PWM 波驱动 LED 灯，使 LED 灯亮度由暗变亮，再由亮变暗，如此循环。

2. 软件设计

PWM 标准外设库输出配置步骤如下。

1）配置 PWM 输出通道，开启 TIM3 时钟

若要使用定时器 TIM3 的通道 2（TIM3_CH2）作为 PWM 的输出引脚，则需要对 PB5 引脚进行配置，配置 PB5 为复用推挽输出模式（GPIO_Mode_AF_PP），配置代码如下。

```
GPIO_InitTypeDef GPIO_InitStructure;               //定义结构体
//使能 GPIO 外设和 AFIO 复用功能模块时钟
RCC_APB2PeriphClockCmd(RCC_APB2Periph_GPIOB|RCC_APB2Periph_AFIO,
ENABLE);
//选择 TIM3 部分重映像
GPIO_PinRemapConfig(GPIO_PartialRemap_TIM3, ENABLE);
//选择定时器 TIM3 的通道 2 作为 PWM 的输出引脚
GPIO_InitStructure.GPIO_Pin = GPIO_Pin_5;          //TIM_CH2
GPIO_InitStructure.GPIO_Mode = GPIO_Mode_AF_PP;    //复用推挽输出模式
GPIO_InitStructure.GPIO_Speed = GPIO_Speed_50MHz;
GPIO_Init(GPIOB, &GPIO_InitStructure);             //初始化 PB5 引脚
```

2）初始化定时器 TIM3

设置预分频系数、自动重装载值、计数模式和时钟分割等，相关代码如下。

```
TIM_TimeBaseInitTypeDef  TIM_TimeBaseStructure;    //定义初始化结构体
RCC_APB1PeriphClockCmd(RCC_APB1Periph_TIM3, ENABLE); //使能 TIM3 时钟
//初始化 TIM3
TIM_TimeBaseStructure.TIM_Period = arr;            //设置自动重装载值
```

```
TIM_TimeBaseStructure.TIM_Prescaler =psc;
//设置用来作为 TIM3 时钟频率的预分频值
TIM_TimeBaseStructure.TIM_ClockDivision = 0; //设置时钟分割 TDTS = Tck_tim
TIM_TimeBaseStructure.TIM_CounterMode = TIM_CounterMode_Up;
//TIM 向上计数模式
TIM_TimeBaseInit(TIM3, &TIM_TimeBaseStructure);      //初始化 TIM3
```

3）设置 TIM3_CH2 的 PWM 模式，使能 TIM3 的 CH2 输出

初始化定时器 TIM3_CH2 的 PWM 模式，相关代码如下。

```
TIM_OCInitTypeDef  TIM_OCInitStructure;
TIM_OCInitStructure.TIM_OCMode = TIM_OCMode_PWM2;
//设置定时器模式：PWM2 模式
TIM_OCInitStructure.TIM_OutputState = TIM_OutputState_Enable;
//比较输出使能
TIM_OCInitStructure.TIM_OCPolarity = TIM_OCPolarity_High; //设置输出极性
TIM_OC2Init(TIM3, &TIM_OCInitStructure);         //初始化 TIM3 OC2
TIM_OC2PreloadConfig(TIM3, TIM_OCPreload_Enable);
//使能 TIM3 在 CCR2 上的预装载寄存器
```

4）使能定时器 TIM3

使能定时器 TIM3 的相关代码如下。

```
TIM_Cmd(TIM3, ENABLE);
```

以下为基于标准外设库的 PWM 呼吸灯程序。

（1）主程序 main.c 文件的代码如下。

```
#include "stm32f10x.h"
#include "TIM3_PWM.h"
//延迟函数 Delay（）
void Delay(__IO u32 nCount)
{
   for(;nCount !=0;nCount --);
}

int main(void)
{
   u16 PWM_Val=0;              //定义变量 PWM_Val 为 PWM 波形的占空比
   u8 pwd=1;                   //定义一个变量，用于判断
   TIM3_PWM_Init(899,0);       //不分频，PWM 频率=72000000/900=80kHz
   while(1)
   {
      Delay(10000);
      if(pwd)PWM_Val++;        //若 pwd 为真，则占空比逐渐增加
      else PWM_Val--;          //否则逐渐减小
      if(PWM_Val>300) pwd =0;  //若占空比大于 300，则 pwd 设置为 0
      if(PWM_Val==0) pwd =1;   //若占空比为 0，则将标识 pwd 设置为 1
      TIM_SetCompare2(TIM3,PWM_Val);    //修改占空比
   }
}
   //定时器 TIM3 的中断服务程序
```

```
void TIM3_IRQHandler(void)
{
    if (TIM_GetITStatus(TIM3, TIM_IT_Update) != RESET)
    {
GPIO_WriteBit(GPIOB,GPIO_Pin_5,(BitAction)((1-GPIO_ReadInputDataBit
(GPIOB,GPIO_Pin_5)))));
        TIM_ClearITPendingBit(TIM3, TIM_IT_Update);
    }
}
```

（2）TIM3_PWM.c 文件的代码如下。

```
#include "TIM3_PWM.h"
#include "stm32f10x.h"
void TIM3_PWM_Init(u16 arr,u16 psc)
{
    GPIO_InitTypeDef GPIO_InitStructure;
    TIM_TimeBaseInitTypeDef  TIM_TimeBaseStructure;
    TIM_OCInitTypeDef  TIM_OCInitStructure;
    RCC_APB1PeriphClockCmd(RCC_APB1Periph_TIM3, ENABLE);
    //使能定时器 TIM3 的时钟
    RCC_APB2PeriphClockCmd(RCC_APB2Periph_GPIOB|RCC_APB2Periph_AFIO,
ENABLE);
    //使能 GPIOB 时钟和 AFIO 时钟
    GPIO_PinRemapConfig(GPIO_PartialRemap_TIM3,ENABLE);
    //TIM3 部分重映射 TIM3_CH2->PB5
    //设置 PB5 引脚为复用输出模式，TIM3_CH2 输出 PWM 脉冲波形
    GPIO_InitStructure.GPIO_Pin = GPIO_Pin_5; //PB5
    GPIO_InitStructure.GPIO_Mode = GPIO_Mode_AF_PP;
    // 将 PB5 引脚复用为 TIM3_CH2
    GPIO_InitStructure.GPIO_Speed = GPIO_Speed_50MHz;
    GPIO_Init(GPIOB, &GPIO_InitStructure);//初始化 GPIOB
    // 初始化 TIM3
    TIM_TimeBaseStructure.TIM_Period = arr; //设置自动重装载值
    TIM_TimeBaseStructure.TIM_Prescaler =psc;
    //设置用来作为 TIM3 时钟频率的预分频值
    TIM_TimeBaseStructure.TIM_ClockDivision = 0;
    //设置时钟分割 TDTS = Tck_tim
    TIM_TimeBaseStructure.TIM_CounterMode = TIM_CounterMode_Up;
    //TIM 向上计数模式
    TIM_TimeBaseInit(TIM3, &TIM_TimeBaseStructure); //初始化 TIM3
    //初始化定时器 TIM3_CH2 的 PWM 模式
    TIM_OCInitStructure.TIM_OCMode = TIM_OCMode_PWM2;
    //设置定时器模式：PWM2 模式
    TIM_OCInitStructure.TIM_OutputState = TIM_OutputState_Enable;
    //比较输出使能
    TIM_OCInitStructure.TIM_OCPolarity = TIM_OCPolarity_High;
    //设置输出极性
    TIM_OC2Init(TIM3, &TIM_OCInitStructure);  //初始化 TIM3 OC2
```

```
    TIM_OC2PreloadConfig(TIM3, TIM_OCPreload_Enable);
    //使能 TIM3 在 CCR2 上预装载寄存器
    TIM_Cmd(TIM3, ENABLE);   //使能 TIM3
}
```

（3）TIM3_PWM.h 头文件的代码如下。

```
#ifndef __TIMER_H
#define __TIMER_H
#include "stm32f10x.h"
void TIM3_PWM_Init(u16 arr,u16 psc);
#endif
```

9.4.3　PWM 的 HAL 库应用实例

1. 功能描述

PWM 呼吸灯：基于 HAL 库，使用通用定时器 TIM3 的通道 2（PB5）产生 PWM 脉冲波形，输出占空比可变的 PWM 波形驱动 LED 灯，实现 LED 灯亮度由暗变亮，再由亮变暗，如此循环。

2. 硬件设计

LED 连接 PB5 引脚，低电平有效，使用通用定时器 TIM3 的通道 2 复用功能实现 PWM 输出占空比可调的调制波形。PWM 呼吸灯硬件设计示意图如图 9-22 所示。

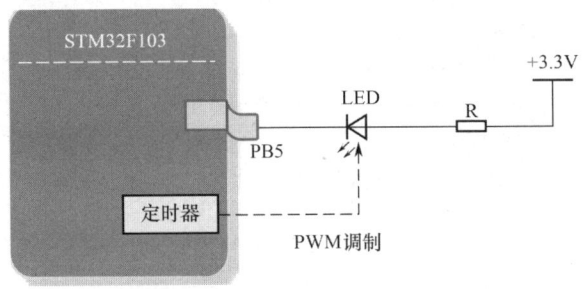

图 9-22　PWM 呼吸灯硬件设计示意图

3. 软件设计

基于 HAL 库的 PWM 呼吸灯主要包括 PWM 参数配置和编写应用程序两部分，其中 STM32CubeMX 中 PWM 参数配置主要涉及频率、占空比、极性等参数设置。

1）定时器 TIM3 的配置

设置定时器 TIM3 的通道 2 为 PWM Generation CH2，开启 TIM3 global interrupt 中断。在 PB5 引脚上选择 TIM3_CH2 通道，如图 9-23 所示。

2）PWM 参数配置

设置预分频系数 Prescaler 为 72-1，自动重装载值 ARR 为 500-1，则 PWM 的输出频率为 72000000/72/500=2000Hz。

根据图 9-22 可知，LED 灯是低电平有效，所以将 PWM 的极性设置为 Low。PWM 参数配置如图 9-24 所示。

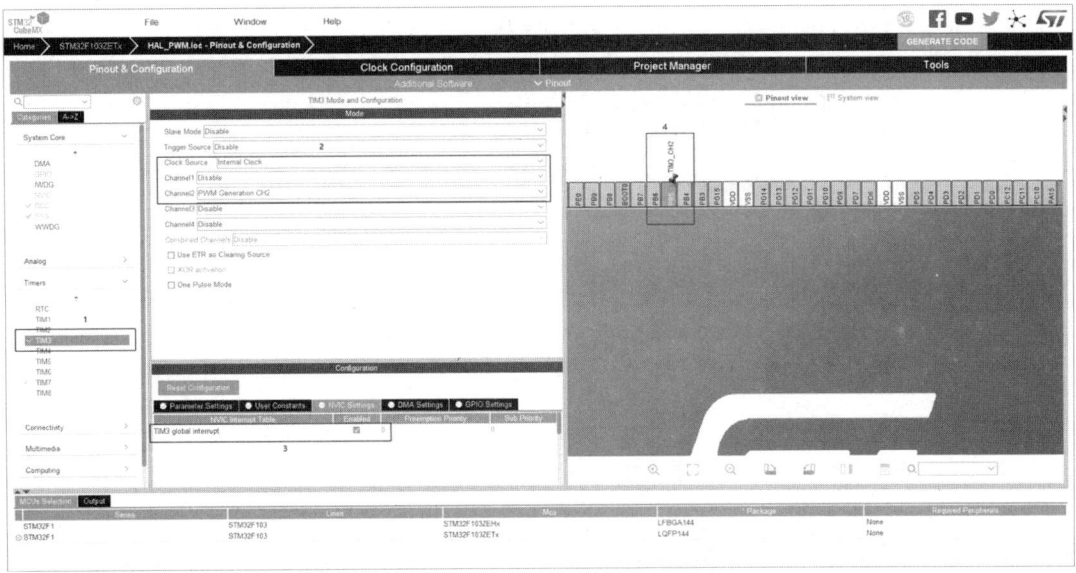

图 9-23　定时器 TIM3 参数配置

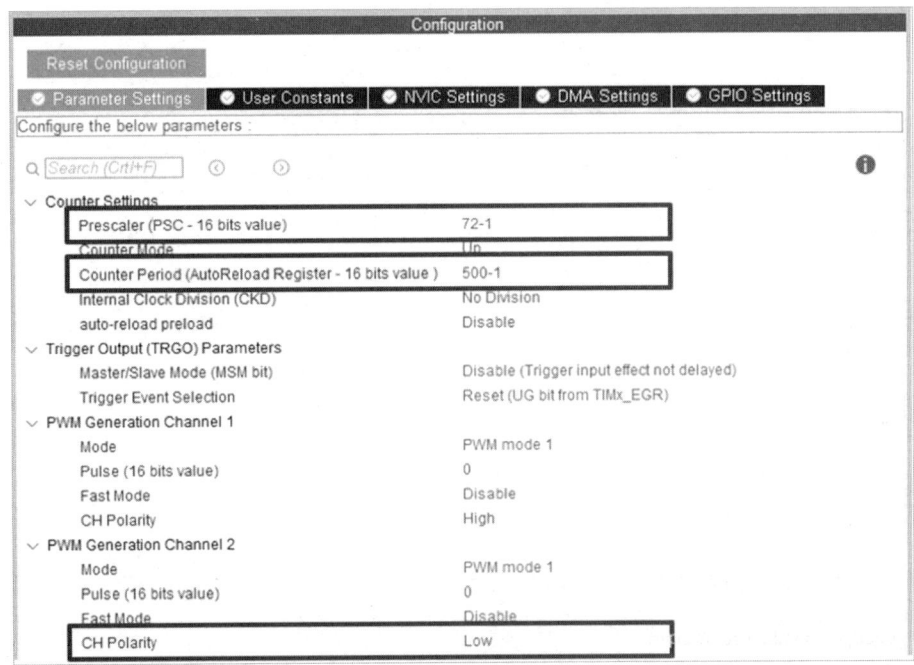

图 9-24　PWM 参数配置

3）编写应用程序

（1）在 main.c 中首先定义 16 位的变量 PWM_Val 用于存储占空比的值。该变量定义在
/* USER CODE BEGIN 1 */ 与 /* USER CODE END 1 */ 之间。

```
int main(void)
{
/* USER CODE BEGIN 1 */
    uint16_t PWM_Val=0;    //定义一个 PWM 占空比变量
  /* USER CODE END 1 */
```

（2）开启定时器 TIM3 通道 2 输出 PWM 波形。

```
    /* USER CODE BEGIN 2 */
    HAL_TIM_PWM_Start(&htim3,TIM_CHANNEL_2);
    /* USER CODE END 2 */
```

（3）在 While(1)中，修改定时器 TIM3 通道 2 的比较寄存器的值（占空比）。

```
while (1)
  {
   /* USER CODE END WHILE */
   /* USER CODE BEGIN 3 */
   while (PWM_Val< 500)
   {
    PWM_Val++;
    //修改占空比，其操作同 TIM3->CCR1 = PWM_Val，修改比较值
    __HAL_TIM_SET_COMPARE(&htim3, TIM_CHANNEL_2, PWM_Val);
    HAL_Delay(1);
   }
   while (PWM_Val)
   {
    PWM_Val--;
    //修改占空比，其操作同 TIM3->CCR1 = PWM_Val，修改比较值
    __HAL_TIM_SET_COMPARE(&htim3, TIM_CHANNEL_2, PWM_Val);
    HAL_Delay(1);
   }
  HAL_Delay(200);
  }
   /* USER CODE END 3 */
```

4）实验现象

将编译无误后的程序下载到开发板中，会观察到 LED 灯亮度由暗变亮，再由亮变暗，实现呼吸灯现象。

9.5 SysTick 定时器

ARM Cortex-M3 内核中有一个 SysTick 定时器，该定时器从本质上讲是一个 24 位的、从重装载值向下递减到 0 的计数器，SysTick 定时器是 ARM Cortex-M3 内核的一部分，也就是说，所有基于 ARM Cortex-M3 内核的控制器都带有 SysTick 定时器。SysTick 定时器是 NVIC 的一部分，常用于精确定时，为操作系统提供必要的时钟节拍，为 RTOS 的任务调度提供有节奏的时钟节拍。

SysTick 定时器一共有 4 个寄存器，分别是 SysTick 控制及状态寄存器（CTRL）、SysTick 重装载值寄存器（LOAD）、SysTick 当前数值寄存器（VAL）及 SysTick 校准数值寄存器（CALIB）。SysTick 最大可计数 2^{24} 个时钟脉冲，这个脉冲计数值保存在 SysTick 当前数值寄存器 VAL 中，每接收到一个时钟脉冲，VAL 中的值就向下减 1，当 VAL 中的值减为 0 时，由硬件自动把 LOAD 中保存的数值加载到 VAL 中，重新继续向下计数，同时触发异常，在中断服务函数中处理该异常事件。

SysTick 定时器的时钟源既可以是内部时钟（FCLK）也可以是外部时钟。由图 9-4 所示的 SysTick 定时器的时钟源可知，系统默认的 SysTick 定时器是由 AHB 时钟（HCLK）8 分频得到的，即 SysTick 定时器的频率为 9MHz（HCLK/8），SysTick 定时器每计数一次需 $1/9 \times 10^{-6}$s=1/9μs。或者说，SysTick 定时器 1μs 计数 9 次，SysTick 定时器从设定的初始值计数到 0 时，会自动重装载初始值并继续计数，同时触发中断，因此只需要确定计数的次数就可以精确得到延迟时间。

利用 SysTick 定时器实现延迟有两种方式：查询方式和中断方式。基于标准外设库 v3.5.0 的实现精确延时只能采用中断方式，如果使用查询方式，则只能采用 SysTick 相关寄存器设置的方式实现。

9.5.1　SysTick 定时器标准外设库函数

（1）SysTick 定时器的结构体定义在 core_cm3.h 文件中，相关代码如下。

```
typedef struct
{
    __IO uint32_t CTRL;
    /*!< Offset: 0x00  SysTick Control and Status Register */
    __IO uint32_t LOAD;  /*!< Offset: 0x04  SysTick Reload Value Register */
    __IO uint32_t VAL;  /*!< Offset: 0x08  SysTick Current Value Register */
    __I uint32_t CALIB;  /*!< Offset: 0x0C  SysTick Calibration Register */
} SysTick_Type;
```

（2）SysTick 寄存器的库函数。v3.5.0 的 SysTick 寄存器库函数与之前的版本差别很大，删除了很多函数，如 SysTick_SetReload(u32 reload)、SysTick_ITConfig(FunctionalState NewState)等。

v3.5.0 中与 SysTick 寄存器有关的库函数只有以下两个。

① SysTick_Config(uint32_t ticks)，定义在 core_cm3.h 头文件中，相关代码如下。

```
static __INLINE uint32_t SysTick_Config(uint32_t ticks)
{
    if (ticks>SysTick_LOAD_RELOAD_Msk)  return (1);
    /* 若重装载值超过 24 位，则失败返回 1 */
    SysTick->LOAD=(ticks & SysTick_LOAD_RELOAD_Msk)-1;
    /* 设置重装载值寄存器*/
    NVIC_SetPriority (SysTick_IRQn, (1<<__NVIC_PRIO_BITS)-1);
    /* 设置系统中断的优先级 */
    SysTick->VAL=0; /*装载 SysTick 的计数值（当前计数值清 0）*/
    SysTick->CTRL=SysTick_CTRL_CLKSOURCE_Msk|SysTick_CTRL_TICKINT_Msk
                    |SysTick_CTRL_ENABLE_Msk;
    /* 使能 SysTick 中断和 SysTick 定时器*/
    return (0);    /* 若成功，则返回 0*/
}
```

SysTick_Config(uint32_t ticks)函数的输入参数只有一个，即重装载值。该函数的作用：初始化 SysTick 寄存器、自动装载计数初值、设置 SysTick 寄存器的中断和优先级，以及开中断，返回值为 0 表示成功，返回值为 1 表示失败，也就是说，只需要调用 SysTick_Config(uint32_t ticks)函数就可以实现 SysTick 定时器的精确延迟。形参 uint32_t ticks

为重装载值，此函数默认使用的时钟源是 AHB，即不分频。若需要分频，则需要调用 SysTick_CLKSourceConfig(uint32_t SysTick_CLKSource)函数。

② SysTick_CLKSourceConfig(uint32_t SysTick_CLKSource)函数定义在 misc.c 文件中，相关代码如下。

```
void SysTick_CLKSourceConfig(uint32_t SysTick_CLKSource)
{
    /* Check the parameters */
    assert_param(IS_SYSTICK_CLK_SOURCE(SysTick_CLKSource));
    if (SysTick_CLKSource == SysTick_CLKSource_HCLK)
    {
        SysTick->CTRL |= SysTick_CLKSource_HCLK;
    }
    else
    {
        SysTick->CTRL &= SysTick_CLKSource_HCLK_Div8;
    }
}
```

SysTick_CLKSourceConfig(uint32_t SysTick_CLKSource)函数用于选择 SysTick 定时器的时钟源，有两个选项：SysTick_CLKSource_HCLK 和 SysTick_CLKSource_HCLK_Div8。SysTick_CLKSource_HCLK 为 AHB 时钟，即不分频，则 SysTick 的时钟频率为 72MHz，设重装载值为 72000，则延时时间为 72000×(1/72000 000Hz)=1ms。SysTick_CLKSource_HCLK_Div8 为 AHB 的 8 分频，则 SysTick 的时钟频率为 9MHz（72MHz/8=9MHz）。若设重装载值为 9000，则延时时间为 9000×(1/9000 000Hz)=1ms。

使用时，先调用 SysTick_Config(uint32_t ticks)函数进行相关配置，再调用 SysTick_CLKSourceConfig(uint32_t SysTick_CLKSource)函数选择 SysTick 的时钟源。

9.5.2 SysTick 定时器标准外设库应用实例

本实例基于标准外设库 v3.5.0 操作 SysTick 定时器实现精确延时 1ms，在此基础上实现 LED 灯间隔 1s 闪烁一次。

1. SysTick 定时器编程步骤

（1）初始化 SysTick。利用 SysTick_Config(uint32_t ticks)函数配置 SysTick 的重装载初值；利用 SysTick_CLKSourceConfig(uint32_t SysTick_CLKSource)函数选择 SysTick 的时钟源。

（2）编写 delay 延迟函数。

（3）编写 SysTick 中断服务函数。

2. 程序

（1）新建 systick.h 头文件，具体代码如下。

```
#ifndef __SYSTICK_H
#define __SYSTICK_H
#include "stm32f10x.h"

void SysTick_Init(void);
```

```
void Delay_ms(uint16_t nCount);

#endif
```

（2）新建 systick.c 文件，具体代码如下。

```
#include "systick.h"

__IO uint32_t TimingDelay;    //定义一个全局变量，类型为 volatile
/*volatile 的作用: 指令关键字，确保本条指令不会因为编译器的优化而省略，且要求每次
   直接读值*/
void SysTick_Init(void)
{
   SysTick_Config(9000);
   /*9000 为重装载值，SysTick 时钟频率选择为 AHB 的 8 分频，即 72MHz/8=9MHz，
       则定时时间为 9000*(1/9MHz)= 9000 *(1/9000000)=1/1000 =1ms*/
   SysTick_CLKSourceConfig(SysTick_CLKSource_HCLK_Div8);
}
void Delay_ms(uint16_t nCount)
{
   TimingDelay = nCount;
   while(TimingDelay != 0);
}
```

（3）新建 mian.c 文件，具体代码如下。

```
#include "stm32f10x.h"
#include "led.h"
#include "systick.h"
int main(void)
{
   LED_Init();
   SysTick_Init();
   while(1)
   {
      GPIO_SetBits(GPIOB,GPIO_Pin_5);
      Delay_ms(1000);   // 延时 1000×(1/1000)=1s
      GPIO_ResetBits(GPIOB,GPIO_Pin_5);
      Delay_ms(1000);
   }
}
```

（4）在 stm32f10x_it.c 文件中，找到 SysTick 的中断服务函数，若发现此函数的函数体是
空的，则在函数体中添加如下代码。

```
extern __IO uint32_t TimingDelay;
// 添加外部声明，告知编译器这是在外部定义的一个变量
void SysTick_Handler(void)
{
   if(TimingDelay != 0x00)
   {
      TimingDelay --;
```

```
    }
}
```

（5）编写与 LED 灯相关的代码，led.c 文件中的代码如下。

```
#include "led.h"
void LED_Init(void)
{
   GPIO_InitTypeDef GPIO_InitStructure;
   RCC_APB2PeriphClockCmd(RCC_APB2Periph_GPIOB,ENABLE);
   GPIO_InitStructure.GPIO_Pin = GPIO_Pin_5;
   GPIO_InitStructure.GPIO_Mode = GPIO_Mode_Out_PP;
   GPIO_InitStructure.GPIO_Speed = GPIO_Speed_50MHz;
   GPIO_Init(GPIOB,&GPIO_InitStructure);
}
```

led.h 头文件的代码如下。

```
#ifndef __LED_H
#define __LED_H

#include "stm32f10x.h"
void LED_Init(void);

#endif
```

（6）编译下载，实验现象为 LED 灯精确延迟 1s 并循环闪烁。

另外，HAL 库延时函数 HAL_Delay(uint32_t Delay)可提供毫秒级的延时。其源代码如下。

```
void HAL_Delay(uint32_t Delay)
{
   uint32_t tickstart = HAL_GetTick();
   uint32_t wait = Delay;
   /* Add a freq to guarantee minimum wait */
   if (wait < HAL_MAX_DELAY)
   {
     wait += (uint32_t)(uwTickFreq);
   }
   while ((HAL_GetTick() - tickstart) < wait)
   {  }
}
```

HAL_Delay()函数通过调用 HAL_GetTick()函数，返回 uwTick 的值，代码如下。

```
uint32_t HAL_GetTick(void)
{
   return uwTick;
}
```

右击 "Go To Definition of''" 按钮，转到 uwTick，代码如下。

```
__IO uint32_t uwTick;
__weak void HAL_IncTick(void)
{
   uwTick += uwTickFreq;
}
```

右击"Go To Definition of ' '"按钮，进一步查看 uwTickFreq 的定义，可知 uwTickFreq 默认为系统的 TICK，频率为 1kHz。

```
#define HAL_MAX_DELAY 0xFFFFFFFFU
HAL_TickFreqTypeDef uwTickFreq = HAL_TICK_FREQ_DEFAULT; /* 1kHz */
HAL_TICK_FREQ_DEFAULT= AL_TICK_FREQ_1kHz
```

9.6　编程思想之状态机设计思想

嵌入式系统中经常同时用到按键处理、传感器数据采集、A/D 转换、显示等功能，如果采用主程序中顺序轮询执行的程序结构，就会导致某些功能模块无法得到及时响应或处理，而采用前后台的中断服务程序结构可满足系统的实时性要求，但如果在中断服务程序中完成过多的任务或存在多个中断，就会因抢夺 CPU 资源导致效率低下，所以一般建议尽可能地减少中断所执行的时间。对于按键，由于机械触点在接通和断开的瞬间存在多次弹跳问题，通常的做法是采用软件延时（10ms 左右）的方法进行消抖，这种方法只适用于比较简单的系统，对于复杂的、实时性要求较高的系统，会因延时期间 CPU 必须处于等待状态造成 CPU 效率低下，那么针对类似按键多个状态的处理程序，可以采用状态机的设计思想加以解决。

状态机的设计思想是软件编程中一个重要的程序设计思路，它把复杂的控制逻辑分解成若干个状态，通过事件触发，让状态机按设定的逻辑状态顺序处理事务。嵌入式开发中，系统往往由有限个状态组成，因此状态机又称有限状态机（Finite State Machine，FSM）。任一时刻系统都处于有限个状态中的一个状态，根据触发信号的不同（条件）和当前所处的状态（现态）按照预先设定的方式进行状态转移，切换到新的状态（次态），并根据系统功能需求确定执行哪个功能（动作）。状态机的设计思想主要包括状态、条件/事件、动作等要素。

（1）状态：系统在某个时间点所处的形态或状况，如物质的三种状态，即固态、液态、气态；当你进入教室等待上课时，就处于等待状态。根据状态在系统中所处时间阶段的不同，分为现态和次态。现态即系统当前所处的状态，次态表示当某个条件满足时要转移的新状态，如冰当前状态为固态（现态），加热到一定温度（条件）就会变成液态（次态）。

（2）条件/事件：用于触发状态机进行状态转换、产生相应动作（输出）。当某个条件满足时将会执行一次状态的迁移或触发一个动作。

（3）动作：条件满足后具体执行的操作。动作要素不是必需的，当条件满足后，也可以不执行任何动作，直接迁移到新状态。

下面基于状态机的设计思想实现按键处理程序，利用定时器每隔 20ms 产生一次中断，在定时中断服务程序中调用按键状态转换程序，这样不仅可有效消除按键抖动，还能够提高 CPU 的效率。

根据状态机的设计思想，将按键工作过程分为以下三个状态。

（1）按键空状态：没有按键被按下的状态 KEY_NULL。

（2）按键按下状态：按键被按下的状态 KEY_DOWN。

（3）按键释放状态：等待按键释放的状态 KEY_RELEASE。

按键状态转换如表 9-7 所示。假定按键被按下时端口电平为 0（低电平有效），未被按下时端口电平为 1（高电平）。通过状态机实现按键状态检测的过程如下：首先，按键的初始状态为 KEY_NULL，当检测到按键端口电平为 1 时（高电平），表示没有按键被按下，保持按键空状态 KEY_NULL；当检测到按键输入为 0 时，表示有按键被按下，转入状态 KEY_DOWN。

表 9-7　按键状态转换

现态	输入	次态	输出
KEY_NULL	按键按下（按键端口电平为 0）	KEY_DOWN	—
	按键按下（按键端口电平为 1）	KEY_NULL	—
KEY_DOWN	按键输入信号为 1	KEY_NULL	—
	按键输入信号为 0	KEY_RELEASE	产生相应的按键标志
KEY_RELEASE	按键输入信号为 1	KEY_NULL	—
	按键输入信号为 0	KEY_RELEASE	—

在 KEY_DOWN 状态下，如果此时检测到按键输入信号为 1，则表示刚才的按键操作为干扰，状态跳转到 KEY_NULL；如果按键输入信号为 0，则表示确实有按键被按下，此时就可以读取按键的状态，并产生相应的按键标志，同时状态机切换到 KEY_RELEASE 状态。

在按键释放 KEY_RELEASE 状态下，如果按键输入信号为 1（高电平），则切换到 KEY_NULL。

定义一个枚举类型列出按键的所有状态，添加在由 STM32CubeMX 生成的 Keil 工程的主程序中。首先，定义按键状态的数据类型，采用枚举类型，用 3 个常量表示按键的三种状态，具体代码如下。

```
    /* Private typedef */
    /* USER CODE BEGIN PTD */
typedef enum
{
    KEY_NULL = 0,                //按键未被按下
    KEY_DOWN,                    //有按键被按下
    KEY_RELEASE                  //按键释放状态
} KEY_STATES;
    /* USER CODE END PTD */
```

用按键枚举类型 KEY_STATES 定义一个变量 keyState 用于表示按键的状态，定义一个标志 keyFlag 用于表示按键是否有效。代码如下。

```
    /* USER CODE BEGIN PV */
KEY_STATES  keyState=KEY_NULL; //按键状态，初值为按键空状态
uint8_t keyFlag=0;             //按键值有效标志，1 为有效；0 为无效
    /* USER CODE END PV */
```

使能定时器中断，根据所使用的定时器进行设置并开启定时器。代码如下。

```
    /* USER CODE BEGIN 2 */
HAL_TIM_Base_Start_IT(&htim1); //使能定时器 1 更新中断，启动定时器 1
    /* USER CODE END 2 */
```

定义 void Key_FSM(void)函数，利用 switch...case 语句，检测按键引脚电平，根据按键引脚电平和当前状态确定按键状态的转换，然后在定时器中断的回调函数中调用此函数，具体代码如下。

```
    /* USER CODE BEGIN 4 */
void Key_FSM(void)               //按键状态检测函数
```

```
{
    switch(keyState)                    //按键状态检测
    {
        case KEY_NULL:                  //初始状态，即按键未被按下
        {
        //如果读到低电平，说明按键被按下，则进入按键被按下状态，否则保持当前状态不变
        if(HAL_GPIO_ReadPin(KEY_GPIO_Port,KEY_Pin) == GPIO_PIN_RESET)
        {
            keyState=KEY_DOWN;
        }
        break;
        }
        case KEY_DOWN:      //按键被按下状态
        {
        //如果读到低电平，则说明按键被按下，切换到按键释放状态，并设置标志位
        if(HAL_GPIO_ReadPin(KEY_GPIO_Port,KEY_Pin) == GPIO_PIN_RESET)
            {
                keyState=KEY_ RELEASE;
                keyFlag=1;//设置有效按键标志，表示按键被按下后立即执行按键任务
            }
            else    //如果读到高电平，则认为是干扰信号，切换到按键空状态
            {
                keyState=KEY_NULL;
            }
            break;
        }
        case KEY_RELEASE:              //按键释放状态
        {
        //若读到高电平，则切换到按键空状态，否则保持当前状态
        if(HAL_GPIO_ReadPin(KEY_GPIO_Port,KEY_Pin)==GPIO_PIN_SET)
            {
                keyState=KEY_NULL;
            }
            break;
        }
        default: break;
    }
}
        //定时器中断回调函数
void HAL_TIM_PeriodElapsedCallback(TIM_HandleTypeDef *htim)
{
    if(htim->Instance==TIM1)      //判断中断来源
    {
        void Key_FSM(void) ;
    }
}
/* USER CODE END 4 */
```

最后编写后台检测程序，根据标志位执行指示灯状态翻转的操作。代码如下。

```
                  /* USER CODE BEGIN WHILE */
        while (1)
        {
              /* USER CODE END WHILE */
              /* USER CODE BEGIN 3 */
        if(keyFlag == 1)  //检测按键有效标志位
        {
            keyFlag=0;    //清除标志位
            HAL_GPIO_TogglePin(LED1_GPIO_Port,LED1_Pin);
                //执行按键任务，指示灯状态翻转
        }
              /* USER CODE END 3 */
        }
```

编译完成后就可以下载到开发板中进行验证。

读者掌握了状态机的设计思想，可尝试应用于其他场合，如串口通信的状态机实现，A/D 转换的状态机实现等。

本章小结

1. 定时和计数的区别与联系。定时是对周期性的脉冲信号进行计数，如内部时钟信号；计数是对周期不确定的脉冲信号进行计数，如从 GPIO 引脚输入的外部脉冲。对于微控制器，定时和计数的本质是一样的，本质上都是计数，定时是计数的一种特例，两者的主要区别在于信号的来源不同。

定时的 3 个重要概念：计数范围、初始值和溢出。计数范围是指定时器（如水杯容量）的计数范围，如 16 位定时器的最大计数值为 65535；初始值也指定时器初值，即从何处开始进行定时和计数，计数到定时器的最大计数值触发溢出中断；溢出指定时器计数满后所要完成的操作。

2. STM32 微控制器的定时器功能非常强大，片内集成了多个定时器，按照定时器在微控制器内部的位置可分为内核定时器和外设定时器两大类。内核定时器主要指系统节拍定时器，即位于 ARM Cortex-M3 内核中的 SysTick，是一个 24 位的递减计数器，在多任务系统中提供时间基准，用于任务切换。外设定时器根据功能又分为常规定时器和专用定时器。常规定时器有基本定时器、通用定时器和高级定时器 3 种；专用定时器主要有看门狗定时器、实时时钟。

STM32F103 系列微控制器中的基本定时器有 2 个：TIM6 和 TIM7，没有对外的输入/输出通道，功能简单，只能够实现基本的定时功能。通用定时器有 4 个：TIM2～TIM5，具备多路独立的捕获/比较通道，可以完成定时/计数、输入捕获、输出比较等功能，还可以连接其他的传感器接口，如编码器和霍尔传感器。高级定时器有 2 个：TIM1 和 TIM8，功能最为强大，除具有通用定时器的功能外，还增加了重复计数器、广泛用于电动机控制领域的带死区控制的互补信号输出、紧急制动关断输入等功能。

3. STM32 定时器的时钟频率是由其挂接的时钟总线 APB 决定的，从 STM32 芯片手册上可以看出，TIM1 和 TIM8 挂接在 APB2 总线上，TIM2～TIM7 挂接在 APB1 总线上，APB2 的最大工作频率为 72MHz，APB1 的最大工作频率为 36 MHz。

定时器的时钟不是直接来自 APB1 或 APB2，而是 APB1 或 APB2 经过一个倍频器通过预分频实现的。APB 总线的频率和预分频系数在使用 STM32CubeMX 配置系统时钟时已经设置好了，若 APB1 预分频系数不等于 1，则定时器 TIM2~TIM7 的时钟频率是 APB1 频率的 2 倍，即 TIM2~TIM7 的时钟频率为 72MHz；若 APB2 预分频系数设置为 1，则 TIM1 和 TIM8 的时钟频率为 72MHz。

4．STM32 通用定时器可以用于时基或 PWM 输出，具有 4 个独立通道：输入捕获、输出比较、PWM 生成和单脉冲输出。通用定时器主要由时钟源、时钟单元、捕获/比较通道构成，核心是一个可编程预分频器驱动的 16 位自动装载计数器。

预分频器通过计数方式对预分频时钟进行分频，而预分频寄存器用于存放预分频系数 PSC。预分频系数 PSC 可为 1~65535 中的任意数。计数器 CNT 是一个 16 位的寄存器，用于对预分频寄存器输出的计数时钟进行二次计数，可以向上计数、向下计数或向下/向上双向计数，最大计数值为 65535，当计数值达到设定值时，会产生溢出事件，溢出时产生中断或 DMA 请求，然后由自动重装载寄存器进行重新加载或更新。自动重装载寄存器用于存储预先设定的计数值，即当定时器设置为向上计数模式时，ARR 为计数终值，向上计数触发溢出；当定时器设置为向下计数模式时，ARR 为计数初值，向下计数触发溢出，每次计数器溢出事件发生后会自动将设定好的计数数值重新装载到计数器中。

定时器定时时间计算公式：$T=(\text{TIM\_Prescaler}+1)\times(\text{TIM\_Period}+1)/\text{TIMxCLK}$

5．PWM 是一种对模拟信号电平进行数字表示的方法，广泛用于电力电子技术、通信、功率控制等领域，如电动机的转速控制、灯光的亮度调节、信号调制等场合。

PWM 信号有两个重要的参数：周期和占空比。

周期（Period）指一个完整的 PWM 波形所持续的时间。占空比（Duty）指高电平持续时间与周期的比值。

SMT32 的 PWM 有 PWM1、PWM2 两种工作模式。两种工作模式下的 PWM 信号互补输出。

习题与思考

一、选择题

1. 以下选项中属于 STM32 基本定时器功能的是（　　）。
   - A．定时/计数
   - B．死区时间控制
   - C．输出比较
   - D．输入捕获

2. SysTick 是一个（　　）位的递减计数器。
   - A．8
   - B．16
   - C．24
   - D．32

3. STM32 通用定时器的时基单元不包括（　　）。
   - A．计数器（TIMxCNT）
   - B．预分频器（PSC）
   - C．自动重装载寄存器（ARR）
   - D．SysTick

4．以下关于 PWM 描述不正确的是（　　　　）。
    A．PWM 是通过数字信号实现的模拟输出
    B．PWM 是通过调整占空比来实现输出值的变化
    C．占空比是一个脉冲周期内低电平时间所占的比例
    D．PWM 等效输出电压值等于占空比乘以高电平值

5．下列选项中不属于定时器输入捕获功能的有效触发事件的是（　　　　）。
    A．下降沿   B．上升沿
    C．高电平   D．双边沿

6．定时器发生溢出后，计数器的重装载值由（　　　）决定。
    A．计数寄存器   B．自动重装载寄存器
    C．预分频寄存器   D．捕获/比较寄存器

二、填空题

1．采用 STM32 通用定时器分别精确延时 10ms 时的定时中断，其预分频系数（PSC）应设置为_____，ARR 设置为_____。

2．STM32F103 系列微控制器集成了_____个定时器，其中 TIM1 和 TIM8 挂接在_____总线上，TIM2～TIM7 挂接在_____总线上。

3．STM32 通用定时器 TIM 的 16 位计数器可以采用 3 种方式工作，分别是_____、_____和_____。

4．PWM 信号的输出其实就是对外输出脉宽可调节（占空比）的方波信号，STM32 中的 PWM 信号频率由_____决定，占空比由_____决定。

5．SMT32 的 PWM 有_____、_____两种工作模式。

三、判断题

1．看门狗本质上是一个定时器，设置好后需要定时操作更新，即喂狗，如果在规定的时间内没有操作，就会进入系统复位。（　　　）

2．定时器是对周期固定的脉冲进行计数，它属于计数器的一种。（　　　）

3．预分频寄存器的作用是扩大定时器的定时范围，并获取精确的时钟。（　　　）

4．STM32CubeMX 中若将定时器的参数 Period 设置为 0，定时器将不会启动。（　　　）

5．在 PWM 的一个周期内，当计数器的值 TIMx_CNT 小于比较寄存器的值 TIMx_CCRx 时，输出低电平，当计数器的值 TIMx_CNT 大于比较寄存器的值 TIMx_CCRx 时，输出高电平。（　　　）

四、简答题

1．简述通用定时器、SysTick 定时器和看门狗定时器的区别。

2．简述 STM32 通用定时器与高级定时器的功能、区别和应用场合。

3．简述 PWM 的工作原理。

五、综合应用题

1．假设系统时钟为 72MHz，通用定时器时钟 TIM_CLK 为 72MHz，分别计算精确延时

100μs、50μs、1ms、5ms、2s 时的 PSC 和 ARR 的值。

2．利用定时器 TIM3 产生 2s 的定时中断控制蜂鸣器 BEEP 发声。BEEP 连接在 PB8 引脚。

（1）请画出硬件电路示意图。

（2）请补全程序。

```
void HAL_TIM_PeriodElapsedCallback(TIM_HandleTypeDef  *htim)
{
    if(htim->Instance ==_____.Instance)
    {
        HAL_GPIO_TogglePin(_____,_____);
    }
}
```

3．编写程序：基于 HAL 库实现 PWM 呼吸灯、电动机转速快-慢的循环变化（提示：利用定时器 TIM3 的 PWM 输出控制 LED 灯由暗变亮，再由亮变暗的循环变化，周期为 500μs，占空比为 80%）。

第10章 模拟数字转换

在物联网蓬勃发展的今天，物与物相互关联，人与物相互感知，人能够随时随地感知物的状态，如智能家居中房间的温度、湿度、光照强度，以及花卉是否缺水（缺营养）、视频监控等，现代控制、通信及检测领域用到的（如压力、流量、速度、图像等）各种物理量，往往是状态参数连续变化的模拟量，而计算机只能处理数字信号，因此，需要将检测到的外部模拟信号转换成数字信号，才能由计算机进一步处理，将模拟量转换成数字量的器件称为模数转换器，又称 A/D 转换器，简称 ADC。计算机的处理结果仍然是数字量，执行机构不能直接使用，需要将其转换为模拟量，将数字量转换为模拟量的器件称为数模转换器，又称 D/A 转换器，简称 DAC。STM32F103 系列微控制器内部集成了 3 个 12 位转换速率高达 1μs 的逐次逼近型 ADC，以及 2 个 12 位的 DAC。本章基于 STM32F103 系列微控制器讲述 ADC 结构、工作原理及应用案例。

▌ 知识目标

- 理解和掌握 ADC 的转换过程及主要技术参数。
- 理解和熟知 STM32 的 ADC 内部结构、工作原理及转换过程。
- 熟悉 ADC 的标准外设库、HAL 库的接口函数，理解 ADC 接口函数的编程思想。

▌ 能力目标

- 能够根据硬件原理图，正确配置相关参数并搭建实际电路。
- 能够利用 ADC 的标准外设库、HAL 库的接口函数采用轮询方式、中断方式、DMA 方式实现 ADC。
- 熟练使用 STM32CubeMX 配置 ADC，根据系统需求编写应用程序。

▌ 思维与素养目标

- 尽管模拟控制直观且简单，但由于模拟电路容易随时间漂移，难以调节，且对噪声很敏感，因此以数字方式控制模拟电路，不仅可以大幅度降低系统的成本和功耗，还能提高系统性能。以模拟信号转换成数字信号进行处理这一思路，引导学生转变思维观念，变化才是这个世界的本质。
- 模拟信号是自然的语言，数字信号是人类的代码。两者的博弈本质上是"真实"与"效率"的权衡：模拟承载着世界的丰富性，数字赋予技术的可控性。从电报码到 ChatGPT，人类不断用离散的数字构建对连续世界的认知模型，而 DAC/ADC 等转换器则是这场宏大叙事中默默运转的"翻译官"。或许未来，随着量子计算、生物芯片等技术的突破，我们将找到更优雅的方式，弥合离散与连续的鸿沟，但在此之前，理解两者的差异与共生，仍是解锁数字时代的关键密钥。

10.1　ADC 基础理论知识

ADC（Analog to Digital Converter，模数转换器）可以将时间和幅值连续变化的模拟信号转换为时间和幅值离散的数字信号。按照转换原理不同主要分为逐次逼近型 ADC、双积分型 ADC 和并联比较型 ADC 三种。

10.1.1　A/D 转换过程

A/D 转换过程一般包括采样、保持、量化和编码 4 个步骤。

采样就是对模拟信号周期性地抽取样值，使模拟信号转换成时间上离散的脉冲信号，脉冲信号的幅值仍取决于采样时间内输入模拟信号的大小。采样频率 f_S 越高，采样越密集，采样值就越多，采样信号的包络线就越接近输入模拟信号的波形。为确保采样后的信号能够还原模拟信号，根据采样定理，采样频率 f_S 必须大于或等于 2 倍输入模拟信号的最高截止频率 f_{Imax}，即要求 $f_S \geqslant 2f_{Imax}$，两次采样时间间隔不能大于 T_S（$T_S=1/f_S$），否则将失去输入模拟信号的某些特征。模拟信号经过采样之后会变成一系列样值点，为确保准确转换，在下一个采样时刻到来之前，样值点的幅度应确保在转换过程中保持不变，这需要专门的保持电路来完成。模拟信号经过采样和保持之后，得到的波形为阶梯波，该阶梯波的幅值是可以连续取值的，因此此时的信号仍不是数字信号，所以需要将采样后的样值电平归化到与之接近的离散电平上，这一过程称为量化。量化是用有限个电平来表示样值脉冲的过程，将量化后的信号转换成二进制代码的过程就是编码。经编码之后的信号可以利用计算机进行信号处理。

A/D 转换需要时间，在 A/D 转换过程中，需要使模拟信号保持不变，否则无法保证转换精度。在实际 A/D 转换过程中，有些步骤是合并进行的，如一般采样和保持通常由采样–保持电路完成，而量化和编码由 A/D 转换器完成，A/D 转换过程如图 10-1 所示。

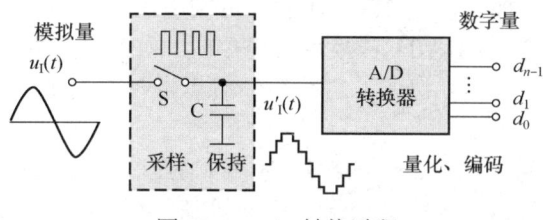

图 10-1　A/D 转换过程

10.1.2　A/D 转换的主要技术参数

A/D 转换的主要技术参数从转换精度和转换速度两方面考虑，一般用分辨率和转换误差描述转换精度，用转换时间与转换速率描述转换速度。

1. 分辨率

分辨率通常用二进制数的有效位表示，反映了 ADC 对输入模拟量最小变化的分辨能力。在最大输入电压一定时，位数越多，量化单位越小，误差越小，分辨率越高。例如，对于 10 位 ADC，若最大输入信号为 5V，则能够区分的输入信号最小电压为 $5/2^{10}=4.88\text{mV}$。ADC 分辨率与位数之间的关系（满量程电压为 10V）如表 10-1 所示。

表 10-1 ADC 分辨率与位数之间的关系（满量程电压为 10V）

位　　　数	级　　　数	分辨率（转换精度）	说　　　明
8	$2^8 = 256$	39.1 mV	8 位、12 位 ADC 常用于工程控制领域和语音处理领域
10	$2^{10} = 1024$	9.77 mV	
12	$2^{12} = 4096$	2.44 mV	
14	$2^{14} = 16384$	0.61 mV	
16	$2^{16} = 65536$	0.15 mV	16 位或更高的 ADC 常用于医学领域中微弱生理信号的采集

2. 转换误差

转换误差反映了 ADC 实际输出数字量和理想输出数字量之间的差异，通常为 1 个或半个最小数字量的模拟变化量，表示为 1LSB 或 1/2 LSB。

实际应用中，应从数据位数、输入信号极性与范围、精度要求和转换速率等方面综合考虑 ADC 的选用。

3. 转换时间与转换速率

转换时间是指从转换控制信号到 ADC 输出端得到稳定的数字量所需要的时间。转换时间与 ADC 的类型有关，双积分型 ADC 的转换时间一般为几十毫秒，属于低速 ADC；逐次逼近型 ADC 的转换时间一般为几十微秒，属于中速 ADC；并联比较型 ADC 的转换时间一般为几十纳秒。转换时间的倒数即转换速率。

10.2　STM32 的 ADC

STM32 的 ADC 功能十分强大，STM32F10x 系列微控制器内部集成有 3 个 12 位 ADC，均属于逐次逼近型 ADC，拥有多达 18 个通道，可实现 16 个外部模拟输入通道和 2 个内部信号源的 A/D 转换，各通道的 A/D 转换可采用单次、连续、扫描或间断模式执行。ADCx（x=1,2,3）的转换结果是一个 12 位的二进制数，可以以左对齐或右对齐两种方式存储在 16 位数据寄存器中。

图 10-2 所示为 STM32 单个 ADC 内部结构。STM32 的 ADC 主要由 ADC 引脚、模拟多路开关、ADC 时钟、注入通道或规则通道、中断等部件组成。

STM32 的 ADC 工作原理和转换过程如下。

（1）输入信号经 ADC 的输入通道 ADCx_IN0～ADCx_IN15 进入 ADC 功能模块。

（2）ADC 需要经触发信号的触发才能进行 A/D 转换，触发信号可以采用软件触发，也可以采用 EXTI 外部触发或定时器触发。ADC 将硬件触发源分为两类：规则通道和注入通道。其中，规则通道的硬件触发源主要有 EXTI_11、TIM1_CH1、TIM1_CH2、TIM1_CH3 等；注入通道的硬件触发源主要有 EXTI_15、TIM3_CH4 等。

（3）ADC 收到触发信号后，在 ADC 时钟 ADCCLK 的驱动下，对输入通道的信号进行 A/D 转换，即完成采样→保持→量化→编码等工作。

（4）A/D 转换结束后，将转换结果的 12 位数据以左对齐或右对齐的方式保存到 16 位寄存器中，规则通道的转换结果保存在规则通道数据寄存器 ADC_DR 中，注入通道的转换结果保存在注入通道数据寄存器 ADC_DRT1 中，同时产生 A/D 转换结束事件（EOC）或注入转换结束事件（JEOC），触发中断或 DMA 请求。此时，可以通过中断或 DMA 方式获取 A/D 的转换结果。另外，若配置了模拟看门狗，当采集到的电压大于阈值时，则会触发看门狗中断。

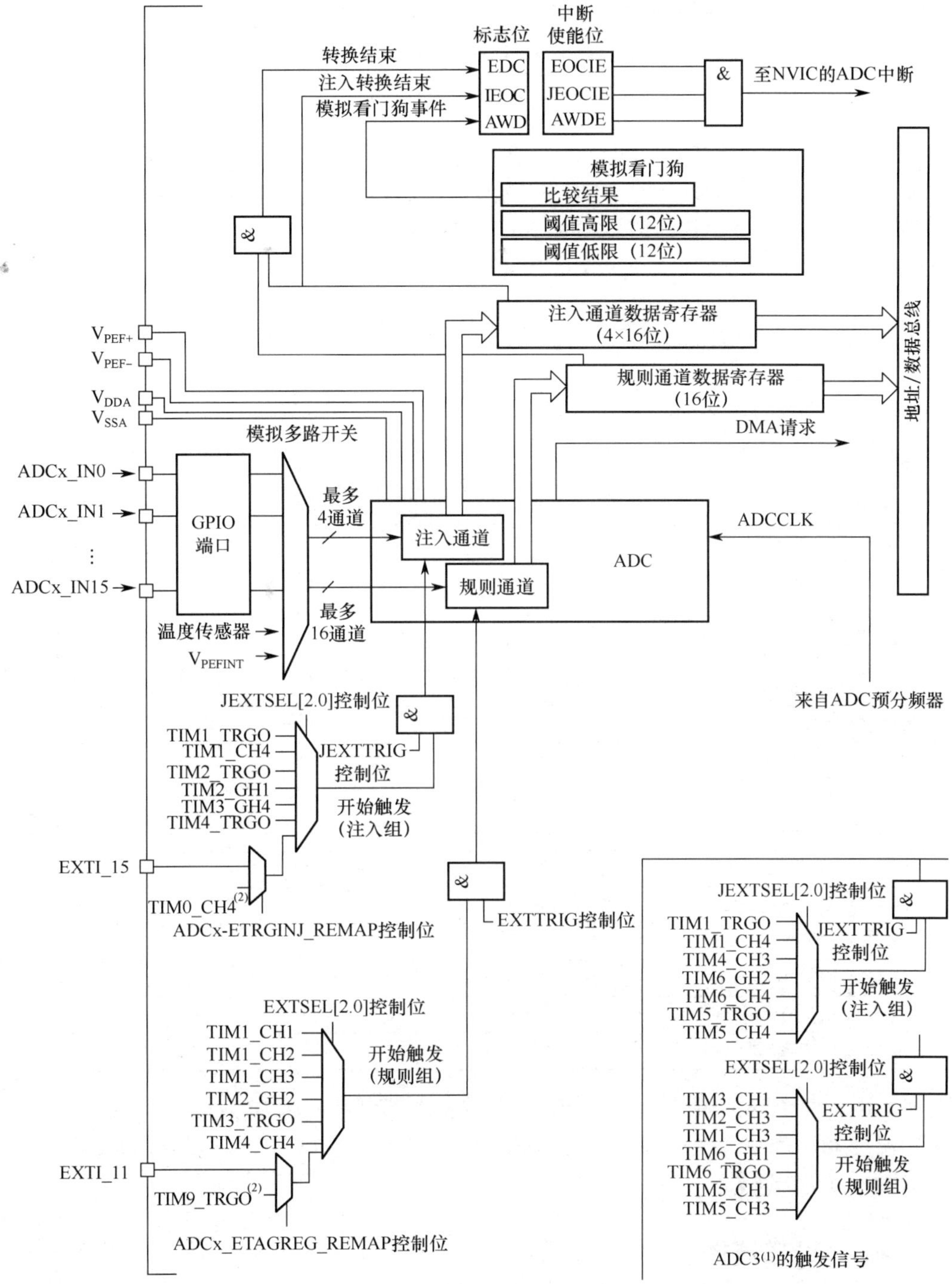

图 10-2　STM32 单个 ADC 内部结构

10.2.1　ADC 的引脚

1. 参考电压

A/D 转换过程需要稳定的参考电压。由 STM32 芯片数据手册可知，ADC 的参考电压为

2.4～3.6V，输入信号的电压范围为 $V_{REF-} \leqslant V_{IN} \leqslant V_{REF+}$，若参考电压为 3.3V，则输入信号电压 V_{IN} 与转换后的数字量之间的关系为

$$V_{IN} = 数字量/4096 \times 3.3$$

式中，$4096=2^{12}$，指数中的 12 表示 ADC 是 12 位的。

2. ADC 模拟输入引脚

ADCx_IN0～ADCx_IN15 为 ADC 的输入信号通道，即 ADC 的 GPIO 引脚，ADC 的 GPIO 引脚均为复用功能，使用时需要将其配置为模拟输入模式。STM32 芯片数据手册中给出了 ADCx 复用引脚及通道，如表 10-2 所示。

表 10-2　ADCx 复用引脚及通道

通　　道	ADC1 （复用引脚）	ADC2 （复用引脚）	ADC3 （复用引脚）
通道 0(ADC_Channel_0)	PA0	PA0	PA0
通道 1(ADC_Channel_1)	PA1	PA1	PA1
通道 2(ADC_Channel_2)	PA2	PA2	PA2
通道 3(ADC_Channel_3)	PA3	PA3	PA3
通道 4(ADC_Channel_4)	PA4	PA4	PF6
通道 5(ADC_Channel_5)	PA5	PA5	PF7
通道 6(ADC_Channel_6)	PA6	PA6	PF8
通道 7(ADC_Channel_7)	PA7	PA7	PF9
通道 8(ADC_Channel_8)	PB0	PB0	PF10
通道 9(ADC_Channel_9)	PB1	PB1	—
通道 10(ADC_Channel_10)	PC0	PC0	PC0
通道 11(ADC_Channel_11)	PC1	PC1	PC1
通道 12(ADC_Channel_12)	PC2	PC2	PC2
通道 13(ADC_Channel_13)	PC3	PC3	PC3
通道 14(ADC_Channel_14)	PC4	PC4	—
通道 15(ADC_Channel_15)	PC5	PC5	—
通道 16(ADC_Channel_16)	温度传感器	—	—
通道 17(ADC_Channel_17)	内部参考电压	—	—

ADC1 还有两个内部通道：温度传感器通道和内部参考电压（V_{REFINT}），分别用来测量芯片内部的温度和内部参考电压。温度传感器连接到 ADC1_IN16 通道，内部参考电压（V_{REFINT}）连接到 ADC1_IN17 通道。

10.2.2　ADC 通道选择

STM32 的 ADC 有 16 个模拟输入通道，该如何合理使用和安排这些多路复用通道呢？STM32 设计了按组进行转换的模式，可以由程序设置实现对多个模拟通道进行自动的、逐个的采样转换。STM32 分为两种转换模式：规则组和注入组。

1. 规则通道组（规则组）

规则通道组可通过编程来设定规则通道组的数量 n，n 最多可设定为 16。

　　例如，设定 $n=3$，规则通道组由 1、2、3、5、6、7、9 和 11 通道组成，则第 1 次触发时，转换的序列为 1、2 和 3 通道；第 2 次触发时，转换的序列为 5、6 和 7 通道；第 3 次触发时，转换的序列为 9 和 11 通道；然后产生 EOC 中断，第 4 次触发时，转换的序列为 1、2 和 3 通道，依次类推。

　　规则通道组最多允许 16 个规则通道进行转换，每个规则通道转换完成后，转换结果均保存在同一个 16 位的规则通道数据寄存器 ADC_DR 中，同时，EOC 标志被置位，产生相应的中断或 DMA 请求。

2. 注入通道组（注入组）

　　注入通道组最多允许 4 个注入通道同时进行转换，并且对应有 4 个注入通道寄存器用来存放注入通道的转换结果，因此注入通道组没有 DMA 请求。若某个注入通道被转换，则转换结果保存在与之相应的 16 位注入通道数据寄存器 ADC_JDRx 中，同时产生 ADC 注入转换结束事件，即 JEOC 标志被置位，产生相应的中断，但不具备 DMA 的传输功能。

　　注入通道组的触发转换序列与规则通道组的触发转换序列相同。规则通道组的转换好比是程序的正常执行，注入通道组的转换则好比是一个中断服务程序。例如，智能手环在正常工作时，界面显示的是时间或其他信息，若用户想要查看心率状况，则需要通过按键或触屏选项进行选择，这时就可以把显示时间设置为规则通道组，查看心率设置为注入通道组。

10.2.3　ADC 中断和 DMA 请求

　　A/D 转换只有接收到触发信号才开始，A/D 转换的触发信号有两种产生方式。

　　（1）软件触发转换：由软件编程控制，使能触发启动位。

　　（2）外部触发：规则通道组的外部触发源可以是定时器 TIM1_CH1～TIM1_CH3，或者由外部中断线 EXTI_11 触发；注入通道组的外部触发源可以是外部中断线 EXTI_15 或 TIM1_CH4 定时器。

　　ADC 在每个通道转换完成后，可产生相应的中断请求。对于规则通道组，若 ADC_CR1 寄存器的 EOCIE 位被置 1，则会产生 EOC 中断；对于注入通道组，若 ADC_CR1 寄存器的 JEOCIE 位被置 1，则会产生 JEOC 中断；ADC1 和 ADC3 的规则通道组转换完成后还会产生 DMA 请求。

　　ADC 中断事件主要有 3 个，如表 10-3 所示，ADC_IT_EOC 中断针对规则通道组，ADC_IT_JEOC 中断针对注入通道组。

表 10-3　ADC 中断事件

中 断 事 件	事 件 标 志	使能控制位
规则通道组转换结束中断 ADC_IT_EOC	EOC 中断（End Of Coversion）	EOCIE
注入通道组转换结束中断 ADC_IT_JEOC	JEOC 中断（End Of Injected Coversion）	JEOCIE
模拟看门狗中断 ADC_IT_AWD	AWD 中断（Analog WatchDOG）	AWDIE

　　DMA 请求：由于规则通道组的转换只有一个数据寄存器（ADC_DR），而每个通道转换完成后，将覆盖以前的数据，因此对于规则通道组的转换，使用 DMA 方式处理数据能够及时地将已完成转换的数据读出。在每次产生转换结束事件（EOC）标志后，DMA 控制器会将保存在 ADC_DR 寄存器中的规则通道组的转换数据传输到 SRAM 中（用户指定的目标地址），而将注入通道组转换的数据存储在 ADC_JDRx 寄存器中。

注意：并非所有 ADC 的规则通道组转换结束后都能产生 DMA 请求，只有 ADC1 和 ADC3 能产生 DMA 请求，ADC2 转换数据可以在双 ADC 模式中使用 ADC1 的 DMA 请求，而 4 个注入通道组有 4 个数据寄存器来存储每个注入通道组的转换结果，所以注入通道组无须使用 DMA 方式处理数据。

10.2.4　ADC 转换时间

ADC 的时钟频率越高，其转换速率越快，在 STM32 芯片参考手册中规定：ADC 的时钟频率不能超过 14MHz，该频率由 PCLK2 经分频产生。由 STM32 的时钟结构可知，ADC 的时钟（ADCCLK）是由 APB2（PCLK2）经 ADC 预分频器分频得到的，分频值可设置为 2、4、6 或 8。

A/D 转换在采样时信号需要保持一定的时间，以保证 A/D 转换的正确实现。STM32 的 ADC 每条通道的采样时间都可以进行选择，采样时间可选择为采样周期的 1.5 倍、7.5 倍、13.5 倍、28.5 倍、41.5 倍、55.5 倍、71.5 倍或 239.5 倍。

A/D 转换总时间可以表示为

$$\text{A/D 转换总时间}=\text{采样时间}+12.5 \text{ 个周期}$$

例如，若采样时间为 1.5 个周期，且 ADCCLK 为 APB2（PCLK2=72MHz）的 6 分频，即 12MHz，则

$$\text{A/D 转换总时间}=(1.5+12.5)/12\text{MHz}\approx1.17\mu s$$

若 ADCCLK=14MHz，则采样时间为 1.5 个周期，则

$$\text{A/D 转换总时间}=(1.5+12.5)/14\text{MHz}=1\mu s$$

注意：由于 ADC 的时钟 ADCCLK 最大不能超过 14MHz，因此 STM32F103 系列微控制器的最短 ADC 转换时间为 1μs。采样时间越长，转换结果越稳定。

10.2.5　ADC 数据对齐

STM32F10x 系列微控制器 ADC 转换结果是一个 12 位的二进制数，通过查看数据手册可知，用来存放 ADC 转换结果的数据寄存器是 16 位的，多出的 4 位该如何处理呢？这就涉及数据如何对齐的问题。

ADC 数据对齐方式有右对齐和左对齐两种方式，一般建议采用右对齐，因为数据传输一般是从最低位开始（从右边开始）的，若数据传输是从高位开始的，则可以采用左对齐方式。

例如，16 位寄存器存储转换数据，数据对齐方式采用右对齐，则转换数据范围为 0～$2^{12}-1$，即 0～4095。

10.2.6　ADC 转换模式

ADC 转换模式主要有以下 4 种。

1. 单次模式

在单次模式下，ADC 只执行一次转换。

2. 连续模式

在连续模式下，当前 ADC 转换结束后就会立即启动下一个转换。

3. 扫描模式

扫描模式用来扫描一组模拟通道，这组通道可以来自规则通道组，也可以来自注入通道组。开启扫描模式后，ADC 将扫描被选中通道组的所有通道，若将此时的转换模式设置为单次模式，则在扫描完本组所有通道后，ADC 自动停止；若将此时的转换模式设置为连续模式，则在扫描完本组所有通道后，再从第一个通道继续扫描。

4. 间断模式

间断模式用于多个通道的规则通道组和多个通道的注入通道组。

以规则通道组为例，若被转换的通道为 0、1、2、3、6、7、9、10，且规则通道组的数量 $n=3$，则第 1 次触发：进行转换的通道序列为 0、1、2；第 2 次触发：进行转换的通道序列为 3、6、7；第 3 次触发：进行转换的通道序列为 9、10，并产生 EOC 事件；第 4 次触发：进行转换的通道序列为 0、1、2。

注意，在间断模式下，A/D 转换有以下特殊规则。

（1）当以间断模式转换一个规则通道组时，转换序列结束后不再自动从头开始。

（2）当所有子组被转换完成后，下一次触发启动第一个子组的转换，在上面的例子中，第 4 次触发重新转换第一个子组的通道 0、1 和 2。

（3）规则通道组和注入通道组不能同时设置为间断模式。

10.2.7　ADC 校准

A/D 转换过程需要一定的转换时间，对 ADC 进行校准可以减少因内部电容的变化而导致的误差。STM32 的 ADC 具有内置自校准模式，ADC 在上电后至少经过 2 个 ADC 时钟周期才开始校准，建议每次上电后都执行一次 ADC 校准，以保证采集数据的准确性。

10.3　ADC 标准外设库接口函数及应用

10.3.1　ADC 标准外设库接口函数

STM32 标准外设库 v3.5.0 的 ADC 相关的库函数主要在 stm32f10x_adc.c 源文件和 stm32f10x_adc.h 头文件中，stm32f10x_adc.h 头文件定义了 ADC 初始化结构体，并声明了相应的库函数。

1. ADC 初始化结构体

ADC 初始化结构体的相关代码如下。

```
typedefstruct
{
    uint32_t ADC_Mode;                          //ADC 工作模式
    FunctionalState ADC_ScanConvMode;           //是否采用扫描模式
    FunctionalState ADC_ContinuousConvMode;     //是否采用连续模式
    uint32_t ADC_ExternalTrigConv;              //外部触发启动
    uint32_t ADC_DataAlign;                     //ADC 的数据对齐方式
    uint8_t ADC_NbrOfChannel;                   //ADC 的通道数目
}ADC_InitTypeDef;
```

ADC 初始化结构体 ADC_InitTypeDef 用于配置 ADC 的相关参数，其结构体成员及其取值范围如表 10-4 所示。

表 10-4　ADC_InitTypeDef 结构体成员及其取值范围

结构体成员	取 值 范 围
ADC_Mode （ADC 工作模式）	ADC_Mode_Independent（独立模式）
	ADC_Mode_RegInjecSimult（同步规则和同步注入模式）
	ADC_Mode_RegSimult_AlterTrig（同步规则和交替触发模式）
	ADC_Mode_InjecSimult_FastInterl（同步注入和快速交替模式）
	ADC_Mode_InjecSimult_SlowInterl（同步注入和慢速交替模式）
	ADC_Mode_InjecSimult（同步注入模式）
	ADC_Mode_RegSimult（同步规则模式）
	ADC_Mode_FastInterl（快速交替模式）
	ADC_Mode_SlowInterl（慢速交替模式）
	ADC_Mode_AlterTrig（交替触发模式）
ADC_ScanConvMode （是否采用扫描模式）	ENABLE（开启扫描模式）
	DISABLE（不开启扫描模式）
ADC_ContinuousConvMode （是否采用连续模式）	ENABLE（开启连续模式）
	DISABLE（单次模式）
ADC_ExternalTrigConv （外部触发启动）	ADC_ExternalTrigConv_T1_CC1（定时器 1 的捕获比较 1）
	ADC_ExternalTrigConv_T1_CC2（定时器 1 的捕获比较 2）
	ADC_ExternalTrigConv_T1_CC3（定时器 1 的捕获比较 3）
	ADC_ExternalTrigConv_T2_CC2（定时器 2 的捕获比较 2）
	ADC_ExternalTrigConv_T3_TRGO（定时器 3 的 TRGO）
	ADC_ExternalTrigConv_T4_CC4（定时器 4 的捕获比较 4）
	ADC_ExternalTrigConv_Ext_IT11_TIM8_TRGO（外部中断线 11 触发）
	ADC_ExternalTrigConv_None（转换由软件触发启动而不是由外部触发启动）
ADC_DataAlign （ADC 的数据对齐方式）	ADC_DataAlign_Right（ADC 数据右对齐）
	ADC_DataAlign_Left（ADC 数据左对齐）
ADC_NbrOfChannel （ADC 的通道数目）	ADC_Channel_0～ADC_Channel_17

2. ADC 库的库函数

（1）void ADC_DeInit(ADC_TypeDef * ADCx)。

功能：将外设 ADCx 的全部寄存器复位为初始值。

实例：

```
    ADC_DeInit(ADC1);                    //复位 ADC1
```

（2）void ADC_Init(ADC_TypeDef * ADCx, ADC_InitTypeDef * ADC_InitStruct)。

功能：初始化 ADCx。

实例：

```
    ADC_Init(ADC1,&ADC_InitStructure); //初始化 ADC1
```

（3）void ADC_Cmd(ADC_TypeDef * ADCx, FunctionalStateNewState)。

功能：使能或失能指定的 ADCx。

实例：

```
        ADC_Cmd(ADC1, ENABLE);                    //使能 ADC1
```

（4）void ADC_DMACmd(ADC_TypeDef * ADCx, FunctionalStateNewState)。

功能：使能或失能指定的 ADCx 的 DMA 请求。

实例：

```
        ADC_DMACmd(ADC1, ENABLE);                 //使能 ADC1 的 DMA 请求
```

（5）void ADC_ITConfig(ADC_TypeDef * ADCx, uint16_t ADC_IT, FunctionalStateNewState)。

功能：使能或失能指定的 ADCx 的中断。

其中，ADC_IT 可以用来使能或失能 ADC 中断源。ADC_IT 的参数及其说明如表 10-5 所示。

表 10-5　ADC_IT 的参数及其说明

ADC_IT	说　　明
ADC_IT_EOC	EOC 中断屏蔽
ADC_IT_AWD	AWDOG 中断屏蔽
ADC_IT_JEOC	JEOC 中断屏蔽

实例：

```
        ADC_ITConfig(ADC1, ADC_IT_EOC|ADC_IT_AWD, ENABLE);//使能 ADC1 的 EOC 和
AWD 中断
```

（6）void ADC_ResetCalibration(ADC_TypeDef * ADCx)。

功能：重置指定 ADCx 的校准寄存器。

实例：

```
        ADC_ResetCalibration(ADC1);              //重置 ADC1 的校准寄存器
```

（7）FlagStatus ADC_GetResetCalibrationStatus(ADC_TypeDef * ADCx)。

功能：获取 ADCx 的重置校准寄存器的状态。

实例：

```
        FlagStatus ADC_Status;                   //定义状态变量 ADC_Status
        ADC_Status=ADC_GetResetCalibrationStatus(ADC1);//获取 ADC1 的重置校准寄存
器的状态
```

（8）void ADC_StartCalibration(ADC_TypeDef * ADCx)。

功能：开始指定 ADCx 的校准。

实例：

```
        ADC_StartCalibration(ADC2);              //开始指定 ADC2 的校准
```

（9）FlagStatus ADC_GetCalibrationStatus(ADC_TypeDef * ADCx)。

功能：获取 ADCx 的校准状态。

实例：

```
        ADC_GetCalibrationStatus (ADC2);         //获取 ADC2 的校准状态
```

（10）void ADC_SoftwareStartConvCmd(ADC_TypeDef* ADCx, FunctionalStateNew State)。

功能：使能或失能指定的 ADCx 的软件转换启动功能。

实例：

```
        ADC_SoftwareStartConvCmd(ADC1, ENABLE);//开启 ADC1 的软件转换启动功能
```

（11）FlagStatus ADC_GetSoftwareStartConvStatus(ADC_TypeDef* ADCx)。

功能：获取 ADCx 的软件转换启动状态。

实例：

```
FlagStatus ADC_Status; //定义状态变量 ADC_Status
ADC_Status = ADC_GetSoftwareStartConvStatus(ADC1);//获取 ADC1 的软件转换
启动状态
```

（12）void ADC_RegularChannelConfig(ADC_TypeDef * ADCx, uint8_t ADC_Channel, uint8_t Rank, uint8_t ADC_SampleTime)。

功能：设置指定 ADCx 的规则通道组，并设置其转化顺序和采样时间。

实例：

```
ADC_RegularChannelConfig(ADC1, ADC_Channel_2, 1,ADC_SampleTime_7Cycles5);
```

此语句用于配置 ADC1 的规则通道组，选择 ADC1 的通道 2（ADC_Channel_2）作为第一个转换，采样时间为 7.5 周期。

（13）uint16_t ADC_GetConversionValue(ADC_TypeDef * ADCx)。

功能：返回最近一次 ADCx 规则通道组的转换结果。

实例：

```
uint16_t ADC_ConvertedValue; //定义变量 ADC_ConvertedValue 用于存放 ADC 转
换结果
ADC_ConvertedValue = ADC_GetConversionValue(ADC1); //获取 ADC1 规则通道
组的转换结果
```

（14）FlagStatus ADC_GetFlagStatus(ADC_TypeDef * ADCx, uint8_t ADC_FLAG)。

功能：检查 ADCx 的相应标志位是否置 1。其中，ADC_FLAG 的参数及说明如表 10-6 所示。

表 10-6 ADC_FLAG 的参数及说明

ADC_AnalogWatchdog	说　　明
ADC_FLAG_AWD	模拟看门狗标志位
ADC_FLAG_EOC	转换结束标志位
ADC_FLAG_JEOC	注入组转换结束标志位
ADC_FLAG_JSTRT	注入组转换开始标志位
ADC_FLAG_STRT	规则组转换开始标志位

实例：

```
FlagStatus ADC_Status;//定义状态变量 ADC_Status
ADC_Status = ADC_GetFlagStatus(ADC1, ADC_FLAG_EOC);
```

（15）void ADC_ClearFlag(ADC_TypeDef * ADCx, uint8_t ADC_FLAG)。

功能：清除 ADCx 的相应标志位。

实例：

```
ADC_ClearFlag(ADC1,ADC_FLAG_STRT);//清除 ADC1 的规则通道组转换开始标志位
```

（16）ITStatus ADC_GetITStatus(ADC_TypeDef * ADCx, uint16_t ADC_IT)。

功能：获取 ADCx 的 ADC_IT 中断的状态。

实例：

```
ITStatus ADC_Status;//定义状态变量 ADC_Status
ADC_Status = ADC_GetITStatus(ADC1, ADC_IT_EOC);//获取 ADC1 的 EOC 中断屏蔽
```
状态

10.3.2　ADC 标准外设库应用编程步骤

STM32 的 ADC 可通过 DMA 或中断等方式进行数据传输，下面基于标准外设库以 ADC1 的通道 11 进行单次转换为例，介绍 ADC 的配置过程。ADC 的配置流程图如图 10-3 所示。

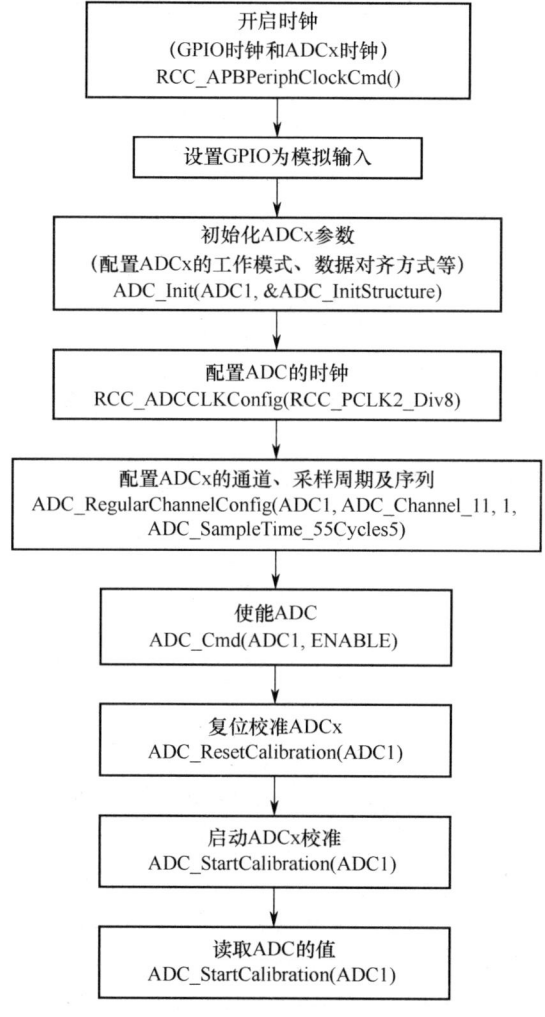

图 10-3　ADC 的配置流程图

1.　开启 I/O 端口和 ADC1 的时钟，设置 PC1 为模拟输入

STM32F103ZET6 的 ADC1 的通道 1 挂接在 PC1 引脚上，所以要先使能 I/O 端口和 ADC1 的时钟。I/O 端口和 ADC1 均挂接在 APB2 总线上，使能时钟需要用到 RCC_APB2PeriphClockCmd()函数，并设置 PC1 引脚的输入方式为模拟输入。

2.　复位 ADC1，设置 ADC1 的分频因子

对 ADC1 进行复位是为了将 ADC1 的全部寄存器重新设置为默认值，避免出现不可控

情况发生。设置分频因子是为了确保 ADC1 的时钟频率不超过 14MHz（该值是芯片厂商规定的）。此处将分频因子设为 6，ADC1 的时钟频率为 72/6=12MHz，库函数的实现方式如下。

```
RCC_ADCCLKConfig(RCC_PCLK2_Div6);
```

ADC 时钟复位的库函数如下。

```
ADC_DeInit(ADC1);
```

3. 初始化 ADC1 参数，设置 ADC1 的工作模式及其他参数

初始化 ADC1 参数，包括设置单次转换模式、触发方式和数据对齐方式等参数，使用库函数 ADC_Init() 来实现。

```
Void ADC_Init(ADC_TypeDef * ADCx, ADC_InitTypeDef * ADC_InitStruct);
```

ADC_TypeDef * ADCx 用于指定具体的 ADCx（x=1,2,3），ADC_InitTypeDef * ADC_InitStruct 是一个结构体。

ADC1 初始化配置实例如下。

```
ADC_InitStructure.ADC_Mode = ADC_Mode_Independent;
ADC_InitStructure.ADC_ScanConvMode = ENABLE;
ADC_InitStructure.ADC_ContinuousConvMode = ENABLE;
ADC_InitStructure.ADC_ExternalTrigConv = ADC_ExternalTrigConv_None;
ADC_InitStructure.ADC_DataAlign = ADC_DataAlign_Right;
ADC_InitStructure.ADC_NbrOfChannel = 1;
ADC_Init(ADC1, &ADC_InitStructure);
```

4. 使能 ADC 并校准

校准需要进行复位校准和 ADC 校准，这两步校准是必须的，否则可能导致转换结果不准确。复位校准的标准外设库函数为 ADC_ResetCalibration(ADC1)，ADC 校准的标准外设库函数为 ADC_StartCalibration(ADC1)。

首先需要确认校准是否完成，若确认校准完成，则说明 ADC 已准备就绪，可以进行转换操作。软件开启 ADC1 转换的标准外设库函数如下。

```
ADC_SoftwareStartConvCmd(ADC1,ENABLE);
```

5. 读取 ADC 的值

读取 ADC 转换结果的标准外设库函数如下。

```
ADC_GetConversionValue(ADC1);
```

10.3.3 ADC 标准外设库应用实例

1. 功能描述

通过 PC1 的 ADC1 通道 11 采集外部电压值，经 A/D 转换后，获得电压对应的数字量，采用 DMA 方式将该数字量（十六进制数表示）和由该数字量对应计算获得的电压值（十进制数表示）通过串口显示出来。

2. 硬件设计

STM32 的 PC1 引脚连接到一个滑动变阻器上，通过 ADC1 通道 11 采集滑动变阻器的

模拟输入电压，经 A/D 转换获取电压的数字值，采用 DMA 方式传输到内存，并通过串口显示。本实例硬件电路设计示意图如图 10-4 所示。

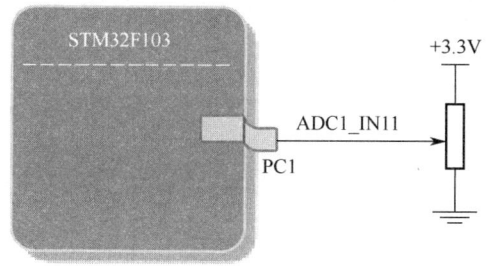

图 10-4　本实例硬件电路设计示意图

3. 软件设计

1）新建 adc.c 文件

adc.c 文件中的代码如下。

```
#include "adc.h"
#define ADC1_DR_Address    ((u32)0x40012400+0x4c)  //ADC1 的数据寄存器
ADC1_DR 的地址
__IO uint16_t ADC_Converted_Value; //定义一个变量用于存放 ADC 转换结果
/*
*函数名：ADC1_GPIO_Config( )
*功能说明：使能 PC1、ADC1 和 DMA1 的时钟，初始化 PC1 为模拟输入
*输入：无
*输出：无
*/
static void ADC1_GPIO_Config(void)
{
 GPIO_InitTypeDef GPIO_InitStructure;
 RCC_AHBPeriphClockCmd(RCC_AHBPeriph_DMA1, ENABLE); //开启 DMA1 的时钟
 /*开启 ADC1 时钟和 GPIO 时钟*/
 RCC_APB2PeriphClockCmd(RCC_APB2Periph_ADC1 | RCC_APB2Periph_GPIOC,
ENABLE);
 /*配置 PC1 为模拟输入，且不用设置速率*/
 GPIO_InitStructure.GPIO_Pin = GPIO_Pin_1;
 GPIO_InitStructure.GPIO_Mode = GPIO_Mode_AIN;
 GPIO_Init(GPIOC, &GPIO_InitStructure);
 }

/*
*函数名：ADC1_Mode_Config
*功能说明：配置 ADC1 的工作模式为 DMA 模式
*输入：无
*输出：无
*/
static void ADC1_Mode_Config(void)
```

```
    {
        DMA_InitTypeDef DMA_InitStructure;
        ADC_InitTypeDef ADC_InitStructure;
        /* DMA channel1 configuration */
        DMA_DeInit(DMA1_Channel1);
        DMA_InitStructure.DMA_PeripheralBaseAddr = ADC1_DR_Address;
        //ADC1 地址
        DMA_InitStructure.DMA_MemoryBaseAddr = (u32)& ADC_Converted_Value;
        //内存地址
        DMA_InitStructure.DMA_DIR = DMA_DIR_PeripheralSRC;//外设作为数据传输的
来源
        DMA_InitStructure.DMA_BufferSize = 1;//DMA 传输 1 个数据
        DMA_InitStructure.DMA_PeripheralInc = DMA_PeripheralInc_Disable;
        //外设地址固定
        DMA_InitStructure.DMA_MemoryInc = DMA_MemoryInc_Disable;
        //内存地址固定
        DMA_InitStructure.DMA_PeripheralDataSize=DMA_PeripheralDataSize_
HalfWord;//传输单位为半字
        DMA_InitStructure.DMA_MemoryDataSize = DMA_MemoryDataSize_HalfWord;
        DMA_InitStructure.DMA_Mode = DMA_Mode_Circular;  //循环传输 DMA 模式
        DMA_InitStructure.DMA_Priority = DMA_Priority_High;
        DMA_InitStructure.DMA_M2M = DMA_M2M_Disable;
        DMA_Init(DMA1_Channel1, &DMA_InitStructure);            //配置 DMA 通道 1
        DMA_Cmd(DMA1_Channel1, ENABLE);                         //使能 DMA1 通道 1
        /* ADC1 参数配置 */
        ADC_InitStructure.ADC_Mode = ADC_Mode_Independent;    //独立 ADC 模式
        ADC_InitStructure.ADC_ScanConvMode = DISABLE ;         //禁止扫描模式
        ADC_InitStructure.ADC_ContinuousConvMode = ENABLE;    //开启连续模式
        ADC_InitStructure.ADC_ExternalTrigConv = ADC_ExternalTrigConv_None;
        //不用外部触发
        ADC_InitStructure.ADC_DataAlign = ADC_DataAlign_Right;//数据对齐方式为
右对齐
        ADC_InitStructure.ADC_NbrOfChannel = 1;               //需要转换的通道个数
        ADC_Init(ADC1, &ADC_InitStructure);
        RCC_ADCCLKConfig(RCC_PCLK2_Div8); //配置 ADC 时钟,为 PCLK2 的 8 分频,即 9MHz
        /*配置 ADC1 的通道 11 为 55.5 个采样周期, 序列为 1 */
        ADC_RegularChannelConfig(ADC1, ADC_Channel_11, 1, ADC_SampleTime_
55Cycles5);
        ADC_DMACmd(ADC1, ENABLE);                             //使能 ADC1 的 DMA
        ADC_Cmd(ADC1, ENABLE);                                //使能 ADC1
        ADC_ResetCalibration(ADC1); //复位校准 ADC1 寄存器
        while(ADC_GetResetCalibrationStatus(ADC1)); //等待校准寄存器复位完成
            ADC_StartCalibration(ADC1);                       //启动 ADC1 校准
        while(ADC_GetCalibrationStatus(ADC1));               //等待校准完成
            ADC_SoftwareStartConvCmd(ADC1, ENABLE);          //软件触发 ADC 转换
    }
```

```
/*
*函数名: ADC1_Init(void)
*功能说明: ADC1 初始化, 通过调用 ADC1_GPIO_Config()函数和 ADC1_Mode_Config()
函数实现
*输入: 无
*输出: 无
*/
void ADC1_Init(void)
{
  ADC1_GPIO_Config();
  ADC1_Mode_Config();
}
```

2) 新建与 adc.c 对应的头文件 adc.h

adc.h 头文件如下。

```
#ifndef __ADC_H
#define __ADC_H

#include "stm32f10x.h"
void ADC1_Init(void);

#endif
```

3) 应用程序实现（main.c 文件）

main.c 文件中的代码如下。

```
#include "stm32f10x.h"
#include "usart.h"
#include "adc.h"
#include "systick.h"
//ADC1 转换的电压值通过 DMA 方式传送到 SRAM
extern __IO uint16_t ADC_Converted_Value;
//定义一个局部变量, 用于保存转换计算后的电压值
float ADC_ConvertedValueLocal;

int main(void)
{
  ADC1_Init();
  printf("\n\r ADC 模数转换测试实例\r");
  while (1)
   {
     ADC_ConvertedValueLocal =(float) ADC_Converted_Value /4096*3.3;
//计算数字量对应的电压值
     printf("\r\n 当前电压采集值的十六进制数 = 0x%04X \r\n", ADC_Converted_
Value);

     printf("\r\n 当前电压的模拟值 = %f V \r\n",ADC_ConvertedValueLocal);
     Delay_ms(500);//调用 SysTick 定时器实现精确延时, 参考 9.4 节
   }
}
```

10.4 ADC 的 HAL 库接口函数及应用

10.4.1 ADC 的 HAL 库接口函数

ADC 的 HAL 库接口函数定义在 stm32f1xx_hal_adc.c 源文件中，在 stm32f1xx_hal_adc.h 头文件中包含 ADC 库函数的声明及相关的结构体定义。

在 stm32f1xx_hal_adc.h 头文件中可以找到 ADC 操作函数，与串口通信一样，ADC 也可以通过轮询、中断和 DMA 三种方式进行操作，如图 10-5 所示。

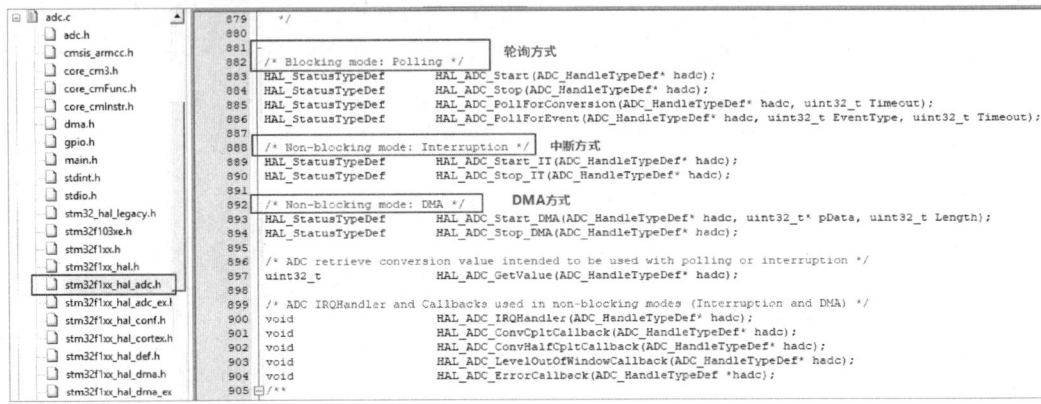

图 10-5　ADC 的 HAL 库函数

ADC 的 HAL 库常用接口函数可分为 5 大类，如表 10-7 所示。

表 10-7　ADC 的 HAL 库常用接口函数

类　　型		函数及功能描述
初始化及复位函数		HAL_ADC_Init(ADC_HandleTypeDef* hadc); 功能描述：ADC 初始化函数
		HAL_ADC_DeInit(ADC_HandleTypeDef *hadc); 功能描述：ADC 复位函数
		void HAL_ADC_MspInit(ADC_HandleTypeDef* hadc); 功能描述：ADC 初始化配置函数，该函数被 HAL 库内部调用
引脚功能操作函数	轮询方式	HAL_ADC_Start(ADC_HandleTypeDef* hadc); 功能描述：启动 ADC 转换函数
		HAL_ADC_Stop(ADC_HandleTypeDef* hadc); 功能描述：停止 ADC 转换函数
		HAL_ADC_PollForConversion(ADC_HandleTypeDef* hadc, uint32_t Timeout); 功能描述：等待转换结束，采用超时管理机制
		uint32_t　HAL_ADC_GetValue(ADC_HandleTypeDef* hadc); 功能描述：轮询或中断方式下获取 ADC 转换值
	中断方式	HAL_ADC_Start_IT(ADC_HandleTypeDef* hadc); 功能描述：中断方式下启动 ADC 转换
		HAL_ADC_Stop_IT(ADC_HandleTypeDef* hadc); 功能描述：中断方式下停止 ADC 转换
	DMA 方式	HAL_ADC_Start_DMA(ADC_HandleTypeDef* hadc, uint32_t* pData, uint32_t Length); 功能描述：DMA 方式下启动 ADC 转换
		HAL_ADC_Stop_DMA(ADC_HandleTypeDef* hadc); 功能描述：DMA 方式下停止 ADC 转换

类　型	函数及功能描述
中断服务函数 （回调函数）	void HAL_ADC_IRQHandler(ADC_HandleTypeDef* hadc); 功能描述：ADC 中断服务函数
	void HAL_ADC_ConvCpltCallback(ADC_HandleTypeDef* hadc); 功能描述：ADC 中断回调函数，用户在该函数内编写实际的中断服务程序
	void HAL_ADC_ConvHalfCpltCallback(ADC_HandleTypeDef* hadc); 功能描述：ADC 转换一半时调用的中断回调函数
外设配置函数	HAL_ADC_ConfigChannel(ADC_HandleTypeDef* hadc, ADC_ChannelConfTypeDef* sConfig); 功能描述：ADC 配置函数
外设状态函数	uint32_t　HAL_ADC_GetState(ADC_HandleTypeDef* hadc); 功能描述：获取 ADC 转换状态函数
	uint32_t　HAL_ADC_GetError(ADC_HandleTypeDef *hadc); 功能描述：获取 ADC 错误函数

ADC 的 HAL 库接口函数有很多种，现对常用的接口函数进行解析。

1. 启动 ADC 转换函数 HAL_ADC_Start()

函数原型如下。

```
HAL_StatusTypeDef  HAL_ADC_Start(ADC_HandleTypeDef* hadc);
```
使用范例如下。

```
if(HAL_ADC_Start(&hadc1) != HAL_OK)
{
    Error_Handler();
 }
    /*等待转换结束*/
HAL_ADC_PollForConversion(&hadc1, 10);
if(HAL_ADC_GetState(&hadc1) == HAL_ADC_STATE_EOC_REG)
{
    /*获取转换结果*/
    ADCx_ConvertedValue = HAL_ADC_GetValue(&hadc1);
}
```

2. 启动 ADC 中断转换函数 HAL_ADC_Start_IT()

函数原型如下。

```
HAL_StatusTypeDef  HAL_ADC_Start_IT(ADC_HandleTypeDef* hadc);
```
使用范例如下。

```
if(HAL_ADC_StartIT(&hadc1) != HAL_OK)
{
    Error_Handler();
}
void HAL_ADC_ConvCpltCallback(ADC_HandleTypeDef* hadc)
{
    /* 获取 ADC 转换结果 */
    ADCx_ConvertedValue = HAL_ADC_GetValue(&hadc1);
}
```

3. 启动 ADC 的 DMA 转换函数 HAL_ADC_Start_DMA()

函数原型如下。

```
HAL_StatusTypeDef HAL_ADC_Start_DMA(ADC_HandleTypeDef* hadc, uint32_t* pData, uint32_t Length);
```

使用范例如下。

```
if(HAL_ADC_Start_DMA(&hadc1,&ADCx_ConvertedValue,1) != HAL_OK)
{
    Error_Handler();
}
void HAL_ADC_ConvCpltCallback(ADC_HandleTypeDef* hadc)
{
    /* DMA 传输结束，LED 灯亮 */
    HAL_GPIO_WritePin(GPIOE, GPIO_PIN_5, GPIO_PIN_RESET);
}
```

10.4.2　ADC 的 HAL 库应用实例

1. 功能描述

STM32F103 系列微控制器内部有一个温度传感器，用来测量芯片内部的温度，连接在 ADC1_IN16 的输入通道上，将传感器的输出转换为数值，测量范围为-40℃～125℃，测量精度范围为±1.5℃。

本实例通过 ADC1 模块将 STM32F103 系列微控制器内部的温度传感器采集到的温度数据通过串口发送到计算机上。MCU 内部的温度传感器通过 ADC 将采集到的数据转换为电压，经过公式 Temperature $= [(V_{25}-V_{sense})/Avg\_Slope]+25$ 换算得到 MCU 内部的温度值，其中 V_{25} 为温度传感器在 25℃时的输出电压，典型值为 1.43V；Avg_Slope 为温度传感器输出电压与温度曲线的平均斜率的关联参数，典型值为 4.3mV/℃。

STM32 芯片数据手册规定，V_{DD} 与 V_{DDA} 之间的电压差不能大于 300mV。ADC 的工作电压范围为 2.4～3.6V，供电电压 V_{DD} 范围为 2.0～3.6V。对于 12 位的 ADC，参考电压为 3.3V 时 ADC 的值为 0xFFFF，温度为 25℃时对应的电压值为 1.43V，即 0x6EE。利用温度计算公式即可计算出当前温度传感器所测量的温度。

温度计算公式为

$$MCU\_Temperature = (V_{25}-V_{sense})/Avg\_Slope+25$$

其中，V_{sense} 是由 ADC 转换结果值 ADC_Converted_Value 换算而成的电压，换算公式为

$$V_{sense}=ADC\_Converted\_Value \times 3300/4095 \times 10^{-3}=3.3/4095 \times ADC\_Converted\_Value$$

则芯片内部温度为

$$MCU\_Temperature = (V_{25}-V_{sense})/Avg\_Slope +25$$
$$=(1.43-3.3/4095 \times ADC\_Converted\_Value)/0.0043+25$$

2. 硬件设计

通过连接在 ADC1 的通道 16 上的 STM32F103 内部温度传感器获取芯片内部的温度，利用 DMA 传输方式通过串口将采集到的温度数据显示出来。本实例硬件电路设计示意图如图 10-6 所示。

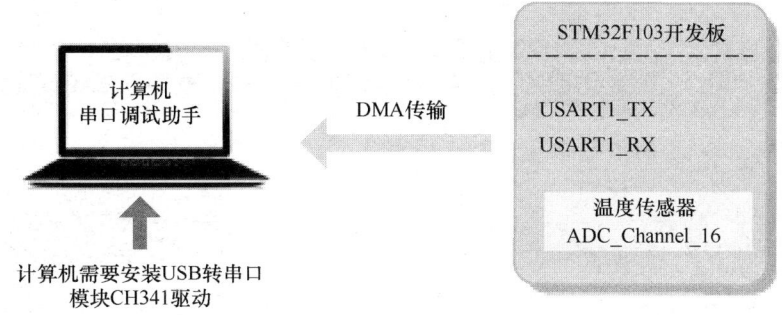

图 10-6　本实例硬件电路设计示意图

3. 软件设计

具体操作步骤如下。

1）新建 STM32CubeMX 工程，选择 MCU

新建 STM32CubeMX 工程，选择 MCU，这里选择 STM32F103ZETx 系列芯片，用户可根据自己的开发板选择相应的芯片，如图 10-7 所示。

图 10-7　新建 STM32CubeMX 工程并选择 STM32F103ZETx 系列芯片

2）STM32CubeMX 功能参数配置

（1）**配置 RCC**。RCC 选择外部高速时钟源 HSE 作为系统时钟，在 "High Speed Clock（HSE）" 下拉列表中选择 "Crystal/Ceramic Resonator"（晶振/陶瓷谐振器）选项，如图 10-8 所示。

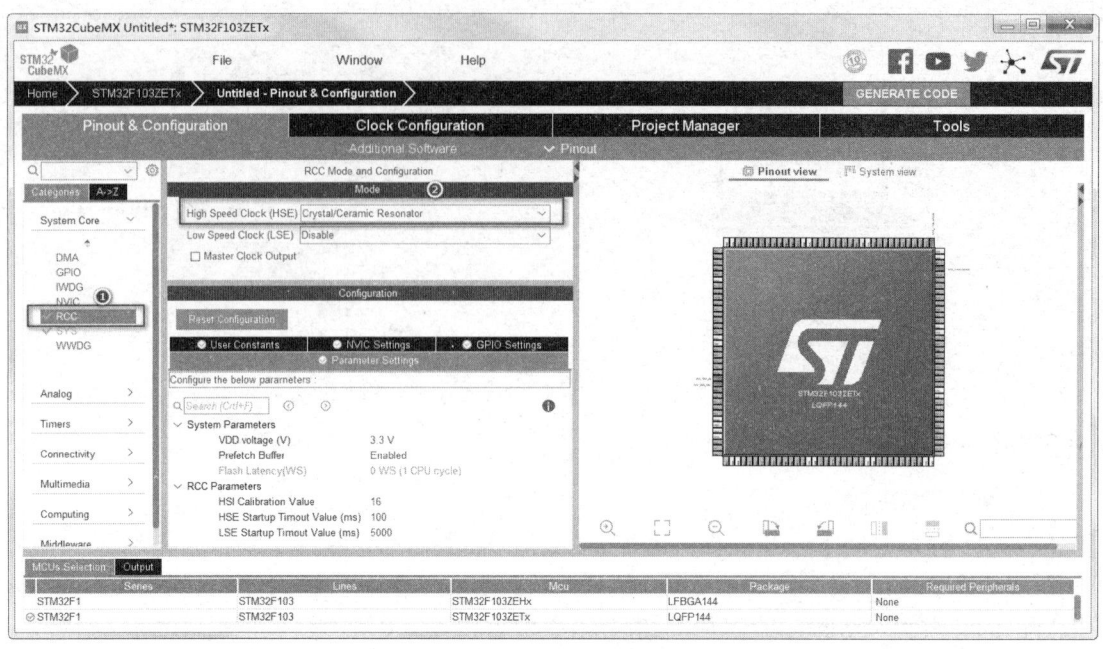

图 10-8　配置 RCC

（2）配置 ADC1 的通道。本实例采用 ADC1 的"Temperature Sensor Channel"连接在 ADC1_IN16 上，如图 10-9 所示。

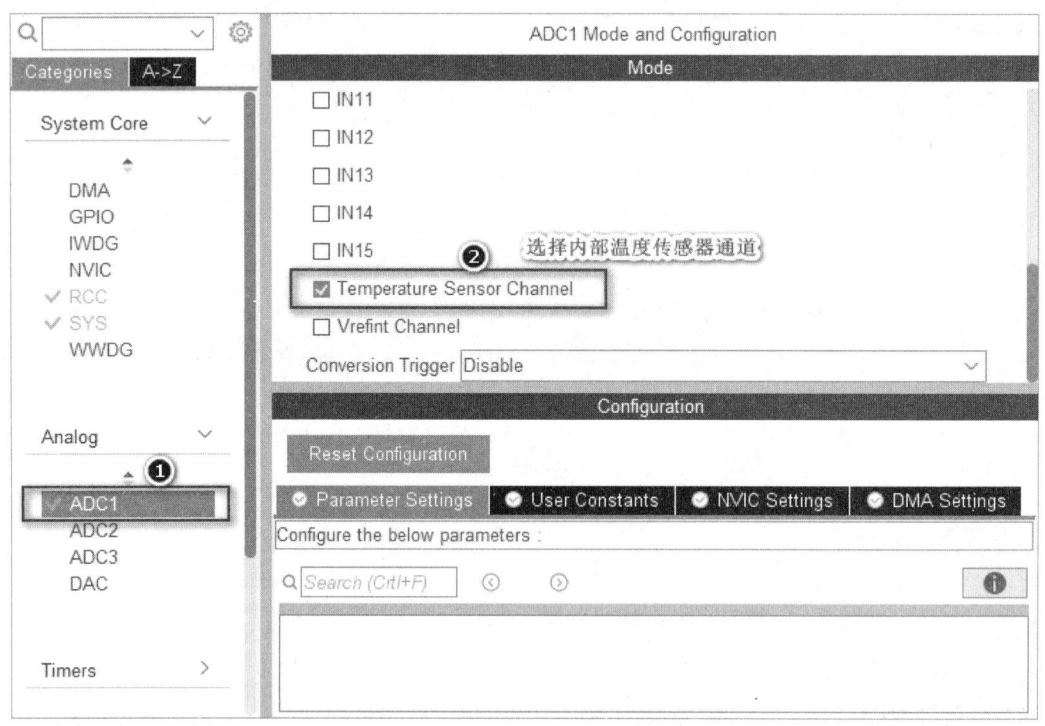

图 10-9　配置 ADC1 的通道

在 ADC1 的"Configuration"配置页的"Parameter Settings"选项页中对 ADC1 的相关参数进行设置，本例配置 ADC1 为独立模式，设置数据对齐方式为右对齐，设置禁止扫描转换模式，设置使能连续转换模式，在"Sampling Time"文本框中输入采样周期为"55.5 Cycles"，如图 10-10 所示。

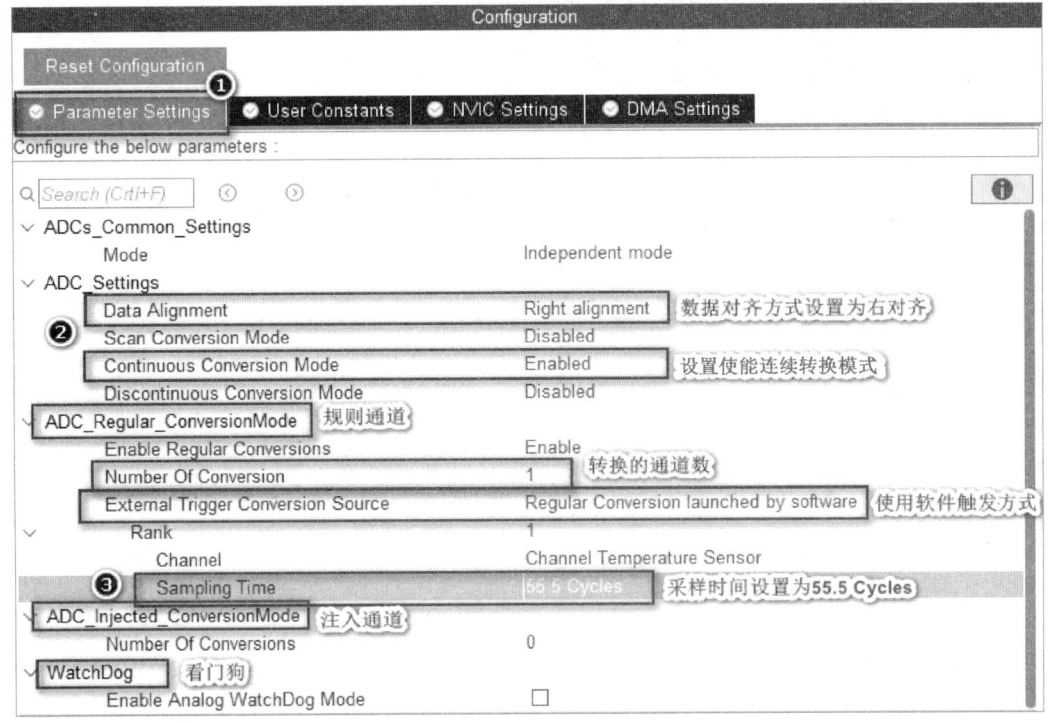

图 10-10　配置 ADC1 的参数

在 ADC1 的"Configuration"配置页的"NVIC Settings"选项页中开启 ADC1 的全局中断，如图 10-11 所示。

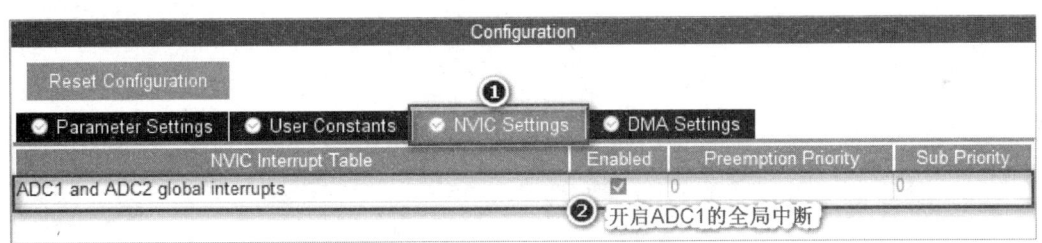

图 10-11　开启 ADC1 的全局中断

在 ADC1 的"Configuration"配置页的"DMA Settings"选项页中，单击"Add"按钮，添加 ADC1 的 DMA 传输方式。设置其优先级"Priority"为"High"，在"Mode"下拉列表中选择"Circular"选项，在"Data Width"下拉列表中选择"Half Word"选项，如图 10-12 所示。

（3）**配置系统时钟和 ADC 时钟**。根据所使用开发板的实际情况配置时钟系统，本实例使用的外部晶振为 8MHz，STM32F103x 的最高主频为 72MHz，本实例配置系统时钟为 72MHz，APB2 的频率为 72MHz，APB1 的频率为 36MHz，ADC 的频率为 12MHz，如图 10-13 所示。当然也可以根据用户的需要进行设置，如把 ADC 预分频系数设为 8，得到的 ADC 频率为 9MHz。

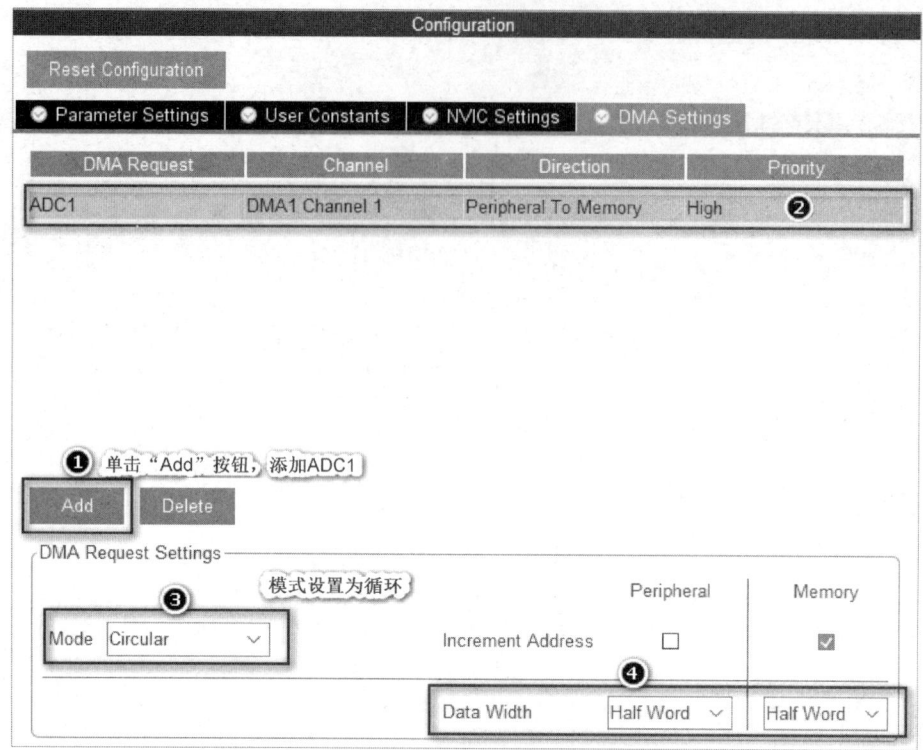

图 10-12　添加 ADC1 的 DMA 传输

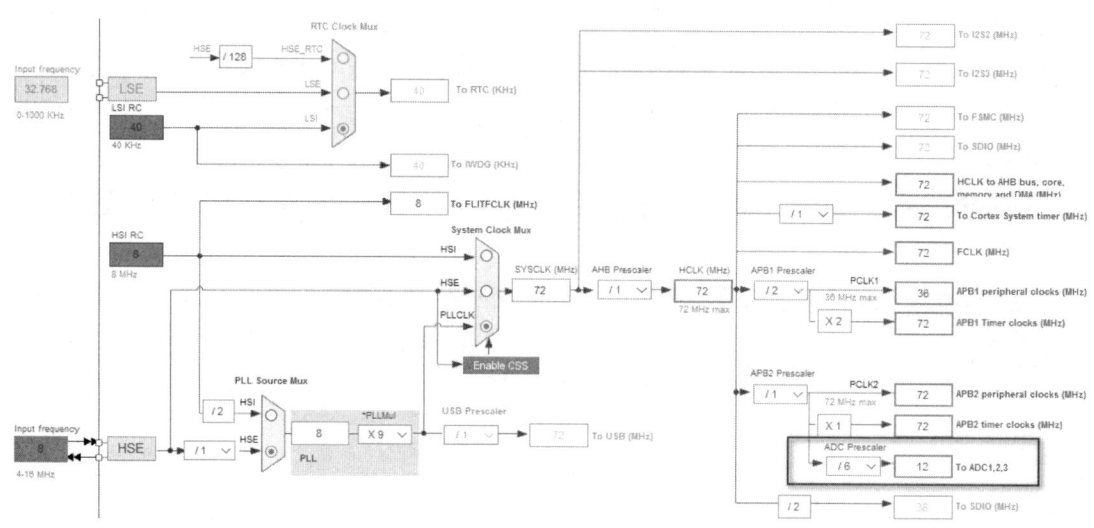

图 10-13　配置系统时钟和 ADC 时钟

（4）**配置串口 USART1**。本实例通过串口 USART1 将 ADC 的温度传感器的值传输到计算机串口调试助手中显示，因此需要配置 USART1 的相关参数。将 USART1 设置为"Asynchronous"模式，波特率设置为 115200bit/s，数据位为 8bit，校验位选择 None（无校验），停止位为 1bit，如图 10-14 所示。

3）生成工程代码

配置工程名称和存放位置，在"Project Name"文本框中输入"MyProject_ADC"，在"Toolchain/IDE"下拉列表中选择"MDK-ARM V5"选项，如图 10-15 所示。

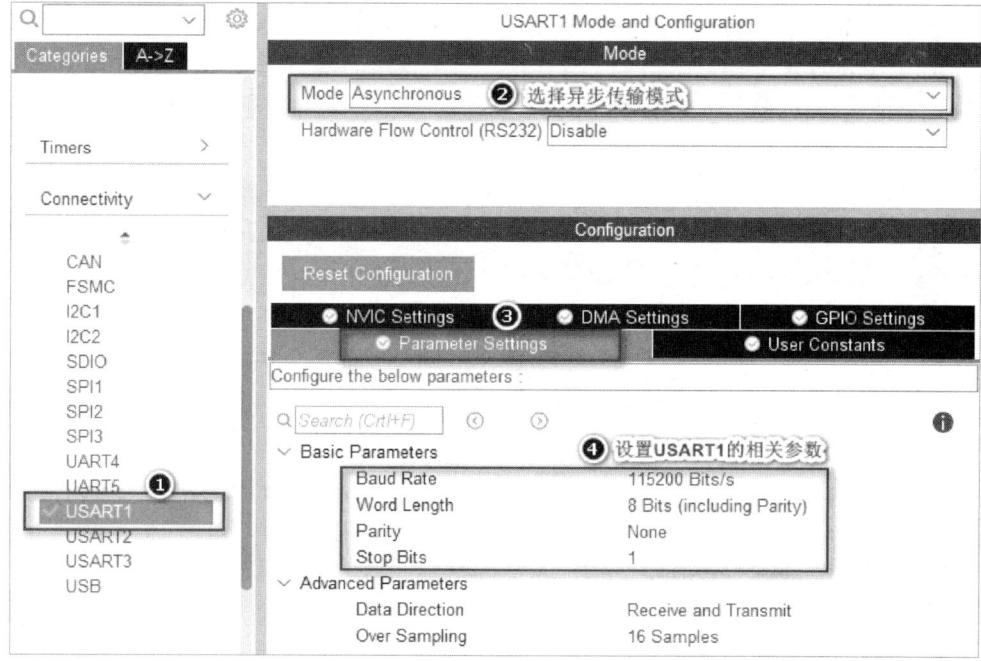

图 10-14　配置串口 USART1

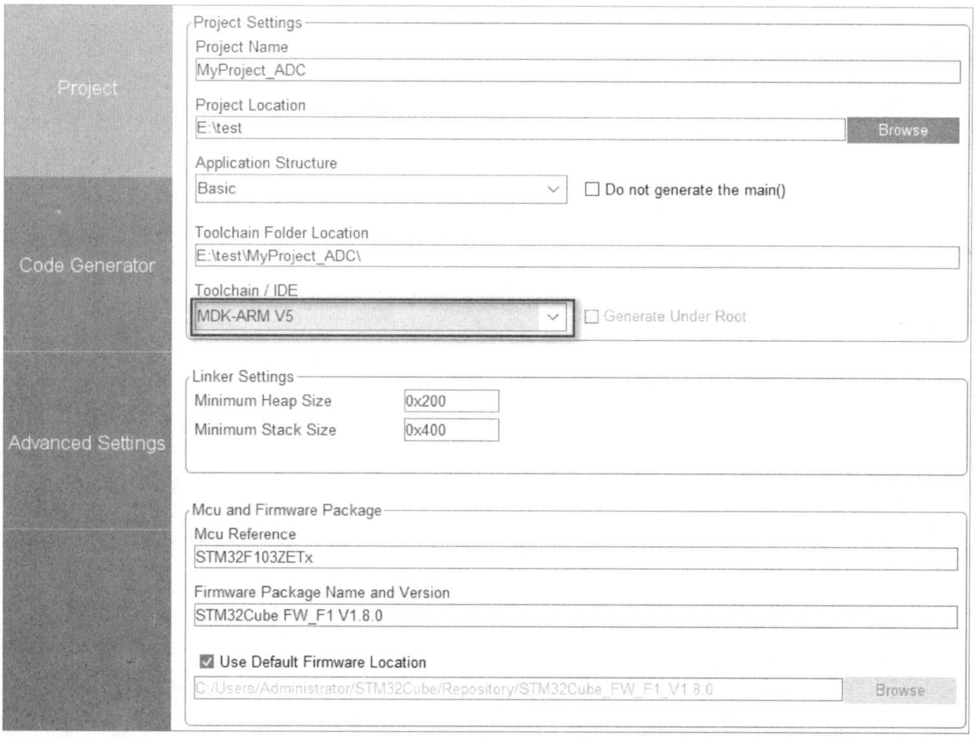

图 10-15　配置工程名称、存放位置等属性

在"Code Generator"选项页中找到"Generated files"选区,勾选"Generate peripheral initialization as a pair of '.c/.h' files per Peripheral"复选框,将外设初始化的代码生成为独立的源文件和头文件。

单击"GENERATE CODE"按钮生成工程代码，在弹出的对话框中单击"Open Project"按钮，使用 Keil 打开工程，单击"编译"按钮进行编译，若结果无错误，则可以进行应用程序的编写。

4）编写应用程序

定义两个 uint16_t 类型的变量 ADC_Converted_Value 和 MCU_Temperature，分别用于存放 ADC 转换结果和存放芯片内部的温度值。在 main.c 文件中的/* USER CODE BEGIN PV */和/* USER CODE END PV */之间添加如下代码。

```
/* USER CODE BEGIN PV */
//定义 V25 和 Avg_Slope 两个宏
#define  V25  1.43
#define  Avg_Slope  0.0043

uint16_t  ADC_Converted_Value;  //用于存放 ADC 转换结果
uint16_t  MCU_Temperature;        //用于存放芯片内部的温度值
/* USER CODE END PV */
```

然后，在 int main(void)函数中的/* USER CODE BEGIN 2 */和/* USER CODE END 2 */之间添加代码，如下。

```
/* USER CODE BEGIN 2 */
/* ADC1 校准*/
HAL_ADCEx_Calibration_Start(&hadc1);
/*启动 ADC1 的 DMA 转换 */
HAL_ADC_Start_DMA(&hadc1,(uint32_t*)&ADC_Converted_Value,sizeof(&ADC_Converted_Value));
/* USER CODE END 2 */
```

在 while(1)语句中的/* USER CODE BEGIN 3 */和/* USER CODE END 3 */之间添加代码，如下。

```
while (1)
{
    /* USER CODE END WHILE */
    /* USER CODE BEGIN 3 */
    HAL_Delay(1000);
    printf("----ADC+DMA+USART 实验 -----\n");
    MCU_Temperature = (V25-ADC_Converted_Value*3.3/4095)/Avg_Slope+25;
    printf("\r\n The MCU temperature = %3d \r\n ",MCU_Temperature);
}
    /* USER CODE END 3 */
```

在 usart.c 文件中的/* USER CODE BEGIN 1 */和/* USER CODE END 1 */之间添加代码，如下。

```
#include <stdio.h>

/* USER CODE BEGIN 1 */
//重定向 fputc 函数
int fputc(int ch, FILE *f)
{
```

```
  HAL_UART_Transmit(&huart1, (uint8_t *)&ch, 1, 0xffff);
  return ch;
}
//重定向 fgetc 函数
int fgetc(FILE * f)
{
  uint8_t ch = 0;
  HAL_UART_Receive(&huart1,&ch, 1, 0xffff);
  return ch;
}
/* USER CODE END 1 */
```

将以上代码重新编译，下载到开发板中进行验证。

注意，Keil 工程中需要勾选"Use MicroLIB"复选框。在 Keil 主界面中单击魔法棒图标
，在弹出的配置界面中选择"Target"选项页，勾选"Use MicroLIB"复选框，就可以在
程序中通过指定的串口使用 printf 函数进行串口数据发送了，如图 10-16 所示。

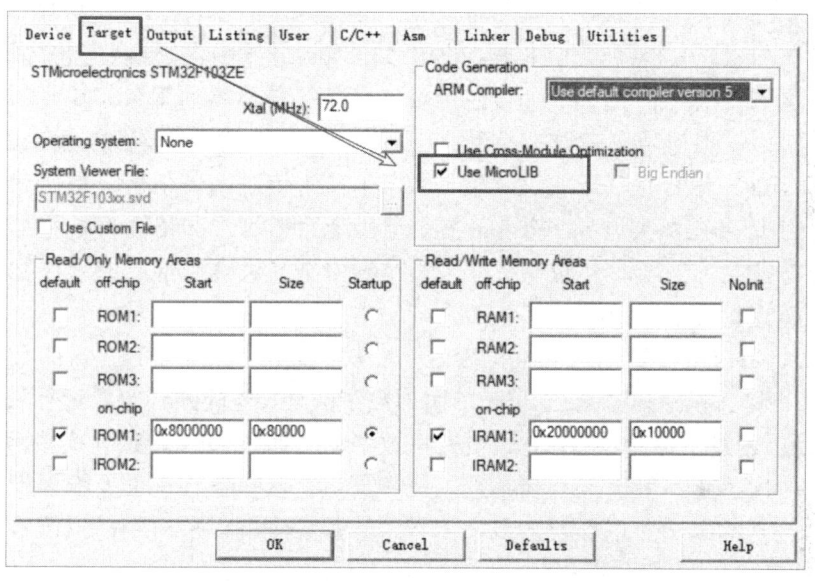

图 10-16   勾选"Use MicroLIB"复选框

采用轮询方式并通过 ADC1 将 STM32F103 芯片内部的温度传感器采集到的温度值通过
串口发送到计算机上，应用程序代码如下。

（1）添加全局变量。

添加全局变量的代码如下。

```
#define  V25  1.43
#define  Avg_Slope  0.0043

uint16_t  ADC_Converted_Value  = 0; //用于存放 ADC 转换结果
```

（2）在 while(1)中添加代码。

在 while(1)中添加代码，如下。

```
/* USER CODE BEGIN 3 */
HAL_ADC_Start(&hadc1);//启动 ADC 转换
```

```
        HAL_ADC_PollForConversion(&hadc1, 50);  //等待转换结束，第二个参数为超时时
间，单位为ms
        //判断是否设置转换完成标志位，HAL_ADC_STATE_REG_EOC 为转换完成标志位
        if(HAL_IS_BIT_SET(HAL_ADC_GetState(&hadc1), HAL_ADC_STATE_REG_EOC))
        {
          ADC_Converted_Value = HAL_ADC_GetValue(&hadc1); //读取 ADC 转换数据，数
据为 12 位
          printf("MCU Temperature : %.1f 度\r\n",( (V25-ADC_Converted_Value*3.3/
4095)/Avg_Slope+25)));
        }
        HAL_Delay(1000);
        /* USER CODE END 3 */
```

根据实际情况设置 V_{25} 的值，减小误差。其中，程序中的 3.3 表示参考电压为 3.3V。

本章小结

1．模拟（Analog）信号是一种连续的信号，现实世界中人类最直观的感受就是模拟信号，如风力、温度、湿度、压力、速度、声音、光照等自然界的现象，其波形如常见的正弦波、三角波等。但模拟信号存在着不易保存、处理和传输，且容易受到干扰造成失真等缺点。

数字（Digital）信号是基于二进制数（0、1）的人为制造的信号，是计算机进行信息处理的基础。数字信号在现实世界中并不存在，但由于数字信号的特性（仅由二进制数 0、1 序列组成），容易被加工处理，存储容易且传输过程中不易失真，因此成为目前信号处理领域研究的主流方向。

由于现实世界中大多数信号为模拟信号，无法被以数字计算机为主流的数字系统识别和处理，只能先将这些模拟信号通过 A/D 转换为数字信号，才能被计算机进行加工处理，加工处理后的信号仍为数字信号，所以，还需要将数字信号通过 D/A 转换为模拟信号，以驱动外部设备工作，如电动机、电热器、电磁阀、扬声器等，这些器件都需要输入模拟信号才能工作，如 MP3 格式的歌曲可以理解为数字信号，必须经过解调后得到模拟信号，我们才可以通过耳机或外放听到高保真的音乐。

2．ADC：将时间和幅值连续的模拟量转化为时间和幅值离散的数字量。A/D 转换过程一般包括采样、保持、量化和编码 4 个步骤，采样是将连续的模拟信号转化为离散的序列脉冲；保持是维持采样值，形成阶梯信号；量化是用有限个数值表示连续的变化；编码是将量化后的确定值表示为二进制序列。常用的 ADC 主要有逐次逼近型 ADC、双积分型 ADC 等。

DAC：数模转换器。

3．ADC 技术指标主要有如下几个。

（1）量程：ADC 所能输入模拟信号的类型和电压范围，即参考电压。

单极性量程：0～+5V；双极性量程：−5～+5V。

（2）转换位数：量化过程中的量化位数 n。

A/D 转换后的输出结果用 n 位二进制数来表示，如 10 位 ADC 的输出值就是 0～1023。

（3）分辨率：ADC 能够分辨的模拟信号最小变化量。

$$分辨率=量程/ 2^n$$

例如，量程为 5V，8 位 ADC 的分辨率为 5 / 256 ≈ 0.0195V。

（4）转换时间：ADC 完成一次完整的 A/D 转换所需的时间，包括采样、保持、量化、编码的全过程。

4．STM32F10x 系列微控制器内部集成有 3 个 12 位逐次逼近型 ADC。它有 18 个通道，可测量 16 个外部和 2 个内部信号源（内部温度和内部参考电压），仅 ADC1 具备。各通道的 A/D 转换可以通过单次、连续、扫描或间断模式执行。

ADCx（x=1，2，3）的转换结果是一个 12 位的二进制数，以左对齐或右对齐两种方式存储在 16 位规则通道组或注入通道组数据寄存器中。

STM32 的 ADC 最大的转换速率为 1MHz，也就是转换时间为 1μs（在 ADCCLK=14MHz，采样周期为 1.5 个 ADC 时钟下得到），不要让 ADC 的时钟超过 14MHz，否则将导致结果准确度下降。STM32 的 ADC 每条通道的采样时间都可以进行选择，采样时间可选择为采样周期的 1.5 倍、7.5 倍、13.5 倍、28.5 倍、41.5 倍、55.5 倍、71.5 倍或 239.5 倍。A/D 转换总时间=采样时间+12.5 个周期，当 ADCCLK=14MHz，采样时间设置为 1.5 个周期，则 A/D 转换总时间=(1.5+12.5)/14MHz=1μs。

STM32 有 16 个多路通道。可以把转换组织成两组：规则通道组和注入通道组。STM32 的 ADC 可以对一组最多 16 个通道，按照指定的顺序逐个进行转换，转换结束后，再从头循环，这组指定的通道就称为规则通道组；实际应用中，有可能需要临时中断规则通道组的转换，临时对某些通道进行转换，就好像对这些通道注入了原来的规则通道组，故称注入通道组，最多由 4 个通道组成。

规则通道相当于正常运行的程序，而注入通道相当于中断，由于中断是可以打断程序正常执行的，因此，注入通道的转换是可以打断规则通道的转换，在注入通道被转换完成之后，规则通道才得以继续转换。

5．STM32 的 A/D 转换过程如下。

（1）选择输入通道：ADCx_IN0～ADCx_IN15。

（2）设置触发模式：软件触发、外部触发或定时器触发。

（3）进行 A/D 转换：采样→保持→量化→编码。

（4）保存数据，触发中断或 DMA 请求。

6．STM32 的 HAL 库的 ADC 接口函数采用轮询、中断、DMA 三种方式实现 ADC 操作。

习题与思考

一、选择题

1．12 位 ADC 转换结果是一个（　　　）位的二进制数。

　A．16　　　　　　　　　　　　　B．24

　C．12　　　　　　　　　　　　　D．8

2．以下选项中不属于 A/D 转换技术指标的是（　　　）。

　A．量程　　　　　　　　　　　　B．转换位数

　C．分辨率　　　　　　　　　　　D．通道数

3．对于 10 位的 ADC，若最大输入信号为 5V，则分辨率能够区分的输入信号最小电压为（　　　）。

  A．39.1mV   B．4.88mV

  C．9.77mV   D．2.44mV

4．ADC 的模拟输入通道分为规则组和注入组两种，其中 ADC 可以对一组最多 16 个通道按照指定的顺序逐个进行转换，该组为（　　　）。

  A．规则组   B．注入组

  C．混合组   D．间断组

5．以下 HAL 库 ADC 接口函数中，用于中断方式下启动 A/D 转换的是（　　　）。

  A．HAL_ADC_Start_IT

  B．HAL_ADC_Start

  C．HAL_ADC_Start_DMA

  D．HAL_ADC_GetValue

二、填空题

1．A/D 转换过程可分为 4 个步骤，分别是采样、_____、_____和编码。

2．STM32 芯片内部集成的_____位 ADC 是一种逐次逼近型 ADC，具有多达_____个通道，可测量_____个外部和_____个内部信号源。

3．STM32 的 ADC 有 4 种转换模式，分别是_____、_____、_____、_____。

4．STM32 的 ADC 数据有_____和_____2 种对齐方式。

5．STM32 的 HAL 库的 ADC 接口函数采用_____、_____、三种方式实现 ACD 操作。

三、判断题

1．ADC 的主要技术参数中转换速度是指完成一次 A/D 转换所需的时间。　　（　　）

2．ADC 是将时间和幅值连续的模拟量转化为时间和幅值离散的数字量。　　（　　）

3．STM32 中只有在规则通道的转换结束时才产生 DMA 请求，并将转换的数据从 ADC_DR 寄存器传输到用户指定的目的地址。　　（　　）

4．在 ADC 的扫描模式中，如果设置了 DMA 位，则在每次 EOC 后，DMA 控制器把规则通道组的转换数据传输到 SRAM 中。　　（　　）

5．ADC 将软硬件触发源分为两类：规则通道组和注入通道组。　　（　　）

四、简答题

1．简述 A/D 转换的过程及主要技术参数。

2．STM32 的 ADC 有哪些通道？ADC 有哪几种转换模式？

3．简述 STM32 的 A/D 转换时间，STM32F103 系列微控制器的最短 A/D 转换时间是多少？

五、综合应用题

1．现有一个温度测控系统，已知温度传感器在 0～100℃为线性输出，参考电压为 5V，采用 8 位的 ADC，在 0℃的时候，测的电压为 1.8V，在 100℃的时候，测的电压为 4.3V。

（1）系统的分辨率是多少？

（2）若采集到数据 10010001，则表示多大电压？温度是多少？

2．编写程序：基于 HAL 库采用查询和 DMA 两种方式采集 ADC1 通道 11 中的外部电压，将采样的数字量和对应计算得出的电压值通过串口调试助手显示出来（提示：需要配置 USARTx 和 ADC1）。

第 11 章　嵌入式实时操作系统 FreeRTOS

  FreeRTOS 作为一款轻量级的嵌入式实时操作系统，结构清晰，内核精炼，更重要的是 STM32CubeMX 集成了 FreeRTOS 这一组件（内核软件包），其图形化的配置操作大幅度降低了入门难度，对嵌入式实时操作系统基本概念的理解变得简单且直观，使得开发者能够快速构建基于 STM32+FreeRTOS 的应用系统。对于初学者而言，FreeRTOS 是从微控制器裸机开发向嵌入式实时操作系统进阶的最佳选择。本章以 FreeRTOS 为蓝本，基于应用开发的视角，重点讲述 FreeRTOS 任务及任务调度的基本原理、实现机制，同时结合应用案例诠释 FreeRTOS 信号量、事件组、消息队列等同步通信机制。

知识目标

- 了解 FreeRTOS 的功能特点、应用场合。
- 理解和掌握 FreeRTOS 任务调度的基本原理、实现机制及任务优先级。
- 理解和掌握 FreeRTOS 的任务管理、信号量、事件组、消息队列等同步通信机制。

能力目标

- 熟练运用 STM32+FreeRTOS 建立 RTOS 的工程框架。
- 基于嵌入式实时操作系统构建多任务处理程序。
- 掌握 FreeRTOS 内核对象的 API 接口函数的用法，熟练运用 FreeRTOS 的信号量、事件组、消息队列等机制进行多任务系统的开发。

思维与素养目标

- 从编程思维的角度，采用模块化结构编写高质量的代码和类库，锻炼、积累项目经验和架构经验，让学习成为一种价值。从 μC/OS-III、FreeRTOS 等国外典型嵌入式操作系统逐渐过渡到 RT-Thread 等国产嵌入式开源操作系统的学习，培养创新意识和创新思维，开发具有自主知识产权的嵌入式操作系统。
- 理解理论的最佳方式：将理论付诸实践，反复实践才是真正深刻理解某个主题和解决问题的方法。如果技术还没学好，那么思维方式更无从谈起。
- 通过学习，拓展学生思维能力的同时，培养具有商业、技术、人文和管理能力的新工程师。重新思考嵌入式系统课程学习，根据智能互联时代的发展和需求重新定义问题，将系统化思维、工程思维渗透到课程学习体系中，实施项目交付化实践，构建一个契合产业发展的工程师培养生态体系。

11.1　FreeRTOS 概述

11.1.1　FreeRTOS

操作系统（Operating System，OS）是管理和控制计算机硬件和软件的计算机程序，是直接运行在计算机上的最基本的系统软件，OS 通过对计算机的硬件资源进行封装，屏蔽了底层硬件操作的细节，以应用程序编程接口（Application Programming Interface，API）的方式提供给用户使用计算机系统。桌面操作系统主要有 Windows、macOS 等。

实时操作系统（Real Time Operating System，RTOS）是一种专门为满足实时应用需求而设计的操作系统。在实时操作系统中，任务的执行必须满足确定的时间约束，实时意味着能够满足系统对任务响应时间的要求，强调的是实时性，这里的实时性并不意味着快，而是具有严苛的截止时限（Deadline），如在工业自动化控制中，需要精确控制电动机的启动和停止时间，RTOS 可以精确到微秒甚至纳秒级。

实时操作系统可分为硬实时系统和软实时系统两大类。硬实时系统要求任务必须在严格规定的时间范围内完成，以确保系统正常运行，任何延迟都可能导致灾难性的后果，如汽车的自动巡航控制系统、防抱死制动系统（ABS）等；软实时系统对系统响应时间有一定的要求，但允许偶尔出现超过截止时间的情况，不会对整个系统造成灾难性的后果，只会降低系统的性能表现，如智能家居系统、多媒体娱乐系统等。

目前，在嵌入式领域广泛使用的 RTOS 主要有 FreeRTOS、μC/OS-II、RT-Thread、VxWorks 等。

FreeRTOS 是一个开源的嵌入式实时操作系统，提供轻量级的资源管理、任务调度和管理机制，通过任务划分和模块化设计，能够实现多任务的并发处理，提供实时操作系统所需的基本功能。

FreeRTOS 是一个多任务、抢占式、可裁剪的实时内核，以系统函数形式提供时间、内存、任务调度、任务同步与通信等各类管理功能，以任务为单位进行应用程序的开发，任务之间相对独立，各任务通过信号量、消息队列等机制进行同步与通信。

FreeRTOS 的功能特点如下。

- 内核可裁剪，大小可扩展，可用程序内存占用低至 9KB。
- 内核支持抢占式、协作式和时间片调度。
- 灵活的任务优先级分配，可创建任务的数量没有限制，任务的优先级也没有限制。
- 具有低功耗模式，支持中断嵌套。
- 免费开源，可经过 MIT（Massachusetts Institude of Technology，麻省理工学院）许可用于任何目的。
- 支持 40 多种 MCU 架构和 15 种工具链，包括 RISC-V 和 ARMv8-M（ARM Cortex-M33）微控制器。
- 支持多种扩展库和组件，提供网络、文件系统、安全、OTA 更新等功能。

FreeRTOS 具有丰富的生态系统，如 STM32 微控制器的开发平台 STM32CubeMX 集成了 FreeRTOS 内核软件包，使得开发者能够快速构建基于 STM32+FreeRTOS 的应用系统，利用各种现有的软件生态资源，加速应用程序的开发。FreeRTOS 作为微控制器和小型微处理器的实时操作系统，被广泛应用于嵌入式系统和物联网设备中。

11.1.2　FreeRTOS 的数据类型和编程规范

作为初学者，了解 FreeRTOS 的数据类型和编码规范有利于阅读源码，理解嵌入式实时操作系统的内部实现机制和工作原理，通过深入理解其编程框架，对后续实际项目的开发大有裨益。

1. FreeRTOS 的数据类型

STM32 的 HAL 库有一个头文件 stdint.h，里面定义了一些基础的数据类型，如 uint8_t、uint32_t 等。

```
stdint.h
/* exact-width signed integer types */
typedef   signed            char int8_t;
typedef   signed short      int int16_t;
typedef   signed            int int32_t;
typedef   signed            __INT64 int64_t;
/* exact-width unsigned integer types */
typedef unsigned char   uint8_t;
typedef unsigned short      int uint16_t;
typedef unsigned            int uint32_t;
typedef unsigned            __INT64 uint64_t;
```

FreeRTOS 在头文件 portmacro.h 中，不仅重新定义了 char、short、float 等基础数据类型，FreeRTOS 还自定义了 BaseType_t、StackType_t、TickType_t、UBaseType_t 4 种数据类型。

portmacro.h 头文件中定义的基础数据类型源代码如下。

```
portmacro.h
/* Type definitions. */
#define     portCHAR        char            //int8_t
#define     portFLOAT       float           //4 字节浮点数
#define     portDOUBLE      double          //8 字节浮点数
#define     portLONG        long            //int32_t
#define     portSHORT       short           //int16_t
#define     portSTACK_TYPE  uint32_t        //栈数据类型
#define portBASE_TYPE       long            //int32_t

    typedef portSTACK_TYPE  StackType_t;    //栈数据类型 StackType_t, 32 位微处
理器中是 uint32_t
    typedef long            BaseType_t;     //基础数据类型 BaseType_t, 32 位微
处理器中是 int32_t
    typedef unsigned long   UBaseType_t;    //基础数据类型 UBaseType, 32 位微处
理器中是 uint32_t
    typedef uint32_t        TickType_t;     //节拍数据类型 TickType_t, 32 位微
处理器为 uint32_t
```

（1）BaseType_t。

BaseType_t 作为 FreeRTOS 自定义的基础数据类型，通常用作简单的返回值的类型及通用宏定义的逻辑值，如 pdTRUE 为 1，pdFALSE 为 0，pdPASS 为 1，pdFAIL 为 0。定义在 projdefs.h 头文件中，源代码如下。

```
projdefs.h
#define pdFALSE             ( ( BaseType_t ) 0 )
#define pdTRUE              ( ( BaseType_t ) 1 )
```

```
#define  pdPASS              ( pdTRUE )
#define  pdFAIL              ( pdFALSE )
#define  errQUEUE_EMPTY      ( ( BaseType_t ) 0 )
#define  errQUEUE_FULL       ( ( BaseType_t ) 0 )
```

（2）StackType_t。

StackType_t 定义栈变量数据类型，这个数量类型由系统架构决定，对于 16 位系统架构，StackType_t 定义的是 16 位变量，对于 32 位系统架构，StackType_t 定义的是 32 位变量。

（3）TickType_t。

FreeRTOS 的任务调度是基于一个周期性的时钟中断（Tick Interrupt），Tick 中断次数累加称为 Tick Count，这个变量的类型就是 TickType_t。如果用户在 FreeRTOS Config.h 头文件中使能了 configUSE_16_BIT_TICKS 这个宏定义，那么 TickType_t 定义的就是 16 位无符号数 uint16_t，否则 TickType_t 定义的就是 32 位无符号数 uint32_t。对于 32 位架构的处理器，建议把 TickType_t 配置为 uint32_t，即设置此宏定义数值为 0 即可。

（4）UBaseType_t。

UBaseType_t 是 BaseType_t 类型的无符号版本。

2. FreeRTOS 的编程规范

FreeRTOS 和 μC/OS-III 都遵循 MISRA-C 编码标准，FreeRTOS 和 μC/OS-III 都遵循 MISRA-C 编码标准（MISRA-C 是由汽车工业软件可靠性协会 MISRA 提出的 C 语言开发标准），支持各种编译器，了解 FreeRTOS 的变量、函数及相关宏定义的命名规律有助于理解其意义。

（1）变量名。

在 FreeRTOS 中，定义变量时通常将变量的类型作为前缀，通过变量名的前缀就可以判断变量的类型，如表 11-1 所示。

表 11-1　FreeRTOS 常见的变量名前缀

变量名前缀	含义
c	char 类型
s	int16_t（short）
l	int32_t（long）
x	复杂的结构体、句柄等定义的变量名的前缀为 x； BaseType_t 类型及其他非标准的类型，如结构体变量、任务句柄 TaskHandle、队列句柄 QueueHandle 等，使用前缀 x
μ	表示无符号整数 unsigned，如 μc 表示 uint8_t（unsigned char）类型，μs 表示 uint16_t 类型，μl 表示 uint32_t 类型
p	指针类型变量使用前缀 p
pc	char *类型
μx	UBaseType_t 类型，如 μxCurrentPriority，μxPriority

（2）函数名。

FreeRTOS 中的函数名是由返回值类型和函数功能组成的，包含函数返回值、函数所在的文件名和函数的功能，如果是私有的函数则加 prv（private）前缀。

若返回值为 void 类型，则函数命名规则为 "v+函数功能"，以 FreeRTOS 中队列删除函数为例，该函数定义在 task.c 文件中，FreeRTOS 将其命名为 vQueueDelete()，其中 v 表示该函数的返回值为 void 类型。

FreeRTOS 常见的函数名前缀及其所在位置如表 11-2 所示。

表 11-2　FreeRTOS 常见的函数名前缀及其所在位置

函数名前缀	含义
v	返回值类型：void 如 vTaskPrioritySet 定义在 task.c 文件中
x	返回值类型：BaseType_t 如 xQueueReceive 定义在 queue.c 文件中
pv	返回值类型：pointer to void 如 pvTimerGetTimerID 定义在 timer.c 文件中
pc	返回值类型：char * 如 pcTimeGetName 定义在 timer.h 文件中

（3）CMSIS-RTOS 接口。

CMSIS-RTOS 是 ARM 公司为运行于 Cortex-M 系列微控制器上的操作系统专门设计的一种接口标准，它提供了一种标准化的 API 接口让开发者可以调用嵌入式操作系统的功能，而不必理会底层到底采用的是哪种操作系统，这就意味着凡是采用 CMSIS-RTOS 编写的程序可以无缝移植到其他操作系统上运行，因为 CMSIS-RTOS 提供了一个通用的操作系统 API 接口，该接口会调用其他操作系统的相关功能。

STM32CubeMX 软件集成的 CMSIS_V1 是对 FreeRTOS 进行上层封装，适用于基于 Cortex-M 内核的微控制器，如 Cortex-M0/M0+/M3/M4/M7。最新的 CMSIS_V2 在 CMSIS_V1 的基础上进行了扩展，增加了对 Armv8-M 内核和多核芯片的操作系统的支持，如 Cortex-M、Cortex-A5/A7/A9。这里推荐选择 CMSIS_V2，方便以后移植切换到性能更强大的芯片上。

CMSIS-RTOS 接口相关的宏定义、数据类型及封装后的功能函数定义在 cmsis_os.h、cmsis_os2.h 文件中，前缀为"os"。例如：

```
#define    osWaitForever    0xFFFFFFFFU    // Wait forever timeout value
osStatus_t  osDelay (uint32_t ticks);      // FreeRTOS 的相对延时函数
osStatus_t  osDelayUntil (uint32_t ticks); // FreeRTOS 的绝对延时函数
```

表 11-3 所示为 FreeRTOS 的 API 函数及 CMSIS-RTOS 封装后的 API 函数对比。

表 11-3　FreeRTOS 的 API 函数及 CMSIS-RTOS 封装后的 API 函数对比

API 类别	FreeRTOS 的 API 函数	CMSIS-RTOS 封装后的 API 函数	说明
内核控制	vTaskStartScheduler	osKernelStart	启动 RTOS 内核调度程序
任务管理	xTaskCreate	osThreadNew	创建一个任务
信号量	xSemaphoreCreateBinary xSemaphoreCreateCounting	osSemaphoreNew	创建并初始化信号量对象
互斥量	xSemaphoreCreateMutexStatic xSemaphoreCreateMutex	osMutexNew	创建并初始化一个互斥量对象
消息队列	xQueueCreate	osMessageQueueNew	创建并初始化消息队列对象
软件定时器	xTimerCreate	osTimerNew	创建一个软件定时器
内存管理	pvPortMalloc	osMemoryPoolNew osMemoryPoolAlloc	在任务堆上动态申请内存
延时函数	vTaskDelay vTaskDelayUntil	osDelay osDelayUntil	相对延时函数 绝对延时函数

11.2　FreeRTOS 的任务

11.2.1　任务

在嵌入式裸机开发中，通常将一个实现完整功能的程序称为应用程序（Application），按模块化设计思想，裸机开发中的应用程序由多个功能模块组成，如传感器数据采集模块、显示模块、按键模块等；基于嵌入式操作系统的开发方式，同样遵循模块化分层设计思想，将复杂的系统功能分解为多个相对独立的、容易解决的小问题，这些小问题就是嵌入式操作系统中的任务（Task）。

1. 任务的概念

嵌入式实时操作系统将整个系统功能分解为一个个相对独立且具有完整功能的程序模块，称为任务。任务是一个简单的程序或具有完整逻辑含义的程序段。Linux 操作系统及 CMSIS 中将任务称为线程（Thread）。

任务本质上就是一个无限循环且无返回值的函数，每个函数内部都与裸机程序中的 main 函数一样是一个无限循环，所以任务不能有返回值。

任务的一般结构如下。

```
void vTaskFunction( void *pvParameters )
{
    for( ;; )      // 任务主体，无限循环且不能返回
    {
        ...        //任务实现代码，Task application code here
    }
}
```

2. 任务的特性

（1）独立性。

在嵌入式裸机开发中，各功能模块相对独立，一个功能模块可以调用另一个功能模块，系统通过各模块的调用实现总体功能。嵌入式操作系统中各任务之间互相独立，不存在互相调用的关系，所有任务在逻辑上都是平等的。在操作系统环境下，任务在某一时刻是独占 CPU 资源的，任务之间互不交叉没有交集，各任务之间无法像裸机的功能模块之间一样进行信息传输，任务间的通信就需要用到各种通信机制，如信号量、事件组、消息队列等来实现。

（2）并发性。

在多任务系统中，任务是并发处理的，这里的"并发"并不是说同一时刻一起执行多个任务，而是由于每个任务执行的时间很短。从宏观上来看，像是同一时刻执行了很多任务。将微处理器运行时间划分为固定长度的时间段，按一定的规则将这些小的时间段分配给各个任务进行使用，从宏观上来看，有多个任务在微处理器上同时运行，这就是多任务机制的原理。

任务所具有的独立性和并发性是与裸机编程中的"功能模块"的本质区别。

11.2.2　任务调度

在实时多任务操作系统中，任务（或线程）是构成多任务系统的基本单元，实时操作系统内核（Kernel）负责管理线程，用于管理和分配 CPU 资源，以便有效地执行各种任务和进

程，这一过程被称为调度（Scheduling）。一般来说，一个系统会同时处理多个请求，由于计算机资源有限，调度就是用来协调每个请求对资源的使用方法。在多任务系统中，根据一定的策略和算法，为任务分配 CPU 资源，以实现任务的按时完成和系统资源的最优利用，这一过程被称为任务调度（Task Scheduling）。

要想充分理解任务调度，需要先了解任务的状态（State）、优先级（Priority）、栈（Stack）等概念。

1. 任务的状态

多任务系统中系统由多个任务构成，任一时刻只能运行一个任务，也就意味着并不是所有任务都可以随时得到运行，而一个已经运行的任务也并不能保证一直占有 CPU 直至运行完。因此，任务除了具有运行态，还有就绪态（随时准备运行）、阻塞态（卡住了，等待中）、挂起态等状态。在多任务系统中，任务一般具有多种状态，用于反映任务不同的执行阶段。

运行态（Running）：一个运行态的任务是一个正在使用 CPU 资源的任务。任何时刻有且只有一个运行着的任务。

就绪态（Ready）：随时可以运行但因为当前有同优先级或更高优先级的任务正在运行，需要等待任务调度，等占有 CPU 资源的任务释放 CPU 就可以由就绪态转到运行态。

阻塞态（Blocked）：任务由于某种原因无法被执行而被阻塞，可能的原因如等待某个事件的触发或等待资源的释放。

挂起态（Suspended）：某些条件不满足而挂起不能运行的状态，挂起后任务将不被运行。

2. 优先级

优先级（Priority）用于安排系统中各个任务的执行次序。优先级是任务的重要参数，每个任务都有其优先级，可以作为任务的标识。任务的功能在应用程序中越重要，赋予的优先级应越高。

根据任务的优先级不同，高优先级的任务可以打断低优先级任务的运行而取得 CPU 的使用权，高优先级的任务执行完后重新把 CPU 的使用权归还给低优先级的任务，这样就保证了那些重要的紧急任务的运行。

在 FreeRTOS 中，数值越大优先级越高。FreeRTOS 中任务的最高优先级是通过 FreeRTOSConfig.h 文件中的 configMAX_PRIORITIES 进行配置的，默认值为 56，用户实际可以使用的优先级范围为 0～configMAX_PRIORITIES-1。

这里要注意的是，configMAX_PRIORITIES 的参数配置越大，所需要的内存空间越大，实际应用中根据实际情况酌情配置此参数。

```
FreeRTOSConfig.h
    define configUSE_PREEMPTION                 1
    define configSUPPORT_STATIC_ALLOCATION      1
    define configSUPPORT_DYNAMIC_ALLOCATION     1
    define configUSE_IDLE_HOOK                  0
    define configUSE_TICK_HOOK                  0
    define configCPU_CLOCK_HZ                   ( SystemCoreClock )
    define configTICK_RATE_HZ                   ((TickType_t)1000)
    define configMAX_PRIORITIES                 ( 56 )
```

　　CMSIS-RTOS 封装后的优先级定义在 cmsis_os2.h 文件中，CubeMX 中 Normal 对应的优先级值为 24，优先级数字越低，优先级别越低，0 表示最低优先级，最高优先级是 56（对应的是 osPriorityISR），即中断的优先级最高，创建任务时必须为任务设置初始的优先级。

```
cmsis_os2.h
    typedef enum {
        osPriorityNone          = 0,    ///< No priority (not initialized)
没有优先级
        osPriorityIdle          = 1,    ///< Reserved for Idle thread 保留，
给空闲线程使用
        osPriorityLow           = 8,    ///< Priority: low 低优先级
        osPriorityLow1          = 8+1,  ///< Priority: low + 1
        osPriorityLow2          = 8+2,  ///< Priority: low + 2
        osPriorityLow3          = 8+3,  ///< Priority: low + 3
        osPriorityLow4          = 8+4,  ///< Priority: low + 4
        osPriorityLow5          = 8+5,  ///< Priority: low + 5
        osPriorityLow6          = 8+6,  ///< Priority: low + 6
        osPriorityLow7          = 8+7,  ///< Priority: low + 7
        osPriorityBelowNormal   = 16,   ///< Priority: below normal
        osPriorityBelowNormal1  = 16+1, ///< Priority: below normal + 1
        osPriorityBelowNormal2  = 16+2, ///< Priority: below normal + 2
        osPriorityBelowNormal3  = 16+3, ///< Priority: below normal + 3
        osPriorityBelowNormal4  = 16+4, ///< Priority: below normal + 4
        osPriorityBelowNormal5  = 16+5, ///< Priority: below normal + 5
        osPriorityBelowNormal6  = 16+6, ///< Priority: below normal + 6
        osPriorityBelowNormal7  = 16+7, ///< Priority: below normal + 7
        osPriorityNormal        = 24,   ///< Priority: normal 正常优先级（线程
一般定义为该优先级）
        osPriorityNormal1       = 24+1, ///< Priority: normal + 1
        osPriorityNormal2       = 24+2, ///< Priority: normal + 2
        osPriorityNormal3       = 24+3, ///< Priority: normal + 3
        osPriorityNormal4       = 24+4, ///< Priority: normal + 4
        osPriorityNormal5       = 24+5, ///< Priority: normal + 5
        osPriorityNormal6       = 24+6, ///< Priority: normal + 6
        osPriorityNormal7       = 24+7, ///< Priority: normal + 7
        osPriorityAboveNormal   = 32,   ///< Priority: above normal
        osPriorityAboveNormal1  = 32+1, ///< Priority: above normal + 1
        osPriorityAboveNormal2  = 32+2, ///< Priority: above normal + 2
        osPriorityAboveNormal3  = 32+3, ///< Priority: above normal + 3
        osPriorityAboveNormal4  = 32+4, ///< Priority: above normal + 4
        osPriorityAboveNormal5  = 32+5, ///< Priority: above normal + 5
        osPriorityAboveNormal6  = 32+6, ///< Priority: above normal + 6
        osPriorityAboveNormal7  = 32+7, ///< Priority: above normal + 7
        osPriorityHigh          = 40,   ///< Priority: high 高优先级（定时器线
程采用该优先级）
        osPriorityHigh1         = 40+1, ///< Priority: high + 1
        osPriorityHigh2         = 40+2, ///< Priority: high + 2
        osPriorityHigh3         = 40+3, ///< Priority: high + 3
```

```
        osPriorityHigh4          = 40+4, ///< Priority: high + 4
        osPriorityHigh5          = 40+5, ///< Priority: high + 5
        osPriorityHigh6          = 40+6, ///< Priority: high + 6
        osPriorityHigh7          = 40+7, ///< Priority: high + 7
        osPriorityRealtime       = 48,   ///< Priority: realtime 实时优先级
        osPriorityRealtime1      = 48+1, ///< Priority: realtime + 1
        osPriorityRealtime2      = 48+2, ///< Priority: realtime + 2
        osPriorityRealtime3      = 48+3, ///< Priority: realtime + 3
        osPriorityRealtime4      = 48+4, ///< Priority: realtime + 4
        osPriorityRealtime5      = 48+5, ///< Priority: realtime + 5
        osPriorityRealtime6      = 48+6, ///< Priority: realtime + 6
        osPriorityRealtime7      = 48+7, ///< Priority: realtime + 7
        osPriorityISR            = 56,   ///<  Reserved  for  ISR  deferred
thread.保留，给 ISR 延迟线程使用
        osPriorityError          = -1,   ///<   System   cannot   determine
priority or illegal priority.非法优先级
        osPriorityReserved       = 0x7FFFFFFF  //保留，防止枚举缩小编译器优化
    } osPriority_t;
```

3. 调度

调度（Scheduling）就是操作系统根据调度规则按一定的算法从就绪队列中选择一个任务并分配 CPU 资源，以实现任务的并发执行。

任务调度作为操作系统的核心功能之一，不同系统的任务调度的实现方法不同，根据调度原理的不同，任务调度可分为基于优先级的抢占式任务调度（Pre-emptive）和基于时间片轮转的协作式任务调度（Co-operative）两种。

抢占式任务调度是指一旦就绪态中出现优先权更高的任务，便立即剥夺当前任务的运行权，把 CPU 分配给更高优先级的任务。这样 CPU 总是执行处于就绪条件下优先级最高的任务。这种调度的优点是可以满足实时系统的响应时间要求，可以实现任务的优先级管理；缺点是低优先级的任务可能会被长时间阻塞。

基于时间片轮转的协作式任务调度是指将 CPU 的执行时间划分为固定长度的时间片，每个任务分配一个时间片，在一个时间片内执行一定的指令，当时间片用完后，任务就会被挂起，等待下一次被调度。优点是公平地分配 CPU 时间片，确保每个任务都能获得一定的执行时间，可以避免低优先级任务被长时间阻塞，缺点是无法满足实时系统的响应时间要求。

FreeRTOS 使用 SysTick 定时器产生固定间隔的中断，两次中断的间隔时间称为时间片（Time Slice）。时钟节拍是一个周期性的定时中断，其时间间隔一般为 1～10ms。时间节拍可以为操作系统提供延时功能，将任务延时若干整数倍的时钟节拍，以及当任务等待事件发生时，提供超时判断的依据。

FreeRTOS 默认使用固定优先级的抢占式任务调度策略，对同等优先级的任务执行基于时间片轮转的协作式任务调度。在抢占式任务调度算法中，任务优先级越高，被调度的机会就越大；当任务优先级相同时，采用基于时间片轮转的协作式任务调度。

4. 任务的上下文

在实时操作系统中，当一个任务被执行时，CPU 需要知道该任务从哪里加载，又从哪里

开始运行，这时就会用到 CPU 的寄存器和程序计数器（Program Counter，PC），并像其他程序一样能够访问 RAM 和 ROM，这些资源（CPU 中的寄存器数据、堆栈等）一起组成了任务的上下文（Context）。

上下文是任务运行所依赖的环境，主要包括 CPU 中的寄存器数据、程序计数器、堆栈空间等。它是任务调度中的一个重要概念，定义了执行一个任务时需要具备的条件，操作系统根据调度规则从众多任务中找到符合执行条件的任务进行执行，当内核将执行其他任务时，需要将正在运行任务的上下文保存在任务自身的任务栈中。

5. 任务栈

RTOS 调度器的职责是确保当一个任务开始执行时其上下文的内容和上一次任务退出时的上下文内容一致，为做到这一点，需要将与当前任务的上下文（任务相关 CPU 寄存器中的内容）按"先进后出"的规则保存在内存区域中（Task's Context Storage Area），这个保存内存的区域被称为栈（Stack）。每个任务都会在任务创建时分配属于自己的栈空间。

通过上下文，操作系统可以随时打断任务的运行，当高优先级的任务打断低优先级的任务运行时，将当前任务的上下文入栈，即保存当前正在运行任务的状态信息（寄存器的内容）到当前任务的栈中，并从新任务的任务栈中取出上下文重新装入 CPU 的寄存器中，加载并运行新的任务，从而实现不同任务的切换运行，因此任务切换又称任务上下文切换。

11.2.3　任务的实现机制

任务是函数，但函数不一定是任务，一个函数只有在具有任务描述符和分配任务栈空间的情况下才能被称为任务，才可以被调度运行。因此，任务主要由任务函数、任务栈和任务控制块三个核心要素组成。

1. 任务函数

任务是嵌入式实时操作系统最基本的执行单元，用于执行特定的功能。任务函数是任务的实际执行代码，又称任务入口函数（Entry Function）。本质上还是函数，返回类型必须为 void，入口参数也必须为 void 指针类型。

任务函数的主体通常为一个无限循环，并且不允许以返回等任何方式从实现函数中退出程序循环，即任务函数不能有 return 语句；同时任务不能自行结束，如果任务需要退出，则需要通过任务调度的方式进行删除，即必须调用函数 vTaskDelete(NULL)删除该任务。

FreeRTOS 中任务函数的一般形式如下。

```
void vTaskFunction( void *pvParameters )
{
    for( ;; )     //任务函数的主体
    {
      ...         //任务的代码, Task application code here.
    /*
        * 延时函数 vTaskDelay( );
        * 作用是阻塞延时, 当前任务进入阻塞状态, 让出 CPU 使用权
        * 调度器进行任务调度和任务切换
    */
```

```
        vTaskDelay(1);  //延时函数
    }

    /*
     * 任务无返回值，不能通过返回或其他方式退出程序循环
     * 如果任务需要退出，则需要通过任务调度 vTaskDelete( NULL ) 删除自己
     *  NULL 表示删除的是自己
     */
    vTaskDelete( NULL );
}
```

2. 任务栈

任务栈是任务的私有内存空间，用于保存任务的局部变量、上下文信息等，任务栈是在创建任务时进行设置的。

在 FreeRTOS 中使用 STM32CubeMX 创建任务时，需要设置任务栈的大小（Stack Size），单位为 Words（4 字节），如图 11-1 所示。

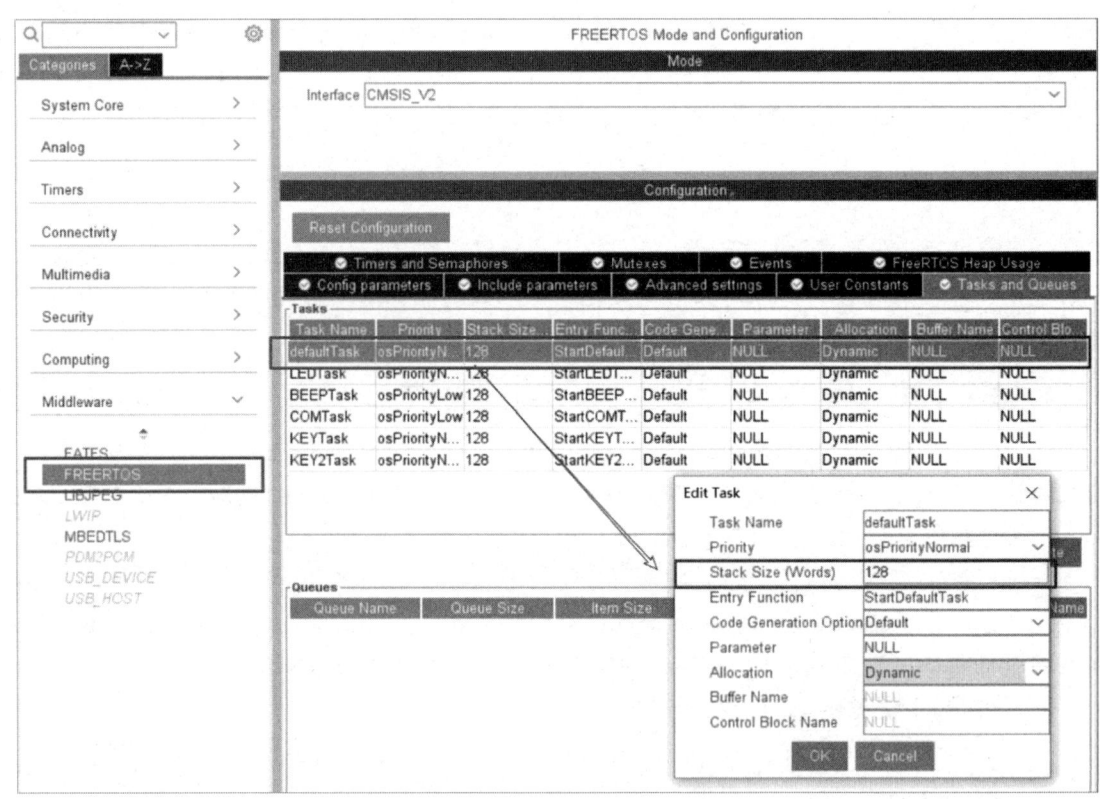

图 11-1 FreeRTOS 任务栈的大小

任务栈其实就是一个预先定义好的全局数据，数据类型为 StackType_t，定义在 protmacro.h 文件中，实际为 uint32_t 类型，默认为 128，单位为字，即 512 字节，这也是 FreeRTOS 推荐的最小的任务栈。源代码如下。

```
#define portSTACK_TYPE uint32_t
typedef portSTACK_TYPE StackType_t;
```

3. 任务控制块

FreeRTOS 通过任务控制块（Task Control Block，TCB）来定义和管理任务，任务控制块是 FreeRTOS 中用于描述和管理任务的一种数据结构，包含任务的名称、任务的状态、优先级、堆栈等信息，用结构体表示。创建任务时，系统会为任务分配相应的内存空间，用于保存任务的所有信息，如栈指针、任务名称、任务状态等。

FreeRTOS 中任务控制块定义在 task.c 文件中，由结构体 struct tskTaskControlBlock 表示，指向任务控制块的指针称为任务句柄，用 TaskHandle_t 表示。旧版本的结构体类型名为 tskTCB，新版本的类型名为 TCB_t。

FreeRTOS 中在 tasks.c 文件中定义了任务控制块的数据结构，如下。

```
typedef struct tskTaskControlBlock
{
    volatile StackType_t    *pxTopOfStack;  /* 任务栈栈顶指针 */

    ListItem_t              xStateListItem; /* 任务状态列表（就绪，阻塞，挂起）*/
    ListItem_t              xEventListItem; /* 事件列表 */
    UBaseType_t             uxPriority;     /* 任务优先级 */
    StackType_t             *pxStack;       /* 任务栈起始地址 */
    char                    pcTaskName[ configMAX_TASK_NAME_LEN ]; /* 任务名称 */
    ...

} tskTCB;
typedef tskTCB  TCB_t;


typedef struct  tskTaskControlBlock*  TaskHandle_t;  //任务句柄
```

任务句柄（Task Handle）是 FreeRTOS 中用于标识和引用任务的数据类型。多任务系统中，每个任务在创建时都会分配一个唯一的任务句柄。任务句柄是一个指向任务控制块的指针，用于指向一个任务，通过任务句柄可以对任务进行操作和管理，如挂起任务、删除任务、恢复任务或查询任务的状态等。此外，任务句柄还可以用于任务的同步和通信机制，如向任务发送信号量或消息。

【小贴士】句柄（Handle），英文有操作、处理、控制等含义，指某个中间媒介，通过这个中间媒介可以控制、操作某样东西。例如，门把手（Door Handle），通过门把手可以控制门；刀柄（Knife Handle），通过刀柄可以使用刀。

在计算机科学中，句柄是一种在操作系统中引用或标识对象的方式，它可以用来访问或操作底层系统资源。在 Windows 操作系统中，句柄是一个整数值，用于标识和访问系统对象或资源，如窗口、文件、设备等。例如，文件句柄（File Handle），通过文件句柄对文件进行管理和增、删、改等操作。句柄也可理解为对象的 ID，又称身份描述符（Descriptor），用作对象的唯一标识符，Windows 使用句柄来标识诸如窗口、位图、画笔等对象，并通过句柄找到这些对象；在 Linux 操作系统中，句柄通常被称为文件描述符（File Descriptor），它是一个非负整数，用于标识打开的文件、设备、管道等。RTOS 中，句柄提供了一种抽象，不仅可以提高程序的效率和安全性，还可以用于实现进程间通信和同步。

任务函数是任务要实现的具体功能；任务栈是 RAM 中的一块连续区域，用于保存任务在调度时的上下文信息及任务内部定义的局部变量；任务控制块是内核定义的一种数据结构，用于记录任务的各个属性；内核通过任务控制块实现对任务的管理和调度。

11.2.4　任务相关 API 函数

FreeRTOS 内核在某个时刻只允许一个任务处于运行状态，任务在创建时根据优先级的大小进入就绪态或运行态，当运行态的任务被阻塞、延时、等待事件或暂停时，该任务将转入阻塞态，具有更高优先级的任务就由就绪态转为运行态。

任务的创建有两种方法，一种是使用动态创建，另一种是使用静态创建。在动态创建任务时，任务控制块和栈的内存是创建任务时动态分配的，在任务删除时，内存可以被释放。在静态创建任务时，任务控制块和栈的内存需要事先定义好，是静态的内存，在任务删除时，内存不可以被释放。

FreeRTOS 原生 API 函数及经 CMSIS-RTOS V2 封装后的 API 函数对比如表 11-4 所示。CMSIS-RTOS V2 封装后的 API 函数位于 CMSIS_RTOS_V2/cmsis_os2.c 文件中。

表 11-4　FreeRTOS 原生 API 函数及经 CMSIS-RTOS V2 封装后的 API 函数对比

API 类别	FreeRTOS 原生 API 函数	经 CMSIS-RTOS V2 封装后的 API 函数	函数功能
任务管理	xTaskCreate( ) xTaskCreateStatic( )	osThreadNew( )	创建任务
	vTaskSuspend( )	osThreadSuspend( )	挂起任务
	vTaskDelete( )	osThreadExit( ) osThreadTerminate( )	删除任务
	pcTaskGetName( )	osThreadGetName( )	获取当前任务名称
	xTaskGetHandle( )	osThreadGetId( )	获取当前任务句柄
	eTaskGetState( )	osThreadGetState( )	获取任务的状态
	vTaskPrioritySet( )	osThreadSetPriority( )	设置任务的优先级
	uxTaskPriorityGet( )	osThreadGetPriority( )	获取任务的优先级
任务调度	vTaskStartScheduler( )	osKernelStart( )	开启任务调度器
	vTaskDelay( )	osDelay( ) osDelayUntil( )	任务延时
	taskYIELD( )	osThreadYield( )	任务进行上下文切换

（1）创建任务函数 osThreadNew()。

```
    osThreadId_t  osThreadNew (osThreadFunc_t func, void *argument, const
osThreadAttr_t *attr);
```

函数功能：创建一个任务。

第 1 个参数：func 是一个函数指针，指向执行任务的函数。

第 2 个参数：argument 是传递给任务的参数，不用时设为 NULL。

第 3 个参数：attr 是任务的属性，声明了一个名为 osThreadAttr_t 的线程属性结构体类型，该结构体定义在 cmsis_os2.h 文件中，包含线程名称、栈的大小、线程优先级等成员变量。

```
cmsis_os2.h
    typedef struct
    {
```

```
        const char      *name;        //线程名称
        uint32_t        attr_bits;    //属性位
        void            *cb_mem;      //线程控制块内存空间指针
        uint32_t        cb_size;      //提供给线程控制块内存的大小
        void            *stack_mem;   //栈内存空间指针
        uint32_t        stack_size;   //栈的大小
        osPriority_t    priority;     //初始化线程优先级（默认值:
osPriorityNormal)
        TZ_ModuleId_t   tz_module;    //信任模块标识
        uint32_t        reserved;     //保留（必须为 0）
} osThreadAttr_t;
```

注意：主线程的创建就是通过设置一个线程属性结构体来传递相关参数的，若线程属性结构体为空，则试图创建一个默认的线程，从系统内存池中为其分配内存空间。

返回值：创建成功，返回任务的句柄。

osThreadId_t 的类型定义在 cmsis_os2.h 文件中，定义如下所示。

```
typedef  void  *osThreadId_t;  //使用 typedef 定义了一个新的类型（变量）
```

示例：

```
osThreadId_t TaskCOMHandle;  //定义任务句柄
const  osThreadAttr_t  TaskCOM_attributes = {            //任务属性
        .name = "TaskCOM",                               //任务名称
        .priority = (osPriority_t) osPriorityLow,        //设置任务优先级
        .stack_size = 128 * 4,                           //任务栈的大小
    }; //该属性由 STM32CubeMX 自动生成
TaskCOMHandle = osThreadNew(StartTaskCOM, NULL, &TaskCOM_attributes);
```

（2）删除任务函数 osThreadTerminate()。

```
osStatus_t osThreadTerminate (osThreadId_t  thread_id)
```

函数功能：删除一个任务。

入口参数：thread_id 是一个函数指针，指向执行任务的函数。

返回值：删除成功，返回 osOK，否则，返回 osError。

osStatus_t 为枚举类型，在 cmsis_os2.h 文件中，定义了函数返回值的状态和错误代码，用于说明函数的执行情况，源代码如下。

```
typedef enum
 {
    osOK              = 0,          //成功
    osError           = -1,         //失败
    osErrorTimeout    = -2,         //等待超时失败
    osErrorResource   = -3,         //资源错误
    osErrorParameter  = -4,         //参数错误
    osErrorNoMemory   = -5,         //没有足够的内存空间错误
    osErrorISR        = -6,         //在中断调用时设置的超时时间非零
    osStatusReserved  = 0x7FFFFFFF, //状态保留
} osStatus_t;
```

示例：

```
osThreadId_t TaskCOMHandle;              //定义任务句柄
```

```
const osThreadAttr_t TaskCOM_attributes = {        //任务的属性
        .name = "TaskCOM",                          //任务名称
        .priority = (osPriority_t) osPriorityLow,   //设置任务优先级
        .stack_size = 128 * 4,                      //任务栈的大小
    }; //该属性由 STM32CubeMX 自动生成
osThreadTerminate (TaskCOMHandle);
```

注意，CMSIS-RTOS 提供了两个删除任务的函数 osThreadTerminate 和 osThreadExit，根据传递的参数不同，osThreadTerminate 用于删除其他任务，osThreadExit 用于删除当前任务，其函数原型如下。

```
void osThreadExit (void);
```

11.2.5　任务创建步骤

FreeRTOS 任务的创建有相对固定的操作步骤，以 SMT32CubeMX 创建任务为例，包括以下 4 个步骤。

（1）定义任务（或线程）的句柄。

```
osThreadId_t TaskCOMHandle;                        //定义任务句柄
const osThreadAttr_t TaskCOM_attributes = {        //任务的属性
        .name = "TaskCOM",                          //任务名称
        .priority = (osPriority_t) osPriorityLow,   //设置任务优先级
        .stack_size = 128 * 4,                      //任务栈的大小
    }; //任务属性，该属性由 STM32CubeMX 自动生成
```

（2）创建任务（或线程）。

```
TaskCOMHandle = osThreadNew(StartTaskCOM, NULL, &TaskCOM_attributes);
```

（3）编写任务函数。

```
void StartCOMTask(void *argument)
{
    /* USER CODE BEGIN StartCOMTask */
    /* Infinite loop */
    for(;;)
    {
        ...
        osDelay(1);
    }
    /* USER CODE END StartCOMTask */
}
```

（4）启动内核任务调度。

```
osKernelStart();
```

11.2.6　FreeRTOS 创建任务实例

实践目标：掌握 FreeRTOS 的任务创建方法。

实践内容：基于 STM32+FreeRTOS 创建两个任务，即 LED 灯闪烁任务，每隔 100ms 进行状态转换；蜂鸣器任务，每隔 100ms 鸣叫。

硬件设计引脚分配：LED 灯连接在 PE5 引脚上，蜂鸣器连接在 PB8 引脚上，低电平有效。

实践步骤如下。

（1）打开 STM32CubeMX，新建一个工程，选择 MCU。这里采用 STM32F103ZET6 芯片。

（2）STM32CubeMX 功能参数设置。

① RCC 和时钟配置。

在 RCC 中，设置 HSE 作为系统的外部时钟源，在 HSE 下拉列表中选择"Crystal/Ceramic Resonator"选项。

配置系统时钟。在"Clock Configuration"选项页中进行时钟系统配置，这里采用 HSE 外部晶振，频率为 8MHz，通过 PLL 的倍频使系统时钟 SYSCLK 的频率为 72MHz，如图 11-2 所示。

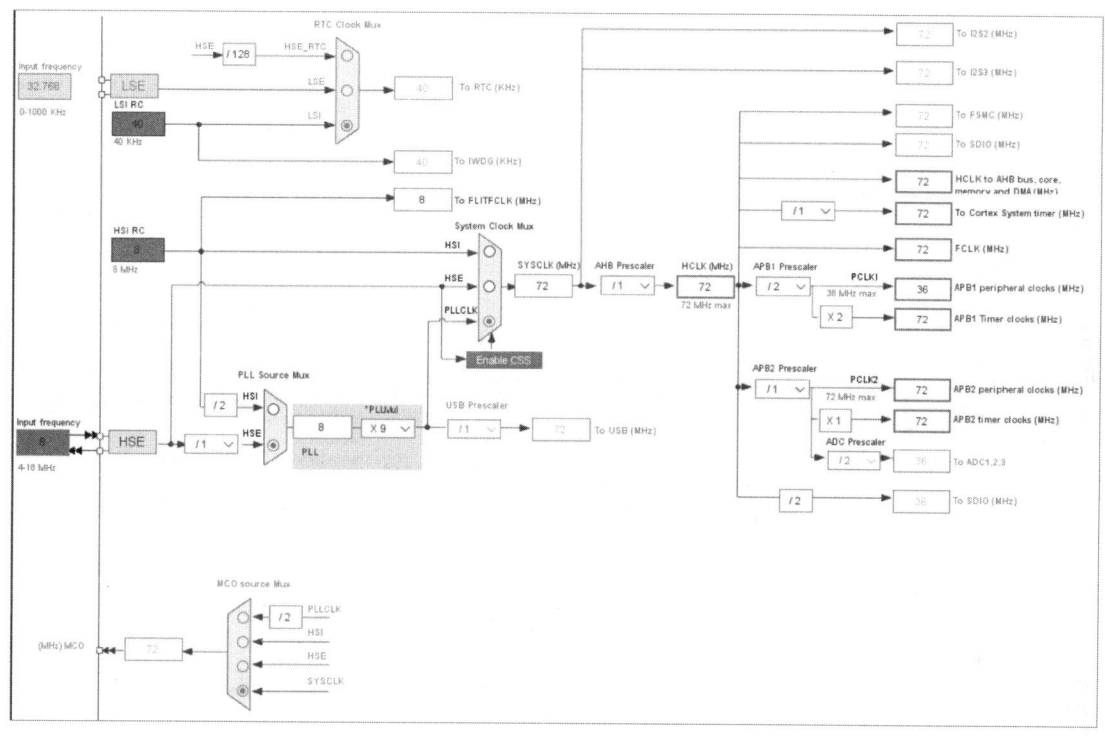

图 11-2　配置系统时钟

② 设置 HAL 库的时间基准。

在主界面单击"SYS"按钮，在"SYS Mode and Configuration"配置页中，设置 Debug 为"Serial Wire"；在 Timebase Source 中选择"TIM8"作为 HAL 库的时间基准，如图 11-3 所示。这是因为 FreeRTOS 使用 SysTick（嘀嗒定时器）作为基础时钟，而 HAL 库也使用 SysTick 作为基础时钟，两者产生冲突，这时就需要为 HAL 库的时间基准更换和配置另一个定时器供 HAL 库中的一些函数使用，如 HAL_Delay( )延时函数等。

③ MCU 引脚分配。

在 GPIO 选项卡中，设置 PE5、PB8 为 GPIO_Output，User Label 分别为 LED、BEEP。

④ FreeRTOS 任务创建。

在主界面的 Middleware 中单击"FREERTOS"按钮，在配置窗口上方的 Mode 栏中选择 Interface 为"CMSIS_V2"，如图 11-4 所示，这是 ARM 公司为运行于 Cortex-M 系列微控制器上的操作系统定义的 CMSIS-RTOS 接口，它提供了一种标准化的 API 接口。

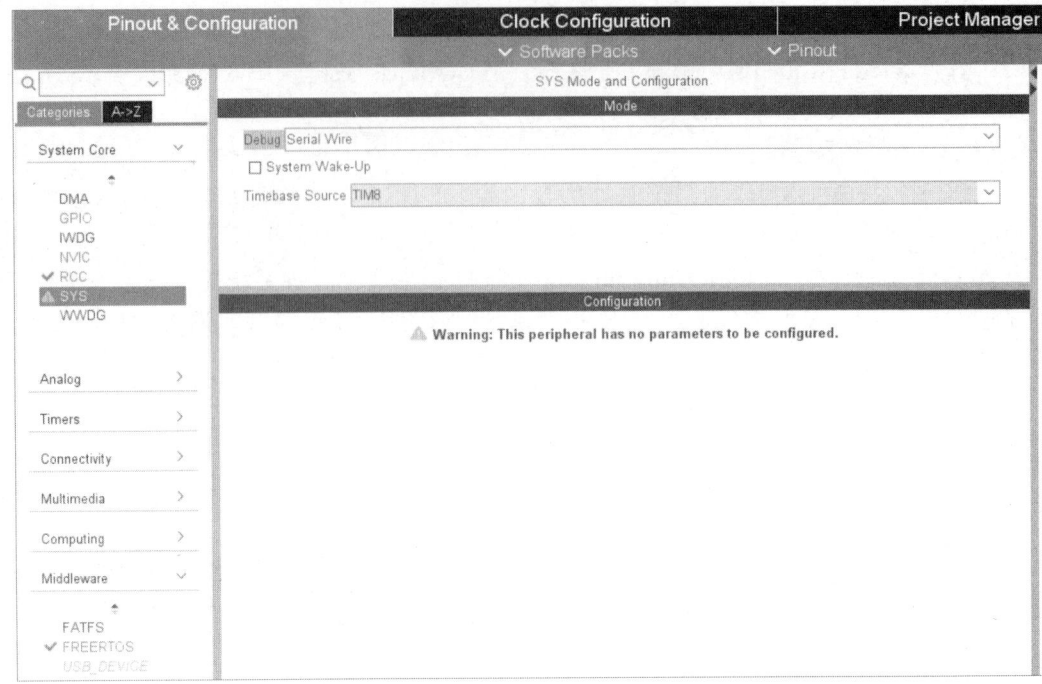

图 11-3　HAL 库时间基准设置

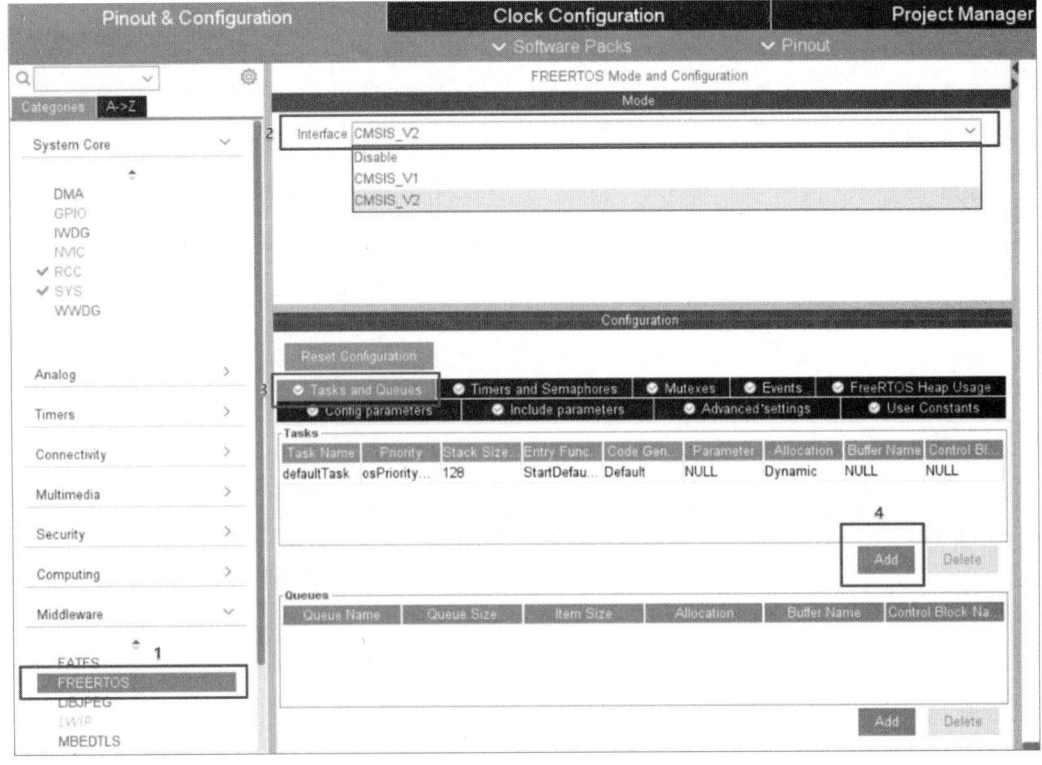

图 11-4　FreeRTOS 创建任务

　　CMSIS_V1 适用于 Cortex-M0/M0+/M3/M4/M7 等系列微控制器，CMSIS_V2 在 CMSIS_V1 的基础上进行了扩展，不仅适用于所有的 Cortex-M 系列微控制器，还支持 Cortex-

A5/A7/A9 系列微处理器，这里建议选择最新的版本 CMSIS_V2。

FreeRTOS 的 Configuration 栏中，有以下选项页用于参数配置，如表 11-5 所示。

表 11-5　FreeRTOS 的选项页及功能

FreeRTOS 选项页	功能
Configure parameters	用于 FreeRTOS 参数配置，定义一些相关的宏定义在 FreeRTOS 的 Config.h 文件中
Include parameters	包含参数，用于配置相关函数的条件编译，定义在 FreeRTOS 的 Config.h 文件中
Advanced settings	高级设置
Tasks and Queues	任务和队列
Timers and Semaphores	软件定时器和信号量
Mutexes	互斥量
FreeRTOS Heap Usage	FreeRTOS 堆内存空间使用情况统计
User Contants	用户常数

在配置窗口下方的 Configuration 栏中，选择 Tasks and Queues 选项页，双击"defaultTask"按钮，在弹出的 defaultTask 任务窗口中，将其修改为 LEDTask 任务，设置参数如下。

- 任务名称（Task Name）：LEDTask。
- 优先级（Priority）：osPriorityNormal。
- 任务函数（Entry Function）：StartLEDTask。

其余参数使用默认值，如图 11-5 所示。

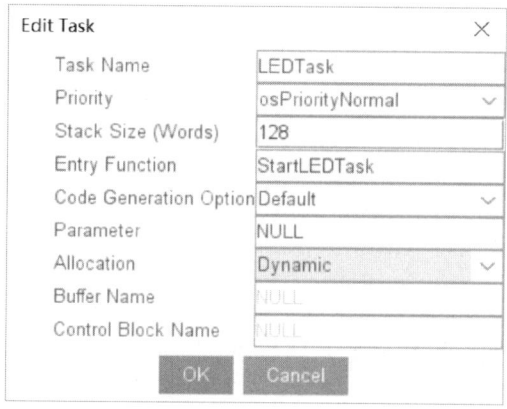

图 11-5　LEDTask 任务设置

FreeRTOS 的 Edit Task 选项页中参数的作用如表 11-6 所示。

表 11-6　FreeRTOS 的 Edit Task 选项页中参数的作用

Edit Task 选项页参数	功能
Task Name	任务名称，用户自定义
Priority	优先级，每个任务都需要设置一个优先级，FreeRTOS 默认有 56 个等级，定义在 FreeRTOS 的 Config.h 文件中的宏定义 configMAX_PRIORITIES，数字越小，优先级越低。默认优先级为 osPriorityBelowNormal
Stack Size	任务栈空间大小。每个任务都需要分配一个栈空间，单位为字（Words，32 位微控制器的 1 个 Words=4 字节）
Entry Function	入口函数，即任务函数。一个任务就是一个无限循环函数，这个参数为实现此任务的函数名称

续表

Edit Task 选项页参数	功能
Code Generation Option	生成代码选项。有 Default 和 As weak 两个选项，As weak 为__weak，即将任务函数定义为一个弱函数；Default 为生成正常的任务函数
Parameter	参数。为任务函数传递的参数，设置为 NULL 意味着所定义的任务函数没有参数
Allocation	内存分配方式，有动态 Dynamic 和静态 Static 两种
Buffer Name	缓冲器名称
Control Block Name	任务控制块名称

单击"Add"按钮，创建 BEEPTask 任务，在 BEEPTask 任务窗口中，设置参数如下。

- 任务名称（Task Name）：BEEPTask。
- 优先级（Priority）：osPriorityLow。
- 任务函数（Entry Function）：StartBEEPTask。

其余参数使用默认值，如图 11-6 所示。

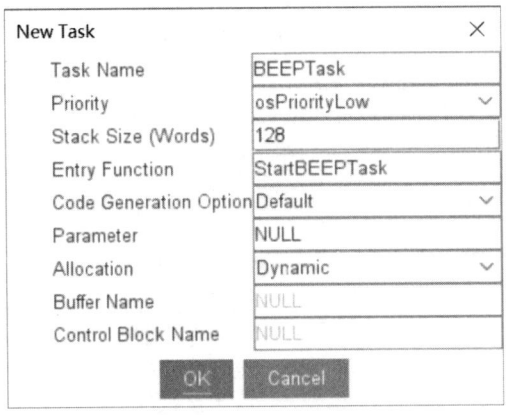

图 11-6 BEEPTask 任务设置

⑤ 生成工程代码。

在主界面中的"Project Manager"选项页中，单击"Project"按钮，设置工程名称、工程存放的位置，以及工程所使用的编译器，这里选择"MDK-ARM"选项。

（3）编写任务程序。

利用 STM32CubeMX 自动生成工程代码后，在 MDK-ARM 中打开工程，先进行编译，确保程序代码无错误后，再编写应用程序。

① 在 freertos.c 文件中，找到 void StartLEDTask(void *argument)函数，在 for 循环中输入以下程序代码。

```
void StartLEDTask(void *argument)
{
  /* USER CODE BEGIN StartLEDTask */
  /* Infinite loop */
  for(;;)
  {
      HAL_GPIO_TogglePin(LED0_GPIO_Port,LED0_Pin);
      osDelay(100);
  }
```

```
    /* USER CODE END StartLEDTask */
  }
```

② 在 void StartBEEPTask(void *argument)函数中输入以下程序代码。

```
    void StartBEEPTask(void *argument)
    {
      /* USER CODE BEGIN StartBEEPTask */
      /* Infinite loop */
      for(;;)
      {
          HAL_GPIO_TogglePin(BEEP_GPIO_Port,BEEP_Pin);
        osDelay(100);
      }
      /* USER CODE END StartBEEPTask */
    }
```

（4）下载及验证。

实验现象：LED 灯每隔 100ms 闪烁一次，蜂鸣器每隔 100ms 鸣叫一次。

（5）小结。

基于嵌入式操作系统进行应用程序开发，关键在于如何将系统功能进行模块化分解，将每个功能模块转化为可并发执行的任务，由操作系统执行多任务的调度，从而实现应用功能。

对比本书前面章节的嵌入式裸机开发，针对状态指示灯进行基于嵌入式操作系统的开发方式与裸机的开发方式进行对比，思考两种方式的优缺点。

11.3　信号量

任务同步是指 RTOS 按时间片分时调度并执行各任务，同时根据优先级的高低进行任务抢占调度，高优先级的任务可以抢占低优先级的任务取得 CPU 的使用权。那么在遇到任务具有先后执行次序的场合，该如何解决？当多个任务同时访问一个共享资源时，如何控制才能确保多个任务不发生冲突？任务与任务之间如何传输数据？

针对这些问题，FreeRTOS 采用信号量、互斥量、事件组等机制实现任务间的同步（运行的先后次序），采用消息队列和邮箱等机制实现任务间的通信（数据传输）。

11.3.1　信号量概念

信号量（Semaphore）是实现任务与任务之间、任务与中断之间同步问题的机制，用于对共享资源的有序访问，与裸机编程中的标志（Flag）类似。

信号，现实中常用旗或灯发出的识别信号，如海上求救的 SOS 灯光信号，铁路上使用的臂板信号机就是利用不同颜色的灯光来显示指挥行车命令的，因此使用信号的目的是实现通知的作用。

量，数量，表示资源可以利用和使用的数量。

FreeRTOS 中信号量主要有二值信号量和计数信号量。

1. 二值信号量（Binary Semphores）

当"量"只有 0 和 1 两种取值时，就是二值信号量，取值为 0 时表示没有资源可用，取值为 1 时表示有可使用的资源。

创建时其初始值一般设置为 0，即没有资源可供使用，多任务系统中一个任务释放信号量，另一个任务通过获取信号量达到任务之间的同步或互斥的目的。

2. 计数信号量（Counting Semphores）

当"量"的数量没有限制时，用于计数的就是计数信号量，其初值一般设定为可用资源的数量。

计数信号量用于实现资源管理，如停车场的停车位、图书馆的座位等都是计数信号量的典型应用场景。在多任务系统中，一个任务想要获取资源的使用权，需要先获取计数信号量，获取成功后，计数信号量的值减 1，当其值减到 0 时表示没有资源了，想要获取该资源的任务就由运行态转到阻塞态，等待资源可用，此时就需要一个任务在使用完资源时释放信号量，释放成功，计数信号量的值加 1。

11.3.2 信号量实现机制

FreeRTOS 中信号量实现机制是基于消息队列实现的，信号量是消息队列中的消息只有 0 和 1 两种数据的特殊形式，二值信号量是长度为 1 的队列，计数信号量是长度大于 1 的队列。

FreeRTOS 通过消息队列控制块管理信号量，消息队列控制块是一种数据结构，用结构体表示，定义在 event_groups.c 文件中，详细介绍请见 11.5 节。

FreeRTOS 中用于创建、释放、删除信号量的函数定义在 semphr.c 文件中，经 CMSIS-RTOS V2 封装后的信号量函数在 cmsis_os2.c 文件中实现。

表 11-7 所示为 FreeRTOS 原生 ADI 函数与 CMSIS-RTOS V2 封装后的 API 函数对比。

表 11-7　FreeRTOS 原生 API 函数与 CMSIS-RTOS V2 封装后的 API 函数对比

功能分类	FreeRTOS 原生 API 函数	CMSIS-RTOS V2 封装后的 API 函数	说明
创建	xSemaphoreCreateBinary()（二值信号量）	osSemaphoreNew()	动态创建并初始化信号量对象
	xSemaphoreCreateCounting()（计数信号量）		
获取	uxSemaphoreGetCount()	osSemaphoreGetCount()	获取当前信号量的计数值
	xSemaphoreTake()	osSemaphoreAcquire()	获取信号量
	xSemaphoreTakeFromISR()		在中断服务程序（ISR）中获取信号量
释放	xSemaphoreGive()	osSemaphoreRelease()	释放信号量
	xSemaphoreGiveFromISR()		在中断服务程序（ISR）中释放信号量
删除	vSemaphoreDelete()	osSemaphoreDelete()	删除信号量

（1）信号量创建函数 osSemaphoreNew()。

```
osSemaphoreId_t osSemaphoreNew (uint32_t max_count, uint32_t
initial_count, const osSemaphoreAttr_t *attr);
```

函数功能：创建一个信号量。

第 1 个参数：max_count，信号量的最大计数值。其值为 1 时，表示二值信号量。

第 2 个参数：initial_count，信号量初值。

第 3 个参数：attr，指向信号量属性的指针，默认值为 NULL。声明了一个名为 osSemaphoreAttr_t 的结构体，该结构体包括信号量的名称、大小等成员变量，定义在

cmsis_os2.h 文件中，如下所示。

```
typedef   struct
{
        const char      *name;       //信号量的名称
        uint32_t        attr_bits; //信号量的属性位
        void            *cb_mem;     //为信号量控制块分配的内存首地址
        uint32_t        cb_size;     //为信号量控制块分配的内存大小
} osSemaphoreAttr_t;
```

返回值：创建成功，返回信号量的句柄，用于标识信号量。

　　　　创建失败，返回 NULL。

示例：

```
osSemaphoreId_t    BinarySem01Handle; //定义二值信号量的句柄
const   osSemaphoreAttr_t BinarySem01_attributes = {
        .name = "BinarySem01" ,
    }; //该属性由 STM32CubeMX 自动生成
BinarySem01Handle = osSemaphoreNew(1, 1, &BinarySem01_attributes);
```

（2）信号量获取函数 osSemaphoreAcquire()。

```
osStatus_t osSemaphoreAcquire (osSemaphoreId_t   semaphore_id,
uint32_t timeout);
```

函数功能：获取一个信号量。

第 1 个参数：semaphore_id，信号量的句柄。

第 2 个参数：timeout，等待信号量可用资源时的超时等待时间，以时钟节拍为单位。该参数为 32 位，类型为 uint32_t，取值范围为 0～osWaitForever，设置为 0 时，该函数立刻返回；设置为 osWaitForever 时，则会一直等待到信号量有可用资源。

返回值：获取成功，返回 osOK；否则，返回 osError。

在 cmsis_os2.h 文件中，定义了函数返回值的状态和错误代码，用于说明函数的执行情况。

```
typedef enum
 {
   osOK             = 0,      //成功
   osError          = -1,     //失败
   osErrorTimeout   = -2,     //等待超时失败，在给定的超时时间内无法获取消息
   osErrorResource  = -3,     //无法从信号量中获取信息错误
   osErrorParameter = -4,     //mq_id 参数错误
   osErrorNoMemory  = -5,     //没有足够的内存空间错误
   osErrorISR       = -6,     //在中断调用时设置的超时时间非零
   osStatusReserved = 0x7FFFFFFF,   //状态保留
} osStatus_t;
```

示例：

```
osSemaphoreAcquire(BinarySem01Handle,osWaitForever);
```

（3）信号量释放函数 osSemaphoreRelease()。

```
osStatus_t osSemaphoreRelease (osSemaphoreId_t   semaphore_id);
```

函数功能：释放一个信号量。

入口参数：semaphore_id，信号量的句柄。

返回值：释放成功，返回 osOK；否则，返回错误状态代码。

示例：

```
osSemaphoreRelease(BinarySem01Handle);
```

11.3.3　信号量应用步骤

FreeRTOS 信号量的应用有相对固定的操作步骤，以 SMT32CubeMX 创建信号量为例，包括以下 4 个步骤。

（1）定义信号量句柄。

```
osSemaphoreId_t  BinarySem01Handle; //定义信号量句柄
const osSemaphoreAttr_t BinarySem01_attributes = {
    .name = "BinarySem01"
}; //信号量属性，由 SMT32CubeMX 自动生成
```

（2）创建信号量。

```
BinarySem01Handle = osSemaphoreNew(1, 0, &BinarySem01_attributes);
```

（3）释放信号量。

```
osSemaphoreAcquire(BinarySem01Handle,osWaitForever);
```

（4）获取信号量。

```
osSemaphoreRelease(BinarySem01Handle);
```

整体应用框架如下。

```
//定义信号量句柄，由 STM32CubeMX 自动生成
    /* Definitions for BinarySem01 */
osSemaphoreId_t BinarySemHandle;
const osSemaphoreAttr_t BinarySem01_attributes = {
    .name = "BinarySem01"
};
…
//创建信号量，由 STM32CubeMX 自动生成
BinarySem01Handle = osSemaphoreNew(1, 1, &BinarySem01_attributes);
…

//任务1
void StartXXXTask(void *argument)
{
    …
    for(;;)
    {
        osSemaphoreRelease(BinarySem01Handle);
        …
        osDelay(1);
    }
}
//任务2
void StartYYYTask(void *argument)
{
```

```
…
for(;;)
{
    osSemaphoreAcquire(BinarySem01Handle,osWaitForever);
    …
    osDelay(1);
}
}
```

11.3.4　信号量应用案例

1．功能描述

本案例通过二值信号量实现任务与任务之间的同步。

通过按键任务利用两个二值信号量分别触发蜂鸣器任务和串口打印任务。按键被按下一次，蜂鸣器响一次，然后通过串口打印按键被按下的次数。

2．硬件设计

按键 KEY1 连接在 STM32 的 PE3 引脚上，低电平有效；蜂鸣器 BEEP 连接在 STM32 的 PB8 引脚上，低电平有效，通过计算机上的串口调试助手显示信息。

3．软件设计

本实例需要设计 3 个任务，如下。

任务 1：按键任务，命名为 KEYTask，优先级为 2，用于释放任务与任务之间同步的二值信号量 BinarySem_a 和 BinarySem_b。

任务 2：蜂鸣器任务，命名为 BEEPTask，优先级为 1，通过二值信号量 BinarySem_a 实现按键任务与蜂鸣器任务之间的同步。

任务 3：串口打印任务，命名为 COMTask，优先级为 3，通过二值信号量 BinarySem_b 实现按键任务与串口打印任务之间的同步。

本实例还需要定义两个二值信号量，分别命名为 BinarySem_a 和 BinarySem_b。

实施步骤如下。

1）STM32CubeMX 参数配置。

打开 STM32CubeMX，新建一个工程，这里采用 STM32F103ZET6 芯片，读者可根据自己的开发板进行设置。

（1）配置系统时钟和 FreeRTOS 的时间基准。

在 RCC 选项中，设置 HSE 作为系统的外部时钟源，在 HSE 下列列表中选择 "Crystal/Ceramic Resonator" 选项。

时钟系统配置。在 "Clock Configuration" 选项页进行时钟系统配置，这里采用 HSE 外部晶振，频率为 8MHz，通过 PLL 的倍频使系统时钟 SYSCLK 的频率为 72 MHz。

修改 HAL 库的时间基准，由于 FreeRTOS 使用 SysTick 产生所需的时钟节拍，而 HAL 库默认也使用 SysTick 产生时间基准，如 HAL 的延时函数 HAL_Delay()，所以为避免产生冲突，需要修改 HAL 库的时间基准，将其时间基准改为其他定时器产生。这里选择 TIM8 作为 HAL 库的时间基准。在 SYS 配置页面中，选择 Timebase Source（时基源）为 "TIM8"，如图 11-7 所示。

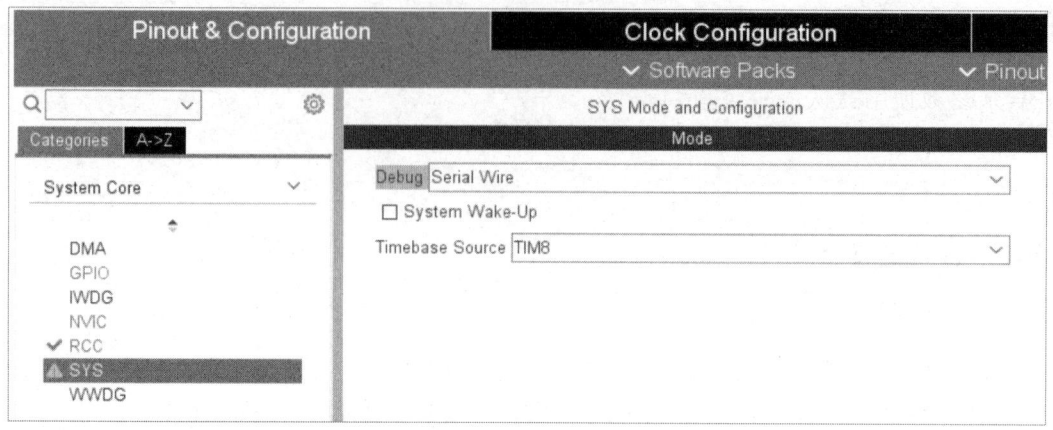

图 11-7　修改 HAL 库的时间基准

（2）MCU 引脚设置。

在 GPIO 选项页中，设置 PE3 为 GPIO_Input 模式，User Label 为 KEY1，PB8 为 GPIO_Output 模式，User Label 为 BEEP，USART1 的 Mode 为 Asynchronous，基本参数设置保持默认即可。

（3）FreeRTOS 任务创建。

在主界面的 Middleware 中单击 "FREERTOS" 按钮，在配置窗口上方的 Mode 栏中选择 Interface 为 CMSIS_V2。

在 "Tasks and Queues" 中将系统默认的任务 defaultTask 中的参数进行修改，参数如下。

- 任务名称（Task Name）：KEYTask。
- 优先级（Priority）：osPriorityNormal。
- 任务函数（Entry Function）：StartKEYTask。

其余参数使用默认值，如图 11-8 所示。

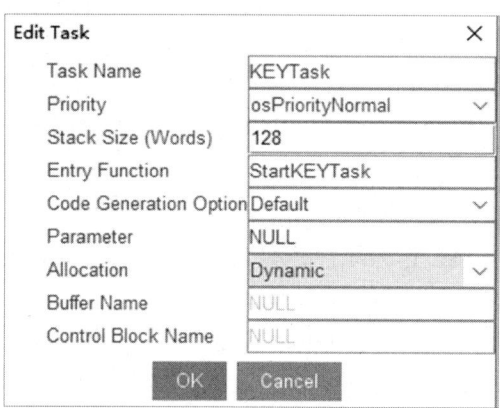

图 11-8　KEYTask 任务创建

然后在配置窗口下方的 Configuration 栏中，选择 "Tasks and Queues" 选项页，单击 "Add" 按钮，新建两个任务：BEEPTask 和 COMTask。

在 BEEPTask 任务窗口中，设置参数如下。

- 任务名称（Task Name）：BEEPTask。
- 优先级（Priority）：osPriorityLow。
- 任务函数（Entry Function）：StartBEEPTask。

其余参数使用默认值，如图 11-9 所示。

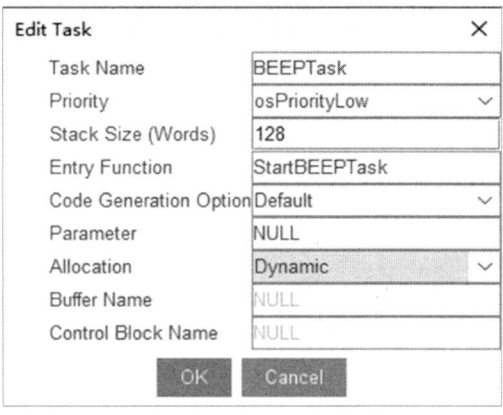

图 11-9　BEEPTask 任务创建

在 COMTask 任务窗口中，设置参数如下。

- 任务名称（Task Name）：COMTask。
- 优先级（Priority）：osPriorityLow2。
- 任务函数（Entry Function）：StartCOMTask。

其余参数使用默认值，如图 11-10 所示。

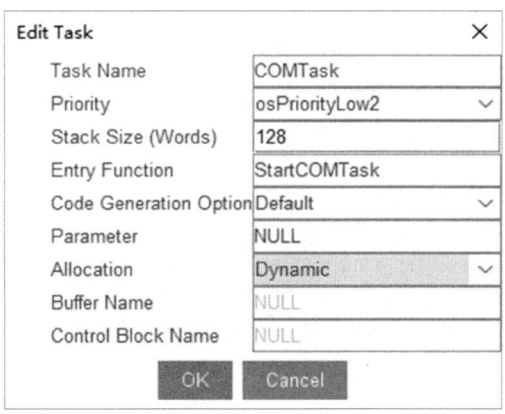

图 11-10　COMTask 任务创建

（4）创建二值信号量。

在 FREERTOS 配置窗口下方的 Configuration 栏中，选择 Timers and Semaphores 选项页，在 Binary Semaphores 任务窗口中单击 "Add" 按钮，新建一个二值信号量：BinarySem_a。

在 Binary Semaphores 任务窗口中，设置参数如下。

- 二值信号量名称（Semaphore Name）：BinarySem_a。
- 位置（Allocation）：Dynamic。

- 控制块名称（Control Block Name）：NULL。

其余参数使用默认值，如图 11-11 所示。

图 11-11　创建二值信号量 BinarySem_a

再次单击"Add"按钮，新建第二个二值信号量：BinarySem_b，如图 11-12 所示。

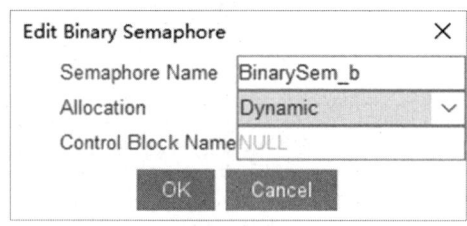

图 11-12　创建二值信号量 BinarySem_b

（5）生成工程代码。

2）编写任务程序

利用 STM32CubeMX 自动生成工程代码后，在 MDK-ARM 中打开工程，先进行编译，确保程序代码无错误后，再在 freertos.c 文件中编写应用程序。

（1）在 freertos.c 文件中，添加 stdio.h 头文件，后续程序代码中利用 printf()函数通过串口调试助手打印相关信息。

```
/* USER CODE BEGIN Includes */
    #include "stdio.h"
/* USER CODE END Includes */
```

（2）在 freertos.c 文件中，找到 StartKEYTask()函数，输入以下程序代码。

```
/* USER CODE END Header_StartKEYTask */
void StartKEYTask(void *argument)
{
  /* USER CODE BEGIN StartKEYTask */
  /* Infinite loop */
  for(;;)
  {
      if(HAL_GPIO_ReadPin(KEY_GPIO_Port,KEY_Pin) == GPIO_PIN_RESET)
      {
        osDelay(10);
        osSemaphoreRelease(BinarySem_aHandle);
        osSemaphoreRelease(BinarySem_bHandle);
      }
    osDelay(1);
  }
  /* USER CODE END StartKEYTask */
}
```

（3）在 StartBEEPTask()任务函数中输入以下程序代码。

```
/* USER CODE END Header_StartBEEPTask */
void StartBEEPTask(void *argument)
{
  /* USER CODE BEGIN StartBEEPTask */
  /* Infinite loop */
  for(;;)
  {
    if(osSemaphoreAcquire(BinarySem_aHandle,osWaitForever)== osOK)
    {
        HAL_GPIO_TogglePin(BEEP_GPIO_Port,BEEP_Pin);
        osDelay(1000);
    }
  }
  /* USER CODE END StartBEEPTask */
}
```

（4）在 StartCOMTask()任务函数中输入以下程序代码。

```
/* USER CODE END Header_StartCOMTask */
void StartCOMTask(void *argument)
{
  /* USER CODE BEGIN StartCOMTask */
    uint16_t cnt =0;
  /* Infinite loop */
  for(;;)
  {
      if(osSemaphoreAcquire(BinarySem_bHandle,osWaitForever) == osOK)
      {
          cnt++;
```

```
                printf("the cnt = %d \r\n",cnt);
        }
    osDelay(1);
    }
    /* USER CODE END StartCOMTask */
}
```

（5）在 usart.c 文件中重定向 C 语言库函数 printf()，程序代码如下。

```
/* USER CODE BEGIN 1 */
//重定向 C 语言库函数 printf() 到串口，重定向后可使用 printf() 函数
int fputc(int ch, FILE *f)
{
    HAL_UART_Transmit(&huart1, (uint8_t *)&ch, 1, 0xffff);
    return ch;
}
//重定向 C 语言库函数 scanf() 到串口，重定向后可使用 scanf() 函数
int fgetc(FILE * f)
{
    uint8_t ch = 0;
    HAL_UART_Receive(&huart1,&ch, 1, 0xffff);
    return ch;
}
/* USER CODE END 1 */
```

3）下载及验证

程序运行效果：每按下一次按键，蜂鸣器响一下，串口打印显示按键次数加 1。

11.4 事件组

11.4.1 事件组概念

事件组（Event Group）是由多个事件标志位组合而成的一种任务同步机制。事件组中的每个事件标志位就是一个二值信号量（0 或 1），表示某个事件是否发生，因此事件组又称事件标志组。与信号量不同的是，事件组主要用于实现多个任务间的同步，可以是多个事件的同时触发才能唤醒某个任务进行事务处理，也可以是任意一个事件发生时就可以触发某个任务。

事件组的事件通过"逻辑与（and）"或"逻辑或（or）"实现与一个或多个任务建立关联，形成一个事件组。事件的"逻辑与"称为关联型同步，表示等待全部事件都发生时，才能触发任务；事件的"逻辑或"称为独立型同步，表示等待的任何一个事件发生时，就可以触发任务。

图 11-13 中按键任务 A 设置 bit1 位为 1，事务处理任务 1 获取 bit1 位的标志信息进行相应事件处理；中断 ISR 任务 B 设置 bit4 位为 1，与按键任务 A 形成逻辑"与"的关系，即当按键任务 A 和中断 ISR 任务 B 同时发生时，事件处理任务 2 才能够进行相应处理；当传感器采集到数据时，数据采集任务 C 将 bit30 置 1，此时与中断 ISR 任务 B 构成逻辑"或"关系，即任务 B 和任务 C 两个任务中只要有一个发生，就会触发事件处理任务 3。

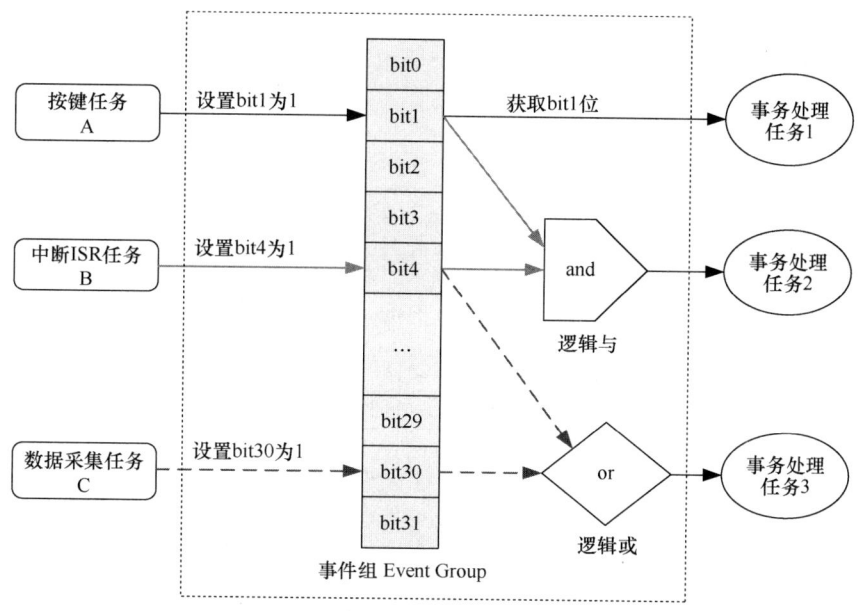

图 11-13　事件组逻辑"与"和逻辑"或"关系示意图

在多任务环境下，事件组可以在任务与任务之间、任务与中断（ISR）之间提供一对一、一对多、多对多的同步操作，但不能提供数据传输功能，其机制类似于裸机编程中前后台架构的标志位全局变量，事件组的每一个 bit 位都用 0 和 1 两种状态来表示事件标志位。例如，图 11-14 事件组中的 bit0 位表示"按键 Key1 已被按下"，bit4 位表示"已接收到来自串口的信息"，bit7 位为来自中断 ISR 的标志信息。当该事件组中的 bit0、bit4、bit7 位被设置为 1 时，表示第 0、4、7 位所代表的事件发生了，因此事件组的值为 0x89。

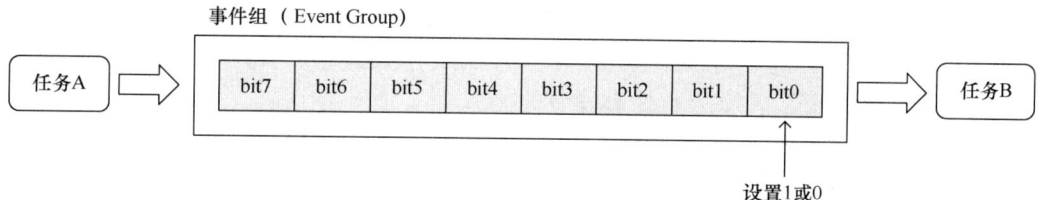

图 11-14　事件组映射示意图

11.4.2　事件组实现机制

FreeRTOS 通过事件组控制块定义和管理事件组。事件组控制块是一种数据结构，用结构体表示，定义在 event_groups.c 文件中。

1. FreeRTOS 事件组的结构体定义

```
FreeRTOS/Source/event_groups.c
    typedef struct EventGroupDef_t
    {
        EventBits_t  uxEventBits;
        List_t        xTasksWaitingForBits;

        #if( configUSE_TRACE_FACILITY == 1 )
```

```
            UBaseType_t    uxEventGroupNumber;
    #endif

    #if( ( configSUPPORT_STATIC_ALLOCATION == 1 ) &&
( configSUPPORT_DYNAMIC_ALLOCATION == 1 ) )
        uint8_t    ucStaticallyAllocated;
    #endif
} EventGroup_t;
```

FreeRTOS 将事件标志位存储在一个 EventBits_t 类型的变量中，该变量定义如下。

```
    typedef  TickType_t  EventBits_t;  //定义在 event_groups.h 文件中
```

可以看出，EventBits_t 其实是 TickType_t 类型，进一步查看 TickType_t 的定义，如下所示。

```
portmacro.h
#if( configUSE_16_BIT_TICKS == 1 )
    typedef  uint16_t  TickType_t;
    #define  portMAX_DELAY  ( TickType_t ) 0xffff
#else
    typedef  uint32_t  TickType_t;
    #define  portMAX_DELAY  ( TickType_t ) 0xffffffffUL

    /* 32-bit tick type on a 32-bit architecture, so reads of the tick
count do
    not need to be guarded with a critical section. */
    #define  portTICK_TYPE_IS_ATOMIC  1
#endif
```

由上面定义可知，根据条件编译，当配置宏定义 configUSE_16_BIT_TICKS 为 1 时，TickType_t 是 16 位的，否则是 32 位的，用于表示事件组的位数，每一位表示一种事件类型（0 表示该事件未发生，1 表示该事件已发生）。

2. 事件组 API 函数

FreeRTOS 为事件组的实现提供了相应的原生 API 函数，这些函数依据 CMSIS-RTOS 接口标准进行封装，形成了标准化的 CMSIS-RTOS 接口函数，如表 13-8 所示。

表 11-8 FreeRTOS 原生 API 函数与 CMSIS-RTOS V2 封装后的 API 函数对比

API 类别	FreeRTOS 原生 API 函数	CMSIS-RTOS V2 封装后的 API 函数	说明
事件组创建函数	xEventGroupCreate()	osEventFlagsNew()	创建并初始化事件组对象
事件组设置函数	xEventGroupSetBits() xEventGroupSetBitsFromISR()	osEventFlagsSet()	设置事件组中的一个或多个事件标志位
事件组等待函数	xEventGroupWaitBits()	osEventFlagsWait()	等待指定事件组中的一个或多个事件标志位
事件组清除函数	xEventGroupClearBits() xEventGroupClearBitsFromISR()	osEventFlagsClear()	清除事件组中的一个或多个标志位
事件组获取函数	xEventGroupGetBits() xEventGroupGetBitsFromISR()	osEventFlagsGet()	获取指定事件组中的一个或多个事件标志位
事件组删除函数	vEventGroupDelete()	osEventFlagsDelete()	删除一个事件组对象

（1）事件组创建函数 osEventFlagsNew()。

```
    osEventFlagsId_t osEventFlagsNew (const osEventFlagsAttr_t *attr);
```

函数功能：创建一个新的事件组。

入口参数：attr 为事件组的属性，默认值为 NULL。在 cmsis_os2.h 文件中定义了一个名为 osEventFlagsAttr_t 的事件组属性结构体，该结构体用于存放创建事件组对象的相关属性，各成员变量的含义及作用定义如下。

```
    typedef struct
     {
        const char      *name;          //事件组的名称
        uint32_t        attr_bits;      //属性位
        void            *cb_mem;        //控制内存块
        uint32_t        cb_size;        //内存块大小
     } osEventFlagsAttr_t;
```

返回值：创建成功，返回事件组的句柄，用于标识该事件组。创建失败，返回 NULL。

示例：

```
    osEventFlagsId_t  xEventGruopHandle;  //定义事件组句柄
       /* 事件组的属性，该语句由 STM32CubeMX 自动生成*/
    const osEventFlagsAttr_t  xEventGruop_attributes = {
      .name = "xEventGruop"                 //事件组名称
    };
     xEventGruopHandle = osEventFlagsNew(&xEventGruop_attributes);
```

（2）事件组设置函数 osEventFlagsSet()。

```
    uint32_t osEventFlagsSet (osEventFlagsId_t ef_id, uint32_t flags);
```

函数功能：从指定的事件组中设置一个或多个事件标志位。

第 1 个参数：ef_id 为事件组的句柄。

第 2 个参数：flags 为设置的事件标志位。该参数为 32 位，类型为 uint32_t。

例如，设置事件组的 bit0，falgs=0x0001U，尾部的 U 表示无符号数，1 表示置位 bit0 位；同时设置事件组中的 bit0 和 bit1，falgs=0x0003，表示同时选中 bit0 和 bit1。

返回值：设置成功，返回一个具体的数值，类型为 uint32_t。

示例：

```
    osEventFlagsSet(xEventGruopHandle,0x0001);
```

（3）事件组等待函数 osEventFlagsWait()。

```
    uint32_t  osEventFlagsWait (osEventFlagsId_t ef_id, uint32_t flags,
uint32_t options, uint32_t timeout);
```

函数功能：等待事件组中的一个或多个事件标志位置位。

第 1 个参数为 ef_id 为事件组的句柄。

第 2 个参数：flags 为等待的事件标志位。该参数为 32 位，类型为 uint32_t。例如，等待事件组中的标志位 0 和标志位 1 同时置位，则 flags 为 0x03。

第 3 个参数：options 为标志选项。取值范围如下。

osFlagsWaitAll：等待任意一个事件标志位置位（默认取值）。

osFlagsWaitAny：等待所有事件标志位置位。

osFlagsNoClear：事件标志位置位后，不清楚该标志位（默认情况下为清楚事件标志位）。

第 4 个参数：timeout，等待事件标志位的超时等待时间，以时钟节拍为单位。取值范围为 0～osWaitForever，设置为 0 时，该函数立刻返回；设置为 osWaitForever，则会一直等待到事件标志位置位。

返回值：设置成功，返回一个具体的数值，类型为 uint32_t。

示例：

```
EventBits_t  EventVlaue;
if(xEventGruopHandle != NULL)
{
    EventVlaue=osEventFlagsWait(xEventGruopHandle,0x0003,osFlagsWaitAll,osWaitForever);
    printf("The value = %d\r\n", EventVlaue);
}
```

11.4.3 事件组应用步骤

事件组的应用有相对固定的操作步骤，以 SMT32CubeMX 创建事件组为例，包括以下 4 个步骤。

（1）定义事件组句柄。

```
osEventFlagsId_t   xEventGruopHandle;   //定义事件组句柄，该句柄为全局变量
const  osEventFlagsAttr_t  xEventGruop_attributes = {
           .name = "xEventGruop"        //事件组名称，该语句由 STM32CubeMX
自动生成
    };
```

（2）创建事件组。

```
xEventGruopHandle = osEventFlagsNew(&xEventGruop_attributes);
```

（3）设置事件组的事件标志位。

```
osEventFlagsSet(xEventGruopHandle,0x0001);
```

（4）等待事件组的事件标志位置位，用于触发任务操作。

```
osEventFlagsWait(xEventGruopHandle,0x0003,osFlagsWaitAll,osWaitForever)
```

11.4.4 事件组应用案例

1. 功能描述

（1）按键 KEY1 被按下，设置事件组的事件标志位 bit0 为 1 时有效。

（2）按键 KEY2 被按下，设置事件组的事件标志位 bit1 为 1 时有效。

（3）任务指示灯，当判断事件组的事件标志位 bit0 为 1 时，控制 LED1 以 1s 间隔闪烁；当判断事件组的事件标志位 bit0、bit1 均为 1 时，控制 LED2 以 0.5s 间隔闪烁。

2. 硬件设计

按键 KEY1 连接在 STM32 的 PE3 引脚上，低电平有效；按键 KEY2 连接在 STM32 的 PE2 引脚上，低电平有效；LED1 连接在 STM32 的 PE5 引脚上，低电平有效；LED2 连接在 STM32 的 PB5 引脚上，低电平有效。通过计算机上的串口调试助手显示信息。

3. 软件设计

本实例需要设计 3 个任务，任务 1 为按键状态检测任务，命名为 KEYTask，负责按键被按下时，设置事件标志位，当按键 KEY1 被按下时，设置事件标志组的事件标志位 bit0，当按键 KEY2 被按下时，设置事件标志组的事件标志位 bit1。任务 2 为 LED1 闪烁任务，命名为 LED1Task，当检测到事件组的事件标志位 bit0 为 1 时，以 1s 间隔进行闪烁；任务 3 为 LED2 闪烁任务，命名为 LED2Task，当检测到事件组的事件标志位 bit0 和 bit1 均为 1 时，以 0.5s 间隔进行闪烁。

本实例还需要定义一个事件组，命名为 xToggleEvent。

实施步骤如下。

1）STM32CubeMX 参数配置

打开 STM32CubeMX，新建一个工程，这里采用 STM32F103ZET6 芯片，读者可根据自己的开发板进行设置。

（1）配置系统时钟和 FreeRTOS 的时间基准。

在 RCC 中，设置 HSE 作为系统的外部时钟源，在 HSE 下拉列表中选择"Crystal/Ceramic Resonator"选项。

时钟系统配置。在"Clock Configuration"选项页中进行时钟系统配置，这里采用 HSE 外部晶振，频率为 8MHz，通过 PLL 的倍频使系统时钟 SYSCLK 的频率为 72 MHz。

修改 HAL 库的时间基准，由于 FreeRTOS 使用 SysTick 产生所需的时钟节拍，而 HAL 库默认也使用 SysTick 产生时间基准，如 HAL 的延时函数 HAL_Delay()，所以为避免产生冲突，需要修改 HAL 库的时间基准，将其时间基准改为其他定时器产生。这里选择 TIM8 作为 HAL 库的时间基准。在 SYS 配置页面中，设置 Timebase Source（时基源）为 TIM8，如图 11-15 所示。

（2）MCU 引脚设置。

在 GPIO 选项页中，设置 PE3 为 GPIO_Input 模式，User Label 为 KEY1；设置 PE2 为 GPIO_Input 模式，User Label 为 KEY2；设置 PE5 为 GPIO_Output 模式，初始电平为高电平 High，User Label 为 LED1；设置 PB5 为 GPIO_Output 模式，初始电平为高电平 High，User Label 为 LED2。设置 USART1 的 Mode 为 Asynchronous，基本参数设置保持默认即可。

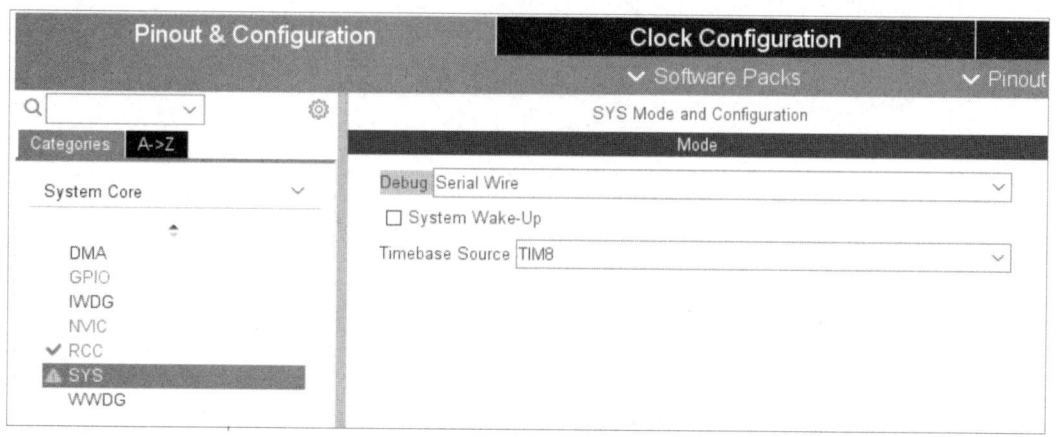

图 11-15 修改 HAL 库的时间基准

（3）FreeRTOS 任务创建。

在主界面的 Middleware 中单击"FREERTOS"按钮，在配置窗口上方的 Mode 栏中选择
Interface 为 CMSIS_V2。

在"Tasks and Queues"中将系统默认的任务 defaultTask 中的参数进行修改，参数如下。

- 任务名称（Task Name）：KEYTask。
- 优先级（Priority）：osPriorityNormal。
- 任务函数（Entry Function）：StartKEYTask。

其余参数使用默认值，如图 11-16 所示。

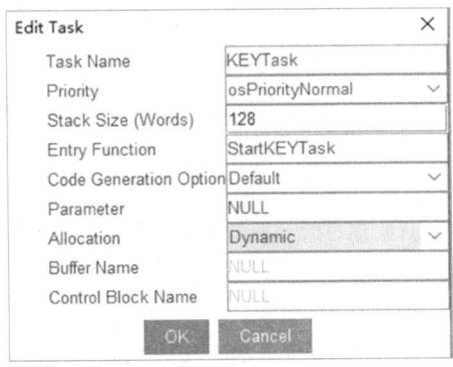

图 11-16 KEYTask 任务创建

然后在配置窗口下方的 Configuration 栏中，选择"Tasks and Queues"选项页，单击"Add"
按钮，新建两个任务：LED1Task 和 LED2Task。

在 LED1Task 任务窗口中，设置参数如下。

- 任务名称（Task Name）：LED1Task。
- 优先级（Priority）：osPriorityBelowNormal。
- 任务函数（Entry Function）：StartLED1Task。

其余参数使用默认值，如图 11-17 所示。

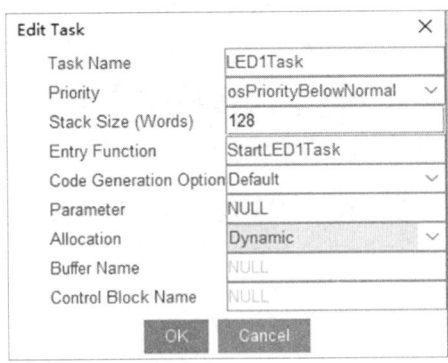

图 11-17 LED1Task 任务创建

在 LED2Task 任务窗口中，设置参数如下。

- 任务名称（Task Name）：LED2Task。
- 优先级（Priority）：osPriorityLow。
- 任务函数（Entry Function）：StartLED2Task。

其余参数使用默认值，如图 11-18 所示。

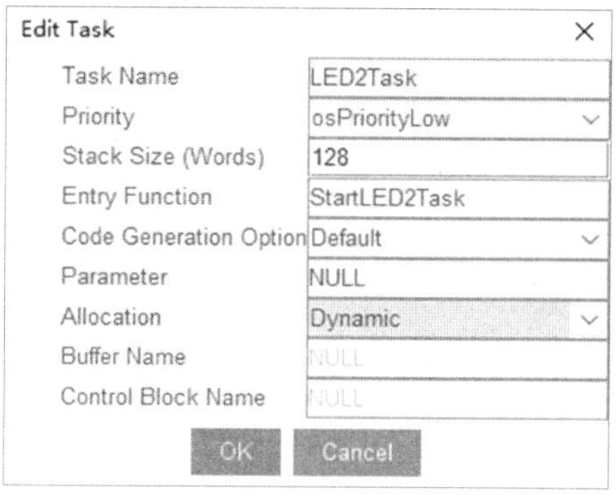

图 11-18 LED2Task 任务创建

（4）创建事件组。

在 FREERTOS 配置窗口下方的 Configuration 栏中，选择"Events"选项页，单击"Add"按钮，新建一个事件组：xToggleEvent。

在 Events 任务窗口中，设置参数如下。

- 事件组名称（Event flags Name）：xToggleEvent。
- 位置（Allocation）：Dynamic。
- 控制块名称（Control Block Name）：NULL。

其余参数使用默认值，如图 11-19 所示。

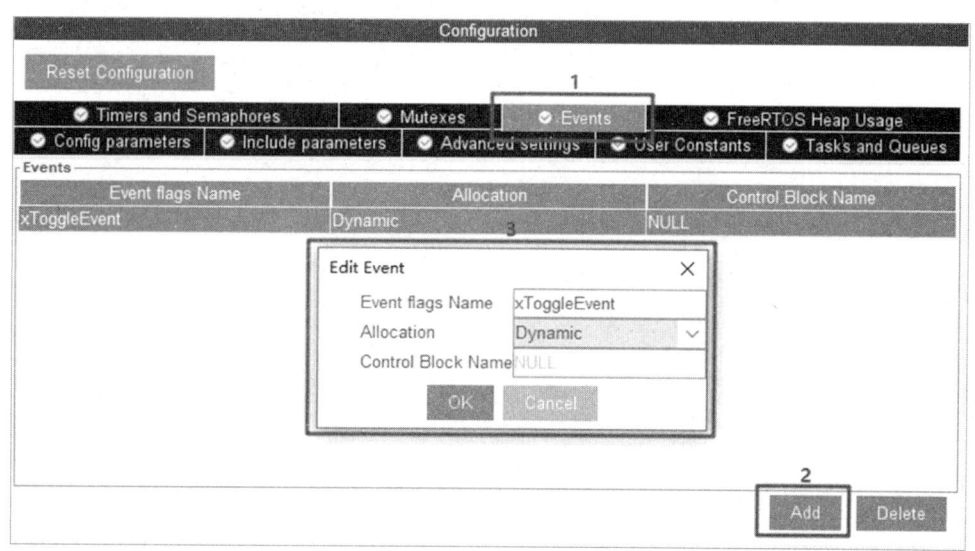

图 11-19 创建一个事件组

（5）生成工程代码。

2）编写任务程序

利用 STM32CubeMX 自动生成工程代码后，在 MDK-ARM 中打开工程，先进行编译，确保程序代码无错误后，再在 freertos.c 文件中编写应用程序。

（1）在 freertos.c 文件中，添加 stdio.h 文件，在后续程序代码中利用 printf()函数通过串口调试助手打印相关信息。

```
/* USER CODE BEGIN Includes */
    #include "stdio.h"
/* USER CODE END Includes */
```

（2）在 freertos.c 文件中，定义一个全局变量 EventValue，用于统计事件组标志位信息。

```
/* USER CODE BEGIN Variables */
    uint8_t EventValue;
/* USER CODE END Variables */
```

（3）在 StartKEYTask()任务函数中输入以下程序代码。

```
    /* USER CODE END Header_StartKEYTask */
void StartKEYTask(void *argument)
{
  /* USER CODE BEGIN StartKEYTask */
  /* Infinite loop */
  for(;;)
  {
    if(HAL_GPIO_ReadPin(KEY1_GPIO_Port,KEY1_Pin)==GPIO_PIN_RESET)
    {
        osEventFlagsSet(xToggleEventHandle,0x0001);
    }
    if(HAL_GPIO_ReadPin(KEY2_GPIO_Port,KEY2_Pin)==GPIO_PIN_RESET)
    {
        osEventFlagsSet(xToggleEventHandle,0x0002);
    }
    osDelay(1);
  }
  /* USER CODE END StartKEYTask */
}
```

（4）在 StartLED1Task()任务函数中输入以下程序代码。

```
/* USER CODE END Header_StartLED1Task */
void StartLED1Task(void *argument)
{
  /* USER CODE BEGIN StartLED1Task */
  /* Infinite loop */
  for(;;)
  {
      osEventFlagsWait(xToggleEventHandle,0x0001,osFlagsWaitAll,
osWaitForever);
      HAL_GPIO_TogglePin(LED1_GPIO_Port,LED1_Pin);
      osDelay(1000);
  }
  /* USER CODE END StartLED1Task */
}
```

（5）在 StartLED2Task()任务函数中输入以下程序代码。

```
/* USER CODE END Header_StartLED2Task */
void StartLED2Task(void *argument)
```

```
{
    /* USER CODE BEGIN StartLED2Task */
    /* Infinite loop */
    for(;;)
    {
    EventValue = osEventFlagsWait(xToggleEventHandle,0x0003,
osFlagsWaitAll,osWaitForever);
        printf("The Value = %d \r\n",EventValue);
        HAL_GPIO_TogglePin(LED2_GPIO_Port,LED2_Pin);
        osDelay(100);
    }
    /* USER CODE END StartLED2Task */
}
```

（6）在 usart.c 文件中重定向 C 语言库函数 printf()，程序代码如下。

```
/* USER CODE BEGIN 1 */
//重定向 C 语言库函数 printf() 到串口, 重定向后可使用 printf() 函数
int fputc(int ch, FILE *f)
{
    HAL_UART_Transmit(&huart1, (uint8_t *)&ch, 1, 0xffff);
    return ch;
}
//重定向 C 语言库函数 scanf() 到串口, 重定向后可使用 scanf() 函数
int fgetc(FILE * f)
{
    uint8_t ch = 0;
    HAL_UART_Receive(&huart1,&ch, 1, 0xffff);
    return ch;
}

/* USER CODE END 1 */
```

3）下载及验证

实验现象：系统启动后，当按下按键 KEY1 时，LED1 每隔 1s 闪烁一次；当同时按下按键 KEY1 和 KEY2 时，LED2 每隔 0.5s 闪烁一次，打开串口调试助手，显示"The Value=3"的信息。

11.5　消息队列

11.5.1　消息队列概念

使用信号量、事件组等内核机制进行任务同步时，只能提供同步功能，不能在任务之间进行数据的传递。

FreeRTOS 提供消息队列机制（Message Queue）实现任务间的通信。消息队列是一种先进先出（First In First Out，FIFO）的数据结构，可以保存有限个、具有确定长度大小的数据单元，消息队列机制与数据缓冲区类似。

消息队列能够实现任务与任务之间、任务与中断服务程序之间的数据传输。

任务向消息队列中写入数据是通过字节复制把数据复制存储到队列中，即放入消息队列中的是实际的数据，而非数据的地址。注意：μC/OS-III 传递的是数据的地址。

消息队列采用 FIFO 机制，任务从队尾写入数据，从队头取出数据。

消息队列在创建时需要指定数据的长度和每个数据单元的大小，队列可以保存的最大单元数目称为队列的长度（length），每个数据单元大小是固定的，FreeRTOS 根据队列长度和数据块大小分配内存空间。FreeRTOS 消息队列示意图如图 11-20 所示，其中消息框表示消息队列中每个数据块的大小，总的消息框数量表示消息队列的长度。

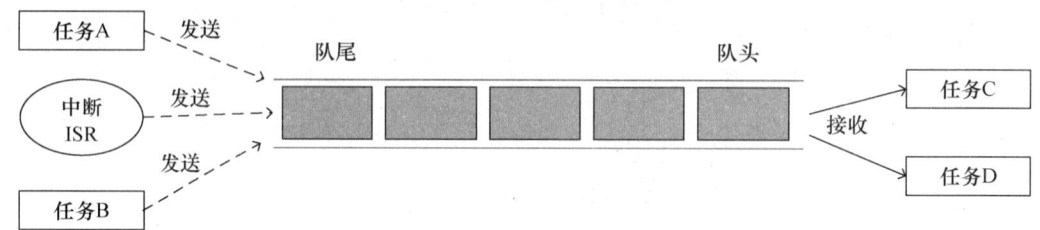

图 11-20　FreeRTOS 消息队列示意图

11.5.2　消息队列实现机制

1. 消息队列结构体

FreeRTOS 通过消息队列控制块定义和管理队列，消息队列控制块是一种数据结构，用结构体表示，定义在 queue.c 文件中，创建消息队列时，系统会为消息队列分配相应的内存空间，用于保存消息队列的一些信息，如消息的存储位置、队列长度及队列中消息的大小。旧版本的结构体类型名为 xQUEUE，新版本的类型名为 Queue_t。

```
queue.c
typedef struct QueueDefinition
{
    int8_t *pcHead;              //指向队列存储区的起始地址
    int8_t *pcWriteTo;          //指向队列存储区下一个空闲地址
/* 信号量机制也是由队列实现的
* 使用联合体用来确保两个互斥的结构体成员不会同时出现
* 当用于队列时，使用联合体中的 xQueue
* 当用于信号量机制时，使用联合体中的 xSemaphore
*/
    union
    {
        QueuePointers_t  xQueue;        //结构体用于队列时，使用 xQueue
        SemaphoreData_t  xSemaphore;    //当结构体用于信号量时，使用 xSemaphore
    } u;
    List_t  xTasksWaitingToSend;        //等待发送任务列表，用于保存阻塞在此队
列的任务

    List_t  xTasksWaitingToReceive;     //等待接收任务列表，根据优先级进行排序

    volatile UBaseType_t  uxMessagesWaiting;  //当前消息队列中的消息个数
    UBaseType_t  uxLength;   //队列长度 length，即队列可以保存的最大单元数目
```

```
            UBaseType_t  uxItemSize;                 //单个数据单元的大小，单位为字节

            volatile  int8_t  cRxLock;              //队列上锁后，存储从队列中接收到的队列数
目，即出队的数量
            volatile  int8_t  cTxLock;              //队列上锁后，存储发送到队列的队列数目，即
入队的数量
            /*如果队列同时使用了静态内存分配和动态内存管理，则为确保不会释放内存，设置为
pdTRUE*/
        #if( ( configSUPPORT_STATIC_ALLOCATION == 1 ) && ( configSUPPORT_
DYNAMIC_ALLOCATION == 1 ) )
            uint8_t  ucStaticallyAllocated;        //静态创建标志
        #endif
        #if ( configUSE_QUEUE_SETS == 1 )          //此宏用于使能启用队列集
            struct QueueDefinition *pxQueueSetContainer;  //指向队列所在的
队列集
        #endif
        #if ( configUSE_TRACE_FACILITY == 1 )
            UBaseType_t  uxQueueNumber;
            uint8_t  ucQueueType;       //队列类型，共 6 种，主要包括二值信号量、互斥信
号量、队列等
        #endif

    } xQUEUE;
    // 将 xQUEUE 重定义成 Queue_t，即旧版本使用 xQUEUE，新版本使用 Queue_t
    typedef  xQUEUE  Queue_t;
```

队列的类型不仅指消息队列，信号量等机制也是通过队列来实现的，因此二值信号量、互斥信号量、计数信号量等也属于队列的类型。队列的类型一共有 6 种，定义在 queue.h 文件中，如下所示。

```
        #define  queueQUEUE_TYPE_BASE              ( ( uint8_t ) 0U )
//基本队列
        #define  queueQUEUE_TYPE_SET               ( ( uint8_t ) 0U )
//队列集
        #define  queueQUEUE_TYPE_MUTEX             ( ( uint8_t ) 1U )
//互斥信号量
        #define  queueQUEUE_TYPE_COUNTING_SEMAPHORE ( ( uint8_t ) 2U )
//计数信号量
        #define  queueQUEUE_TYPE_BINARY_SEMAPHORE  ( ( uint8_t ) 3U )
//二值信号量
        #define  queueQUEUE_TYPE_RECURSIVE_MUTEX   ( ( uint8_t ) 4U )
//递归互斥信号量
```

任务之间通过队列进行数据传输时，队列传递数据的类型必须为同一种数据类型，如果需要在任务之间传递不同数据类型的消息时，就需要用到队列集，FreeRTOS 使用队列集功能，需要在 FreeRTOSConfig.h 文件中将 configUSE_QUEUE_SETS 配置项设置为 1。

2. 消息队列 API 函数

FreeRTOS 为消息队列的实现提供了相应的 API 函数，以及经 CMSIS-RTOS V2 封装后

的 API 函数，如表 11-9 所示。

表 11-9 FreeRTOS 原生 API 函数与 CMSIS-RTOS V2 封装后的 API 函数对比

API 类别	FreeRTOS 原生 API 函数	CMSIS-RTOS V2 封装后的 API 函数	说明
创建队列	xQueueCreate()	osMessageQueueNew()	创建并初始化消息队列对象
入队	xQueueSendToBack() xQueueSend() xQueueSendFromISR()	osMessageQueuePut()	将消息放入队列，如果队列已满，则一直等待到超时
出队	xQueueReceive() xQueueReceiveFromISR()	osMessageQueueGet()	对队列中读取消息，如果队列为空，则一直等待到超时
获取数量	uxQueueMessagesWaiting()	osMessageQueueGetCount()	获取消息队列中排队的消息数量
删除队列	vQueueDelete()	osMessageQueueDelete()	删除一个消息队列对象

（1）创建消息队列函数 osMessageQueueNew()。

```
    osMessageQueueId_t  osMessageQueueNew (uint32_t msg_count, uint32_t
msg_size, const osMessageQueueAttr_t *attr);
```

函数功能：创建消息队列。

第 1 个参数：msg_count，消息队列中存放消息的数量。

第 2 个参数：msg_size，每个消息的大小（单位：Byte）。

第 3 个参数：attr，消息队列的属性，声明了一个名为 osMessageQueueAttr_t 的结构体，该结构体包括消息队列的名称、大小等成员变量，定义在 cmsis_os2.h 文件中，如下。

```
    typedef struct
    {
        const char      *name;        //消息队列的名称
        uint32_t        attr_bits;    //消息队列的属性位
        void            *cb_mem;      //为消息队列控制块分配的内存首地址
        uint32_t        cb_size;      //为消息队列控制块分配的内存大小
        void            *mq_mem;      //消息队列数据存储器地址
        uint32_t        mq_size;      //消息队列数据存储器大小
    } osMessageQueueAttr_t;
```

返回值：创建成功，返回消息队列的句柄；创建失败，返回 NULL，无法为消息队列分配 RAM。

示例：

```
    osMessageQueueId_t  xQueueCOMHandle;    //定义一个消息队列的句柄
        /* 消息队列的属性 */
    const  osMessageQueueAttr_t  xQueueCOM_attributes = {
        .name = "xQueueCOM"              //消息队列的名字
        };
    xQueueCOMHandle = osMessageQueueNew (16, sizeof(uint16_t),
&xQueueCOM_attributes);
```

消息队列是一种数据结构，消息队列的句柄就是一个指向队列数据结构类型的指针。

（2）发送消息到消息队列函数 osMessageQueuePut()。

```
    osStatus_t osMessageQueuePut (osMessageQueueId_t  mq_id, const void
*msg_ptr, uint8_t msg_prio, uint32_t  timeout);
```

函数功能：向指定的消息队列发送一个消息。

第 1 个参数：mq_id，消息队列的句柄。

第 2 个参数：msg_ptr，指向存放消息的缓冲区指针，即放入消息队列的消息。

第 3 个参数：msg_prio，消息的优先级。

第 4 个参数：timeout，消息队列满时，等待队列空闲时的最大超时等待时间。

以时钟节拍为单位，取值范围为 0～osWaitForever。设置为 0 时，函数立刻返回；设置为 osWaitForever 时，则会一直等待到有空闲空间可发送。在 cmsis_os2.h 文件中，定义了 osWaitForever 的值，如下。

```
#define osWaitForever  0xFFFFFFFFU  ///< Wait forever timeout value
```

注意：如果 osMessageQueuePut() 被中断回调函数调用时，此参数必须设置为 0。

返回值：发送消息成功，返回 osOK；否则，返回 osError。

在 cmsis_os2.h 文件中，定义了函数返回值的状态和错误代码，用于说明函数的执行情况。

```
typedef enum
  {
    osOK              = 0,          //成功完成操作
    osError           = -1,         //未指定的 RTOS 错误：运行时错误
    osErrorTimeout    = -2,         //等待超时失败，在给定的超时时间内无法获取消息
    osErrorResource   = -3,         //资源分配错误，无法从消息队列中获取信息错误
    osErrorParameter  = -4,         //参数错误
    osErrorNoMemory   = -5,         //内存分配错误，没有分配足够的内存空间
    osErrorISR        = -6,         //ISR 调用错误，在中断调用时设置的超时时间非零
    osStatusReserved  = 0x7FFFFFFF, //状态保留，防止枚举缩小编译器优化
  } osStatus_t;
```

示例：

```
/* 将 Put_Uart 变量的值放入消息队列 xQueueCOM*/
osMessageQueuePut(xQueueCOMHandle, /* 消息队列的句柄 */
                  &Put_Uart,       /* 放入消息队列的消息（数据） */
                  NULL,            /* 放入消息的优先级 */
                  NULL);           /* 超时时间为 0, 如果 osMessageQueuePut
被中断回调函数调用时，此参数必须是 NULL */
```

（3）获取队列消息函数 osMessageQueueGet()。

```
osStatus_t osMessageQueueGet (osMessageQueueId_t mq_id, void *msg_ptr,
uint8_t *msg_prio, uint32_t timeout);
```

函数功能：从指定的消息队列中获取一个消息，并保存到指定的缓冲区。

第 1 个参数：mq_id，消息队列的句柄。

第 2 个参数：msg_ptr，接收缓存指针，指向一段内存区域，通过复制的形式将消息存放在该内存缓冲区，用于接收从队列中复制过来的数据。

第 3 个参数：msg_prio，消息的优先级。

第 4 个参数：timeout，消息队列已满时等待有空闲空间时的最大等待时间，范围为 0～osWaitForever，以时钟节拍为单位。设置为 0 时，函数立刻返回；设置为 osWaitForever 时，则会一直等待到有消息可接收。

示例：

```
char UsartReceiveBuf[100]={0};
//  signed portBASE_TYPE pd;
osStatus_t  pd_Status;
pd_Status = osMessageQueueGet(xQueueCOMHandle, UsartReceiveBuf,0,
osWaitForever);
    if(pd_Status == osOK)
    {
    ... //数据处理
    }
```

（4）获取消息队列中消息的数量函数 osMessageQueueGetCount()。

```
uint32_t  osMessageQueueGetCount (osMessageQueueId_t mq_id);
```

函数功能：从指定的消息队列中获取队列中消息的数量。

参数：mq_id，消息队列的句柄。

示例：

```
static uint32_t msg_Number;
    /* 获取消息队列中消息的数量 */
msg_Number = osMessageQueueGetCount(xQueueCOMHandle);
```

3. 处理从消息队列获取的数据

基于 STM32CubeMX 实现 FreeRTOS API 队列接收数据处理的方式与 FreeRTOS 原生 API 方式不同。

在 cmsis_os.h 文件中，定义了 osEvent 的数据结构，如下。

```
/// Event structure contains detailed information about an event.
typedef struct
{
    osStatus        status;              //状态代码：事件或错误信息
    union
    {
        uint32_t    v;                   // 32 位的消息
        void        *p;                  // void 类型的消息或邮箱指针
        int32_t     signals;             // 信号标志
    } value;                             // 事件值
    union
    {
        osMailQId    mail_id;            // osMailCreate 返回的邮箱句柄
        osMessageQId message_id;         // osMessageCreate 返回的消息句柄
    } def;
} osEvent;
```

通过 CMSIS-RTOS 提供的获取队列消息函数 osMessageQueueGet()获取传递的消息，调用此函数时，需确保此时消息队列中消息是否存在，可以通过检查 status 状态项的值来实现，加载消息时，其状态值自动设置为 0x10，即 CMSIS 预定义的状态码为 osEventMessage，定义在 cmsis_os.h 文件中，如下。

```
typedef int32_t                    osStatus;
#define osEventSignal              (0x08)
```

```
#define  osEventMessage          (0x10)
#define  osEventMail             (0x20)
#define  osEventTimeout          (0x40)
#define  osErrorOS               osError
#define  osErrorTimeoutResource  osErrorTimeout
#define  osErrorISRRecursive     (-126)
#define  osErrorValue            (-127)
#define  osErrorPriority         (-128)
```

检查消息队列中消息是否存在，并根据结果执行相应操作，如下。

```
osEvent  QreadState;
if(QreadState.status != osEventMessage)
{
    QreadState = osMessageQueueGet (QS2AHandle, 100);
}
```

如果操作成功，则此时可以从消息队列中提取实际的消息数据，如下。

```
SensorAlarm = QreadState.value.v;
```

注意，在共用体结构中，每次只有一个成员有值，共用体的值将是 v、*p 或 signals，读取的方式均相同。

```
#define TurnOrangeLedOn  (HAL_GPIO_WritePin(GPIOD, GPIO_PIN_13,
GPIO_PIN_SET))
#define SensorInAlarm 1
#define SensorNotInAlarm 2
int SensorState = SensorNotInAlarm;


osStatus SensorSendState;
SensorSendState = osMessageQueuePut (QS2AHandle, SensorState, 0, 1000);
if ( SensorSendState == !osEventSignal)
{
    TurnOrangeLedOn;
}
```

11.5.3　消息队列应用步骤

消息队列的应用有固定的操作步骤，以动态消息队列为例，包括以下 4 个步骤。

（1）定义消息队列句柄。

```
osMessageQueueId_t Queue01Handle;
const osMessageQueueAttr_t Queue01_attributes = {
    .name = "Queue01"
    };
```

（2）创建消息队列。

```
Queue01Handle = osMessageQueueNew (16, sizeof(uint16_t),
&Queue01_attributes);
```

（3）添加消息到队列中。

```
BaseType_t  xRData = pdPASS;
uint32_t  send_data1 =1;
```

```
        uint32_t  send_data2 = 2;
        xRData = osMessageQueuePut(Queue01Handle,&send_data1,0,osWaitForever);
```

（4）获取消息队列中的数据。

```
        uint32_t  r_queue;
        xRData = osMessageQueueGet(Queue01Handle,&r_queue,0,osWaitForever);
```

11.5.4　消息队列应用案例

1．功能描述

利用按键控制串口通信协议的输出。当按键 KEY1 被按下时，LED1 亮，同时将 LED1 的状态放入消息队列中，LED1 熄灭的状态为 0x00，LED1 亮的状态为 0x11，通过串口任务从消息队列中接收信息，利用消息队列将自定义串口通信协议发送至串口调试助手，进行回显。

设定自定义通信协议的格式为"0xAA 0x01 0x00 0x55"，其中 0xAA 和 0x55 分别是自定义通信协议的帧头和帧尾，0x01 为第一个设备 LED1，0x00 表示 LED1 的状态。即通过消息队列发送串口自定义通信协议"0xAA 0x01 0x00 0x55"，表示 LED1 处于熄灭状态，当按键 KEY1 被按下时，通过消息队列发送串口自定义通信协议"0xAA 0x01 0x11 0x55"，利用串口调试助手显示接收到的数据。

2．硬件设计

按键 KEY1 连接在 STM32 的 PE3 引脚上，低电平有效；LED1 连接在 STM32 的 PE5 引脚上，低电平有效。通过计算机上的串口调试助手显示信息。

3．软件设计

本实例需要设计两个任务，任务 1 为按键状态设置任务，命名为 KEYTask，负责按键按下时，设置 LED1 的状态，并将状态信息放入消息队列中；任务 2 为串口数据处理任务，命名为 COMTask，负责从消息队列中取出信息，并将接收到的信息通过串口原样发回。案例用到一个消息队列，命名为 Queue01，该案例通过定义一个数组 Queue_Msg，用于定义自定义通信协议，如 Queue_Msg[4] = {0xAA,0x01,0x00,0x55}。实施步骤如下。

1）STM32CubeMX 参数配置

打开 STM32CubeMX，新建一个工程，这里采用 STM32F103ZET6 芯片，读者可根据自己的开发板进行设置。

（1）配置系统时钟和 FreeRTOS 的时间基准。

在 RCC 选项中，设置 HSE 作为系统的外部时钟源，在 HSE 下列列表中选择"Crystal/Ceramic Resonator"选项。

时钟系统配置。在"Clock Configuration"选项页进行时钟系统配置，这里采用 HSE 外部晶振，频率为 8MHz，通过 PLL 的倍频使系统时钟 SYSCLK 的频率为 72 MHz。

修改 HAL 库的时间基准，由于 FreeRTOS 使用 SysTick 产生所需的时钟节拍，而 HAL 库默认也使用 SysTick 产生时间基准，如 HAL 的延时函数 HAL_Delay()，所以为避免产生冲突，需要修改 HAL 库的时间基准，将其时间基准改为其他定时器产生。这里选择 TIM8 作为 HAL 库的时间基准。在 SYS 配置页面中，设置 Timebase Source（时基源）为 TIM8，如图 11-21 所示。

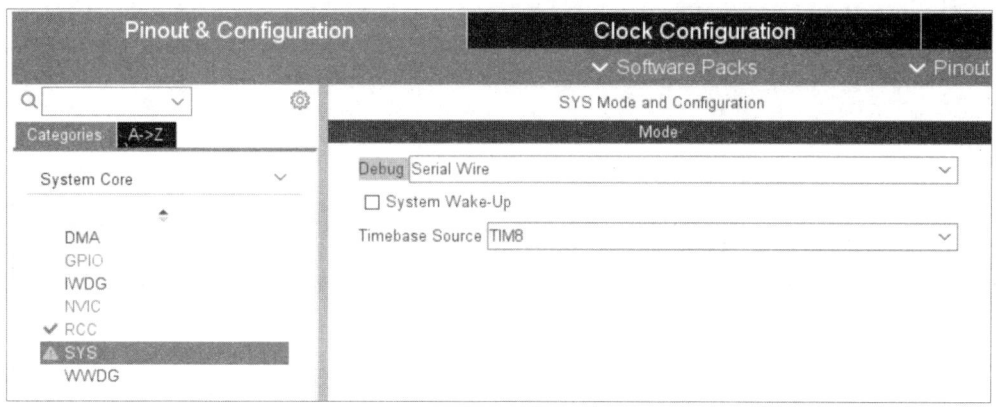

图 11-21　修改 HAL 库的时间基准

（2）MCU 引脚设置。

在 GPIO 选项页中，设置 PE3 为 GPIO_Input 模式，User Label 为 KEY1；设置 PE5 为 GPIO_Output 模式，初始电平为高电平 High，User Label 为 LED1，如图 11-22 所示。

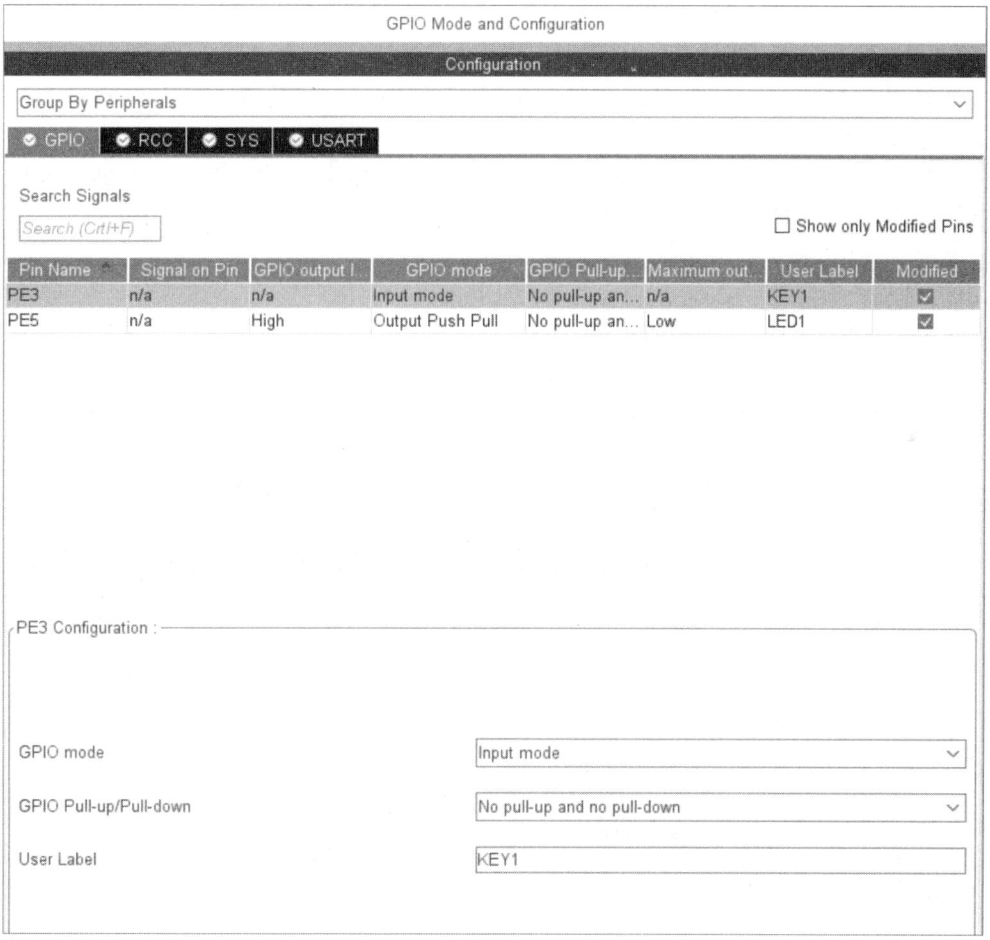

图 11-22　MCU 引脚设置

设置 USART1 的 Mode 为 Asynchronous，基本参数设置保持默认即可，如图 11-23 所示。

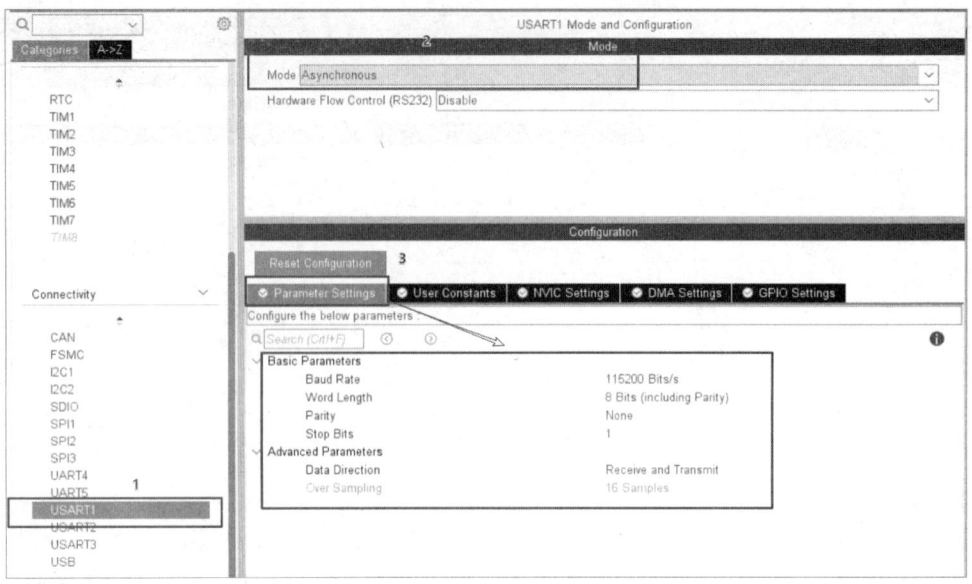

图 11-23　USART1 参数设置

（3）FreeRTOS 任务创建。

在主界面的 Middleware 中单击"FREERTOS"按钮，在配置窗口上方的 Mode 栏中选择 Interface 为 CMSIS_V2。

在"Tasks and Queues"中将系统默认的任务 defaultTask 中的参数进行修改，参数如下。

- 任务名称（Task Name）：KEY1Task。
- 优先级（Priority）：osPriorityNormal。
- 任务函数（Entry Function）：StartKEY1Task。

其余参数使用默认值，如图 11-24 所示。

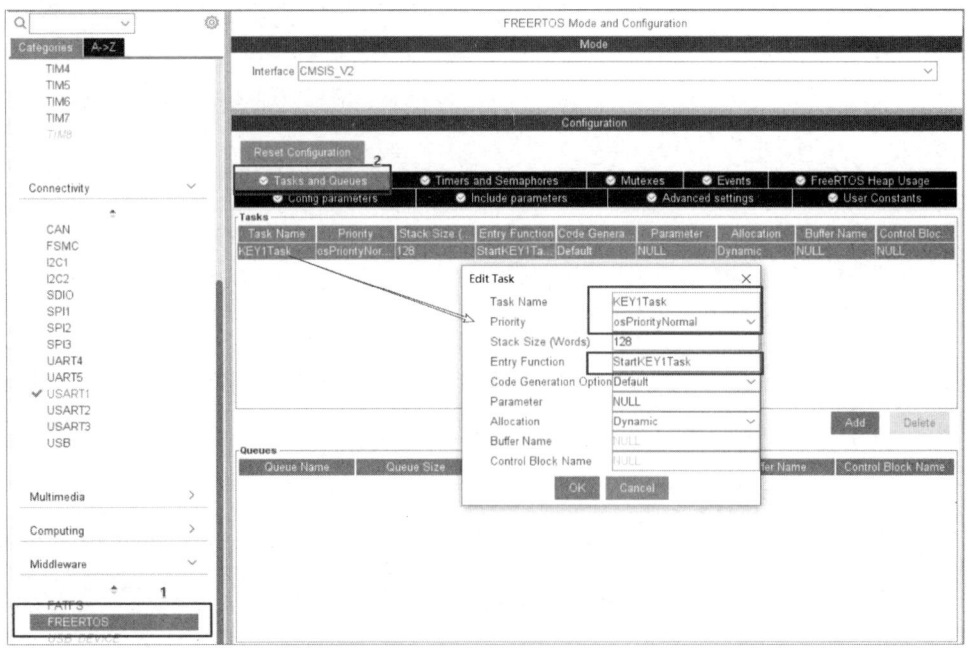

图 11-24　KEY1Task 任务创建

然后在配置窗口下方的 Configuration 栏中，选择"Tasks and Queues"选项页，单击"Add"按钮，新建一个 COMTask 任务。

在 COMTask 任务窗口中，设置参数如下。

- 任务名称（Task Name）：COMTask。
- 优先级（Priority）：osPriorityLow。
- 任务函数（Entry Function）：StartCOMTask。

其余参数使用默认值，如图 11-25 所示。

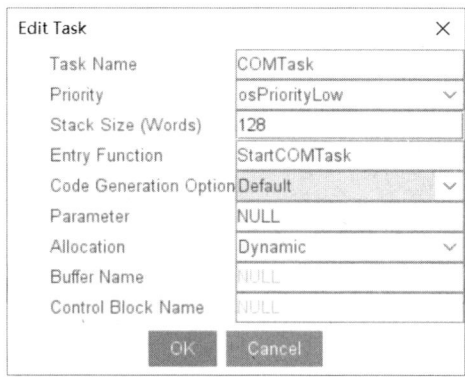

图 11-25　COMTask 任务参数设置

（4）创建一个消息队列。

在 Tasks and Queues 选项页中的 Queues 栏中，单击"Add"按钮，新建一个消息队列 Queue01，其余参数默认，如图 11-26 所示。

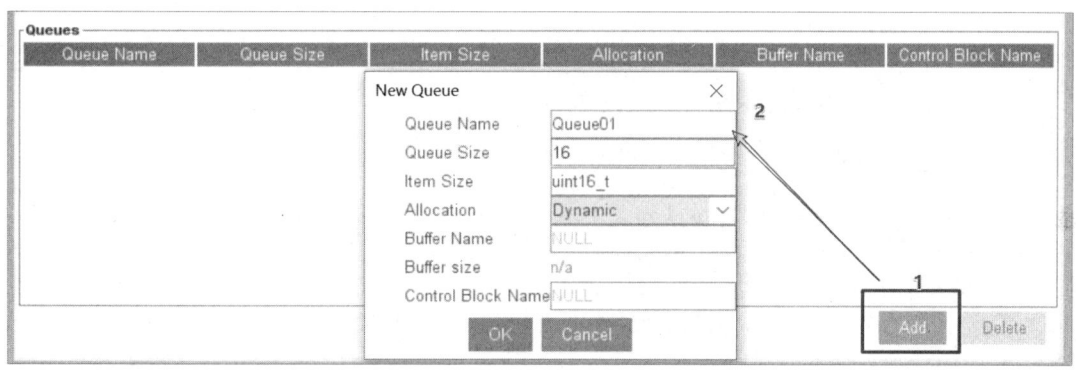

图 11-26　消息队列创建

（5）生成工程代码。

2）编写任务程序

利用 STM32CubeMX 自动生成工程代码后，在 MDK-ARM 中打开工程，先进行编译，确保程序代码无错误后，再在 freertos.c 文件中编写应用程序。

（1）在 freertos.c 文件中，添加 usart.h 头文件。

```
/* USER CODE BEGIN Includes */
    #include "usart.h"
/* USER CODE END Includes */
```

（2）在 freertos.c 文件中，定义一个全局数组 Queue_Msg。

```
/* USER CODE BEGIN Variables */
uint8_t Queue_Msg[4] = {0xAA,0x01,0x00,0x55};
/* USER CODE END Variables */
```

（3）找到 StartKEY1Task()函数，在 for 循环中输入以下程序代码。

```
/* USER CODE END Header_StartKEY1Task */
void StartKEY1Task(void *argument)
{
  /* USER CODE BEGIN StartKEY1Task */
  /* Infinite loop */
  for(;;)
  {
     if(HAL_GPIO_ReadPin(KEY1_GPIO_Port,KEY1_Pin) == GPIO_PIN_RESET)
     {
        HAL_GPIO_WritePin(LED1_GPIO_Port,LED1_Pin,GPIO_PIN_RESET);
        Queue_Msg[2]=0x11;
     }
     else
     {
        HAL_GPIO_WritePin(LED1_GPIO_Port,LED1_Pin,GPIO_PIN_SET);
        Queue_Msg[2]=0x00;
     }
     osMessageQueuePut(Queue01Handle,(uint8_t *)&Queue_Msg,0,0);
   osDelay(10);
  }
  /* USER CODE END StartKEY1Task */
}
```

（4）在 StartCOMTask()函数中添加以下程序代码。

```
/* USER CODE END Header_StartCOMTask */
void StartCOMTask(void *argument)
{
  /* USER CODE BEGIN StartCOMTask */
  /* Infinite loop */
  for(;;)
  {
  if(osMessageQueueGet(Queue01Handle,(uint16_t*)&Queue_Msg,0,
osWaitForever) == osOK)
     {
     HAL_UART_Transmit(&huart1,(uint8_t*)&Queue_Msg,sizeof(Queue_Msg),
HAL_MAX_DELAY);
     }
     osDelay(10);
  }
  /* USER CODE END StartCOMTask */
}
```

3）下载及验证

实验现象：打开串口调试助手，系统启动后，LED1 初始状态为熄灭，此时串口调试助手界面接收到"0xAA,0x01,0x00,0x55"信息，当按下按键时，LED1 点亮，同时在串口调试助手界面中会接收到"0xAA,0x01,0x11,0x55"信息。

本章小结

1．在嵌入式系统领域，实时操作系统（RTOS）扮演着至关重要的角色，与传统的桌面操作系统不同，RTOS 设计本就是为了满足实时性的要求，确保系统响应外部事件的速度和时间的确定性，这些特性使得 RTOS 广泛应用于航空航天、医疗设备、工业控制等领域。

实时操作系统的核心在于"实时性"，即系统能够在规定的时间内准确可靠地完成指定的任务。RTOS 的实时性使其成为控制执行时间和顺序至关重要的应用场景的理想选择，如在汽车防抱死制动系统（ABS）中，RTOS 可以确保在检测到混轮即将锁死时，系统能够及时调整制动力，避免事故发生。

2．任务（Task）：又称线程（Thread），是 RTOS 中的基本执行单元，每个任务都有三个要素，即任务控制块、任务栈和任务函数。

RTOS 允许应用划分为一个个相对独立可自主运行的任务，任务执行自己的上下文，不依赖其他任务或调度器。

任务都有自己的下上文和状态，一个任务在不同的阶段处于不同的状态：运行态（Running）、就绪态（Ready）、阻塞态（Blocked）、挂起态（Suspended）。任务管理是 RTOS 的核心功能之一，每个任务都有一个明确的优先级，调度器根据这些优先级来分配 CPU 时间。

3．调度器（Scheduler）：决定哪个任务应该在何时运行的组件。调度器通常根据任务的优先级做出调度决策，常见的 RTOS 调度策略如下。

- 抢占式任务调度：优先级高的任务可以抢占优先级低的任务。
- 基于时间片轮转的协作式调度：每个任务都被分配一个时间片，用完后轮到下一个任务。
- 固定优先级调度：每个任务都有一个固定的优先级，系统总是运行最高优先级的就绪任务。

中断（Interrupt）：一种处理紧急任务的机制，允许外设或事件立即获得 CPU 的控制权，系统能够快速响应外部事件。当中断发生时，当前执行的任务会被暂停，系统立即执行与中断关联的中断服务程序（ISR）。

4．任务同步（Task Synchronization）：确保多个任务可以协同工作，不会因为资源竞争而导致数据不一致的机制。为防止多个任务同时访问共享资源而引起的冲突，FreeRTOS 提供了互斥量（Mutex）、信号量（Semaphore）和事件组等机制实现任务的同步及资源管理。

信号量一般用来解决生产者和消费者的问题，用于控制资源的访问数量或用作任务间的信号。二值信号量是取值只有 0 或 1 的信号量，用于表示可用资源的有或无。计数信号量用于资源的计数，初值为可用资源的数量。FreeRTOS 通过消息队列机制来管理信号量。

事件组（Event Group）是由多个事件标志位组合而成的一种任务同步机制。事件组中的每个事件标志位就是一个二值信号量（0 或 1），表示某一个事件是否发生。事件组可分为独立型同步（and）和关联型同步（or）。

5. 任务间的通信，RTOS 中各个任务是相互独立的，不能像函数那样通过参数进行信息传递，FreeRTOS 提供了消息队列等机制实现任务间的通信。

消息队列实现了任务之间、任务与中断服务程序之间的数据传输，它是一种先进先出的存储结构。消息队列可视为 FreeRTOS 定义的程序变量，与所有变量一样，消息队列必须先创建才能使用。消息队列相比于裸机程序中的全局变量，不仅解决了多任务访问共享资源的冲突问题，还提供了任务同步和超时处理等机制。

习题与思考

一、单选题

1. FreeRTOS 嵌入式实时操作系统是一个抢占式系统，它是依靠（　　）来进行调度的。

    A. 时间片轮转　　　　　　　　　　B. 优先级

    C. 运行时间的长短　　　　　　　　D. 任务的状态

2. BaseType_t 作为 FreeRTOS 自定义的基础数据类型，通常用作简单的返回值的类型及通用宏定义的逻辑值，以下不属于 BaseType_t 数据类型的是（　　）。

    A. pdTRUE　　　　　　　　　　　B. pdFALSE

    C. pdPASS　　　　　　　　　　　D. pdNULL

3. 以下不能用于 FreeRTOS 实现任务间的同步机制的是（　　）。

    A. 信号量　　　　　　　　　　　　B. 二维数组

    C. 消息队列　　　　　　　　　　　D. 事件组

4. 以下不属于 FreeRTOS 中信号量的是（　　）。

    A. 二值信号量　　　　　　　　　　B. 互斥信号量

    C. 计数信号量　　　　　　　　　　D. 消息队列

5. 下列函数中用于获取消息队列中数据的是（　　）。

    A. osMessageQueueNew()

    B. osMessageQueueGetCount()

    C. osMessageQueueGet()

    D. osMessageQueuePut()

二、填空题

1. FreeRTOS 中任务主要由_____、_____、_____三个核心要素组成。

2. FreeRTOS 通过_____来定义和管理任务，它是一种数据结构，用结构体表示。

3. FreeRTOS 提供消息队列机制实现任务间的通信，消息队列是一种_____的数据结构，任务从消息队列的队尾写入数据，从消息队列的队头取出数据。

4. 在多任务环境下，事件组可以在任务与任务之间、任务与中断（ISR）之间提供_____、_____、_____的同步操作。

5. FreeRTOS 通过_____来定义和管理消息队列。

三、判断题

1. FreeRTOS 是一个多任务、抢占式的实时操作系统。 （　　）

2. CMSIS-RTOS 是 ARM 公司为运行于 Cortex-M 系列微控制器上的操作系统专门设计的一个操作系统标准软件接口。 （　　）

3. FreeRTOS 中的任务是一个无返回值的无限循环函数，所以一个函数也可以被操作系统调度。 （　　）

4. FreeRTOS 中数值越大优先级越高。 （　　）

5. FreeRTOS 中任务栈是任务的私有内存空间，用于保存任务的局部变量、上下文信息等，其数据类型为 StackType_t，实际上是 uint32_t 类型。 （　　）

6. FreeRTOS 中信号量实现机制是基于消息队列实现的。 （　　）

7. FreeRTOS 中的消息队列传递的是数据的地址，μC/OS-III 传递的是数据。 （　　）

四、简答题

1. 简述 FreeRTOS 任务的实现机制。

2. 简述 FreeRTOS 中任务创建的步骤。

3. 简述 FreeRTOS 中信号量、事件组、消息队列在实现任务间的同步和通信机制的区别与联系。

五、综合应用题

1. 传送带智能计数器。功能要求如下。

（1）采用红外漫反射传感器对传送带上的物体进行数量检测和统计。

（2）利用数码管或 OLED 屏显示统计信息。

（3）具备开始、暂停计数、断电记忆、清零计数等功能，通过按键或触摸屏控制。

（4）能够设置为正/倒计数功能。

（5）数据通过 Wi-Fi、蓝牙等方式发送至云平台或手机 App。

2. 基于 FreeRTOS 设计电子时钟。功能要求如下。

（1）利用数码管或 OLED 屏显示时、分、秒信息。

（2）利用按键实现时钟和闹钟的设置。

（3）利用蜂鸣器实现闹铃鸣叫功能。

第 12 章　从模块到项目

在实际应用中,常以微控制器为主控器件辅以外围电路构成嵌入式系统,完成特定功能。系统功能的实现往往要用到多个模块,如信号的采集可能需要 ADC、信号控制需要 GPIO 及大批量数据传输需要 DMA 等,需要将这些模块有机结合起来构成具体项目,进而实现系统功能。本章重点介绍从模块到项目的设计思想,并以厨余垃圾智能监测系统为例,阐述系统开发的方法和步骤。

知识目标

- 理解项目与模块的关系,熟练掌握 C 语言中的宏定义、条件编译、结构体、枚举等应用。
- 理解和掌握嵌入式系统从模块到项目的设计思想、实践原理。
- 掌握"抽象建模—系统分解—功能实现"的由多个模块构成项目的嵌入式系统的开发方法。

能力目标

- 能够根据系统功能,抽象和解析系统需求,撰写系统设计需求任务书。
- 根据系统需求任务书,合理进行硬件选型,设计系统硬件原理图,绘制电路 PCB 图。
- 依据软件流程图,进行系统软件设计,编写模块化的程序代码。
- 进行软件、硬件联合调试并进行结果分析,撰写技术文档。

思维与素养目标

- 用工程思维驱动嵌入式软件开发,通过项目交付式的工程实践,进行工程化锤炼,持续提升比编程能力更为核心的工程化思维和工程素养,将工程意识与商业、技术、人文相结合,培养学生的系统综合能力和工程应用能力。
- 学习面向对象的编程设计思想,拓展技术的边界,践行"知识-技能-思维"的教育闭环。
- 输出(写作)不仅是一种思考,还是完善思维体系的核心能力。培养良好的技术文档撰写能力,是每位技术工程师必备的竞争力。

12.1　嵌入式系统的开发方式

目前,嵌入式系统的开发方式主要有三种:轮询方式、前/后台系统方式及多任务系统方式(基于嵌入式实时操作系统方式)。

1. 轮询方式

CPU 通过程序不断查询 I/O 设备是否准备就绪。若 I/O 设备准备就绪,则执行 I/O 处理相关程序；若 I/O 设备未准备就绪，则持续不停地查询，直到 I/O 设备准备就绪。图 12-1 为单个 I/O 设备的轮询流程。

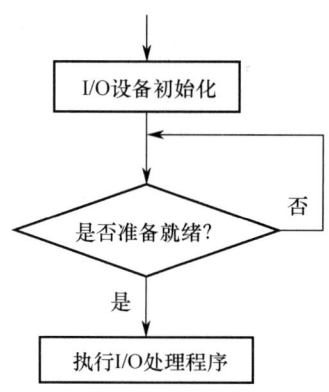

图 12-1　单个 I/O 设备的轮询流程

轮询系统包括两部分：初始化程序和主程序循环体。单片机上电复位后，系统先进行自检和初始化操作，系统的初始化操作主要包括对系统时钟、I/O 口、RAM（变量）、堆栈、定时器、中断、ADC 及其他外设功能模块的初始化。

初始化程序结束后，系统进入主程序，嵌入式系统的主程序一般是个循环体，在循环体内循环执行要实现的具体功能，如输入检测、输出控制及人机交互等，这些功能语句可以直接写在主程序中，也可以写成子程序，由主程序进行调用。

例如，最简单的轮询开发方式实例——按键控制 LED 灯的点亮与熄灭，相关程序代码如下。

```
int main(void)
{
    LED_Init();                               //LED 灯初始化
    KEY_Init();                               //按键 S1 初始化
    while(1)
    {
        if(!S1)                               //查询按键 S1 是否被按下
        {
            Delay(1000000);                   //延迟一段时间
            GPIO_ResetBits(GPIOB,GPIO_Pin_5); //点亮 LED 灯
        }
    }
}
```

从上述代码结构可以看出，主函数 main( )内部包含一个 while(1)死循环，循环执行查询按键 S1 是否被按下，若按键 S1 被按下，则延迟一段时间后点亮 LED 灯。

轮询方式下，CPU 不能与 I/O 设备并行工作，执行效率较低，轮询方式是嵌入式开发中最简单的开发模式，适用于简单的、外设较少的应用场合。其优点是实现简单，逻辑清晰，易于理解和掌握；缺点是组成系统功能的每个事件模块的查询和处理时间是不确定的，假如前一个事件的处理时间较长，那么后面的事件必然会被延迟，系统实时性无法保证，系统的性能和响应能力比较差。

2. 前/后台系统方式

前/后台系统通常由一个大循环和若干中断组成，大循环就是后台，一般由 main() 函数中的 while(1) 死循环构成，而中断是前台，由各种中断服务程序构成。在应用程序运行过程中，后台程序一直循环运行 while(1) 中的代码，只有触发中断（前台），才会跳转到中断服务程序处进行处理，即前/后台系统是在轮询系统的基础上加入了中断。前/后台系统方式程序流程比较简单，通常应用于单片机裸机应用程序的开发，其示意图如图 12-2 所示。

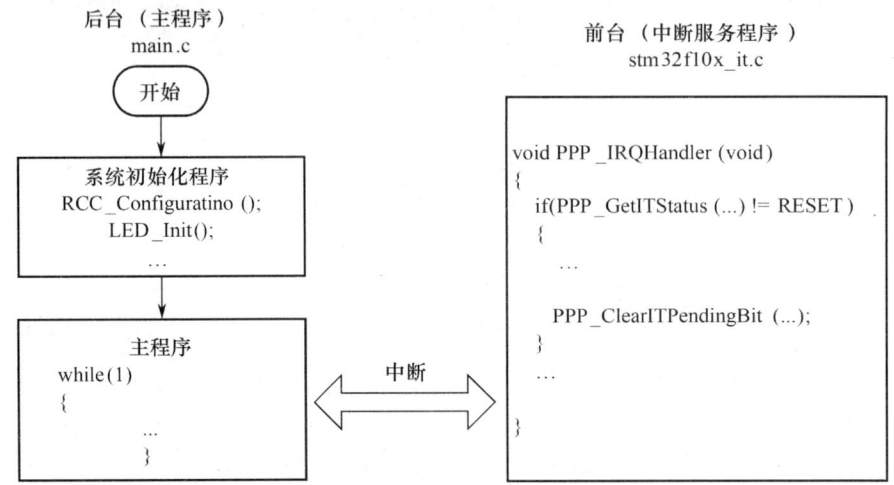

图 12-2 前/后台系统方式示意图

例如，通过按键控制 LED 灯的状态翻转，程序代码如下。

```c
int main(void)
{
    LED_Init();    //LED 灯初始化
    GPIO_ResetBits(GPIOB,GPIO_Pin_5);
    EXTI_Key_Init();    //按键外部中断初始化
    while(1)
    {  }
}
void EXTI3_IRQHandler(void)
{
    if( EXTI_GetITStatus(EXTI_Line3) != RESET)
    {
    GPIO_WriteBit(GPIOB,GPIO_Pin_5,(BitAction)((1-
GPIO_ReadOutputDataBit(GPIOB,GPIO_Pin_5)))); //LED 灯状态翻转
        EXTI_ClearITPendingBit(EXTI_Line3);
    }
}
```

在该程序中，由于 while(1) 循环体中无代码，因此后台程序 CPU 一直循环执行 while() 中的空操作，一旦外部有按键被按下，就会立即触发外部中断，执行 EXTI3_IRQHandler() 中的代码，这是一个典型的前/后台系统。前/后台系统多适用于功能简单、系统结构清晰的产品，如微波炉、电话、玩具等。从节能的角度出发，非工作时微控制器处于停机或待机状态，所有的事务由中断服务完成，这样有利于降低功耗。

3. 多任务系统方式（基于嵌入式实时操作系统方式）

根据任务的多少，操作系统可分为单任务操作系统和多任务操作系统。单任务操作系统（如 DOS 系统）只有一个任务，当前大多数操作系统都是多任务操作系统。根据应用领域的不同，操作系统又可分为通用操作系统和嵌入式实时操作系统两大类。

嵌入式实时操作系统要求能够及时响应外部事件的请求，且在规定的时间内完成对外部事件的处理，外部事件是指传感器或其他测量装置采集的现场数据或终端用户提出的服务请求。嵌入式实时操作系统可以严格地按顺序执行相关命令，其最大的特征就是程序的执行具有确定性，即实时性的含义是指任务的完成时间是可以被确定和预知的。

在嵌入式系统开发中引入操作系统，由操作系统对嵌入式平台的硬件资源进行统一管理和分配，应用流程被划分为一个个独立的无限循环任务，每个任务完成一部分操作，并且各任务之间相互独立、互不干扰，且具有各自的优先级，由操作系统根据任务的优先级，通过调度器使 CPU 分批执行各个任务。该方式实时性好、开发效率高，其开发流程示意图如图 12-3 所示。

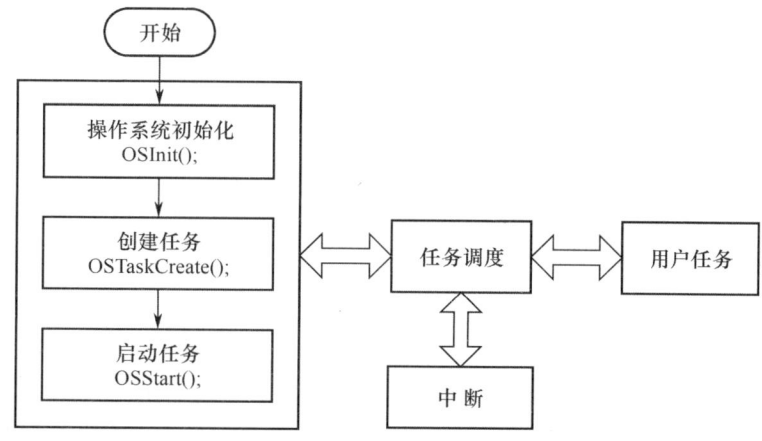

图 12-3 基于嵌入式实时操作系统方式的开发流程示意图

基于嵌入式实时操作系统的开发把握住以下两点则很容易理解其精髓。

（1）多任务管理。

操作系统都是围绕多任务进行的，如任务间资源的分配、任务间的调度和通信等，因此，基于操作系统的开发最重要的是如何将系统功能问题分解成若干个任务。

（2）时间片轮转思想。

为实现多任务并行操作，操作系统还使用了时间片轮转思想。操作系统将系统功能分解成若干个子任务，按时间片（一定的时间基准或时钟节拍）分时轮流执行这些任务，这就是时间片轮转思想。操作系统是按一定的时钟节拍分时处理任务的，因此，一方面要明确操作系统的时钟，另一方面要考虑实时性问题，即优先级分配问题，优先级高的任务可以打断优先级低的任务而优先执行，这就是抢占式内核的基本原理。

本书的第 5～10 章针对的是 STM32 的某个具体外设模块，是从入门和熟悉 STM32 微控制器的角度来讲述的，内容侧重基础和理论，实例也多是单一模块控制。如何将多个模块集成在一起实现具体的功能项目，即在一个项目中融合多个模块的应用，这就涉及从模块到项目的开发思路。

12.2　嵌入式系统层次化设计

项目是由两个或两个以上的功能模块组成的系统，它不是功能模块的简单叠加，而是功能模块之间的有机融合。

12.2.1　项目需求分析

对综合项目进行需求分析，开发者首先需要明确项目最终要实现的功能。嵌入式系统是为了解决某个具体问题而设计的，系统往往包含信息的输入与结果的输出，嵌入式产品可以没有明显的输入，但必须有明确的输出，如电子词典、多功能打印机等。确定一个项目/系统的输入与输出是需求分析的基本内容，而明确项目/系统的应用范围或详细的规格要求是需求分析的重要内容，例如：

（1）项目/系统需要达到的各项性能指标有哪些？

（2）实现系统功能，目前有哪些可行的解决方案？

（3）对系统的功耗、体积有什么要求？

（4）微控制器如何选型？采用数字传感器还是模拟传感器？输出显示设备是采用 OLED 显示屏显示还是计算机（PC）显示？

（5）系统运行时突发故障的处理方案是什么？

对以上内容思考得越详细、越深入，对后期的项目开发就越有利。

12.2.2　系统总体架构设计

系统总体架构设计涉及系统功能模块的划分，以及系统软件和硬件的划分。系统总体架构包括以下两个概念。

（1）系统软件和硬件的划分。在大多数情况下，嵌入式系统的一个具体功能既可以用硬件实现，又可以用软件实现，但两种方式的区别很大。硬件实现成本高，但执行效率快；软件实现开发难度大，但成本低，总体架构设计时需要明确系统哪些功能采用硬件实现，哪些功能采用软件实现。例如，嵌入式系统开发中经常用到机械式的按键模块，由于机械触点的弹性作用，按键开关在闭合时不会立刻接通，也不会立刻断开，这样易发生误操作。因此，需要进行按键防抖动处理，按键防抖动既可以由软件实现又可以由硬件电路实现。

（2）系统功能模块的划分。系统功能模块的划分往往涉及模块化编程思想，采用自顶向下、逐步细分为功能相对独立的模块化设计思想，程序框架更加清晰。

一个嵌入式系统通常包括以下两大模块。

（1）硬件驱动模块。该模块包括电源模块、通信模块、存储模块和显示模块等，一种硬件对应一个硬件驱动模块，如 LED 灯的驱动程序可作为一个硬件驱动模块，类似的还有按键硬件驱动模块、蜂鸣器硬件驱动模块、液晶硬件驱动模块及电动机硬件驱动模块等。该类硬件驱动模块主要实现硬件的初始化操作，通常使用相应硬件名称命名，如 LED 灯硬件驱动模块定义为 led.c、蜂鸣器硬件驱动模块定义为 beep.c、液晶硬件驱动模块定义为 oled.c 等。

（2）应用功能模块。该模块多以具体功能进行划分，应用功能模块之间应满足低耦合和高内聚的要求。高内聚：在同一个 C 文件中的函数，只有函数之间相互调用，而不存在调用其他文件中函数的情况，这样可被视为高内聚，即尽量减少不同文件内函数的交叉引用。低耦合：对于一个完整的系统，模块与模块之间应相对独立，也就是说，每个模块应尽可能地独立完成某个特定的子功能，模块与模块之间的接口应尽量少，且接口功能应尽可能简单。

在嵌入式系统开发中，主要通过函数、宏定义和头文件实现模块化编程，一般应遵循以下基本原则。

（1）每个功能模块都由.c 源文件和.h 头文件组成。

① .c 源文件是每个功能模块具体功能的实现。

② .h 头文件是对该模块接口的声明，是一个接口描述文件，不包含任何实质性的函数代码，其功能是对外提供接口，供外部程序调用。.h 头文件中主要包含该模块对应.c 源文件所需要的宏定义、变量类型声明、结构体及.c 源文件中函数的声明。

（2）每个.c 源文件都对应一个同名的.h 头文件。

把相对独立的功能模块放在.c 源文件中用代码实现，把需要对外使用的函数或变量声明放在对应的.h 头文件中供其他模块使用。在模块化编程中，可以将模块看成黑匣子，对外通过接口与其他模块传递信息，编程时只需知道每个模块提供了什么接口，利用这些接口可以实现什么功能即可。

（3）使用头文件共享函数和变量。

在模块化设计中，若涉及变量、函数要在多个源文件中使用的情况，则需要使用.h 头文件，通常的方法是将某模块提供给其他模块调用的函数或变量在对应模块的.h 头文件中用extern 关键字声明，即在对应模块的.h 头文件中使用 extern 关键字声明在.c 源文件中定义的函数或变量，达到在多文件系统中共享变量或函数的目的，而模块内的函数和全局变量应在.c 源文件开头部分用 static 关键字声明。

（4）使用头文件共享宏及类型定义。

由于复杂系统涉及的模块和文件都比较多，因此模块间全局变量也比较多，可以将所有全局变量定义在一个.h 头文件内，如将寄存器的位操作及常用的数据类型用 typedef 定义在.h 头文件中，方便以后调用、修改或移植。

例如：

```c
#ifndef __SYS_H
#define __SYS_H

#include "stm32f10x.h"
#include "stdio.h"
//位操作宏定义
#define BIT0   (0x0001)
#define BIT1   (0x0002)
...
#define BIT30  (0x40000000)
#define BIT31  (0x80000000)
//常用的数据类型定义，采用宏定义方式，便于移植和更改
#define u8    uint8_t
#define u16   uint16_t
#define u32   uint32_t
#define s8    int8_t
#define s16   int16_t
#define s32   int32_t
#define bool  _Bool
```

```
#define  false  0
#define  true   !false
//结构体定义
typedef struct
{
  unsigned short b0:1;
  unsigned short b1:1;
    ...
  unsigned short b15:1;
}REG16_TypeDef;
/*位带操作，实现与 51 单片机类似的 GPIO 控制功能*/
//I/O 接口宏定义操作
#define  PAout   ((volatile REG16_TypeDef *)GPIOA_ODR_Addr)    //输出
#define  PAin    ((volatile REG16_TypeDef *)GPIOA_IDR_Addr)    //输入
                   ...
#define  PFout   ((volatile REG16_TypeDef *)GPIOF_ODR_Addr)    //输出
#define  PFin    ((volatile REG16_TypeDef *)GPIOF_IDR_Addr)    //输入

#endif
```

（5）防止头文件被重复包含。在模块化编程时，每个模块都对应一个.h 头文件，为了避免.h 头文件被重复包含，导致编译错误，通常使用条件编译命令#ifndef…、…#endif 和#define 宏定义实现。

模块化设计中.h 头文件的一般格式如下。

```
#ifndef __XXX_H
#define __XXX_H
#include "stm32f10x.h"
#ifdef IN_XXX
  #define XXX_EXT
#else
  #define XXX_EXT  extern
#endif
#define  Speaker    PBout->b9
#pragma pack(1) //#pragma pack(n)的作用是自定义字节对齐方式，n 为字节个数
//结构体定义
typedef struct
{
  volatile u32  Weight_ADC;
  volatile u8   Device_BH[10];
  volatile u16  Alarm_Time;
  volatile u8   Lock_State;
}Device_Type;
#pragma pack( )       //取消自定义字节对齐方式
//声明外部变量
MAIN_EXT  volatile u8   Device_State;
MAIN_EXT  volatile u16  Weight;
MAIN_EXT  volatile u32  Weight_Buf[20];
//声明外部函数
```

```
void Sys_Init(void);
void On_MeasureProcess(void);
void On_SpeakAlarm(void);
#endif
```

系统总体架构设计确定后，接下来就需要进行系统的详细设计，即具体的硬件设计和软件设计。硬件设计主要涉及芯片选型、引脚配置、线路及 Layout 设计等；软件设计主要通过绘制系统（控制）流程图、子模块流程图及数据处理流程图等明确项目开发的具体过程，特别是在项目代码编写阶段，相关流程图绘制得越明确，代码编写就越有章可循，这样可以有效提高代码编写效率，缩短项目开发周期。

嵌入式系统的开发需要考虑两个特性：可扩充性和可移植性。反映在系统架构设计中，就是系统必须采用模块化、层次化的设计思想。系统可划分为与硬件相关的驱动层和与功能实现有关的系统应用层，与硬件相关的驱动层按分层思想又可划分为完全与硬件相关的硬件驱动层和与硬件隔离的板级驱动层两部分。完全与硬件相关的硬件驱动层（简称硬件驱动层）与所用硬件平台密切相关，主要涉及 I/O 引脚的分配、定时器等功能模块的使用，该层用于实现接口的驱动功能，其可移植性和可重用性较低；与硬件隔离的板级驱动层（简称板级驱动层）通过调用底层硬件驱动提供的 API 函数实现硬件隔离，用于隐藏具体的硬件特性，并提供 API 供系统应用层或其他程序模块调用。系统应用层通过调用硬件驱动层、板级驱动层提供的接口函数来实现项目的整体功能。典型的嵌入式系统层次化设计框图如图 12-4 所示。

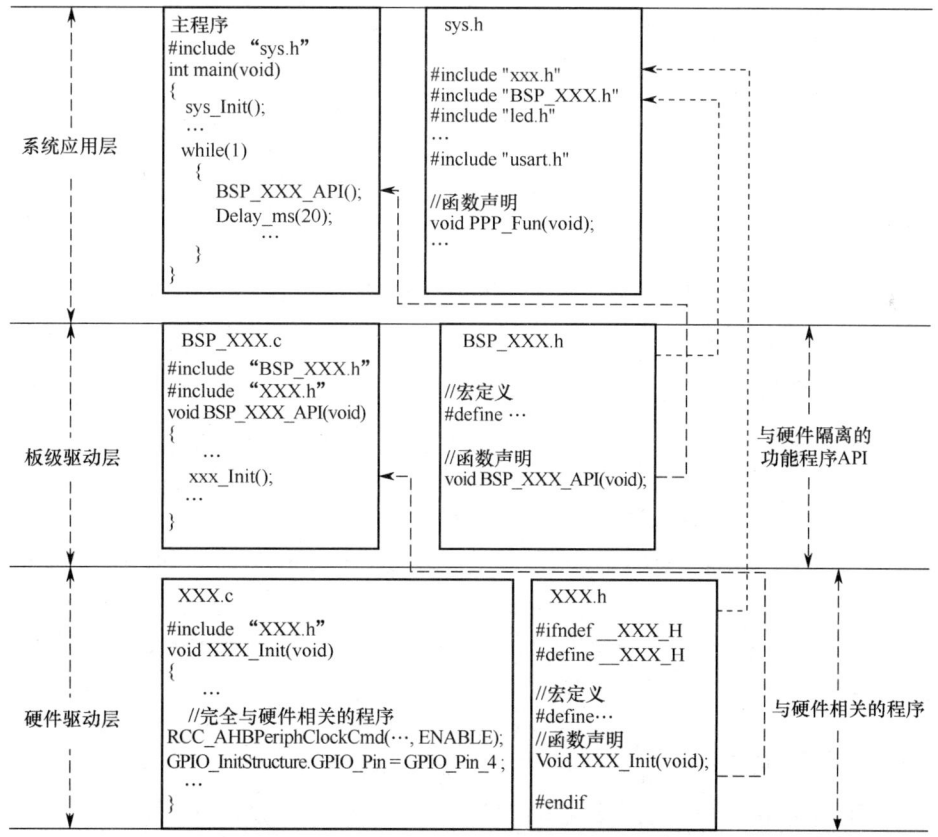

图 12-4　典型的嵌入式系统层次化设计框图

12.3 项目实践：厨余垃圾智能监测系统

本节基于厨余垃圾智能监测系统，对一个系统从模块到项目的具体实现进行解析和阐述。

厨余垃圾主要包括食物残余和废弃食用油脂，与其他垃圾相比，大部分厨余垃圾呈固液混合黏稠状态，含水、盐及油脂量较高，具有有机物含量高、易腐烂等特点，若不加处理就进行排放，则会对环境造成严重污染。厨余垃圾中的废弃食用油脂发酵变质后极易产生黄曲霉、苯等致癌物质，若不进行跟踪回收处理，则还有可能会被不法分子加工成"地沟油"进入市场，对人体健康危害极大。

厨余垃圾含有的有机物和油脂经处理后可以变废为宝，提高资源利用率，如厨余垃圾中的废弃食用油脂经加工可提炼出生物柴油，替代工业油脂，而食物残余则含有丰富的有机营养成分，经过合理处置后可作为制作动物饲料、有机肥料和沼气能源的重要来源。因此对厨余垃圾进行回收和加工处理，不仅能够解决污染问题，还可实现资源循环利用。但由于餐饮企业分布范围广且较为分散，运输和处理过程缺乏统一管理，缺少可追溯的监管手段，厨余垃圾的规模化和系统化的回收、运输和处理成为了制约资源化利用的瓶颈。设计一个厨余垃圾智能监测系统，对厨余垃圾的产出、回收及运输进行监控，可以实现厨余垃圾的数字化管理，为资源化利用提供保障。

12.3.1 项目需求分析

厨余垃圾智能监测系统的功能需求分析如下。

1. 基本数据采集

获取废弃油脂质量、液位、当前温度等信息，称重传感器用于获取油水分离后存储的油脂质量；液位传感器用于获取液位信息；温度传感器用于获取当前温度信息。

2. 数据处理功能

对采集的称重传感器信号进行标定，然后将其转换成相应的质量数据。

3. 通信功能

当油脂收集桶内存储的油脂达到一定量（质量或液位高度）时，通过蓝牙或 GSM 模块将信息发送至管理平台或手机客户端；另外，将产废单位识别号、废弃油脂质量及开锁记录等信息传输到管理平台，实现产废数据的收集，为后续大数据处理、路径优化及资源回收再利用提供数据信息。

4. 控制驱动功能

（1）开锁控制：由工作人员通过手机蓝牙或 GSM 短信进行开锁。

（2）加热控制：当固液分离温度低于设定的最低温度时，驱动加热装置进行加热。

5. 系统功能设置

（1）设置设备 ID：每个设备都有唯一的识别号，用于区分不同产废单位，便于数据收集、废弃油脂回收和系统管理。

（2）开锁密码：设置开锁密码。

（3）时间设置：设置年、月、日、时、分、秒。

（4）零点标定、定点标定：对称重传感器实现零点标定和定点标定，获取准确的废弃油脂质量。

6. 工作状态指示与输出

（1）LED 灯状态指示：包括系统工作状态 LED 灯、液位对应 LED 灯显示和 LED 灯闪烁报警。

（2）液晶显示：显示信息主要有质量、液位、锁的状态（开锁或闭锁）、温度、锂电池充电状态及剩余电量、日期和时间等，可以通过切换查看开锁记录等。

7. 报警功能

报警功能包括开锁超时、温度超限、质量超限和液位超限的报警。其结构功能示意图如图 12-5 所示。

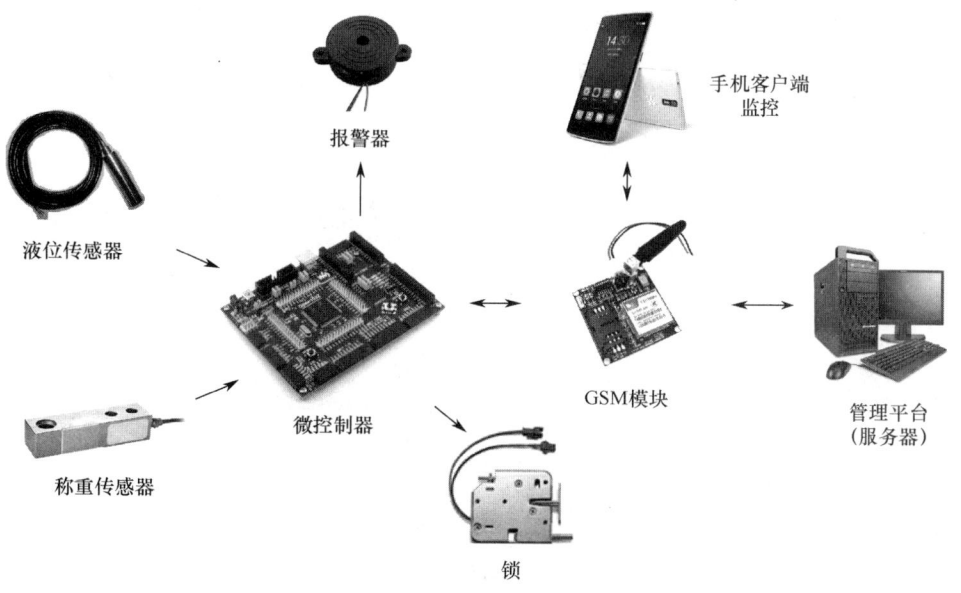

图 12-5　报警功能的结构功能示意图

12.3.2　系统总体架构设计

通过对系统需求进行分析，拟采用 STM32 微控制器作为主控芯片，配以称重传感器、液位传感器、锁、显示屏等构成厨余垃圾智能监测系统的硬件系统。

系统总体架构设计是一个从粗略到逐渐精细化的过程。厨余垃圾智能监测系统总体设计框图如图 12-6 所示。

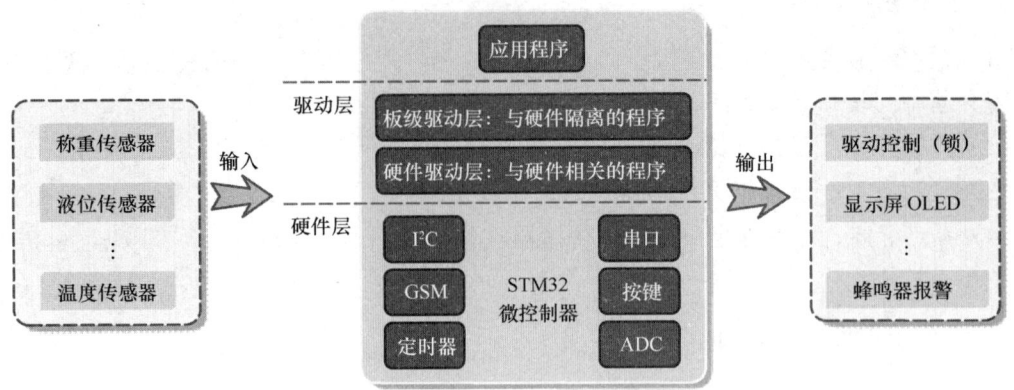

图 12-6　厨余垃圾智能监测系统总体设计框图

12.3.3　系统硬件设计

根据系统总体架构设计进行系统硬件设计，主要涉及各硬件模块的 I/O 引脚配置、微控制器最小系统设计（晶振、调试和复位电路等）及电源电路的设计等。

1. 称重测量电路

利用 HX711 模块采集废弃油脂收集桶的压力信号，该信号用于测量废弃油脂的质量，称重电路原理图如图 12-7 所示。

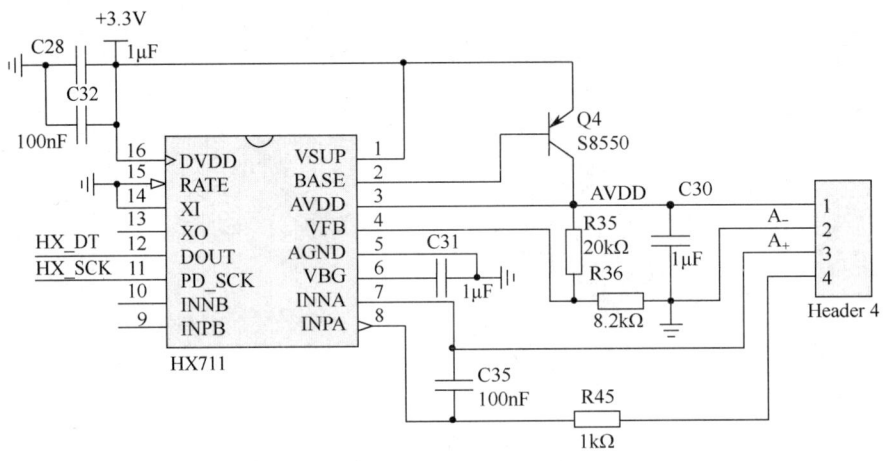

图 12-7　称重电路原理图

2. 液位测量电路

液位检测采用投入式液位变送器，输出 4～20mA 标准模拟电流信号，液位信号调理电路如图 12-8 所示。

3. 蜂鸣器报警电路

当出现开锁超时、质量超限、液位超限或温度超限时，系统采用声音报警方式进行提醒，蜂鸣器报警电路如图 12-9 所示。

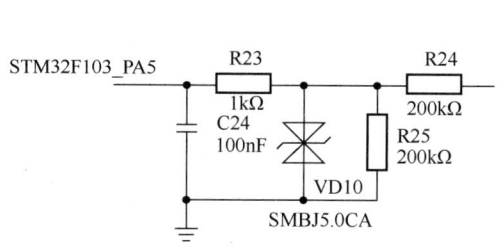

图 12-8　液位信号调理电路

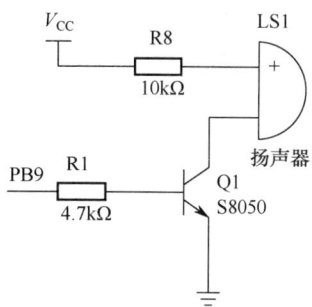

图 12-9　蜂鸣器报警电路

4. 按键电路

按键电路用于设置系统参数,如设置当前日期、标定压力传感器的参数等。按键电路共有 4 个按键,分别是 KEY_SET 用于系统功能设置,KEY+用于向下选择菜单操作,KEY−用于向上选择菜单操作,KEY_OK 用于选择确认。按键电路如图 12-10 所示。

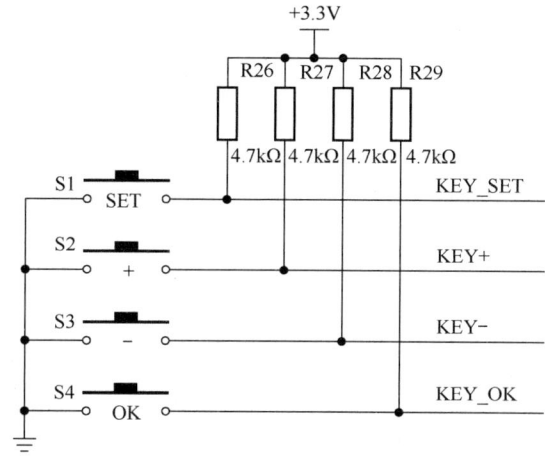

图 12-10　按键电路

5. 其他模块

在本系统的硬件电路设计中还涉及电源模块、液晶显示电路、LED 灯电路、智能锁模块等,这里不再赘述。

12.3.4　系统软件设计

1. 硬件驱动层

根据系统功能需求将与硬件相关的驱动程序(硬件驱动层)划分为以下模块:延时程序模块(基于 SysTick 产生毫秒级延时)、LED 灯模块(用于系统运行状态指示)、定时器模块(用于产生延时中断)、外部中断处理模块(用于外部中断线配置、中断优先级分组等)、串口通信模块(用于 GSM 通信及门锁控制)、ADC 模块(用于采集外部信号)、按键模块(用于系统功能参数设置)和 OLED 模块等。

（1）按键模块的 key.c 文件的程序代码如下。

```c
#define  IN_KEY
#include "key.h"
#include "delay.h"

void  KEY_Init(void)   //按键初始化函数
{
  GPIO_InitTypeDef   GPIO_InitStructure;

  RCC_AHBPeriphClockCmd(RCC_AHBPeriph_GPIOB, ENABLE);
  //按键
  GPIO_InitStructure.GPIO_Pin  = GPIO_Pin_11 | GPIO_Pin_12 |
                                 GPIO_Pin_13 | GPIO_Pin_14;
  GPIO_InitStructure.GPIO_Mode = GPIO_Mode_IN;
  GPIO_InitStructure.GPIO_PuPd = GPIO_PuPd_UP;
  GPIO_Init(GPIOB, &GPIO_InitStructure);
}
  //按键处理函数
  //返回按键值
  //0，没有任何按键被按下
  //1，KEY_SET 被按下
  //2，KEY_ADD 被按下
  //3，KEY_DEC 被按下
  //4，KEY_OK 被按下
u8 KEY_Scan(void)
{
  static u8 key_up=1;//按键松开标志
  if(key_up==1 &&(KEY_SET==0||KEY_ADD==0||KEY_DEC==0||KEY_OK==0))
  {
    delay_ms(50);//按键去抖动
    key_up = 0;

    if(KEY_SET==0)    return 1;
    if(KEY_ADD==0)    return 2;
    if(KEY_DEC==0)    return 3;
    if(KEY_OK==0)     return 4;
  }
  else if(KEY_SET==1&&KEY_ADD==1&&KEY_DEC==1&&KEY_OK==1)
  {
    if(key_up==0)
    {
      key_up = 1;
    }
  }
  return 0;  //无按键被按下
}
```

（2）按键模块的 key.h 文件的程序代码如下。

```
#ifndef __KEY_H
#define __KEY_H

#include "sys.h"

#ifdef  IN_KEY
#define  KEY_EXT
#else
#define  KEY_EXT    extern
#endif

#define  KEY_SET    PBin->b11
#define  KEY_ADD    PBin->b12
#define  KEY_DEC    PBin->b13
#define  KEY_OK     PBin->b14

void  KEY_Init(void); //按键 I/O 引脚初始化
u8  KEY_Scan(void);    //按键扫描函数，用于判断是哪个按键操作
#endif
```

2. 板级驱动层

结合系统总体架构设计思路，根据系统功能需求将与硬件隔离的功能程序（板级驱动层）划分为称重测量模块、蓝牙或 GSM 通信控制模块、功能菜单显示模块等，下面以称重测量模块为例进行阐述。

（1）称重测量模块的 HX711.c 文件的相关代码如下。

```
u32  HX711_ReadCount(void)  //读取 HX711 的数字量和模拟量
{
  u32 i,Count;
  HX711_SCK = 0;              //使能 A/D 转换
  Count = 0;
  while(HX711_DT==1);         //若 A/D 转换未结束，则等待；否则开始读取
  for(i=0; i<24; i++)
  {
     HX711_SCK = 1;           //PD_SCK 置高电平（发送脉冲）
     Count <<= 1;             //下降沿来时变量 Count 左移一位，右侧补零
     HX711_SCK = 0;           //PD_SCK 置低电平
     if(HX711_DT==1)
        Count++;
  }
  HX711_SCK = 1;
  Count = Count^0x800000;     //第 25 个脉冲下降沿来时，转换数据
  HX711_SCK = 0;
  return  Count;
}
```

（2）称重测量模块的 HX711.h 文件的程序代码如下。

```
#ifndef __HX711_H
#define __HX711_H
#include "sys.h"

#ifdef  IN_HX711
#define  HX711_EXT
#else
#define  HX711_EXT  extern
#endif

u32  HX711_ReadCount(void);//读取 HX711 的数字量和模拟量
#endif
```

3. 系统应用层

系统应用层主要根据项目的具体要求，通过调用硬件驱动层提供的接口函数实现相应的功能，其模块的划分应以信息处理为原则，以数据流导向的方式体现在程序代码编写上，如本系统的称重测量校准设置，就需要调用硬件驱动层的按键模块来修改相应参数。

程序流程图作为应用程序分析的基本工具，有助于开发者厘清编写程序的思路，程序流程图绘制得越精确，后期编写代码就越容易，因此程序开发中往往需要绘制各层级的流程图，包括系统总流程图和子模块流程图等。此外，系统应用层中还涉及 C 语言函数编写规范的设计，编程时遵循一定的编程规范，有利于系统的维护和升级。

12.4 面向对象的编程思想

在嵌入式系统开发中，将问题分解为若干个任务，并按照一定的逻辑顺序完成这些任务。程序设计过程将任务流程作为考虑问题的出发点，将功能封装成函数，按照解决问题的流程采用调用函数方式来组织代码结构，这种方式称为面向过程的编程方式。对于业务逻辑比较单一的系统，面向过程的编程方式是行之有效的解决方法。

当软件编程需要解决的逻辑问题越来越复杂，且要求多角度解决问题时，特别是当系统需要进行维护、扩展时，面向过程的、以解决问题为关注点的编程方式就显得力不从心，由此出现了面向对象的编程方式。面向对象的编程方式不再只关注某个问题的解决，而是侧重提取任务的本质，以便能更好地解决问题。

面向对象编程对问题进行自然分割，以对象为单位，解决问题时，把问题抽象成若干个对象，系统功能通过对象间的协作来实现。现实生活中，通常采用类划分人或物，每类或每种物体都有其共有的特性（属性）和动作（方法），如人具有姓名、性别、身高、体重等属性，以及说话、行走等动作，这是抽象的描述，具体到某个人，便是抽象的具体化、对象化。同类型的对象具有相同的属性和方法，以对象为基础，在对象中封装属性和方法，所有的业务操作变为对象的行为和对象之间的消息传递。

在面向对象系统中，系统设计人员不侧重关心对象内部是如何实现功能的，而是重点关注对象间的协作关系，如模块间通信。在硬件电路设计中，常常使用接口表示一个模块与另一个模块的连接端口，将接口的概念应用于程序设计，面向对象中的接口概念反映了程序设计人员对系统的抽象。

将面向对象的编程思想应用于嵌入式系统中，就是将接口抽象成类，程序通过各个类的实例实现通信和协作，形成通用的接口，实现代码的可拓展性，满足系统对模块的低耦合、高内聚的要求。例如，厨余垃圾智能监测系统中，有质量、液位、蜂鸣器、锁及 LED 灯状态等属性，动作则包括采集传感器数据、LED 灯亮与灭、开锁、闭锁等。

面向对象编程涉及封装、继承和多态等概念，在嵌入式系统中多采用结构体、指针和枚举等数据类型来实现。

本章小结

1．嵌入式系统以电子、通信、控制（测控）等学科为基础，主要是由电子元器件或部件组成的能够产生、传输或处理电信号及信息，在功能、结构上具有综合性、层次性和复杂性的客观实体。嵌入式系统一般涉及微控制器、输入/输出接口、数据存储模块、人机交互模块、通信接口、信号处理、执行机构及被控对象等，系统具有很多功能模块，是一个复杂的综合系统，一般采用软硬件协同设计的思想，以降低系统设计的复杂性和耦合性。

嵌入式系统开发的一般流程包括项目需求分析、系统总体架构设计、系统软硬件设计、系统测试等部分。

2．项目需求分析的目的在于明确项目最终要实现的功能，根据功能需求，确定设计任务和设计的细分目标，是系统选型和系统总体架构设计的基础。

系统总体架构设计涉及系统功能模块的划分，以及软件和硬件的划分。系统功能模块的划分往往涉及模块化编程思想，采用自顶向下、逐步细分为功能相对独立的模块化设计思想，程序框架更加清晰。

3．基于模块化、层次化的设计思想，嵌入式系统的软件可划分为与硬件相关的驱动层和与功能实现有关的系统应用层，与硬件相关的驱动层按分层思想又可划分为完全与硬件相关的硬件驱动层和与硬件隔离的板级驱动层两部分。完全与硬件相关的硬件驱动层（简称硬件驱动层）与所用硬件平台密切相关，主要涉及 I/O 引脚的分配、定时器等功能模块的使用，该层用于实现接口的驱动功能，其可移植性和可重用性较低；与硬件隔离的板级驱动层（简称板级驱动层）通过调用底层硬件驱动提供的 API 函数实现硬件隔离，用于隐藏具体的硬件特性，并提供 API 供系统应用层或其他程序模块调用。系统应用层通过调用硬件驱动层、板级驱动层提供的接口函数来实现项目的整体功能。

4．功能模块的划分遵循低耦合、高内聚的原则，一般采用.c 源文件和.h 头文件进行模块化编程。

.c 源文件用于该模块所要实现的所有功能的源代码，这是模块化编程的基本组件，编译器也是以此文件进行编译并生成相应目标文件的。.c 源文件通常由一个或多个功能函数组成，模块内定义的局部变量的作用范围一般在该.c 源文件内，所以模块内不想被其他模块所使用的函数，以及变量尽量以 static 关键字进行定义，这样就可以实现模块内部接口函数及局部变量的抽象和隔离。

.h 头文件是一种接口描述文件，是对.c 源文件的声明，其内部主要涉及一些宏定义、结构体信息及对外提供给的接口函数或接口变量，.c 源文件中提供给其他模块调用的外部接口函数及变量需要在对应的.h 头文件中以 extern 关键字进行声明，表明这是一个外部函数、全局变量。

习题与思考

一、选择题

1. 模块化编程中通常将某模块提供给其他模块调用变量定义为全局变量，在对应模块的.h 头文件中用（　　）关键字声明。

  A. extern   B. static

  C. define   D. typedef

2. STM32 中常用（　　）定义无符号整型数据类型。

  A. uint8_t   B. uint16_t

  C. uint32_t   D. int8_t

3. 面向对象编程在嵌入式系统中多采用（　　）数据类型来实现封装。

  A. 结构体   B. 数组

  C. 宏定义   D. 地址

4. 根据嵌入式系统模块化分层设计思想，系统可划分为与硬件相关的驱动层和与功能实现有关的系统应用层，与硬件相关的驱动层按分层思想又可划分为完全与硬件相关的（　　）和与硬件隔离的板级驱动层两部分。

  A. 操作系统层   B. 硬件驱动层

  C. 应用层   D. 硬件层

5. 嵌入式系统开发一般采用软硬件协同设计，整个流程可以概括为系统需求分析、（　　）、系统软硬件设计、系统测试。

  A. 系统硬件设计   B. 系统软件设计

  C. 系统总体架构设计   D. 系统驱动设计

二、判断题

1. 嵌入式系统的程序模块应遵循低耦合、高内聚的原则。　　　　　　　　（　　）

2. 嵌入式软件模块化编程中每个功能模块都由.c 源文件和.h 头文件组成。（　　）

3. 系统总体架构设计主要涉及系统功能模块的划分，以及软件和硬件的划分。

                      （　　）

4. STM32 中带_t 的数据类型是通过 typedef 定义的，表示这不是新的数据类型。

                      （　　）

5. 为了避免头文件被重复包含，导致编译错误，通常使用条件编译命令#ifndef…、…#endif 和#define 宏定义实现。　　　　　　　　　　　　　　　　　（　　）

三、综合应用题

1. 对智能小车进行需求分析，写出需求分析报告。

2. 智能家居以住宅为平台，采用嵌入式技术、传感器技术、网络通信技术将家居设施融合关联在一起，实现对家居生活的智能化控制，给人们提供安全、舒适、便捷的居住环境。

（1）请以 STM32 为主控芯片，从功能概述、系统总体架构设计（组成框图）、功能模块介绍等方面阐述智能家居控制系统。

（2）假如该智能家居控制系统中需要用到三个中断向量，其优先级配置如表 12-1 所示。试简述 STM32 的中断机制，并针对表中中断向量说明其优先级次序。

表 12-1　智能家居中断优先级配置

中断向量	抢占优先级	响应优先级
A	0	0
B	1	0
C	1	1

（3）假设该智能家居控制系统中采用 LED 灯闪烁进行控制状态的显示，系统利用定时器 TIM3 产生 1s 的定时中断实现 LED 灯状态翻转，LED 灯连接在 STM32 的 PE5 引脚上，且低电平有效。本题硬件电路设计示意图如图 12-11 所示。

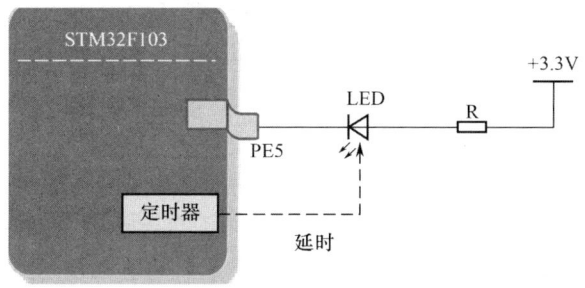

图 12-11　本题硬件电路设计示意图

该程序基于 HAL 库实现代码如下，请填写相关信息。

```
MX_TIM3_Init();
    /* USER CODE BEGIN 2 */
HAL_TIM_Base_Start_IT(&htim3); //启动定时器 TIM3 定时中断
    /* USER CODE END 2 */

/* USER CODE BEGIN 4 */
void HAL_TIM_PeriodElapsedCallback(TIM_HandleTypeDef *htim)
{
    if(htim->Instance == _____)
    {
        HAL_GPIO_TogglePin(_____,_____);
    }
}
    /* USER CODE END 4 */
```

参考文献

[1] 陈志旺. STM32 嵌入式微控制器快速上手[M]. 3 版.北京：电子工业出版社，2024.

[2] 漆强. 嵌入式系统设计:基于 STM32CubeMX 与 HAL 库[M]. 北京：高等教育出版社，2022.

[3] 严学文，漆强. 嵌入式系统设计实验:基于 STM32CubeMX 与 HAL 库[M]. 西安：西安电子科技大学出版社，2023.

[4] 张淑清. 嵌入式单片机 STM32 设计及应用技术[M]. 北京：国防工业出版社，2015.

[5] 冯新宇. ARM Cortex-M3 体系结构与编程[M]. 北京：清华大学出版社，2016.

[6] JOSEPH Y. ARM Cortex-M3 权威指南[M]. 宋岩译. 北京：清华大学出版社，2009.

[7] 武奇生，白璘，惠萌，等. 基于 ARM 的单片机应用及实践[M].北京：机械工业出版社，2014.

[8] 陈启军，余有灵，张伟，等. 嵌入式系统及其应用[M].3 版.上海：同济大学出版社，2015.

[9] 谭大为，张有光，刘晚春. 基于 ARM 32 位高速嵌入式微控制器[M].北京：电子工业出版社，2012.

[10] 钱晓捷，程楠. 嵌入式系统导论[M]. 北京：电子工业出版社，2017.

[11] 邱毅凌. 现代嵌入式系统开发专案实务[M]. 北京：电子工业出版社，2009.

[12] 漆强，欧中华，刘子骥，等. 嵌入式系统设计工程实践[M]. 北京：国防工业出版社，2015.

[13] 魏洪兴. 嵌入式系统设计师教程[M]. 北京：清华大学出版社，2006.

[14] 全国计算机专业技术资格考试办公室. 嵌入式系统设计师 2012 至 2017 专案实务[M]. 北京：清华大学出版社，2018.

[15] 蒋建春，曾素华，陈家佳. 嵌入式系统原理及应用实例[M]. 北京：北京航空航天大学出版社，2015.

[16] 刘火良，杨森.STM32 库开发实战指南[M]. 北京：机械工业出版社，2013.

反侵权盗版声明

电子工业出版社依法对本作品享有专有出版权。任何未经权利人书面许可，复制、销售或通过信息网络传播本作品的行为；歪曲、篡改、剽窃本作品的行为，均违反《中华人民共和国著作权法》，其行为人应承担相应的民事责任和行政责任，构成犯罪的，将被依法追究刑事责任。

为了维护市场秩序，保护权利人的合法权益，我社将依法查处和打击侵权盗版的单位和个人。欢迎社会各界人士积极举报侵权盗版行为，本社将奖励举报有功人员，并保证举报人的信息不被泄露。

举报电话：（010）88254396；（010）88258888

传　　真：（010）88254397

E-mail：dbqq@phei.com.cn

通信地址：北京市万寿路 173 信箱

　　　　　电子工业出版社总编办公室

邮　　编：100036